COURS ÉLÉMENTAIRE

DE

MATHÉMATIQUES.

PARIS. —IMPRIMERIE DE COSSON,
9, RUE SAINT-GERMAIN-DES-PRÉS.

COURS ÉLÉMENTAIRE

DE

MATHÉMATIQUES PURES,

SUIVI

D'UNE EXPOSITION DES PRINCIPALES BRANCHES

DES

MATHÉMATIQUES APPLIQUÉES;

PAR A.-S. DE MONTFERRIER,

MEMBRE DE L'ANCIENNE SOCIÉTÉ ROYALE ACADÉMIQUE DES SCIENCES DE PARIS,
DE L'ACADÉMIE DES SCIENCES DE MARSEILLE, DE CELLE DE METZ, ETC.;
AUTEUR DU DICTIONNAIRE DES SCIENCES MATHÉMATIQUES.

TOME PREMIER.

PARIS,

AU BUREAU DE LA BIBLIOTHÈQUE ECCLÉSIASTIQUE,
58, RUE DE VAUGIRARD.

1837.

PRÉFACE.

Les nombreuses découvertes dont les mathématiques se sont enrichies depuis le siècle dernier, les applications fécondes qui en ont été faites aux arts industriels, et les progrès qu'elles ont déterminés dans les branches les plus importantes de la physique générale, rendent aujourd'hui ces sciences indispensables, non seulement aux intelligences d'élite qui veulent embrasser le vaste domaine du savoir humain, mais encore aux esprits spéciaux qui se bornent à cultiver exclusivement quelques unes de ses parties.

L'utilité des mathématiques est généralement reconnue. De tout temps on les a considérées comme exerçant la plus salutaire influence sur le développement des facultés intellectuelles, dont elles accroissent les forces et régularisent l'usage. Cependant, les difficultés inhérentes à leur étude, l'aridité de leurs premières notions, et, il faut bien le dire, la confusion et l'absence de méthode qu'on rencontre dans la plupart des ouvrages élémentaires, les empêcheront, encore long-temps, d'occuper dans l'instruction générale le rang qui leur est naturellement assigné par leur extrême importance.

La pensée de populariser les connaissances mathématiques, en réunissant dans un seul volume les résumés de leurs principales branches, appartient au directeur de la *Bibliothèque ecclésiastique.* Chargés de la rédaction de cet ouvrage, nous avions d'abord complétement adopté le plan suivi par Wolf, dans son *Cours abrégé de mathématiques ;* mais nous avons bientôt reconnu que l'algèbre et la géométrie, traitées d'une manière aussi succincte, ne pouvaient offrir aucun intérêt. Ces deux sciences sont en effet les branches fondamentales des mathématiques ; elles dominent constamment toutes les autres, et il est réellement impossible de se former de celles-ci une idée exacte, si l'on n'a point suffisamment approfondi les principes des premières.

Nous avons donc divisé notre travail en deux parties ; l'une, consacrée aux *mathématiques pures*, comprend assez de développement pour mettre le lecteur en état d'aborder sans difficulté l'étude des grands ouvrages ; l'autre, consacrée aux *mathématiques appliquées*, a dû se renfermer dans les limites du plan primitif.

Notre cours de mathématiques pures, qui ne doit être considéré que comme une introduction à un cours complet de ces sciences, commence. par un traité *d'arithmétique*, dans lequel nous avons suivi l'ordre développé plus loin dans l'*algèbre*. Ne pouvant exposer toutes les parties de l'algèbre, nous nous sommes principalement attachés à présenter l'ensemble de sa partie élémentaire ; ainsi, après avoir fait connaître les lois et les propriétés des quatre espèces de nombres engendrés par les trois modes primitifs de la génération des quantités, savoir : les nombres *entiers*, les nombres *fractionnaires*, les nombres *irrationnels*, et les nombres *imaginaires*, nous avons montré comment la combinaison des modes primitifs de génération donne naissance à des modes dérivés *nécessaires*, qui permettent de réaliser généralement la construction de toutes les quantités. Ces modes dérivés nécessaires : *la numération, les fractions continues, les factorielles* et les *produites continues* ont leurs lois particulières que nous avons exposées en détail.

L'idée de l'*infini*, impliquée dans le troisième mode primitif de génération, nous conduit ensuite aux *logarithmes*, et les puissances à exposans imaginaires nous mènent aux *fonctions circulaires*, c'est-à-dire aux *sinus* et aux *cosinus*. Les logarithmes et les sinus se trouvent de cette manière des fonctions dérivées *nécessaires*, et sont, comme telles, parties constituantes de la génération élémentaire. Nous traitons en effet les sinus sans avoir recours à aucune consi-dération géométrique.

Cette première partie présente donc les élémens absolus de *la science des nombres.*

Après les avoir résumés dans un tableau, nous abordons la *com-paraison des quantités,* dont la partie élémentaire se compose de la théorie des *rapports,* de celle des *proportions* et de celle des *pro-gressions.* Ces diverses théories sont exposées de la manière la plus complète.

La réunion des modes élémentaires de la génération des quan-tités, considérée seulement sous le point de vue de la comparaison de ces quantités, nous fait connaître de nouvelles relations entre les nombres, qui diffèrent de la simple égalité ou de la simple inégalité; ces nouvelles relations sont les *équations.* Nous donnons la théorie des équations des quatre premiers degrés, puis nous exposons la résolution générale des équations numériques. Pour compléter enfin ce qui concerne les équations, nous terminons par la théorie des *problèmes indéterminés* et *plus qu'indéterminés;* c'est ce qu'on nomme l'*analyse indéterminée du premier degré.*

Nous avons adopté pour la *géométrie* les mêmes subdivisions que pour l'*algèbre;* mais l'étendue plus restreinte de cette science nous a permis de traiter toutes ses parties avec les mêmes développe-mens. L'arithmétique, l'algèbre et la géométrie composent le pre-mier volume de notre ouvrage.

Le second volume commence par une exposition rapide des *cal-culs différentiel* et *intégral,* d'après la *méthode des infiniment petits.* Ceux de nos lecteurs qui pourraient s'étonner de ce que nous n'a-vons point employé la *méthode des limites,* voudront bien avoir recours à notre *Dictionnaire des sciences mathématiques,* où nous croyons avoir suffisamment démontré la nécessité d'abandonner cette méthode indirecte. Les articles *Mathématiques* et *Philosophie* de ce Dictionnaire pourront les convaincre en même temps que l'ordre que nous avons suivi dans l'algèbre et la géométrie n'est point arbitraire.

L'application de l'algèbre à la géométrie ou la géométrie dite analytique suit le calcul différentiel. Nous avons compris dans cette application les deux trigonométries, dont nous commençons par développer les principes en montrant que les *sinus* du cercle sont identiques avec les *fonctions circulaires* que nous avons rencontrées dans la partie élémentaire de l'algèbre.

Nous faisons suivre les principes généraux de la géométrie analytique par la théorie des sections coniques, et nous terminons enfin les mathématiques pures par la *rectification* des courbes, les *quadratures* et les *cubatures*, c'est-à-dire par les applications du calcul différentiel à la géométrie.

Les résumés des diverses branches des mathématiques appliquées qui terminent notre second volume comprennent la *mécanique* (*statique* et *dynamique*), l'astronomie, la *gnomonique*, l'*optique* (*catoptrique*, *dioptrique* et *perspective*), un petit traité du *Calendrier*, etc. Chacun de ces résumés contient les principes les plus généraux de la science avec l'indication de leurs principales applications.

A. M.

NOTIONS GÉNÉRALES.

Les mathématiques, considérées dans leur ensemble ou comme formant une seule science, peuvent être définies LA SCIENCE DES QUANTITÉS. Par *quantité* on entend tout ce qui est susceptible d'augmentation ou de diminution : un objet matériel, par exemple, tel qu'un monceau de sable, ne nous apparaît, en faisant abstraction de sa nature physique, que comme un agrégat de parties, c'est-à-dire comme une *quantité* plus ou moins grande susceptible d'être augmentée, en ajoutant de nouvelles parties, ou d'être diminuée, en retranchant quelques unes de celles qui la composent. En outre, la portion d'espace que ce monceau occupe est elle-même une *quantité* qui peut croître ou décroître selon qu'on ajoute ou qu'on retranche des parties composantes, ou encore selon que ces parties sont plus ou moins pressées les unes contre les autres.

Il en est de même de tous les objets du monde physique. Quelles que soient leurs natures et leurs propriétés individuelles, nous les concevons universellement et nécessairement comme des *quantités;* d'où il résulte que la SCIENCE DES QUANTITÉS embrasse tous les phénomènes de l'univers, et que les lois des quantités sont en même temps les lois de la détermination de ces phénomènes.

La *quantité* est dite *géométrique* lorsqu'elle se rapporte au plus ou moins d'espace occupé par un objet; on la nomme alors l'ÉTENDUE de cet objet: elle est dite *numérique* lorsqu'elle se rapporte au plus ou moins de parties dont l'objet est composé; on la nomme alors le NOMBRE de cet objet. Le *nombre* et l'*étendue* forment donc l'objet général des MATHÉMATIQUES, qui se divisent ainsi en deux branches fondamentales, en deux sciences distinctes : la *science des nombres*, et la *science de l'étendue.*

Les *nombres* et l'*étendue* peuvent être considérés de deux manières différentes : 1° en eux-mêmes, abstraction faite de tout objet physique ; 2° dans les objets auxquels ils s'appliquent. La considération abstraite est l'objet des *mathématiques pures ;* la considération appliquée ou concrète, celui des *mathématiques appliquées.* Ces dernières dépendant nécessairement des mathématiques pures, nous allons commencer par l'exposition des principes et des lois des deux branches fondamentales constituant respectivement la science des nombres et la science de l'étendue ; puis nous résumerons d'une manière succincte les diverses branches des mathématiques appliquées dont l'étude présente quelque utilité pour les personnes auxquelles cet ouvrage est destiné.

MATHÉMATIQUES PURES.

PREMIÈRE DIVISION.

SCIENCE DES NOMBRES.

Les nombres, comme tous les objets de nos connaissances, peuvent être considérés en *général* et en *particulier*. Par considération générale, nous entendons celle qui porte principalement sur les propriétés communes à tous les nombres ou qui est relative aux *lois* qui régissent les quantités numériques ; et, par considération particulière, celle qui porte spécialement sur les individualités ou sur les *faits* des nombres.

Les nombres considérés en général, ou les *lois des nombres*, sont l'objet de l'ALGÈBRE.

Les nombres considérés en particulier, ou les *faits des nombres*, sont l'objet de l'ARITHMÉTIQUE.

L'arithmétique et l'algèbre constituent donc deux branches différentes de la science générale des nombres, et, comme les *faits* sont nécessairement subordonnés aux *lois*, la manière la plus rationnelle d'exposer cette science serait de faire marcher concurremment la déduction des faits avec celle des lois ; mais, pour nous conformer à l'usage, nous ferons précéder l'algèbre d'un traité élémentaire d'arithmétique, nous réservant de montrer, dans la première de ces sciences, que ce n'est qu'en s'élevant aux considérations générales qu'il devient possible de se rendre complétement le maître des considérations particulières, qui ne présentent plus alors aucune difficulté.

ARITHMÉTIQUE.

1. L'arithmétique est la science des nombres considérés sous le point de vue particulier de la réalisation des calculs ou des faits.

2. Un nombre est l'assemblage de plusieurs *unités*.

3. L'*unité* est un objet quelconque pris pour terme de comparaison avec tous les objets de même espèce.

4. Ainsi, lorsqu'on désigne le poids d'un corps en disant qu'il est de *vingt-cinq grammes*, vingt-cinq est un nombre qui exprime combien ce poids contient l'unité de pesanteur, qui est ici le *gramme*. De même, lorsqu'on désigne la longueur d'un espace, en disant qu'il a *cinq mètres*, cinq est un nombre qui exprime combien cette longueur contient l'unité de longueur, qui est ici le mètre.

5. Mais le *gramme*, le *mètre*, ou en général l'unité quelconque, prise pour terme de comparaison, peut être envisagée elle-même comme ayant des parties ; ainsi il n'y a point d'unité absolue, et celles dont nous nous servons, telles, par exemple, que

Le *franc*, pour les monnaies,
Le *gramme*, pour les poids,
Le *mètre*, pour les longueurs,
Le *litre*, pour les liquides,
L'*are*, pour les surfaces,
L'*heure*, pour le temps,

sont nécessairement arbitraires. Prise abstractivement, l'*unité* est ce qui est opposé à *plusieurs*, l'élément premier de toute collection.

6. Un nombre composé d'unités abstraites, ou qui ne se rapportent à aucun objet déterminé, se nomme *nombre abstrait*. On le nomme *nombre concret* lorsque les unités qui le composent se rapportent à un objet particulier. Par exemple, lorsque nous nommons le nombre *trois*, sans l'appliquer à aucune collection d'objets, *trois* est alors un *nombre abstrait*; mais si nous disons *trois francs*, ou *trois heures*, *trois* est alors un *nombre concret*.

7. Or, comme il est évident que quelles que soient les propriétés

du nombre trois, ou les opérations que nous puissions lui faire subir, ces propriétés ou ces opérations seront les mêmes, soit qu'il exprime des francs, des heures, ou toute autre espèce d'objet, il suffit de considérer les *nombres concrets* dans la recherche des opérations de l'arithmétique.

8. L'arithmétique se compose de deux parties bien distinctes : la première a pour objet la *construction* ou la *génération* des nombres ; la seconde, leur *comparaison*. Dans la première, on apprend à former les nombres ; dans la seconde, les nombres étant formés, on apprend à les comparer et à déterminer leurs rapports.

PREMIÈRE PARTIE.

Construction des nombres.

9. Nous ne concevons primitivement les nombres que comme des collections d'unités, et nous les formons successivement dans notre pensée en ajoutant l'unité primitive à elle-même. C'est ainsi que 'de *un* et *un* nous composons *deux;* que de *deux* et *un* nous formons *trois;* de *trois* et *un*, *quatre;* et ainsi de suite.

Mais comme, à l'aide de ce procédé, nous pouvons construire une infinité de nombres de plus en plus grands, et qu'il nous serait impossible d'avoir pour chacun d'eux un caractère particulier qui le représentât, il devient nécessaire d'employer un procédé artificiel pour représenter tous les nombres au moyen de quelques caractères invariables, et dont la quantité soit limitée.

Ce procédé nécessaire, sans lequel l'arithmétique ne serait pas possible, se nomme *numération.*

10. Le but de la numération est donc de représenter un nombre quelconque à l'aide d'autres nombres que l'on considère comme simples ou comme donnés immédiatement, et que l'on représente par des signes ou caractères particuliers.

Les caractères adoptés pour représenter les nombres supposés simples, et ces nombres eux-mêmes, sont :

$$0, \quad 1, \quad 2, \quad 3, \quad 4, \quad 5, \quad 6, \quad 7, \quad 8, \quad 9.$$
zéro, un, deux, trois, quatre, cinq, six, sept, huit, neuf.

11. Pour exprimer tous les nombres au moyen de ces dix caractères, qu'on nomme *chiffres*, on leur attribue deux valeurs, l'une absolue, indiquée par le nombre d'unités qu'ils expriment immédiatement, l'autre relative, déterminée par la place qu'on leur fait occuper en lès écrivant les uns à côté des autres. Ainsi 1, par exemple, qui, pris isolément, exprime l'*unité*, étant placé à la gauche d'un

autre chiffre, acquiert une valeur dix fois plus grande et exprime *dix unités* ou *une dixaine*, comme on est convenu de le nommer alors.

En général, lorsque plusieurs chiffres sont écrits à la suite les uns des autres sur une même ligne horizontale, tels que

$$111111111,$$

le premier à droite n'a que sa valeur absolue, le second vaut dix fois plus ; le troisième, dix fois plus que s'il était au second rang, c'est-à-dire cent fois plus que s'il était au premier ; et ainsi de suite, augtant de dix en dix, en allant de droite à gauche.

12. On nomme *dixaine* l'assemblage de *dix unités*, et l'on compte par *dixaines* comme on compte par *unités ;* c'est-à-dire, on forme une, deux, trois, quatre, cinq, six, sept, huit et neuf dixaines. Pour les exprimer, on voit qu'il suffit d'écrire au second rang le chiffre qui exprime le nombre de ces dixaines. 60, par exemple, exprime 6 dixaines, tandis que 6 isolément n'exprime que 6 unités.

Le caractère 0 (zéro) sert à donner aux chiffres le rang qui leur convient.

13. On nomme *centaine* l'assemblage de *dix* dixaines, et l'on compte ensuite par *centaines*, comme on avait compté par dixaines et par unités. Il suffit donc, d'après ce qui précède, d'écrire au troisième rang le chiffre qui indique le nombre des centaines pour lui faire exprimer ses deux valeurs. Ainsi 500 indique 5 *centaines*.

14. Ceci posé (nous supposons connus les noms de nombre), pour exprimer en chiffres *huit cent quarante-cinq*, nous remarquerons que ce nombre est composé de *cinq* unités simples, de *quatre dixaines* et de *huit centaines ;* nous placerons donc le chiffre 5 au premier rang, le chiffre 4 au second, et le chiffre 8 au troisième, et 845 exprimera le nombre *huit cent quarante-cinq.*

15. Dix centaines prennent le nom de *mille.* On compte avec les mille comme avec les unités simples, c'est-à-dire par unités de mille, par dixaines de mille et par centaines de mille. Dix centaines de mille se nomment un *million.* On compte par millions de la même manière que par mille. Dix centaines de millions se nomment un *billion*, ou plus ordinairement un *milliard ;* dix centaines de billions, un *trillion*, et ainsi de suite. Pour exprimer en chiffres, par exemple, le nombre

huit milliards trois cent quarante-deux millions cinq cent huit mille quarante-deux unités, comme on a

2 unités,
4 dixaines,
» centaines,
8 mille,
» dixaines de mille,
5 centaines de mille,
2 millions,
4 dixaines de millions,
3 centaines de millions,
8 milliards,

on écrira 8342508042, en mettant des *zéros* à la place des *centaines* simples, et des *dixaines de mille* qui manquent dans le nombre proposé.

16. Quelque grand que soit le nombre des chiffres écrits les uns à côté des autres, on énoncera facilement le nombre qu'ils représentent en les séparant par tranches de trois chiffres, en allant de droite à gauche; car chaque tranche contenant *unités, dixaines* et *centaines*, la première à droite sera celle des *unités* simples; la seconde, celle des *mille;* la troisième, celle des *millions;* la quatrième, celle des *billions*, etc. Il suffira donc d'énoncer chaque tranche, en partant de la gauche, comme si elle était seule, en la faisant suivre de son nom particulier. Pour énoncer, par exemple, le nombre représenté par les chiffres 7568430279856508, on le partagera comme il suit, en tranches de trois chiffres :

quatrillions,	trillions,	billions,	millions,	mille,	unités.
7,	568,	430,	279,	856,	508,

et on l'énoncera en disant : sept *quatrillions*, cinq cent soixante-huit *trillions*, quatre cent trente *billions*, deux cent soixante-dix-neuf *millions*, huit cent cinquante-six *mille*, cinq cent huit *unités*.

Il n'y a donc point de nombre, quelque grand qu'il soit, qu'on ne puisse représenter à l'aide des dix caractères adoptés et le problème fondamental de l'arithmétique se trouve ainsi complétement résolu.

ADDITION.

17. Deux nombres étant donnés, construire, par leur moyen, un troisième nombre, tel est le but général de la première partie de l'arithmétique; or, comme jusqu'ici c'est en réunissant plusieurs unités que nous avons formé un nombre, nous pouvons en conclure que la *réunion*, l'assemblage de deux nombres est le mode primitif de construction des nombres. L'opération par laquelle on ajoute deux nombres ensemble se nomme *addition*.

18. Pour ajouter deux nombres simples tels que 5 et 3, par exemple, il ne faut qu'ajouter successivement à l'un des deux les unités qui composent l'autre. Ainsi on dirait 5 plus 1 égale 6, 6 plus 1 égale 7, et enfin 7 plus 1 égale 8, d'où 5 plus 3 est égal à 8.

Il faut apprendre à exécuter d'un seul coup cette opération afin de pouvoir dire immédiatement, sans passer par les nombres intermédiaires, 5 plus 3 fait 8; car cela est nécessaire pour pouvoir additionner les nombres composés.

19. S'il s'agissait d'additionner les deux nombres 85634 et 4253, on raisonnerait de la manière suivante : comme on ne peut ajouter ensemble que les quantités de même espèce, car il est évident qu'une *dixaine* et une *unité* ne peuvent faire un ensemble qu'on nommerait *deux*, il s'ensuit que les unités du nombre cherché doivent être formées par les unités des nombres donnés; que ses dixaines doivent provenir des dixaines de ces derniers, et ainsi de suite. On placera donc les nombres donnés l'un sous l'autre de manière que les unités de l'un soient sous les unités de l'autre, les dixaines sous les dixaines, etc., comme il suit

$$85634$$
$$4253$$
$$\overline{89887}$$

et, commençant par le rang des unités, on dira : 4 et 3 font 7; qu'on écrira dans la colonne des unités. Passant ensuite à la colonne des dixaines, on dira : 3 et 5 font 8; et comme ce 8 trouvé exprime des dixaines, on l'écrira au rang des dixaines. On dira de même pour les centaines, 6 et 2 font 8; qu'on écrira au rang des centaines. Passant aux mille, on dira : 5 et 4 font 9; qu'on écrira au rang des mille; et enfin, comme il n'y a que 8 dixaines de mille, il suffira d'écrire 8 dans le rang de ces dixaines. L'addition de 85634 avec 4253 produira donc le nombre 89887.

Le résultat d'une addition se nomme la *somme*. Ainsi 89887 est la *somme* des deux nombres 85634, 4253.

20. Si les nombres qu'on veut additionner étaient 4856 et 9886, après les avoir écrits, comme ci-dessus, l'un sous l'autre

$$4856$$
$$9886$$
_____
$$14742 \ somme,$$

on dirait, en commençant par la colonne des unités, 6 et 6 font 12, et, alors, la somme des unités se trouvant ici composée d'une dixaine et de deux unités, on écrirait seulement les 2 unités au rang des unités, et on retiendrait la dixaine pour l'ajouter avec les dixaines des nombres proposés. Passant aux dixaines, on dirait : 1 de retenu et 5 font 6, 6 et 8 font 14; et comme on a encore ici 14 dixaines ou 4 dixaines simples et une dixaine de dixaines ou une centaine, on écrirait simplement 4 dans le rang des dixaines en retenant la centaine pour l'ajouter aux chiffres de la colonne des centaines. Pour les centaines on dirait : 1 de retenu et 8 font 9, 9 et 8 font 17; ainsi à cause des raisons déjà exposées on écrirait 7 au rang des centaines, et l'on reporterait 1 sur les mille. Arrivé aux mille, on dirait : 1 de retenu et 4 font 5, 5 et 9 font 14; et comme l'opération est terminée, on écrirait 4 dans le rang des mille en le faisant suivre de 1 dans le rang des dixaines de mille.

21. La règle générale pour exécuter une addition est donc la suivante :

1° *On écrira les nombres proposés l'un sous l'autre de manière que les chiffres de même espèce correspondent, c'est-à-dire que les unités soient sous les unités, les dixaines sous les dixaines, les centaines sous les centaines, les mille sous les mille, etc.*

2° *On ajoutera successivement ensemble les chiffres qui composent une même colonne verticale, en commençant par la colonne des unités, et on écrira le résultat sous ladite colonne.*

3° *Si une des sommes partielles est plus grande que 9, c'est-à-dire si elle contient unités et dixaines, on écrira seulement les unités sous la colonne dont cette somme provient, et on retiendra les dixaines pour les ajouter avec les chiffres de la colonne suivante.*

22. Cette règle s'étend au cas où l'on voudrait additionner plus de deux nombres. Par exemple, pour additionner les cinq nombres 89654, 8079, 548, 17928, 45674, on les écrira les uns sous les autres, en suivant l'ordre prescrit

$$
\begin{array}{r}
89654 \\
8079 \\
548 \\
17928 \\
45674 \\
\hline
161883 \; \textit{somme.}
\end{array}
$$

Commençant par la colonne des unités, on dira : 4 et 9 font 13, 13 et 8 font 21, 21 et 8 font 29, 29 et 4 font 33; on écrira 3 aux unités et l'on retiendra 3 dixaines. Passant aux dixaines, on dira : 3 de retenus et 5 font 8, 8 et 7 font 15, 15 et 4 font 19, 19 et 2 font 21, 21 et 7 font 28; on écrira 8 dixaines et l'on retiendra 2 centaines. Passant aux centaines, on dira : 2 de retenus et 6 font 8, 8 et 0 font 8, 8 et 5 font 13, 13 et 9 font 22, 22 et 6 font 28; on écrira 8 centaines et l'on retiendra 2 mille. Passant aux mille, on dira : 2 de retenus et 9 font 11, 11 et 8 font 19, 19 et 7 font 26, 26 et 5 font 31; on écrira 1 mille et l'on retiendra 3 dixaines de mille. Passant enfin aux dixaines de mille, on dira : 3 de retenus et 8 font 11, 11 et 1 font 12, 12 et 4 font 16; on écrira 6 dixaines de mille, et comme il n'y a pas de centaines de mille à additionner, on écrira 1 dans le rang de ces centaines.

Ainsi la *somme* des cinq nombres proposés est 161883 ou cent soixante-un mille huit cent quatre-vingt-trois.

On opérera exactement de la même manière quels que soient les nombres à additionner.

SOUSTRACTION.

23. Puisque nous pouvons toujours considérer un nombre donné comme étant formé par l'addition de deux autres nombres, il en résulte nécessairement que, si de ce nombre on retranche l'un de ceux qui le composent, on doit obtenir l'autre pour résultat. Ainsi, deux nombres étant donnés, on peut construire un troisième nombre en retranchant le plus petit des nombres donnés du plus grand. L'opération qu'il faut exécuter pour obtenir le nombre demandé se nomme *soustraction.*

Le procédé de la soustraction se déduit aisément de celui de l'addition ; car la première de ces opérations est l'inverse de la seconde. En effet, pour retrancher, par exemple, 85634 de 89887, on doit raisonner comme il suit : 89887 doit être considéré comme formé par l'addition de 85634 avec le nombre cherché et par conséquent ses unités, ses dixaines, ses centaines, etc., sont composées de la somme des unités, dixaines, centaines, etc., des deux nombres additionnés ; ainsi, en retranchant les unités de 85634 de celles de 89887, on doit trouver les unités du nombre cherché, et en retranchant les dixaines du premier des dixaines du second, les centaines des centaines, etc., on doit également trouver les dixaines, les centaines, etc., du nombre cherché.

On écrira donc les deux nombres proposés comme dans l'addition, en plaçant le plus petit sous le plus grand,

$$89887$$
$$85634$$
$$\overline{4253}$$

et, commençant par les unités, on dira : 4 ôté de 7 reste 3 qu'on écrira au rang des unités. Passant aux dixaines on dira : 3 ôté de 8 reste 5 qu'on écrira au rang des dixaines. Passant aux centaines : 6 ôté de 8 reste 2 qu'on écrira au rang des centaines : Passant aux mille : 5 ôté de 9 reste 4 qu'on écrira au rang des mille. Et enfin passant aux dixaines de mille, on dira : 8 ôté de 8 reste 0, qu'il est inutile d'écrire puisqu'il n'y a plus rien à mettre après.

Ainsi 4253 est le résultat de la soustraction ou le nombre qui, ajouté à 85634, produit 87887. Il est évident que l'opération que nous venons de faire est l'inverse de celle qui, ci-dessus (19), nous a donné 89887 pour la somme des nombres 85634 et 4253.

Le résultat d'une soustraction se nomme la *différence* des nombres sur lesquels on opère.

24. Il arrive souvent lorsqu'on retranche un nombre d'un autre que le chiffre inférieur, dans une colonne, est plus grand que le chiffre supérieur et l'on est alors obligé d'emprunter sur le chiffre supérieur, qui précède à la gauche, une unité qui valant dix unités pour la colonne en question, donne le moyen de retrancher le chiffre inférieur. C'est ce qu'un exemple va faire comprendre.

Soit 9886 à retrancher de 14742. Après les avoir écrits l'un sous l'autre comme il suit

$$14742$$
$$9886$$
$$\overline{}$$
$$4856 \text{ } \textit{différence},$$

on opérera ainsi : 6 étant plus grand que 2, on ajoutera à 2 une dixaine qu'on empruntera sur le chiffre 4 des dixaines lequel de cette manière sera réduit à 3, puis on dira : 6 ôté de 12 reste 6, et l'on écrira 6 au rang des unités. Passant aux dixaines et se rappelant que le chiffre supérieur 4 est réduit à 3 par l'emprunt qu'on vient de faire, on dira : 8 ôté de 3 ; et comme on ne peut encore retrancher 8 de 3, on dira, en empruntant une unité sur le chiffre 7 des centaines : 8 ôté de 13 reste 5 qu'on écrira. Passant aux centaines, dont le chiffre supérieur est réduit à 6, on dira, empruntant de nouveau une unité sur le chiffre 4 des mille : 8 ôté de 16 reste 8. Enfin, arrivé aux mille, dont le chiffre ne vaut plus que 3, on prendra la dixaine de mille et on dira : 9 ôté de 13 reste 4. Le nombre cherché est donc 4856, et l'on voit aisément que nous avons fait encore ici l'inverse de l'addition du numéro 20, où nous avions reporté successivement la dixaine provenant de l'addition des chiffres d'une colonne sur la colonne suivante.

25. S'il se trouvait des zéros parmi les chiffres supérieurs, on opérerait comme nous allons le faire dans les exemples suivans.

Exemple I. Retrancher 258469 de 360584.

$$360584$$
$$258469$$
$$\overline{}$$
$$102115 \text{ } \textit{différence.}$$

Ayant écrit dans l'ordre indiqué les nombres proposés, on dira : 9 ôté de 14 reste 5 ; 6 ôté de 7 reste 1 ; 4 ôté de 5 reste 1 ; 8 ôté de 10 reste 2 ; 5 ôté de 5 reste 0 ; 2 ôté de 3 reste 1.

: On doit remarquer que toutes les fois que nous avons été forcé d'emprunter une dixaine, nous avons diminué d'une unité le chiffre sur lequel l'emprunt a été fait.

Exemple II. On demande la différence des nombres 5800430608, 3985678699. :

5800430608
3985678699
<hr>
1814751909 *différence.*

Après avoir écrit le plus petit des nombres proposés sous le plus grand, on remarquera que le chiffre supérieur 8 des unités est trop petit pour qu'on puisse en retrancher le chiffre inférieur 9, et comme le chiffre supérieur suivant est 0, il faut emprunter une unité sur le chiffre 6 des centaines. Mais comme cette unité vaut *dix* dixaines et qu'on n'a besoin que d'une seule dixaine, on laissera 9 dixaines au rang des dixaines et l'on dira simplement, 9 ôté de 18 reste 9. Passant aux dixaines, comme le 0 est devenu 9 par les neuf dixaines laissées, on dira : 9 ôté de 9 reste 0. Le chiffre 6 des centaines ne valant plus que 5, on empruntera de nouveau une unité sur le chiffre suivant, et à son défaut, puisqu'il est 0, sur le chiffre 3 des dixaines de mille, laissant encore 9 sur le zéro, car c'est absolument la même chose que si l'on avait emprunté 1 sur 30, il serait resté 29 ; on dira donc 6 de 15 reste 9 ; 8 de 9 reste 1 ; 7 de 12 reste 5 ; 6 de 13 reste 7 ; mais pour ce dernier, comme il a fallu emprunter une unité sur 800 il en reste 799, c'est-à-dire que les deux zéros supérieurs valent chacun 9 et que le chiffre 8 ne vaut plus que 7. On poursuivra donc en disant : 5 ôté de 9 reste 4 ; 8 ôté de 9 reste 1 ; 9 ôté de 17 reste 8 ; et enfin 3 ôté de 4 reste 1. Et ayant écrit bien exactement chaque reste sous la colonne dont il provient, on aura définitivement 1814751909 pour le nombre ou pour la *différence* cherchée.

26. Il résulte de ce qui précède la règle générale suivante.

1° *On écrira le plus petit des nombres sous le plus grand, de manière que les unités, les dixaines, les centaines, etc., se correspondent.*

2° *On retranchera successivement chaque chiffre inférieur de son supérieur, en commençant par les unités, et on écrira chaque résultat sous la colonne des chiffres opérés.*

3° *Lorsque le chiffre supérieur se trouvera plus petit que l'inférieur, on l'augmentera d'une dixaine prise sur le chiffre supérieur suivant.*

27. Au lieu de diminuer le chiffre supérieur sur lequel on a emprunté une unité, on peut augmenter de cette unité le chiffre inférieur correspondant, et l'on n'a plus besoin alors de faire subir aucun changement aux zéros intermédiaires entre le chiffre trop faible pour lequel on emprunte et le chiffre qui fournit l'emprunt. Il

suffit d'un exemple pour indiquér ce procédé, dont la raison est évidente.

On veut retrancher 27281997 de 38072054.

$$38072054$$
$$27281997$$
$$\overline{}$$
$$10790057 \; \textit{différence.}$$

Les deux nombres étant disposés d'après la règle prescrite, il faudra d'abord ôter 7 de 4. On ôtera donc 7 de 14; reste 7. Pour com-
penser l'emprunt, au lieu de diminuer le second chiffre supérieur 5
d'une unité, on augmentera le second chiffre inférieur 9; ce chiffre
deviendra 10, et comme on ne pourra l'ôter de 5, on l'ôtera de 15;
reste 5. Ayant encore emprunté ici, on changera le troisième chiffre
inférieur 9 en 10, et ne pouvant l'ôter de 0, on l'ôtera de 10; reste 0.
Par la même raison on changera le quatrième chiffre inférieur 1 en
2, on l'ôtera de 2; reste 0. Comme ici on n'a pas eu besoin d'emprunter le cinquième chiffre inférieur, 8, conservera sa valeur, et ne
pouvant l'ôter de 7, on l'ôtera de 17 reste 9. Ce dernier emprunt
fera changer le sixième chiffre inférieur 2 en 3, on ôtera donc 3 de
0, et comme on ne le peut on ôtera 3 de 10; reste 7. Le huitième
chiffre inférieur 7 devenant 8, on ôtera 8 de 8; reste 0. Et enfin le
neuvième chiffre inférieur 2 ne changeant pas de valeur, on ôtera 2
de 3; reste 1. La différence des deux nombres donnés sera donc
10790057.

27. Pour indiquer les opérations d'addition et de soustraction, on
se sert des signes + et —, dont le premier + signifie *plus*, et le
second — signifie *moins*. Par exemple, 8 + 5, qu'on lit 8 *plus* 5,
exprime l'addition de 8 avec 5, et 8 — 5, qu'on lit 8 *moins* 5, la
soustraction de ces mêmes nombres.

Le signe = signifie *est égal à*. De sorte que, pour dire que 8 plus
5 est égal à 13, il suffit d'écrire 8 + 5 = 13; de même 8 — 5 = 3,
signifie 8 *moins* 5 *est égal à* 3. L'emploi de ces signes, dont nous ne
nous servirons dans l'arithmétique que pour abréger le discours,
devient dans l'algèbre d'une absolue nécessité.

MULTIPLICATION.

29. Nous avons vu (22) que la règle donnée pour l'addition de
deux nombres s'étendait au cas de trois, et en général de plusieurs

nombres. Cette construction d'un nombre par l'addition de plusieurs, présente un cas remarquable, c'est celui où tous les nombres ajoutés sont égaux. Si l'on avait, par exemple, 6 + 6 + 6 + 6 = 24, on pourrait dire que 24 est formé de 4 fois 6, d'où il suit que la génération du nombre 24 se trouve entièrement déterminée par les seuls nombres 4 et 6. Or il est évident que cette construction prend un caractère particulier qui n'est plus celui de l'addition.

De même, l'addition successive de 876 cinq fois avec lui-même donnant pour somme 4380, on voit que ce dernier nombre est produit pour 5 fois 876, et par conséquent qu'il est entièrement déterminé par les deux nombres 5 et 876. Ces deux nombres doivent donc suffire à sa construction, sans qu'il soit besoin de réaliser dans tous ses détails l'addition successive primitive.

En effet, réalisons d'abord cette addition, et examinons les circonstances qui permettent de l'abréger. Ayant écrit comme il suit cinq fois 876

$$
\begin{array}{r}
876 \\
876 \\
876 \\
876 \\
876 \\
\hline
4380 \; somme,
\end{array}
$$

nous remarquerons, en exécutant l'addition, que, la colonne des unités se trouvant composée du même chiffre 6 répété, au lieu de dire 6 et 6 font 12, 12 et 6 font 18, 18 et 6 font 24, 24 et 6 font 30, on pourrait dire immédiatement *cinq fois* 6 font 30, puis écrire 0 et retenir 3; que, la colonne des dixaines n'étant pareillement composée que du chiffre 7 répété, on pourrait dire de même *cinq fois* 7 font 35 et 3 de retenus font 38; puis écrire 8 et retenir 3; enfin que, la colonne des centaines se composant encore d'un seul chiffre répété 8, on pourrait dire *cinq fois* 8 font 40 et 3 de retenus 43, puis écrire 43. Ainsi, au lieu d'écrire cinq fois 876, on aurait pu l'écrire une seule fois, comme il suit,

$$
\begin{array}{r}
876 \\
5 \\
\hline
4380
\end{array}
$$

en plaçant 5 au dessous, et opérer comme nous venons de le faire, c'est-à-dire en prenant 5 fois chaque chiffre de 876.

Abrégée de cette manière, l'opération prend le nom de *multipli-cation*. Le nombre qu'on additionne avec lui-même prend celui de *multiplicande*, et on nomme *multiplicateur* le nombre qui désigne combien de fois le multiplicande est additionné. Le résultat de l'opé-ration reçoit le nom de *produit*.

Dans l'exemple ci-dessus, 876 est le multiplicande, 5 le multipli-cateur, et 4380 le produit.

30. On voit aisément que, pour faire une multiplication, il faut préalablement connaître les produits des nombres simples entre eux ; car si l'on ne savait pas que 5 fois 6 font 30, que 5 fois 7 font 35, et que 5 fois 8 font 40, on serait forcé d'exécuter l'addition que la multiplication doit remplacer. Or, la construction de ces produits simples ne présente aucune difficulté, et, une fois construits, il suffit de les avoir devant les yeux, si on ne les grave pas dans sa mémoire, pour pouvoir opérer les multiplications les plus composées. Voici cette construction.

Ayant écrit sur une ligne horizontale les neuf chiffres simples, on commencera par ajouter chacun de ces chiffres avec lui-même, et on écrira les résultats au dessous, de la manière suivante :

$$1, 2, 3, 4, 5, 6, 7, 8, 9$$
$$2, 4, 6, 8, 10, 12, 14, 16, 18$$

Chacun des nombres de la seconde colonne sera, de cette manière, le *double* du nombre correspondant dans la première, ou, ce qui est la même chose, cette seconde colonne contiendra tous les *produits* par 2 des nombres simples.

On ajoutera ensuite chacun des nombres de la première colonne avec son correspondant dans la seconde, et on écrira les résultats au dessous des nombres ajoutés. On formera ainsi une troisième co-lonne, qui contiendra tous les *produits* par 3 des nombres simples.

On ajoutera de nouveau chacun des chiffres de la première colonne avec son correspondant dans la troisième colonne, et l'on formera conséquemment une quatrième colonne, qui contiendra tous les *pro-duits* par 4 des nombres simples.

Continuant ainsi d'ajouter les nombres de la dernière colonne pro-duite avec les nombres correspondans de la première, on construira la table suivante, qui contient tous les produits des nombres simples 1, 2, 3, 4, 5, 6, 7, 8, 9 pris deux à deux.

2

1	2	3	4	5	6	7	8	9
2	4	6	8	10	12	14	16	18
3	6	9	12	15	18	21	24	27
4	8	12	16	20	24	28	32	36
5	10	15	20	25	30	35	40	45
6	12	18	24	30	36	42	48	54
7	14	21	28	35	42	49	56	63
8	16	24	32	40	48	56	64	72
9	18	27	36	45	54	63	72	81

L'usage de cette table, nommée *table de Pythagore*, est des plus facile. Demande-t-on, par exemple, le produit de 8 par 7? On cherchera 8 dans la première colonne horizontale, puis on descendra verticalement au nombre placé au dessous de 8 dans la *septième* colonne; ce nombre, étant de 56, fait connaître que 7 fois 8 est égal à 56.

31. Les produits deux à deux des nombres simples étant connus, on exécutera toutes les multiplications, dans lesquelles le multiplicateur n'a qu'un seul chiffre, d'après la règle suivante.

On écrira le multiplicateur sous le multiplicande. On multipliera ensuite chacun des chiffres du multiplicande par le multiplicateur, en passant des unités aux dixaines, des dixaines aux centaines, et ainsi de suite. Tant que ces produits n'auront qu'un seul chiffre, on les écrira de suite l'un à côté de l'autre, chacun au dessous du chiffre du multiplicande dont il provient. Si ces produits passent dix, et qu'ils soient par conséquent composés de deux chiffres, on n'écrira que le chiffre des unités, et on retiendra le chiffre des dixaines pour l'ajouter avec le produit suivant.

Soit, par exemple, 49517 à multiplier par 9. Ayant mis 9 au dessous de 49517 et souligné le tout, on opérera comme il suit:

49517 *multiplicande.*
9 *multiplicateur.*
_____
445653 *produit.*

9 fois 7 font 63 ; posez 3 et retenez 6.

9 fois 1 font 9, et 6 de retenus font 15 ; posez 5 et retenez 1.

9 fois 5 font 45, et 1 de retenu font 46 ; posez 6 et retenez 4.

9 fois 9 font 81, et 4 de retenus font 85 : posez 5 et retenez 8.

9 fois 4 font 36, et 8 de retenus font 44, qu'on écrira en entier, parce que la multiplication se termine au chiffre 4 du multiplicande.

Le produit demandé sera donc de 445653.

32. Pour multiplier un nombre quelconque par 10, il suffit de le faire précéder d'un zéro ; car, de cette manière, chaque chiffre reculant d'un rang vers la gauche, devient dix fois plus grand (11), et par conséquent le nombre lui-même se trouve dix fois plus grand ou multiplié par 10. C'est ainsi qu'on trouve immédiatement 10 fois 5 égal à 50 ; 10 fois 64 égal à 640 ; 10 fois 589 égal à 5890, etc.

Par la même raison, pour multiplier par 100 il suffit d'ajouter deux zéros ; trois zéros, pour multiplier par 1000 ; quatre zéros, pour multiplier par 10000 ; et ainsi de suite.

On a donc 100 fois 89 égal à 8900 ; 1000 fois 89 égal à 89000 ; 10000 fois 89 égal à 890000, etc.

33. Lorsque le multiplicateur n'a qu'un seul chiffre significatif, et que tous ses autres chiffres sont des zéros, comme 80, ou 700, ou 900, etc., il faut multiplier le multiplicande par ce seul chiffre, et ajouter ensuite au produit autant de zéros qu'il y en a dans le multiplicateur. Par exemple, pour multiplier 45 par 40, on multipliera 45 par 4, ce qui produira 180, devant lequel on placera un zéro ; 1800 sera le produit de 45 par 40. En effet, d'après ce qui précède, le zéro ajouté au produit de 45 par 4 rend ce produit dix fois plus grand, ou le multiplie par 10 ; or, ce produit 450 contient 4 fois 45, donc le dernier produit 4500 contiendra 10 fois 4 fois 45, ou 40 fois 45.

Pour multiplier 57 par 50, on opérerait de la même manière, et l'on trouverait : 57 multiplié par 5 égal à 385 ; d'où 57 multiplié par 50 égal à 3850. On aurait également : 57 multiplié par 500 égal à 38500 ; 57 multiplié par 5000 égal à 385000, et ainsi de suite.

34. Les considérations des deux numéros précédens suffisent pour pouvoir exécuter l'opération de la multiplication, dans le cas d'un

multiplicateur composé de plusieurs chiffres. Prenons pour exemple 7854 à multiplier par 567.

Multiplier 7854 par 567, c'est la même chose que multiplier ce nombre d'abord par 7, puis ensuite par 60, et enfin par 500, et prendre la somme des résultats; car cette somme se composera évidemment de 500 fois 7854, plus 60 fois 7854, plus 7 fois 7854, c'est-à-dire de 567 fois 7854. On procédera donc de la manière suivante.

Après avoir écrit 567 sous 7854, on commencera par multiplier ce dernier nombre par le chiffre 5 des unités, et on écrira le produit d'après la règle prescrite (31). On multipliera ensuite par le chiffre 6 des dixaines, et comme il faut ajouter un zéro pour que le produit de 6 devienne celui de 60, on écrira d'abord un zéro dans le rang des unités, au dessous du produit de 7854 par le chiffre des unités, puis on écrira à la suite de ce zéro les chiffres du produit de 6, au fur et à mesure qu'on le formera. On multipliera enfin par le chiffre 5 des centaines, et on écrira ce produit sous les précédens en le faisant préalablement précéder de deux zéros, ce qui transforme le produit de 5 en celui de 500. Les produits partiels étant ainsi formés, on les additionnera, et leur somme sera le produit total de 7854 par 567. Voici l'opération dans tous ses détails.

$$7854 \; \textit{multiplicande.}$$
$$567 \; \textit{multiplicateur.}$$

$$54978 \; \textit{produit de 7854 par} \quad 7.$$
$$471240 \; \textit{produit de 7854 par} \quad 60.$$
$$3927000 \; \textit{produit de 7854 par} \; 500.$$

$$4453218 \; \textit{produit de 7854 par 567.}$$

35. On se dispense ordinairement d'écrire les zéros par lesquels on complète les produits partiels. Il est évident que, ces zéros n'ayant aucune influence sur la somme de ces produits, il suffit de faire occuper aux chiffres le rang qui leur convient, c'est-à-dire de placer le premier chiffre du produit des dixaines sous les dixaines, et les autres à sa suite; de placer également le premier chiffre du produit des centaines, sous les centaines; le premier chiffre du produit des mille sous les mille, etc.

Proposons-nous, par exemple, de multiplier 8654 par 3506.

8654 *multiplicande.*
3506 *multiplicateur.*

51924 *produit de* 8654 *par* 6.
43270 *produit de* 8654 *par* 500.
25962 *produit de* 8654 *par* 3000.

30330924 *produit de* 8654 *par* 3506.

Après avoir multiplié par le chiffre 6 des unités et écrit le produit, comme il n'y a pas de dixaines dans le multiplicateur, on passera immédiatement au chiffre 5 des centaines. On multipliera donc 8654 par 5; mais, en écrivant le produit, on placera son premier chiffre dans le rang des centaines. On multipliera ensuite par le chiffre 3 des mille, et on écrira le produit, en plaçant son premier chiffre dans le rang des mille. La somme 30340924 sera le produit total de 8654 par 3506.

36. La règle générale pour multiplier un nombre par un autre est donc :

1° *Ecrire le multiplicateur sous le multiplicande;*

2° *Multiplier successivement tous les chiffres du multiplicande par chaque chiffre du multiplicateur; ce qui donne autant de produits partiels que le multiplicateur a de chiffres;*

3° *Faire précéder d'un zéro le produit partiel du chiffre des dixaines du multiplicateur; de deux zéros, le produit partiel du chiffre des centaines; de trois zéros, celui du chiffre des mille, etc., etc.;*

4° *Écrire tous ces produits partiels les uns au dessous des autres, de manière que leurs chiffres de même espèce se correspondent, c'est-à-dire que les unités soient sous les unités, les dixaines sous les dixaines, etc., etc.;*

5° *Additionner tous les produits partiels. La somme sera le produit demandé.*

37. Pour indiquer une multiplication à effectuer, on emploie le signe $\times$, qui signifie *multiplié par.* Ainsi 6 $\times$ 5 veut dire *six multiplié par cinq.*

Si l'on voulait donc exprimer que 6 multiplié par 5 est égal à 30, on écrirait simplement 6 $\times$ 5 $=$ 30 (*voyez* n° 28).

38. On peut indifféremment changer le multiplicande en multiplicateur, et le multiplicateur en multiplicande, le produit demeure le même. En effet, qu'on cherche dans la table de Pythagore (30) 7 fois 8 ou 8 fois 7, on trouve également 56 pour produit; et si l'on ra-

mène l'opération, comme nous allons le faire, à ses premiers élémens, il devient facile de reconnaître la raison de ce fait. Le nombre 8 n'est que l'unité ajoutée à elle-même huit fois, c'est-à-dire :

$$1 + 1 + 1 + 1 + 1 + 1 + 1 + 1$$

or, multiplier 8 par 7, c'est prendre 8 sept fois, d'où il suit que, pour avoir le nombre total d'unités qui entrent dans sept fois 8, on doit écrire :

$$1 + 1 + 1 + 1 + 1 + 1 + 1 + 1$$
$$1 + 1 + 1 + 1 + 1 + 1 + 1 + 1$$
$$1 + 1 + 1 + 1 + 1 + 1 + 1 + 1,$$
$$1 + 1 + 1 + 1 + 1 + 1 + 1 + 1$$
$$1 + 1 + 1 + 1 + 1 + 1 + 1 + 1.$$
$$1 + 1 + 1 + 1 + 1 + 1 + 1 + 1$$
$$1 + 1 + 1 + 1 + 1 + 1 + 1 + 1$$

mais, pour compter les 56 unités qui composent ce résultat, on peut opérer de deux manières, savoir : en comptant par colonnes horizontales, et en disant par conséquent, 7 fois 8 font 56, ou bien en comptant par colonnes verticales, et en disant 8 fois 7 font 56. Ainsi $7 \times 8 = 8 \times 7$, et il en est nécessairement de même pour deux nombres quelconques.

Cette considération, très-importante pour la théorie de la multiplication, nous apprend que le multiplicande et le multiplicateur entrent de la même manière dans la composition du produit. Aussi on les désigne l'un et l'autre par le nom commun de *facteur ;* et, pour exprimer, par exemple, que 56 est formé par la multiplication de 7 par 8, ou de 8 par 7, on dit simplement que 7 et 8 sont les *facteurs* de 56.

DIVISION.

39. La construction des nombres par des facteurs nous conduit à un nouveau mode de génération, qui est par rapport à la multiplication ce qu'est la soustraction par rapport à l'addition. En effet, 56 étant donné ainsi que 7, si on demandait quel est le facteur qui, avec 7, a formé 56, il faudrait employer pour arriver à la connaissance de ce facteur, un procédé différent de tous ceux que nous avons exposés jusqu'ici.

A la vérité, on pourrait arriver à la connaissance du facteur cherché au moyen de la soustraction, car en retranchant 7 de 56 autant de fois que cela serait possible, on finirait par savoir combien de fois 56 contient 7, ou combien de fois il faut additionner 7 pour former 56, et ce nombre de fois serait évidemment le facteur en question. On aurait ainsi $56 - 7 = 49$; $49 - 7 = 42$; $42 - 7 = 35$; $35 - 7 = 28$; $28 - 7 = 21$; $21 - 7 = 14$; $14 - 7 = 7$; $7 - 7 = 0$. D'où l'on conclurait que, puisqu'il a fallu retrancher 8 fois 7 pour arriver à zéro, 56 contient 8 fois 7, c'est-à-dire, que $8 \times 7 = 56$.

Mais ces soustractions successives deviendraient impraticables lorsqu'on aurait à opérer sur de grands nombres, et il devient nécessaire de les remplacer par un procédé qui soit à leur égard ce qu'est la multiplication à l'égard des additions successives d'un nombre avec lui-même. Ce procédé constitue l'opération nommée *division*.

40. Le but de la *division* étant ainsi bien établi, il nous sera facile de trouver son procédé puisqu'il est visible que ce procédé ne peut être que l'inverse de celui de la multiplication. Mais avant tout, pour distinguer les nombres qui entrent dans cette opération, nommons, comme c'est l'usage, *dividende* le nombre dont on cherche le *facteur*, ou qu'on divise; *diviseur*, le facteur connu, et *quotient* le facteur cherché. Dans l'exemple ci-dessus, 56 est le *dividende*, 7 le *diviseur*, et 8 le *quotient*.

41. Pour diviser un nombre composé de deux chiffres par un nombre d'un seul chiffre, on se sert encore de la table de Pythagore, et, par conséquent, on peut exécuter immédiatement cette opération lorsqu'on sait la table par cœur. Par exemple, s'il s'agissait de diviser 56 par 7, on chercherait 7 dans la première colonne horizontale de la table (30), puis on descendrait verticalement jusqu'à ce qu'on ait trouvé 56. Le chiffre 8 qui commence la colonne horizontale dans laquelle se trouve 56, apprend que 56 est égal à 8 fois 7, c'est-à-dire que 8 est le facteur cherché, ou le *quotient* de la division.

42. Souvent le dividende donné ne se trouve pas dans la table et alors c'est un indice qu'il n'est point exactement le produit de deux facteurs dont l'un est le diviseur donné. Par exemple, si on voulait diviser 49 par 8, en cherchant dans la *huitième* colonne verticale on ne trouverait pas 49 et il faudrait en conclure qu'il n'existe pas de nombre qui, multiplié par 8, soit égal à 49. Le facteur demandé ne pourrait être 7 puisque $7 \times 8 = 56$, il ne pourrait non plus être

6 puisque 6 × 8 = 48; il en résulte donc que ce facteur est plus grand que 6 et plus petit que 8, ce qui nous conduit à concevoir des nombres autres que les nombres entiers, les seuls que nous connaissions jusqu'ici. Nous reviendrons plus loin (52) sur ces considérations, contentons nous de remarquer que dans le cas qui nous occupe, on doit dire que 49 divisé par 8 est égal à 6, avec 1 pour reste, parce que 49 = 6 × 8 + 1.

43. Maintenant pour trouver le procédé à l'aide duquel on peut diviser un nombre composé de plus de deux chiffres par un diviseur d'un seul chiffre, rappelons-nous comment se forme le produit d'un nombre quelconque par un multiplicateur d'un seul chiffre, ou plutôt examinons, par exemple, le produit de 7543 par 9, en prenant 7543 pour multiplicateur afin de rendre plus sensible la composition du produit. Nous aurons

$$
\begin{array}{r}
9 \\
7543 \\
\hline
\end{array}
$$

27   *produit de* 9 *par*   3.
36   *produit de* 9 *par*   40.
45   *produit de* 9 *par*   500.
63   *produit de* 9 *par* 7000.

67887 *produit de* 9 *par* 7543.

Prenons maintenant 67887 pour *dividende*, 9 pour *diviseur* et faisons l'opération suivante :

$$
\begin{array}{r}
67887 \left\{ \begin{array}{l} 9 \quad \textit{diviseur.} \\ \hline 7543 \textit{ quotient.} \end{array} \right. \\
63 \\
\hline
48 \\
45 \\
\hline
38 \\
36 \\
\hline
27 \\
27 \\
\hline
0
\end{array}
$$

Après avoir écrit le diviseur 9 à côté du dividende 67887, commençons par diviser les deux derniers chiffres à gauche du dividende,

67, par 9 ; cette division nous donne 7 pour quotient avec un reste 4, parce que 7 × 9 = 63. Or, ce quotient 7 est le chiffre des plus hautes dixaines du quotient total demandé ; car, d'après la formation de 67887, il est évident que les deux derniers chiffres 67 contiennent le produit 63 du multiplicande 9 par le dernier chiffre 7 du multiplicateur, plus les dixaines du produit précédent 45, ajoutées dans l'addition finale. Donc, 67 divisé par 9 doit donner ce dernier chiffre 7 du multiplicateur, avec un reste égal aux dixaines ajoutées. Ayant retranché le produit de 7 par 9, ou 63, de 67, nous écrirons à côté du reste 4 le chiffre suivant 8 du dividende, et nous remarquerons que le nombre résultant 48 est le produit de l'avant-dernier chiffre 5 du multiplicateur par 9, augmenté des dixaines 3 du produit précédent. Raisonnant comme nous l'avons fait pour 67, nous trouverons que le diviseur 9 est contenu 5 fois dans 48, avec un reste 3. Nous écrirons donc 5 au quotient ; puis, à côté du reste 3, nous abaisserons le quatrième chiffre 8 du dividende. 38 étant, par les raisons exposées ci-dessus, le produit du chiffre 4 du multiplicateur, augmenté des dixaines du produit précédent, nous trouverons ce chiffre 4 en divisant 38 par 9, ce qui nous donnera en effet 4 pour quotient et 2 pour reste. Nous écrirons enfin, à côté de ce dernier reste, le dernier chiffre 7 du dividende, 27 sera le produit des unités du multiplicateur ; et, en divisant 27 par 9, nous obtiendrons, sans reste, ces unités 3, que nous écrirons au quotient. La division aura donc fait retrouver exactement le multiplicateur 7543.

44. Nous concluerons de là la règle suivante, pour diviser un nombre composé de plusieurs chiffres par un diviseur d'un seul chiffre :

1° *Écrire le diviseur à la droite du dividende, dont on le sépare par un trait ;*

2° *Chercher combien le premier chiffre du dividende contient le diviseur ; ou, si ce premier chiffre est plus petit que le diviseur, combien les deux premiers chiffres du dividende contiennent le diviseur, et écrire ce nombre au quotient ;*

3° *Retrancher de la partie employée du dividende, le produit du chiffre trouvé et du diviseur ;*

4° *Écrire à côté du reste obtenu par cette soustraction, le chiffre suivant du dividende, pour former un nouveau dividende partiel, sur lequel on opère comme sur le premier ;*

5° *Écrire le second quotient partiel à la droite du premier, et retrancher son produit du second dividende partiel ;*

6° *A côté du reste de cette dernière soustraction, écrire le chiffre du dividende général qui suit le dernier chiffre employé, pour former un troisième dividende partiel;*

7° *Continuer enfin de la même manière, jusqu'à ce qu'on ait employé tous les chiffres du dividende général.*

Quelques exemples rendront encore cette règle plus évidente.

45. On veut diviser 7187432 par 8.

$$7187432 \left\{ \begin{array}{l} 8 \\ \hline 898429 \ \textit{quotient.} \end{array} \right.$$

$$
\begin{array}{c}
78 \\
67 \\
34 \\
23 \\
72 \\
0
\end{array}
$$

Ayant écrit le dividende et le diviseur dans l'ordre indiqué, on dira : en 7 combien de fois 8? ou, comme 7 est trop petit, en 71 combien de fois 8? 8 fois pour 64. On écrira 8 au quotient et on retranchera 64 de 71, ce qui donnera un reste 7, à côté duquel on abaissera le troisième chiffre 8 du dividende. Continuant l'opération, on dira : en 78 combien de fois 8? 9 fois pour 72; on écrira 9 au quotient et à côté du reste 6 de la soustraction faite de 72 sur 78, on abaissera le quatrième chiffre 7 du dividende. On dira de nouveau : en 67 combien de fois 8? 8 fois pour 64. On écrira 8 au quotient et au dessous de 67 on posera 3, différence entre 67 et 64. Ayant abaissé le cinquième chiffre 4 du dividende à côté de la différence 3, on dira : en 34 combien de fois 8? 4 fois pour 32; ce qui donne un quotient 4 et un reste 2. Abaissant à côté du reste 2 le sixième chiffre 3 du dividende, on dira : en 23 combien de fois 8? 2 fois pour 16; ce qui donne 2 au quotient et 7 pour reste. Enfin, ayant abaissé à côté du reste 7 le dernier chiffre 2 du dividende, on dira : en 72 combien de fois 8? 9 fois exactement; on terminera donc l'opération en écrivant 9 au quotient et 0 pour dernier reste. Le quotient demandé est 898429. — Ainsi 8 × 898429 = 7187432 et il ne faut qu'exécuter la multiplication indiquée pour vérifier l'exactitude de la division.

Nous verrons plus loin quels sont les procédés employés pour vérifier les opérations arithmétiques ou pour faire la *preuve* de ces opérations.

46. Soit maintenant à diviser 91503 par 7.

$$91503 \left\{ \frac{7}{13071 \ quotient.} \right.$$

21

050

13

6 *reste.*

Il n'est pas besoin ici de prendre deux chiffres du dividende pour commencer l'opération parce que le premier est suffisant. On dira donc : en 9 combien de fois 7? une fois avec un reste 2. Abaissant le chiffre 1, on continuera en disant : en 21 combien de fois 7? 3 fois sans reste. On écrira donc 0 pour reste, et l'on abaissera le chiffre 5 du dividende, ce qui donnera 05 ou seulement 5 pour troisième dividende partiel; on dira : en 5 combien de fois 7? la division ne pouvant s'effectuer, on écrira 0 au quotient et, considérant 5 comme un reste, on abaissera à son côté le quatrième chiffre 0 du dividende, ce qui donnera 50 pour quatrième dividende partiel. On dira : en 50 combien de fois 7? 7 fois avec un reste 1. A côté de ce reste 1 on abaissera le dernier chiffre 3 du dividende et pour terminer on dira : en 13 combien de fois 7? une fois avec un reste 6. Le quotient cherché est donc 13071; mais, comme il y a un dernier reste 6, 7 n'est point facteur exact de 91503. On a seulement $91503 = 7 \times 13071 + 6.$

47. En examinant la formation du produit de deux nombres composés l'un et l'autre de plusieurs chiffres, on découvrira la règle générale de la division. Multiplions, par exemple, 789 par 563, nous aurons

789

563

2367 *produit de 789 par* 3.

4734 *produit de 789 par* 60.

3945 *produit de 789 par* 500.

444207 *produit de 749 par 563.*

Proposons-nous maintenant le problème inverse de diviser 444207 par 789. Écrivons le diviseur à côté du dividende et opérons comme il suit.

$$
\begin{array}{r|l}
444207 & 789 \; \textit{diviseur.} \\
       & \overline{563 \; \textit{quotient.}} \\
3945 & \\
\end{array}
$$

1ᵉʳ reste. . .   4970.7
                 4734

2ᵉ reste. . . .   2367
                   2367

3ᵉ reste. . . .   0

D'après la composition du dividende, on voit que le produit du diviseur par le dernier chiffre 5 du quotient est contenu dans les quatre derniers chiffres 4442 du dividende, plus les dixaines provenant des autres produits partiels. Ainsi, ayant séparé ces quatre chiffres par un point, il est évident que pour trouver le dernier chiffre 5 en question, il ne faut que chercher combien de fois les quatre chiffres 4442 contiennent de fois 789. Nous dirons donc en 4442 combien de fois 789? Mais comme ici la table de multiplication est insuffisante, nous remarquerons que 4442 étant le produit de 789 par le chiffre cherché, le premier chiffre 4 ou à son défaut les deux premiers chiffres 44 doivent renfermer le produit du chiffre cherché par le dernier chiffre 7 du diviseur; la question se réduit donc à dire : en 44 combien de fois 7? Et comme on trouve que 44 contient 5 fois 7 avec un reste, nous en conclurons que 4442 contient 5 fois le diviseur 789. Ceci fait, 4442 contenant en outre les dixaines provenant des autres produits partiels, pour avoir ces dixaines, il ne faut que multiplier 789 par 5 et retrancher le produit de 4442. Ayant donc écrit 5 au quotient, multiplions le diviseur par ce nombre, portons le produit 3945 sous 4442 et retranchons-le de ce nombre, nous aurons pour reste 497.

Si à côté de ce reste nous écrivons les deux autres chiffres 07 du dividende, il est bien évident que le nombre qui en résulte, 49707, ne contient plus que les produits de 789 par les deux premiers chiffres 63 du quotient.

Remarquons de nouveau que le produit de 789 par le second chiffre 6 du quotient est contenu dans les quatre premiers chiffres de 49707, plus les dixaines reportées du premier produit partiel. Ainsi pour trouver ce chiffre 6, il faut encore chercher combien les quatre chiffres 4970 contiennent le diviseur 789, ou, comme ci-dessus, combien 49 contient 7. Mais ici 49 contient 7 fois 7 et non 6 fois. On pourrait donc croire que l'opération est inexacte, si l'on ne se rappelait que non seulement 49 renferme le produit de 7 par 6, mais qu'il renferme de plus les dixaines provenant des produits des autres chiffres de 789 et en outre celles qui proviennent du premier produit partiel 2367. Il arrive donc souvent que la division des deux premiers chiffres d'un dividende partiel, par le premier chiffre du diviseur, donne un nombre plus grand que celui qui est cherché; et l'on ne peut regarder ce procédé que comme un tâtonnement, puisque, pour être sûr que le chiffre trouvé n'est pas trop grand, il faut multiplier le diviseur entier pour savoir si le produit ne surpasse pas le dividende partiel, car il ne faut pas perdre de vue que la véritable question est ici de savoir combien 4970 contient 789.

Ainsi, en multipliant 789 par 7, comme le produit 5523 est plus grand que le dividende partiel 4970, nous en conclurons que le quotient partiel 7 est trop grand. Nous écrirons donc seulement 6 au quotient, puis multipliant 789 par 6, nous retrancherons le produit 4734 de 4970, ce qui nous donnera pour reste 236 à côté duquel nous abaisserons le dernier chiffre 7 du dividende.

Or, il est évident que, puisque nous avons retranché successivement du dividende général les produits du diviseur par les centaines et par les dixaines du quotient, le dernier reste 2367 ne doit plus contenir que le produit du diviseur par le chiffre des unités du quotient et qu'il doit être ce produit lui-même, puisque le dividende proposé est exactement divisible par le diviseur. Donc, pour trouver ce chiffre des unités, nous dirons en 2367 combien de fois 789? ou plus simplement en 23 combien de fois 7? 3 fois. Multipliant donc 789 par 3, et retranchant le produit 2367 du dernier dividende partiel 2367, nous aurons, comme cela devait être, zéro pour reste final.

48. Nous tirerons des opérations qui précèdent la règle générale suivante :

1° *On prendra sur la gauche du dividende autant de chiffres qu'il est nécessaire pour contenir le diviseur.*

2° *On cherchera combien la partie prise du dividende général contient de fois le diviseur, ce qui se fait en cherchant seulement combien de fois le premier chiffre, à gauche du diviseur, est con-*

tenu dans le premier chiffre du dividende, ou dans les deux premiers si le premier ne suffit pas. On écrira le chiffre trouvé sous le diviseur.

3° *On multipliera tous les chiffres du diviseur par ce premier quotient partiel, et on portera à mesure les chiffres du produit sous les chiffres de même ordre du dividende partiel. On fera la soustraction, et à côté du reste on abaissera le chiffre suivant du dividende général, ce qui donnera un second dividende partiel.*

4° *On opérera sur le second dividende partiel comme on l'a fait sur le premier, et on continuera l'opération jusqu'à ce qu'on ait épuisé tous les chiffres du dividende général.*

Nous allons éclaircir les cas embarrassans par quelques exemples.

49. Soit à diviser 3730438 par 7364.

$$
\begin{array}{r|l}
3730438 & 7364 \\
\cline{2-2}
& 506 \quad \textit{quotient.} \\
36820 & \\
\hline
48438 & \\
44184 & \\
\hline
4254 \; \textit{reste final.}
\end{array}
$$

Prenant les cinq derniers chiffres 37304 du dividende, parce que les quatre premiers sont insuffisans pour contenir le diviseur, on dira : en 37 combien de fois 7? 5 fois. On écrira 5 au quotient.

On multipliera 7364 par 5 et on portera, en le formant, le produit 36820 sous 37304. A côté de la différence 484 de ces deux nombres on abaissera le sixième chiffre 3 du dividende, et on aura le second dividende partiel 4843.

Comme ce second dividende partiel est plus petit que le diviseur, on agira comme au numéro 46, c'est-à-dire, on écrira 0 au quotient et on abaissera le dernier chiffre 8 du dividende.

On dira : en 48438 combien de fois 7364? ou, en 48 combien de fois 7? 6 fois. On écrira 6 au quotient, puis on multipliera le diviseur par 6 et on écrira le produit 44184 sous le dividende partiel. On opérera la soustraction et on obtiendra un reste final 4254. D'où l'on pourra conclure que 3730438 = 506 × 7364 + 4254.

50. Soit à diviser 8988186 par 596.

$$
8988186 \left\{ \frac{596 \quad \textit{diviseur.}}{15080 \quad \textit{quotient.}} \right.
$$

596
———
3028
2980
———
4818
4768
———
506   *reste final.*

On prendra seulement les trois premiers chiffres du dividende parce qu'ils suffisent pour contenir le diviseur, et, au lieu de dire en 896 combien de fois 596? on dira : en 8 combien de fois 5? 1 fois. On écrira 1 au quotient.

On multipliera 596 par 1 et on portera le produit 596 sous 878; on fera la soustraction et à côté du reste 302 on abaissera le chiffre 8 du dividende. On poursuivra en disant : en 30 combien de fois 5? 6 fois; mais en multipliant le diviseur par 6, on trouvera 3076 qui est plus grand que 3028; on n'écrira donc que 5 au quotient.

On multipliera le diviseur par 5 et on écrira le produit 2980 sous 3028. A côté du reste de la soustraction, 48, on abaissera le chiffre 1 du dividende. Mais comme 481 ne peut contenir le diviseur 596, on écrira 0 au quotient et on abaissera à côté de 481 le chiffre suivant 8 du dividende. Alors on dira : en 48 combien de fois 5? 9 fois, et comme on trouvera que 9 est trop grand, on écrira seulement 8 au quotient.

On multipliera le diviseur par 8, et après avoir retranché le produit 4768 de 4818, on obtiendra un reste 50 à côté duquel on abaissera le dernier chiffre 6 du dividende. Enfin on dira en 506 combien de fois 596? Et comme 506 est trop petit, on écrira 0 au quotient. Tous les chiffres du dividende étant épuisés on en conclura que le reste final est 506 ou que 8988186 contient 596, 15080 fois avec un reste 506.

51. On peut abréger les multiplications qu'il faut faire pour savoir si le chiffre obtenu par la division des deux premiers chiffres du dividende, par le premier chiffre du diviseur, n'est pas trop grand. Par exemple, dans la division précédente, au troisième dividende partiel nous avions : en 48 combien de fois 5? 9 fois ; et nous n'avons pu

mettre que 8 au quotient, parce que le diviseur multiplié par 9, donne 5364, qui est plus grand que le dividende partiel 4818. Or, pour éviter cette multiplication, il suffirait de la remarque suivante.

Si 4818 contenait 9 fois 596, les derniers chiffres 48 devraient contenir 9 fois 5, plus un reste qui se composerait des dixaines provenant de la multiplication des autres chiffres du diviseur par 9 ; retranchant donc 9 fois 5 ou 45 de 48, le reste 3 devrait être ces dixaines. Or, 318 qui reste après avoir ôté 45 centaines de 4818, doit donc contenir les produits des deux premiers chiffres 96 du diviseur par 9, et, particulièrement 31 doit contenir le produit du chiffre 9 des dixaines par 9 ; mais ce produit étant 81 et par conséquent plus grand que 31, il s'ensuit que 9 fois 596 est plus grand que 4818. Ainsi, sans être obligé de multiplier entièrement 596 par 9 et seulement à l'aide de la différence de 48 à 45, on reconnaît que le chiffre 9 n'est pas celui qu'on demande.

Maintenant pour savoir si 8 ne serait pas lui-même trop grand, car il peut se présenter des cas où le chiffre trouvé surpasse le chiffre cherché de deux unités ; on dira aussi : 8 fois 5 font 40 ; 40 ôté de 48 reste 8 ; joignant 8 au troisième chiffre 1 de 4818, on dira de 81 ôté 72, produit du second chiffre 9 du diviseur par 8, reste 9 ; puis, joignant à 9 le dernier chiffre 8 du dividende partiel, on saura que le quotient 8 n'est pas trop grand puisque le dernier nombre 98 contient le produit 48 de ce quotient 8 par le dernier chiffre 6 du diviseur.

L'essai du nombre 8 comme quotient produirait donc l'opération

$$4818 \left\lbrace \frac{596}{8} \right.$$
$$81$$
$$98$$

qui est beaucoup plus prompte que la multiplication de 596 par 8 et qu'on doit d'ailleurs prendre l'habitude d'exécuter sans écrire aucun chiffre. La pratique apprend à reconnaître dès le premier reste si le quotient est trop grand.

LES FRACTIONS.

52. La division, comme mode de génération des nombres, engendre des quantités qui diffèrent essentiellement des nombres entiers, for-

més primitivement par l'addition successive de l'unité avec elle-même. Nous avons déjà fait observer (42) que le quotient exact de la division de 49 par 8, n'était ni 6 ni 7, mais entre 6 et 7 ; c'est-à-dire un nombre plus grand que 6 et plus petit que 7. Il en est de même dans une infinité de cas, par exemple, la division de 3 par 4 ne peut produire qu'un nombre entre 0 et 1 ou plus petit que 1 ; celle de 3 par 2 qu'un nombre entre 1 et 2 ; celle de 7 par 3 qu'un nombre entre 2 et 3, etc., etc. Ces nombres nouveaux dont il devient essentiel d'examiner la nature se nomment *nombres fractionnaires*.

53. Pour attacher une idée déterminée au *nombre fractionnaire* produit, par exemple, par la division de 3 par 4, il faut le considérer comme la *quatrième* partie de 3, mais on ne peut partager 3 en quatre parties sans partager l'unité fondamentale, de sorte qu'il nous devient nécessaire d'imaginer que cette unité, que nous avons regardée jusqu'ici comme simple et indivisible, est elle-même décomposable en unités plus petites ou parties composantes. Par exemple, si nous supposons que l'unité contienne quatre parties ou soit formée de quatre parties égales, chacune de ces parties sera *le quart* de l'unité, et comme alors *trois unités* seront équivalentes à 3 fois quatre quarts ou à 12 quarts d'unités, la division de trois unités par 4 produira le nombre fractionnaire *trois quarts* d'unité. C'est-à-dire que 3 divisé par 4 est égal à *trois quarts*. Par la même raison 5 divisé par 6 est égal à *cinq sixièmes* d'unité, parce que dans ce cas on conçoit l'unité partagée en six parties dont chacune est *un sixième*.

La division de 3 par 2 nous conduit également au nombre fractionnaire *trois demies* qui se compose lui-même du nombre entier 1 et du nombre fractionnaire *une demie*.

En observant que tous les nombres fractionnaires plus grands que l'unité se composent de deux parties, dont l'une est un nombre entier et l'autre un nombre fractionnaire plus petit que l'unité, on ramène toute la théorie des nombres fractionnaires à ceux de ces nombres plus petits que l'unité. Ces derniers se nomment particulièrement *fractions*.

54. Pour exprimer une fraction, il faut nécessairement deux nombres : 1° celui qui indique en combien de parties l'unité fondamentale est supposée divisée ; 2° celui qui indique combien la fraction contient de ces parties. Ces deux nombres s'écrivent l'un sous l'autre en les séparant par un trait ; ainsi *trois quarts* s'écrivent $\frac{3}{4}$; *quatre cinquièmes* s'écrivent $\frac{4}{5}$, etc., etc.

3

Le nombre qui indique en combien de parties l'unité est divisée, et qui s'écrit toujours au dessous de l'autre, se nommé le *dénominateur* de la fraction, parce que c'est de lui qu'elle tire sa dénomination.

Le nombre qui indique combien la fraction contient de parties de l'unité, se nomme son *numérateur*, parce que c'est de lui qu'elle tire sa valeur numérique comparative avec celles de toutes les autres fractions de même dénomination.

Par exemple, dans la fraction $\frac{5}{12}$ qu'on lit *cinq douzièmes*, 5 est le *numérateur* et 12 le *dénominateur*.

Le numérateur et le dénominateur se nomment encore les *termes* de la fraction.

Puisque les fractions sont des nombres réels, elles sont soumises aux mêmes combinaisons que les nombres entiers, et nous devons d'abord étudier comment on peut leur faire subir les quatre opérations d'*addition*, de *soustraction*, de *multiplication* et de *division*.

ADDITION DES FRACTIONS.

55. Il se présente deux cas, ou les fractions qu'on veut additionner ont le même dénominateur, ou elles ont des dénominateurs différens. Dans le premier cas la règle est bien simple : *on additionne tous les numérateurs et on donne à la somme le dénominateur commun.*

En effet $\frac{1}{5}$ plus $\frac{1}{5}$ font nécessairement $\frac{2}{5}$; $\frac{2}{7}$ et $\frac{1}{7}$ font $\frac{3}{7}$ et ainsi de suite, car $1+1$ fera toujours 2, $2+1$ fera toujours 3, etc., etc., seulement ce 2, ce 3, etc., seront des *cinquièmes*, parce que l'unité composante est elle-même un cinquième.

Ainsi, pour additionner, par exemple, les trois fractions $\frac{8}{15}$, $\frac{9}{15}$ et $\frac{7}{15}$, on prendra la somme des trois numérateurs 8, 9 et 7, et comme cette somme est $8+9+7=24$, on aura

$$\frac{8}{15}+\frac{9}{15}+\frac{7}{15}=\frac{24}{15}.$$

La somme demandée sera donc *vingt-quatre quinzièmes*, ou 1 entier plus $\frac{9}{15}$, parce que *quinze quinzièmes* représentent ici l'unité.

Dans le second cas, lorsque les fractions ont des dénominateurs différens, il serait absolument impossible de les additionner, si ces nombres ne possédaient pas la propriété de pouvoir changer de forme sans changer de valeur; car il est évident qu'on ne peut pas plus former un ensemble qu'on nommerait *deux* avec *un* tiers et *un* quart, par exemple, qu'avec *une* dixaine et *une* centaine. Mais les fractions se prêtent à une foule de transformation qu'il est essentiel de bien connaître et que nous allons exposer.

56. 1° *Une fraction ne change pas de valeur lorsqu'on multiplie ses deux termes par le même nombre.*

En effet, soit la fraction $\frac{1}{4}$; si on multiplie ses deux termes par 2, elle devient $\frac{6}{8}$; or, $\frac{6}{8}$ est la même chose que $\frac{3}{4}$; car dans la fraction $\frac{3}{4}$ l'unité est divisée en 4 parties dont on prend 3, et dans la fraction $\frac{6}{8}$ cette même unité est divisée en 8 parties dont on prend 6; ainsi dans la seconde fraction les parties de l'unité sont deux fois plus petites que dans la première, mais comme on en prend le double, le résultat est identiquement le même.

Si on multipliait les deux termes de $\frac{1}{4}$ par 3, cette fraction deviendrait $\frac{9}{12}$ et l'on reconnaîtrait que $\frac{9}{12}$ est la même chose que $\frac{1}{4}$, en observant que, si dans la fraction $\frac{9}{12}$ l'unité est partagée en parties 3 fois plus petites, on a aussi 3 fois plus de parties.

Il en serait de même en multipliant les deux termes de $\frac{1}{4}$ par 4, 5, 6, etc., et en général par un nombre quelconque. Comme aussi pour toute autre fraction que $\frac{1}{4}$.

Il résulte évidemment de cette propriété, la propriété inverse.

2° *Qu'une fraction ne change pas de valeur lorsqu'on divise ses deux termes par le même nombre.*

57. Lorsque deux ou plusieurs fractions ont des dénominateurs différens, les propriétés précédentes permettent toujours de les transformer en d'autres qui leur soient équivalentes et qui aient de plus le même dénominateur. S'agit-il, par exemple, des deux fractions $\frac{2}{3}$ et $\frac{3}{4}$; en multipliant les deux termes de la première par 4, dénominateur de la seconde, on obtiendra la fraction $\frac{8}{12}$ égale à $\frac{2}{3}$, et en multipliant les deux termes de la seconde par 3, dénominateur de la première, on obtiendra la fraction $\frac{9}{12}$ égale à $\frac{3}{4}$. Les fractions proposées $\frac{2}{3}$ et $\frac{3}{4}$ seront donc transformées en fractions équivalentes $\frac{8}{12}$ et $\frac{9}{12}$, et s'il s'agissait de les additionner, on aurait

$$\frac{2}{3} + \frac{3}{4} = \frac{8}{12} + \frac{9}{12} = \frac{17}{12} = 1 + \frac{5}{12}.$$

S'il s'agissait de trois ou d'un plus grand nombre de fractions, on les réduirait au même dénominateur *en multipliant les deux termes de chacune par le produit des dénominateurs de toutes les autres.* Il est évident que, par ce procédé, les fractions ne changeraient pas de valeur puisque les deux termes de chacune d'elles seraient multi-

pliés par un même nombre, et en outre que tous les nouveaux dénominateurs seraient égaux puisqu'ils seraient formés chacun du produit de tous les anciens dénominateurs.

58. On demande la somme des quatre fractions $\frac{1}{3}$, $\frac{1}{4}$, $\frac{3}{7}$, $\frac{5}{11}$. On
commencera par réduire ces fractions au même dénominateur en
multipliant 1° les deux termes de la première par 308, produit des
trois dénominateurs 4, 7, 11 ; 2° les deux termes de la seconde par
331, produit des trois dénominateurs 3, 7, 11 ; 3° les deux termes
de la troisième par 132, produit des trois dénominateurs 3, 4, 11 ;
4° enfin, les deux termes de la quatrième par 84, produit des trois
dénominateurs 3, 4, 7. Les fractions proposées deviendront $\frac{308}{924}$,
$\frac{331}{924}$, $\frac{396}{924}$, $\frac{420}{924}$ et, en prenant la somme des numérateurs, on obtiendra
définitivement pour la somme demandée le nombre fractionnaire $\frac{1455}{924}$
équivalent à $1 + \frac{531}{924}$.

SOUSTRACTION DES FRACTIONS.

59. Pour soustraire une fraction d'une autre fraction, il suffit, lorsque les fractions ont le même dénominateur, de retrancher le numérateur de la première du numérateur de la seconde, puis de donner
au reste le dénominateur commun.

Lorsque les fractions ont des dénominateurs différens, on commence
par les réduire au même dénominateur, puis on opère comme il
vient d'être dit.

S'il s'agissait, par exemple, de soustraire $\frac{7}{15}$ de $\frac{9}{15}$, on retran-
cherait 7 de 9 et l'on obtiendrait

$$\frac{9}{15} - \frac{7}{15} = \frac{2}{15}.$$

Si les fractions proposées étaient $\frac{2}{3}$ et $\frac{3}{4}$, on les réduirait au
même dénominateur et l'on trouverait

$$\frac{5}{4} - \frac{2}{3} = \frac{9}{12} - \frac{8}{12} = \frac{1}{12}.$$

Ces procédés sont évidens et dérivent de ceux de l'addition des
fractions.

MULTIPLICATION DES FRACTIONS.

60. La règle de cette opération est très-simple. — *Multipliez l'un
par l'autre les numérateurs des fractions proposées; le produit sera le*

numérateur de la fraction du produit. Multipliez également l'un par l'autre les deux dénominateurs; le produit sera le dénominateur de la fraction du produit.

Ainsi, pour multiplier $\frac{3}{4}$ par $\frac{2}{3}$, on multipliera d'une part le numérateur 3 par le numérateur 2 ; et de l'autre, le dénominateur 4 par le dénominateur 3. On obtiendra de cette manière

$$\frac{3}{4} \times \frac{2}{3} = \frac{6}{12}.$$

Pour se rendre compte de cette opération, il faut se rappeler que le but de la multiplication est de prendre le multiplicande autant de fois qu'il y a d'unités dans le multiplicateur, et, par conséquent, que multiplier $\frac{3}{4}$ par $\frac{2}{3}$ c'est prendre $\frac{3}{4}$, $\frac{2}{3}$ de fois, ou, ce qui est la même chose, c'est prendre les $\frac{2}{3}$ de $\frac{3}{4}$. Or, s'il s'agissait seulement de prendre le *tiers* de $\frac{3}{4}$, on multiplierait le dénominateur 4 par 3, et la fraction $\frac{3}{4}$ devenant $\frac{3}{12}$, serait en effet 3 fois plus petite que $\frac{3}{4}$ ou serait le *tiers* de $\frac{3}{4}$. Donc pour prendre les *deux tiers* il faut doubler le *tiers* ou la fraction $\frac{3}{12}$, ce qui se fait en *doublant* ou en multipliant par 2 le numérateur 3. Les *deux tiers* de $\frac{3}{4}$ sont donc $\frac{6}{12}$. Le même raisonnement appliqué à tous les cas conduit à la règle énoncée.

Le produit de la fraction $\frac{5}{7}$ par la fraction $\frac{9}{11}$ sera donc égal à la fraction $\frac{45}{77}$, et pour indiquer les opérations nous écrirons

$$\frac{5}{7} \times \frac{9}{11} = \frac{5 \times 9}{7 \times 11} = \frac{45}{77}.$$

La fraction $\frac{45}{77}$ multipliée de nouveau par une autre fraction $\frac{2}{3}$, produira

$$\frac{45}{77} \times \frac{2}{3} = \frac{45 \times 2}{77 \times 3} = \frac{90}{231}.$$

et, en observant que $\frac{45}{77}$ est la même chose que $\frac{5 \times 9}{7 \times 11}$, on verra que le produit de trois fractions se forme comme celui de deux, par les produits respectifs des numérateurs et des dénominateurs, c'est-à-dire, que

$$\frac{5}{7} \times \frac{9}{11} \times \frac{2}{3} = \frac{5 \times 9 \times 2}{7 \times 11 \times 3} = \frac{90}{231}.$$

Il en sera nécessairement de même pour un nombre quelconque de fractions.

64. La règle de la multiplication des fractions entre elles s'applique à la multiplication des entiers par les fractions ; car on peut toujours

38

SCIENCE DES NOMBRES.

donner aux entiers une forme fractionnaire. 3, par exemple, est évidemment la même chose, d'abord que $\frac{3}{1}$, et, par suite, en multipliant les deux termes par un même nombre (56), que $\frac{6}{2}$, $\frac{12}{4}$, $\frac{11}{1}$, etc. Ainsi, le produit de 3 par une fraction quelconque $\frac{7}{8}$, sera $\frac{3}{1} \times \frac{7}{8} = \frac{21}{8}$. Il suffit donc, *lorsqu'un des facteurs est entier, de multiplier par ce facteur le numérateur de la fraction.*

En remontant à l'origine des opérations, on voit immédiatement la raison de cette dernière règle ; car multiplier une fraction par un nombre entier, c'est ajouter cette fraction à elle-même autant de fois qu'il y a d'unités dans le nombre entier ; ainsi $\frac{7}{8}$ multiplié par 3 est égal à $\frac{7}{8} + \frac{7}{8} + \frac{7}{8}$, ce qui se réduit (57) à $\frac{3 \times 7}{8} = \frac{21}{8}$.

Par la même raison 3 multiplié par $\frac{7}{8}$ est égal à 3 pris *sept huitièmes* de fois, ou, ce qui est la même chose, est égal aux *sept huitièmes* de 3. Or, le *huitième* de 3 est $\frac{3}{8}$, et *sept* fois cette fraction produit $\frac{7 \times 3}{8} = \frac{21}{8}$.

Donc $3 \times \frac{7}{8} = \frac{7}{8} \times 3$, et l'on voit encore ici qu'un produit ne change pas lorsqu'on intervertit l'ordre de ses facteurs. Ce que nous avons démontré à ce sujet (38), pour les nombres entiers, s'étend donc aux nombres fractionnaires.

DIVISION DES FRACTIONS.

62. La division d'une fraction par une autre fraction se ramène à une multiplication en renversant l'ordre des termes de la fraction diviseur. Par exemple, pour diviser $\frac{5}{6}$ par $\frac{3}{7}$, on renversera la fraction diviseur $\frac{3}{7}$ qui deviendra ainsi $\frac{7}{3}$, et l'opération se réduira à multiplier $\frac{5}{6}$ par $\frac{7}{3}$. On aura de cette manière

$$\frac{5}{6} \text{ divisés par } \frac{3}{7} = \frac{5}{6} \times \frac{7}{3} = \frac{5 \times 7}{6 \times 3} = \frac{35}{18}.$$

Pour indiquer la division, on se sert encore du signe (:) qui signifie *divisé par*, de sorte que pour écrire 5 *divisé par* 6, on écrit 5 : 6. La forme fractionnaire $\frac{5}{6}$ et la forme de division 5 : 6 expriment une même chose. En employant ce nouveau signe, nous résumerons l'opération précédente en

$$\frac{5}{6} : \frac{3}{7} = \frac{5}{6} \times \frac{7}{3} = \frac{35}{18}.$$

La raison de cette règle ne se présente pas aussi facilement que celle des règles précédentes. Cependant avec un peu d'attention on peut la reconnaître. Diviser $\frac{5}{6}$ par $\frac{3}{7}$ c'est chercher combien de fois $\frac{5}{6}$ contient $\frac{3}{7}$; or, si les fractions avaient le même dénominateur, l'opération pourrait s'effectuer sur les numérateurs sans tenir aucun compte du dénominateur commun; car $\frac{5}{6}$, par exemple, contient évidemment $\frac{1}{6}$ autant de fois que 5 contient 1; de même $\frac{8}{15}$ contient $\frac{4}{15}$ autant de fois que 8 contient 4. En général, diviser une fraction $\frac{17}{21}$ par une autre fraction de même dénomination $\frac{9}{21}$, c'est chercher combien le numérateur 17 contient le numérateur 9; et il est évident que tant que 17 et 9 exprimeront des quantités de même nature, soit des *vingtièmes*, soit des *dixièmes*, soit des *tiers*, soit des *quarts*, etc., 17 divisé par 9 produira toujours le même nombre, et comme 17 divisé par 9 est égal au nombre fractionnaire $\frac{17}{9}$, on a, non seulement, $\frac{17}{21} : \frac{9}{21} = \frac{17}{9}$, mais encore $\frac{17}{30} : \frac{9}{30} = \frac{17}{9}$; $\frac{17}{41} : \frac{9}{41} = \frac{17}{9}$, etc., etc., quel que soit le dénominateur commun.

Maintenant, pour diviser $\frac{5}{6}$ par $\frac{3}{7}$, on peut réduire ces fractions au même dénominateur (57); elles se transforment alors en $\frac{31}{42}$, $\frac{18}{42}$, et l'on a conséquemment.

$$\frac{5}{6} : \frac{3}{7} = \frac{35}{42} : \frac{18}{42} = \frac{35}{18}.$$

Ce que l'on peut écrire comme il suit pour rendre sensibles tous les détails de l'opération.

$$\frac{5}{6} : \frac{3}{7} = \frac{5\times 7}{6\times 7} : \frac{6\times 3}{6\times 7} = \frac{5\times 7}{6\times 3}.$$

Ainsi, comme $\frac{5\times 7}{6\times 3}$ est le produit des deux fractions $\frac{5}{6}$, $\frac{7}{3}$, on a donc effectivement

$$\frac{5}{6} : \frac{3}{7} = \frac{5}{6} \times \frac{7}{3}.$$

D'où résulte cette règle, *qu'on change la division en multiplication par le renversement des termes de la fraction diviseur.*

63. Proposons-nous de diviser la fraction $\frac{45}{77}$ par la fraction $\frac{5}{7}$. Nous aurons, en vertu de la règle,

$$\frac{45}{77} : \frac{5}{7} = \frac{45}{77} \times \frac{7}{5} = \frac{45\times 7}{77\times 5} = \frac{315}{385}.$$

Or, en multipliant le diviseur par le quotient, on doit reproduire le dividende, puisque le diviseur et le quotient ne sont que les deux facteurs du dividende, ainsi nous devons avoir

$$\frac{315}{385} \times \frac{5}{7} = \frac{45}{77}.$$

Mais, en effectuant la multiplication, nous trouvons $\frac{3t5 \times 5}{385 \times 7} = \frac{1575}{2695}$, et il n'est pas facile de voir immédiatement que la fraction $\frac{1575}{2695}$ est égale à la fraction $\frac{45}{77}$. En outre, nous avons produit cette fraction $\frac{45}{77}$, en multipliant (60) la fraction $\frac{5}{7}$ par $\frac{9}{11}$; de sorte qu'en divisant $\frac{45}{77}$ par $\frac{5}{7}$, nous aurions dû retrouver $\frac{9}{11}$ et non $\frac{311}{385}$. Il devient donc essentiel de chercher les moyens de reconnaître dans quels cas des fractions de forme différente expriment une seule et même quantité.

64. Cependant, avant de passer outre, observons que la division d'une fraction par un entier ainsi que celle d'un entier par une fraction, peuvent s'exécuter d'après la règle enseignée, en donnant à l'entier une forme fractionnaire. Par exemple, $\frac{5}{11}$ divisé par 3, est la même chose que $\frac{5}{11} : \frac{3}{1}$, ce qui se transforme en $\frac{5}{11} \times \frac{1}{3} = \frac{5 \times 1}{11 \times 3} = \frac{5}{33}$, c'est-à-dire que, *pour diviser une fraction par un nombre entier, il faut multiplier le dénominateur de la fraction par ce nombre.*

En vertu des mêmes considérations, 3 divisé par $\frac{5}{11}$ est la même chose que $\frac{3}{1}$ divisés par $\frac{5}{11}$, ce qui se transforme en $\frac{3}{1} \times \frac{11}{5} = \frac{3 \times 11}{5}$, c'est-à-dire que, *pour diviser un entier par une fraction, il faut multiplier l'entier par le dénominateur de la fraction, et diviser le produit par le numérateur.*

RÉDUCTION DES FRACTIONS.

65. Nous avons vu (56) qu'une fraction ne change pas de valeur soit qu'on multiplie, soit qu'on divise ses deux termes par un même nombre. Cette propriété permet de donner à une même fraction une infinité de formes différentes parmi lesquelles la plus simple est celle dans laquelle le numérateur et le dénominateur n'ont aucun facteur commun. Par exemple, toutes les fractions de la suite

$$\frac{1}{2}, \ \frac{2}{4}, \ \frac{3}{6}, \ \frac{4}{8}, \ \frac{5}{10}, \ \frac{6}{12}, \ \frac{7}{14}, \ \frac{8}{16}, \ \text{etc.},$$

que l'on forme en multipliant successivement par 2, 3, 4, 5, etc., les deux termes de la première fraction $\frac{1}{2}$, sont égales entre elles, et il est évident que la plus simple est la fraction primitive $\frac{1}{2}$, parce qu'elle est exprimée par les plus petits nombres possibles.

De même, toutes les fractions de la suite

$$\frac{2}{3}, \ \frac{4}{6}, \ \frac{6}{9}, \ \frac{8}{12}, \ \frac{10}{15}, \ \frac{12}{18}, \ \frac{14}{21}, \ \frac{16}{24}, \ \text{etc.},$$

formée en multipliant successivement par 2, 3, 4, 5, etc., les deux termes de la première fraction $\frac{2}{3}$ sont égales entre elles et la plus simple de toutes ces fractions est la première $\frac{2}{3}$.

Or, une fraction telle que $\frac{16}{24}$ étant donnée, pour la ramener à sa forme la plus simple $\frac{2}{3}$, ou, comme on le dit, *pour la réduire à sa plus simple expression*, il faudrait connaître le nombre par lequel on devrait multiplier les deux termes de la fraction la plus simple pour lui donner la forme $\frac{16}{24}$; car, ce nombre étant connu, on obtiendrait cette fraction la plus simple en divisant les deux termes de $\frac{16}{24}$; par exemple ici, en divisant 16 et 24 par le même nombre 8, ce qui ne change pas la valeur de la fraction, on obtient

$$\frac{16 : 8}{24 : 8} = \frac{2}{3}.$$

Mais pour trouver ce nombre 8, il fallait découvrir que $16 = 2 \times 8$ et que $24 = 3 \times 8$, c'est-à-dire, il fallait trouver le facteur qui entre à la fois dans la composition de 16 et dans celle de 24. Posée ainsi, la question se trouve ramenée à celle de trouver les facteurs d'un nombre qui exige de nouvelles considérations.

65. Dans la suite infinie des nombres entiers 1, 2, 3, 4, 5, 6, etc., on doit en distinguer de deux espèces différentes; les uns tels que 2, 3, 5, 7, 11, 13, 17, etc., sont entièrement indivisibles, ou plutôt ne peuvent être formés par le produit de deux ou de plusieurs autres; les autres, dont le nombre est beaucoup plus grand, tels que 4, 6, 8, 10, 12, 14, 15, 16, 18, etc., peuvent toujours être construits par le produit de deux ou de plusieurs facteurs. 12, par exemple, résulte de la multiplication de 3 par 4, ou bien de celle de 2 par 6, ou bien enfin de celle de 2 par 2, et ensuite par 3.

Les nombres indécomposables en facteurs se nomment *nombres premiers*. C'est en définitive par leur moyen qu'on peut construire tous les autres nombres entiers.

67. On connaît tous les facteurs d'un nombre, et par conséquent tous les nombres qui le divisent exactement, lorsque ses facteurs premiers sont connus. Par exemple, sachant que 30 est formé par les trois facteurs premiers 2, 3, 5, parce que $2 \times 3 \times 5 = 30$, on voit immédiatement que la décomposition de 30 en deux facteurs peut se faire de trois manières différentes, savoir : par 2×3, ou 6 et 5; par 2×5, ou 10 et 3; et enfin, par 3×5, ou 15 et 2. On a donc $30 = 6 \times 5$; $30 = 10 \times 3$; $30 = 15 \times 2$. Et, en réunissant

ces divers facteurs, on reconnaît que 30 est divisible exactement par les nombres 2, 3, 5, 6, 10 et 15.

Il n'existe aucun procédé général, autre que la division, pour reconnaître si un nombre donné est divisible par un nombre premier également donné. Mais, à défaut de procédé général, on a trouvé un petit nombre de procédés particuliers, relatifs à quelques nombres premiers, qui ne laissent pas d'être d'une grande utilité. Nous allons les faire connaître.

68. On nomme *nombre pair* tout nombre divisible par 2. Or, tous les nombres dont le chiffre des unités est pair ou zéro, sont des nombres pairs, et par conséquent divisibles par 2.

Les deux termes de la fraction $\frac{16}{24}$, dont nous nous sommes occupés (65) étant des nombres pairs, on peut les diviser l'un et l'autre par 2, et l'on obtient ainsi la fraction équivalente $\frac{8}{12}$. Comme les deux termes de cette dernière sont encore des nombres pairs, une nouvelle division par 2 la réduit à $\frac{4}{6}$, qu'une division par 2 réduit définitivement à $\frac{2}{3}$.

69. *Tout nombre dont la somme des chiffres qui le composent est un multiple de 3, est exactement divisible par 3.*

Les nombres 36, 27, 513, 21363, etc., etc., sont dans ce cas, parce qu'on a $3 + 6 = 9 = 3$ fois 3 ; $2 + 7 = 9 = 3$ fois 3 ; $5 + 1 + 3 = 9 = 3$ fois 3 ; $2 + 1 + 3 + 6 + 3 = 15 = 5$ fois 3, etc.

Ce caractère de divisibilité a encore lieu pour le facteur composé 9, c'est-à-dire que, *lorsque la somme des chiffres d'un nombre est un multiple de 9, le nombre est divisible par 9.*

36, 27 et 513 sont donc divisibles par 9 ; car, par *multiple* on entend généralement un nombre pris un nombre quelconque de fois et par conséquent pris 1, ou 2, ou 3, ou, etc., fois. On considère l'unité comme facteur de tous les nombres, parce qu'un nombre quelconque n'est que l'*unité* prise ce nombre de fois. Par exemple, $8 = 1 \times 8$; $24 = 1 \times 24$, etc., etc.

70. *Tout nombre dont le chiffre des unités est 0 ou 5, est divisible par 5.*

Il en résulte que tout nombre terminé par 0 est en même temps divisible par 2 (68) et par 5, et conséquemment par 10 ; ce qui est d'ailleurs évident.

71. *Tout nombre dans lequel la somme des chiffres de rang impair, c'est-à-dire le premier, le troisième, le cinquième, etc., est égale à la somme des chiffres de rang pair, c'est-à-dire le second, le quatrième,*

le sixième, etc., est un multiple de 11. La même chose a encore lieu lorsque ces deux sommes ne diffèrent entre elles que par un multiple de 11.

Le nombre 57827, par exemple, est divisible par 11, parce que d'une part la somme des chiffres impairs est $7 + 8 + 5 = 20$, de l'autre la somme des chiffres pairs est $2 + 7 = 9$, et que la différence des deux sommes $20 - 9 = 11$.

72. Ces caractères de divisibilité peuvent être reconnus avec une si grande facilité, qu'on peut les appliquer avantageusement à la réduction des fractions. Il n'en est pas de même de ceux que présentent les autres nombres premiers 7, 13, 17, etc.; dans le plus grand nombre des cas il est plus prompt d'essayer immédiatement la division. Nous exposerons ces caractères dans l'algèbre, où nous renvoyons la démonstration des règles précédentes.

73. Appliquons ces règles à la fraction $\frac{1575}{2695}$ du numéro 63. Les deux termes de cette fraction, se terminant également par le chiffre 5, sont divisibles par 5 (70), ainsi, opérant ces divisions, nous aurons pour première réduction

$$\frac{1575 : 5}{2695 : 5} = \frac{315}{539}.$$

En examinant le nouveau numérateur 315, on reconnaît qu'il est non seulement divisible par 5 mais encore par 9, parce que la somme de ses chiffres $3 + 1 + 5 = 9$. Le dénominateur 539 ne pouvant être divisé ni par 5 ni par 9, les moyens connus jusqu'ici ne nous permettent plus de faire subir à la fraction $\frac{315}{539}$ aucune réduction ultérieure. Ces moyens sont très-bornés, comme on le voit; mais il existe heureusement un procédé général qui fait immédiatement trouver le plus grand facteur commun entre deux nombres, et dispense ainsi de la recherche des facteurs premiers. Voici ce procédé que nous démontrerons dans la seconde partie de la science des nombres.

74. Pour trouver le plus grand facteur commun entre deux nombres ou le plus grand nombre qui les divise tout deux exactement, il faut opérer d'après la règle générale suivante :

1° *Divisez le plus grand des deux nombres par le plus petit si la division se fait sans reste, le plus petit nombre est le plus grand commun diviseur.*

2° *Si après la division, il se trouve un reste, divisez le plus petit nombre donné par ce reste; et si la division se fait exactement, ce reste est le plus grand diviseur cherché.*

3° *S'il se trouve un second reste, divisez le premier reste par le second, et si la division se fait sans troisième reste, le second reste est alors le plus grand commun diviseur que vous puissiez trouver.*

4° *Dans le cas d'un troisième reste, continuez de la même manière c'est-à-dire en divisant toujours l'avant-dernier reste par le dernier. Le reste qui divisera exactement celui qui le précède, sera le plus grand commun diviseur.*

75. Reprenons la fraction $\frac{1575}{2695}$ et opérons sur elle d'après cette règle.

2695 divisé par 1575 donne un premier reste égal à 1120; 1575 divisé par ce premier reste 1120, donne pour second reste 455; le premier reste 1120 divisé par le second 455, donne pour troisième reste 210; le second reste 455 divisé par le troisième 210, donne pour quatrième reste 35; le troisième reste 210 divisé par le quatrième 35 ne laisse pas de reste. 35 est donc le plus grand commun diviseur des deux nombres 1575 et 2695. Divisant donc chacun de ces nombres par 35, la fraction $\frac{1575}{2695}$ réduite à sa plus simple expression sera

$$\frac{1575 : 35}{2695 : 35} = \frac{45}{77}.$$

Les calculs de la recherche du plus grand commun diviseur se disposent de la manière suivante :

	1	1	2	2	6
2695	1575	1120	455	210	35
1575	1120	910	420	210	
1120	455	210	35	0	

c'est-à dire en écrivant chaque diviseur à côté de son dividende et en plaçant le quotient au dessus. Cet arrangement permet d'embrasser toute l'opération d'un seul coup d'œil.

Proposons-nous encore de réduire la fraction $\frac{315}{385}$ du numéro 63 à sa plus simple expression. Cherchons le plus grand commun diviseur des nombres 315 et 385 en opérant comme ci-dessus.

	1	4	2
385	315	70	35
315	280	70	
70	35	0	

Ce diviseur est encore 35, et la fraction $\frac{315}{385}$ se réduit à

$$\frac{315 : 35}{385 : 35} = \frac{9}{11}$$

comme cela devait être.

DES FRACTIONS DÉCIMALES.

76. On nomme *fractions decimales* toutes les fractions qui ont pour dénominateurs 10, 100, 1000, etc., ou en général l'unité précédée d'un nombre quelconque de zéros. Telles sont les fractions $\frac{3}{10}$, $\frac{24}{100}$, $\frac{141}{1000}$, etc.

Écrites de cette manière, elles ne diffèrent pas des fractions ordinaires, ainsi on peut les assujétir aux mêmes règles. Mais on a imaginé de sous-entendre leurs dénominateurs et de les écrire comme les nombres entiers, ce qui simplifie extrêmement toutes les opérations dans lesquelles elles entrent. Pour comprendre cette nouvelle manière de représenter ce genre de fractions, rappelons-nous que notre système de numération est fondé sur ce qu'on est convenu de donner à un chiffre une valeur dix fois plus grande lorsqu'il est placé à la gauche d'un autre, que celle qu'il exprime isolément ; or, en adoptant cette règle dans toute sa généralité, il est évident que la valeur relative de plusieurs chiffres écrits les uns à côté des autres, doit diminuer de dix en dix en allant de gauche à droite ; ainsi dans la quantité représentée par 6666, le second chiffre en partant de la gauche vaut 10 fois moins que le premier ; le troisième, 10 fois moins que le second, ou cent fois moins que le premier ; le quatrième, dix fois moins que le troisième, ou cent fois moins que le second et mille fois moins que le premier. Si donc le premier chiffre exprime 6 unités absolues, le second exprimera $\frac{6}{10}$, le troisième $\frac{6}{100}$ et le quatrième $\frac{6}{1000}$. On indique cette circonstance par une virgule placée après le chiffre des unités, c'est-à-dire que, dans le cas en question, on écrit 6, 666 ; alors, les chiffres à la droite de la virgule sont les chiffres des entiers, et ceux à la droite, les chiffres des fractions ; de cette manière, l'échelle complète de numération est :

etc.... 1 1 1 1 1 , 1 1 1 1 1 .".. etc.

.... etc.

dixaine de mille.

mille.
centaine.
dixaine.
unité.

dixième.
centième.
millième.
dix millième.
cent millième.

etc.

Lorsqu'il n'y a point d'entiers, on remplace par 0 le chiffre des unités ; ainsi 0,1 désigne $\frac{1}{10}$; 0,57 désigne $\frac{57}{100}$; 0,003 désigne $\frac{3}{1000}$ et ainsi de suite.

Cette manière d'écrire les fractions décimales ramène toutes leurs opérations aux règles simples de celles des nombres entiers, comme nous allons le montrer.

77. L'addition des fractions décimales, soit entre elles soit avec des nombres entiers , exige seulement qu'on les écrive les unes au dessous des autres en faisant correspondre les chiffres de même ordre ; ce qui s'exécute, dans tous les cas, en plaçant toutes les virgules dans une même colonne verticale. Soit proposé, par exemple, d'ajouter 2,7456 ; 32,05 ; 545,0791 et 0,00375. On écrira d'abord ces quatre nombres l'un sous l'autre, avec cette seule précaution que les virgules se trouvent dans la même colonne, comme il suit

$$
\begin{array}{r}
2,7456 \\
32,05 \\
545,0791 \\
0,00375 \\
\hline
579,87845
\end{array}
$$

puis on ajoutera ces nombres en procédant, comme à l'ordinaire, de gauche à droite et sans faire aucunement attention aux virgules. L'opération terminée, on placera la virgule de la somme sous la colonne des autres virgules.

Autres exemples.

$$
\begin{array}{cccc}
38,01 & 0,475 & 3,728 & 6,320005 \\
2,075 & 0,075 & 14,2795 & 0,7 \\
504,8325 & 0,25 & 0,7 & 0,00005 \\
0,7 & 0,95 & 0,25 & 2,75 \\
\hline
545,6175 & 1,810 & 18,9575 & 9,770055
\end{array}
$$

78. La soustraction s'opère également comme sur les nombres entiers ; il suffit de compléter par des zéros le nombre des chiffres décimaux dans les deux quantités proposées, et de procéder comme s'il n'y avait pas de virgule. On place ensuite la virgule du résultat dans la colonne des autres virgules ; soit par exemple 7,98765 à retrancher de 27,75. Après avoir écrit trois zéros à la suite de 27,75, ce qui ne change rien à la valeur de ce nombre, on opère la soustraction à l'ordinaire

$$
\begin{array}{r}
27{,}75000 \\
7{,}98765 \\
\hline
19{,}76235 \; \textit{différence},
\end{array}
$$

puis on place la virgule du reste dans le rang des autres virgules.

Pour retrancher 0,75 de 2,06875, on écrirait de même

$$
\begin{array}{r}
2{,}06875 \\
0{,}75000 \\
\hline
1{,}31875 \; \textit{différence}.
\end{array}
$$

79. La multiplication s'opère sur les fractions décimales comme si elles étaient des nombres entiers, c'est-à-dire sans porter aucune attention aux virgules. Lorsque la somme totale est trouvée, *on sépare par une virgule autant de chiffres décimaux sur la droite de cette somme qu'il y a de décimales dans le multiplicande et dans le multiplicateur.*

Par exemple, si l'on veut multiplier 5,075 par 4,75, on multipliera à l'ordinaire, sans tenir compte des virgules et comme s'il s'agissait de multiplier 5075 par 475. On trouvera de cette manière

$$
\begin{array}{r}
5{,}075 \\
4{,}75 \\
\hline
25375 \\
35525 \\
20300 \\
\hline
24{,}10625
\end{array}
$$

L'addition finale opérée, on séparera par une virgule *cinq* chiffres à droite, parce qu'il y a *trois* décimales dans le multiplicande et *deux* dans le multiplicateur.

La raison de cette règle est évidente : en considérant 5,075 comme le nombre entier 5075, on le rend *mille* fois trop grand ; comme on rend *cent* fois trop grand le multiplicateur 4,75 en le considérant comme le nombre entier 475. Le produit entier 2410625 est donc d'une part mille fois plus grand que celui qu'on demande, et de l'autre cent fois trop grand ; il est donc en tout *cent mille* fois trop grand ; mais, en plaçant la virgule après le cinquième chiffre, ce qui change les centaines de mille en unités simples, on le rend *cent mille* fois plus petit, et il représente alors le véritable produit de 5,075 par 4,75.

Dans la pratique il arrive souvent que le produit a moins de chiffres que l'on n'a de décimales à indiquer. On y supplée alors en écrivant à la gauche du produit assez de zéros pour qu'après avoir placé la virgule il reste encore un zéro à la place des unités. Par exemple, le produit de 0,3 par 0,04, qui est 12, en considérant 3 et 4 comme des nombres entiers, se trouve dans ce cas ; ce produit devant contenir trois chiffres décimaux, on le fera précéder de deux zéros et on placera la virgule après le premier. On aura ainsi $0,3 \times 0,04 = 0,012$.

Si l'on observe que 0,3 et 0,04 sont en fractions ordinaires $\frac{3}{10}$ et $\frac{4}{100}$, dont le produit est, d'après la règle (60), $\frac{3 \times 4}{10 \times 100} = \frac{12}{1000}$, et que 12 *millièmes* s'écrivent 0,012, on s'assurera que tous les procédés donnent les mêmes résultats. Voici d'autres exemples de multiplications :

45,8	3,54287	245,305
14	0,0052	0,100007
1832	708574	1717135
458	1771435	245305
641,2	0,018422924	24,532217135

80. La division des décimales s'exécute *en complétant par des zéros le nombre des décimales dans le dividende et dans le diviseur ; on retranche ensuite les virgules, puis on opère comme si les nombres proposés étaient entiers.*

Si l'on avait à diviser 0,45 par 0,5, on changerait 0,5 en 0,50 et l'on diviserait 45 par 50, ce qui donnerait la fraction ordinaire $\frac{45}{50}$, que nous apprendrons plus loin à transformer en fraction décimale.

En effet, la supression de la virgule rend les nombres 0,45 et 0,50 cent fois plus grand l'un et l'autre, ce qui ne change rien à la grandeur du quotient de ces nombres, puisqu'en multipliant les deux termes d'une fraction ordinaire par le même nombre, la fraction ne change pas de valeur, Donc 0,45 divisé par 0,50 ou $\frac{0,45}{0,50} = \frac{45}{50}$.

Veut-on diviser 641,2 par 45,8 ; le nombre des décimales étant le même, on ôte la virgule et on divise 6412 par 458. Le quotient est 14, donc $\frac{641,2}{45,8} = 14$.

81. On réduit une fraction ordinaire en fraction décimale en divisant son numérateur par son dénominateur, après avoir ajouté préalablement autant de zéros à la gauche des chiffres du numérateur qu'il en est besoin pour que l'opération se fasse exactement, ou du moins pour obtenir une approximation suffisante si la fraction ordinaire ne peut s'exprimer exactement par une fraction décimale. Pour réduire $\frac{3}{4}$, par exemple, en fraction décimale, il faut ajouter deux zéros et l'on trouve $\frac{300}{4} = 75$; mais, le dividende ayant été rendu cent fois plus grand, le quotient est cent fois plus grand qu'il ne devrait être ; ainsi au lieu d'exprimer 75 unités, il ne doit exprimer qu'une quantité cent fois plus petite, c'est-à-dire $\frac{75}{100}$ ou 0,75. On a donc $\frac{3}{4} = 0,75$.

82. On n'ajoute ordinairement les zéros au numérateur que l'un après l'autre et à mesure qu'on opère la division. De cette manière, les décimales se trouvent immédiatement au quotient. Par exemple, pour réduire en fraction décimale la fraction $\frac{45}{50}$, après avoir écrit à l'ordinaire le dividende et le diviseur, on dira, en 45 combien de fois 50 ? et comme 45 est trop petit, on écrira 0 au quotient, puis on ajoutera un zéro à 45 et l'on dira en 450 combien de fois 50 ? 9 fois. Mais comme ce 9 est dix fois trop grand, puisqu'on a rendu le dividende dix fois plus grand qu'il ne devait être, on ne l'écrira au quotient qu'après l'avoir fait précéder d'une virgule, c'est-à-dire en le plaçant au rang des *dixièmes*. On a ainsi

$$
\begin{array}{r|l}
45 & 50 \\
\hline
450 & 0,9 \\
450 & \\
\hline
0 & \\
\end{array}
$$

83. Proposons-nous de diviser 0,018422924 par 3,54287. Comme il y a 9 décimales dans le dividende et 5 seulement dans le diviseur, on ajoutera d'abord quatre zéros à la droite de ce dernier, puis, supprimant les virgules, on divisera 18422924 par 354287000. Pour exécuter cette dernière opération, on remarquera d'abord que, le dividende étant plus petit que le diviseur ne peut le contenir, on écrira donc 0 au quotient à la place des entiers à la gauche de la virgule, puis on ajoutera un zéro au dividende. Malgré cette augmentation, le dividende étant encore trop petit, on écrira 0 à la place des dixièmes du quotient et l'on ajoutera un nouveau zéro au dividende. Ce dividende étant toujours trop petit, on lui ajoutera encore un zéro, en écrivant aussi 0 au quotient.

$$
\begin{array}{r|l}
 & 3542870000 \\
18422924000 & \overline{} \\
 & 0,0052 \\
17714350000 & \\
\hline
\text{Premier reste. } 7085740000 & \\
7085740000 & \\
\hline
\text{Dernier reste. } \qquad 0 &
\end{array}
$$

Maintenant, le dividende contenant 5 fois le diviseur, on écrira 5 au quotient, et ce 5 se trouvera immédiatement dans le rang des *millièmes*, puis on multipliera le diviseur par 5, on retranchera le produit du dividende et l'on aura pour reste 7085740000.

On ajoutera un zéro à ce reste, et comme ensuite le diviseur le contient 2 fois, on écrira 2 au quotient. Le produit du diviseur par 2 étant égal au dernier dividende partiel, l'opération est terminée et le quotient cherché est exactement 0,0052.

Nous avions en effet formé 0,018422924 en multipliant (78) 3,54287 par 0,0052.

84. Dans le plus grand nombre des cas on trouve continuellement des restes, et l'opération peut se poursuivre à l'infini. Par exemple, en opérant sur la fraction $\frac{1}{7}$ pour la réduire en fraction décimale, on voit qu'après avoir trouvé 6 décimales au quotient, le dernier reste est égal au premier dividende, de sorte qu'en continuant l'opération on retrouve, dans le même ordre, les six premières décimales, puis on retombe encore sur le même dividende, et ainsi de suite à l'infini.

$$50 \left\{ \frac{7}{0,714285\ 714285\ , \text{etc.}} \right.$$

1er reste. . .	10
2e reste . . .	30
3e reste . . .	20
4e reste . . .	60
5e reste . . .	40
6e reste . . .	50
7e reste . . .	10
8e reste . . .	30
9e reste . . .	20
10e reste . . .	60
11e reste . . .	40
12e reste . . .	5

De sorte qu'on a ⅟₇ = 0,714285 714285 714285, etc., à l'infini. Ces fractions décimales infinies, sur lesquelles on tombe toutes les fois que le diviseur contient des facteurs premiers autres que 2 et 5 et qui ne se trouvent pas dans le dividende, se nomment *fractions périodiques*. Nous renverrons pour leur théorie au *Dictionnaire des sciences mathématiques*, page 291, tome II.

85. La réduction des fractions ordinaires en fractions décimales pourra donc s'effectuer dans tous les cas en suivant cette règle générale :

Multipliez le numérateur par 10 et divisez le produit par le dénominateur, le quotient de cette division sera le premier chiffre décimal ou le chiffre des *dixièmes*; multipliez ensuite par 10 le reste de la division et divisez ce second produit par le dénominateur, le quotient sera le second chiffre décimal ou le chiffre des *centièmes*; multipliez de nouveau par 10 le second reste, et divisez le produit par le dénominateur, le quotient sera le troisième chiffre décimal ou le chiffre des *millièmes*; multipliez encore le dernier reste par 10, et continuez toujours de la même manière jusqu'à ce que vous ayez pour reste 0 ou un nombre déjà trouvé. Dans le premier cas, l'opération est terminée ; dans le second, les mêmes restes devant continuellement se reproduire, la période des chiffres décimaux est connue. Si, après avoir multiplié un des restes par 10, le produit était plus petit que le dénominateur, la division ne pourrait s'effectuer ; alors le chiffre décimal correspondant serait zéro ; il faudrait considérer ce produit comme un reste et le multiplier par 10 pour obtenir le dividende partiel suivant.

DE LA PREUVE DES OPÉRATIONS.

86. On nomme *preuve* la vérification que l'on fait d'un calcul pour s'assurer de son exactitude.

L'addition étant la plus simple de toutes les opérations, le moyen le plus prompt de la vérifier est de l'exécuter une seconde fois.

Le reste ou la différence d'une soustraction, ajouté au plus petit des deux nombres, devant être égal au plus grand, la *preuve* de l'opération consiste à exécuter cette addition. Si la somme reproduit le plus grand nombre, on est assuré que la soustraction est exacte.

La preuve de la multiplication peut se faire de plusieurs manières : 1° en divisant le produit par l'un des deux facteurs, on doit retrouver l'autre ; 2° en prenant le multiplicande pour le multiplicateur et le multiplicateur pour le multiplicande, et recommençant la multiplication, on doit retrouver le même produit. La première preuve est basée sur la nature même des produits, la seconde sur ce qu'un produit ne change pas quel que soit l'ordre dans lequel on multiplie ses facteurs. Ces deux preuves sont aussi longues que l'opération elle-même. La seconde offre seule quelque avantage.

La preuve de la division se fait en multipliant le diviseur par le quotient. Le produit doit être égal au dividende, si la division n'a pas laissé de reste ; s'il y a un reste, le produit doit être égal au dividende diminué de ce reste.

Outre ces moyens généraux, il existe un procédé très-simple de vérifier les multiplications et les divisions, on la nomme la *preuve par neuf.*

87. Pour appliquer la preuve par 9 à la multiplication, il faut opérer comme il suit.

1° *Ajoutez ensemble les chiffres du multiplicande, comme s'ils exprimaient tous des unités simples et de leur somme retranchez 9 autant que vous le pourrez. Ou il ne vous restera rien après cette soustraction, ou vous aurez pour reste un nombre plus petit que 9. Dans le premier cas écrivez zéro ; dans le second écrivez le nombre qui vous reste.*

2° *Faites de même pour les chiffres du multiplicateur, et vous aurez un second reste que vous pourrez écrire au dessous du premier.*

3° *Multipliez ces deux restes et de leur produit retranchez 9 autant de fois que vous le pourrez. Vous aurez un troisième reste également plus petit que 9, que vous écrirez à côté des deux premiers.*

4° *Opérez sur les chiffres du produit comme vous l'avez fait sur ceux des facteurs, c'est-à-dire retranchez 9 de leur somme autant de fois qu'il sera possible, vous obtiendrez un quatrième reste.*

Ce quatrième reste doit être égal au troisième si la multiplication est exacte.

Appliquons cette preuve au nombre 30840924 que nous avons produit (35) en multipliant 8654 par 3506.

La somme des chiffres du multiplicande est $8 + 6 + 5 + 4 = 23$; en ôtant 2 fois 9, nous avons pour premier reste 5.

La somme des chiffres du multiplicateur est $3 + 5 + 0 + 6 = 14$; en ôtant 9, nous avons pour second reste 5.

Le produit des deux restes est 25, duquel retranchant 2 fois 9, nous avons pour troisième reste 7.

Enfin la somme des chiffres du produit est $3 + 0 + 3 + 4 + 0 + 9 + 2 + 4$ ou simplement $3 + 3 + 4 + 2 + 4 = 16$, car il est inutile d'ajouter le chiffre 9; retranchant 9, nous avons pour quatrième reste 7. Ainsi ce dernier reste étant égal au troisième reste, nous pouvons en conclure que la multiplication est exacte.

On dispose ainsi cette opération.

Premier reste. 5 | 7 Troisième reste.

Second reste. 5 | 7 Quatrième reste.

Lorsque l'un des deux premiers restes est 0, leur produit devenant 0, car le produit d'un nombre quelconque par 0 est 0, le quatrième reste doit être aussi zéro.

88. Cette preuve s'applique de la même manière à la division en considérant le dividende comme le produit du diviseur par le quotient. Seulement il faut, lorsque la division ne s'est point faite exactement, retrancher le reste du dividende, parce que le véritable produit du diviseur par le quotient est le dividende diminué du reste. Par exemple, nous avons trouvé (50) en divisant 8988186 par 596, 15080 pour quotient, avec un reste égal à 506. Nous devons donc avoir $596 \times 15080 = 8988186 - 506 = 8987680$. Opérant donc sur les deux facteurs et sur leur produit 8987680, comme nous l'avons fait ci-dessus, nous trouverons

Premier reste. 2 | 1 Troisième reste.

Second reste. 5 | 1 Quatrième reste.

Les deux derniers restes étant égaux nous pouvons en conclure que la division est exacte.

La preuve par 9 , dont nous verrons la raison dans l'algèbre , peut se trouver en défaut lorsqu'on a commis deux erreurs qui se compensent , par exemple , si en formant le produit 30840924 , on s'était trompé d'une unité en plus sur un des chiffres et d'une unité en moins sur un autre, leur somme aurait toujours donné 7 pour reste, quoique l'opération fût inexacte. Ainsi cette règle ne donne qu'une vérification probable , mais elle est si expéditive , que des erreurs difficiles à commettre ne doivent pas empêcher d'en faire usage.

LES PUISSANCES.

89. La construction d'un nombre au moyen de plusieurs facteurs reçoit un caractère particulier , qui la distingue de la simple multiplication , lorsque ces facteurs sont égaux. En examinant , par exemple , le produit successif

$$4 \times 4 \times 4 \times 4 \times 4 = 1024$$

on reconnaît que 1024 est construit par le nombre 4, 5 fois facteur, c'est-à-dire qu'il est entièrement déterminé par les deux seuls nombres 4 et 5. Or, cette détermination d'un nombre, au moyen de deux autres nombres, est évidemment différente des quatre modes de déterminations que nous avons examinés jusqu'ici. Ces modes sont

$$\textit{addition}, \ 5+4; \quad \textit{multiplication}, \ 5 \times 4,$$
$$\textit{soustraction}, \ 5-4; \quad \textit{division}, \quad\quad 5 \ : \ 4,$$

et aucun d'eux , quelque extension qu'on puisse lui donner, ne pourrait satisfaire à la nouvelle espèce de construction que nous sommes amenés à considérer.

90. On nomme *puissance* d'un nombre son produit par lui-même et notamment *seconde puissance*, lorsqu'il est deux fois facteur ; *troisième puissance*, lorsqu'il est trois fois facteur ; *quatrième puissance*, lorsqu'il est quatre fois facteur ; et ainsi de suite.

Pour désigner la *puissance*, on écrit à la droite du nombre et un peu au dessus , le nombre qui indique combien de fois il est facteur ou le *degré* de la puissance. Par exemple , la *cinquième puissance* de 4 s'exprime par

$$4^5,$$

et cette notation remplace le produit successif $4 \times 4 \times 4 \times 4 \times 4$, comme la notation 4×5 remplace la somme successive $4 + 4 + 4 + 4 + 4$. Nous avons donc ainsi

$$4^5 = 1024.$$

91. Ce nouveau mode de construction des nombres nous conduit à deux nouvelles opérations arithmétiques. La première, qui a pour but de trouver les puissances d'un nombre, se nomme l'*élévation aux puissances;* la seconde, dont le but inverse est de trouver le nombre dont on connaît une puissance, se nomme *extraction des racines.* Par exemple, l'opération qu'il faut faire pour construire le nombre 1024 ou pour trouver la cinquième puissance de 4, est une *élévation de puissance*, tandis que l'opération inverse qu'il faudrait exécuter sur le nombre 1024 pour trouver le nombre dont il est la cinquième puissance, est une extraction de *racine.*

92. Pour désigner cette dernière opération on se sert du signe $\sqrt{}$ qui signifie *racine;* de sorte que $\sqrt[5]{}$ 1024 signifie la *racine cinquième* de 1024. L'inverse de la construction $4^5 = 1024$, est donc $\sqrt[5]{}$ 1024 $= 4$.

Dans l'*élévation aux puissances* le nombre facteur se nomme la *base* de la puissance, le nombre qui indique combien de fois il est facteur, se nomme l'*exposant*, et le nombre produit se nomme la *puissance;* ainsi dans $4^5 = 1024$, 4 est la base, 5 l'exposant, 1024 est la puissance. Dans l'opération inverse, les mêmes dénominations sont conservées sauf celle de *base* qui se change en *racine*. De sorte que, dans l'exemple ci-dessus, 4 est la *base* lorsqu'on part de ce nombre pour construire 1024, et il est la *racine* lorsqu'on part au contraire de 1024 pour le retrouver.

93. On donne aussi généralement le nom de *carré* à la seconde puissance d'un nombre et celui de *cube* à la troisième. Par exemple, comme $4^2 = 16$ et que $4^3 = 64$, on dit que 16 est le *carré* de 4 et que 64 est le *cube* du même nombre. Ces dénominations s'étendent aux racines, et alors 4 est d'une part la *racine carrée* de 16, et de l'autre la *racine cubique* de 64.

Ces noms tirent leur origine de la géométrie, où la surface d'un carré se mesure par la seconde puissance de son côté et où la solidité d'un cube se mesure par la troisième puissance de son côté.

Il nous suffit d'indiquer ici ces nouvelles opérations pour compléter le nombre des opérations primitives de la science. Quoique leur exécution soit purement arithmétique, leur théorie exige des considérations générales qui sont du domaine de l'algèbre.

DEUXIÈME PARTIE.

Comparaison des nombres.

94. Deux nombres comparés ensemble n'ont que deux relations possibles : ils sont égaux ou inégaux.

L'égalité de deux nombres considérée, non dans le principe de leur construction respective, qui peut être différente, mais dans ces nombres eux-mêmes, est une simple identité qui ne peut produire aucune considération nouvelle. La relation $5 = 5$, par exemple, signifie simplement 5 est 5, fait primitif qui se pose de lui-même.

95. L'inégalité de deux nombres donne lieu à deux considérations différentes : ou leur comparaison a pour but de savoir combien l'un de ces nombres est plus grand que l'autre, ou combien l'un de ces nombres contient l'autre. Dans le premier cas le résultat de la comparaison, ce qu'on nomme en général le *rapport* des nombres, est leur *différence;* dans le second c'est leur *quotient.*

96. La différence de deux nombres se nomme *rapport arithmétique;* leur quotient, *rapport géométrique.*

Ainsi le rapport arithmétique des deux nombres 6 et 3 est 3, parce que $6 - 3 = 3$ et leur rapport géométrique est 2 parce que $6 : 3 = 2$.

Les deux nombres comparés se nomment ensemble les *termes* du rapport. Le premier terme se nomme, en particulier, l'*antécédent* et le second le *conséquent.* Dans l'exemple ci-dessus, 6 est l'antécédent et 3 le conséquent.

97. Deux rapports égaux de même nature, c'est-à-dire tous deux arithmétiques ou tous deux géométriques, établissent entre les nombres dont ils proviennent une relation d'égalité qu'on nomme *proportion.* Par exemple, le rapport arithmétique des deux nombres 7 et 4 étant le même que celui des deux nombres 6 et 3, la comparaison de ces rapports fournit l'égalité

$$7 - 4 = 6 - 3$$

et cette égalité se nomme *proportion arithmétique.*

De même le rapport géométrique des deux nombres 8 et 4 étant le même que celui des deux nombres 6 et 3, leur comparaison fournit l'égalité

$$8 : 4 = 6 : 3$$

et cette égalité se nomme *proportion géométrique*.

98. Nous examinerons dans l'algèbre les propriétés générales des rapports arithmétiques et géométriques ainsi que celles des proportions qui en dépendent. Ici nous nous bornerons à la proportion géométrique parce qu'elle est la base de la solution des questions arithmétiques, et que c'est de cette proportion qu'on dérive les règles générales à l'aide desquelles on peut résoudre tous les problèmes numériques. Dans tout ce qui va suivre, en parlant de proportion, nous entendrons seulement la proportion géométrique.

99. Une proportion se compose donc de quatre termes : deux *antécédens* et deux *conséquens*. Le premier et le dernier se nomment les *extrêmes*, et les deux termes du milieu, les *moyens*. Par exemple, dans la proportion

$$8 : 4 = 6 : 3$$

les deux antécédens sont 8 et 6, les deux conséquens 4 et 3 ; 8 et 3 sont les *extrêmes ;* 4 et 6 les *moyens*.

100. La notation fractionnaire $\frac{8}{4}$ signifiant exactement la même chose que la notation de division 8 : 4, on peut encore donner à une proportion la forme

$$\frac{8}{4} = \frac{6}{3}$$

et sous cette forme on voit immédiatement que toutes les propriétés des fractions appartiennent aux rapports.

101. En prenant toujours pour exemple les nombres ci-dessus, observons que, puisque les deux fractions $\frac{8}{4}$ et $\frac{6}{3}$ sont égales, elles doivent devenir identiques par leur réduction au même dénominateur. Opérant cette réduction il vient

$$\frac{8 \times 3}{4 \times 3} = \frac{4 \times 6}{4 \times 3}$$

d'où il résulte nécessairement $8 \times 3 = 4 \times 6$. En examinant la formation de ces produits, formation qui sera évidemment la même quels que soient les nombres de la proportion, on reconnaît que les facteurs 8 et 3 du premier sont les *extrêmes* de la proportion, et que les facteurs 4 et 6 du second en sont les *moyens*. Ainsi, dans toute proportion, *le produit des extrêmes est égal à celui des moyens.*

Cette propriété est la propriété fondamentale des 'proportions; elle établit entre leur quatre termes une liaison telle que l'un quelconque d'entre eux est entièrement déterminé par les trois autres. De sorte que, trois termes d'une proportion étant connus, on peut considérer le quatrième comme étant également connu.

102. En effet, lorsque deux quantités sont égales, quelles que soient les opérations qu'on puisse faire subir à l'une, si on les fait également subir à l'autre, les résultats qu'on obtiendra de part et d'autre seront nécessairement égaux. Ainsi, divisant alternativement les deux produits égaux 8×3 et 4×6 par chacun des quatre nombres qu'ils renferment, nous obtiendrons les égalités suivantes :

$$\frac{8 \times 3}{4} = \frac{4 \times 6}{4} = 6; \quad \frac{8 \times 3}{6} = \frac{4 \times 6}{6} = 4.$$

$$\frac{4 \times 6}{8} = \frac{8 \times 3}{8} = 3; \quad \frac{4 \times 6}{3} = \frac{8 \times 3}{3} = 8.$$

Les deux premières nous apprennent qu'on obtient un des *moyens* en divisant le *produit des extrêmes* par l'autre *moyen;* et les deux secondes, qu'on obtient un des *extrêmes* en divisant le *produit des moyens* pour l'autre *extrême.*

103. Ainsi en désignant, comme c'est l'usage, par la lettre x une quantité inconnue, si l'on demandait quelle est la valeur du quatrième terme de la proportion

$$16 \; : \; 24 = 5 \; : \; x$$

comme le nombre cherché est un extrême, on trouverait sa valeur en multipliant les deux moyens 5 et 24 et en divisant leur produit 120 par 16. On aurait de cette manière $x = \frac{120}{16}$ ou $x = 8 + \frac{8}{16}$, ou enfin $x = 8 + \frac{1}{2}$ en réduisant (64) la fraction $\frac{8}{16}$ à sa plus simple expression.

De même, si l'on demandait quelle est la valeur du troisième terme de la proportion

$$125 \; : \; 25 = x \; : \; 3$$

comme le nombre cherché x est un *moyen*, on trouverait sa valeur en multipliant les deux extrêmes 125 et 3 et en divisant leur produit 475 par 25. Le quotient 15 apprendrait que $x = 15$.

L'application de ces procédés aux objets déterminés, c'est-à-dire aux nombres concrets qui les représentent, constitue la *règle de trois*.

104. La solution de tout problème numérique se réduit à la détermination d'un nombre, et pour obtenir cette détermination il faut nécessairement connaître les rapports du nombre cherché avec d'autres nombres connus. Les conditions essentielles pour parvenir à la solution d'un problème quelconque sont donc d'établir exactement ces rapports.

105. On dit qu'une chose est en *rapport direct* avec une autre lorsque la relation qui existe entre elles est telle que l'une ne peut augmenter ou diminuer sans que l'autre augmente ou diminue respectivement. Par exemple, si un cheval marchant d'un pas égal fait une lieue en une heure, il fera deux lieues en deux heures. Ici l'espace parcouru croît comme le temps employé pour le parcourir, et l'on dit que l'espace et le temps sont en *rapport direct*.

106. Lorsqu'au contraire la relation de deux choses est telle que l'une des deux venant à augmenter l'autre diminue, on dit qu'elles sont en *rapport inverse*. Par exemple, si un cheval parcourt un certain chemin en deux heures, tandis qu'un autre cheval parcourt le même chemin en une heure; les vitesses respectives seront en *rapport inverse* des temps employés, puisque le premier cheval va d'autant plus vite qu'il met moins de temps. :

107. La *règle de trois* a pour but la recherche de l'un des termes d'une proportion dont on connaît les trois autres; elle se compose donc (102) d'une multiplication et d'une division. Tout problème dans lequel on peut établir que le rapport de la quantité cherchée avec une quantité connue est le même que le rapport direct ou inverse de deux autres quantités connues, se résoud par une règle de trois. C'est ce que quelques exemples vont faire comprendre.

108. EXEMPLE I. *Sachant que 15 mètres d'étoffe coûtent 35 francs, on demande ce que coûteront 17 mètres $\frac{1}{2}$ ou $17^m,5$ de la même étoffe?*

Il est évident qu'ici le prix augmente avec la quantité d'étoffe; ainsi le rapport du prix cherché au prix connu 35 francs doit être directement le même que celui de la longueur des étoffes. On dira donc le rapport de 15 mètres à 17^m,5 est égal au rapport de 35 francs à x francs, et l'on écrira la proportion

$$15 : 17,5 = 35 : x$$

On obtiendra la valeur de x, en multipliant 35 par 17,5 et en divisant le produit 612,5 par 15 : ce qui donne $x = 40 + \frac{12}{17}$. Comme x représente un nombre de francs, on réduira la fraction $\frac{12}{17}$ en décimales, en se bornant aux centièmes, parce que les centièmes de franc ou *centimes* sont la plus petite monnaie usuelle. On aura donc définitivement $x = 40$ fr., 83; c'est-à-dire que les 17 mètres et demi d'étoffe coûteront 40 francs 83 centimes.

Nous devons faire observer que lorsque la proportion est écrite, on ne doit plus considérer ses termes que comme des nombres abstraits, la nature seule de la question détermine la nature du nombre trouvé. En effet, en multipliant 17,5 par 35, on ne multiplie pas des mètres par des francs ce qui n'aurait aucun sens, mais on prend 35 fois le nombre 17,5. De même, le produit 612,5 divisé par 15 ne donne pas pour quotient un nombre de francs, mais bien un nombre abstrait 40,83, qui, considéré en lui-même, indique seulement que 612,5 contient 15 un nombre de fois égal à 40,83. C'est la question elle-même qui nous apprend que ce nombre 40,83 représente des francs.

Exemple II. *Une source coulant uniformement fournit 400 litres d'eau en 2 heures $\frac{3}{4}$; combien de temps lui faudra-t-il pour remplir un tonneau contenant 225 litres?*

La quantité d'eau qui s'écoule étant d'autant plus grande que le temps de l'écoulement est plus grand, cette quantité est en rapport direct du temps. Ainsi, le rapport de 400 litres à 225 doit être égal à celui de 2 heures $\frac{3}{4}$ avec le temps cherché. On posera donc la proportion

$$400 : 225 = 2\tfrac{3}{4} : x.$$

Pour opérer la multiplication de 225 par $2 + \frac{3}{4}$, on ajoutera d'abord l'entier 2 à la fraction $\frac{3}{4}$, ce qui donnera $\frac{11}{4}$; puis on multipliera 225 par $\frac{11}{4}$; le produit sera $\frac{225 \times 11}{4} = \frac{2475}{4}$.

Pour diviser ensuite $\frac{2471}{4}$ par 400, on multipliera (60) le dénominateur 4 par 400, et l'on aura définitivement $x = \frac{2475}{4 \times 400} = \frac{2475}{1600}$; d'où, en exécutant la division, $x = 1 + \frac{871}{1600}$.

La fraction $\frac{871}{1600}$, réduite à sa plus simple expression, devient $\frac{35}{64}$; ainsi, la source mettra 1 heure et $\frac{35}{64}$ d'heure pour remplir le tonneau.

Nous ne réduirons pas $\frac{35}{64}$ en fraction décimale, parce que, dans les usages ordinaires, l'heure ne se subdivise pas en parties décimales, mais bien en *minutes* et *secondes*, qui sont des espèces particulières de fractions. La transformation de $\frac{35}{64}$ en *minutes* et *secondes* se fait aisément, d'après les principes établis pour le calcul des fractions ordinaires, et cette transformation, que nous allons opérer, pourra servir d'exemple dans tous les cas semblables.

109. On divise l'heure en soixante minutes, et la minute en soixante secondes. La minute représente donc la soixantième partie, ou $\frac{1}{60}$ d'heure, et la seconde, la soixantième partie de $\frac{1}{60}$ d'heure, ou $\frac{1}{3600}$ d'heure. Réduire $\frac{35}{64}$ en minutes, c'est donc transformer cette fraction en une autre, qui ait 60 pour dénominateur; comme la réduire en seconde serait la transformer en une autre qui ait 3600 pour dénominateur. Dans tous les cas, le dénominateur de la fraction cherchée est connu, et il s'agit seulement de trouver le numérateur. Ainsi, désignant ce numérateur inconnu par x, la réduction en minutes donnera l'égalité $\frac{35}{64} = \frac{x}{60}$, et la réduction en secondes, l'égalité $\frac{35}{64} = \frac{x}{3600}$.

Ces deux égalités sont évidemment la même chose que les deux proportions

$$35 : 64 = x : \quad 60,$$
$$35 : 64 = x : 3600;$$

dont on trouvera les *moyens* x, en suivant les règles établies (102).

La première porportion donne

$$x = \frac{60 \times 35}{64} = \frac{2100}{64} = 32 + \frac{52}{64} = 32 + \frac{13}{16},$$

c'est-à-dire, 32 *minutes* et $\frac{13}{16}$ de minute.

La seconde proportion donne

$$x = \frac{3600 \times 35}{64} = \frac{126000}{64} = 1968 + \frac{48}{64} = 1968 + \frac{3}{4},$$

c'est-à-dire 1968 secondes et $\frac{3}{4}$ de seconde.

Mais 1968 secondes renferment autant de minutes que ce nombre contient de fois 60; ainsi, pour connaître les minutes, il suffit de diviser 1968 par 60. Comme on trouve 32 pour quotient, et 48 pour reste, on en conclut que $\frac{11}{64}$ d'heure équivalent à 32 minutes 48 secondes $\frac{3}{4}$.

On arriverait au même résultat en transformant en *secondes* la fraction $\frac{13}{16}$ de minute trouvée ci-dessus; ce qui s'exécuterait en posant l'égalité $\frac{13}{14} = \frac{x}{60}$, parce que la seconde est $\frac{1}{60}$ de la minute. Cette égalité, ramenée à la proportion

$$13 : 16 = x : 60,$$

donne pour x la valeur

$$x = \frac{13 \times 60}{16} = 48 + \frac{12}{16} = 48 + \frac{3}{4},$$

c'est-à-dire 48 secondes $\frac{1}{4}$.

Le temps cherché, exprimé en unités usuelles du temps, est donc 1 heure, 32 minutes, 48 secondes $\frac{3}{4}$.

EXEMPLE III. *Vingt ouvriers ont achevé en 30 jours un certain ouvrage; on demande le nombre de jours que trente-deux ouvriers emploieront pour exécuter le même ouvrage?*

Ici le rapport du nombre des ouvriers est inverse de celui du nombre des jours; car plus il y a d'ouvriers, et moins il faut de temps. Ainsi, au lieu d'écrire la proportion

$$20 : 32 = 30 : x,$$

il faut renverser le premier rapport, et écrire

$$32 : 20 = 30 : x,$$

on aura d'après la règle :

$$x = \frac{30 \times 20}{32} = 18 + \frac{24}{32} = 18 + \frac{3}{4}.$$

Le temps employé par les seconds ouvriers sera donc 18 jours $\frac{1}{4}$.

Si l'on veut réduire $\frac{1}{4}$ en heures ou en *vingt-quatrièmes* de jour, on posera $\frac{3}{4} = \frac{x}{24}$, ou $3 : 4 = x . 24$, d'où l'on tirera $x = 18$ heures.

110. On nomme *rapport composé* celui qui résulte de la multiplication de deux ou de plusieurs rapports simples. Le produit de tous les antécédens et le produit de tous les conséquens des rapports simples forment alors respectivement l'antécédent et le conséquent du rapport composé.

Par exemple le produit des trois rapports simples

$$3 : 11,$$
$$5 : 7,$$
$$9 : 8,$$

fournit le rapport composé $3 \times 5 \times 9 : 11 \times 7 \times 8$, ou le rapport 135 : 616.

Une chose est en *rapport composé* avec plusieurs autres choses de différentes espèces, lorsqu'un changement quelconque survenu à une seule de ces dernières produit un changement dans la première, et que, pour déterminer celle-ci, il faut avoir égard à la fois à toutes les autres.

RÈGLE DE TROIS COMPOSÉE.

111. Lorsque les rapports employés pour la solution d'un problème ne sont pas les rapports simples de deux nombres, mais sont composés eux-mêmes d'autres rapports, la règle de trois finale prend le nom de *composée*. Quelques exemples suffisent pour indiquer la marche qu'il faut suivre dans tous les cas.

EXEMPLE I. *Trente ouvriers travaillant 8 heures par jour ont creusé en 12 jours un fossé de 200 mètres cubes ; on demande combien de jours ils mettront pour creuser un fossé de 350 mètres cubes, en travaillant 10 heures par jour.*

On reconnaît d'abord, en analysant cette question, que, puisque le nombre d'ouvriers ne varie pas, il ne doit pas entrer dans les rapports, et qu'on peut considérer le travail comme opéré par un seul homme. Ainsi, en ne tenant pas compte, en premier lieu, de la différence des heures de travail, et traitant la question comme si elle se réduisait à chercher combien il faut de jours pour creuser 350 mètres cubes, sachant qu'il faut 20 jours pour en creuser 200, on observera que le rapport des temps est directement égal à celui des travaux, et l'on posera la proportion

$$200 \cdot 350 = 12 : x,$$

ce qui fera connaître

$$x = \frac{12 \times 350}{200} = 21.$$

Donc, si les ouvriers travaillaient le même nombre d'heures chaque jour, il leur faudrait 21 jours pour creuser le fossé de 350 mètres ;

mais ce n'est plus 8 heures qu'ils travaillent par jour, comme dans le premier ouvrage, c'est 10 heures; il est donc évident que, puisqu'ils travaillent plus long-temps chaque jour, il leur faudra moins de jours. Ainsi, désignant par y le nombre des jours dans cette dernière condition, le rapport de ce nombre avec 21, nombre des jours dans la première condition, doit être l'inverse de celui des nombres d'heures 8 : 10. Renversant donc ce dernier rapport, on aura la seconde proportion

$$10 : 8 :: 21 : y,$$

et, d'après la règle,

$$y = \frac{8 \times 21}{10} = 16 + \frac{8}{10} = 16 + \frac{4}{5}.$$

Le temps nécessaire pour le second travail sera donc 16 jours et $\frac{4}{5}$ de jour.

Examinons maintenant comment en composant les rapports on serait arrivé à ne poser qu'une seule proportion. Le temps cherché dépend ici de deux choses distinctes, savoir, 1° de la quantité de travail; 2° du nombre des heures de travail. Or en le comparant avec le temps, comme son rapport 12 : x avec ce dernier doit être composé du rapport direct des travaux 200 . 350, et du rapport inverse des heures correspondantes 10 : 8, c'est-à-dire, doit être égal au rapport composé 200 × 10 350 × 8. On a donc la proportion

$$200 \times 10 : 350 \times 8 = 12 . x,$$

ou

$$2000 : 2800 = 12 : x;$$

ce qui donne

$$x = \frac{12 . 2800}{2000} = 16 + \frac{1600}{2000} = 16 + \frac{4}{5},$$

comme ci-dessus.

112. On simplifie beaucoup les calculs en retranchant tous les facteurs égaux qu'on peut découvrir dans les deux termes du rapport composé; car un rapport quelconque, n'étant qu'une quantité fractionnaire, la division de ses deux termes par le même nombre, ne change pas sa valeur. Par exemple, dans l'opération ci-dessus en observant que les rapports simples peuvent subir les transformations

$$200 : 350 = 20 \cdot 35 = 4 : 7,$$
$$100 : 80 = 50 : 40 = 5 : 4,$$

le rapport composé devient lui-même $4 \times 5 : 4 \times 7$, ce qui se réduit à $5 : 7$, et alors la proportion est simplement

$$5 : 7 = 12 . x,$$

d'où l'on tire $x = \frac{7 . 12}{5} = \frac{84}{5} = 16 + \frac{4}{5}$.

113. EXEMPLE II. *Quinze ouvriers, après avoir travaillé pendant 8 jours, 6 heures par jour, ont été payés 70 francs ; on demande quelle somme il faudrait débourser pour faire travailler, aux mêmes conditions, 22 ouvriers pendant 10 jours, 7 heures par jour ?*

Le nombre cherché est ici la somme à payer et le rapport de cette somme avec la somme connue 70 francs, est évidemment en rapport composé de celui des jours, de celui des heures et de celui du nombre des ouvriers. Le rapport du nombre des ouvriers est $15 : 22$, le rapport des jours $8 : 10$, et le rapport des heures $6 : 7$. Il ne s'agit plus maintenant que de distinguer les rapports directs des rapports inverses. Or, la somme doit être d'autant plus grande qu'il y a plus d'ouvriers ; ainsi le rapport cherché $70 : x$, est en rapport direct de celui des ouvriers $15 : 22$. Cette somme doit encore être d'autant plus grande qu'il y a plus de temps employé, donc le rapport cherché est encore en rapport direct du rapport des jours $8 : 10$, et du rapport des heures $6 : 7$. Nous pouvons donc disposer ainsi les rapports simples :

Rapport des ouvriers. . . . $15 . 22$.
Rapport des jours . . . . . $8 . 10$, ou $4 : 5$.
Rapport des heures . . . . $6 : 7$.

Le rapport composé sera donc : $15 \times 4 \times 6 = 22 \times 5 \times 7 = 15 \times 2 \times 6 : 11 \times 5 \times 7 = 3 \times 2 \times 6 : 11 \times 7$. Ce rapport se réduira donc définitivement, par la suppression des facteurs communs, à $36 : 77$, et on posera la proportion

$$36 : 77 = 70 : x.$$

En appliquant la règle (102), on trouvera $x = 149$ fr. 72 cent.

RÈGLE DE SOCIÉTÉ.

114. Le but général de cette règle est de partager un nombre en parties qui aient entre elles des rapports donnés. Son nom dérive de l'emploi fréquent qui en est fait dans les questions commerciales.

Pour considérer d'abord la règle de société dans toute sa généralité , proposons-nous de partager le nombre 630 en trois parties qui soient entre elles comme les nombres 2 , 3 , 4, c'est-à-dire telles que le rapport de la première à la seconde soit égal à 2 : 3, celui de la seconde à la troisième égal à 3 : 4; et enfin, celui de la première à la troisième égal à 2 : 4.

La somme des trois nombres cherchés étant le nombre proposé 630, remarquons que les rapports de ce nombre avec ses parties doivent être les mêmes que ceux du nombre 9 , somme des trois nombres donnés 2, 3, 4, avec ces mêmes nombres ; c'est-à-dire , qu'en désignant par x, y, z, les parties inconnues, on doit avoir les trois proportions.

$$9 : 2 = 630 : x,$$
$$9 : 3 = 630 : y,$$
$$9 : 4 = 630 : z,$$

d'où $x = \frac{2 \times 630}{9} = 140$; $y = \frac{3 \times 630}{9} = 210$; $z = \frac{4 \times 630}{9} = 280$.

En examinant cette solution , il est facile de reconnaître qu'il suffit de multiplier chacun des nombres proportionnels donnés par le rapport $\frac{630}{9}$ du nombre à partager et de la somme des nombres proportionnels.

115. EXEMPLE. *Trois marchands de blé se sont associés ; le premier a fourni 242 sacs ; le second 296 , et le troisième 413. La totalité des sacs de blé ayant été vendue 16880 francs. On demande ce qui revient à chacun ?*

Chaque marchand devant recevoir une somme proportionnelle au nombre des sacs de blé qu'il a mis dans la société, il est évident que le problème se réduit à partager 16880 fr. en trois parties qui soient entre elles comme les nombres 242, 296 et 413. Prenant donc la somme de ces nombres, que nous trouverons être 951, nous aurons le rapport général $\frac{16880}{951}$, par lequel il faudra multiplier chacun des nombres 242, 296 , 413, pour trouver la somme qui revient au marchand qui l'a fourni. En exécutant les opérations, nous trouverons que la part du premier est de 4295 francs 50 centimes, celle du second 5254 francs, et celle du troisième 7330 francs. 50 cent. La somme de ces trois nombres reproduit le nombre donné 16880 fr.

RÈGLE D'ALLIAGE.

116. La règle d'alliage se divise en *directe* et en *inverse*. La règle d'alliage directe a pour but de déterminer la valeur moyenne de

plusieurs choses mélangées à l'aide des quantités et des valeurs particulières de chacune d'elle. Le but de la règle d'alliage inverse est de trouver les quantités de deux choses mélangées par le moyen de la quantité connue du mélange, de son prix et de ceux des objets qui le composent. Elles reposent l'une et l'autre sur les propriétés des rapports.

117. Le cas le plus simple de la règle directe est celui qui a pour objet la recherche du prix du mélange. Pour bien la comprendre il faut attacher aux deux termes de *prix* et de *valeur* leur véritable signification.

Lorsque la quantité d'une marchandise est exprimée par un certain nombre, l'unité de ce nombre désigne toujours une quantité déterminée de cette marchandise dont on est convenu d'avance. La valeur de cette unité en argent est ce que nous nommerons le *prix* de la marchandise. Ce prix, multiplié par le nombre d'unités que renferme la quantité de marchandise, fait ensuite connaître la *valeur* de cette quantité. Par exemple, 12 litres de vin à 50 centimes le litre, coûteront ensemble 6 francs. Ici le litre est l'unité, les 50 centimes, valeur d'un litre, constituent le *prix* de la marchandise, le nombre 12 exprime la quantité de la marchandise, et enfin 6 francs, produit du prix par la quantité, sont la *valeur* de cette quantité.

Ceci posé, si, connaissant le prix et la quantité de divers objets qui entrent dans un mélange, on demande le prix de ce mélange, on opérera comme il suit :

Multipliez le prix de chaque chose par sa quantité respective et divisez la somme des produits par celle des quantités ou par la quantité totale du mélange. Le résultat sera le prix du mélange.

EXEMPLE. *On a mélé ensemble trois sortes de vins de différens prix, savoir :* 115 *bouteilles à* 60 *centimes,* 72 *à* 75 *centimes, et* 55 *à* 1 *franc* 25 *centimes. On demande le prix du mélange ?*

Multipliant chaque quantité de vins par son prix, on trouvera :

Valeur de 115 bouteilles à 0 *f*, 60 *c*. = 69 *f*, 00 *c*.

id.   75   0, 75 = 54, 00.

id.   55   1, 25 = 68, 75.

Quantité du mélange 245.   Valeur du mélange 191, 75.

Le rapport des deux nombres 191, 75 et 245 sera le prix du mélange. Ce prix est donc $\frac{191,75}{245} = 0,7988...$ c'est-à-dire 80 centimes à très-peu près.

La raison de cette règle est trop évidente pour qu'il soit nécessaire d'entrer dans plus de détails.

118. Dans la règle d'alliage inverse on ne peut considérer qu'un mélange de deux objets, parce que s'il y en avait un plus grand nombre, le problème serait indéterminé et exigerait alors pour sa solution des principes qui dépassent l'arithmétique ordinaire. Le prix de chacun des objets mélangés est connu ainsi que celui du mélange, et on demande la quantité respective des objets mélangés. Voici la règle :

Prenez la différence du prix du mélange avec chacun de ceux des objets mélangés, puis additionnez les deux différences.

Le rapport de la somme des différences à la quantité du mélange sera égal à ceux des différences aux quantités mélangées.

La plus grande quantité trouvée sera celle à qui appartient le plus petit prix, et la plus petite celle à qui appartient le plus grand prix.

EXEMPLE. *Cent bouteilles de vin, à 60 centimes, ont été formées en mélangeant une partie de vin à 75 centimes et une autre partie à 40 centimes, on demande combien il entre de chacun de ces vins dans le mélange.*

Première différence de 75 à 60. . . . 75 — 60 = 15
Seconde différence de 40 à 60. . . 60 — 40 = 20]

Somme des différences. . . . . . . 35 centimes.

Désignons maintenant par x et y les quantités cherchées et posons les deux proportions.

$$35 \;.\; 100 = 15 \;:\; x$$
$$35 \;:\; 100 = 20 \;:\; y$$

Elles fourniront

$$x = \frac{100 \times 15}{35} = 42,86. \quad y = \frac{100 \times 20}{35} = 57,14.$$

Il y a donc dans le mélange 57 bouteilles, à peu près, de vin à 40 centimes et 43 bouteilles à peu près de vin à 75 centimes.

En examinant le procédé de la règle d'alliage inverse et en le comparant avec celui de la règle de société, on voit qu'il se réduit à partager la quantité du mélange en deux parties qui soient entre elles dans le rapport des deux nombres qu'on obtient en prenant la différence du prix du mélange avec chacun des prix connus. La raison de ce procédé, quoique très-simple, exige le secours des notions élémentaires de l'algèbre pour pouvoir être démontrée.

RÈGLE CONJOINTE.

119. Le but de la règle conjointe est de déterminer le rapport de deux nombres dont les rapports avec d'autres nombres sont connus.

Par exemple, connaissant le rapport d'un nombre A avec un autre nombre B, celui de B avec C, celui de C avec D, on demande le rapport du premier A avec le dernier D.

Supposons qu'on ait

$$A : B = 4 : 5$$
$$B : C = 3 : 7$$
$$C : D = 9 : 2$$

on obtiendra en composant, les rapports

$$A \times B \times C : B \times C \times D = 4 \times 3 \times 9 : 5 \times 7 \times 2$$

ce qui se réduit, en retranchant les facteurs communs B et C du premier rapport à

$$A : D = 4 \times 3 \times 9 : 5 \times 7 \times 2$$

et fait connaître le rapport demandé.

Cette composition de rapports est fondée sur ce que les produits des termes correspondans d'une suite de proportions sont eux-mêmes en proportion. Nous démontrerons cette propriété dans la seconde partie de cet ouvrage.

EXEMPLE. *Sachant que le rapport de la toise anglaise à l'ancienne toise française est égal à celui des nombres* 76 : 81, *et que le rapport de la toise française au mètre est égal à celui des nombres* 115 : 59, *on demande le rapport de la toise anglaise au mètre.*

On disposera les proportions comme il suit :

$$1 \text{ toise anglaise} \quad : \quad 1 \text{ toise française} = 76 : 81$$
$$1 \text{ toise française} \quad : \quad 1 \text{ mètre} \qquad = 115 : 59$$

et, composant les rapports comme ci-dessus, on obtiendra

$$1 \text{ toise anglaise} : 1 \text{ mètre} = 76 \times 115 : 81 : 59.$$

Le rapport demandé est donc celui des nombres 8740 : 4779. C'est-à-dire que la toise anglaise vaut $\frac{8740}{4779}$ mètres, ou 1^m, 829 à très-peu près.

RÈGLE DE FAUSSE POSITION.

120. Cette règle est une des plus importantes de l'arithmétique par son usage universel ; on peut l'appliquer à la solution des problèmes pour lesquels l'algèbre ne possède pas de méthodes directes, et dans un grand nombre de cas elle surpasse en facilité toutes les méthodes algébriques connues.

Faire une *fausse position*, c'est, au lieu de chercher à résoudre directement un problème, supposer qu'un nombre pris arbitrairement est la valeur de l'inconnue, puis examiner ce que devient la condition énoncée de la question lorsqu'on y introduit ce nombre. On trouve ordinairement qu'elle n'est pas satisfaite, et on voit conséquemment de combien il s'en faut qu'elle le soit. Cette quantité est l'*erreur* de la fausse position.

Une seconde supposition également arbitraire fait connaître de la même manière une seconde *erreur*.

Lorsqu'on a exécuté ces deux opérations préalables, voici la règle absolument générale à l'aide de laquelle on détermine la véritable valeur de l'inconnue.

1° *Si les deux erreurs sont de même nature, c'est-à-dire si elles sont toutes deux en* plus *ou toutes deux en* moins, *multipliez chacune des suppositions par l'erreur que l'autre supposition a produite ; prenez la différence de ces produits et divisez-la par la différence des erreurs.*

2° *Si les erreurs sont de nature différente, c'est-à-dire l'une en* plus *et l'autre en* moins, *multipliez de même chaque supposition par l'erreur de l'autre, prenez la somme de ces produits, et divisez-la par la somme des erreurs.*

Dans les deux cas, le quotient sera la valeur de l'inconnue.

EXEMPLE I. *On demande un nombre tel que ses deux tiers surpassent sa moitié de un.*

Supposons d'abord que le nombre demandé soit 12 ; alors comme les deux tiers de 12 sont 8, que sa moitié est 6, on voit que la condition n'est pas satisfaite puisque les deux tiers de 12 surpassent sa moitié de 2 et non pas de 1. Il y a donc une erreur en *plus* égale à 1.

Supposons maintenant que le nombre cherché soit 18 : comme les deux tiers de 18 sont 12 et sa moitié 9, et que $12 - 9 = 3$ et non pas 1, il y a encore une erreur en *plus* égale à 2.

Écrivons ainsi les résultats des fausses positions, en donnant le signe $+$ aux erreurs lorsqu'elles sont en *plus* et le signe $-$ lorsqu'elles sont en *moins*.

1re fausse position $= 12$, 1re erreur $= + 1$.
2e fausse position $= 18$, 2e erreur $= + 2$.

Les deux erreurs étant de même nature, multiplions 12 par 2, 18 par 1, et divisons la *différence* 6 des deux produits, par *la différence* 1 des deux erreurs. Le quotient 6 est le nombre demandé; en effet, les deux tiers de 6 sont 4, sa moitié 3, et l'on a $4 - 3 = 1$.

EXEMPLE II. *On a employé un ouvrier paresseux à raison de 45 sous pour les jours qu'il travaillerait; mais à condition de lui retenir sur ce qui lui serait dû 12 sous, pour chaque jour qu'il ne travaillerait pas. On lui fait son compte au bout de 30 jours et il se trouve qu'il ne lui est dû que 39 sous. On demande combien de jours il a travaillé?*

Supposons qu'il eût travaillé 12 jours et qu'ainsi il n'eût rien fait pendant 18 jours, il lui reviendrait donc 12 fois 45 sous ou 540 sous pour les premiers, sur lesquels il faudrait rembourser 18 fois 12 sous ou 216 sous pour les seconds. Il lui serait donc dû 324 sous tandis qu'on ne lui en doit que 39. Erreur en *plus* 285 sous.

Supposons maintenant qu'il eût travaillé 13 jours et qu'ainsi il n'eût rien fait pendant 17 jours. Il lui reviendrait donc 13 fois 45 sous ou 585 sous pour les premiers, sur lesquels il faudrait retenir 17 fois 12 sous ou 204 sous pour les seconds. Il lui serait donc dû 381 sous. Mais il ne lui est dû réellement que 39 sous; donc, erreur en *plus* 342 sous.

1re fausse position $= 12$, 1re erreur $= + 285$.
2e fausse position $= 13$, 2e erreur $= + 342$.

Le produit de 12 par 342 est 4104; le produit de 13 par 285 est 3705; la différence des produits $= 399$; la différence des erreurs $= 57$. Ainsi le nombre cherché est $\frac{399}{57} = 7$. En effet, puisqu'il a travaillé 7 jours il a gagné 7 fois 45 sous ou 315 sous; mais comme il est resté 23 jours sans travailler, il a perdu 23 fois 12 sous, ou 276 sous; il ne lui est donc dû que $315 - 276 = 39$ sous.

121. La règle de fausse position ne donne des valeurs rigoureuses que dans le cas où le problème proposé, traité algébriquement, ne conduit qu'à une équation du premier degré. Dans tous les autres cas

son emploi exige que par des moyens quelconques on se soit procuré une valeur approchée de l'inconnue ; alors, par des applications successives de cette règle, on obtient des valeurs de plus en plus approchées. L'exemple suivant fera comprendre ce procédé.

EXEMPLE. *On demande un nombre tel que, si on l'ôte de sa troisième puissance, il reste 1.*

Ce problème conduirait, en le traitant rigoureusement, à deux extractions de racine troisième dont la règle de fausse position va nous dispenser.

Par un tâtonnement assez facile, on reconnaît que le nombre demandé doit être compris entre 1, 3 et 1, 4. En effet

Première supposition : $x = 1, 3$. La troisième puissance de 1, 3 est 2, 197. Ainsi de cette troisième puissance retranchant le nombre, il reste 0, 897. Comme il devrait rester 1, on a une erreur en *moins* égale à 0,103.

Seconde supposition : $x = 1,4$. La troisième puissance est 2,744. Il restera donc 1,344. Erreur en *plus* 0,344.

Multiplions les suppositions par les erreurs ; mais comme ces erreurs sont de nature différente, prenons la somme des produits et non leur différence. Nous aurons : somme des produits $= 0,5914$; somme des erreurs $= 0,447$. Divisant la première somme par la seconde, en nous arrêtant au troisième chiffre décimal, nous aurons pour quotient $x = 1,323$, valeur déjà très-approchée de l'inconnue. En effet :

Première supposition : $x = 1,323$. La troisième puissance est 2,315685267. Otant 1,323, il restera 0,992685267. L'erreur ne sera donc que de 0,007314753 en *moins*. Le nombre 1,323 étant donc un peu trop petit, essayons 1,324.

Seconde supposition : $x = 1,324$. La troisième puissance est 2,320940224. Otant 1,324, il restera 0,996940224. L'erreur ne sera donc que de 0,003059776, en *moins*.

Nous trouverons en opérant comme il est prescrit : différence des produits $= 0,005636623$; différence des erreurs 0,004254957. La division nous donnera $x = 1,324719$ valeur exacte jusqu'à la dernière décimale. Une troisième opération ferait trouver les douze premières décimales.

La raison de cette règle est fondée sur certaines propriétés des progressions arithmétiques, dont nous donnerons la théorie dans l'algèbre.

ALGÈBRE.

L'algèbre est, ainsi que nous l'avons déjà dit, la partie de la science des nombres qui a pour objet les propriétés générales des quantités numériques, ou les *lois* qui régissent ces quantités.

Il ne s'agit donc plus dans cette branche importante des mathématiques de l'exécution des calculs à l'aide desquels on peut construire une quantité numérique, mais bien des principes mêmes qui rendent possible une telle construction. Déjà, dans l'exposition précédente des procédés de l'arithmétique, nous avons pu reconnaître la différence essentielle qui existe entre une *loi* des nombres et un simple *fait* de calcul. La nécessité de remonter aux propriétés générales, pour pouvoir établir les procédés mêmes les plus simples de la construction et de la comparaison des quantités, s'est manifestée dès la première opération. Lorsque, partant du fait 6 *multiplié par 5 est égal à* 30, et que, le comparant au fait correspondant 5 *multiplié par 6 est égal à* 30, nous avons posé la proposition générale : *un produit ne change pas de valeur lorsqu'on intervertit l'ordre de ses facteurs,* nous nous sommes élevés à une *loi* des nombres sans laquelle il nous eût été impossible de comprendre le mécanisme de la *multiplication* et de la *division,* et conséquemment la génération des *produits* et des *quotiens.* Plus loin (Arith. 56), lorsque, considérant la fraction $\frac{3}{4}$, nous avons observé que cette fraction *ne change pas de valeur quand on multiplie ses deux termes par le même nombre,* et que, généralisant cette proposition, nous l'avons appliquée à tous les nombres fractionnaires, nous nous sommes encore élevés à une *loi* des nombres sans laquelle il nous eût été impossible d'aborder le calcul des fractions.

A chaque pas, le besoin de coordonner les propriétés particulières nous a forcés de remonter aux propriétés générales, et il est facile d'entrevoir que la marche de la science eût été plus simple et plus rigoureuse si, au lieu d'opérer uniquement sur des nombres déterminés, des individualités représentées par des chiffres, nous eussions opéré, lorsque le besoin le réclamait, sur des caractères généraux susceptibles de représenter arbitrairement tous les nombres. En effet, les propriétés découvertes, de cette manière, se seraient immédiatement établies comme propriétés générales, ou comme *lois*, et les individualités, les cas particuliers à telles ou telles valeurs, n'en auraient été que les conséquences nécessaires.

L'utilité des caractères généraux a dû frapper les premiers qui s'occupèrent de la science des nombres, et l'usage de représenter par des lettres les inconnues cherchées d'un problème paraît aussi ancien que la science elle-même ; mais ce n'est qu'à la fin du seizième siècle que l'emploi des lettres de l'alphabet devint général (*Voyez* le *Dictionnaire des sciences mathématiques*, tom. 1, pag. 45). Ce pas, tout simple qu'il peut paraître aujourd'hui, fut un pas immense auquel on doit tous les progrès ultérieurs de la science des nombres.

Les lettres des alphabets grec et latin servent donc aujourd'hui de caractères généraux pour représenter les nombres sur lesquels on doit opérer. De cette manière, tous les raisonnemens deviennent eux-mêmes généraux, et la déduction des lois ne présente pas plus de difficultés que la déduction des faits. C'est ce que la suite de cet ouvrage rendra de plus en plus sensible ; mais, avant d'aborder la science, définissons les termes dont elle se sert, et posons les propositions fondamentales qui servent de base à toutes ses opérations.

1. On nomme AXIOME toute proposition évidente par elle-même, c'est-à-dire qui ne peut admettre aucune discussion.

2. On nomme THÉORÊME une proposition relative à certaines propriétés générales dont jouissent soit tous les nombres en général, soit une classe particulière de nombres. Par exemple, la proposition : *la valeur d'une fraction ne varie pas soit qu'on multiplie, soit qu'on divise ses deux termes par le même nombre*, est un *théorème*.

3. On nomme COROLLAIRE toute proposition qui est la conséquence d'une autre proposition.

4. On nomme PROBLÈME une proposition dont le but est la recherche d'une propriété des nombres ou la détermination de la valeur d'une quantité, dont on connaît la relation avec d'autres quantités connues.

5. Les relations simples de sommes et de différences qu'ont entre elles les quantités, s'expriment à l'aide des signes $+$, $-$, $=$, dont nous avons déjà fait usage, et qui signifient respectivement *plus*, *moins*, *égal à*. Par exemple, pour exprimer qu'un nombre quelconque, a,

doit être ajouté à un autre nombre quelconque, b, on écrit $a+b$, *a plus b*; pour exprimer au contraire que b doit être retranché de a, on écrit $a - b$, *a moins b*. Si l'on veut exprimer que la somme de a et de b est égale à c, on écrit $a + b = c$, *a plus b est égal à c*. De même $a - b = c$, signifie, *a moins b est égal à c*.

6. Le signe de la multiplication est $\times$, *multiplié par*; ainsi $a \times b$, signifie *a multiplié par b*. On emploie encore pour le même usage un seul point (.) placé entre les deux facteurs comme $a.b$. Lorsqu'il s'agit de lettres, on se contente le plus souvent d'écrire les facteurs les uns à côté des autres, ainsi les trois expressions $a \times b, a.b, ab$, expriment une seule et même chose, *a multiplié par b*.

7. La division s'indique par deux points (.) ou par un trait horizontal placé entre le dividende et le diviseur. Ainsi $a \cdot b$, ou $\frac{a}{b}$ expriment indifféremment *a divisé par b*. Dans la lecture, on dit encore *a sur b*.

8. Pour exprimer qu'un nombre est plus grand qu'un autre, on se sert du signe $<$ dont on tourne la pointe du côté du plus petit nombre, $a > b$ signifie *a plus grand que b*; si l'on avait écrit $a < b$, on aurait exprimé *a plus petit que b*.

9. On nomme *coefficient* le chiffre qui indique le résultat de l'addition d'une quantité avec elle-même, par exemple, dans $5a$, somme de l'addition $a + a + a + a + a$, 5 est le *coefficient* de la quantité générale $5a$. Par la même raison 4 est le *coefficient* du produit $5ab$. Généralement, le *coefficient* est un facteur numérique.

10. Une quantité exprimée par des lettres et des signes prend le nom de *quantité algébrique*; on l'a nomme aussi quelquefois *quantité littérale*.

11. Toutes les propositions de la science des nombres sont fondées sur les deux axiômes suivans :

AXIOME I. *Deux quantités égales à une troisème sont égales entre elles.*

Si l'on a donc A $=$ B et B $=$ C, il en résulte nécessairement A $=$ C.

AXIOME II. *Lorsque deux quantités sont égales, toutes les opérations faites sur l'une d'elles doivent avoir les mêmes résultats que si on les eût faites sur l'autre.*

Ainsi, si l'on a l'égalité A $=$ B, on aura encore, C étant un nombre quelconque, $A + C = B + C$, $A - C = B - C$, $A \cdot C = B : C$, $A : C = B : C$. etc.

Dans une égalité quelconque $A = B$, A se nomme le *premier membre*, et B le *second membre*.

Ces notions préliminaires étant posées , jetons un coup d'œil sur la construction élémentaire des nombres; dont l'arithmétique nous a déjà fait connaître les divers modes. Ce n'est qu'en généralisant ces modes simples et primitifs que nous pourrons ensuite nous élever aux modes dérivés, et étudier les lois de leur composition.

§ I. GÉNÉRATION ÉLÉMENTAIRE.

12. Les nombres ne se présentant primitivement à l'intelligence que comme des collections d'unités, le premier mode simple de leur construction est l'addition de l'unité avec elle-même, et, par suite, celle d'un nombre ainsi formé avec un autre nombre formé de la même manière. *a* et *b* représentant donc des nombres quelconques d'unité, et *c* représentant le nombre formé par la réunion ou la *somme* de ces unités , l'égalité

$$a + b = c$$

sera la *forme* primitive et générale de la génération des nombres.

En examinant cette forme, on reconnaît aisément que les deux nombres *a* et *b* entrent de la même manière dans la composition du nombre *c* ; c'est-à-dire qu'on a indifféremment

$$a + b = c, \quad b + a = c$$

et par conséquent, que si l'on retranche du nombre *c* l'un quelconque des nombres qui le composent, on doit retrouver l'autre.

L'égalité $a + b = c$ nous conduit donc à l'égalité inverse $a = c - b$, et l'égalité $b + a = c$, à l'égalité inverse $b = c - a$.

13. Le premier mode de la construction d'un nombre par le moyen de deux autres nombres, a donc deux branches opposées dont les formes générales sont : (*a*)

branche directe : $a + b = c$
branche inverse : $c - b = a$

ce sont ces deux branches, qui donnent naissance aux deux opérations de l'*addition* et de la *soustraction*, dont les buts respectifs sont de réaliser les constructions représentées par les formes générales (*a*).

14. En considérant la branche inverse, $c - b = a$ dans toute sa généralité, c'est-à-dire comme devant toujours donner la génération d'un nombre a, quelles que soient les valeurs particulières des nombres c et b, on est conduit à un cas particulier remarquable ; c'est celui où b est plus 'grand que c. Supposons par exemple que b surpasse c d'une quantité égale à d ou que [l'on ait $b = c + d$. En substituant $c + d$ à la place de b dans l'égalité $c - b = a$, cette égalité deviendra $c - c - d = a$; car il est évident que, pour retrancher b de c, il faut retrancher à la fois les deux parties c et d qui le composent. Or, dans l'égalité

$$c - c - d = a$$

$c - c$ se détruit, on a donc simplement, $- d = a$. Quelle idée pouvons-nous donc attacher à cette valeur d de a ainsi précédée du signe $-$?

La réponse à cette question se présente tout naturellement car, abstraction faite de toute valeur numérique et en examinant seulement la fonction différente exercée par le nombre b dans les deux formes

$$a + b = c, \quad c - b = a,$$

nous sommes amenés à reconnaître dans les nombres, indépendamment de leur grandeur ou de leur *quantité*, une qualité d'augmentation et de diminution qui porte exclusivement sur les fonctions diverses qu'ils sont appelés à remplir dans ces deux formes essentielles de leur génération. Ainsi l'idée que nous devrons attacher à la quantité isolée $- d$ est celle d'une quantité ayant une fonction de diminution et devant, par conséquent, diminuer tous les nombres auxquels on l'ajoutera.

15. On nomme *nombre négatif* tout nombre précédé du signe $-$, et l'on nomme, par opposition, *nombre positif* tout nombre précédé du signe $+$. La réunion de ces nombres s'effectue en les écrivant simplement les uns à la suite des autres, les signes qui les précèdent indiquant immédiatement leurs fonctions différentes. Par exemple, la somme des trois nombres $+ a$, $- b$, $- c$ sera $+ a - b - c$, celle des trois nombres $- a$, $+ b$, $- c$ sera $- a + b - c$, etc. Lorsqu'une quantité n'est précédée d'aucun signe, il est toujours sousentendu qu'elle a le signe $+$, ou qu'elle est *positive*.

Cette considération de l'*état positif* ou *négatif* d'un nombre, influe nécessairement sur la nature des résultats dans les opérations d'*addition* et de *soustraction ;* car la grandeur de la somme c de deux nombres a et b, dépend non seulement de la grandeur respective de ces nombres, mais encore de leur qualité, ou, comme on le dit, de leur *signe.* Pour fixer les idées, supposons qu'il s'agisse d'additionner les deux nombres 5 et 8. Si ces deux nombres sont positifs, on aura $+5+8=+13$; s'ils sont négatifs : $-5-8=-13$; si l'un est négatif et l'autre positif on aura, selon les cas $-5+8=+3$; $+5-8=-3$.

En généralisant ces opérations on voit 1° que lorsque les deux nombres à additionner ont le même signe, leur somme est égale en grandeur à la *somme* de ces nombres, abstraction faite des *signes*, et qu'elle est de même signe qu'eux ; 2° que lorsque les nombres ont des signes différens, leur somme est égale en grandeur à la différence de ces nombres, abstraction faite des signes, et qu'elle a le signe du plus grand.

16. La soustraction se change en addition, en changeant le *signe* de la quantité qu'on veut soustraire, c'est-à-dire en substituant $+$ à $-$, et $-$ à $+$. Après ce changement, la grandeur et le signe du résultat se règlent d'après les lois de l'addition.

En effet, *soustraire* le nombre négatif quelconque $-a$, c'est la même chose qu'*ajouter* $+a$, car ce nombre négatif ayant une fonction de diminution, opère une véritable soustraction partout où on l'additionne ; il doit donc opérer une addition partout où on le soustrait. Donc pour retrancher $-a$ de b on écrit $b+a$, comme on écrit $b-a$ pour ajouter $-a$ à b.

On observe ordinairement que la quantité b est identiquement la même chose que $b-a+a$, et par conséquent que cette quantité devient $b-a$ par le retranchement ou la soustraction de $+a$, tandis qu'elle devient $b+a$ par le retranchement ou la soustraction de $-a$.

De toutes ces considérations, il résulte la règle bien simple de changer la *soustraction* en *addition* par le changement du signe de la quantité qu'on veut soustraire. C'est ainsi qu'on trouvera

$$-5 \text{ soustrait de } +8 = +8+5 = +13$$
$$-5 \text{ soustrait de } -8 = -8+5 = -3$$
$$+5 \text{ soustrait de } +8 = +8-5 = +3$$
$$+5 \text{ soustrait de } -8 = -8-5 = -13$$

17. Si la construction des nombres se bornait au mode primitif,

dont les deux branches sont comprises sous la forme générale $a + b = c$, toute la science se réduirait à l'addition et à la soustraction, nous n'aurions pas d'autres nombres que les nombres entiers, et ces nombres n'admettraient d'autres différences caractéristiques que celles qui résulteraient de leur état positif ou négatif. Mais, les nombres entiers étant une fois construits, l'extension du mode de génération qui nous les a fait connaître, va nous conduire à de nouveaux modes qui serviront, à leur tour, à nous faire connaître de nouvelles espèces de nombres.

18. Nous pouvons concevoir une suite de nombres c, e, g, i, l, etc., contruits de la manière suivante

$$a + b = c$$
$$c + d = e$$
$$e + f = g$$
$$g + h = i$$
$$i + k = l$$
$$\text{etc.} = \text{etc.}$$

D'où, substituant successivement la valeur de c dans celle de e, puis celle de e dans celle de g et ainsi de suite, nous obtiendrons

$$a + b + d + f + h + k +, \text{etc.}... = M$$

M désignant le dernier nombre construit.

Tant que les nombres a, b, d, f, etc., sont différens entre eux, cette construction nous apprend seulement qu'un nombre peut être formé par l'addition d'une quantité quelconque d'autres nombres; mais si tous les nombres composans deviennent égaux, c'est-à-dire si l'on a

$$a + a + a + a + a + a +, \text{etc.}... = M,$$

la génération du nombre M prend une nouvelle forme; car, en désignant par b le nombre des quantités a, ce nombre M que nous désignerons alors par c, se trouve entièrement déterminé à l'aide des deux seuls nombres a et b, et sa génération devient

$$a \times b = c.$$

19. Nous avons déjà fait remarquer (ARITH., 20) la différence caractéristique qui existe entre le premier mode primitif de construction $a + b = c$ et ce second mode également primitif. Il nous reste à considérer ici d'une manière générale les circonstances immédiates

de cette nouvelle forme générale de la génération des nombres.

La forme générale $a \times b = c$ introduit dans les nombres *entiers*, engendrés par la forme $a + b = c$; la considération des *facteurs*; et la première loi de ce mode de génération par les facteurs, c'est que le nombre produit c ne change pas de grandeur, quel que soit l'ordre dans lequel on les multiplie l'un par l'autre. On a donc généralement

$$a \times b = b \times a.$$

Nous ne reviendrons point ici sur la démonstration que nous avons donnée (ARITH., 37) de cette propriété ; quoiqu'opérée sur les nombres particuliers 5 et 6, elle s'applique à tous les autres nombres. Il en résulte que les deux facteurs a et b entrent de la même manière dans la composition du produit c, et que le problème inverse de construire l'un de ces facteurs à l'aide du produit et de l'autre facteur se résoud de la même manière quel que soit le facteur qu'on veut construire.

20. La génération $a \times b = c$ offre donc encore deux branches opposées, l'une directe $a \times b = c$, qui construit un nombre par le *produit* de deux autres, l'autre inverse $\frac{c}{a} = b$ qui construit un nombre par le *quotient* de deux autres. Ce sont ces deux branches qui donnent naissance aux deux opérations de la *multiplication* et de la *division*, dont les buts respectifs sont de réaliser les constructions représentées par les deux formes générales

$$\text{\textit{branche directe} } a \times b = c$$
$$\text{\textit{branche inverse} } \frac{c}{a} = b.$$

21. Examinons d'abord de quelle manière la qualité d'un nombre, ou son état positif ou négatif, se trouve liée avec celles des nombres qui le construisent dans chacune de ces nouvelles opérations.

Il se présente trois cas différens pour la multiplication :

4° Les deux facteurs sont positifs ; 2° l'un est positif et l'autre négatif ; 3° ils sont tous deux négatifs.

4° Le produit de $+ a$ par $+ b$ ne peut être que positif ; car le nombre positif a ajouté à lui-même un nombre b de fois ne peut donner qu'une somme de même signe que lui, et l'on a généralement

$$+ a \times + b = + c.$$

2° Le produit de $- a$ par $+ b$ ne peut être que négatif, puisque la somme $-a-a-a-a-$ etc., qu'il exprime est nécessairement négative. Il en est de même du produit de $+a$ par $-b$, puisque celui-ci est la même chose que le produit $-b \times +a$, lequel, ainsi que le précédent, représente une somme négative $-b-b-b-b-$ etc.

3° Le produit de $-a$ par $-b$ n'est que le nombre négatif $-a$, ajouté négativement à lui-même 6 fois, c'est-à-dire ce produit représente la somme

$$-(-a)-(-a)-(-a)-(-a)- \text{etc.}$$

Mais prendre négativement la quantité $-a$, c'est changer le signe de cette quantité (16) car $-(-a) = +a$. La somme précédente est donc la même chose que

$$+a+a+a+a+a+a+ \text{etc.}$$

Elle est nécessairement positive.

Ainsi, *lorsque les deux facteurs ont le même signe, le produit est positif, et il est négatif lorsqu'ils ont des signes contraires.*

La division offre quatre cas différens.

1° Le dividende et le diviseur sont positifs.

Le quotient est positif, car le produit du diviseur par le quotient devant reproduire le dividende, $+c$ divisé par $+a$ ne saurait être que $+b$, puisque $+a \times +b = +c$.

2° Le dividende et le diviseur sont négatifs.

Le quotient est encore positif, car le dividende $-c$ ne peut être produit que par des facteurs de signes différens. Ainsi

$$\frac{-c}{-a} = +b.$$

3° Le dividende est négatif et le diviseur positif.

Le quotient est alors négatif, par la même raison que dans le cas précédent, et l'on a

$$\frac{-c}{+a} = -b.$$

4° Enfin le dividende est positif et le diviseur négatif.

Le quotient est encore négatif, puisque les deux facteurs doivent être de même signe pour que le produit soit positif. Donc,

$$\frac{+c}{-a} = -b.$$

Il résulte de ces quatre cas que *lorsque le dividende et le diviseur ont le même signe, le quotient est positif, et qu'il est négatif lorsque le dividende et le diviseur ont des signes différens.*

6

La règle des signes est donc la même pour les quotiens et pour les produits. Quant à la grandeur numérique des résultats, elle est indépendante des signes.

22. Les nombres formés par la branche directe de génération $a \times b = c$ sont encore des nombres premiers ; mais cette génération apporte une considération nouvelle dans la nature de ces nombres : c'est l'existence nécessaire de certains d'entre eux qui ne peuvent être décomposés en facteurs. En effet, si l'on pouvait supposer que tout nombre entier quelconque pût être construit par le produit de deux autres nombres entiers a et b, on pourait également supposer que chacun des facteurs a et b est lui-même construit par le produit de deux facteurs et ainsi de suite, or les facteurs de c étant nécessairement plus petits que c, ceux de a plus petits que a et ainsi de suite ; on rencontrerait successivement des facteurs de plus en plus petits et l'on finirait par arriver à des derniers facteurs qui ne pourraient être que l'unité. Mais $1 \times 1 = 1$, ainsi une telle construction n'est pas généralement possible, et il existe des nombres entiers qui ne peuvent être construits par des facteurs. Ces nombres se nomment *nombres premiers ;* nous avons déjà signalé leur existence (ARITH. 66).

Les nombres premiers ne se ramènent donc à la forme générale de génération $a \times b = c$ qu'en considérant l'unité comme leur premier facteur. On a en effet généralement $1 \times a = a$.

23. Tout les nombres composés de facteurs sont donc en dernier lieu formés par le produit des nombres premiers. Par exemple, le nombre 210, qui résulte de la multiplication de 21 par 10 est engendré par le produit successif des nombres premiers 2, 3, 5, 7 ; parce que d'une part $21 = 3 \times 7$ et que de l'autre $10 = 2 \times 5$. Le produit 21×10 ou 210 est donc la même chose que $3 \times 7 \times 2 \times 5$. En général, si les nombres premiers dont le produit est a sont α et β, et si les nombres premiers dont le produit est b sont γ et δ, la génération du nombre c par le produit $a \times b$ sera définitivement donnée par le produit successif des nombres premiers $\alpha, \beta, \gamma, \delta$, et l'on aura pour cette génération

$$\alpha \times \beta \times \gamma \times \delta = c.$$

Les nombres premiers qui entrent comme facteurs dans la construction d'un nombre se nomment ses *facteurs premiers.* La recherche de ces facteurs premiers est d'une grande importance dans plusieurs questions numériques, et nous l'examinerons plus loin ; pour le moment contentons-nous d'observer que, quel que soit l'ordre de ces facteurs ou de tous autres facteurs composés, le produit est toujours le même. Par exemple, dans la construction précédente de c on a

$$\alpha.\,\beta.\,\gamma.\,\delta. = \alpha.\,\gamma.\,\beta.\,\delta. = \gamma.\,\alpha.\,\beta.\,\delta. = \gamma.\,\beta.\,\delta.\,\alpha. = \text{etc.}$$

C'est une conséquence nécessaire de la propriété générale des produits (19) $a \times b = b \times a$.

24. La branche inverse de la génération par facteurs, savoir

$$\frac{c}{a} = b$$

présente un cas particulier d'autant plus remarquable, qu'il donne naissance à une classe particulière de nombres, distincte de celle des nombres entiers. Ce cas est celui où le diviseur a renferme des facteurs premiers qui n'entrent pas dans la construction du dividende c et où, par conséquent, la division ne peut s'opérer exactement.

Pour bien comprendre l'impossibilité de la division dans ce cas, extrêmement commun, rappelons-nous que le but de cette opération est de trouver le facteur qui, multiplié par le diviseur, doit produire le dividende. Or, si nous supposons que c soit exactement divisible par a, ou que nous ayons

$$\frac{c}{a} = b,$$

nous aurons en même temps $c = a \times b$, et, substituant cette construction de c dans la forme $\frac{c}{a} = b$, elle deviendra

$$\frac{a \times b}{a} = b,$$

ce qui se réduit à l'identité $b = b$, en faisant disparaître la quantité a dont la double influence comme facteur et comme diviseur se neutralise.

Admettons maintenant que les facteurs premiers de a soient $\alpha, \beta, \gamma, \delta, \varepsilon$ (23), et nous pourrons donner à la forme $\frac{c}{a} = b$ la forme

$$\frac{\alpha.\,\beta.\,\gamma.\,\delta.\,\varepsilon}{\alpha.\,\beta.\,\gamma},$$

qui se réduit à $\delta \times \varepsilon$ en faisant disparaître les facteurs α, β, γ qui se détruisent par la double fonction qu'ils exercent.

S'il était possible de décomposer facilement tous les nombres en leurs facteurs premiers, la division n'exigerait qu'un trait de plume. Sachant, par exemple, que 210 est le produit des nombres premiers 2, 3, 5, 7 et que 35 est le produit des nombres premier 5 et 7, pour diviser 210 par 35, on écrirait

$$\frac{210}{35} = \frac{2 \times 3 \times 5 \times 7}{5 \times 7},$$

puis il suffirait de retrancher du dividende et du diviseur les facteurs connus 3 et 7 qui se détruisent, et l'on aurait immédiatement

$$\frac{210}{35} = 2 \times 3 = 6.$$

' Sans nous arrêter sur cette observation, dont l'utilité est manifeste, reprenons la forme générale de génération $\frac{c}{a}$, et admettons que les facteurs premiers de c soient α, β, γ, et que les facteurs premiers de a soient α, β, δ, nous aurons

$$\frac{c}{a} = \frac{\alpha . \beta . \gamma}{\alpha . \beta . \delta} = \frac{\gamma}{\delta}$$

la division de c par a se réduit dans ce cas à la division de γ par δ, mais cette dernière est impossible puisque les nombres γ et δ sont des nombres premiers. En effet, s'il existait un nombre entier, m, capable de donner l'égalité

$$\frac{\gamma}{\delta} = m,$$

il en résulterait que le nombre premier γ est le produit de deux facteur δ et m, ce qui est absurde.

La même chose aurait encore lieu évidemment dans le cas de plusieurs facteurs premiers différens. Par exemple, le dividende c étant formé des facteurs premiers α, β, γ, δ, et le diviseur a des facteurs premiers α, β, μ, ν, on aurait

$$\frac{a}{c} = \frac{\alpha . \beta . \gamma . \delta}{\alpha . \beta . \mu . \nu},$$

ce qui se réduirait, en retranchant les facteurs communs α et μ qui se détruisent, à

$$\frac{c}{a} = \frac{\gamma . \delta}{\mu . \nu},$$

' La division serait donc encore impossible. On nomme nombres *premiers entre eux*, les nombres composés des facteurs premiers différens. Par exemple 4 et 21 sont *premiers entre eux*, parce que les facteurs premiers de 4 sont 2 et 2, et que ceux de 21 sont 3 et 7.

Ainsi, toutes les fois que le diviseur a des facteurs premiers autres que ceux du dividende, la division ne peut donner pour quotient un nombre entier.

25. Cependant le nombre b qui répond au quotient $\frac{c}{a}$ devant avoir dans tous les cas une grandeur numérique déterminée, il nous devient

nécessaire de reconnaître l'existence d'une autre espèce de nombres que les nombres entiers, et cette espèce nouvelle est celle des *nombres fractionnaires*, que nous avons déjà considérée dans l'arithmétique. Il nous suffit donc de la rappeler ici.

26. Concevons actuellement, ce qui est toujours possible, une suite de nombres, c, e, g, i, l, construits de la manière suivante :

$$a \times b = c$$
$$c \times d = e$$
$$e \times f = g$$
$$g \times h = i$$
$$i \times k = l$$
$$\text{etc.}, \text{etc.};$$

et substituons successivement les facteurs de c dans ceux de e, ces derniers dans ceux de g, et ainsi de suite. Nous obtiendrons la construction :

$$a \times b \times d \times f \times h \times i \times k \times \text{etc.....} = M,$$

M désignant le dernier nombre construit.

Cette *génération* du nombre M nous apprend seulement qu'une quantité numérique peut être construite par un nombre quelconque de facteurs, ce qui résultait d'ailleurs de ce qui précède ; mais lorsque tous ces facteurs sont égaux, la génération du produit, que nous désignerons alors par c devient

$$a \times a \times a \times a \times a .... \text{etc.}, = c,$$

et s'exprime d'une manière entièrement déterminée par la forme générale

$$a^b = c,$$

b écrit ainsi au dessus de a désignant le nombre de ces facteurs a.

27. La forme générale que nous venons de déduire présente un mode de génération entièrement différent des deux premiers modes $a + b = c$, $a \times b = c$; elle constitue donc un nouveau mode élémentaire qui va nous faire connaître de nouvelles opérations et de nouvelles espèces de nombres.

28. L'opération par laquelle on construit le nombre c à l'aide des deux nombres a et b, d'après la forme $a^b = c$, se nomme *élévation aux puissances*. a est la *base* de la puissance, b *l'exposant*, et c la *puissance*.

Une puissance se désigne d'après la valeur numérique de son exposant; ainsi a^2 est une *seconde puissance*, a^3 une *troisième puissance*, a^4 une *quatrième puissance* et ainsi de suite.

On donne encore le nom de *carré* à la *seconde* puissance et celui de *cube* à la *troisième*. Alors a^2 est le *carré* de a, et a^3 le *cube* de a.

29. Les diverses transformations dont les puissances sont susceptibles forment une partie très-importante de la construction des nombres, et il est essentiel de se les rendre familières. Nous allons successivement les exposer.

En remontant d'abord à la construction primitive d'une puissance, on voit que $a \times a = a^2$, $a^2 \times a = a^3$, $a^3 \times a = a^4$, ainsi de suite. De même $a^m \times a = a^{m+1}$, $a^{m+1} \times a = a^{m+2}$, $a^{m+2} \times a = a^{m+3}$, et ainsi de suite; donc on a $a^m \times a^2 = a^{m+2}$, $a^m \times a^3 = a^{m+3}$, $a^m \times a^4 = a^{m+4}$, et en général

$$a^m \times a^n = a^{m+n}.$$

On exprime donc le produit de deux puissances de même base en donnant pour exposant, à cette base, la somme des exposans des deux puissances.

On aurait évidemment aussi

$$a^m \times a^n \times a^p \times a^r \times \text{etc.} = a^{m+n+p+r+\text{etc.}},$$

quel que soit le nombre des puissances.

30. La construction $a^m \times a = a^{m+1}$, nous donne l'expression générale

$$\frac{a^{m+1}}{a} = a^m,$$

et, par conséquent

$$\frac{a^m}{a} = a^{m-1}, \frac{a^{m-1}}{a} = a^{m-2}, \frac{a^{m-2}}{a} = a^{m-3}, \frac{a^{m-3}}{a} = a^{m-4}, \text{etc.}$$

Nous avons donc aussi

$$\frac{a^m}{a^2} = a^{m-2}, \frac{a^m}{a^3} = a^{m-3}, \frac{a^m}{a^4} = a^{m-4}, \frac{a^m}{a^5} = a^{m-5}, \text{etc.},$$

et, en général,

$$\frac{a^m}{a^n} = a^{m-n},$$

ce qui nous apprend que, pour exprimer le quotient de deux puissances de même base, il faut donner pour exposant à la base commune la différence des exposans des deux puissances.

31. Si dans cette dernière expression n devient égale à m on a

d'une part $\frac{a^m}{a^m} = 1$ et et de l'autre, $a^{m,-m} = a^0$ d'où,

$$a^0 = 1.$$

La puisance zéro d'une quantité quelconque est donc égale à l'unité.

32. Lorsque dans la même expression on fait $m = 0$ elle devient

$$\frac{a^0}{a^n} = a^{0-n}, \text{ ou } \frac{1}{a^n} = a^{-n}.$$

ainsi une puissance dont l'exposant est négatif, est égale a l'unité divisée par cette même puissance en rendant l'exposant positif.

Cette importante proposition donne le moyen de trouver la valeur numérique des puissances à exposans négatifs.

33. Les règles (29 et 30) de la multiplication et de la division des puissances de même base peuvent donc encore s'appliquer au cas où les exposans sont négatifs, et l'on a

$$a^{-m} \times a^{-n} = a^{-m-n}, \frac{a^{-m}}{a^{-n}} = a^{-m+n}.$$

En effet, d'après ce qui précède

$$a^{-m} = \frac{1}{a^m}, a^{-n} = \frac{1}{a^n}.$$

Donc, on a d'une part

$$a^{-m} \times a^{-n} = \frac{1}{a^m} \times \frac{1}{a^n} = \frac{1}{a^m . a^n} = \frac{1}{a^{m+n}} = a^{-m-n},$$

et de l'autre

$$\frac{a^{-m}}{a^{-n}} = \frac{1}{a^m} : \frac{1}{a^n} = \frac{a^n}{a^m} = a^{n-m} = a^{-m+n}.$$

Nous devons faire observer que, pour former le produit et le quotient des deux fractions $\frac{1}{a^m}$, $\frac{1}{a^n}$, nous avons suivi les règles données dans l'arithmétique. Ces règles, étant générales, s'appliquent aux fractions algébriques comme aux fractions numériques.

Le quotient de a^{-m} divisée par a^{-n} est d'après la régle (30) a^{-m+n}, parce que, pour *retrancher n*, il faut ajouter $+n$ (16). C'est aussi le résultat obtenu par les dernières transformations.

34. Si dans le produit de plusieurs puissances de même base

$$a^m \times a^n \times a^p \times a^q \text{ etc. } = a^{m+n+p+q+\text{etc.}}$$

tous les exposans deviennent égaux, on aura, en désignant par n le nombre des facteurs, d'une part le produit,

$$a^m \times a^m \times a^m \times a^m \dots \text{ etc. } = (a^m)^n$$

c'est-à-dire la puissance n de la quantité a^m ; et de l'autre

$$a^{m}+m+m+m+ \text{ etc. } = a^{m} \times n$$

on aura donc aussi

$$(a^{m})^{n} = a^{m} \times n$$

c'est-à-dire que la puissance d'une puissance s'exprime en donnant pour exposant à la base, le produit des deux exposans.

35. La puissance t d'un produit $a^m . b^n . c^p . d^q$. etc., s'exprimera donc indifféremment par $(a^m . b^n . c^p . d^q ...$ etc.$)^t$, ou par $a^{mt} . b^{nt} . c^{pt} . d^{qt} ...$ etc.; car celles d'un simple produit $(a.b)^m$ est évidemment $a^m . b^m$., chacun des facteurs entrant m fois dans le produit.

36. La puissance m du nombre fractionnaire $\frac{a}{b}$ étant la même chose que le produit successif

$$\frac{a}{b} \times \frac{a}{b} \times \frac{a}{b} \times \frac{a}{b} \times \frac{a}{b} \times \dots \text{ etc.},$$

et ce produit, d'après la règle de la multiplication des fractions (ARITH. 60) devant prendre la forme

$$\frac{a.\, a.\, a.\, a.\, a. \dots}{b.\, b.\, b.\, b.\, b. \dots} = \frac{a^m}{b^m},$$

on en concluera

$$\left(\frac{a}{b} \right)^{m} = \frac{a^m}{b^m},$$

c'est-à-dire que, pour élever un nombre fractionnaire à une puissance quelconque m, il faut élever à cette puissance son numérateur et son dénominateur. C'est ainsi qu'on obtient pour les puissances successives de la fraction $\frac{2}{3}$, par exemple,

$$\left(\frac{2}{3} \right)^{2} = \frac{2^2}{3^2} = \frac{4}{9}$$

$$\left(\frac{2}{3} \right)^{3} = \frac{2^3}{3^3} = \frac{8}{27}$$

$$\left(\frac{2}{3} \right)^{4} = \frac{2^4}{3^4} = \frac{16}{81}$$

$$\text{etc.} = \text{etc.}$$

37. Le mode de génération $a^b = c$, a, comme les deux précédens, sa branche inverse, dont l'objet est la construction de la base a par le moyen de la puissance c et de l'exposant b. L'opération qu'il faut exécuter pour redescendre de la puissance à la base, opération dont le procédé est, comme nous ne le verrons plus loin, l'inverse de celui

par lequel on s'élève de la base à la puissance, se nomme *extraction des racines*.

Cette opération se désigne par le caractère $\sqrt{}$ qui se nomme un *radical*. Ainsi

$$\sqrt[b]{c} = a$$

signifie que la racine b de c est égale à a. La base a prend alors le nom de *racine*, et la puissance c se nomme simplement le *nombre* dont on veut extraire la racine.

38. Les racines se désignent d'après la grandeur numérique de leur exposant. Ainsi $\sqrt[2]{c}$ est une *racine seconde*; $\sqrt[3]{c}$ est une *racine troisième*; $\sqrt[4]{c}$, une *racine quatrième*; et ainsi de suite. La racine seconde, se nomme encore habituellement *racine carrée*, et la racine troisième, *racine cubique*.

L'exposant est généralement sous-entendu dans les racines secondes ou carrées, et on ne l'écrit point ordinairement dans le signe radical. Ainsi $\sqrt{a}$ est la même chose que $\sqrt[2]{a}$. Le radical $\sqrt{}$, sans exposant, indique toujours une *racine carrée*.

39. Les quantités algébriques affectées du signe radical $\sqrt{}$ se prétent, comme les quantités affectées d'exposans, à plusieurs transforformations très-utiles pour la pratique des calculs. On nomme, en général, ces quantités, *qantités radicales*.

Le produit de deux quantités radicales de même exposant telles que $\sqrt[m]{a}$, $\sqrt[m]{b}$, est égal à la racine, de même exposant, du produit des nombres, c'est-à-dire qu'on a

$$\sqrt[m]{a} \times \sqrt[m]{b} = \sqrt[m]{a.b}.$$

En effet, désignant par α la valeur numérique de la racine désignée par la forme $\sqrt[m]{a}$, et par β la valeur de la racine $\sqrt[n]{b}$, nous aurons alors.

$$a = \alpha^m, \quad b = \beta^m$$

puisqu'en élevant la *racine* à la puissance du nombre, on ne fait que produire ce nombre. Mais en multipliant les deux membres de l'égalité $a = \alpha^m$ par b les produits doivent être égaux (11), donc ; $a.b = \alpha^m.b$; on a donc encore aussi $a.b = \alpha^m.\beta^m$, en substituant, dans le second membre de cette dernière égalité, à la place de b, sa valeur β^m.

Mais, d'après (35), $\alpha^m.\beta^m = (\alpha.\beta)^m$, ainsi

$$a.b = \alpha^m.\beta^m = (\alpha.\beta)^m$$

or, les deux quantités $a.b$ et $(\alpha.\beta)^m$ étant égales, si l'on extrait de chacune la racine m, les résultats seront nécessairement égaux (11). Donc

$$\sqrt[m]{a.b} = \alpha.\beta,$$

car la racine m d'une puissance m est simplement la base de cette puissance. Substituant à la place de α et de β les quantités équivalentes $\sqrt{a}$ et $\sqrt{b}$, on a définitivement

$$\sqrt[m]{a.b} = \sqrt[m]{a} \times \sqrt[m]{b}.$$

On aurait de même, pour un nombre quelconque de quantités radicales,

$$\sqrt[m]{a}.\sqrt[m]{b}.\sqrt[m]{c}.\sqrt[m]{d}. \text{ etc.} = \sqrt[m]{a.b.c.d. \text{ etc.}}$$

40. Pour indiquer que le signe radical s'applique à plusieurs lettres à la fois, on place, à sa partie supérieure, comme nous venons de le faire, un trait horizontal qui couvre toutes ces lettres. Par exemple, $\sqrt[m]{a.b}$ désigne la racine m du produit $a.b$; $\sqrt[m]{a+b}$ désigne la racine m de la somme $a+b$, et ainsi de suite. On peut encore exprimer la même chose avec le radical simple, en renfermant par des accolades, des crochets ou des parenthèses les quantités auxquelles il s'applique. Les expressions $\sqrt[m]{a.b}$, $\sqrt[m]{[a.b]}$, $\sqrt[m]{(a.b)}$, $\sqrt[m]{\{a.b\}}$ sont équivalentes, et signifient toutes la *racine m* du produit $a.b$. De même les expressions $\sqrt[m]{a+b}$, $\sqrt[m]{[a+b]}$, $\sqrt[m]{(a+b)}$, $\sqrt[m]{\{a+b\}}$ signifient toutes la *racine m* de la somme $a+b$.

41. Le quotient de deux racines $\sqrt[m]{a}, \sqrt[m]{b}$ de même exposant, est égal à la racine, de même exposant, du quotient des nombres. C'est-à-dire qu'on a

$$\frac{\sqrt[m]{a}}{\sqrt[m]{b}} = \sqrt[m]{\left[\frac{a}{b}\right]}.$$

En effet, si nous exprimons, comme ci-dessus (39), par α la valeur numérique de la racine $\sqrt[m]{a}$, et par β la valeur de la racine $\sqrt[m]{b}$, nous aurons $a = \alpha^m$, $b = \beta^m$, d'où (36)

$$\frac{a}{b} = \frac{\alpha^m}{\beta^m} = \left[\frac{\alpha}{\beta}\right]^m.$$

Prenant la racine m des deux quantités égales $\frac{a}{b}$ et $\left[\frac{\alpha}{\beta}\right]^m$, il vient

$$\frac{\alpha}{\beta} = \sqrt[m]{\left[\frac{a}{b}\right]}.$$

D'où, remettant à la place de α et de β les quantités équivalentes $\sqrt[m]{a}, \sqrt[m]{b}$,

$$\frac{\sqrt[m]{a}}{\sqrt[m]{b}} = \sqrt[m]{\left[\frac{a}{b}\right]}.$$

Ce résultat nous apprend encore que, pour extraire la racine quelconque d'une fraction, il faut extraire celle de son numérateur et de son dénominateur.

42. Extraire la racine m d'une puissance m, c'est exécuter l'opération inverse de celle par laquelle on a construit cette puissance, c'est, en un mot, revenir au point dont on est parti, et, comme nous l'avons déjà dit, l'expression

$$\sqrt[m]{[a^m]}$$

se réduit à la base a. Comme aussi l'expression inverse

$$[\sqrt[m]{a}]^m$$

se réduit à la base a.

Si l'exposant de la puissance n'était pas le même que celui de la racine, on pourrait encore simplifier l'expression, qui est alors généralement

$$\sqrt[m]{[a^n]},$$

d'après les considérations suivantes. Supposons m facteur de n et posons l'égalité $n = mp$. Alors la puissance a^n sera a^{mp} ou, d'après (34) $(a^p)^m$. L'expression proposée prendra donc la forme

$$\sqrt[m]{[(a^p)^m]}.$$

Laquelle se réduit à

$$(a^p),$$

à cause des exposans m qui se détruisent. On a donc dans ce cas

$$\sqrt[m]{[a^n]} = a^p ;$$

mais l'égalité $n = mp$ nous donne, en divisant ses deux membres par m, $\frac{n}{m} = p$; ainsi l'expression précédente est la même chose que (b)

$$\sqrt[m]{[a^n]} = a^{\frac{n}{m}}.$$

Lorsque m est facteur exact de n, le nombre $\frac{n}{m}$ est entier et la *racine m* de a^n se réduit à une puissance entière de la base *a*. Dans tous les autres cas $\frac{n}{m}$ est un nombre fractionnaire.

En appliquant cette transformation à l'expression $\sqrt[6]{a^{12}}$, elle devient

$$\sqrt[6]{a^{12}} = a^{\frac{12}{6}} = a^{2}.$$

De même l'expression $\sqrt[5]{a^{4}}$ devient $a^{\frac{4}{5}}$; mais alors l'exposant reste fractionnaire.

43. L'expression générale (*b*) nous donne la signification d'une puissance *à exposant fractionnaire*. Nous saurons dorénavant que la forme $a^{\frac{n}{m}}$ signifie la *racine m* de la puissance a^n. Par exemple, la puissance $\frac{2}{3}$ de *a* est la même chose que la racine cubique de son carré, ou $\sqrt[3]{a^{2}}$; la puissance $\frac{1}{2}$ de *a* est simplement sa racine carrée $\sqrt{a}$, etc., etc. En général, $a^{\frac{1}{m}}$ est la racine *m* de *a*, ou $\sqrt[m]{a}$.

44. Cette transformation des racines en puissances fractionnaires, nous conduit à plusieurs autres transformations importantes. Par exemple, $\sqrt[m]{a}$ et $\sqrt[n]{b}$ étant la même chose que les puissances fractionnaires $a^{\frac{1}{m}}$, $b^{\frac{1}{n}}$, on peut donner à ces puissances une infinité de formes différentes, puisque les fractions $\frac{1}{m}$ et $\frac{1}{n}$ peuvent recevoir elles-mêmes une infinité de formes différentes sans changer de valeurs (ARITH. 56).

En réduisant les fractions $\frac{1}{m}$, $\frac{1}{n}$ au même dénominateur (ARITH. 57), elles deviennent $\frac{n}{mn}$, $\frac{m}{mn}$, et l'on a, par conséquent,

$$\sqrt[m]{a} = a^{\frac{1}{m}} = a^{\frac{n}{mn}},$$

$$\sqrt[n]{b} = b^{\frac{1}{n}} = b^{\frac{m}{mn}},$$

mais $a^{\frac{n}{mn}}$ est la même chose que $\sqrt[mn]{(a^n)}$, et $b^{\frac{m}{mn}}$, la même chose que $\sqrt[mn]{(b^m)}$. Le produit des deux quantités $\sqrt[m]{a}$, $\sqrt[n]{b}$ peut donc prendre la forme

$$\sqrt[m]{a} \times \sqrt[n]{b} = \sqrt[mn]{(a^n)} \times \sqrt[mn]{(b^m)} = \sqrt[mn]{(a^n . b^m)},$$

et leur quotient, la forme

$$\frac{\sqrt[m]{a}}{\sqrt[n]{b}} = \frac{\sqrt[mn]{(a^n)}}{\sqrt[mn]{(b^n)}} = \sqrt[mn]{\left[\frac{a^n}{b^m}\right]}.$$

45. On trouverait évidemment de la même manière

$$\sqrt[m]{a^n} \times \sqrt[p]{b^q} = \sqrt[mp]{a^{np}} \times \sqrt[mp]{b^{mq}} = \sqrt[mp]{[a^{np}.\, b^{mq}]}.$$

Si dans cette expression on fait $a = b$, le produit $a^{np}.\, b^{mq}$ devenant $a^{np}.\, a^{mq} = a^{np+mq}$ (29), elle se réduit à

$$\sqrt[m]{a^n} \times \sqrt[p]{b^q} = \sqrt[mp]{[a^{np+mq}]},$$

ou bien encore à

$$a^{\frac{n}{m}} \times a^{\frac{q}{p}} = a^{\frac{pn+mq}{mp}},$$

en se servant des exposans fractionnaires.

Si l'on examine la fraction $\frac{np+mq}{mp}$, on reconnaît aisément qu'elle est composée de la somme des deux fractions $\frac{n}{m}$, $\frac{q}{p}$; car, en réduisant ces deux dernières au même dénominateur et en les ajoutant ensuite, on retrouve la première. L'égalité précédente est donc la même que

$$a^{\frac{n}{m}} \times a^{\frac{p}{q}} = a^{\frac{n}{m}+\frac{p}{q}},$$

d'où il résulte que la règle des produits des puissances de la même base (29) s'applique au cas des exposans fractionnaires.

46. Le quotient des deux quantités radicales $\sqrt[m]{a^n}$, $\sqrt[p]{b^q}$ pouvant également offrir la suite de transformations

$$\frac{\sqrt[m]{(a^n)}}{\sqrt[p]{(b^q)}} = \frac{\sqrt[mp]{(a^{np})}}{\sqrt[mp]{(b^{mq})}} = \sqrt[mp]{\left[\frac{a^{np}}{b^{mq}}\right]},$$

ce quotient, dans le cas de $a = b$, devient, d'après (30),

$$\frac{\sqrt[m]{(a^n)}}{\sqrt[p]{(a^q)}} = \sqrt[mp]{[a^{np}-a^{mq}]},$$

ce qui est la même chose, en passant aux exposans fractionnaires, que

$$a^{\frac{n}{m}} : a^{\frac{q}{p}} = a^{\frac{np-mq}{mp}},$$

ou, simplement, (c)

$$a^{\frac{n}{m}} : a^{\frac{q}{p}} = a^{\frac{n}{m}-\frac{q}{p}},$$

en observant que la fraction $\frac{np - mq}{mp}$ est la différence des fractions $\frac{n}{m}$ et $\frac{q}{p}$.

Cette dernière expression nous apprend que la règle du quotient de deux puissances de même base (30) s'applique également au cas des exposans fractionnaires.

47. Si, dans l'égalité ci-dessus (c), on fait $n = 0$, d'où $\frac{n}{m} = 0$, et par suite $a^{\frac{n}{m}} = 1$, (31), cette égalité devient

$$\frac{1}{a^{\frac{q}{p}}} = a^{-\frac{q}{p}},$$

Ainsi, les puissances à exposans fractionnaires négatifs ont la même signification que les puissances à exposans entiers négatifs (32), et quel que soit l'exposant m entier ou fractionnaire, la puissance à exposant négatif a^{-m} est égale à la fraction $\frac{1}{a^m}$.

48. En opérant sur les puissances à exposans fractionnaires négatifs comme nous l'avons fait (33) sur les puissances à exposans entiers négatifs, on se convaincra que les règles de la multiplication et de la division des puissances de même base embrassent le cas des exposans fractionnaires négatifs. Ainsi, quels que soient les exposans m et n entiers, fractionnaires, positifs ou négatifs, on a généralement

$$a^m \times a^m = a^{m+n}; \quad \frac{a^m}{a^n} = a^{m-n}.$$

49. Il nous reste à examiner les formes que peuvent prendre les puissances et les racines des quantités radicales ou les transformations que peuvent subir les deux expressions générales

$$(\sqrt[m]{a})^n, \quad \sqrt[n]{(\sqrt[m]{\omega})}.$$

La première désignant le produit

$$\sqrt[m]{a} \times \sqrt[m]{a} \times \sqrt[m]{a} \times \sqrt[m]{a} \times \ldots \text{ etc.}$$

et ce produit, pouvant, d'après ce qui précède, prendre la forme

$$\sqrt[m]{[a \times a \times a \times a \ldots \text{ etc.}]} = \sqrt[m]{(a^n)},$$

on a immédiatement

$$(\sqrt[m]{a})^n = \sqrt[m]{(a^n)}, \quad \bullet$$

C'est-à-dire que la puissance d'une racine s'exprime indifféremment en donnant l'exposant à la quantité radicale ou seulement au nombre affecté du radical.

Quant à la racine $\overset{n}{\sqrt{}}$ ($\overset{m}{\sqrt{}}$ a), si nous désignons par α sa valeur numérique, nous aurons

$$\overset{n}{\sqrt{}}.(\overset{m}{\sqrt{}}a) = \alpha;$$

ainsi élevant les deux nombres de cette égalité à la puissance n, elle devient (42)

$$\overset{m}{\sqrt{}}a = \alpha^n.$$

élevant encore cette dernière à la puissance m, elle se réduit à

$$a = (\alpha^n)^m = \alpha^{mn}.$$

Maintenant si l'on prend la racine nm des deux quantités égales a et α^{nm}, on obtiendra $\alpha = \overset{nm}{\sqrt{}}a$, d'où, remettant pour α la quantité dont elle est la valeur,

$$\overset{n}{\sqrt{}}(\overset{m}{\sqrt{}}a) = \overset{mn}{\sqrt{}}a.$$

La *racine* d'une *racine* se réduit donc à une simple racine en donnant à cette dernière pour exposant le produit des deux exposans.

On trouverait de la même manière

$$\overset{q}{\sqrt{}}[\overset{p}{\sqrt{}}[\overset{m}{\sqrt{}}[\overset{n}{\sqrt{}}a]]] = \overset{qpmn}{\sqrt{}}a,$$

c'est-à-dire que la racine q de la racine p de la racine m de la racine n de a est égale à la racine $qpmn$ de a

Cette transformation est très-utile dans les opérations d'extraction de racines, comme nous le verrons plus loin.

50. Retournons un moment en arrière et examinons de nouveau le troisième mode de la génération élémentaire des nombres dont la branche directe $a^b = c$ nous a donné les *puissances* et la branche inverse $\overset{b}{\sqrt{}}c$, les *racines*. Il est important d'examiner la nature des nombres construits par ces opérations opposées et l'influence qu'exerce sur ces nombres l'état positif ou négatif des deux nombres composans.

51. La branche directe $a^b = c$, considérée dans toute sa généralité, doit toujours nous donner la génération complète d'un nombre c, quels que soient la base a et l'exposant b. Or, cette base et cet exposant peuvent être des nombres entiers ou fractionnaires, positifs ou négatifs ; nous avons donc plusieurs cas à considérer.

1° *La base et l'exposant sont des nombres entiers positifs.*

La puissance *c* ne peut être alors qu'un nombre entier positif, puisqu'elle se compose du produit successif d'un même nombre entier positif par lui-même (21).

2° *La base est négative, l'exposant positif, et tous deux sont des nombres entiers.*

Le produit de — *a* par — *a* étant + a^2, et le produit de + a^2 par — *a* étant — a^3, etc., d'après la règle des signes, (21) il est facile de voir que la puissance (— *a*) ^{b}, ou le produit successif,

$$- a \times - a \times - a \times - a \times - a \times -, \text{etc...},$$

sera positif lorsque le nombre des facteurs sera *pair*, et qu'il sera né: gatif lorsque ce nombre de facteurs sera impair. Dans l'un et l'autre cas, ce produit ne peut être qu'un nombre entier.

Or, *m* étant un nombre entier quelconque, 2*m* peut représenter tous les nombres pairs; car en faisant successivement *m* = 0, *m* = 1, *m* = 2, *m* = 3, etc., on obtient la suite des nombres pairs, 0, 2, 4, 6, 8, 10, etc. Mais alors 2*m* + 1 représente tous les nombres impairs ; car en faisant successivement *m* = 0, *m* = 1, *m* = 2, etc., on obtient la suite des nombres impairs 1, 3, 5, 7, 9, 11, etc. La forme générale des puissances à exposans pairs est donc a^{2m}, et celle des puissances à exposans impairs, a^{2m+1}.

Ainsi, désignant toujours par *c* le nombre entier produit, nous aurons

$$(-a)^{2m} = + c, \quad (-a)^{2m+1} = - c.$$

3° *La base est positive, l'exposant négatif, et tous deux sont des nombres entiers.*

Nous avons vu (32) qu'une puissance à exposant négatif est égale à l'unité divisée par cette même puissance prise en changeant le signe de l'exposant, ou qu'on a généralement

$$a^{-b} = \frac{1}{a^b}.$$

Or, *a* étant positif a^b est positif, donc le nombre produit est un nombre fractionnaire positif.

4° *La base et l'exposant sont des nombres entiers et négatifs.*

Puisqu'on a généralement $a^{-b} = \frac{1}{a^b}$, on a aussi

$$(-a)^{-b} = \frac{1}{(-a)^b};$$

Mais la puissance $(-a)^b$ étant positive ou négative selon que b est pair ou impair, dans le premier cas, on a

$$(-a)^{-2m} = \frac{1}{(-a)^{2m}} = + \frac{1}{a^{2m}}$$

et, dans le second,

$$(-a)^{-2m-1} = \frac{1}{(-a)^{2m+1}} = - \frac{1}{a^{2m+1}}.$$

La quantité produite est donc un nombre fractionnaire positif lorsque l'exposant est pair, et un nombre fractionnaire négatif lorsque l'exposant est impair.

5° *La base étant un nombre fractionnaire positif, l'exposant est entier positif ou négatif.*

Dans le premier cas, soit $\frac{a}{b}$ la base réduite à sa plus simple expression, et m l'exposant; la puissance $\left(\frac{a}{b}\right)^m$ exprime le produit

$$\frac{a.\,a.\,a.\,a.\,a.\,a....}{b.\,b.\,b.\,b.\,b.\,b....},$$

lequel est nécessairement lui-même une quantité fractionnaire puisque le numérateur et le dénominateur ne renferment aucun facteur commun (24).

Dans le second cas, on a d'après (47)

$$\left(\frac{a}{b}\right)^{-m} = \frac{1}{\left(\frac{a}{b}\right)^m}$$

mais d'après (36), $\left(\frac{a}{b}\right)^m = \frac{a^m}{b^m}$, d'où $1 : \frac{a^m}{b^m} = \frac{b^m}{a^m}$ (ARITH. 62) : ainsi :

$$\left(\frac{a}{b}\right)^{-m} = \frac{b^m}{a^m}.$$

La quantité produite est donc encore un nombre fractionnaire, et, en général, une fraction positive élevée à une puissance positive ou négative engendre une fraction positive.

6° *La base étant un nombre fractionnaire négatif, l'exposant est entier, positif ou négatif.*

Lorsque l'exposant est positif, comme $\left(-\frac{a}{b}\right)^m$, exprime le produit.

$$\left(-\frac{a}{b}\right).\left(-\frac{a}{q}\right).\left(-\frac{a}{b}\right).\left(-\frac{a}{b}\right). \text{ etc.}$$

lequel est positif ou négatif selon que l'exposant est pair ou impair, nous aurons pour résultat, dans le premier cas, un nombre fractionnaire positif et, dans le second, un nombre fractionnaire négatif. Ce qui est exprimé de la manière suivante

$$\left(-\frac{a}{b}\right)^{2m} = +\left(\frac{a}{b}\right)^{2m},$$

$$\left(-\frac{a}{b}\right)^{2m+1} = -\left(\frac{a}{b}\right)^{2m+1},$$

Lorsque l'exposant est négatif, on obtient, en opérant comme dans le cas précédent,

$$\left(-\frac{a}{b}\right)^{-2m} = +\frac{b^{2m}}{a^{2m}},$$

$$\left(-\frac{a}{b}\right)^{-2m-1} = -\frac{b^{2m+1}}{a^{2m+1}},$$

Les résultats sont donc toujours des nombres fractionnaires, positifs quand l'exposant est pair, et négatifs lorsqu'il est impair.

7° *La base étant un nombre quelconque, l'exposant est fractionnaire.*

Les exposans fractionnaires exprimant des racines, tous les cas particuliers de ce cas général appartiennent à la théorie des racines.

52. La forme générale de la génération d'un nombre par l'*extraction des racines* étant $\sqrt[b]{c} = a$, il se présente encore ici six cas généraux à examiner.

1° *Le nombre et l'exposant sont entiers positifs.*

Il suffit de se rappeler qu'il existe des nombres entiers indécomposables en facteurs (22) pour reconnaître immédiatement que la racine *a* ne saurait-être généralement un nombre entier pour toutes les valeurs de la base et de l'exposant. Par exemple la racine carrée de 5, $\sqrt{5}$, ne peut-être un nombre entier ; car le nombre premier 5 ne saurait-être formé par un produit de nombres entiers, et l'on voit aisément que la valeur numérique de $\sqrt{5}$ est entre celles des deux nombres 2 et 3, puisque $2^2 = 4$, et que $3^2 = 9$. On a donc

$$\sqrt{5} > 2, \text{ et } \sqrt{5} < 3$$

Comme il existe une infinité de nombres fractionnaires dont les grandeurs différentes sont toutes comprises entre 2 et 3 (ARITH. 52) on pourrait supposer d'abord qu'un de ces nombres peut être égal à $\sqrt{5}$; mais cette supposition est inadmissible, car la seconde puissance ou le carré de ce nombre fractionnaire devrait être égal à 5, et l'on a vu que toutes les puissances des nombres fractionnaires sont elles-mêmes des nombres fractionnaires (51. 5°).

Le nombre engendré par $\sqrt{5}$ ne peut donc être ni *entier* ni *fractionnaire*, et comme il en est de même d'une infinité d'autres, engendrés sous la forme générale $\sqrt[b]{c}$, il en résulte que cette branche inverse du troisième mode de la génération élémentaire des nombres donne naissance à une nouvelle espèce de nombres, essentiellement différente de celles des nombres entiers et des nombres fractionnaires, produites par les deux premiers modes de génération.

Ces nombres nouveaux ont reçu le nom de *nombres irrationnels*, dérivé du mot *ratio* pris dans le sens de *rapport*, parce que leur rapport avec l'unité ne saurait être exprimé exactement. Nous verrons à *l'extraction des racines*, comment il est possible d'approcher aussi près que l'on veut de leur valeur exacte.

Dans le cas général de génération $\sqrt[b]{(+c)} = a$, dont nous nous occupons, la racine *a* est donc un *nombre irrationnel* toutes les fois qu'elle n'est pas un nombre *entier*. Quant à son signe, lorsque *b* est *impair* il est nécessairement $+$, car $(+a)^{2m+1} = +c$; mais lorsque *b* est *pair* il peut être indifféremment $+$ ou $-$ car on a $(+a)^{2m} = +c$ et $(-a)^{2m} = +c$ (*Voyez* ci-dessus 51. 1° et 2°). Ainsi *a* désignant toujours la valeur entière ou irrationnelle de la racine $\sqrt[b]{c}$, toutes ces circonstances s'expriment par les formes générales

$$\sqrt[2m]{(+c)} = \pm a, \quad \sqrt[2m+1]{(+c)} = +a$$

Les racines impaires des nombres positifs n'ont donc qu'une seule valeur positive tandis que les racines paires ont deux valeurs, égales en grandeur numérique, mais de signe contraire.

2°. *Le nombre est négatif, l'exposant positif et tous deux sont des nombres entiers.*

Ce cas général compris sous la forme $\sqrt[b]{(-c)} = a$, présente deux cas particuliers correspondant aux valeurs paires et impaires de l'exposant. Si l'exposant est un nombre impair, $2m+1$, la racine *a*, quelle que soit sa valeur entière ou irrationnelle, est nécessairement négative; car, la puissance a^{2m+1} devant reproduire le nombre $-c$, il faut que la base soit négative (51, 2°) pour que la puissance soit négative. On a donc dans ce cas $\sqrt[2m+1]{(-c)} = -a$. Si l'exposant est un nombre pair $2m$, la génération de la racine a devient impossible réellement : ce nombre ne pouvant être ni positif ni négatif. En effet a ne peut être positif, car $(+a)^{2m}$ produit un nombre positif, et il ne peut être non plus négatif car $(-a)^{2m}$ produit encore un nombre positif (51. 2°). Il n'existe donc aucun nombre réel qui puisse représenter soit exactement soit approximativement la racine $\sqrt[2m]{(-c)}$ et les quantités engendrées sous cette forme, constituent une classe à part distincte de toutes celles des nombres réels. Ces quantités bizarres, dont nous aurons plus d'une occasion de reconnaître l'extrême utilité, ont reçu le nom de *quantités imaginaires*, dénomination très-inexacte en ce qu'elles sont un produit nécessaire du mode de génération $\sqrt[b]{c}$, considéré dans toute sa généralité, et non une création sans règles et sans lois de l'imagination, comme tous les produits libres de cette faculté.

3° *Le nombre est positif, l'exposant négatif, et tous deux sont des nombres entiers.*

En transformant la racine $\sqrt[-m]{c}$ en puissance fractionnaire, elle devient, d'après (43 et 47),

$$c^{-\frac{1}{m}} = \frac{1}{c^{\frac{1}{m}}} = \frac{1}{\sqrt[m]{c}};$$

ainsi $\sqrt[-m]{c} = \dfrac{1}{\sqrt[m]{c}}$; sa grandeur numérique est donc égale à l'unité divisée par la valeur entière ou irrationnelle de $\sqrt[m]{c}$. Quant au signe, il est d'après ci-dessus (1°), $+$ si m est impair, et $+$ ou $-$ si m est pair.

4° *Le nombre et l'exposant sont tous deux entiers et négatifs.*

La transformation de la racine $\sqrt[-m]{(-c)}$ en puissance fractionnaire, donne, d'après (43) et (47),

$$\sqrt[-m]{(-c)} = (-c)^{-\frac{1}{m}} = \frac{1}{(-c)^{\frac{1}{m}}} = \frac{1}{\sqrt[m]{(-c)}};$$

la valeur de cette racine sera donc *réelle*, si m est impair; et de plus elle sera négative, parce que toute racine impaire de $-c$ est négative (51. 2°); cette valeur sera *imaginaire*, si m est pair, parce que toute racine paire de $-c$ est imaginaire (*voyez* ci-des-

sus 2°). Ces diverses circonstances s'expriment par les formules générales

$$\sqrt[-2m]{(-c)} = \frac{1}{\sqrt[2m]{(-c)}} = \text{quantité imaginaire;}$$

$$\sqrt[-2m-1]{(-c)} = -\frac{1}{\sqrt[2m+1]{c}} = \text{quantité réelle.}$$

5° *Le nombre est fractionnaire et l'exposant entier.*

En ne tenant pas d'abord compte des signes, on a généralement,
d'après (41),

$$1\ldots\ldots \sqrt[m]{\left[\frac{a}{b}\right]} = \frac{\sqrt[m]{a}}{\sqrt[m]{b}};$$

ainsi, lorsque tout est positif, la valeur de la racine dépend de celles
des deux racines $\sqrt[m]{a}$, $\sqrt[m]{b}$; elle sera donc le quotient de deux nombres entiers, ou celui de deux nombres irrationnels, ou enfin celui
d'un nombre entier par un nombre irrationnel, et *vice versa*. Dans
aucun cas elle ne sera un nombre entier.

Si l'exposant *m* est négatif, l'expression générale devient

$$\sqrt[-m]{\left[\frac{a}{b}\right]} = \frac{\sqrt[-m]{a}}{\sqrt[-m]{b}};$$

mais, d'après ce qui précède,

$$\sqrt[-m]{a} = \frac{1}{\sqrt[m]{a}}, \quad \sqrt[-m]{b} = \frac{1}{\sqrt[m]{b}},$$

donc

$$2\ldots\ldots \sqrt[-m]{\left[\frac{a}{b}\right]} = \frac{\sqrt[m]{b}}{\sqrt[m]{a}},$$

et la valeur de la racine dépend de celles des racines $\sqrt[m]{a}$, $\sqrt[m]{b}$.

En faisant successivement *a* et *b* négatifs dans les deux expressions
a et *b*, et faisant aussi successivement l'exposant *m pair et impair*,
on trouvera pour tous les cas particuliers la nature et le signe de la
racine. Cette analyse ne présentant aucune difficulté, puisque les diverses valeurs se trouvent fixées par les règles précédentes, nous l'a-
bandonnons au lecteur.

6° *Le nombre étant quelconque, l'exposant est fractionnaire.*

a désignant toujours la quantité construite d'après la forme générale $\sqrt[b]{c}$, nous aurons, $\frac{m}{n}$ étant un nombre fractionnaire quelconque,

$$\sqrt[\frac{m}{n}]{c} = a.$$

Élevant les deux membres de cette égalité à la puissance $\frac{m}{n}$, elle devient

$$c = a^{\frac{m}{n}}.$$

Élevant de nouveau les deux membres de cette dernière à la puissance n, on obtient

$$c^{n} = (a^{\frac{m}{n}})^{n} = a^{\frac{mn}{n}} = a^{m}.$$

Enfin prenant la racine m des deux quantités égales c^n, a^m on trouve

$$\sqrt[m]{(c^{n})} = a.$$

D'où, remettant pour a la racine générale qu'elle exprime,

$$1.....\sqrt[\frac{m}{n}]{c} = \sqrt[m]{(c^{n})}.$$

La racine fractionnaire d'un nombre n'est donc qu'une racine prise sur une puissance de ce nombre. Elle se ramène encore à une puissance fractionnaire en observant que $\sqrt[m]{(c^{n})} = c^{\frac{n}{m}}$, et que l'on a par conséquent

$$\sqrt[\frac{m}{n}]{c} = c^{\frac{n}{m}}.$$

Toutes les circonstances particulières aux signes des nombres c, m, n, sont comprises dans la forme générale 1 et peuvent s'en déduire d'après les règles précédentes.

53. Les quantités imaginaires données par la forme générale

$$\sqrt[2m]{(- c)}$$

peuvent généralement se transformer en un produit

$$A. \sqrt[2m]{- 1},$$

dont l'un des facteurs est un nombre réel et l'autre la racine imaginaire $2m$ de l'unité négative.

En effet, la génération d'un nombre quelconque c par l'unité négative est $(-1) \times c$ et la racine imaginaire générale est la même chose que

$$\sqrt[2m]{[(-1) \times c]}.$$

Mais d'après (39)

$$\sqrt[2m]{[(-1) \times c]} = \sqrt[2m]{-1} \times \sqrt[2m]{c}.$$

Ainsi $\sqrt[2m]{c}$ étant un nombre réel entier, fractionnaire, ou irrationnel, en le désignant par A, nous aurons

$$\sqrt[2m]{(-c)} = A . \sqrt[2m]{-1}.$$

Les quantités imaginaires peuvent donc s'exprimer généralement par la seule racine imaginaire de l'unité, $\sqrt[2m]{-1}$. Nous verrons par la suite que cette dernière s'exprime encore par la simple racine carrée de l'unité, et que toute racine imaginaire $\sqrt[2m]{(-c)}$ se réduit à la forme $\alpha + \beta \sqrt{-1}$, propriété singulière de ces singulières quantités.

54. Le mode de génération par puissance $a^b = c$ est le troisième et dernier mode de la génération élémentaire des nombres ; car, en suivant la marche qui nous a conduits du premier mode $a + b = c$, au second $a \times b = c$, et de celui-ci au troisième $a^b = c$, si l'on croyait pouvoir obtenir des modes de plus en plus élevés on se tromperait complétement. Construisons en effet, d'après cette marche, une suite de nombres

$$a^b = c$$
$$c^d = e$$
$$e^f = g$$
$$g^h = i$$
$$\text{etc.} , = \text{etc.}$$

Substituons maintenant a^b à la place de c, dans la seconde égalité ; elle deviendra

$$(a^b)^d = e,$$

ou simplement $a^{bd} = e$, en vertu de (34). a^{bd}, substitué à la place de e dans la troisième égalité, donne

$$(a^{bd})^f = g,$$

ce qui se réduit encore, d'après (34) à

$$a^{bdf} = g.$$

Continuant de la même manière, on obtiendra, M désignant la dernière quantité de cette construction

$$a^{bdfh \text{ etc.}} = M.$$

Or, quels que soient les nombres b, d, f, h, etc., égaux ou iné-gaux, le nombre M est toujours une *puissance*, et le produit $bdfh$ etc...., l'*exposant* qui exprime le nombre de fois que la base a est facteur. On ne peut donc obtenir par ce moyen aucun mode de génération qui diffère essentiellement du mode de généra-tion par puissance, et comme la marche progressive que nous avons suivie dans la déduction des trois modes élémentaires présente la plus grande généralité, il suffit de l'examiner attentivement pour se con-vaincre qu'il est absolument impossible d'obtenir, par quelque moyen que ce soit, aucun autre mode primitif de génération, et qu'il n'existe conséquemment pour la génération des quantités que les trois modes élémentaires primitifs $a + b = c$, $a \times b = c$, $a^b = c$, ou que les modes dérivés qui résultent de la combinaison de ceux-ci.

55. En résumant cette première partie de l'algèbre, on reconnaît que chacune des branches inverses des trois générations primitives donne naissance à des nombres particuliers, ou apporte des considé-rations particulières dans la nature des nombres.

Ainsi la soustraction, $c - b = a$, nous fait distinguer les nombres en *positifs* et *négatifs*.

La division $\frac{c}{b} = a$, engendre les *nombres fractionnaires*.

L'extraction des racines $\sqrt[b]{c} = a$, engendre les *nombres irration-nels* et les *quantités imaginaires*.

Comme il n'existe d'autre mode primitif de génération que les trois modes élémentaires dont la *soustraction*, la *division* et l'*extraction des racines* forment les branches inverses, il n'existe aussi que des nombres entiers, fractionnaires, irrationnels ou imaginaires, et nous nous trouvons en possession de tous les élémens de la SCIENCE DES NOMBRES. Les parties suivantes de l'algèbre vont faire connaître l'é-difice immense que la science élève avec ce petit nombre de ma-tériaux.

56. Nous devons faire remarquer, en terminant cette première partie, la différence caractéristique qui existe entre le troisième

mode primitif de la génération des nombres et les deux premiers. Dans ces deux premiers

$$a + b = c, a \times b = c,$$

les nombres composans a et b entrent de la même manière dans la composition du nombre produit c, on a donc $a + b = b + a$ et $a \times b = b \times a$. Dans le troisième, $a^b = c$, cette propriété ne se retrouve pas, car a^b n'est point égal à b^a. Il suffit d'un simple exemple numérique pour le prouver, $2^3 = 8$, $3^2 = 9$.

Il résulte de cette circonstance, que les deux nombres a et b entrent d'une manière entièrement différente dans la composition du nombre c, qu'il servent à construire, de sorte que la détermination de l'exposant b par le moyen de la puissance c et de la base a, ne peut s'effectuer par une opération élémentaire et exige des procédés supérieurs que nous ferons connaître plus loin.

GÉNÉRATION DES QUANTITÉS.

§ II. GÉNÉRATION DÉRIVÉE.

57. La grandeur relative d'une quantité, par rapport à une autre de même nature, ne peut être généralement déterminée qu'en les rapportant toutes deux à une mesure commune prise pour *unité* de grandeur. Nous ne savons, par exemple, que le poids d'un corps, pesant 20 *kilogrammes* est *cinq fois* plus grand que celui d'un autre corps pesant 4 *kilogrammes*, qu'après avoir préalablement *mesuré* les poids respectifs de ces corps à l'aide de celui *d'un kilogramme* ou de celui de *l'unité* des poids.

Il en est de même de la grandeur absolue des membres; ce n'est qu'en la mesurant par *l'unité numérique* que nous pouvons nous en former une idée déterminée. Or, cette *mesure* n'est autre chose que la construction même des nombres au moyen de l'unité. Par exemple, la grandeur du nombre entier 5 est égale à *cinq fois* celle de l'unité; la grandeur du nombre fractionnaire $\frac{5}{4}$ est égale à *une fois et un quart de fois* celle de l'unité; et enfin, la grandeur du nombre irrationnel $\sqrt{2}$, qui ne peut être mesurée exactement, se trouve connue, au moins approximativement, lorsqu'on sait qu'elle est à peu près égale à *une fois et deux cinquièmes de fois* celle de l'unité.

58. La grandeur numérique des nombres irrationnels pouvant toujours s'exprimer approximativement par celle d'un nombre fractionnaire et la grandeur numérique des nombres fractionnaires pouvant toujours s'exprimer exactement par celle des nombres entiers, la détermination de la grandeur numérique des nombres, en général, repose sur la détermination de la grandeur des nombres entiers, ou sur la construction de ces nombres au moyen de l'unité.

59. La construction des nombres entiers au moyen de l'unité, est donnée par le premier mode de la génération des nombres $a + b = c$, mais sous cette forme primitive, nous ne pouvons encore qu'ajouter successivement l'unité à elle-même, ce qui exige pour chaque nombre entier, ainsi construit, non seulement un nom particulier, mais

· encore une représentation sensible, un *signe* ou *caractère* qui puisse le faire distinguer de tous les autres.

Ce besoin d'un nombre indéfini de caractères distincts pour représenter les nombres entiers, lorsqu'on n'emploie pour les construire que le mode primitif $a + b = c$, nous montre la nécessité d'opérer cette construction par un autre mode général de génération; car non seulement il serait impossible d'embrasser une infinité de signes différens, mais il serait encore impossible de concevoir immédiatement une collection indéfinie d'unités.

60. Le mode nouveau de génération, dont nous venons de signaler · la nécessité se nomme NUMÉRATION. C'est sur ce mode dérivé que repose la possibilité de l'arithmétique; car sans la construction préalable des nombres entiers, la réalisation des calculs ou des opérations, qui est l'objet de cette partie de la *science des nombres*, serait impossible.

Nous avons déjà exposé le but et les moyens de la ̄ *numération*. (ARITH. 9). Il nous reste à examiner ici ce mode de génération dans toute sa généralité et à montrer comment il dérive de la combinaison des *modes primitifs*, fondemens nécessaires de toute construction numérique.

61. La construction d'un nombre au moyen de l'une de formes primitives $a + b = c$, $a \times b = c$, $a^b = c$, est la *génération primitive* de ce nombre; sa construction, par une combinaison quelconque de ces formes, est sa *génération dérivée*. Par exemple, $3 + 7 = 10$ est une génération primitive du nombre 10, et $2 \times 3 + 4 = 10$, est une génération dérivée du même nombre. Comme il est possible de former une infinité de combinaisons entre les trois formes primitives, il existe un nombre infini de modes dérivés qui peuvent donner la construction des quantités numériques, et le but de la science est d'obtenir principalement des formes universelles de génération capables de s'appliquer à tous ces cas particuliers, dont il serait impossible autrement d'embrasser l'infinie variété.

Or, parmi ces combinaisons, il s'en trouve deux essentiellement distinctes qu'on doit ranger parmi les modes élémentaires de la génération des nombres; c'est d'une part la combinaison nécessaire des deux premiers modes primitifs $a + b = c$, $a \times b = c$; et de l'autre, la combinaison nécessaire des deux derniers modes primitifs $a \times b = c$, $a^b = c$.

La combinaison du premier et du dernier mode primitifs $a + b = c$, $a^b = c$ étant déjà contenue, en principe, dans le second mode $a \times b = c$, qui renferme le double caractère de génération par *somme* et de génération par *facteur*, ne saurait nous offrir aucune considération essentiellement différente de celle du second mode primitif lui-même $a \times b = c$.

Sans remonter à des déductions métaphysiques qui ne peuvent trouver place dans un ouvrage élémentaire et pour lesquelles nous renverrons aux articles *Mathématiques* et *Philosophie* de notre *Dictionnaire des sciences mathématiques* (1), bornons-nous à faire observer, 1° que la combinaison des deux premiers modes primitifs, devant donner à la génération dérivée qui en résulte, le double caractère de génération par *somme* et de génération par *produit*, ne peut avoir pour *forme générale* que,

$$\text{A. } M_1 + \text{B. } M_2 + \text{C. } M_3 + \text{D. } M_4 +, \text{ etc.}$$

A, B, C, D, etc., désignant des nombres quelconques construits sous la forme primitive fondamentale $a + b = c$, et M_1, M_2, M_3, etc., des nombres semblables liés entre eux par une loi, afin que cette génération soit déterminée; 2° que la combinaison des deux derniers modes devant donner à la génération dérivée qui en résulte le double caractère de génération par *puissance* et de génération par *produit*, ce qui se trouve résumé dans une multiplication successive, ne peut avoir pour forme générale que,

$$\text{A. B. C. D. E. F. }, \text{ etc.}$$

A, B, C, D, etc, désignant des nombres construits sous la forme primitive fondamentale $a + b = c$, et liés entre eux par une loi. Examinons d'abord la première combinaison qui constitue précisément le mode dérivé élémentaire de la génération des nombres nommé *Numération*.

NUMÉRATION.

62. Le but de la numération est de donner la génération complète d'un nombre, en n'employant pour sa construction qu'une quantité limitée d'autres nombres. Ces derniers, quoique construits eux-mêmes par la génération primitive $a + b = c$, sont alors considérés comme simples, c'est-à-dire comme connus immédiatement, et il s'agit de construire par leur moyen tous les autres nombres.

---

(1) *Dictionnaire des Sciences mathématiques*, 2 volumes in-4°. Paris, 1837, Denain, libraire, rue des Saint-Pères, n° 26.

Si nous considérons, par exemple, comme nombres simples, les dix quantités 0, 1, 2, 3, 4, 5, 6, 7, 8, 9, le but de la numération sera de construire et de représenter tous les nombres par le moyen seulement de ces dix nombres simples et des caractères qui les représentent.

Mais ce point de vue particulier est relatif à notre numération usuelle, et, sous sa forme générale, la numération doit donner la construction de tous les nombres à l'aide d'une quantité quelconque de nombres supposés simples. Ainsi, représentons par A, B, C, D, etc., les nombres simples, par m la quantité de ces nombres, et prenons pour M_1, M_2, M_3, etc., la suite des puissances m^0, m^1, m^2, etc., du nombre limitant m, ce qui est la loi la plus simple qui puisse lier ces quantités, la forme générale deviendra

$$\text{A. } m^0 + \text{B. } m^1 + \text{C. } m^2 + \text{D. } m^3 + \text{etc.,}$$

et nous devons démontrer qu'elle peut donner la génération complète d'un nombre entier quelconque, quelle que soit la limite m.

63. Dans le cas de $m = 10$, qui est celui de notre système de numération, la forme générale est

$$\text{A. } 10^0 + \text{B. } 10^1 + \text{C. } 10^2 + \text{D. } 10^3 + \text{etc.,}$$

les nombres A, B, C, D, etc., étant quelques uns des nombres simples 0, 1, 2, 3, 4, 5, 6, 7, 8, 9.

Dans l'arithmétique, on sous-entend les puissances 10^0, 10^1, 10^2, 10^3, etc., et les *rangs* qu'on fait occuper aux chiffres 0, 1, 2, etc., ne sont que les moyens de marquer ces puissances; ainsi on nomme *unités* simples les chiffres multipliés par 10^0; *dixaines*, les chiffres multipliés par 10^1; *centaines*, les chiffres multipliés par 10^2, etc., et on les écrit les uns à la suite des autres en plaçant invariablement le chiffre des unités à droite. Un nombre M, par exemple, dont la génération serait

$$\text{M} = \text{A. } 10^0 + \text{B. } 10^1 + \text{C. } 10^2,$$

s'écrirait, dans l'arithmétique.

CBA

A serait les unités, B les dixaines et C les centaines. Soit, pour mieux fixer les idées, $A = 2$, $B = 5$, $C = 9$, on aurait, d'une part, sous la forme générale

$$2 \cdot 10^0 + 5 \cdot 10^1 + 9 \cdot 10^2$$

de l'autre, sous la forme arithmétique

952

et l'on voit que, sous cette dernière, 2 exprime 2 unités de l'ordre $10^0 = 1$ ou de l'ordre des *unités*; 5 exprime 5 unités de l'ordre $10^1 = 10$, ou de l'ordre des *dixaines* ; 9 exprime 9 unités de l'ordre $10^2 = 100$ ou de l'ordre des *centaines*.

L'expression arithmétique n'est donc qu'une simplification de l'expression algébrique ou générale.

64. Soit M un nombre entier quelconque et *m* la limite ou le nombre des chiffres d'un système de numération. Si M était plus petit que *m* il se trouverait immédiatement représenté par l'un des chiffres de ce système, ainsi nous n'avons à nous occuper que du cas où M est plus grand que *m*. Quel que soit M, dans ce dernier cas, désignant par M_1 le quotient de la division de M par *m* et par A le reste de cette division, qui peut être zéro, mais qui est toujours nécessairement plus petit que *m*, nous aurons

$$M = M_1 . m + A$$

puisque le dividende est égal au produit du diviseur par le quotient plus le reste. Or si M_1 est plus petit que *m*, M_1 est un des chiffres du système et la quantité $M_1 m + A$ qui est identique avec $M_1 m^1 + A . m^0$ est la construction complète du nombre M, dans le système de numérarion dont la limite est *m*. Dans le cas contraire, désignons par M_2 le quotient de la division, de M_1 par *m*, et par B le reste de la division ; nous aurons encore l'égalité

$$M_1 = M_2 . m + B$$

et substituant dans la première égalité, cette valeur de M_1, elle deviendra

$$M = (M_2 . m + B) . m + A$$

Mais pour multiplier $M_2 . m + B$ par *m*, il faut multiplier par *m* chacune des parties de cette quantité ce qui donne pour produit $M_2 . m . m + B . m$, ou $M_2 . m^2 + B . m$. On a donc

$$M = M_2 . m^2 + B . m^1 + A . m^0,$$

et si M_2 est plus petit que *m*, M_2 est alors, ainsi que B et A, un des chiffres du système, et $M_2 m^2 + B . m^1 + A . m^0$ présente la génération complète du nombre M, dans le système de numération en question. En supposant de nouveau M_2 plus grand que *m* et opérant de la même manière, on obtiendrait

$$M = M_3 . m^3 + C . m^2 + B . m^1 + A . m^0,$$

ce qui serait dans le cas de $M_3 < m$, la génération complète de M_3

Mais, en continuant cette opération, on finira nécessairement par tomber sur un quotient plus petit que *m*. Donc, quel que soit le nombre limitant *m*, il est possible d'obtenir la génération complète d'un nombre quelconque M, dans le système de numération dont *m* est la limite. Le problème de la construction générale des nombres par une quantité limitée de nombres considérés comme simple, se trouve ainsi complétement résolu.

65. La limite *m* étant arbitraire, il est possible de former une infinité de systèmes de numération, et pour peu qu'on ait étudié le mécanisme des opérations fondamentales de l'arithmétique, on reconnaît aisément que leur exécution serait d'autant plus facile qu'on aurait un plus petit nombre de chiffres simples. Dans le système de numération qui aurait, par exemple, notre nombre *cinq* pour limite, on n'aurait que les cinq chiffres 0, 1, 2, 3, 4; et pour opérer des multiplications, il suffirait de connaître les produits deux à deux des quatre chiffres 1, 2, 3, 4. Tandis que dans un système de *douze* chiffres, il faudrait, pour le même objet, connaître les produits deux à deux des *onze* premiers chiffres. Si notre système de numération n'avait que *deux* chiffres 0, 1, les calculs seraient d'une extrême simplicité puisqu'on n'aurait jamais que l'unité à multiplier ou à diviser par elle-même. Il est vrai que moins il y a de nombres simples, dans un système de numération, et plus il faut de *figures*, c'est-à-dire de chiffres écrits les uns à côté des autres, pour représenter les nombres composés, de sorte que la facilité des calculs se trouve compensée par la prolixité des expressions. Dans le système *binaire*, ou de deux chiffres 0, 1, pour exprimer le nombre *mille* on a déjà besoin de dix figures.

66. La construction des nombres par un système quelconque de numération se fait absolument de la même manière que par notre système de dix chiffres. Pour donner au moins un exemple de cette construction, nous choisirons le système *ternaire* ou de trois chiffres 0, 1, 2.

Ici la limite est notre nombre *trois* et s'exprime, comme dans tous les systèmes par 10.

Les unités simples ou les chiffres de l'ordre $10^0 = 1$ s'écrivent au premier rang.

Les unités du simple *ternaire* ou les chiffres de l'ordre $10^1 = 10$ s'écrivent au second rang.

Les unités du double *ternaire* ou les chiffres de l'ordre $10^2 = 100$, s'écrivent au troisième rang, et ainsi de suite.

Ainsi, dans le nombre 212, le premier chiffre 2 à la droite exprime des unités simples ; le second 1, des unités 10 fois plus grandes c'est-à-dire, selon notre numération ordinaire, des unités *trois* fois plus grandes que celles du premier rang ; le troisième 2, exprime des unités de l'ordre 10^2, c'est-à-dire des unités de l'ordre *trois à la seconde puissance* ou *neuf* fois plus grandes que les premières. Enfin chaque chiffre devient *trois* fois plus grand à mesure qu'il avance d'un rang vers la gauche.

En se servant du chiffre 3 qui n'existe pas dans le système ternaire, où il est exprimé par 10, le nombre 212 n'est que la représentation abrégée de

$$2.\,3^2 + 1.\,3^1 + 2.\,3^0$$

on peut donc le traduire immédiatement dans notre système usuel en réalisant les puissances de 3 et leurs produits par les chiffres simples. Il vient ainsi $2.\,3^2 = 18$, $1.\,3^1 = 3$, $2.\,3^0 = 2$ dont la somme 23 représente le nombre exprimé par 212 dans le système *ternaire.*

67. La numération est l'opération fondamentale de l'arithmétique ; elle est le principe de tous les autres procédés arithmétiques proprement dits, c'est-à-dire de l'addition, de la soustraction, de la multiplication, de la division, de l'élévation aux puissances, et de l'extraction des racines. C'est en effet de ce principe que nous avons déduit, dans l'arithmétique, les quatre premiers de ces procédés, et que nous allons en déduire, ici, les deux derniers, après avoir examiné préalablement comment on exécute toutes ces opérations sur les quantités algébriques.

ADDITION ALGÉBRIQUE.

68. Une quantité algébrique est une quantité représentée par des lettres ; lorsqu'elle se compose de plusieurs parties réunies par les signes $+$, ou $-$ on lui donne, en général, le nom de *polynome*, et en particulier ceux de *monome*, lorsqu'elle n'a qu'une partie comme a, a^2, ab, $5a^2b$, etc. ; *binome*, lorsqu'elle a deux parties comme : $a + b$, $a^2b + b^2a$, $40 - 5b$, $4a^2 - 3ab$, etc. ; *trinome*, lorsqu'elle a trois parties comme : $a + b + c$, $a^2 + b^2 - c^2$, $5ab + 2ac - c^2$, etc., et ainsi de suite. Les parties composantes ou les *monomes* dont un *polynome* est composé prennent le nom de *termes* du polynome.

L'addition dè deux monomes tels que $3a$ et $2b$, $5a^2$ et $3a^2$, $3a^2b$ et

$4a^2c$, $2a^2b$ et $7a^2b$, etc., s'indique en joignant ces monomes par le signe $+$; on trouve ainsi, d'abord,

$$3a + 2b, \; 5a^2 + 3a^2, \; 3a^2b + 4a^2c, \; 2a^2b + 7a^2b,$$

puis on examine si les sommes sont susceptibles de réduction. Comme $5a^2 + 3a^2$ d'une part, et $2a^2b + 7a^2b$ de l'autre, sont dans ce cas, on opère la réduction et on obtient pour la première le monome $8a^2$ et pour la seconde le monome $9a^2b$.

69. Cette réduction est évidente ; car $5a^2 + 3a^2$ exprime 5 fois la quantité a^2 plus 2 fois la même quantité, c'est-à-dire, en résultat, 7 fois a^2. De même, $2a^2b + 7a^2b$ exprime 2 fois la quantité a^2b plus 7 fois la même quantité, c'est-à-dire, en résultat, 9 fois a^2b. En général, lorsque deux monomes ne diffèrent que par leurs coéfficiens numériques (9), leur addition s'effectue par l'addition de ces coéfficiens.

70. Si les monomes à additionner étaient plus de deux, et, en outre, affectés des signes $+$ et $-$, on les écrirait à la suite les uns des autres avec leurs signes respectifs, puis on opérerait la réduction des termes semblables. L'addition des trois monomes $+3a$, $-5b$, $-3c$ fournit le trinome

$$+3a - 5b - 3c, \text{ ou } 3a - 5b - 3c$$

parce qu'un terme sans signe est toujours supposé avoir le signe $+$ (15). Cette règle est fondée sur ce que la somme de $+a$ et de $-b$ est $a - b$, et que celle de $-a$ et de $+b$ est $-a + b$ (16).

La somme des quatre monomes $4a^2$, $-3ab$, $-2a^2$, $+5ab$, est ainsi

$$4a^2 - 3ab - 2a^2 + 5ab$$

et elle se réduit à

$$2a^2 + 2ab$$

parce que, d'une part, les termes semblables $4a^2 - 2a^2$ se réduisent évidemment à $2a^2$ et que de l'autre, les termes semblables $-3ab + 5ab$ se réduisent à $2ab$.

71. La somme de deux ou de plusieurs polynomes s'obtient en écrivant à la suite les uns des autres tous les termes qui composent ces polynomes avec leur signe respectif, puis en opérant la réduction des termes semblables. Par exemple, la somme du binome $4a^2b - 3ab^2$ et du trinome $3a^2 - 4a^2b + 2ab^2$ est, d'abord,

$$4a^2b - 3ab^2 + 3a^2 - 4a^2b + 2ab^2,$$

8

et, ensuite, comme $4a^2b - 4a^2b = 0$ et que $- 3ab^2 + 2ab^2 = - ab^2$, cette somme se réduit à

$$3a^2 - ab^2.$$

72. Pour mettre de l'ordre dans les réductions on dispose d'abord les polynomes proposés en les ordonnant, lorsque cela se peut, par rapport aux puissances décroissantes d'une même lettre, c'est-à-dire en écrivant les termes de manière que le premier à gauche renferme la plus haute puissance de cette lettre, le second la puissance immédiatement inférieure, et ainsi de suite. On écrit ensuite tous ces polynomes les uns au dessous des autres, chaque terme avec son signe, en faisant correspondre les termes semblables, et il ne reste plus qu'à réduire en formant la somme des coéfficiens des termes semblables.

Soient, par exemple, les trois polynomes $4ab + 3a^2 - 3b^2$, $5ab + 3a^2 - 2b^2$, $4b^2 - 3ab + c^2$. En les ordonnant par rapport à la lettre a, ils deviennent $3a^2 + 4ab - 3b^2$, $3a^2 + 5ab - 2b^2$, $- 3ab + 4b^2 + c^2$ qu'on écrit les uns au dessous des autres de la manière suivante

$$3a^2 + 4ab - 3b^2$$
$$+ 3a^2 + 5ab - 2b^2$$
$$- 3ab + 4b^2 + c^2$$

$$\text{Somme réduite} = \qquad 6a^2 + 6ab - b^2 + c^2.$$

La somme des coéfficiens des termes semblables étant, pour a^2, $3 + 3 = 6$; pour ab, $4 + 5 - 3 = 6$ et pour b^2, $- 3 - 2 + 4 = - 1$; la somme réduite est donc $6a^2 + 6ab - b^2 + c^2$.

Voici deux autres exemples d'addition.

1º

$$8a^3 - 3a^2b + 4ab^2 - b^3$$
$$- 2a^2b - 4ab^2 + 3b^3$$
$$+ 5a^3 + 4a^2b - ab^2 - 3b^3$$
$$+ 2ab^2 - 3b^3$$
$$\overline{13a^3 - a^2b + ab^2 - 4b^3}$$

2º

$$a^4 - 3a^3b + 2a^2b^2 - 5ab^3 + bc$$
$$+ 2a^3b \qquad - 4ab^3 \qquad + c^2$$
$$- 3a^3 \qquad + 3a^2b^2 - 3ab^3 - 2bc + 2c^2$$
$$- 5a^3 - 3a^2b - 5a^2b^2 \qquad - 2c^2$$
$$\overline{- 7a^3 - 4a^2b \qquad - 12ab^3 - bc + c^2}$$

SOUSTRACTION ALGÉBRIQUE.

73. La soustraction se change en addition en changeant le *signe* de la quantité qu'on veut soustraire (16); ainsi $+ b$ retranché de a donne $a - b$, et $- b$ retranché de a, $a + b$. S'il s'agissait de poly-

nomes, on opérerait de la même manière, c'est-à-dire, qu'il faudrait changer tous les signes du polynome à soustraire. En effet, pour soustraire $a - b + c$ de $2\,a + b - c$, il faut soustraire nécessaire-ment toutes les parties qui composent $a - b + c$ de la quantité $2\,a + b - c$, c'est-à-dire, soustraire successivement a, $- b$ et $+ c$. Mais pour soustraire a il faut d'après (16) ajouter $- a$, pour soustraire $- b$ il faut ajouter $+ b$ et pour soustraire $+ c$ il faut ajouter $- c$; donc le résultat de l'opération sera $2\,a + b - c - a + b - c$; ce qui se réduit à $a + 2\,b - 2\,c$ par la réduction des termes semblables.

La règle est donc d'écrire la quantité à soustraire sous celle dont on veut la retrancher, après avoir changé les signes de tous ses ter-mes, puis d'opérer, comme dans l'addition, la réduction des termes semblables.

Soit, par exemple, le polynome $5\,a^4\,b + 3\,a^3\,b^2 - 8\,a\,b^4 + c^4$ à soustraire du polynome $3\,a^4\,b - 5\,a^3\,b^2 + 8\,a^2\,b^3 - 3\,c^4$. Après avoir changé tous les signes du polynome à soustraire, on les écrira tous deux comme il suit, en faisant correspondre les termes sem-blables :

$$
\begin{array}{l}
3a^4b - 5a^2b^2 + 8a^2b^3 \qquad\qquad - 3c^4 \\
- 5a^4b - 3a^2b^2 \qquad\qquad + 8ab^4 - c^4 \\
\hline
- 2a^4b - 8a^2b^2 + 8a^2b^3 + 8ab^4 - 4c^4.
\end{array}
$$

La réduction des termes semblables donnera pour la différence de-mandée le polynome $- 2\,a^4\,b - 8\,a^2\,b^2 + 8\,a^2\,b^3 + 8\,ab^4 - 4\,c^4$.

Voici d'autres exemples :

$$
\begin{array}{ll}
\qquad 1^\circ & \qquad\qquad 2^\circ \\
6a^2 - 2a^2b + 3b^2c & 3a^4 - 2ab + cd - 2b^3 \\
- 2a^2 + 3a^2b - 8b^2c & - 3a^2 + 4ab - cd - 2b^2
\end{array}
$$

le signe $-$ qui précède la quantité renfermée entre les accolades in-dique que cette quantité tout entière doit être retranchée de la quantité écrite au dessus.

La soustraction, changée en addition par le changement des signes, devient :

$$
\begin{array}{ll}
\qquad 1^\circ & \qquad\qquad 2^\circ \\
6a^2 - 2a^2b + 3b^2c & 3a^2 - 2ab + cd - 2b^3 \\
- 2a^2 - 3a^2b + 8b^2c & - 3a^2 - 4ab + cd + 2b^2 \\
\hline
4a^2 - 5a^2b + 11b^2c & \qquad\quad - 6ab + 2cd.
\end{array}
$$

MULTIPLICATION ALGÉBRIQUE.

74. Le produit de deux monomes a et b s'exprime par $a \times b$, ou par $a. b$ ou encore par ab. (6). Cette dernière notation est la plus usitée, on n'emploie guère le signe $\times$ ou le point. que pour séparer des facteurs numériques. Il en est de même de deux monomes quelconques, par exemple, le produit de $4\, a^2\, b\, c$ par $5\, a\, b^3$ s'écrira $4\, a^2\, bc$. $5\, ab^3$ ou $4.\ 5\, a^2\, a\, b^3\, b\, c$, en écrivant l'un à côté de l'autre les facteurs numériques et les facteurs algébriques de même base. On peut, au reste, écrire les facteurs dans un ordre arbitraire, car un produit ne change pas, quel que soit l'ordre des facteurs (23).

En observant que le produit des deux facteurs numériques 4 et 5 est égal à 20 ; que le produit des deux facteurs a^2 et a s'exprime par a^3 : (29); et que celui des deux facteurs b^3 et b s'exprime par b^4, on peut donner au produit général $4.\ 5\, a^2\, a\, b^3 b\, c$ la forme plus simple $20\, a^3\, b^4\, c$.

C'est ainsi qu'on obtient les réductions suivantes :

$$7a^2b^3c \times 4abcd = 28a^3b^4c^2d$$
$$10a^3b^4cd \times 7abc^3d^4 = 70a^4b^5c^4d^5$$
$$4a^2bcd \times 21c^2d^6 = 84a^2bc^3d^7$$
$$11a^3b^4c^2 \times 8def = 88a^3b^4c^2def.$$

En général, lorsque plusieurs facteurs de même base se trouvent dans un produit, on peut toujours les remplacer par un seul facteur, ayant pour exposant la somme de leurs exposans. C'est une conséquence nécessaire des lois de la multiplication des puissances (29).

D'après cette règle, et en observant que $a^3 \times a^{\frac{1}{3}} = a^{3 + \frac{1}{3}} = a^{\frac{7}{3}}$, et que $b \times b^{\frac{2}{3}} = b^{1 + \frac{2}{3}} = b^{\frac{5}{3}}$, on aura encore

$$4\, a^3\, b^{\frac{2}{3}}\, c \times 8\, a^{\frac{1}{3}}\, bc^2d = 32\, a^{\frac{7}{3}}\, b^{\frac{5}{3}}\, c^3d.$$

75. Le produit d'un monome a, par un binome $b + c$ s'exprime par $ab + ac$. En effet, a devant être ajouté $b + c$ fois à lui-même, il faut d'abord l'ajouter b fois, ce qui donne le produit ab, puis c fois ce qui donne le produit ac. La somme de ces deux produit $ab + ac$ représente a pris $b + c$ fois ou le produit de a par $b + c$.

Le produit de deux binomes $a + b$, $a + d$ sera $ac + bc + ad + bd$, c'est-à-dire, sera composé de la somme des produits 2 à 2 des quatre termes a, b, c, d. En effet, si la somme des deux termes $c + d$ était égale à m, on aurait, d'après ce qui précède,

$$(a + b) \times m = am + bm.$$

Ainsi, remplaçant m par $c + d$, on doit avoir aussi

$$(a + b) \times (c + d) = a \times (c + d) + b \times (c + d),$$

c'est-à-dire, en réalisant les produits du second membre,

$$(a + b) \times (c + d) = ac + ad + bc + bd.$$

On trouverait de la même manière que le produit des deux trinomes $(a + b + c)$, $(d + e + f)$ est

$$ad + db + cd + ae + be + ce + af + bf + cf$$

ou se compose de la somme des produits de tous les termes de ces trinomes pris deux à deux. En général, le produit de deux polynomes quelconques est composé de la somme des produits deux à deux de leurs termes.

Pour exécuter une multiplication algébrique, il faut donc suivre cette règle : •

Multipliez chaque terme du multiplicande par chacun des termes du multiplicateur et ajoutez tous les produits.

76. Dans la formation des produits partiels il faut observer la règle des *signes* exposée n° 24, et ne faire entrer ces produits dans la somme générale qu'avec les signes qui leur sont propres. Par exemple, le produit de $a + b$ par $a - b$ doit se composer, d'après ce qui précède, des quatre produits partiels aa, ba, ab, bb ; mais d'après (21) $+ a \times + a = + a^2$, $+ b \times + a = ab$, $+ a \times - b = - ab$, $+ b \times - b = - b^2$; les quatre produits partiels sont donc $+ a^2$, $+ ab$, $- ab$, $- b^2$, et leur somme $a^2 + ab - ab - b^2$ se réduit à $a^2 - b^2$.

76. En combinant la règle des signes avec la règle précédente de la multiplication, en obtient cette règle générale :

Ecrivez le multiplicateur sous le multiplicande.

Multipliez successivement chaque terme du multiplicande par le premier terme du multiplicateur et écrivez les uns à la suite des autres tous les produits avec les mêmes signes qu'ont les termes du multiplicande dont ils proviennent, si le terme du multiplicateur est positif, et avec des signes contraires si ce terme est négatif.

Multipliez ensuite successivement chaque terme du multiplicande par le second terme du multiplicateur et écrivez les produits partiels au dessous des précédens en observant la même règle pour les signes,

c'est-à-dire en leur donnant les mêmes signes que les termes du mul-
tiplicande dont ils proviennent, ou des signes contraires, suivant que
le terme du multiplicateur est positif ou négatif.

Continuez de la même manière jusqu'à ce que vous ayez épuisé tous
les termes du multiplicateur, puis ajoutez tous les produits partiels,
d'après les règles de l'addition (68).

Les produits partiels doivent être formés en suivant la marche indiquée ci-dessus (74) pour la multiplication des monomes.

Soit, par exemple, à multiplier $2a^3 b - 5a^2 b^3 - 2b^3$, par
$2a^2 - 3ab + b^3$. En opérant comme il est prescrit, on trouve

$$2a^3b - 5a^2b^3 - 2b^3 \dots \textit{multiplicande}$$
$$2a^2 - 3ab + b^3 \dots \textit{multiplicateur}$$

$$4a^5b - 10a^4b^3 - 4a^2b^3 \dots \textit{produit du multiplicande par} + 2a^2$$
$$-6a^4b^3 + 15a^3b^4 + 6ab^4 \dots \textit{produit du multiplicande par} - 3ab$$
$$+2a^3b^3 - 5a^2b^4 - 2b^5 \dots \quad \textit{produit du multiplicande par} + b^3,$$

$$4a^5b - 16a^4b^3 + 17a^3b^3 - 4a^2b^3 - 5a^2b^4 + 6ab^4 - 2b^5 \textit{somme réduite.}$$

Pour ordonner exactement ce produit suivant les puissances de la
lettre a, il faudrait réunir les deux termes $-4 a^2 b^3$, $-5 a^2 b^4$ sous
la forme $-(4 b^3 + 5 b^4) a^2$, et il deviendrait alors

$$4 a^5 b - 16 a^4 b^3 + 17 a^3 b^3 - a^2 (4 b^3 + 5 b^4) + 6ab^4 - 2 b^5.$$

Voici un second exemple :

$$a^4 - 3a^3b + 5a^2b^3 - 6b^4$$
$$-4a^3b + 2a^2b^3 - 7ab^3 + 5b^4$$

$$-4a^7b + 12a^6b^3 - 20a^5b^3 + 24a^4b^5$$
$$+2a^6b^3 - 6a^5b^3 + 10a^4b^4 - 12a^3b^6$$
$$-7a^5b^3 + 21a^4b^4 - 35a^3b^5 + 42ab^7$$
$$+5a^4b^4 - 15a^3b^5 + 25a^2b^6 - 30b^3$$

Prod. simplifié $-4a^7b + 14a^6b^3 - 33a^5b^3 + 36a^4b^4 - 26a^3b^6$
$$+ 13a^2b^6 + 42ab^7 - 30b^3.$$

77. La formation du produit des polynomes fait reconnaître quelques lois des nombres qu'il est important de signaler.

Nous avons déjà trouvé ci-dessus (76), que $(a + b) \times (a - b)$
$= a^2 - b^2$; cette expression, traduite en langage ordinaire, signifie
que *la somme de deux nombres multipliée par leur différence est égale*
à la différence du carré de ces nombres.

a et b pouvant être des quantités quelconques simples ou composées, cette loi nous apprend à former immédiatement le produit de la somme de deux quantités par leur différence, sans passer par les détails de la multiplication. Par exemple, le produit de la somme des deux quantités $3a^2$ et $4b^3$ par leur différence étant, en vertu de cette loi,

$$(3\,a^2 + 4\,b^3) \times (3\,a^2 - 4\,b^3) = (3\,a^2)^2 - (4\,b^3)^2,$$

l'opération se réduit à élever les monomes $3a^2$ et $4b^3$ à la seconde puissance, ce qui s'exécute en élevant à cette puissance d'après la règle (34), chacun des facteurs qui les composent. Ainsi le carré de $3\,a^2$ étant $3^2(a^2)^2 = 9\,a^4$, et celui de $4\,b^3$ étant $4^2\,(b^3)^2 = 16\,b^6$. On a

$$(3\,a^2 + 4\,b^3) \times (3\,a^2 - 4b^3) = 9\,a^4 - 16\,b^6.$$

78. La multiplication de $a + b$ par $a + b$ et celle de $a - b$ par $a - b$, nous conduisent également à des résultats remarquables. Voici ces multiplications :

$a + b$		$a - b$
$a + b$		$a - b$
$a^2 + ab$		$a^2 - ab$
$+ ab + b^2$		$- ab + b^2$
$a^2 + 2ab + b^2$		$a^2 - 2ab + b^2$.

Les résultats sont donc,

$$1^\circ \dots\; (a + b) \times (a + b) = a^2 + b^2 + 2ab,$$
$$2^\circ \dots\; (a - b) \times (a - b) = a^2 + b^2 - 2ab.$$

Le premier nous apprend que *le carré de la somme de deux quantités est égal à la somme des carrés de ces quantités, plus le double de leur produit.* Le second, que *le carré de la différence de deux quantités est égal à la somme des carrés de ces quantiés, moins le double de leur produit.*

Nous ferons ailleurs des applications très-utiles de ces lois.

79. Le produit des quatre facteurs trinomes $a + b + c$, $a + b - c$, $a - b + c$, $- a + b + c$, dont les trois derniers s'obtiennent en changeant successivement le signe d'un des termes du premier, mérite encore d'être signalé. Voici d'abord comment la formation de ce produit peut être simplifiée d'après les lois précédentes.

Les deux premiers facteurs $a + b + c$, $a + b - c$, peuvent être considérés, le premier comme la *somme* des deux quantités $a + b$ et c, et le second comme la *différence* de ces mêmes quantités ; ainsi, d'après (77),

$$(a + b + c) \times (a + b - c) = (a + b)^2 - c^2$$

et comme d'après (78)

$$(a + b)^2 = a^2 + b^2 + 2\,ab,$$

le produit de ces deux premiers facteurs est donc, en l'ordonnant par rapport à la lettre a,

$$a^2 + 2\,ab + b^2 - c^2.$$

Les deux autres facteurs $a - b + c$, $- a + b + c$ peuvent être considérés, le premier comme la *somme* des deux quantités c et $a - b$, et le second comme la différence de ces mêmes quantités. En effet,

$$c + (a - b) = c + a - b = a - b + c,$$
$$c - (a - b) = c - a + b = -a + b + c.$$

Le produit de ces deux facteurs est donc, d'après (77),

$$[c + (a - b)] \times [c - (a - b)] = c^2 - (a - b)^2$$

et comme d'après (78),

$$(a - b)^2 = a^2 + b^2 - 2\,ab,$$

ce produit devient, en l'ordonnant par rapport à la lettre a,

$$- a^2 + 2\,ab - b^2 + c^2.$$

Pour former le produit général, il reste donc à multiplier celui des deux premiers facteurs par celui des deux derniers. Voici l'opération.

$$a^2 + 2ab + b^2 - c^2$$
$$- a^2 + 2ab - b^2 + c^2$$

$$- a^4 - 2a^3b - a^2b^2 + a^2c^2$$
$$+ 2a^3b + 4a^2b^2 + 2ab^3 - 2abc^2$$
$$- a^2b^2 - 2ab^3 - b^4 + b^2c^2$$
$$+ a^2c^2 + 2abc^2 + b^2c^2 - c^4$$

$$- a^4 - b^4 - c^4 + 2a^2b^2 + 2a^2c^2 + 2b^2c^2.$$

En examinant ce résultat final, on reconnaît que le produit des quatre trinomes proposés est égal à la somme des doubles produits des carrés des termes a, b, c, combinés ensemble deux à deux, moins les quatrièmes puissances de ces mêmes termes.

Nous verrons dans la trigonométrie que le *quart de la racine carrée* de ce produit remarquable par sa symétrie, exprime la surface d'un triangle dont a, b, c sont les trois côtés.

DIVISION ALGÉBRIQUE.

80. Le quotient de deux monomes a et b, s'exprime par $\frac{a}{b}$ ou par $a : b$. De ces deux notations, la première est la plus usitée.

Lorsque le dividende et le diviseur ont des facteurs communs, on simplifie les expressions en retranchant ces facteurs. Par exemple, $3a^2b$ divisé par $4a^2$ ou $\frac{3a^2b}{4a^2}$ se réduit à $\frac{3b}{4}$ par la suppression du facteur commun a^2. De même $6a^2b^3$ divisé par $3ab^2$, ou $\frac{6a^2b^3}{3ab^2}$ se réduit à $2ab$, par la suppression des facteurs communs $3a$ et b^2. Cette réduction est fondée sur la propriété qu'ont les quantités fractionnaires de ne pas changer de valeur lorsqu'on divise leurs deux termes par le même nombre.

81. La division d'un polynome par un monome s'effectue en divisant chacun des termes du polynome par le monome et en prenant la somme des quotiens partiels. Il est en effet évident que, pour diviser le polynome $a + b + c + d +$ etc., par m, il faut diviser chacune des parties de ce polynome, et qu'on a

$$\frac{a + b + c + d + \text{etc.}}{m} = \frac{a}{m} + \frac{b}{m} + \frac{c}{m} + \frac{d}{m} + \text{etc.}$$

Lorsque le polynome contient des termes négatifs, il faut observer pour les quotiens partiels la règle des signes (21), c'est-à-dire que le quotient partiel doit avoir le signe $+$ si le dividende et le diviseur sont de même signe et le signe $-$ dans le cas contraire. On aurait ainsi

$$\frac{a + b - c}{m} = \frac{a}{m} + \frac{b}{m} - \frac{c}{m}$$

$$\frac{a + b - c}{- m} = - \frac{a}{m} - \frac{b}{m} + \frac{c}{m}.$$

82. Si les lettres du dividende et du diviseur sont toutes différentes, on ne peut opérer aucune réduction sur les quotiens partiels, mais lorsqu'il y a des lettres semblables ou des coéfficiens numériques, qui renferment des facteurs communs, ces quotiens partiels peuvent être simplifiés ; soit, par exemple, $8ab - 6ac^2 + 2b^2c$ à diviser par $2ac$; on a d'abord

$$\frac{8a^2b - 6ac^2 + 2b^2c}{2ac} = \frac{8a^2b}{2ac} - \frac{6ac^2}{2ac} + \frac{2b^2c}{2ac};$$

or, le premier quotient $\frac{8a^2b}{2ac}$ se réduit à $\frac{4ab}{c}$, en retranchant les facteurs communs 2 et a; le second quotient $\frac{6ac^2}{2ac}$ se réduit à $3c$, en retranchant les facteurs communs 3, a et c; enfin, le dernier quotient $\frac{2b^2c}{2ac}$ se réduit à $\frac{b^2}{a}$, par la suppression des facteurs communs 2 et c. Le quotient général devient donc simplement

$$\frac{4ab}{c} - 3c + \frac{b^2}{a}.$$

On trouverait de la manière, que le polynome $15a^2b^3c^6 - 3a^3c^{11} + 5b^2c^7$, divisé par $15a^5b^7$ donne pour quotient général

$$\frac{a^2c^6}{b^4} - \frac{c^{11}}{5a^2b^7} + \frac{bc^7}{3a^5}.$$

ce quotient peut être encore mis sous la forme

$$a^2b^{-4}c^6 - \tfrac{1}{5}a^{-2}b^{-7}c^{11} + \tfrac{1}{3}a^{-5}bc^7,$$

en se servant d'exposans négatifs. Dans tous les cas, on peut toujours faire passer un facteur du dénominateur au numérateur et *vice versâ*, en changeant le signe de son exposant, parce qu'en général, quels que soient la base a et l'exposant m, on a

$$a^{-m} = \frac{1}{a^m}.$$

$$a^m = \frac{1}{a^{-m}}.$$

Voyez ci-dessus n°s 32 et 47.

83. La division d'un polynome par un autre polynome s'exécute à peu près de la même manière que la division des nombres. (ARITHMÉTIQUE, 39.)

On ordonne d'abord le dividende et le diviseur par rapport à une même lettre commune à tous deux : circonstance nécessaire pour que la division soit possible. On divise ensuite le premier terme du dividende par le premier terme du diviseur, le quotient qu'on obtient est le premier terme du quotient général. On multiplie tout le diviseur par ce premier terme du quotient, puis on retranche le produit du dividende, ce qui donne un reste. Ce reste, considéré comme nouveau dividende, fait connaître le second terme du quotient général, en divisant son premier terme par le premier terme du diviseur. On multiplie de nouveau tout le diviseur par ce second terme, et on retranche le produit du premier reste ou second dividende; si l'on obtient un nouveau reste, on opère sur lui comme sur le précédent, et on continue de la même manière jusqu'à ce que le dernier reste soit zéro ou qu'il ne puisse plus être divisé. Quelques exemples rendront sensible la marche de l'opération.

EXEMPLE I. Soit à diviser $3\,a^3 + 9\,a^2 - 5a - 15$ par $3\,a^2 - 5$.

$$
\begin{array}{l}
3a^3 + 9a^2 - 5a - 15 \left\{ \begin{array}{l} 3a^2 - 5 \\ \hline a + 3 \quad quotient. \end{array} \right. \\
\underline{- 3a^3 + 5a} \\
\quad + 9a^2 - 15. \ldots \ldots \text{premier reste.} \\
\quad \underline{- 9a^2 + 15} \\
\qquad\qquad 0 \, \ldots \ldots \text{second reste.}
\end{array}
$$

Après avoir écrit le diviseur à côté du dividende, nous commencerons par diviser le premier terme $3a^3$ de ce dernier par le premier terme $3a^2$ du premier. Le quotient étant $\frac{3a^3}{3a^2} = a$, nous écrirons a comme premier terme du quotient général.

Nous multiplierons le diviseur $3\,a^2 - 5$ par a, et nous écrirons le produit $3\,a^3 - 5\,a$ sous le dividende, en changeant tous les signes, parce qu'il doit être soustrait de ce dividende. La réduction des termes semblables $3\,a^3$, $- 3\,a^3$; $- 5\,a$, $+ 5\,a$ nous donne pour premier reste $+ 9\,a^2 - 15$.

Nous diviserons le premier terme $9a^2$ de ce reste, par le premier $3a^2$ du diviseur. Le quotient étant $\frac{9a^2}{3a^2} = 3$, nous écrirons $+ 3$ au quotient général.

Nous multiplierons le diviseur $3\,a^2 - 5$ par 3, et nous écrirons le produit $9\,a^2 - 15$ sous le premier reste, en changeant ses signes. La réduction des termes semblables ne nous laissant pas de reste, l'opération est terminée.

84. Il suffit d'examiner la formation du produit de deux polynomes pour se rendre compte de la règle que nous venons de poser. Par exemple, en formant le produit de $3\,a^2 - 5$ par $a + 3$, on obtient :

$$3a^2 - 5$$
$$a + 3$$

$$3a^2 - 5a$$
$$+ 9a^2 - 15$$

$$3a^3 + 9a^2 - 5a - 15$$

et l'on voit immédiatement que ce produit $3a^3 + 9a^2 - 5a - 15$ se compose de la somme des deux produits partiels $3a^3 - 5a$, et $9a^2 - 15$ et que son premier terme $3a^3$ est le terme formé par le produit du premier terme $3 a^2$ du multiplicande par le premier terme a du multiplicateur. La division de $3a^3$ par $3a^2$ ne fait donc que reproduire le premier terme a.

Or, dans la division précédente, après avoir trouvé ce premier terme a, nous avons multiplié $3 a^2 - 5$ par a, et nous avons retranché le produit du dividende ; le reste ne pouvait donc être que le second produit partiel $9 a^2 - 15$, dont le premier terme $9 a^2$ résulte de la multiplication du premier terme $3 a^2$ du multiplicande par le second terme 3 du multiplicateur. La division de $9 a^2$ par $3 a^2$ devait donc reproduire 3.

Voici un autre exemple de multiplication et de division sur lequel on pourra faire les mêmes observations :

$$a - 2b \ \ldots \ldots \ldots \ multiplicande.$$
$$4a^2 + 8ab - b^2 \ \ldots \ldots \ multiplicateur.$$

$$4a^3 - 8a^2b$$
$$+ 8a^2b - 16ab^2$$
$$- ab^2 + 2b^3$$

$$4a^3 - 17ab^2 + 2b^3. \ \ldots \ produit.$$

Prenons $a - 2 b$ pour diviseur, et nous trouverons

$$4a^3 - 17ab^2 + 2b^3 \ \begin{cases} a - 2b \ldots \ diviseur. \\ \hline 4a^2 + 8ab - b^2 \ldots \ quotient. \end{cases}$$
$$- 4a^3 + 8a^2b$$

$$+ 8a^2b - 17ab^2 + 2b^3 \ldots \ premier \ reste.$$
$$- 8a^2b + 16ab^2$$

$$- ab^2 + 2b^3 \ldots \ second \ reste.$$
$$+ ab^2 - 2b^3$$

$$0 \ldots \ troisième \ reste.$$

85. Proposons-nous encore de 'diviser $a^3 - ab^2 + b^3$ par $a + b$. L'opération effectuée d'après la règle est

$$
\begin{array}{l|l}
a^3 - ab^2 + b^3 & \;a + b \\
\cline{2-2}
-a^3 - a^2 b & \;a^2 - ab \\
\cline{1-1}
\quad - a^2 b - ab^2 + b^3 \\
\quad + a^2 b + ab^2 \\
\cline{1-1}
\qquad\quad + b^3 \; dernier\ reste.
\end{array}
$$

Le quotient sera donc égal à $a^2 - ab$, plus la fraction $\dfrac{b^3}{a+b}$; car, le dernier reste ne contenant plus la lettre a, il devient impossible de continuer la division sans trouver des termes fractionnaires.

Lorsqu'on poursuit l'opération avec des quotiens partiels fractionnaires, on peut la pousser à l'infini ; car il n'y a plus de raison pour s'arrêter à un terme plutôt qu'à un autre. Le quotient général est alors composé d'un nombre indéfini de termes, et ce cas présente une grande analogie avec la production des fractions périodiques par la réduction des fractions ordinaires en fractions décimales. (ARITH. 84.)

C'est ainsi qu'en continuant la division sur le reste b^3, on obtient

$$
\begin{array}{l|l}
b^3 & \;a + b \\
\cline{2-2}
-b^3 - \dfrac{b^4}{a} & \;\dfrac{b^2}{a} - \dfrac{b^4}{a^2} + \dfrac{b^5}{a^3} - \dfrac{b^6}{a^4} +,\ etc. \\
\cline{1-1}
\quad -\dfrac{b^4}{a} \; . \; . \; premier\ reste. \\[2mm]
\quad +\dfrac{b^4}{a} + \dfrac{b^5}{a^2} \\
\cline{1-1}
\qquad +\dfrac{b^5}{a^2} \; . \; . \; second\ reste. \\[2mm]
\qquad -\dfrac{b^5}{a^2} - \dfrac{b^6}{a^3} \\
\cline{1-1}
\qquad\quad -\dfrac{b^6}{a^3} \; . \; . \; troisième\ reste. \\[2mm]
\qquad\quad etc.
\end{array}
$$

86. En examinant les termes successifs de ce quotient, on voit qu'ils

dérivent les uns des autres suivant une loi très-simple : le second $\dfrac{b^4}{a^3}$

est égal au premier $\dfrac{b^3}{a}$ multiplié par $\dfrac{b}{a}$; le troisième est égal au se-

cond multiplié encore par $\dfrac{b}{a}$ et ainsi de suite; en général, chaque terme

est égal à celui qui le précède multiplié par $\dfrac{b}{a}$. Mais ils sont alternativement positifs et négatifs.

Cette construction identique des termes du quotient permet de
déterminer leur forme générale ; elle est évidemment, abstraction
faite du signe,

$$\frac{b^m + \mathrm{a}}{a^m}$$

m désignant le *rang* du terme, ou, comme on le dit, l'*indice* de ce
terme. En effet, faisant successivement $m = 1$, $m = 2$, $m = 3$, etc.,
on retrouve les termes

$$\frac{b^3}{a}, \ \frac{b^4}{a^2}, \ \frac{b^5}{a^3}, \ \frac{b^6}{a^4}, \ \text{etc.}$$

La circonstance que ces termes sont alternativement positifs et négatifs peut encore s'exprimer d'une manière générale en observant
que la puissance générale $(-1)^m + 1$ de l'unité négative est égale à
l'unité positive lorsque l'exposant devient pair, c'est-à-dire lorsque
m est un des nombres impairs successifs 1, 3, 5, 7, 9, etc., et
qu'elle est égale à l'unité négative lorsque, m étant un des nombres
pairs 2, 4, 6, 8, 10, etc., $m + 1$ devient impair. La forme absolument générale des termes du quotient est donc

$$(-1)^m + 1 . \frac{b^m + \mathrm{a}}{a^m},$$

et lorsqu'on connaît cette forme on peut en déduire un terme quelconque, sans qu'il soit besoin d'avoir recours à la division. Veut-on,
par exemple, le *dixième* terme? on fera $m = 10$, ce qui donne
$(-1)^{10} + 1 = (-1)^{11} = -1$ et par suite, la quantité

$$- \frac{b^{12}}{a^{10}}$$

pour le terme demandé. Veut-on le troisième terme? on fera $m = 3$,
ce qui donne $(-1)^3 + 1 = (-1)^4 = +1$ et par suite, la quantité

$$+ \frac{b^5}{a^3}$$

pour le terme demandé. C'est ce que nous avions trouvé par la division.

Il en est ici, comme pour les fractions périodiques (ARITH. 84). Dans celles-ci, lorsque la période est connue, on n'a plus besoin de continuer la division pour prolonger le quotient à volonté ; dans ces divisions indéfinies, dès que la loi des termes est trouvée, on peut également prolonger le quotient à volonté.

87. La suite infinie de termes qui représente le quotient de b^1 divisé par $a + b$, offre une génération particulière des quantités dont il ne nous est pas possible ici de faire pressentir l'extrême importance. Nous allons seulement signaler, par anticipation, quelques uns des caractères généraux de ce mode de construction.

La division de a par $a - b$ donne, en suivant les règles exposées ci-dessus,

$$\frac{a}{a-b} = 1 + \frac{b}{a} + \frac{b^2}{a^2} + \frac{b^3}{a^3} + \frac{b^4}{a^4} + \frac{b^5}{a^5} + \text{etc.} \ldots \text{à l'infini.}$$

Si dans cette égalité on fait $a = 2$ et $b = 1$ son premier membre devient 2 ; son second, la suite indéfinie des puissances de $\frac{1}{2}$, et l'on a

$$2 = 1 + \frac{1}{2} + \frac{1}{4} + \frac{1}{8} + \frac{1}{16} + \frac{1}{32} + \frac{1}{64} + \text{etc.}$$

Le second membre n'est alors qu'une génération du nombre 2 par le moyen des puissances de $\frac{1}{2}$, depuis la puissance 0 jusqu'à la puissance infinie ; comme dans cette suite les termes deviennent de plus en plus petits, on voit facilement qu'on peut, en n'en prenant qu'une quantité déterminée, obtenir des valeurs approchées du nombre 2, qui est ici la valeur totale de la suite. C'est ainsi qu'on a

$$1 + \frac{1}{2} = \frac{2}{3}, \ 1 + \frac{1}{2} + \frac{1}{4} = \frac{7}{4}, \ 1 + \frac{1}{2} + \frac{1}{4} + \frac{1}{8} = \frac{15}{8},$$

$$1 + \frac{1}{2} + \frac{1}{4} + \frac{1}{8} + \frac{1}{16} = \frac{31}{16}, \ 1 + \frac{1}{2} + \frac{1}{4} + \frac{1}{8} + \frac{1}{16} + \frac{1}{32} = \frac{63}{32}, \text{etc.}$$

et il est évident que les quantités $\frac{3}{2}$, $\frac{11}{8}$, $\frac{31}{16}$, $\frac{63}{32}$, etc., diffèrent d'autant moins du nombre 2 qu'il entre dans leur composition un plus grand nombre de termes de la suite.

Si maintenant nous faisons $a = 1$ et $b = -2$, nous obtiendrons

$$\frac{1}{3} = 1 - 2 + 4 - 8 + 16 - 32 + 64 - 128 + 256 - \text{etc.} ;)$$

mais, loin de nous donner des valeurs approchées de la fraction $\frac{1}{3}$, cette suite ne nous donne, par la somme de ces termes, que des nombres qui en diffèrent de plus en plus; car, en additionnant successivement, deux, trois, quatre, etc., termes, on trouve les quantités

$$1, -1, +3, -5, +11, \text{ etc.}$$

Ainsi, quelque grand que soit le nombre des termes qu'on pourrait prendre, il serait impossible d'en rien conclure sur la valeur qu'exprime la suite, quoique la somme indéfinie de tous ses termes soit rigoureusement égale à $\frac{1}{3}$.

Les quotiens algébriques indéfinis deviennent donc, dans certains cas, des suites susceptibles de faire connaître les valeurs approchées des quantités qu'ils représentent tandis que, dans d'autres, il est impossible de les employer à cet usage.

87. Une suite indéfinie de termes se nomme *série*. Les séries reçoivent le nom de *convergentes* lorsque les sommes successives de leurs termes s'approchent de plus en plus de leurs valeurs totales, et de *divergentes* dans le cas contraire. Par exemple

$$1 + \tfrac{1}{2} + \tfrac{1}{4} + \tfrac{1}{8} + \tfrac{1}{16} + \tfrac{1}{32} + \text{ etc.}$$

est une *série convergente*, et

$$1 - 2 + 4 - 8 + 16 - 32 + 64 - \text{ etc.}$$

une *série divergente*.

Quel que bizarres que puissent paraître les séries divergentes, elles n'en ont pas moins, dans la totalité indéfinie de leurs termes, une signification ou une valeur générale déterminée; car, à l'aide de ces seuls termes, on peut, par des transformations convenables, les rendre convergentes et susceptibles, conséquemment, de faire connaître cette valeur.

88. La différence de deux puissances divisée par la différence de leurs bases conduit encore à des quotiens remarquables et dont il est utile de connaître, dans un grand nombre de cas, la loi de formation. Pour obtenir immédiatement cette loi, opérons sur les puissances quelconques a^m, b^m; la division, exécutée d'après les règles précédentes, sera

$$a^m - b^m \left| \begin{array}{l} a - b \\ \hline a^{m-1} + a^{m-2}b + a^{m-3}b^2 + a^{m-4}b^3 + \text{etc.} \end{array} \right.$$

$$-a^m + a^{m-1}b$$

$$+ a^{m-1}b - b^m \quad premier\ reste.$$
$$- a^{m-1}b + a^{m-2}b^2$$

$$+ a^{m-2}b^2 - b^m \quad second\ reste.$$
$$- a^{m-2}b^2 + a^{m-3}b^3$$

$$+ a^{m-3}b^3 - b^m \quad troisième\ reste.$$
$$- a^{m-3}b^3 + a^{m-4}b^4$$

$$+ a^{m-4}b^4 - b^m \quad quatrième\ reste.$$

L'exposant m restant général, l'opération ne peut se terminer, mais si l'on examine les restes successifs

$$a^{m-1}\ b\ -\ b^m$$
$$a^{m-2}\ b^2 -\ b^m$$
$$a^{m-3}\ b^3 -\ b^m$$
$$a^{m-4}\ b^4 -\ b^m$$

$$\text{etc.} \quad \text{etc.},$$

On reconnaît aisément qu'ils sont tous compris sous la forme générale

$$a^{m-\mu}\ b^\mu\ -\ b^m$$

μ désignant le rang ou l'indice du reste; car, en faisant $\mu = 1$, on a le *premier* reste, en faisant $\mu = 2$, on a le *second* et ainsi de suite.

Or, si l'exposant m est un nombre entier positif, le reste du rang $m - 1$ sera $a^{m-m+1} b^{m-1} - b^m = ab^{m-1} - b^m$, et ce reste, exactement divisible par le diviseur $a - b$, donnera pour dernier quotient partiel b^{m-1}, de sorte que le quotient général sera

$$a^{m-1} + a^{m-2}b + a^{m-3}b^2 + \text{etc.}\ldots + b^{m-1}$$

et sa loi est encore évidente puisque les puissances de a, depuis le premier terme a^{m-1}, vont en décroissant successivement, tandis que celles de b, depuis le premier terme, dans lequel on peut supposer qu'entre $b^0 = 1$, vont en croissant. La forme générale des termes du quotient est donc

$$a^{m-\mu}\ b^{\mu-1}$$

μ désignant toujours l'indice du terme ou le rang qu'il occupe dans la suite

$$a^{m-1} + a^{m-2}b + a^{m-3}b^2 +, \text{etc.}\ldots + a^3 b^{m-4} + a^2 b^{m-3} + a b^{m-2} + b^{m-1}$$

si l'exposant m n'est pas un nombre entier positif, aucun reste ne sera exactement divisible par $a - b$, et le quotient sera encore une série indéfinie de termes compris sous la forme générale

$$a^{m - \mu} b^{\mu - 1}.$$

La forme générale des termes d'une série est proprement *la loi de la série;* on la nomme le *terme général.* On connaît donc la loi d'une série lorsqu'on connaît son *terme général.*

89. La loi de cette espèce de quotient étant connue, on n'a plus besoin d'avoir recours à la division dans les cas particuliers, et seulement à l'aide du terme général $a^{m - \mu} b^{\mu - 1}$, en donnant à l'exposant m la valeur qui lui convient et en faisant successivement $\mu = 1$, $\mu = 2$, $\mu = 3$, etc., on obtient la suite des termes correspondant à chacun de ces cas. C'est ainsi qu'on trouve

$$\frac{a^2 - b^2}{a - b} = a + b$$

$$\frac{a^3 - b^3}{a - b} = a^2 + ab + b^2$$

$$\frac{a^4 - b^4}{a - b} = a^3 + a^2 b + ab^2 + b^3$$

$$\frac{a^5 - b^5}{a - b} = a^4 + a^3 b + a^2 b^2 + ab^3 + b^4$$

etc., $=$ etc.

90. Dans le cas de m nombre négatif, l'expression générale devient

$$\frac{a^{-m} - b^{-m}}{a - b} = a^{-m - 1} + a^{-m - 2} b + a^{-m - 3} b^2 + a^{-m - 4} b^3 + \text{etc.},$$

$$\ldots\ldots \text{à l'infini.}$$

ce qui peut se mettre sous la forme

$$\frac{\dfrac{1}{a^m} - \dfrac{1}{b^m}}{a - b} = \frac{1}{a^{m+1}} + \frac{b}{a^{m+2}} + \frac{b^2}{a^{m+3}} + \frac{b^3}{a^{m+4}} + \frac{b^4}{a^{m+5}} + \text{etc.}\ldots\ldots$$

La différence de deux puissances négatives divisée par la différence de leurs bases, engendre donc toujours une *série indéfinie.*

Il en est de même de deux puissances fractionnaires positives ou négatives; comme tous les cas particuliers se trouvent compris dans le cas général

$$\frac{a^m - b^m}{a - b} = a^{m-1} + a^{m-2}b + a^{m-3}b^2 + a^{m-4}b^3 + \text{etc.},$$

nous nous dispenserons d'un examen plus détaillé.

On peut se former dès à présent une idée de l'importance des formules générales et de la facilité avec laquelle on peut embrasser *les faits* lorsque les *lois* sont connues.

94. Lorsque la division d'un polynome par un autre n'est pas possible exactement, le quotient est alors une fraction algébrique, toujours réductible en une série indéfinie, mais dont il est nécessaire de simplifier les termes autant que possible, soit pour l'employer sous sa forme fractionnaire, soit pour obtenir la série la plus simple équivalente. La division algébrique comme la division numérique nous conduit donc à la considération des quantités fractionnaires.

LES FRACTIONS ALGÉBRIQUES.

92. Les fractions algébriques jouissent de toutes les propriétés des fractions numériques, ou plutôt les propriétés de ces dernières ne sont que la conséquence de celles des premières ; cependant comme nous avons démontré, dans l'arithmétique (56), qu'une fraction, quelles que soient les valeurs de ses termes, ne changent pas de grandeur lorsqu'on multiplie ou qu'on divise ses deux termes par le même nombre et que cette démonstration peut s'appliquer à la fraction gégénérale $\frac{P}{Q}$, dans laquelle P et Q représentent des quantités quelconques, nous nous bornerons à faire remarquer que les six opérations élémentaires doivent s'exécuter, sur les fractions algébriques, d'après les règles générales posées pour les fractions numériques, en exécutant d'ailleurs les calculs nécessaires par les procédés indiqués ci-dessus.

93. Une fraction algébrique est sous sa forme la plus simple lorsque ses deux termes n'ont aucun facteur commun. Telle est la fraction

$$\frac{b^2}{a + b},$$

qui nous a conduit à la considération des séries (87).

Il n'en est pas de même de la fraction

$$\frac{a^2 - b^2}{a^2 + 2ab + b^2},$$

son numérateur et son dénominateur renferment un facteur commun $a + b$, car d'après les constructions de produits signalées (77) et (78), on a

$$a^2 - b^2 = (a + b) \times (a - b)$$
$$a^2 + 2ab + b^2 = (a + b) \times (a + b)$$

Cette fraction pourrait donc se mettre sous la forme

$$\frac{(a + b) . (a - b)}{(a + b) . (a + b)}$$

qui se réduit à

$$\frac{a - b}{a + b}$$

par la suppression du facteur commun $a + b$.

S'il était toujours possible de mettre ainsi en évidence tous les facteurs qui composent un polynome, il n'y aurait rien de plus facile que de réduire une fraction à sa plus simple expression; mais la recherche des facteurs des polynomes offre souvent des difficultés insurmontables, dans lesquelles il est heureusement inutile de s'engager pour l'objet qui nous occupe. Le plus *grand commun diviseur* des deux termes d'une fraction résout complétement le problème de sa réduction, et le plus grand commun diviseur peut être obtenu, dans tous les cas où il existe, par une suite de divisions semblables à celles qui font connaître le plus grand commun diviseur de deux nombres. (ARITH. 74.)

DU PLUS GRAND COMMUN DIVISEUR.

93. On nomme *commun diviseur* de deux quantités toute quantité qui les divise exactement l'une et l'autre, et qui est, par conséquent, facteur commun de ces deux quantités. Ce facteur commun prend le nom de plus *grand commun diviseur*, lorsqu'il est composé du produit de tous les facteurs communs aux deux quantités.

Les résultats des divisions de deux quantités par leur plus grand commun diviseur ne peuvent plus avoir aucun facteur commun.

Par exemple, 2 et 3 sont des facteurs ou *diviseurs communs* des deux nombres 18 et 30, et 6 est leur plus *grand commun diviseur*, parce qu'il se compose du produit 2×3 de tous les facteurs communs à 18 et à 30.

Le procédé de la recherche du plus grand commun diviseur est fondé sur le théorème suivant dont nous allons donner la démonstration.

THÉORÈME. *Tout commun diviseur de deux quantités divise exactement le reste qu'on obtient en divisant la plus grande de ces quantités par la plus petite.*

En effet, soient A et B, deux quantités quelconques telles qu'on ait A $>$ B. Désignons par Q le quotient de la division de A par B, par R le reste de cette division et par D tout diviseur commun de A et de B. Nous aurons d'abord l'expression

$$\frac{A}{B} = Q, \; reste \; R;$$

puis l'égalité correspondante

$$A = BQ + R$$

Ceci posé, divisons les deux membres de cette égalité par D, il viendra

$$\frac{A}{D} = \frac{BQ}{D} + \frac{R}{D},$$

Or, D divisant A exactement, $\frac{A}{D}$ est une quantité entière et par conséquent la quantité équivalente $\frac{BQ}{D} + \frac{R}{D}$ est aussi une quantité entière; mais B étant exactement divisible par D, $\frac{BQ}{D}$ est une quantité entière; ainsi, pour que la somme $\frac{BQ}{D} + \frac{R}{D}$ soit une quantité entière, il faut que $\frac{R}{D}$ soit aussi une quantité entière, ou que R soit exactement divisible par D.

95. Tout diviseur commun de A et de B est donc en même temps diviseur commun de A, de B et de R. Mais en vertu du même théorème si l'on désigne par R', le reste de la division de B par R, tout commun diviseur de B et de R doit aussi diviser exactement R'. Ainsi A, B, R et R', auront le même commun diviseur. En désignant successivement par R'', le reste de la division de R par R'; par R''' le reste de la division de R' par R'' et ainsi de suite, on voit aisément que tout commun diviseur des quantités A et B est aussi commun diviseur des restes successifs R, R', R'', etc. Il en résulte que, lorsqu'on est arrivé à un reste égal à zéro, le reste précédent, qui a servi de dernier diviseur, est le plus grand commun diviseur entre A et B; car ce plus grand commun diviseur devant également diviser tous les restes des divisions successives, doit pouvoir diviser le der-

nier reste, il ne peut donc être plus grand et puisque ce dernier reste divise exactement A et B, il est lui-même le plus grand commun diviseur cherché.

C'est de cette propriété des diviseurs communs que résulte la règle que nous avons donnée (ARITH. 74), règle qu'on peut appliquer, avec quelques modifications, aux quantités algébriques.

96. Deux polynomes étant ordonnés par rapport aux puissances d'une même lettre, tel que

$$a^4 - 5 a^3 + 5 a^2 + 5a - 6$$
$$a^2 - 19 a + 30$$

on désigne sous le nom de leur plus *grand commun diviseur*, le polynome le plus grand, par rapport aux puissances de cette lettre et par rapport à ses coéfficiens numériques, qui les divise l'un et l'autre exactement. La recherche de ce polynome s'effectue en suivant la marche prescrite (ARITH. 74).

Divisons donc le plus grand de ces polynomes par le plus petit, (on entend toujours par le plus *grand polynome* celui qui renferme les plus hautes puissances de la lettre suivant laquelle on les a ordonnés l'un et l'autre), nous trouverons :

Première opération.

$$a^4 - 5a^3 + 5a^2 + 5a - 6 \left\{ \frac{a^2 - 19a + 30}{a - 5} \right.$$

$$- a^4 + 15a^3 - 30a$$

$$\overline{\qquad - 5a^3 + 24a^2 - 25a + 6}$$

$$+ 5a^3 - 95a + 150$$

$$\overline{\qquad + 24a^2 - 120a + 144 \; \textit{premier reste.}}$$

En examinant ce premier reste, on reconnaît que ses coéfficiens numériques sont tous multiples de 24. Or, comme 24 est, de cette manière, un facteur de ce reste, et qu'il n'est pas facteur de $a^2 - 19a + 30$, il ne peut entrer dans le diviseur exact de ce polynome. On doit le retrancher pour continuer l'opération : le reste divisé par 24 ou $a^2 - 5a + 6$ sera donc pris pour second diviseur.

Seconde opération.

$$a^s - 19a + 30 \left\{ \frac{a^s - 5a + 6}{a - 5} \right.$$

$$- a^s + 5a^s - 6a$$

$$\overline{ + 5a^s - 25a + 30}$$
$$- 5a^s + 25a - 30$$

$$\overline{}$$

0 *second reste.*

La seconde opération ne laissant pas de reste, le dernier diviseur $a^s - 5a + 6$ est le plus grand commun diviseur des deux polynomes proposés.

S'il s'agissait donc de réduire à sa plus simple expression la fraction algébrique

$$\frac{a^s - 19\,a + 30}{a^4 - 5\,a^s + 5\,a^s + 5\,a - 6}$$

on diviserait chacun de ses membres par $a^s - 5\,a + 6$ et on obtiendrait

$$\frac{a + 5}{a^s - 1}$$

98. En examinant la marche de l'opération, on voit qu'on peut retrancher d'un dividende ceux de ses facteurs qui n'entrent pas dans le diviseur, comme on peut aussi introduire dans ce dividende des facteurs particuliers que n'a pas le diviseur, et *vice versa*. Il est évident que le plus grand commun diviseur, ne devant contenir que les facteurs communs au dividende et au diviseur, ne se trouve aucunement altéré par le retranchement ou l'introduction de facteurs qui ne sont pas communs. Cette remarque est importante pour l'exécution des divisions successives. Proposons-nous, par exemple, de réduire à sa plus simple expression la fraction algébrique

$$\frac{8\,a^s - 8\,a^s b}{5\,a^s - 10\,a^s b + 5\,ab^s}$$

Observant que le numérateur renferme le facteur numérique 8 qui n'entre pas dans le dénominateur et que réciproquement le dénominateur renferme le facteur numérique 5 qui n'entre pas dans le numérateur, nous retrancherons ces deux facteurs et nous diviserons simplement $a^s - 2\,a^s\,b + ab^s$ par $a^s - a^s\,b$

Première opération.

$$a^3 - 2a^2b + ab^2 \begin{cases} \dfrac{a^3 - a^2b}{1} \end{cases}$$

$$\underline{-a^3 + a^2b}$$

$$- a^2b + ab^2. \; premier \; reste.$$

La seconde opération devant se composer de la division de $a^3 - a^2 b$ par le reste $- a^2 b + ab^2$, nous observerons que le nouveau diviseur contient dans tous ses termes le facteur b qui n'entre pas dans tous les termes du dividende et qu'on doit alors supprimer. Après cette suppression, l'opération sera

Seconde opération.

$$a^3 - a^2b \begin{cases} \dfrac{-a^2 + ab}{-a} \end{cases}$$

$$\underline{-a^3 + a^2b}$$

$$0 \; second \; reste.$$

Le reste de la division étant 0, le plus grand commun diviseur est $- a^2 + ab$ ou $a^2 - ab$; car on peut changer à volonté les signes d'un facteur commun aux deux termes d'une fraction, d'après la règle (21),

$$\frac{-M.P}{-M.Q} \quad \text{est la même chose que} \quad \frac{+M.P.}{+M.Q}.$$

Divisons donc les deux termes de la fraction proposée par $a^2 - ab$, nous trouverons, après les opérations,

$$\frac{8a^3 - 8a^2b}{5a^3 - 10a^2b + 5ab^2} = \frac{8a}{5a - 5b}.$$

99. Prenons pour dernier exemple la fraction

$$\frac{3 a^3 - 4 a^2 b + 4 ab^2 - b^3}{2 a^4 - 2 a^3 b + a^2 b^2 + ab^3 - b^4}$$

Les coéfficiens numériques n'étant susceptibles d'aucune réduction, nous procéderons à la première division, et comme $2 a^4$ ne peut être exactement divisé par $3 a^3$ à cause du coéfficient 3, nous multiplierons tout le dividende par 3 ; l'introduction de ce facteur ne pouvant affecter le commun diviseur. La première opération sera donc ;

Première opération.

Dénominateur multiplié par 3.

$$6a^4 - 6a^3b + 3a^2b^2 + 3ab^3 - 3b^4 \left\{ \dfrac{3a^3 - 4a^2b + 4ab^2 - b^3}{2a + 2b} \right.$$

$$-6a^4 + 8a^3b - 8a^2b^2 + 2ab^3$$

$$\overline{ + 2a^3b - 5a^2b^2 + 5ab^3 - 3b^4 \ \textit{reste.}}$$

Reste multiplié par 3.

$$+6a^3b - 15a^2b^2 + 15ab^3 - 9b^4$$

$$-6a^3b + 8a^2b^2 - 8ab^3 + 2b^4$$

$$\overline{ - 7a^2b^2 + 7ab^3 - 7b^4 \ \textit{premier reste général.}}$$

Le premier terme $2a^3b$ du reste ne pouvant être exactement divisé par $3a^3$, nous avons de nouveau multiplié tout le reste par 3 afin de rendre la division possible.

Le premier reste général, qui doit servir de nouveau diviseur, a pour facteur commun de tous ses termes $-7b^2$; car on peut le mettre sous la forme

$$-7 b^2 \times [a^2 - ab + b^2]$$

Ce facteur $-7 b^2$ ne se trouvant pas dans le dividende, nous le supprimons et nous aurons pour seconde opération.

Seconde opération.

$$3a^3 - 4a^2b + 4ab^2 - b^3 \left\{ \dfrac{a^2 - ab + b^2}{3a - b} \textit{ 1er reste divisé par } -7b^2 \right.$$

$$-3a^3 + 3a^2b - 3ab^2$$

$$\overline{ - a^2b + ab^2 - b^3}$$

$$+ a^2b - ab^2 + b^3$$

$$\overline{ 0}$$

$a^2 - ab + b^2$ est donc le plus grand commun diviseur des deux termes de la fraction proposée. Opérant les divisions, on obtient pour la fraction réduite à sa plus simple expression,

$$\frac{3 a - b}{2 a^2 - b^2}$$

100. En récapitulant toutes les transformations que nous venons d'employer, on peut formuler la règle suivante pour la re-

cherche du plus grand commun diviseur de deux polynomes.

1° Supprimez dans chaque polynome les facteurs monomes communs à tous ses termes et qui ne sont pas communs à tous les termes de l'autre.

2° Préparez le dividende de manière à rendre possible la division de son premier terme par le premier terme du diviseur. C'est ce qui s'effectue généralement en multipliant tout le dividende par le coéfficient du premier terme du diviseur.

3° Multipliez de même, s'il en est besoin pour continuer l'opération, les restes successifs de la division par le coéfficient du premier terme du diviseur jusqu'à ce que vous ayez trouvé un reste du degré moindre que le diviseur.

4° Prenez ce dernier reste pour diviseur et le premier diviseur pour dividende; préparez les l'un et l'autre comme vous avez préparé les deux polynomes et opérez la division. Si vous avez un reste de degré moindre que le diviseur, prenez ce reste pour nouveau diviseur et poursuivez toujours de la même manière jusqu'à ce que vous trouviez zéro pour reste ou un reste qui ne puisse plus servir de diviseur. Dans le premier cas, le dernier diviseur est le plus grand commun diviseur des polynomes; dans le second, ces polynomes n'ont pas de commun diviseur.

101. Deux polynomes qui n'ont point de diviseur commun sont dits *premiers entre eux*.

On reconnaît que deux polynomes sont premiers entre eux, lorsque la recherche de leur plus grand commun diviseur conduit à un reste *indépendant* de la lettre d'après laquelle ils sont ordonnés, c'est-à-dire à un reste qui ne renferme plus cette lettre.

LES PUISSANCES.

102. Les puissances des monomes se contruisent d'après les règles que nous avons données aux paragraphes 34, 35 et 36. Par exemple, la puissance cinquième du monome entier abc est $a^5b^5c^5$, la puissance quatrième du monome a^2b^3 est

$$(a^2b^3)^4 = a^8 b^{12}$$

et le carré du monome fractionnaire $\dfrac{4a}{a^5b^5c}$ est

$$\left(\frac{4a}{a^5b^5c}\right)^2 = \frac{(4a)^2}{(a^5b^5c)^2} = \frac{16a^2}{a^{10}b^{10}a^2}.$$

En général, pour élever un monome quelconque à une puissance quelconque, il faut multiplier par l'exposant de cette puissance les exposans de tous les facteurs simples qui le composent. Une lettre sans exposant, ou un facteur numérique, doivent toujours être considérés comme ayant l'unité pour exposant.

103. Les puissances des quantités irrationnelles, et surtout celles des quantités imaginaires, présentent quelques circonstances remarquables.

Nous avons vu (42) qu'une puissance quelconque m d'une quantité irrationnelle $\sqrt[n]{a}$ s'exprime par

$$\sqrt[n]{a^m} \text{ ou par } a^{\frac{m}{n}}.$$

Sous cette dernière forme, si le nombre m est plus grand que n, la puissance peut se décomposer en deux facteurs, dont l'un seulement conserve la forme radicale. En effet, désignons par p le quotient de la division de m par n et par q le reste de la division, nous aurons $\frac{m}{n} = p + \frac{q}{n}$, et par conséquent

$$a^{\frac{m}{n}} = a^{p + \frac{q}{n}};$$

mais (29), $a^{p + \frac{q}{n}} = a^p \cdot a^{\frac{q}{n}}$, donc

$$a^{\frac{m}{n}} = a^p \cdot \sqrt[n]{a^q}.$$

Dans le cas de $q = 0$, on aurait simplement $a^{\frac{m}{n}} = a^p$.

Ainsi, lorsqu'on élève une quantité irrationnelle à une puissance, le résultat est une quantité rationnelle toutes les fois que l'exposant de la puissance est exactement divisible par l'exposant de la racine. Lorsque l'exposant de la puissance, sans être exactement divisible par celui de la racine, est cependant plus grand que ce dernier, le résultat peut se décomposer en deux facteurs, l'un rationnel et l'autre irrationnel. Si l'exposant de la puissance est plus petit que celui de la racine, le résultat est irrationnel.

Voici quelques exemples de ces divers cas :

$$(\sqrt[6]{a})^2 = a^{\frac{2}{6}} = a^{\frac{1}{3}},$$

$$(\sqrt[3]{a})^6 = a^{\frac{6}{3}} = a^2,$$

$$(\sqrt[5]{a})^3 = a^{\frac{8}{5}} = a^{1 + \frac{3}{5}} = a \cdot \sqrt[5]{a^3},$$

$$(\sqrt[3]{ab^3c})^7 = (ab^3c)^{\frac{7}{3}} = (ab^3c)^2 + {}^{\frac{1}{3}} = (ab^3c)^2 . \sqrt[3]{ab^3c} = a^2b^4c . \sqrt[3]{ab^3o},$$

$$\left(\sqrt[3]{\frac{a^2b^3c}{d^2e^3}}\right)^{11} = \left(\frac{a^2b^3c}{d^2e^3}\right)^{\frac{11}{6}} = \left(\frac{a^2b^3c}{d^2e^3}\right)^2 . \sqrt[6]{\frac{a^2b^3c}{d^2e^3}} = \frac{a^4b^6c^2}{d^4e^6} \sqrt[6]{\frac{a^2b^3c}{d^2e^3}}.$$

104. En multipliant la quantité imaginaire $\sqrt{-1}$ par elle-même pour former son carré, on trouve, d'après (39),

$$(\sqrt{-1}) \times (\sqrt{-1}) = \sqrt{(-1).(-1)} = \sqrt{+1} = \pm 1 ;$$

or, le signe supérieur $+$ de la racine 1 donne un résultat absurde, car il en résulterait

$$(\sqrt{-1})^2 = +1, \text{ d'où } \sqrt{-1} = \sqrt{+1}.$$

Si, pour construire le carré de $\sqrt{-1}$, on se sert des exposans fractionnaires, l'ambiguité du double signe $\pm$ disparaît, et l'on n'obtient que -1 pour le carré de $\sqrt{-1}$; ce qui doit être, car le carré d'une racine carrée est nécessairement égal à la base. En effet,

$$(\sqrt{-1})^2 = (-1)^{\frac{2}{2}} = (-1)^1 = -1.$$

Pour se rendre compte du résultat défectueux de la première opération, il faut observer que -1 étant multiplié par lui-même, introduit dans l'expression $\sqrt{(-1)(-1)}$, devenue $\sqrt{+1}$, après la multiplication, une signification qui n'y était pas avant, celle d'être susceptible d'avoir deux racines égales et de signes contraires (51). En effectuant la multiplication, on perd la trace de la base -1, tandis que, sous la forme $(\sqrt{-1})^2$, la génération du résultat est fixée, et ne saurait produire que la base elle-même.

La même observation peut avoir lieu pour toutes les puissances paires de $\sqrt{-1}$, et il en résulte que, dans le calcul des quantités imaginaires, il faut opérer sur les exposans, et ne toucher à la base -1 qu'après toutes les réductions possibles.

104. La construction des puissances successives de $\sqrt{-1}$, faite d'après ces principes, donne les résultats suivans :

$$(\sqrt{-1})^0 = +1,$$
$$(\sqrt{-1})^1 = +\sqrt{-1},$$
$$(\sqrt{-1})^2 = (-1)^{\frac{2}{2}} = -1,$$

$$(\sqrt{-1})^3 = (-1)^{\frac{3}{2}} = (-1).\ (-1)^{\frac{1}{2}} = -\sqrt{-1},$$

$$(\sqrt{-1})^4 = (-1)^{\frac{4}{2}} = (-1)^2 = +1,$$

$$(\sqrt{-1})^5 = (-1)^{\frac{5}{2}} = (-1)^2\ (-1)^{\frac{1}{2}} = +\sqrt{-1},$$

$$(\sqrt{-1})^6 = (-1)^{\frac{6}{2}} = (-1)^3 = -1,$$

etc., etc.

En prolongeant ce tableau, on retrouverait toujours les quatre résultats successifs $+1$, $+\sqrt{-1}$, -1, $-\sqrt{-1}$, et on pourrait conclure, par induction, que les puissances de $\sqrt{-1}$ sont périodiques. Mais ce fait important exige une démonstration rigoureuse.

Soit m un nombre entier quelconque plus grand que 3, en le divisant par 4 et en désignant par n le quotient et p le reste, nous aurons l'égalité

$$\frac{m}{4} = n + \frac{p}{4},$$

dans laquelle le reste p ne peut être qu'un des nombres 0, 1, 2, 3. Multiplions les deux membres de cette égalité par 4, elle deviendra

$$m = 4n + p$$

et son second membre dans lequel n est un nombre quelconque, depuis l'unité, sera la forme générale de tous les nombres plus grand que 3.

Maintenant, $(\sqrt{-1})^m$ représentant toutes les puissances de $\sqrt{-1}$, depuis l'exposant 4 jusqu'à l'exposant infini, ces mêmes puissances seront représentées par $(\sqrt{-1})^{4n+p}$, et nous aurons l'identité

$$(\sqrt{-1})^m = (\sqrt{-1})^{4n+p};$$

mais

$$(\sqrt{-1})^{4n+p} = (\sqrt{-1})^{4n}\ (\sqrt{-1})^p = (-1)^{\frac{4n}{2}}\ (\sqrt{-1})^p,$$

$$= (-1)^{2n}\ (\sqrt{-1})^p = (\sqrt{-1})^p;$$

Donc

$$(\sqrt{-1})^m = (\sqrt{-1})^p.$$

Ainsi, p ne pouvant être que 0, 1, 2, ou 3, toutes les puissances de $\sqrt{-1}$ sont comprises dans les quatre puissances $(\sqrt{-1})^0$,

$(\sqrt{-1})^1$, $(\sqrt{-1})^2$, $(\sqrt{-1})^3$, et la suite générale de ces puissances, depuis 0 jusqu'à l'infini, se compose périodiquement des quatre valeurs

$$+1, +\sqrt{-1}, -1, -\sqrt{-1}.$$

105. L'égalité $(\sqrt{-1})^m = (\sqrt{-1})^p$ dans laquelle p est le reste de la division de m par 4, peut servir à construire les puissances de $\sqrt{-1}$, en se rappelant les valeurs de ces puissances, qui correspondent aux valeurs 0, 1, 2, 3 des exposans. Soit par exemple $m = 11$; 11 divisé par 4 donne 3 pour reste; on a donc $(\sqrt{-1})^{11}$ $= (\sqrt{-1})^3 = -\sqrt{-1}$.

106 En conservant la même signification aux lettres m, n, p, et les appliquant aux puissances de $\sqrt{-1}$ prise négativement, nous aurons

$$(-\sqrt{-1})^m = (-\sqrt{-1})^{4n+p};$$

Or,

$$(-\sqrt{-1})^{4n+p} = (-\sqrt{-1})^{4n} (-\sqrt{-1})^p;$$

mais $-\sqrt{-1}$ est la même chose que $(-1).\sqrt{-1}$, ainsi

$$(-\sqrt{-1})^{4n} = (-1)^{4n} (\sqrt{-1})^{4n},$$

et, par suite, $4n$ et $2n$ étant des nombres pairs,

$$(-\sqrt{-1})^{4n} = (-1)^{4n} (-1)^{2n} = (+1)(+1) = +1.$$

On a donc encore, simplement

$$(-\sqrt{-1})^m = (-\sqrt{-1})^p,$$

c'est-à-dire que les puissances de $-\sqrt{-1}$ sont périodiques comme celles de $+\sqrt{-1}$, et qu'il suffit, pour les connaître toutes, de connaître les quatre premières, ou celles dont les exposans sont 0, 1, 2, 3.

Pour construire ces puissances, on a généralement,

$$(-\sqrt{-1})^\mu = (-1)^\mu . (\sqrt{-1})^\mu,$$

d'où, faisant μ successivement égal à 0, 1, 2, 3, 4, etc.

$$(-\sqrt{-1})^0 = (+1),$$
$$(-\sqrt{-1})^1 = -\sqrt{-1},$$
$$(-\sqrt{-1})^2 = (-1)^2 (\sqrt{-1})^2 = -1,$$

$$(-\sqrt{-1})^3 = (-1)^3 (\sqrt{-1})^3 = +\sqrt{-1},$$
$$(-\sqrt{-1})^4 = (-1)^4 (\sqrt{-1})^4 = +1,$$

etc., etc.

Il est inutile de poursuivre ces constructions, puisque les quatre premières puissances $+1, -\sqrt{-1}, -1, +\sqrt{-1}$, doivent se reproduire indéfiniment dans le même ordre.

107. La distinction que nous venons de faire des puissances de $-\sqrt{-1}$, de celles de $+\sqrt{-1}$, est utile, en ce que, par une propriété de la quantité imaginaire $\sqrt{-1}$, ses puissances quelconques négatives sont égales aux mêmes puissances positives de $-\sqrt{-1}$, c'est-à-dire, qu'on a, en général, quel que soit le nombre entier m,

$$(+\sqrt{-1})^{-m} = (-\sqrt{-1})^m.$$

En effet, d'après la loi (32)

$$(+\sqrt{-1})^{-m} = \frac{1}{(+\sqrt{-1})^m};$$

or, en multipliant les deux termes du second membre de cette égalité par $(-\sqrt{-1})^m$, il vient

$$(+\sqrt{-1})^{-m} = \frac{(-\sqrt{-1})^m}{(+\sqrt{-1})^m (-\sqrt{-1})^m};$$

Mais le produit des deux puissances $(+\sqrt{-1})^m$, $(-\sqrt{-1})^m$ est égal à l'unité, car

$$(+\sqrt{-1})^m (-\sqrt{-1})^m = [(+\sqrt{-1}).(-\sqrt{-1})]^m = [-(\sqrt{-1})^2]^m,$$
$$= (-(-1))^m = (+1)^m = +1.$$

on a donc définitivement

$$(+\sqrt{-1})^{-m} = (-\sqrt{-1})^m.$$

Il résulte immédiatement de cette propriété que la suite des puissances négatives de $\sqrt{-1}$ est

$$(\sqrt{-1})^{-1} = -\sqrt{-1},$$
$$(\sqrt{-1})^{-2} = -1,$$
$$(\sqrt{-1})^{-3} = +\sqrt{-1},$$
$$(\sqrt{-1})^{-4} = +1,$$

etc., etc.

suite, qui offre périodiquement à l'infini le retour des quatre mêmes valeurs.

En comparant la suite des puissances négatives à celle des puissances positives, on reconnaît que deux puissances dont les exposans ne diffèrent que par le signe, ne diffèrent elles-mêmes que par le signe de $\sqrt{-1}$. Par exemple,

$$(\sqrt{-1})^4 = +1 \quad , \text{ et } (\sqrt{-1})^{-4} = +1,$$
$$(\sqrt{-1})^3 = -\sqrt{-1}, \text{ et } (\sqrt{-1})^3 = +\sqrt{-1}.$$

Nous nous bornerons ici aux puissances de l'imaginaire du second degré $\sqrt{-1}$, parce que celles de la quantité imaginaire générale

$$(\sqrt{-1})^n$$

peuvent être mises sous la forme $(\sqrt{-1})^{\frac{n}{m}}$, et qu'elles rentrent ainsi dans les puissances fractionnaires que nous traiterons plus loin.

108. Les puissances des monomes ne pouvant plus présenter aucune difficulté, examinons les puissances des polynomes en partant de celles du binome simple $a + b$ dont les lois dominent toute la théorie des puissances.

Formons par la multiplication successive de $a + b$ par lui-même la suite des puissances de ce binome. Nous obtiendrons

$$a + b \quad . . \text{ première puissance.}$$
$$\underline{a + b}$$
$$a^2 + ab$$
$$ + ab + b^2$$
$$\overline{a^2 + 2ab + b^2 \quad . . \text{ seconde puissance.}}$$
$$\underline{ a + b}$$
$$a^3 + 2a^2b + ab^2$$
$$ + a^2b + 2ab^2 + b^3$$
$$\overline{a^3 + 3a^2b + 3ab^2 + b^3 \quad . . \text{ troisième puissance.}}$$
$$\underline{ a + b}$$
$$a^4 + 3a^3b + 3a^2b^2 + ab^3$$
$$ + a^3b + 3a^2b^2 + 3ab^3 + b^4$$
$$\overline{a^4 + 4a^3b + 6a^2b^2 + 4ab^3 + b^4 \quad . . \text{ quatrième puissance.}}$$

$$a^4 + 4a^3b + 6a^2b^2 + 4ab^3 + b^4 \quad . . \text{ quatrième puissance.}$$
$$a + b$$

$$a^5 + 4a^4b + 6a^3b^2 + 4a^2b^3 + ab^4$$
$$\quad + a^4b + 4a^3b^2 + 6a^2b^3 + 4ab^4 + b^5$$

$$a^5 + 5a^4b + 10a^3b^2 + 10a^2b^3 + 5ab^4 + b^5 \quad . . \text{ cinquième puissance.}$$

En examinant la composition de ces puissances il est facile de reconnaître la loi très-simple que suivent, dans leurs termes, les facteurs littéraux : le premier terme de chaque puissance est le premier terme a du binome, élévé à cette puissance, et le dernier terme de la puissance est le second terme b du binome élevé à cette même puissance ; les termes intermédiaires contiennent les deux termes du binome a et b, de manière que les puissances de a décroissent successivement d'un terme à l'autre, tandis que les puissances de b croissent. Abstraction faite des coefficiens dont la loi ne peut être aperçue aussi facilement, la loi des facteurs littéraux est identiquement la même que celle des termes du quotient de $a^m - b^m$ divisé par $a - b$, découverte ci-dessus (88), de sorte qu'on pourrait en conclure, par analogie, que la puissance générale m du binome $a + b$ est

$$(a+b)^m = a^m + A_1 a^{m-1} b + A_2 a^{m-2} b^2 + A_3 a^{m-3} b^3 + \text{etc...}$$
$$+ A_{m-1} ab^{m-1} + b^m ;$$

les quantités A_1, A_2, A_3, etc., représentant les coefficiens numériques dont la loi ne nous est point encore connue.

109. On peut démontrer généralement la loi des facteurs littéraux des puissances du binome par un procédé ou plutôt par une méthode de démonstration sur laquelle nous devons appeler l'attention parce qu'on peut l'employer dans un grand nombre de cas.

Supposons que la loi en question soit rigoureusement démontrée pour le cas de l'exposant m, nombre entier positif, et cherchons à reconnaître si elle sera encore la même pour l'exposant $m + 1$, car si cette loi est la même pour l'exposant $m + 1$ que pour l'exposant m, il suffit qu'elle soit vraie dans un seul cas déterminé, pour l'être généralement ; et comme nous l'avons observée dans les cinq premières puissances, il en résulterait qu'elle doit se retrouver dans la 6e et par suite dans la 7e, et par conséquent dans toutes les autres, à l'infini.

Or, en multipliant la puissance m de $a + b$ par la base $a + b$, on produit la puissance $m + 1$ de cette même base ; opérons donc cette multiplication, nous trouverons

$$a^m + A_1 a^{m-1}b + A_2 a^{m-2}b^2 + \text{etc.} \dots + A_{m-1}ab^{m-1} + b^m$$
$$a + b$$

$$a^{m+1} + A_1 a^m b + A_2 a^{m-1}b^2 + \text{etc.} \dots + A_{m-1}a^2 b^{m-1} + ab^m$$
$$+ \quad a^m b + A_1 a^{m-1}b^2 + A_2 a^{m-2}b^3 + \text{etc.} \dots \quad + A_{m-1}ab^m + b^{m+1}$$

$$a^{m+1} + (A_1 + 1)a^m b + (A_2 + A_1)a^{m-1}b^2 + (A_3 + A_2)a^{m-2}b^3 +$$
$$+ \text{etc.} \dots + (A_{m-1} + A_{m-2})a^2 b^{m-1} + (1 + A_{m-1})ab^m + b^{m+1}.$$

les coefficiens $A_1 + 1$, $A_2 + A_1$, $A_3 + A_2$ etc., étant des nombres, il en résulte que les facteurs littéraux a et b qui entrent dans la composition des termes de la puissance $m + 1$ du binome $a + b$ suivent exactement la même loi, dans cette puissance, que dans la puissance m. Ainsi, d'après ce que nous avons dit plus haut, cette loi est générale pour toutes les puissances du binome.

110. Le passage de la puissance m à la puissance $m + 1$ nous fait encore connaître la construction des coefficiens numériques d'une puissance par le moyen des coefficiens numériques de la puissance immédiatement inférieure. Nous voyons, en effet, 1° que le coefficient du second terme de la puissance $m + 1$ est égal à la somme des coefficiens des deux premiers termes de la puissance m ; 2° que le coefficient du troisième terme, de la puissance $m + 1$, est égal à la somme des coefficiens du second et du troisième terme de la puissance m, etc. ; en général, le coefficient du terme dont le rang est μ, dans la puissance $m + 1$, est égal à la somme des deux coefficiens des termes dont les rangs sont $\mu - 1$ et μ, dans la puissance m.

Cette remarque nous permet de passer d'une puissance à la puissance immédiatement supérieure, par la simple addition des coefficiens. Sachant, par exemple, que les coefficiens de la quatrième puissance sont

$$1, 4, 6, 4, 1.$$

Nous obtiendrons pour les coefficiens de la cinquième puissance.

Second coefficient de la 5° puissance, $4 + 1 = 5$
Troisième id. $\dots \dots \dots 6 + 4 = 10$
Quatrième id. $\dots \dots \dots 4 + 6 = 10$
Cinquième id. $\dots \dots \dots 1 + 4 = 5$

cette cinquième puissance sera donc

$$a^5 + 5\,a^4\,b + 10\,a^3\,b^2 + 10\,a^2\,b^3 + 5\,ab^4 + b^5$$

comme nous l'avons trouvé ci-dessus (108).

Pour passer de la cinquième puissance à la sixième, on opérera de la même manière, et on trouvera

Second coefficient de la 6e puissance, $5 + 1 = 6$
Troisième. . . . . $10 + 5 = 15$
Quatrième. . . . . $10 + 10 = 20$
Cinquième . . . . $5 + 10 = 15$
Sixième. . . . . $1 + 5 = 6$

La sixième puissance du binome $a + b$ est donc

$$(a+b)^6 = a^6 + 6a^5b + 15a^4b^2 + 20a^3b^3 + 15a^2b^4 + 6ab^5 + b^6.$$

111. Mais cette construction des coefficiens ne nous fait pas connaître la loi qui lie entre eux ceux d'une même puissance, et c'est principalement cette dernière qui constitue la *loi* des puissances, puisque sans elle, il est impossible d'obtenir l'expression générale et indépendante de leurs coefficiens.

En examinant de nouveau la formation des cinq premières puissances du binome $(a + b)$ (108), on voit que les coefficiens numériques résultent de la réduction des termes semblables dans chaque produit, de sorte, qu'après ces réductions, toutes les traces de la construction particulière de chaque terme ayant disparu, il devient impossible de saisir la loi de cette construction.

Pour rendre sensible cette loi de la construction des termes, il est donc nécessaire d'étudier préalablement la construction générale des produits de plusieurs binomes $a + b$, $a + c$, $a + d$, $a + e$, etc., qui, ayant leurs seconds termes différens, n'offriront dans les produits partiels aucuns termes semblables susceptibles de réduction, et feront connaître, par conséquent, cette construction générale.

Construisant ces produits et les ordonnant par rapport à la lettre a, nous obtiendrons.

$$\begin{array}{l} a + b \\ a + c \\ \hline a^2 + ab \\ \quad\ + ac + bc \\ \hline a^2 + (b+c)a + bc \quad . \ . \ 1^{er}\ produit. \end{array}$$

$$a^2 + (b+c)a + bc$$
$$a + d$$

$$\overline{a^2 + (b+c)a^2 + bca}$$
$$+ da^2 + d(b+c)a + bcd$$

$$\overline{a^3 + (b+c+d)a^2 + (bc+bd+cd)a + bcd} \quad . \quad . \text{ 2}^e \text{ } produit.$$
$$a + e$$

$$\overline{a^4 + (b+c+d)a^3 + (bc+bd+cd)a^2 + bcda}$$
$$+ \qquad\qquad ea^3 + (be+ce+de)a^2 + (bce+bde+cde)a + bcde$$

$$\overline{a^4 + (b+c+d+e)a^3 + (bc+bd+cd+be+ce+de)a^2 +}$$
$$\vdots + (bcd+bce+bde+cde)a + bcde \quad \ldots \ldots \text{ 3}^e \text{ } produit.$$

L'examen de ces trois produits fait connaître :

1° Que leur premier terme est a élevé à la puissance marquée par le nombre des binomes multipliés ;

2° Que les puissances de a vont en décroissant d'une unité, du premier terme au dernier ;

3° Que le coefficient du second terme, ou de la puissance de a inférieure d'une unité à celle du premier terme, se compose de la somme des seconds termes des binomes multipliés ;

4° Que le coefficient du troisième terme est égal à la somme de tous les produits que l'on peut former en prenant *deux à deux* les seconds termes des binomes multipliés ;

5° Que le coefficient du quatrième terme, dans les produits généraux qui ont plus de trois termes, est égal à la somme de tous les produits des seconds termes des binomes employés pris *trois à trois*, et ainsi de suite ;

6° Que le dernier terme se compose du produit de tous les seconds termes des binomes employés.

Pour démontrer cette construction d'une manière générale, supposons qu'elle soit reconnue pour un nombre m de binomes et voyons, si elle a lieu pour $m + 1$ binomes.

Désignons donc par A, la somme des seconds termes des m binomes $a + b$, $a + c$, $a + d$, etc., $a + n$; par B, la somme des produits *deux à deux* de ces seconds termes ; par C, la somme de leurs produits *trois à trois*; par D, la somme de leurs produits *quatre à quatre*; etc., etc., et enfin par U, le produit de tous les seconds termes. Le produit général des m binomes sera représenté par (a)

$$a^m + Aa^{m-1} + Ba^{m-2} + Ca^{m-3} + \text{ etc. } + U.$$

multiplions ce produit général par un nouveau binome $a+p$, le produit ordonné sera

$$a^{m+1}+(A+p)a^m+(B+Ap)a^{m-1}+(C+Bp)a^{m-2}+\text{etc...}+Up.$$

Or, la loi des exposans des puissances de a est évidemment la même. Quant aux coefficiens, on voit aisément que :

1° $A+p$ représente la somme des $m+1$ seconds termes des binomes; car A représente celle des m seconds termes, des m premiers binomes.

2° $B+Ap$ représente la somme des produits deux à deux des $m+1$ seconds termes, car Ap représente la somme des m seconds termes, multipliée par le nouveau second terme p, c'est-à-dire la somme de tous les produits deux à deux, formés entre les m 'premiers seconds termes et le nouveau second terme p; $B+Ap$ représente donc la somme de tous les produits deux à deux des $m+1$ seconds termes.

3° $C+Bp$ contient, d'une part, C, ou la somme des produits trois à trois des m seconds termes et de l'autre Bp, qui représente la somme des produits deux à deux de ces seconds termes multipliée par le nouveau second terme p, Bp est donc égal à la somme des produits 3 à 3 des $m+1$ seconds termes, dans lesquels entre le facteur p, et par conséquent, $C+Bp$ est la somme de tous les produits 3 à 3 des $m+1$ seconds termes. Et ainsi de suite.

Le dernier terme Up est évidemment le produit de tous les $m+1$ seconds termes.

La composition du produit général de $m+1$ binomes suit donc la 'même loi que celle du produit de m binomes. Ainsi, il suffit que cette loi se vérifie dans un cas particulier pour qu'elle soit rigoureusement démontrée, et comme nous l'avons vérifiée pour 2, 3 et 4 binomes, il en résulte qu'elle est générale.

Supposons maintenant que tous les seconds termes des m binomes deviennent égaux, le produit

$$(a+b)(a+c)(a+d)....(a+n)$$

deviendra la puissance $(a+b)^m$ et le développement de ce produit, l'expression (a), deviendra le développement ou la construction de cette puissance;

Mais alors le coefficient A, qui exprime la somme $b+c+d+e$ $+$ etc. $+n$, deviendra $b+b+b+b+$ etc. ou mb, puisqu'il y a m quantités b.

Le coefficient B, qui exprime la somme des produits deux à deux $bc + bd +$ etc., deviendra $b^2 + b^2 + b^2 +$ etc. ou $A_2\, b^2$. A_2 désignant le *nombre* des produits deux à deux qu'on peut former avec *m* lettres différentes.

Le coefficient C, qui exprime la somme des produits trois à trois $bcd + bce + bde +$ etc., deviendra $b^3 + b^3 + b^3 +$ etc. ou $A_3\, b^3$. A_3 désignant le *nombre* des produits trois à trois qu'on peut former avec *m* lettres différentes.

Et ainsi de suite, jusqu'au dernier terme U, qui deviendra simplement b^m. Nous aurons donc

$$(a+b)^m = a^m + m a^{m-1} b + A_2 a^{m-2} b^2 + A_3 a^{m-3} b^3 + \text{etc.} A_{m-1} a b^{m-1} + b^m.$$

La construction des coefficiens numériques A_2, A_3 etc., étant ainsi connue, il ne nous reste plus qu'à déterminer leurs valeurs générales, ce qui ramène toute la question à la solution de ce problème : étant données *m* lettres différentes trouver le *nombre* des produits différens qu'on peut former en les combinant successivement *deux à deux*, *trois à trois*, *quatre à quatre*, etc. Nous allons exposer les notions préliminaires sur lesquelles repose la solution demandée.

Théorie des combinaisons.

112. Trois lettres a, b, c, combinées deux à deux, fournissent les six groupes ab, ba, ac, ca, bc, cb; mais ces six groupes ne sont pas six produits différens, car $ab = ba$, $ac = ca$, $bc = cb$, (19), ainsi le *nombre* des produits deux à deux de trois lettres est *trois* et non pas *six*. Il est donc nécessaire de distinguer, parmi les combinaisons, celles qui expriment des produits différens de celles qui n'offrent que les divers arrangemens d'un même produit.

Observons, pour cet effet, que dans le nombre total des combinaisons ab, ba, ac, ca, bc, cb; chaque produit différent ab, ac, bc se trouve répété autant de fois que les lettres qui le composent admettent entre elles d'arrangemens différens, et qu'ainsi le *nombre des produits* est égal au nombre total des combinaisons divisé par celui des arrangemens. Nous allons rendre ceci plus sensible en exposant la manière dont on forme les combinaisons.

Soient les quatre lettres a, b, c, d; pour former toutes les combinaisons deux à deux de ces lettres, on écrira chacun d'elle au premier rang, en la faisant suivre de trois autres, ce qui donnera

$$a \left\{ \, b, \, c, \, d \, \right\}$$
$$b \left\{ \, a, \, c, \, d \, \right\}$$
$$c \left\{ \, a, \, b, \, d \, \right\}$$
$$d \left\{ \, a, \, b, \, c \, \right\}$$

puis on formera tous les groupes, en joignant ces lettres dans l'ordre où elles se trouvent placées. On trouvera de cette manière

$$ab, \; ac, \; ad$$
$$ba, \; bc, \; bd$$
$$ca, \; cb, \; cd$$
$$da, \; db, \; dc$$

ce qui présente 12 combinaisons differentes, mais seulement *six produits différens,* parce que chaque produit de deux lettres admet deux arrangemens.

S'il s'agissait maintenant de former les combinaisons 3 à 3 de ces mêmes lettres, il faudrait encore écrire chacune d'elle au premier rang, et mettre à sa suite toutes les combinaisons deux à deux des trois autres; on aurait de cette manière

$$a \left\{ \, bc, \; cb, \; bd, \; db, \; cd, \; dc \, \right\}$$
$$b \left\{ \, ad, \; da, \; cd, \; dc, \; ac, \; ca \, \right\}$$
$$c \left\{ \, ab, \; ba, \; ad, \; da, \; bd, \; db \, \right\}$$
$$d \left\{ \, ab, \; ba, \; ac, \; ca, \; bc, \; cb \, \right\}$$

et, en joignant les lettres,

$$abc, \; acb, \; abd, \; adb, \; acd, \; adc$$
$$bad, \; bda, \; bcd, \; bdc, \; bac, \; bca$$
$$cab, \; cba, \; cad, \; cda, \; cbd, \; cdb$$
$$dab, \; dba, \; dac, \; dca, \; dbc, \; dcb$$

Ce qui présente 24 groupes, mais seulement 4 produits différens parceque chaque produit de trois lettres admet six arrangemens.

Remarquons en passant que le *nombre* des combinaisons 3 à 3 de 4 lettres est égal à 4 fois le nombre des combinaisons 2 à 2 de 3 lettres.

Si l'on avait 5 lettres, comme pour former toutes leurs combinaisons 3 à 3, il faudrait écrire devant chacune d'elle les combinaisons 2 à 2 des 4 autres, le nombre de ces combinaisons serait égal à 5 fois celui des combinaisons 2 à 2 de quatre lettres.

En général, le nombre des combinaisons 3 à 3 de m lettres est égal à m fois celui des combinaisons 2 à 2 de $m-1$ lettres.

Les combinaisons 4 à 4 se forment par un procédé semblable, en écrivant chaque lettre au premier rang et en la faisant suivre de toutes les combinaisons 3 à 3 des autres lettres. Ainsi le nombre des combinaisons 4 à 4 de m lettres, est égal à m fois le nombre des combinaisons 3 à 3 de $m-1$ lettres, et comme ce dernier est égal à $m-1$ fois le nombre des combinaisons 2 à 2 de $m-2$ lettres, celui des combinaisons 4 à 4 de m lettres est égal, en définitive, à $m \times (m-1)$ fois le nombre des combinaisons 2 à 2 de $m-2$ lettres.

En général, il est évident que le nombre des combinaisons n à n de m lettres est égal à m fois celui des combinaisons $n-1$ à $n-1$ de $m-1$ lettres. Si nous désignons donc par $C_{(m,n)}$ le nombre des combinaisons de m lettres n à n. Nous aurons la relation générale

$$C_{(m,\,n)} = m .\ C_{(m-1,\ n-1)}$$

et, par conséquent,

$$C_{(m-1,\ n-1)} = (m-1) .\ C_{(m-2,\ n-2)}$$
$$C_{(m-2,\ n-2)} = (m-2) .\ C_{(m-3,\ n-3)}$$
$$C_{(m-3,\ n-3)} = (m-3) .\ C_{(m-4,\ n-4)}$$
$$\text{etc.} \quad = \quad \text{etc.}$$
$$C_{(m-\mu,\ n-\mu)} = (m-\mu) .\ C_{(m-\mu-1,\ n-\mu-1)}$$

D'où substituant successivement chaque valeur dans celle qui la précède.

$$C_{(m,\ n)} = m (m-1)(m-2)(m-3) \dots (m-\mu) C_{(m-\mu-1,\,n-\mu-1)}$$

faisant $\mu = n-3$, pour ramener cette valeur à celle des combinaisons 2 à 2, il viendra

$$C_{(m,n)} = m (m-1)(m-2) \dots (m-n+3) .\ C_{(m-n+2,\ 2)}$$

Or, les combinaisons 2 à 2 d'un nombre quelconque p de lettres se formant en écrivant devant chacune d'elle les $p-1$ autres, le nombre de ces combinaisons est donc égal à $p . (p-1)$ et par conséquent.

$$C_{(m,\ n)} = m (m-1)(m-2) \dots (m-n+3)(m-n+2)(m-n+1)$$

cette expression nous fait connaître, d'une manière indépendante, le nombre des combinaisons, quels que soient le nombre des lettres et celui de ces lettres qui doit entrer dans chaque groupe.

Par exemple, pour avoir le nombre des combinaisons 3 à 3 de 4 lettres nous ferons $m = 4$, $n = 3$ et nous trouverons

$$C_{(4,3)} = 4.3.2 = 24$$

113. Pour trouver le nombre des *produits différens* qui se trouvent dans les combinaisons il ne s'agit plus que de savoir combien de fois chacun de ces produits y est répété par les divers arrangemens des lettres qui le composent. Ces arrangemens se nomment des *permutations*. Par exemple, *ab* et *ba* sont les *permutations* du produit *ab*; *abc*, *acb*, *bac*, *bca*, *cba*, *cab*, les *permutations* du produit *abc*; etc., etc.

Le nombre des permutations se déduit aisément de la manière de les former, et cette formation est semblable à celle des combinaisons. Ainsi les permutations de deux lettres se forment en écrivant chacune de ces lettres devant l'autre, comme il suit : *ab*, *ba ;* celles de trois lettres, en écrivant, devant chacune d'elle, les permutations des deux autres

$$a \left\{ bc, \ cb \right\} \ . \ . \ . \ abc, \ acb.$$
$$b \left\{ ac, \ ca \right\} \ . \ . \ . \ bac, \ bca.$$
$$c \left\{ ab, \ ba \right\} \ . \ . \ . \ cab, \ cba.$$

celles de 4 lettres, se formeront en écrivant pareillement devant chacune d'elle les permutations des trois autres, c'est-à-dire qu'on écrira

$$a \left\{ bcd, \ bdc, \ cbd, \ cdb, \ dbc, \ dcb \right\}$$
$$b \left\{ acd, \ adc, \ cad, \ cda, \ dac, \ dca \right\}$$
$$c \left\{ abd, \ adb, \ bad, \ bda, \ dab, \ dba \right\}$$
$$d \left\{ abc, \ acb, \ bac, \ bca, \ cab, \ cba \right\}$$

puis on trouvera, en réunissant chaque lettre aux groupes qui la suivent,

abcd, abdc, acbd, acdb, adbc, adcb
bacd, badc, bcad, bcda, bdac, bdca
cabd, cadb, cbad, cbda, cdab, cdba
dabc, dacb, dbac, dbca, dcab, dcba

Il résulte évidemment de cette formation que le nombre des permutations de 3 lettres est égal à 3 fois celui de deux lettres ou à 3×2 que le nombre des permutations de 4 lettres est égal à 4 fois celui de 3 lettres ou à $4 \times 3 \times 2$. Et en général que le nombre des permutations de n lettres est égal au produit

$$n.(n-1)(n-2)\ldots4.3.2.$$

114. Le nombre des produits différens qu'on peut former en combinant m lettres n à n étant égal au nombre total des combinaisons divisé par celui des permutations qu'offre un produit de n lettres, l'expression générale de ce nombre sera

$$\frac{m(m-1)(m-2)\ldots(m-n+1)}{1.2.3\ldots\ldots\ldots\ldots n},$$

faisant donc successivement dans cette expression générale $n = 2$ $n = 3$, $n = 4$, etc, nous obtiendrons :

Pour le nombre des produits 2 à 2 de m lettres

$$\frac{m(m-1)}{1.2},$$

Pour celui des produits 3 à 3.

$$\frac{m(m-1)(m-2)}{1.2.3.},$$

Pour celui des produits 4 à 4

$$\frac{m(m-1)(m-2)(m-3)}{1.2.3.4}.$$

et ainsi de suite.

Telles seront donc les valeurs indépendantes des coefficiens A_2, A_3, A_4 etc., de la puissance m du binome $a+b$, et nous avons définitivement

$$(a+b)^m = a^m + ma^{m-1}b + \frac{m(m-1)}{1.2}a^{m-2}b^2 + \frac{m(m-1)(m-2)}{1.2.3.}a^{m-3}b^3 + \text{etc.}$$

Le terme général de la puissance sera, en désignant par μ le rang des termes à partir du second (b),

$$\frac{m(m-1)(m-2)\ldots(m-\mu+1)}{1.2.3.4.5\ldots\mu}a^{m-\mu}b^\mu,$$

ce terme général renferme la *loi* des puissances du binome et constitue proprement ce qu'on nomme le *binome de Newton*, parce que la loi qu'il exprime a été découverte par cet illustre géomètre.

115. On a pu remarquer (108), dans la construction des cinq premières puissances du binome $a+b$ que le nombre des termes d'une puissance surpasse l'exposant d'une unité, et que les termes situés à égale distance des deux extrêmes sont égaux. Nous allons montrer comment toutes ces circonstances se trouvent indiquées par le terme général ci-dessus (b).

Pour obtenir l'expression isolée d'un terme, il faut, dans ce terme général, donner à l'indice μ la valeur convenable, c'est-à-dire substituer à la place de μ le nombre qui indique la place du terme dans la suite ; en se rappelant toujours que les termes sont comptés à partir du second. Ainsi, pour avoir le terme du rang m ou le $m + 1$ terme de la suite, le premier compris, on fera $\mu = m$ et dans le coefficient général

$$\frac{m\,(m-1)\,(m-2)\,(m-3)\dots(m-\mu+1)}{1.\,2.\,3.\,4.\,5\dots\mu}$$

le dernier facteur $(m - \mu + 1)$ du numérateur deviendra $m - m + 1 = 1$; les facteurs successifs du numérateur iront donc en dé- croissant depuis m jusqu'à 1, tandis que, μ devenant m, les facteurs du dénominateur iront en croissant depuis 1 jusqu'à m. Le $m + 1$ terme sera donc

$$\frac{m\,(m-1)\dots.3.\,2.\,1}{1.\,2.\,3\dots\dots\dots m}\, a^m - {}^m b^m = b^m.$$

Il est facile de voir qu'il ne peut y avoir plus $m + 1$ termes, car en faisant $\mu = m + 1$ le coefficient numérique devient

$$\frac{m\,(m-1)\dots.3.\,2.\,1.\,0}{1.\,2.\,3\dots.(m+1)} = 0$$

et comme le facteur 0 entrerait nécessairement dans toutes les ex- pressions où l'on ferait $\mu > m$, il n'existe donc pas de termes passé le $m + 1$, et la puissance m se compose de $m + 1$ termes.

Faisons maintenant, dans le coefficient général, $\mu = m - 1$, nous trouverons

$$\frac{m\,(m-1)\,(m-2)\dots4.\,3.\,2}{1.\,2.\,3.\,4\dots\dots(m-1)} = m.$$

Pour $\mu = m - 2$, nous aurons de la même manière

$$\frac{m\,(m-1)\,(m-2)\dots.4.\,3}{1.\,2.\,3.\,4\dots(m-2)} = \frac{m\,(m-1)}{1.\,2}.$$

Pour $\mu = m - 3$,

$$\frac{m\,(m-1)\,(m-2)\dots.4}{1.\,2.\,3.\,4\dots(m-3)} = \frac{m\,(m-1)\,(m-2)}{1.\,2.\,3}$$

et ainsi de suite.

Donc, les coefficiens du second et de l'avant dernier termes sont égaux, et il en est de même de ceux du 3° et du $m - 2$, de ceux du 4° et du $m - 3$, etc. Donc, généralement, les coefficiens des ter- mes également distans des deux termes extrêmes sont égaux.

116. Les coefficiens numériques de la formule du binome jouissent encore d'une propriété remarquable, c'est que leur somme est tou- jours égale à une puissance de 2, du même degré que celle du bi-

nome. Pour s'en assurer, il suffit de faire $a = 1$ et $b = 1$ dans la formule générale

$$(a+b)^m = a^m + ma^{m-1}b + \frac{m(m-1)}{1.2.}a^{m-2}b^2 + \frac{m(m-1)(m-2)}{1.2.3.}a^{m-3}b^3 + \text{etc.}$$

car elle devient

$$(1+1)^m = 2^m = 1 + m + \frac{m(m-1)}{1.2.} + \frac{m(m-1)(m-2)}{1.2.3.} + \text{etc.}$$

117. L'application de la formule générale aux cas particuliers ne présente aucune difficulté. Veut-on, par exemple, la cinquième puissance de $a + b$? on fera $m = 5$ et les coefficiens numériques deviendront

$$m = 5$$
$$\frac{m(m-1)}{1.2.} = \frac{5.4}{1.2} = 10$$
$$\frac{m(m-1)(m-2)}{1.2.3.} = \frac{5.4.3}{1.2.3} = 10$$
$$\frac{m(m-1)(m-2)(m-3)}{1.2.3.4.} = \frac{5.4.3.2}{1.2.3.4} = 5$$
$$\frac{m(m-1)(m-2)(m-3)(m-4)}{1.2.3.4.5.} = \frac{5.4.3.2.1}{1.2.3.4.5} = 1$$

d'où

$$(a+b)^5 = a^5 + 5a^4b + 10a^3b^2 + 10a^2b^3 + 5ab^4 + b^5.$$

Veut-on la dixième puissance? on fera $m = 10$ et on trouvera pour les coefficiens

$$10 = 10.$$
$$\frac{10.9}{1.2} = 45.$$
$$\frac{10.9.8}{1.2.3} = 120.$$
$$\frac{10.9.8.7}{1.2.3.4} = 210.$$
$$\frac{10.9.8.7.6}{1.2.3.4.5} = 252.$$

$$\frac{10.9.8.7.6.5}{1.2.3.4.5.6} = 210$$
$$\frac{10.9.8.7.6.5.4}{1.2.3.4.5.6.7} = 120$$
$$\frac{10.9.8.7.6.5.4.3}{1.2.3.4.5.6.7} = 45$$
$$\frac{10.9.8.7.6.5.4.3.2}{1.2.3.4.5.6.7.8.9} = 10$$

D'où

$$(a+b)^{10} = a^{10} + 10a^9b + 45a^8b^2 + 120a^7b^3 + 210a^6b^4 + 252a^5b^5$$
$$+ 210a^4b^6 + 120a^3b^7 + 45a^2b^8 + 10ab^9 + b^{10}.$$

118. Les puissances d'un binome quelconque se construiront de la même manière. Par exemple, la quatrième puissance du binome $2ax^3 + a^2x^2$ sera, en vertu de la formule générale

et en substituant $2ax^3$ à la place de a et a^2x^2 à la place de b,

$$(2ax^3 + a^2x^2)^4 = (2ax^3)^4 + 4(2ax^3)^3(a^2x^2) + 6(2ax^3)^2(a^2x^2)^2$$
$$+ 4(2ax^3)(a^2x^2)^3 + (a^2x^2)^4$$

réalisant ensuite les diverses puissances des monomes qui sont

$$(2ax^3)^4 = 16a^4x^{12}, \quad (a^2x^2)^2 = a^4x^4$$
$$(2ax^3)^3 = 8a^3x^9, \quad (a^2x^2)^3 = a^6x^6$$
$$(2ax^3)^2 = 4a^2x^6, \quad (a^2x^2)^4 = a^8x^8,$$

puis réduisant les facteurs semblables, on obtiendra définitivement

$$(2ax^2 + a^2x^2)^4 = 16a^4x^{12} + 32a^5x^{11} + 24a^6x^{10} + 8a^7x^9 + a^8x^8.$$

119. La loi générale des puissances du binome $a + b$ nous donne le moyen de construire les puissances d'un polynome quelconque, mais nous ne connaissons jusqu'ici cette loi que pour le cas d'un exposant entier positif et c'est principalement lorsque l'exposant est négatif ou fractionnaire qu'il devient essentiel de développer la puissance.

Examinons donc d'abord la formation des puissances dans le cas d'un exposant entier négatif. D'après (47) on a généralement

$a^{-m} = \dfrac{1}{a^m}$, ainsi

$$(a + b)^{-m} = \frac{1}{(a + b)^m}$$

le second membre de cette égalité exprime le produit

$$\frac{1}{(a + b)} \cdot \frac{1}{(a + b)} \cdot \frac{1}{(a + b)} \cdot \frac{1}{(a + b)} \cdot \frac{1}{(a+b)} \cdot \text{etc.};$$

qu'on peut toujours transformer en une suite de termes. En effet, le facteur $\dfrac{1}{a + b}$ donne, en divisant son numérateur par son dénominateur, le quotient indéfini (87)

$$\frac{1}{a} - \frac{b}{a^2} + \frac{b^2}{a^3} - \frac{b^3}{a^4} + \frac{b^4}{a^5} - \text{etc.. } à \text{ l'infini}$$

dont la loi des termes est évidente, et qu'on peut mettre sous la forme

$$a^{-1} - a^{-2}b + a^{-3}b^2 - a^{-4}b^3 + a^{-5}b^4 - a^{-6}b^5 + \text{etc.}\ldots$$

en se servant d'exposans négatifs. Le terme général est alors

$(-1)^\mu a^{-1-\mu} b^m$. μ désignant le rang des termes à partir du second.

Cette série est donc équivalente à la puissance -1, du binome $a+b$, et pour former la puissance -2 de ce binome il suffira de la multiplier par elle-même, ce qui donnera

$$a^{-1} - a^{-2}b + a^{-3}b^2 - a^{-4}b^3 + a^{-5}b^4 - \text{etc.}$$
$$a^{-1} - a^{-2}b + a^{-3}b^2 - a^{-4}b^3 + a^{-5}b^4 - \text{etc.}$$

$$a^{-2} - a^{-3}b + a^{-4}b^2 - a^{-5}b^3 + a^{-6}b^4 - \text{etc.}$$
$$- a^{-3}b + a^{-4}b^2 - a^{-5}b^3 + a^{-6}b^4 - \text{etc.}$$
$$+ a^{-4}b^2 - a^{-5}b^3 + a^{-6}b^4 - \text{etc.}$$
$$- a^{-5}b^3 + a^{-6}b^4 - \text{etc.}$$
$$+ a^{-6}b^4 - \text{etc.}$$
$$- \text{etc.}$$

$$a^{-2} - 2a^{-3}b + 3a^{-4}b^2 - 4a^{-5}b^3 + 5a^{-6}b^4 - \text{etc.}$$

La loi de cette nouvelle série est évidente. Son terme général est, en comptant toujours les termes à partir du second,

$$(-1)^\mu.\,(\mu+1)\,a^{-2-\mu}\,b^\mu.$$

La multiplication de cette dernière série par la première fera connaître la puissance -3, du binome $a+b$. Cette puissance sera

$$a^{-3} - 3a^{-4}b + 6a^{-5}b^2 - 10a^{-6}b^3 + 15a^{-7}b^4 - 21a^{-8}b^5 + \text{etc.}$$

Mais on ne peut plus reconnaître immédiatement la loi des coefficiens numériques. Quant à celle des puissances de a et de b elle est la même que dans les expressions précédentes, c'est-à-dire que les puissances de a décroissent d'une unité, d'un terme à l'autre, tandis que les puissances de b croissent d'une unité.

. On retrouverait de nouveau cette loi des puissances de a et de b dans les termes successifs de la puissance -4 de $a+b$, en multipliant de nouveau la dernière série par la première, de sorte qu'on peut en conclure, par induction, que la forme de la puissance générale $-m$ est

$$(a+b)^{-m} = a^{-m} - A_1 a^{-m-1}b + A_2 a^{-m-2}b^2 - A_3 a^{-m-3}b^3 + \text{etc.} \; \grave{a}\,l'inf.$$

A_1, A_2, A_3, etc., représentant les coefficiens numériques. On démontre que cette forme est générale par le procédé employé 109 et 111.

L'examen des trois puissances

$$(a+b)^{-1} = a^{-1} - a^{-2}b + a^{-3}b^2 - a^{-4}b^3 + a^{-5}b^4 - \text{etc.}$$
$$(a+b)^{-2} = a^{-2} - 2a^{-3}b + 3a^{-4}b^2 - 4a^{-5}b^3 + 5a^{-6}b^4 - \text{etc.}$$
$$(a+b)^{-3} = a^{-3} - 3a^{-4}b + 6a^{-5}b^2 - 10a^{-6}b^3 + 15a^{-7}b^4 - \text{etc.}$$

et de la forme générale

$$(a+b)^{-m} = a^{-m} - A_1 a^{-m-1}b + A_2 a^{-m-2}b^2 - A_3 a^{-m-3}b^3 + \text{etc}\ldots$$

montre que la loi des puissances de a et de b est la même pour les puissances négatives que pour les puissances positives, et l'on voit de plus que dans les trois premières puissances négatives, les coefficiens numériques des seconds termes sont respectivement les exposans de ces puissances, tout comme dans les puissances positives. Cette ressemblance peut porter à supposer que les autres coefficiens numériques se construisent, à l'aide de l'exposant, d'une manière analogue à la construction des coefficiens des puissances positives ; ce qu'il devient important de vérifier.

Reprenons donc le terme général des puissances positives

$$\frac{m(m-1)(m-2)\ldots(m-\mu+1)}{1.2.3.4.5\ldots\mu} \, a^{m-\mu}b^{\mu}$$

et voyons quelles suites de termes nous pourrons former en donnant à l'exposant m, les valeurs successives $-1, -2, -3$, et en faisant successivement pour chacune de ces valeurs $\mu = 1, \mu = 2, \mu = 3, \mu = 4$, etc.

Pour la valeur $m = -1$, l'expression générale devient d'abord

$$\frac{(-1)(-2)(-3)\ldots(-\mu)}{1.2.3.4.5\ldots\mu} \, a^{-1-\mu}b^{\mu} ;$$

Ainsi, comme, lorsque le nombre μ est impair, le facteur numérique, dont la valeur absolue est 1, devient négatif, et qu'il est positif lorsque μ est pair, cette dernière expression peut se mettre sous la forme

$$(-1)^{\mu} a^{-1-\mu}b^{\mu} ,$$

que nous avons reconnue plus haut pour celle du terme général de la puissance -1.

Pour la valeur $m = -2$, l'expression générale devient

$$\frac{(-2)(-3)(-4)\ldots(-\mu-1)}{1.2.3.4\ldots\mu} \, a^{-2-\mu}b^{\mu} ,$$

ou

$$(-1)^{\mu} \frac{2.3.4.5.6\ldots\mu(\mu+1)}{1.2.3.4\ldots\mu} \cdot a^{-2-\mu}b^{\mu} ,$$

ce qui se réduit, par la suppression des facteurs communs, à

$$(-1)^{\mu}(\mu+1)a^{-2-\mu}b^{\mu} ;$$

C'est encore le terme général de la puissance -2.

Pour la valeur $m = -3$, l'expression générale devient

$$\frac{(-3)\,(-4)\,(-5)\,.\,.\,(-\mu-2)}{1.\,2.\,3.\,4.\,5.\,.\,.\,.\,\mu}\; a^{-3-\mu}\,b^{\mu},$$

ou, simplement

$$(-1)^{\mu}\;\frac{(\mu+1)\,(\mu+2)}{1.\,2}\; a^{-3-\mu}\,b^{\mu};$$

Cette expression, en y faisant successivement $\mu = 1$, $\mu = 2$, $\mu = 3$, etc., nous donne la suite de termes

$$-3a^{-4}b,\; +6a^{-5}b^{2},\; -10a^{-6}b^{3},\; +15a^{-7}b^{4},\; \text{etc.}$$

qui sont précisément ceux de la puissance -3.

Ainsi le terme général

$$\frac{m\,(m-1)\,(m-2)\,.\,.\,.\,(m-\mu+1)}{1.\,2.\,3.\,4.\,.\,.\,\mu}\; a^{m-\mu}\,b^{\mu},$$

qui exprime la loi des puissances entières et positives du binome $(a+b)$ exprime donc aussi la loi des puissances entières et négatives de ce binome, du moins dans les cas particuliers $m = -1$, $m = -2$ et $m = -3$. Nous allons prouver qu'il en est de même dans tous les cas.

Supposons que le fait soit vérifié pour la valeur $-m$ de l'exposant ce qui rend le terme général égal à

$$(-1)^{\mu}\;\frac{m\,(m+1)\,(m+2)\,.\,.\,.\,(m+\mu-1)}{1.\,2.\,3.\,4.\,.\,.\,m}\; a^{-m-\mu}\,b^{\mu},$$

et donne le développement (c)

$$(a+b)^{-m} = a^{-m} - ma^{-m-1}b + \frac{m\,(m+1)}{1.\,2.}\, a^{-m-2}b^{2}$$
$$- \frac{m\,(m+1)\,(m+2)}{1.\,2.\,3.}\, a^{-m-3}b^{3} + \text{etc.}$$

Pour passer de cette puissance à la puissance $-m-1$, il faut la multiplier par $(a+b)^{-1} = a^{-1} - a^{-2}\,b + a^{-3}\,b^{2} + \text{etc.}$, ce qui donne

$$(a+b)^{-m-1} = a^{-m-1} - ma^{-m-2}b + \frac{m\,(m+1)}{1.\,2}\, a^{-m-3}b^{2} - \text{etc.}$$
$$- a^{-m-2}b + ma^{-m-3}b^{2} - \text{etc.}$$
$$+ a^{-m-3}b^{2} - \text{etc.}$$
$$- \text{etc.}$$

Les sommes des coefficiens numériques s'obtiennent en réduisant les fractions au même dénominateur. On trouve ainsi

$$1 + m = m + 1$$

$$1 + m + \frac{m(m+1)}{1 \cdot 2} = \frac{2(m+1)}{1 \cdot 2} + \frac{m(m+1)}{1 \cdot 2} = \frac{(m+1)(m+2)}{1 \cdot 2}$$

$$1 + m + \frac{m(m+1)}{1 \cdot 2} + \frac{m(m+1)(m+2)}{1 \cdot 2 \cdot 3} = \frac{3(m+1)(m+2)}{1 \cdot 2 \cdot 3} + \frac{m(m+1)(m+2)}{1 \cdot 2 \cdot 3 \cdot}$$

$$= \frac{(m+1)(m+2)(m+3)}{1 \cdot 2 \cdot 3 \cdot 4}$$

$$1 + m + \frac{m(m+1)}{1 \cdot 2} + \frac{m(m+1)(m+2)}{1 \cdot 2 \cdot 3} + \frac{m(m+1)(m+2)(m+3)}{1 \cdot 2 \cdot 3 \cdot 4}$$

$$= \frac{4(m+1)(m+2)(m+3)}{1 \cdot 2 \cdot 3 \cdot 4} + \frac{m(m+1)(m+2)(m+3)}{1 \cdot 2 \cdot 3 \cdot 4} = \frac{(m+1)(m+2)(m+3)(m+4)}{1 \cdot 2 \cdot 3 \cdot 4}$$

et en général

$$1 + m + \frac{m(m+1)}{1 \cdot 2} + \frac{m(m+1)(m+2)}{1 \cdot 2 \cdot 3} + \text{etc.} + \frac{m(m+1)(m+2)\dots(m+\mu-1)}{1 \cdot 2 \cdot 3 \cdot 4 \dots \mu}$$

$$= \frac{\mu(m+1)(m+2)\dots(m+\mu-1)}{1 \cdot 2 \cdot 3 \cdot 4 \dots \mu} + \frac{m(m+1)(m+2)\dots(m+\mu-1)}{1 \cdot 2 \cdot 3 \cdot 4 \dots \mu}$$

$$= \frac{(m+1)(m+2)(m+3)\dots(m+\mu)}{1 \cdot 2 \cdot 3 \cdot 4 \cdot 5 \dots \mu}$$

on a donc définitivement

$$(a+b)^{-m-1} = a^{-m-1} - (m+1)a^{-m-2}b + \frac{(m+1)(m+2)}{1 \cdot 2}a^{-m-3}b^2$$

$$- \frac{(m+1)(m+2)(m+3)}{1 \cdot 2 \cdot 3 \cdot 4} a^{-m-4}b^3 + \text{etc.}$$

or, ce développement est précisément ce que devient le développement (c), lorsqu'on y substitue $m+1$ à la place de m ; ainsi, il suffit que ce dernier soit démontré pour le cas de $m = 1$, pour qu'il le soit en général.

Quel que soit donc le nombre entier m, positif ou négatif, la puissance m, du binome $a+b$, a pour développement l'expression

$$a^m + ma^{m-1}b + \frac{m(m-1)}{1 \cdot 2}a^{m-2}b^2 + \frac{m(m-1)(m-2)}{1 \cdot 2 \cdot 3}a^{m-3}b^3 + \text{etc.}$$

Cette expression se termine au terme du rang $m+1$, à compter du premier, lorsque m est positive ; le nombre de ses termes devient infini lorsque m est négative.

A l'aide de considérations analogues aux précédentes on pourrait encore démontrer que la loi du binome embrasse les valeurs fractionnaires positives ou négatives de l'exposant m ; mais comme nous démontrerons plus loin, cette loi d'une manière générale, nous nous contenterons ici d'admettre son universalité par induction.

120. Les puissances du binome conduisent aisément à celles des polynomes d'un nombre quelconque de termes. Soit, par exemple, le trinome $a + b + c$; représentons d'abord $a + b$ par x, et nous aurons

$$(x+c)^m = x^m + mx^{m-1}c + \frac{m(m-1)}{1.2}x^{m-2}c^2 + \frac{m(m-1)(m-2)}{1.2.3}x^{m-3}c^3 + \text{etc.}$$

puis remettons $a + b$ à la place de a. Il viendra

$$(a+b+c)^m = (a+b)^m + m(a+b)^{m-1}c + \frac{m(m-1)}{1.2}(a+b)^{m-2}c^2 + \text{etc.}$$

Mais, d'après l'expression générale,

$$(a+b)^m = a^m + ma^{m-1}b + \frac{m(m-1)}{1.2}a^{m-2}b^2 + \frac{m(m-1)(m-2)}{1.2.3}a^{m-3}b^3 + \text{eté.}$$

$$(a+b)^{m-1} = a^{m-1} + (m-1)a^{m-2}b + \frac{(m-1)(m-2)}{1.2}a^{m-3}b^2$$
$$+ \frac{(m-1)(m-2)(m-3)}{1.2.3}a^{m-4}b^3 + \text{etc.}$$

$$(a+b)^{m-2} = a^{m-2} + (m-2)a^{m-3}b + \frac{(m-2)(m-3)}{1.2}a^{m-4}b^2$$
$$+ \frac{(m-2)(m-3)(m-4)}{1.2.3}a^{m-5}b^3 + \text{etc.}$$

$$\text{etc.} = \text{etc.}$$

Substituant ces dernières expressions dans la précédente, on obtiendra pour le développement de la puissance m du trinome $a + b + c$, l'expression générale suivante.

$$(a+b+c)^m = a^m + ma^{m-1}b + \frac{m(m-1)}{1.2}a^{m-2}b^2$$
$$+ \frac{m(m-1)(m-2)}{1.2.3}a^{m-3}b^3 + \text{etc.}$$
$$+ ma^{m-1}c + m(m-1)a^{m-2}bc + m.\frac{(m-1)(m-2)}{1.2}a^{m-3}b^2c + \text{etc.}$$
$$+ \frac{m(m-1)}{1.2}a^{m-2}c^2 + \frac{m(m-1)}{1.2}.(m-2)a^{m-3}bc^2 + \text{etc.}$$
$$+ \frac{m(m-1)(m-2)}{1.2.3}a^{m-3}c^3 + \text{etc.}$$
$$+ \text{etc.}$$

121. Pour donner un exemple de l'emploi de cette formule, faisons $m = 3$, il viendra

$$\frac{m(m-1)}{1.2} = \frac{3.2}{1.2} = 3, \quad m(m-1) = 3.2 = 6.$$

$$\frac{m(m-1)(m-2)}{1.2.3} = \frac{3.2.1}{1.2.3} = 1, \quad \frac{m(m-1)}{1.2}.(m-2) = \frac{3.2}{1.2}.1 = 3.$$

Tous les autres coefficiens contenant $m - 3$ deviennent 0; ainsi la puissance demandée est

$$(a + b + c)^3 = a^3 + 3a^2b + 3ab^2 + b^3$$
$$+ 3a^2c + 6abc + 3b^2c$$
$$+ 3ac^2 + 3bc^2$$
$$+ b^3$$

122. On pourrait, en suivant la même marche, trouver les développemens des polynomes $a+b+c+d$, $a+b+c+d+e$, etc.; mais cette marche n'est guère applicable qu'à des cas particuliers, parce qu'elle a l'inconvénient de conduire à des expressions dont la loi des termes n'est pas apparente, comme on le voit déjà pour un trinôme. Nous traiterons ailleurs, d'une manière beaucoup plus simple, le développement des puissances des polynomes, et nous devons nous borner ici à indiquer les diverses formes sous lesquelles on peut mettre la formule du binôme pour faciliter les calculs qu'entraîne son application.

Si l'on divise tous les termes de l'expression générale

$$(a + b)^m = a^m + m a^{m-1} b + \frac{m(m-1)}{1.2} a^{m-2} b^2 + \frac{m(m-1)(m-2)}{1.2.3} a^{m-3} b^3$$
$$+ \text{etc...}$$

par a^m, afin de mettre a^m en dehors, comme facteur général, il vient

$$(a + b)^m = a^m \left\{ 1 + m \frac{b}{a} + \frac{m(m-1)}{1.2} \frac{b^2}{a^2} + \frac{m(m-1)(m-2)}{1.2.3} \frac{b^3}{a^3} + \text{etc...} \right\}$$

et, dans le cas de b négatif, ce qui change les signes de tous les termes qui renferment des puissances impaires de b,

$$(a - b)^m = a^m \left\{ 1 - m \frac{b}{a} + \frac{m(m-1)}{1.2} \frac{b^2}{a^2} - \frac{m(m-1)(m-2)}{1.2.3} \frac{b^3}{a^3} + \text{etc...} \right\}$$

Ces deux expressions deviennent, lorsque m est négatif,

$$(a + b)^{-m} = \frac{1}{a^m} \left\{ 1 - m \frac{b}{a} + \frac{m(m+1)}{1.2} \frac{b^2}{a^2} - \frac{m(m+1)(m+2)}{1.2.3} \frac{b^3}{a^3} + \text{etc.} \right\}$$

$$(a + b)^{-m} = \frac{1}{a^m} \left\{ 1 + m \frac{b}{a} + \frac{m(m+1)}{1.2} \frac{b^2}{a^2} + \frac{m(m+1)(m+2)}{1.2.3} \frac{b^3}{a^3} + \text{etc.} \right\}$$

Dans le cas de m fractionnaire et égal à $\frac{p}{q}$, le coefficient général

$$\frac{m(m-1)(m-2)\dots(m-\mu+1)}{1.2.3.4\dots\mu}$$

devenant

$$\frac{\frac{p}{q}\left(\frac{p}{q}-1\right)\left(\frac{p}{q}-2\right)\left(\frac{p}{q}-3\right)\dots\left(\frac{p}{q}-\mu+1\right)}{1.2.3.4\dots\mu}$$

on peut le mettre sous la forme

$$\frac{\frac{p}{q}\left(\frac{p-q}{q}\right)\left(\frac{p-2q}{q}\right)\left(\frac{p-3q}{q}\right)\dots\left(\frac{p-\mu q+q}{q}\right)}{1.2.3.4\dots\mu} = \frac{p\,(p-q)\,(p-2q)\dots(p-(\mu-1)q)}{q^\mu.\,1.2.3.4\dots\mu}$$

et les puissances du binome deviennent

$$(a+b)^{\frac{p}{q}} = a^{\frac{p}{q}}\left\{1 + \frac{p}{q}.\frac{b}{a} + \frac{p(p-q)}{q^2.1.2}\frac{b^2}{a^2} + \frac{p(p-q)(p-2q)}{q^3.1.2.3}\frac{b^3}{a^3} + \text{etc.}\right\}$$

$$(a-b)^{\frac{p}{q}} = a^{\frac{p}{q}}\left\{1 - \frac{p}{q}\frac{b}{a} + \frac{p(p-q)}{q^2.1.2}\frac{b^2}{a^2} - \frac{p(p-q)(p-2q)}{q^3.1.2.3}\frac{b^3}{a^3} + \text{etc.}\right\}$$

$$(a+b)^{-\frac{p}{q}} = \frac{1}{a^{\frac{p}{q}}}\left\{1 - \frac{p}{q}\frac{b}{a} + \frac{p(p+q)}{q^2.1.2}\frac{b^2}{a^2} + \frac{p(p+q)(p+2q)}{q^3.1.2.3}\frac{b^3}{a^3} + \text{etc.}\right\}$$

$$(a-b)^{-\frac{p}{q}} = \frac{1}{a^{\frac{p}{q}}}\left\{1 + \frac{p}{q}\frac{b}{a} + \frac{p(p+q)}{q^2.1.2}\frac{b^2}{a^2} + \frac{p(p+q)(p+2q)}{q^3.1.2.3}\frac{b^3}{a^3} + \text{etc.}\right\}$$

Ces huit transformations de l'expression générale embrassent tous les cas possibles, et peuvent immédiatement s'appliquer aux valeurs particulières des lettres *a*, *b*, *m*, *p* et *q*, sans avoir besoin de transformations ultérieures.

EXTRACTION DES RACINES.

123. L'opération de l'*extraction des racines* est la sixième et dernière opération élémentaire primitive; elle a pour but de trouver la *base* d'une puissance donnée. Nous commencerons par exposer les procédés de cette opération sur les nombres, puis nous les étendrons aux quantités algébriques quelconques.

D'après les lois des puissances, la puissance *m* de 10 devant avoir pour expression l'unité précédée de *m* zéros, car $10^2 = 100$, $10^3 = 1000$, $10^4 = 10000$, etc., la puissance *m* d'un nombre plus petit que 10 ne saurait être composée de plus de *m* chiffres; ainsi, toutes les fois que le nombre proposé n'a pas plus de chiffres que l'exposant de la puissance a d'unités, la racine est un nombre simple, c'est-à-dire n'a qu'un seul chiffre. Pour opérer la multiplication et la division sur les nombres, il faut connaître préalablement les produits deux à deux des nombres simples (ARITH. 30); de même ici, pour opérer l'extraction des racines, il faut connaître préalablement les puissances des nombres simples.

La table de ces puissances se construit d'une manière très-simple : on écrit sur une même ligne horizontale les neuf nombres simples

$$1, 2, 3, 4, 5, 6, 7, 8, 9.$$

Les produits de chacun de ces nombres par lui-même composent la seconde ligne

$$1, 4, 9, 16, 25, 36, 49, 64, 81,$$

c'est la ligne des *carrés* ou des secondes puissances.

Chacun des nombres de celle-ci est ensuite multiplié par le nombre correspondant de la première ; il en résulte une troisième ligne

$$1, 8, 27, 64, 125, 216, 343, 512, 729,$$

c'est la ligne des *cubes* ou des troisièmes puissances.

Les produits des nombres de cette dernière par les nombres correspondans de la première donnent la ligne des quatrièmes puissances, et ainsi de suite.

Tous les résultats rassemblés forment la *table des puissances des nombres simples*, table essentielle pour l'extraction des racines. La voici jusqu'aux sixièmes puissances : on la prolongera au-delà si l'on a besoin d'extraire des racines d'un degré supérieur au sixième.

Table des six premières puissances des nombres simples.

1re puisse. 1	2	3	4	5	6	7	8	9
2e 1	4	9	16	25	36	49	64	81
3e 1	8	27	64	125	216	343	512	729
4e 1	16	81	256	625	1296	2401	4096	6561
5e 1	32	243	1024	3125	7776	16807	32768	59049
6e 1	64	729	4096	15625	46656	117649	262144	531801

124. On peut trouver immédiatement, à l'aide de cette table, la racine d'un nombre donné, lorsque cette racine n'a qu'un seul chiffre. Par exemple, si l'on demandait la racine *cinquième* de 7776, en cherchant ce nombre dans la colonne horizontale des cinquièmes puissances, et en voyant qu'il correspond au nombre 6 de la première colonne, on saurait que la racine demandée est 6. Si le nombre proposé n'est point une puissance exacte, il faut alors chercher dans la colonne du degré désigné, le nombre plus petit qui en diffère le moins, et la racine de ce dernier est alors celle de la plus grande puissance contenue dans le nombre proposé. Ainsi, s'il s'agissait de trouver la racine quatrième de 320, comme dans la colonne des

quatrièmes puissances, 256 est le nombre le plus petit qui diffère le moins de 320 ; on en concluerait que la racine quatrième de 320 est plus grande que 4, mais qu'elle est plus petite que 5, car la quatrième puissance de 5 est 625. Cette racine de 320 est un nombre *irrationnel* (52) dont nous apprendrons plus loin à déterminer la valeur comprise entre 4 et 5 avec tel degré d'approximation qu'on peut avoir besoin.

125. Lorsque le nombre dont on demande la racine m a plus de de m chiffres, sa racine est alors composée de deux chiffres au moins. Nous supposerons d'abord que cette racine n'a pas plus de deux chiffres, et pour mieux faire comprendre les détails de l'opération nous ne considérerons en premier lieu que les racines carrées.

Si nous désignons par a le chiffre des dixaines et par b celui des unités la racine exprimée algébriquement sera (62)

$$a . 10^1 + b . 10^0$$

Ou simplement $a . 10 + b$. Mais le *carré* de ce binome est (108)

$$(a . 10 + b)^2 = (a . 10)^2 + 2(a . 10)b + b^2 = a^2 . 100 + 2ab . 10 + b^2$$

il se compose donc 1° du carré a^2 du chiffre des dixaines, 2° du double produit $2ab$ du chiffre des dixaines par celui des unités et 3° enfin, du carré b^2 du chiffre des unités.

Ainsi, s'il s'agissait de former le carré d'un nombre de deux chiffres 79, par exemple, au lieu de multiplier 79 par 79 ce qui produirait 6241 on pourrait encore former les trois parties dont ce carré est composé et leur addition donnerait le carré. On aurait ici $a^2 = 49$, $b^2 = 81$ et $2ab = 2 . 63 = 126$, puis observant que a^2 est de l'ordre des centaines et que $2ab$ est de l'ordre des dixaines, on ajouterait les trois parties

$$
\begin{aligned}
a^2 . 100 &= 4900 \\
2ab . 10 &= 1260 \\
b^2 &= 81 \\
\hline
a^2 . 100 + 2ab . 10 + b^2 &= 6241 = (79)^2
\end{aligned}
$$

Cette construction nous apprend que le carré a du chiffre des dixaines, n'a pas de chiffres significatifs dans les unités et dans les dixaines et qu'il est exclusivement renfermé dans les chiffres des centaines et des mille, lorsqu'il y a des mille, ou seulement dans celui des centaines, dans le cas contraire. Par exemple, le carré des dixaines de la racine du nombre 576 est contenu dans le chiffre 5, et le carré des dixaines de la racine du nombre 4489 est contenu dans les chiffres 44.

Observons en passant qu'un nombre composé de 4 chiffres ne peut avoir plus de 2 chiffres à sa racine carrée, parce que le plus petit nombre composé de trois chiffres étant 100 dont le carré est 10000, tous les nombres plus petits que 10000, c'est-à-dire, tous les nombres composés de 4 chiffres au plus, ont pour racines carrées des nombres plus petits que 100.

Ceci posé, pour extraire, par exemple la racine carrée de 4489 puisque nous savons que le carré des dixaines de cette racine est contenu dans les deux derniers chiffres 44, cherchons à l'aide de la table des puissances quel est le plus grand carré contenu dans 44, sa racine sera le chiffre des dixaines du nombre cherché.

Or, dans la colonne des secondes puissances, le nombre qui approche le plus, en moins, de 44, est 36 dont la racine est 6; 6 est donc le chiffre des dixaines de la racine carrée de 4489.

Les dixaines étant trouvées, il s'agit maintenant de trouver les unités. Observons, pour cet effet, qu'en retranchant 36 de 44, le reste 8 se compose des centaines provenant du double produit des dixaines par les unités de la racine, et qu'en écrivant à côté de ce reste 8, les deux premiers chiffres de 4489, le nombre 889, qui en résulte est simplement ce qui reste du proposé 4489, après qu'on en a retranché 3600 carré de 60. Ce reste 889 contient donc encore les deux autres parties de tout carré, savoir : le double produit des dixaines par les unités de la racine, plus le carré de ces unités.

Mais le double produit des dixaines par les unités n'a pas de chiffres significatifs de l'ordre des unités, il est donc uniquement renfermé dans les deux derniers chiffres 88 du reste 889; donc en divisant 88 par le double des dixaines ou par 12, on doit trouver les unités; 88 divisé par 12 donne 7, ainsi la racine carrée de 4489 et 67. Pour nous en assurer, remarquons encore que le reste de 88 divisé par 12 ou 4, ne peut provenir que des dixaines du carré des unités de la racine, et qu'en écrivant à côté de ce reste, le dernier chiffre 9 du nombre proposé, le résultat 49 est ce qui reste de ce nombre après en avoir retranché successivement le carré des dixaines de sa racine et le double produit des dixaines par les unités de sa racine, ce reste doit donc être le carré des unités si la racine est exacte. 49 est en effet le carré de 7. Voici les détails de l'opération :

$$44.\ 89\ \Big\{\ \text{6. } \textit{dixaines de la racine}$$

$$36$$

1ᵉ reste   8

$$88.\ 9\ \Big\{\begin{array}{l}\text{12. } \textit{diviseur} = 2 \times 6 \\ \text{7. } \textit{unités de la racine}\end{array}$$

$$84$$

2ᵉ reste   4

49

49... *carré des unités*

$$0$$

Après avoir écrit le nombre 4489, on sépare par un point les deux premiers chiffres à droite. On cherche la racine des chiffres à gauche 44. Cette racine est 6 qu'on écrit à la droite de 4489. On retranche de 44, 36 carré de 6, et à côté du reste 8, on écrit les deux chiffres restans 89. On sépare par un point le premier chiffre 9 du reste général 889, et on divise les deux premiers 88 par 12, double du chiffre 6 précédemment trouvé. Cette division donne 7 pour quotient et 4 pour reste ; à côté de ce reste 4, on écrit le dernier chiffre restant 9, ce qui donne 49, duquel on retranche 49, carré de 7 ; le reste étant 0, on en conclut que 67 est la racine carrée de 4489.

Cherchons encore la racine carrée de 576.

$$5.\ 76\ \Big\{\ \text{2. } \textit{dixaines de la racine}$$

$$4$$

$$17.\ 6\ \Big\{\begin{array}{l}\text{4. } \textit{double des dixaines} \\ \text{4. } \textit{unités de la racine}\end{array}$$

$$16$$

$$16$$

$$16$$

$$0$$

Ayant retranché les deux premiers chiffres à droite, nous chercherons la racine carrée de 5 ; elle est 2 pour 4. Nous écrirons 2 à la racine et nous retrancherons 4 de 5 ; à côté du reste 1, nous abaisserons 76. Séparant par un point le premier chiffre 6, nous diviserons les deux derniers, 17, par 4 double de 2 ; le quotient sera 4, chiffre des unités de la racine, et le reste 1 ; à côté de ce reste, nous abaisserons 6, et nous retrancherons de 16 le carré 16 de 4. Le reste étant 0, la racine carrée de 576 est 24 exactement.

126. Lorsque le nombre proposé n'a point une racine exacte, la racine trouvée est alors celle du plus grand carré contenu dans ce nombre et l'opération laisse un reste. Soit, par exemple, à extraire la racine carrée de 8998.

$$
\begin{array}{r|l}
89.\ 98 & 9.\ \textit{dixaines.} \\
\hline
81 & \\
\hline
89.\ 8 & 18 \\
& \overline{\quad} \\
72 & 4.\ \textit{unités.} \\
\hline
178 & \\
16 & ..\ \textit{carré de } 4. \\
\hline
162 & ...\ \textit{reste final.}
\end{array}
$$

l'opération exécutée d'après la marche prescrite donne pour dernier reste 162, ainsi le nombre proposé n'est point un carré parfait. La racine demandée est donc plus grande que 94, mais elle est plus petite que 95, car $(95)^2 = 9025$.

127. Pour étendre ce procédé aux nombres composés de plus de 4 chiffres, il suffit de considérer les dixaines de la racine cherchée, qui sont alors composées elles-mêmes d'unités et de dixaines, comme ne formant qu'un tout dont le carré n'a point de chiffres significatifs de l'ordre des unités ni de celui des dixaines, on retranche alors les deux premiers chiffres du nombre proposé, et il s'agit d'extraire la racine des autres. En faisant le même raisonnement sur ces derniers, on est conduit à leur retrancher deux chiffres à droite et à chercher la racine carrée du reste, et ainsi de suite, jusqu'à ce qu'il ne reste au plus que deux chiffres à gauche. Prenons pour exemple le nombre 10504081.

La racine de ce nombre sera composée de dixaines et d'unités, et nous savons que le carré des dixaines ne peut avoir de chiffres significatifs dans les ordres au dessous de celui des centaines. Ainsi il faudra pour trouver ces dixaines extraire la racine carrée de 105040.

Mais la racine de ce dernier nombre sera elle-même composée

d'unités et de dixaines, et le carré de ces dixaines est contenu dans les chiffres 1050, qui restent après avoir retranché les deux premiers, 40. Pour trouver ces dixaines, il faut donc extraire la racine carrée de 1050.

La racine de 1050 est encore composée d'unités et de dixaines, et le carré de ces dernières dixaines, qui sont les plus hautes dixaines de la racine cherchée, est contenu dans les deux derniers chiffres 10.

Ainsi la question se trouve ramenée à trouver d'abord la racine de 1050, ce qui s'exécutera comme il suit

$$
\begin{array}{l}
10.\ 50 \quad \left\{ \begin{array}{l} 3.\ \textit{dixaines de la racine.} \\ \overline{} \end{array} \right. \\[4pt]
\quad\ 9 \\[2pt]
\overline{} \\[2pt]
\ 15.\ 0 \quad \left\{ \begin{array}{l} 6.\ \textit{double des dixaines.} \\ \overline{} \\ 2.\ \textit{unités de la racine.} \end{array} \right. \\[6pt]
\ 12 \\[2pt]
\overline{} \\[2pt]
\ 30 \\
\ \ 4 \\[2pt]
\overline{} \\[2pt]
\textit{Reste.}\ .\ 26
\end{array}
$$

si, à côté du reste 26, nous écrivons les deux chiffres 40, séparés en dernier lieu de 105040, le résultat 2640 sera ce qui reste de 105040, après en avoir retranché le carré des dixaines 32 de sa racine. Pour trouver les unités de cette racine, opérons donc sur le reste 2640, comme si les dixaines n'avaient qu'un chiffre.

$$
\begin{array}{l}
264.\ 0 \quad \left\{ \begin{array}{l} 64.\ \textit{double des dixaines.} \\ \overline{} \\ 4.\ \textit{unités de la racine.} \end{array} \right. \\[6pt]
256 \\[2pt]
\overline{} \\[2pt]
\ 80 \\
\ 16 \\[2pt]
\overline{} \\[2pt]
\textit{Reste.}\ .\ 64
\end{array}
$$

La racine de 105040 est donc 324 avec un reste 64. Écrivons maintenant à côté de 64 les deux chiffres 81, séparés en premier lieu de 10504081, le résultat 6481 sera encore évidemment ce qui reste de 10504081, après en avoir retranché le carré des dixaines 324 de sa racine. Nous trouverons donc enfin les unités de cette racine en opérant sur ce reste 6481, comme si les dixaines 324 n'avaient qu'un chiffre.

$$648. \; 1 \left\{ \begin{array}{l} \underline{648.\; \textit{double des dixaines.}} \\ 1. \; \textit{unités de la racine.} \end{array} \right.$$

$$
\begin{array}{r}
648 \\
\hline
1 \\
1 \\
\hline
0
\end{array}
$$

l'opération donnant 0 pour reste, la racine carrée de 10504081 est exactement 3241.

Nous allons, dans un dernier exemple, disposer les calculs, comme on le fait ordinairement. Soit à trouver la racine carrée de 78545682.

$$
78.\; 54.\; 56.\; 82 \left\{ \begin{array}{l} \underline{8862.\;.\;.\; \textit{racine.}} \\ 16.\;.\;.\;.\; 1^{er}\; \textit{diviseur.} \\ 176\;.\;.\;.\; 2^{e}\; \textit{diviseur.} \\ 1772.\;.\;.\; 3^{e}\; \textit{diviseur.} \end{array} \right.
$$

$$
\begin{array}{r}
64 \\
\hline
\end{array}
$$

Premier reste. . . . 145. 4

$$
\begin{array}{r}
128 \\
\hline
174 \\
64 \\
\hline
\end{array}
$$

Second reste 1105. 6

$$
\begin{array}{r}
1056 \\
\hline
496 \\
36 \\
\hline
\end{array}
$$

Troisième reste 4608. 2

$$
\begin{array}{r}
3544 \\
\hline
10642. \\
4 \\
\hline
\end{array}
$$

Dernier reste 10638

Ayant partagé 78545682 en tranches de 2 chiffres, à commencer par la droite, on cherche la racine de la dernière tranche 78. Cette racine est 8 qu'on écrit à la droite.

Après avoir retranché de 78, 64 carré de 8, on abaisse à côté du reste 14 la tranche suivante 54, ce qui donne 1454, on sépare le dernier chiffre 4 par un point et on divise les trois premiers par 16' double du premier chiffre trouvé de la racine, le quotient est 8 qu'on écrit à la racine, à la droite du chiffre déjà trouvé.

A côté du reste 17 de la division, on abaisse le chiffre séparé 4, ce qui donne 174, dont on retranche 64, carré du dernier chiffre trouvé 8, on a pour reste 110; à côté de ce reste, on abaisse la tranche suivante 56, puis on sépare un chiffre du résultat 11056 et on divise les derniers 1105 par 176 double des deux premiers chiffres trouvés de la racine. Cette division donne 6 pour quotient, qu'on écrit à la droite des chiffres de la racine, et 49 pour reste, à côté duquel on abaisse le chiffre séparé 6, on retranche de 496 le carré 36 du chiffre 6 qu'on vient de trouver, puis à côté du reste 460, on abaisse la dernière tranche 82; on sépare par un point le premier chiffre 2 de 46082 et l'on divise les 4 derniers par 1772 double des trois premiers chiffres trouvés de la racine. Cette division donne 2 pour quotient, qu'on écrit à la racine, et 1064 pour reste, on abaisse à côté de ce reste le chiffre séparé 2 et du résultat 10642, on retranche 4, carré des unités de la racine. On a pour dernier reste 10638.

La racine cherchée est donc 8862 à moins d'une unité près.

128. L'extraction des racines des autres dégrés est fondée sur les mêmes principes, mais pour considérer la question dans toute sa généralité, désignons par A, B, C, D, etc., des nombres quelconques plus petits que 10; ces nombres remplaceront les dix chiffres de notre système de numération, de sorte que nous pourrons (62) représenter un nombre entier quelconque composé de $m + 1$ figures par la forme générale.... (d)

$$A. 10^m + B. 10^{m-1} + C. 10^{m-2} + \text{etc}.... + Y. 10^1 + Z. 10^0$$

Proposons nous maintenant le problème général d'extraire la racine n ième, de ce nombre et supposons d'abord, pour rendre l'opération plus simple que cette racine est plus petite que 100, c'est-à-dire qu'elle n'a que deux chiffres, unités et dixaines. Représentons par a le chiffre des dixaines et par b celui des unités, alors le nombre que ces chiffres composent sera représenté par.... (e)

$$a. 10^1 + b. 10^0, \text{ ou } a. 10 + b,$$

et il s'agit de déterminer les valeurs de a et de b.

Quelles que soient les valeurs inconnues des chiffres a et b, puisque $a 10 + b$ est la racine n du nombre (d), en élevant $a 10 + b$ à la puissance n, on doit retrouver ce nombre; ainsi formons cette puissance par la formule du binome (114). Nous aurons.... (f):

$$(a.\,10+b)^n = a^n.\,10^n + na^{n-1}.\,10^{n-1}.\,b + \frac{n(n-1)}{1.\,2}\,a^{n-2}.\,10^{n-2}.\,b^2$$

$$+\ \frac{n(n-1)}{1.\,2}\,a^{n-3}.\,10^{n-3}.\,b^3 + \text{etc.}$$

ce que nous pourrons mettre sous la forme... (g),

$$(a.10+b)^n = (a^n+\delta)\,10^n + A_1.\,10^{n-1} + A_2.\,10^{n-2} + \text{etc.} \ldots + A_n.\,10^0$$

en désignant par A_1, A_2, A_3, etc., les coefficiens des puissances 10^{n-1}, 10^{n-2}, etc., ou les chiffres simples des divers ordres qui résultent de la réalisation des calculs, après qu'on a reporté les dixaines d'un ordre sur l'ordre suivant à gauche ; δ désigne donc ici les dixaines de l'ordre $n-1$, s'il y en a.

Mais la quantité $a^n+\delta$, qui représente la puissance n des dixaines a augmentée des dixaines provenant des autres produits, peut être aussi composée d'unités et de dixaines ; représentons donc encore par A', B', C', D', etc., les chiffres simples au moyen desquels elle se trouve exprimée, et nous aurons pour la forme de cette quantité

$$a^n+\delta = A'.\,10^p + B'.\,10^{p-1} + C'.\,10^{p-2} + \text{etc.} \ldots + M'.\,10^1 + N'.\,10^0$$

p désignant l'exposant des plus hautes dixaines.

En substituant cette expression dans (g), nous obtiendrons (h)

$$(a.\,10+b)^n = A'.\,10^{p+n} + B'.\,10^{p+n-1} + C'.\,10^{p+n-2} + \text{etc.} \ldots$$
$$+ M'.\,10^{n+1} + N'.\,10^n + A_1.\,10^{n-1} + B_1\,10^{n-2} + \text{etc.} \ldots + A_n.\,10^0$$

ce qui sera l'expression numérique de la puissance n de $a.\,10+b$ au moyen des chiffres simples de notre système de numération.

Or, cette puissance devant être égale au nombre proposé (d), et un nombre entier ne pouvant être exprimé numériquement, par des chiffres, de deux manières différentes les deux expressions (d) et (h) doivent être identiques. Nous avons donc nécessairement

$$m = p+n, \text{ d'où } p = m-n$$

et, de plus,

$$A' = A,\ B' = B,\ C' = C,\ \text{etc.} \ldots\ A_n = Z$$

Il résulte donc de cette construction de la puissance que les chiffres A', B', C', etc., qui expriment la quantité $a^n+\delta$ sont les derniers chiffres à gauche du nombre proposé, depuis celui de l'ordre le plus élevé 10^m, jusqu'à celui de l'ordre 10^n, inclusivement. Nous avons donc... (i)

$$\{\ a^n + d = A.\,10^m + B.\,10^{m-1} + C.\,10^{m-2} + \text{etc.} \ldots + P.\,10^{m-p}$$

La puissance a^n du chiffre a des dixaines de la racine cherchée est donc contenue tout entière dans ces premiers chiffres, c'est-à-dire qu'elle n'a pas de chiffres dans les ordres au-dessous de l'ordre n et comme la table des puissances des nombres simples, fait connaître immédiatement la plus grande puissance n^{me}, contenue dans le nombre que ces chiffres expriment, la racine de cette plus grande puissance est le nombre a cherché. Le chiffre des dixaines étant ainsi trouvé, sans aucun calcul, il ne s'agit plus que de trouver le chiffre b des unités. Par exemple, soit à extraire la *racine quatrième* de 26873856.

La *quatrième* puissance a^4 du chiffre des dixaines a, de la racine, n'ayant point de chiffres significatifs des ordres au dessous du *quatrième*; ou de celui des *dixaines de mille*, nous séparerons par un point *quatre* chiffres à la droite de 26873856, et nous chercherons dans la colonne des *quatrièmes puissances* de la table (132). Le nombre qui approche le plus des chiffres restans 2687; ce nombre étant 2401 dont la racine est 7 nous en conclurons que le chiffre des dixaines de la racine cherchée est 7.

Maintenant la valeur de a se trouvant déterminée, il est évident qu'en retranchant a^n de

$$A.\ 10^m + B.\ 10^{m-1} + C.\ 10^{m-2} + \text{etc...} + P.\ 10^{m-p}$$

on obtiendra pour reste la quantité δ, à côté de laquelle écrivant les quatre chiffres retranchés de la quantité proposée, on aura un reste général qui doit être égal à

$$na^{n-1}.10^{n-1}b + \frac{n(n-1)}{1.2}a^{n-2}.10^{n-2}b^2 + \frac{n(n-1)(n-2)}{1.2.3}a^{n-3}.10^{n-3}b^3 + \text{etc.,}$$

puisque cette quantité est ce qui reste du développement (f) de la puissance lorsqu'on en retranche le terme $a^n.10^n$.

Le premier terme de cette quantité contient n fois la puissance $n-1$ de a multipliée par b. Si donc on connaissait dans le reste général les chiffres qui contiennent ce produit, en les divisant par na^{n-1}, on obtiendrait b pour quotient et la racine serait entièrement déterminée. Mais il est évident que ce produit ne peut avoir des chiffres de l'ordre $n-2$, puisqu'il est multiplié par 10^{n-1}; ainsi, en retranchant $n-1$ chiffres à la droite du reste général, les chiffres restans à la gauche contiendront nécessairement ce produit plus une quantité quelconque γ provenant des dixaines reportées des ordres inférieurs lors de la réalisation des calculs qui conduisent de l'expression (*f*) à l'expression numérique (*g*). Lors donc que ces dixaines reportées ou que γ sera plus petit que $na^n - 1$, en divisant les chiffres restans à la gauche par $na^n - 1$, on obtiendra *b* pour quotient et γ pour reste ; dans le cas contraire le quotient de la division pourra surpasser *b* d'une ou de plusieurs unités. Ainsi, en supposant que ce quotient soit *c* il faudra élever la quantité *a*. $10 + c$ à la puissance *n*, et si la puissance trouvée surpasse la quantité proposée (*d*), c'est que *c* est plus grand que *b* ; alors on substituera $c - 1$ à *c*, dans la racine, et on fera un second essai. Les exemples suivans vont éclaircir ce procédé.

EXEMPLE I. *Trouver la racine quatrième* de 26873856.

Nous avons déjà vu dans ce qui précède qu'en séparant 4 chiffres à droite, le nombre restant 2687 a pour racine 7, ou pour mieux dire, que la plus grande quatrième puissance, contenue dans 2687, est celle de 7 égale à 2401 ; retranchant donc 2401 de 2687, et écrivant à côté du reste 286, les 4 chiffres retranchés 3856, nous aurons pour reste général 2863856. Retranchant *trois* chiffres à la droite de ce reste général, les chiffres restans à gauche, 2863, doivent donc contenir le produit

$$na^{n-1} b, \text{ c'est-à-dire ici } 4a^3 b = 4.7^3. b$$

or, la table des puissances nous fait connaître $a^3 = 7^3 = 343$, ainsi $4a^3 = 4 \times 343 = 1372$. Divisant 2863 par 1372, nous obtiendrons pour quotient 2 ; le chiffre *b* des unités est donc égal à 2 et la racine cherchée est 72. En effet, élevant 72 à la quatrième puissance, on retrouve 26873856.

On dispose le calcul de la manière suivante :

$$2687.\ 3856 \begin{cases} 7. \textit{ dixaines de la racine.} \\ \overline{} \end{cases}$$

$$2401.$$
$$\overline{}$$
$$2863.\ 856 \begin{cases} 1372. \textit{ diviseur} = 4.7^3 \\ \overline{} \\ 2. \textit{ unités de la racine.} \end{cases}$$

EXEMPLE II. *Trouver la racine cinquième de* 6436343.

Dans ce cas particulier $n = 5$; ainsi, ayant séparé *cinq* chiffres à la droite, on cherchera dans la table la *cinquième puissance* immédiatement plus petite que 64 ; c'est 32 dont la racine est 2. A côté du reste de 64—32, on écrira les cinq chiffres retranchés 36343 ; on séparera *quatre* chiffres à la droite du reste général 3236343 puis on divisera les chiffres restans 323 par *cinq fois la quatrième puissance* de 2 ou par 5. $2^4 = 80$. Le quotient étant 4, la racine cherchée sera 24.

Pour vérifier si cette racine est exacte, on élevera 24 à la cinquième puissance ce qui donnera $24^5 = 7962624$, nombre plus grand que le proposé. 4 est donc trop grand, on lui substituera, 3 et en élevant 23 à la cinquième puissance, on trouvera $23^5 = 6436343$. La racine cherchée est donc 23.

$$64. \; 36343 \; \left\{ \frac{\quad\quad}{\text{2. \textit{dixaines de la racine.}}} \right.$$

$$32$$

$$323. \; 6343 \; \left\{ \begin{array}{l} 80. \textit{ diviseur} = 5. \; 2^4 \\ \hline 4. \textit{ unités de la racine.} \end{array} \right.$$

$24^5 = 7962624$, *donc* 4 *est trop grand.*
$23^5 = 6436343$, *donc* 3 *est le véritable chiffre des unités.*

EXEMPLE III. *Trouver la racine troisième ou cubique de* 24410.

Ici $n = 3$. On séparera donc *trois* chiffres à droite, et on cherchera dans la table des puissances la troisième puissance qui approche le plus de 24. C'est 8 dont la racine est 2. Après avoir retranché 8 de 24 on écrira 410 à côté du reste 16, et on séparera *deux* chiffres de ce reste général ; les chiffres restans seront 164, qu'on divisera par na^{n-1}, c'est-à-dire ici par 3. $2^2 = 12$; mais comme le quotient de cette division est plus grand que 10 et que le chiffre des unités ne peut surpasser 9, on conclura que ce quotient est trop grand, et l'on essaiera si 9 lui-même n'est pas dans le même cas en élevant 29 au cube. Le calcul donnant $29 = 24389$, le nombre proposé n'est point un cube exact, et sa racine est comprise entre 29 et 30.

$$24. \; 410 \; \left\{ \frac{\quad\quad}{\text{2. \textit{dixaines de la racine.}}} \right.$$

$$8$$

$$\overline{}$$

$$164. \; 10 \; \left\{ \begin{array}{l} 12. \textit{ diviseur} = 3. \; 2^2 \\ \hline 9. \textit{ quotient réduit.} \end{array} \right.$$

$29^3 = 24389 = 24410 - 21$
$30^3 = 27000 = 24410 + 2590$

La racine est donc comprise entre 29 et 30 mais plus près de 29 que de 30.

129. Le procédé que nous avons exposé en particulier pour les racines carrées est évidemment le même que le procédé général dont nous venons de faire des applications à diverses puissances. Seulement la composition des carrés étant beaucoup plus simple que celle des puissances supérieures, on n'a pas besoin d'élever la racine trouvée au carré, pour savoir si ce carré est égal au nombre proposé, parce qu'on peut toujours très-facilement obtenir le dernier reste, s'il y en a, en retranchant successivement, comme on le fait dans cette opération, toutes les parties qui composent le carré de la racine.

130. Le procédé général s'étend aux cas des racines composées de plus de deux chiffres, de la même manière que le procédé particulier des racines carrées. Pour se rendre exactement compte de cette extension, il faut observer que a étant un chiffre quelconque de notre système de numération, la puissance n de ce chiffre ne peut contenir tout au plus que n chiffres car dans le cas où a est égal à 9, il est évident que 9^n doit être plus petit que 10^n or 10^n se compose de de l'unité précédée de n zéros, donc 9^n ne saurait avoir plus de n chiffres. Il en est nécessairement de même des chiffres plus petits que 9.

Ceci posé, si on voulait extraire la racine cubique de 45382463, après avoir séparé *trois* chiffres à droite, il en reste *cinq* à gauche 45382 ; les dixaines de la racine ont donc plusieurs chiffres, puisque, d'après ce qui précède, la *troisième* puissance d'un seul chiffre ne peut avoir que *trois* chiffres au plus. Supposant alors qu'il s'agisse seulement de trouver la racine cubique de 45382, on agira comme dans l'exemple précédent, ce qui fera connaître que cette racine est 35, à une unité près. Retranchant le cube de 35 de 45382, on aura pour reste 2507, à côté duquel écrivant 463, chiffres retranchés en premier lieu de la quantité proposée, on formera un reste général sur lequel on opérera d'après la règle donnée, en considérant les dixaines 35 comme ne formant qu'une seule quantité de dixaines ; c'est-à-dire qu'après avoir séparé *deux* chiffres à la droite du reste général, on divisera les chiffres restans à gauche *par trois fois le carré de 35*. Le quotient de la division étant 6, on en conclura que la racine demandée est 356.

Voici les détails de l'opération

$$45.\ 382.\ 463 \left\{ \dfrac{356.\ racine}{} \right.$$

$$3^{s} = 27$$

$$1^{er}\ reste \ldots\ldots\ 183.\ 82 \left\{ \dfrac{27.\ diviseur = 3.\ 3^{s}}{6.\ quotient.} \right.$$

$$35^{s} = 42\ 875$$

$$2^{me}\ reste \ldots\ldots\ 25074.\ 63 \left\{ \dfrac{3675.\ diviseur = 3.\ (35)^{s}}{6.\ quotient} \right.$$

$$(356)^{s} = 45118016$$

Le premier quotient est 6, mais comme (36)^{s} = 46656 est plus grand que 45382, on ne prend que 35 pour les dixaines.

Le cube de 356 étant plus petit que le nombre proposé, ce nombre n'est point un cube exact.

On peut s'assurer que la racine cubique de 45382463, quoique plus grande que 356, est plus petite que 357 en élevant ce dernier nombre au cube. Le calcul exécuté donne (357)^{s} = 45499293, nombre plus grand que le proposé. Ainsi, comme

$$(356)^{s} = 45382463 - 264447$$
$$(357)^{s} = 45382463 - 116830,$$

il est évident que la racine est comprise entre 356 et 357 et que 356 est le plus petit nombre qui approche le plus de cette racine.

131. La règle générale de l'extraction des racines peut donc se formuler ainsi :

Pour extraire la racine du degré quelconque n, *d'une quantité donnée, il faut :*

1° *Partager la quantité en groupes de* n *chiffres, en allant de droite à gauche.*

2° *Chercher la plus grande puissance* n *contenue dans les chiffres du dernier groupe, au moyen de la table des puissances. La racine de cette plus grande puissance sera le chiffre de l'ordre le plus élevé de la racine cherchée.*

3° *A côté de la différence qu'on obtient en retranchant du dernier groupe la plus grande puissance qui s'y trouve contenue, abaisser le groupe suivant, séparer* n — 1 *chiffre à la droite et diviser les chiffres restans à gauche par* n *fois la* n — 1 *puissance du chiffre trouvé.*

Le quotient sera le chiffre de la racine qui vient immédiatement après le premier déjà trouvé.

4° *Elever les deux chiffres connus à la puissance* n *et retrancher le résultat des deux premiers groupes qu'on vient d'employer.*

5° *A côté du reste de cette soustraction, abaisser le troisième groupe; séparer ensuite* n — 1 *chiffres sur la droite, et diviser les autres par* n *fois la puissance* n — 1 *des deux chiffres connus. Le quotient sera le troisième chiffre de la racine.*

6° *Elever les trois chiffres connus à la puissance* n, *retrancher le résultat des trois premiers groupes employés, abaisser à côté du reste le groupe suivant, etc., etc.*

Et ainsi de suite, jusqu'à ce qu'on ait épuisé tous les groupes.

On obtiendra successivement ainsi tous les chiffres de la racine, en ayant le soin de diminuer les quotiens lorsqu'ils sont trop grands.

132. Lorsque les quantités proposées n'ont point de racines exactes, ce qui se présente dans le plus grand nombre des cas, il peut arriver que la différence entre la puissance de la racine trouvée, d'après la règle, et la quantité donnée, soit assez grande pour faire croire que cette racine est trop petite. Dans le dernier exemple précédent le cube de la racine trouvée, 356 étant 45118016, se trouve plus petit que le nombre proposé de la quantité assez considérable 264447, on pourrait donc craindre que 356 ne soit une racine trop petite. Comme pour vérifier l'exactitude de la racine, il faut, ainsi que nous l'avons fait ci-dessus, élever au cube le nombre 357 qui lui est supérieur d'une unité, et que dans d'autres cas, et pour d'autres puissances, de telles vérifications entraînent de longs calculs, il est utile de rechercher si l'on ne peut abréger ces calculs, en trouvant un caractère qui indique le cas où la racine obtenue est trop petite d'une unité.

D'abord, pour les troisièmes puissances, en désignant par p la racine trouvée, la différence qu'il y a entre p^3 et $(p+1)^3$ est $3p^2 + 3p + 1$, car, (108),

$$(p+1)^3 = p^3 + 3p^2 + 3p + 1.$$

Ainsi, tant que la différence entre la quantité donnée et le cube de la racine trouvée est moindre que $3p^2 + 3p + 1$, c'est-à-dire, est moindre que *trois fois le carré de cette racine plus trois fois cette racine plus un*, la racine en question n'est pas trop faible.

Or, en formant le cube de p on a formé son carré, ce carré est donc connu et l'on peut construire très-facilement la quantité $3p^2$ $+ 3p + 1$.

Par exemple, dans le cas ci-dessus on sait que $(356)^2 = 126736$; on a donc

$$3 \times 126736 + 3 \times 356 + 1 = 381277.$$

Ce résultat étant plus grand que la différence 264447, la racine 356 n'est pas trop petite.

Pour les secondes puissances, comme

$$(a + 1)^2 = a^2 + 2a + 1,$$

on a

$$(a + 1)^2 - a^2 = 2a + 1.$$

Le reste ne doit donc pas surpasser *le double de la racine trouvée plus* 1.

Pour les quatrièmes puissances, le reste ne doit pas être plus grand que $4a^3 + 6a^2 + 4a + 1$, parce que

$$(a + 1)^4 - a^4 = 4a^3 + 6a^2 + 4a + 1.$$

En général, pour une puissance quelconque m la différence entre le nombre et la puissance de la racine trouvée ne doit pas surpasser

$$ma^{m-1} + \frac{m(m-1)}{1.2} a^{m-2} + \text{etc.} \ldots + a + 1.$$

On peut donc toujours vérifier l'exactitude de la racine trouvée d'une manière beaucoup plus prompte qu'en augmentant cette racine d'une unité et qu'en l'élevant ensuite à la puissance nécessaire, parce que la suite des puissances inférieures de cette racine a^{m-1}, a^{m-2}, etc., se trouve donnée par son élévation à la puissance m qu'il faut faire pour obtenir la différence.

133. L'extraction des racines des quantités fractionnaires se trouve ramenée à celle des nombres entiers par la propriété générale (41)

$$\sqrt[m]{\frac{b}{a}} = \frac{\sqrt[m]{a}}{\sqrt[m]{b}},$$

et l'on peut encore réduire l'opération à une seule extraction de racine, en multipliant les deux termes de $\dfrac{\sqrt[m]{a}}{\sqrt[m]{b}}$ par un même facteur susceptible de faire disparaître le radical du dénominateur.

En effet, si nous multiplions les deux termes de cette quantité par

$\sqrt[m]{b^{m-1}}$, elle ne changera pas de valeur (ARITH. 56), mais elle prendra la forme

$$\frac{\sqrt[m]{a} \times \sqrt[m]{b^{m-1}}}{\sqrt[m]{b} \times \sqrt[m]{b^{m-1}}}.$$

Cette dernière devient, par la multiplication des quantités radicales, (39),

$$\frac{\sqrt[m]{ab^{m-1}}}{\sqrt[m]{b^m}} = \frac{\sqrt[m]{ab^{m-1}}}{b}$$

et il est évident qu'il n'y a plus qu'une seule racine à extraire pour obtenir la racine cherchée $\sqrt[m]{\dfrac{a}{b}}$.

Soit, par exemple, à extraire la racine carrée de $\frac{3}{7}$. On multipliera les deux termes de cette fraction par 7; elle deviendra $\frac{3\times7}{7\times7}$ ou $\frac{21}{7^2}$, et sa racine carrée sera

$$\sqrt{\frac{3}{7}} = \sqrt{\frac{21}{7^2}} = \frac{\sqrt{21}}{7}.$$

La racine carrée de 21 étant entre 4 et 5, celle de $\frac{3}{7}$ sera entre $\frac{4}{7}$ et $\frac{5}{7}$ ou $\frac{7}{7}$, à moins d'*un septième* près.

En rendant le dénominateur plus grand, on pourrait approcher à volonté de la racine. Par exemple, si on demandait la racine carrée de $\frac{3}{7}$ à un *sept millième d'unité près*, on commencerait par multiplier les deux termes de la fraction par 1000, ce qui donnerait

$$\frac{3}{7} = \frac{3000}{7000},$$

puis on opérerait sur $\frac{3000}{7000}$, comme on vient de le faire sur $\frac{3}{7}$, on aurait

$$\sqrt{\frac{3000}{7000}} = \frac{\sqrt{3000\times7000}}{\sqrt{(7000)^2}} = \frac{\sqrt{21000000}}{7000}.$$

La racine carrée de 21000000 étant entre 4583 et 4584 celle de $\frac{3}{7}$ est p'us grande que $\frac{4583}{7000}$ et plus petite que $\frac{4584}{7000}$. Elle est donc égale à $\frac{4583}{7000}$ à moins de $\frac{1}{7000}$ près.

De même, si l'on demandait la racine cubique de $\frac{4}{5}$ à un $\frac{1}{500}$ près, on multiplierait d'abord par 100 les deux termes de la fraction, ce qui la rendrait $\frac{400}{500}$; puis, d'après la règle précédente, on ferait

$$\sqrt[3]{\frac{400}{500}} = \frac{\sqrt[3]{(400\times500^2)}}{\sqrt[3]{500^3}} = \frac{\sqrt[3]{(1000000)}}{500},$$

la racine cubique de 1000000 étant entre 423 et 424 on aurait

$$\sqrt[3]{\frac{4}{5}} = \frac{423}{500}$$

à moins de $\frac{1}{100}$ près.

134. On pourrait employer ce procédé pour obtenir la racine d'une quantité quelconque, avec un degré d'approximation déterminé. Il ne faudrait pour cela que donner la forme fractionnaire à la quantité proposée. S'il s'agissait, par exemple, d'obtenir la racine cubique de 22 à *moins d'un dixième d'unité* près, on réduirait 22 en dixièmes, ce qui donnerait $\frac{220}{10}$. La racine de ce dernier étant

$$\sqrt[3]{\frac{220}{10}} = \frac{\sqrt[3]{(220 \times 10^2)}}{10} = \frac{\sqrt[3]{(220000)}}{10} = \frac{29}{10}$$

celle de 22 serait $\frac{29}{10} = 2 + \frac{9}{10}$ à moins de $\frac{1}{10}$ près.

135. Le procédé le plus direct pour approcher à volonté d'une racine, consiste à convertir le nombre proposé en fraction décimale en observant d'ajouter autant de tranches de n zéros qu'on veut avoir de décimales à la racine. Ainsi, pour extraire la *racine quatrième* de 5 à moins *d'un millième* près, on ajoutera trois tranches de 4 zéros à 5, ce qui le rendra

5. 0000. 0000. 0000.

puis on extraira la racine quatrième de ce nombre, par le procédé ordinaire. Cette racine aura 4 chiffres, dont le premier à gauche sera seul entier, les autres seront des chiffres décimaux.

Pour avoir de cette manière la racine carrée de 2, à moins *d'un millionième* près, on écrira

2. 00. 00. 00. 00. 00. 00.

La racine carrée de ce nombre étant 1414213, celle de 2 sera 1,414213.

On peut donc approcher indéfiniment de la valeur de tous les nombres irrationnels, et, par conséquent, lorsqu'il se présente de tels nombres dans les calculs, on peut les considérer comme entièrement connus.

136. Le binome de Newton offre un moyen direct d'obtenir les valeurs des nombres irrationnels, en les représentant par des séries infinies. On peut alors approcher d'autant plus près de ces valeurs qu'on prend un plus grand nombre des termes de la série.

Soit proposé, par exemple, d'évaluer approximativement le nombre irrationnel $\sqrt[3]{9}$, dont la valeur est entre 2 et 3.

Dans la cinquième expression du paragraphe 122, on fera $p = 1$ et $q = 3$. Cette expression deviendra

$$(a+b)^{\frac{1}{3}} = a^{\frac{1}{3}}\left\{ 1 + \frac{1}{3}\frac{b}{a} + \frac{1(1-3)}{3^2.1.2}\frac{b^2}{a^2} + \frac{1(1-3)(1-6)}{3^3.1.2.3}\frac{b^3}{a^3} + \text{etc..}\right\}$$

ou, en évaluant les coefficiens,

$$(a+b)^{\frac{1}{3}} = a^{\frac{1}{3}}\left\{ 1 + \frac{1}{3}\cdot\frac{b}{a} - \frac{1}{9}\cdot\frac{b^2}{a^2} + \frac{5}{81}\cdot\frac{b^3}{a^3}. - \frac{35}{972}\frac{b^4}{a^4} + \text{etc..}\right\}$$

Décomposons maintenant 9 en deux parties a et b dont la premiere

a soit un cube exact, afin que le facteur commun $a^{\frac{1}{3}}$ soit rationnel. Cette décomposition se fait facilement en cherchant le plus grand cube contenu dans 9 ; ce cube est 8 dont la racine est 2. Faisons donc $a = 8$ et $b = 1$ nous aurons,

$$(8+1)^{\frac{1}{3}} = \sqrt[3]{9} = 2\left\{ 1 + \frac{1}{3}\cdot\frac{1}{8} - \frac{1}{9}\cdot\frac{1}{64} + \frac{5}{81}\cdot\frac{1}{512}\right.$$
$$\left. - \frac{35}{972}\cdot\frac{1}{4096} + \frac{77}{2916}\frac{1}{32768} - \text{etc. .}\right\}$$

Les termes de cette série décroissant très-rapidement, elle est très-convergente, et il suffit d'un petit nombre de termes pour donner des valeurs très-approchées.

La réduction de ces termes en fractions décimales, faite en s'arrêtant à la septième décimale, fournit les valeurs suivantes :

Premier terme $= + 1$
Second terme $= + 0,0416666$
Troisième terme $= - 0,0017361$
Quatrième terme $= + 0,0001205$
Cinquième terme $= - 0,0000088$
Sixième terme $= + 0,0000008$

Ces valeurs montrent qu'on peut s'arrêter au sixième terme, si l'on ne demande pas plus de six décimales exactes ; car le septième terme n'aura pas de chiffre significatif de l'ordre des *dix-millionièmes*.

En général, lorsqu'on réduit les termes successifs en décimales, on doit toujours prendre au moins un chiffre décimal de plus qu'on ne veut en avoir dans le résultat, et s'arrêter au terme qui ne donne aucun chiffre significatif de l'ordre le plus élevé des décimales que l'on prend.

Ainsi, dans l'exemple qui nous occupe, si nous n'avions eu besoin de connaître la valeur de $\sqrt[3]{9}$ qu'avec trois décimales exactes, nous n'aurions pris que 4 décimales en réduisant les termes, et les 4 premiers devenant alors

$$+ 1$$
$$+ 0,0416$$
$$- 0,0017$$
$$+ 0,0001.$$

nous nous serions borné à ces 4 termes, parce que le cinquième ne peut plus avoir de chiffre significatif que passé le 4ᵉ ordre ou l'ordre des *cent-millièmes*. La somme de ces 4 termes, prise en ajoutant les termes positifs et en retranchant de leur somme le terme négatif, est $= + 1,0400$ ainsi

$$\sqrt[3]{9} = 2 \left\{ 1,0400 \right\} = 2,080,$$

dont les trois premières décimales sont exactes.

La somme des six termes, calculés ci-dessus, est $1,0400430$, son double $= 2,0300860$; donc $\sqrt[3]{9}$ est égale à $2,080086$, à *un millionième près*.

137. Quand on emploie la formule $(a + b)^{\frac{1}{q}}$, il faut toujours disposer a et b de manière que b soit plus petit que a, afin que $\frac{b}{a}$ soit une fraction. Plus cette fraction est petite, et plus la série est convergente.

Au lieu de prendre pour a la plus grande puissance contenue dans la quantité proposée, il est souvent nécessaire de prendre la puissance immédiatement au dessus de cette quantité. En effet, s'il s'agissait de calculer la racine cubique de 25, le plus grand cube contenu dans 25 étant 8, si l'on faisait $a = 8$ et $b = 17$, $\frac{b}{a}$ serait plus plus grand que l'unité, et ses puissances successives iraient en croissant. Mais le cube immédiatement au dessus de 25 étant 27, si l'on fait $a = 27$, on aura $b = -2$, et la fraction $\frac{b}{a} = \frac{2}{27}$ rendra la série très-convergente. Dans ce cas, on se sert de la transformation du binome qui donne le développement de $(a - b)^{\frac{p}{q}}$.

138. Nous avons vu (52) que les racines paires des quantités négatives sortent de la classe des quantités réelles susceptibles de détermination et qu'elles forment une espèce particulière de quantités qu'on a nommées *quantités imaginaires.*

Ces quantités imaginaires dont la forme générale est

$$\sqrt[2m]{-a}$$

peuvent toujours être décomposées en deux facteurs, l'un réel, $\sqrt[2m]{a}$, et l'autre imaginaire, $\sqrt[2m]{-a}$, parce qu'on a généralement

$$\sqrt[2m]{-a} = \sqrt[2m]{((+a)(-1))} = \sqrt[2m]{a} . \sqrt[2m]{-1}.$$

La détermination de la grandeur numérique du facteur réel $\sqrt[2m]{a}$ devant toujours s'effectuer, exactement ou approximativement, par les opérations exposées ci-dessus, le facteur imaginaire $\sqrt[2m]{-1}$ peut être seul l'objet de considérations nouvelles, et toute la théorie des quantités imaginaires se réduit à celle des racines imaginaires de l'*unité.*

139. Si nous mettons la quantité imaginaire générale $\sqrt[2m]{-1}$ sous la forme

$$(\sqrt{-1})^{\frac{1}{m}},$$

nous pourrons opérer son développement par le binome de Newton, en observant que, quel que soit A, on a toujours

$$A = 1 - (1 - A),$$

et, par conséquent,

$$A^\mu = [1 - (1 - A)]^\mu.$$

Cette transformation d'une quantité quelconque en binome étant appliquée à la quantité imaginaire, $\sqrt{-1}$ donnera

$$\sqrt[2m]{-1} = [1 - (1 - \sqrt{-1})]^{\frac{1}{m}},$$

et, développant le binome d'après la formule générale (114) en y faisant $a = 1$, $b = 1 - \sqrt{-1}$, nous obtiendrons la série infinie... (*k*)

$$[1 - (1 - \sqrt{-1})]^{\frac{1}{m}} = 1 - A_1(1 - \sqrt{-1}) + A_2(1 - \sqrt{-1})^2$$
$$- A_3(1 - \sqrt{-1})^3 + \text{etc.} \ldots$$

en désignant, pour abréger, par A_1, A_2, A_3, etc., la suite des coefficiens

$$\frac{1}{m}, \; \frac{\frac{1}{m}\left(\frac{1}{m}-1\right)}{1.2}, \; \frac{\frac{1}{m}\left(\frac{1}{m}-1\right)\left(\frac{1}{m}-2\right)}{1.2.3}, \; \text{etc.}$$

Mais les puissances successives $(1-\sqrt{-1})$, $(1-\sqrt{-1})^2$, $(1-\sqrt{-1})^3$, etc., dont la forme générale est, μ étant un nombre entier,

$$(1-\sqrt{-1})^\mu,$$

peuvent être mises sous une même forme, puisque l'on a généralement, en vertu de la formule du binome,

$$(1-\sqrt{-1})^\mu = 1 - \mu\sqrt{-1} + \frac{\mu(\mu-1)}{1.2}(\sqrt{-1})^2$$
$$- \frac{\mu(\mu-1)(\mu-2)}{1.2.3}(\sqrt{-1})^3 + \text{etc.},$$

ou simplement

$$(1-\sqrt{-1})^\mu = 1 - \mu\sqrt{-1} - \frac{\mu(\mu-1)}{1.2} + \frac{\mu(\mu-1)(\mu-2)}{1.2.3}\sqrt{-1} + \text{etc.},$$

en remplaçant les puissances $(\sqrt{-1})^2$, $(\sqrt{-1})^3$, etc., par leurs va-
leurs, qui sont périodiquement, à l'infini, -1, $-\sqrt{-1}$, $+1$, $+\sqrt{-1}$, comme nous l'avons trouvé ci-dessus (104).

Dans cette dernière expression, les termes sont alternativement réels et imaginaires; ainsi, en désignant par a_μ la somme des termes réels

$$1 - \frac{\mu(\mu-1)}{1.2} + \frac{\mu(\mu-1)(\mu-2)(\mu-3)}{1.2.3} - \text{etc.},$$

et par b_μ celle des coefficiens

$$-\mu + \frac{\mu(\mu-1)(\mu-2)}{1.2.3} - \frac{\mu(\mu-1)(\mu-2)(\mu-3)(\mu-4)}{1.2.4.5} + \text{etc.},$$

de $\sqrt{-1}$, nous aurons

$$(1-\sqrt{-1})^\mu = a_\mu + b_\mu\sqrt{-1};$$

donc, dans les cas particuliers de $\mu=1$, $\mu=2$, $\mu=3$, etc., les puissances de $1-\sqrt{-1}$ auront les formes

$$a_1 + b_1\sqrt{-1}, \; a_2 + b_2\sqrt{-1}, \; a_3 + b_3\sqrt{-1}, \; a_4 + b_4\sqrt{-1}, \text{etc.};$$

substituant ces quantités dans le développement général (k), il deviendra

$$\sqrt[2m]{-1} = 1 - A_1(a_1 + b_1\sqrt{-1}) + A_2(a_2 + b_2\sqrt{-1})$$
$$- A_3(a_3 + b_3\sqrt{-1}) + \text{etc.},$$

c'est-à-dire, en effectuant les multiplications,

$$\sqrt[2m]{-1} = 1 - a_1 A_1 - b_1 A_1 \sqrt{-1} + a_2 A_2 + b_2 A_2 \sqrt{-1} - a_3 A_3$$
$$- b_3 A_3 \sqrt{-1} + \text{etc.}$$

Désignant donc de nouveau par A la somme des termes réels

$$1 - a_1 A_1 + a_2 A_2 - a_3 A_3 + \text{etc.},$$

et par B la somme des coefficiens de $\sqrt{-1}$

$$- b_1 A_1 + b_2 A_2 - b_3 A_3 + b_4 A_4 - \text{etc.},$$

nous aurons définitivement, A et B étant des quantités réelles positives ou négatives,

$$\sqrt[2m]{-1} = A + B\sqrt{-1}.$$

Il est donc démontré qu'une quantité imaginaire d'un degré quelconque $2\,m$ peut toujours être exprimée par le moyen de la racine carrée de -1; de sorte qu'on peut considérer cette dernière comme la quantité imaginaire simple ou primitive qui sert à engendrer toutes les autres, d'après le mode élémentaire de génération $A + B\sqrt{-1}$.

La détermination des valeurs numériques des quantités A et B correspondantes aux valeurs particulières de l'exposant $2m$ exige des moyens de calculs supérieurs à tous ceux exposés jusqu'ici. Nous verrons plus loin que la construction générale de ces quantités s'effectue à l'aide d'un mode particulier de la *génération dérivée* des nombres.

140. La quantité imaginaire

$$\sqrt[2m]{-1}$$

mise sous la forme

$$(\sqrt{-1})^{\frac{1}{m}},$$

exprime une puissance fractionnaire, dont le numérateur de l'exposant est *l'unité*. Pour passer de cette forme à la forme plus générale

$$(\sqrt{-1})^{\frac{n}{m}},$$

qui comprend toutes les puissances fractionnaires, il faut observer que, d'après la théorie des puissances (34),

$$\left[(\sqrt{-1})^{\frac{1}{m}}\right]^n = (\sqrt{-1})^{\frac{n}{m}}.$$

Ainsi comme

$$(\sqrt{-1})^{\frac{1}{m}} = A + B\sqrt{-1},$$

on aura

$$(\sqrt{-1})^{\frac{n}{m}} = (A + B\sqrt{-1})^n.$$

Le développement du second membre de cette égalité, effectué par la formule du binome, se composera de deux suites de termes, les uns réels et les autres ayant $\sqrt{-1}$ pour facteur commun. Si nous désignons donc la somme des premiers par α et la somme des coefficiens de $\sqrt{-1}$ par β, nous aurons

$$(\sqrt{-1})^{\frac{n}{m}} = \alpha + \beta\sqrt{-1},$$

ce qui nous donne pour ces puissances fractionnaires plus générales la même forme de génération que dans le cas particulier $m = 1$.

141. Si, au lieu de prendre la quantité imaginaire $\sqrt{-1}$ *positivement*, on la prenait *négativement*, tous les termes des divers développemens dont nous venons de nous servir pour déduire la forme générale $A + B\sqrt{-1}$, conserveraient évidemment la même valeur numérique, seulement ceux qui composent la suite des coefficiens de $\sqrt{-1}$, et dont nous avons exprimé la somme par B, changeraient de signes, c'est-à-dire que les termes positifs deviendraient négatifs et réciproquement, de sorte que leur somme, sans changer de grandeur absolue, changerait de *signe* ou deviendrait $- B$. On aurait donc alors

$$(-\sqrt{-1})^{\frac{1}{m}} = A - B\sqrt{-1},$$

et, par suite,

$$(-\sqrt{-1})^{\frac{n}{m}} = \alpha - \beta\sqrt{-1}.$$

142. Le produit de $+\sqrt{-1}$ par $-\sqrt{-1}$ étant égal à l'*unité positive*, puisque

$$(+\sqrt{-1}).(-\sqrt{-1}) = -(\sqrt{-1})^2 = -(-1) = +1,$$

celui des puissances quelconques de ces quantités doit aussi donner l'unité. En effet,

$$(+\sqrt{-1})^{\frac{n}{m}}.(-\sqrt{-1})^{\frac{n}{m}} = [(+\sqrt{-1})(-\sqrt{-1})]^{\frac{n}{m}} = (+1)^{\frac{n}{m}}.$$

Or, $(+1)^{\frac{n}{m}} = \sqrt[m]{(+1)^n} = \sqrt[m]{+1}$, et la racine m de l'unité positive est généralement égale à $+1$, pour toutes les valeurs entières de l'exposant m. Il est vrai que, lorsque m est *pair*, on peut avoir $\sqrt[m]{+1} = +1$ et $\sqrt[m]{+1} = -1$ (52). Mais la valeur -1 ne peut représenter le produit en question ; car ce produit est nécessairement positif. On s'assure aisément de cette circonstance en observant que, $\alpha + \beta\sqrt{-1}$ et $\alpha - \beta\sqrt{-1}$ représentant d'une manière générale les valeurs de $(+\sqrt{-1})^{\frac{n}{m}}$, et de $(-\sqrt{-1})^{\frac{n}{m}}$, on doit avoir

$$(+\sqrt{-1})^{\frac{n}{m}} . (-\sqrt{-1})^{\frac{n}{m}} = (\alpha + \beta\sqrt{-1})(\alpha - \beta\sqrt{-1}),$$

et, qu'en opérant la multiplication,

$$
\begin{array}{r}
\alpha + \beta\sqrt{-1} \\
\alpha - \beta\sqrt{-1} \\
\hline
\alpha^2 + \alpha\beta\sqrt{-1} \\
- \alpha\beta\sqrt{-1} + \beta^2 \\
\hline
\alpha^2 + \beta^2
\end{array}
$$

le produit $\alpha^2 + \beta^2$ ne peut être que positif, quelles que soient les quantités réelles α et β positives ou négatives.

Le produit des puissances fractionnaires $(+\sqrt{-1})^{\frac{n}{m}}$, $(-\sqrt{-1})^{\frac{n}{m}}$ est donc, dans tous les cas, égal à $+1$. Nous avons déjà vu (107) qu'il en était de même pour le produit des puissances entières de ces quantités.

Ainsi, quoique nous ne puissions encore déterminer d'une manière générale les valeurs numériques des quantités réelles α et β qui entrent dans la génération des puissances fractionnaires de $\sqrt{-1}$, nous savons au moins que ces quantités sont liées entre elles par une loi très-remarquable : *la somme de leurs carrés $\alpha^2 + \beta^2$ est égale à l'unité.*

143. Les puissances fractionnaires négatives s'obtiennent à l'aide des positives, en partant de la relation générale,

$$(\sqrt{-1})^{-\frac{n}{m}} = \frac{1}{(\sqrt{-1})^{\frac{n}{m}}}$$

car, en substituant à la place de $(\sqrt{-1})^{\frac{n}{m}}$, sa valeur $\alpha + \beta \sqrt{-1}$, cette relation donne,

$$(\sqrt{-1})^{-\frac{n}{m}} = \frac{1}{\alpha + \beta \sqrt{-1}}.$$

Maintenant, en multipliant les deux termes du second membre par $\alpha - \beta \sqrt{-1}$, on obtient

$$(\sqrt{-1})^{-\frac{n}{m}} = \frac{\alpha - \beta \sqrt{-1}}{\alpha^2 + \beta^2},$$

ce qui se réduit à

$$(\sqrt{-1})^{-\frac{n}{m}} = \alpha - \beta \sqrt{-1}$$

à cause de $\alpha^2 + \beta^2 = 1$.

Les puissances fractionnaires qui ne diffèrent que par le signe de l'exposant ne diffèrent donc elles-mêmes que par le signe de $\sqrt{-1}$. Il résulte encore de cette dernière expression que

$$(\sqrt{-1})^{-\frac{n}{m}} = (-\sqrt{-1})^{\frac{n}{m}}.$$

Ainsi l'observation que nous avons faite (107) sur les puissances négatives entières de $\sqrt{-1}$ s'applique aux puissances fractionnaires négatives, c'est-à-dire que, quel que soit l'exposant μ, entier ou fractionnaire, on a généralement

$$(\sqrt{-1})^{-\mu} = (-\sqrt{-1})^{\mu}.$$

144. En remarquant que toutes les puissances entières paires de $+\sqrt{-1}$ et de $-\sqrt{-1}$ sont l'unité positive ou négative, on découvre une particularité très-remarquable. Les quatrièmes puissances, par exemple, étant

$$(+\sqrt{-1})^4 = +1, \quad (-\sqrt{-1})^4 = +1,$$

il en résulte nécessairement

$$+\sqrt{-1} = \sqrt[4]{+1}, \quad -\sqrt{-1} = \sqrt[4]{+1},$$

c'est-à-dire que l'unité positive a des racines autres qu'elle-même. Conclusion singulière qui nécessite un nouvel examen de la théorie des racines.

Comme nous savons, d'ailleurs (52), que toutes les racines paires des quantités positives ont deux valeurs égales et de signes contraires et, par conséquent, que

$$\sqrt[4]{+1} = +1, \quad \sqrt[4]{+1} = -1,$$

nous connaissons donc déjà quatre valeurs différentes $+1$, -1, $+\sqrt{-1}$, $-\sqrt{-1}$ pour la racine quatrième de l'unité positive et, par suite, pour la racine quatrième de tout nombre positif; car, la génération d'un nombre quelconque positif A, au moyen de l'unité positive, étant

$$(+1) \times A,$$

la racine quatrième de ce nombre sera

$$\sqrt[4]{(+1).A} = \sqrt[4]{+1}. \sqrt[4]{A};$$

mais $\sqrt[4]{+1}$ étant indifféremment $+1$, -1, $+\sqrt{-1}$, ou $-\sqrt{-1}$, celle de A peut donc être aussi indifféremment, μ désignant la valeur numérique absolue de $\sqrt[4]{A}$,

$$+\mu, \quad -\mu, \quad +\mu\sqrt{-1} \text{ ou } -\mu\sqrt{-1},$$

car chacune de ces quantités élevée à la quatrième puissance reproduit A.

Il devient donc essentiel d'examiner si les racines des autres degrés admettent également plusieurs valeurs imaginaires, et, dans le cas où cette pluralité de valeurs serait générale, d'en déterminer le nombre exact.

145. Pour remonter à la possibilité même de ces valeurs différentes, observons que l'unité positive $+1$, élevée à une puissance entière quelconque, produit toujours $+1$, tandis que l'unité négative -1 peut produire $+1$ ou -1, suivant que l'exposant de la puissance est pair ou impair. La génération par *puisssance* de l'unité positive ou négative peut donc s'effectuer d'une infinité de manières à l'aide de la base -1, en donnant à l'exposant des valeurs convenables. Par exemple, la forme de tous les nombres pairs étant $2m$ et celle de tous les nombres impairs étant $2m + 1$, nous avons généralement

$$(-1)^{2m} = +1, (-1)^{2m+1} = -1,$$

c'est-à-dire que ces deux égalités subsistent pour toutes les valeurs entières de m depuis 0 jusqu'à l'infini.

Ceci posé, n étant un nombre entier quelconque, la racine n de l'unité positive sera

$$\sqrt[n]{+1} = \sqrt[n]{[(-1)^{2m}]} = (-1)^{\frac{2m}{n}},$$

et, celle de l'unité négative

$$\sqrt[n]{-1} = \sqrt[n]{[(-1)^{2m}]} = (-1)^{\frac{2m+1}{n}}.$$

Les deux égalités.... (l)

$$\sqrt[n]{+1} = (-1)^{\frac{2m}{n}}$$

$$\sqrt[n]{-1} = (-1)^{\frac{2m+1}{n}}$$

devant subsister, pour chaque valeur particulière de n, quelle que soit la valeur qu'on donne à m, depuis 0 jusqu'à l'infini, si les quantités

$$(-1)^{\frac{2m}{n}}, \quad (-1)^{\frac{2m+1}{n}}$$

avaient une valeur différente pour chaque valeur différente de m, la racine d'un degré quelconque de l'unité positive, comme la racine d'un degré quelconque de l'unité négative, admettraient une infinité de valeurs différentes; mais si dans les deux suites infinies d'expressions également rigoureuses

$$\sqrt[n]{+1} = (-1)^{\frac{2 \cdot 0}{n}}, \quad \sqrt[n]{-1} = (-1)^{\frac{2 \cdot 0 + 1}{n}}$$

$$\sqrt[n]{+1} = (-1)^{\frac{2 \cdot 1}{n}}, \quad \sqrt[n]{-1} = (-1)^{\frac{2 \cdot 1 + 1}{n}}$$

$$\sqrt[n]{+1} = (-1)^{\frac{2 \cdot 2}{n}}, \quad \sqrt[n]{-1} = (-1)^{\frac{2 \cdot 2 + 1}{n}}$$

$$\sqrt[n]{+1} = (-1)^{\frac{2 \cdot 3}{n}}, \quad \sqrt[n]{-1} = (-1)^{\frac{2 \cdot 3 + 1}{n}}$$

etc. $=$ etc. , etc. $=$ etc.,

les valeurs des seconds membres ne sont pas toutes différentes, chaque racine déterminée de $+1$ et de -1, n'admettra qu'un nombre limité de valeurs.

Il est d'abord évident que les seconds membres de ces expressions ne peuvent tous donner des valeurs différentes; car chaque valeur de m, qui rend d'une part $2m$ et de l'autre $2m+1$ exactement divisibles par n, réduit les puissances fractionnaires

$$(-1)^{\frac{2m}{n}}, \quad (-1)^{\frac{2m+1}{n}}$$

à des puissances entières dont les valeurs sont toujours $+1$ ou -1, suivant que l'exposant est pair ou impair.

Quant aux autres valeurs de m qui rendent $\frac{2m}{n}$ et $\frac{2m+1}{n}$ des nombres fractionnaires, nous remarquerons qu'on peut donner aux exposans les formes $\frac{4m}{2n}$, $\frac{4m+2}{2n}$, et, par suite, opérer les transformations

$$(-1)^{\frac{2m}{n}} = (\sqrt{-1})^{\frac{4m}{n}}, \quad (-1)^{\frac{2m+1}{n}} = (\sqrt{-1})^{\frac{4m+2}{n}},$$

ce qui nous apprend, d'abord, que toutes ces autres valeurs de m conduisent à des puissances fractionnaires de la quantité imaginaire primitive $\sqrt{-1}$. Nous allons voir maintenant que ces puissances ont des valeurs périodiques et que le nombre des valeurs différentes de la racine m de $+1$ ou de -1, est toujours égal à l'exposant m.

Désignons par p' et q' les restes des divisions de $2m$ et de $2m+1$ par n, et par p et q les quotiens de ces divisions, c'est-à-dire, faisons

$$\frac{2m}{n} = p + \frac{p'}{n}, \quad \frac{2m+1}{n} = q + \frac{q'}{n},$$

en observant que les restes p' et q' peuvent être indifféremment positifs ou négatifs, selon que nous prendrons les quotiens p et q, de manière que leurs produits par le diviseur n soient plus petits ou plus grands que les dividendes. C'est ce qu'on appelle faire la division en *dedans* et en *dehors* ; par exemple, le quotient de 16 divisé par 3 est plus grand que 5 et plus petit que 6 ; ainsi, en le prenant égal à 5, on a 1 pour reste ; tandis qu'en le prenant égal à 6, on a -3 pour reste.

Si, dans les expressions fondamentales (l) nous substituons $p + \frac{p'}{n}$ à la place de $\frac{2m}{n}$ et $q + \frac{q'}{n}$ à la place de $\frac{2m+1}{n}$, elles deviendront

$$\sqrt[n]{+1} = (-1)^p \cdot (-1)^{\frac{p'}{n}}$$

$$\sqrt[n]{-1} = (-1)^q \cdot (-1)^{\frac{q'}{n}}$$

Or, m étant arbitraire et par suite p' q', étant des nombres arbitraires plus petits que n, il est évident que les racines en question ont autant de générations différentes qu'on peut prendre de nombres différens pour p' et q'; mais qu'elles ne sauraient en avoir davantage. D'abord, en commençant par l'unité positive, si n est un nombre pair, p' doit être aussi un nombre pair, puisqu'on doit avoir

$2m = pn + p'$ et que le produit pn étant alors pair, la somme $pn + p'$ ne pourrait être paire si p' n'était pas pair. p' peut donc être indifféremment un des $\frac{n}{2}$ nombres $0, 2, 4, 6$, etc., jusqu'à $n - 2$ inclusivement; et comme, en outre, il peut être positif ou négatif, il s'ensuit que $\sqrt[n]{+1}$ admet n valeurs différentes correspondantes aux n valeurs différentes du facteur $(-1)^{\frac{p'}{n}}$; il y en a $\frac{n}{2}$ qui sont données par les valeurs positives de p' et $\frac{n}{2}$ par ses valeurs négatives, c'est-à-dire qu'on a

$$\sqrt[n]{+1} = (-1)^p \cdot (-1)^{+\frac{p'}{n}}$$

$$\sqrt[n]{+1} = (-1)^p \cdot (-1)^{-\frac{p'}{n}}$$

p pouvant être d'ailleurs pair ou impair.

En faisant p pair, $(-1)^p$ devient $+1$, et en le faisant impair $(-1)^p$ devient -1; ces deux valeurs combinées avec les n valeurs de $(-1)^{\frac{p'}{n}}$ paraîtraient devoir fournir $2n$ valeurs différentes; mais il n'y en a réellement que n, parce que, comme nous le verrons ailleurs, la moitié de ces n valeurs ne diffère de l'autre moitié que par le signe, de sorte qu'en les multipliant par -1, on ne fait que les reproduire dans un ordre inverse.

Si n est un nombre impair, p' peut être encore un nombre pair quelconque, positif, négatif ou zéro; alors p est nécessairement pair, et l'on a

$$\sqrt[n]{+1} = (-1)^{+\frac{p'}{n}}$$

$$\sqrt[n]{+1} = (-1)^{-\frac{p'}{n}}$$

ce qui ne donne encore que n générations différentes pour $\sqrt[n]{+1}$, puisque des $\frac{n+1}{2}$ valeurs, qui résultent de chacune de ces expressions, celles qui correspondent à $+p' = 0$ et à $-p' = 0$, sont identiques et égales à $+1$.

Il se présente également deux cas pour les racines de l'unité négative, savoir : lorsque l'exposant n est pair, et lorsqu'il est impair; dans le premier cas, q' peut être une nombre impair quelconque positif ou négatif plus petit que n, d'où

$$\sqrt[n]{-1} = (-1)^q . (-1)^{+\frac{q'}{n}}$$

$$\sqrt[n]{-1} = (-1)^q . (-1)^{-\frac{q'}{n}}$$

q pouvant être indifféremment pair ou impair; dans le second cas, q' peut être un nombre pair quelconque positif négatif ou zéro, d'où

$$\sqrt[n]{-1} = -(-1)^{+\frac{q'}{n}}$$

$$\sqrt[n]{-1} = -(-1)^{-\frac{q'}{n}}$$

q étant nécessairement impair; il est visible que dans l'un et l'autre cas, $\sqrt[n]{-1}$ reçoit n générations différentes.

De toutes ces valeurs des racines de l'unité positive et négative, il n'y a évidemment de réelles, que les valeurs $+1$ et -1, toutes les autres sont imaginaires. Ainsi lorsque n est pair, $\sqrt[n]{+1}$ a deux valeurs réelles $+1$ et -1, et $n-2$ racines imaginaires; et $\sqrt[n]{-1}$ à toutes ses racines imaginaires; lorsque n est impair, $\sqrt[n]{+1}$ à une seule racine réelle, $+1$ et $n-1$ racines imaginaires; et $\sqrt[n]{-1}$ à une racine réelle -1 et $n-1$ racines imaginaires.

Les quantités $(-1)^{\frac{p'}{n}}$ et $(-1)^{-\frac{p'}{n}}$ ou $(\sqrt{-1})^{\frac{2p'}{n}}$ et $(\sqrt{-1})^{-\frac{2p'}{n}}$ pouvant être toujours ramenées à la forme $\alpha + \beta\sqrt{-1}$ (140), on peut poser en général

$$\sqrt[m]{+1} = \alpha + \beta\sqrt{-1}$$

$$\sqrt[m]{+1} = \alpha - \beta\sqrt{-1}$$

β devenant 0 pour les valeurs réelles et α devenant alors, suivant les cas, $+1$ ou -1. Il en est de même pour $\sqrt[m]{-1}$.

Ainsi l'unité positive ou négative a toujours un nombre pair de racines imaginaires et ces racines marchent par couple de telle manière que lorsqu'une d'elle est égale à $\alpha + \beta\sqrt{-1}$, il y en a nécessairement une autre égale à $\alpha - \beta\sqrt{-1}$. Les parties réelles de ces racines, α et β, sont liées par la relation $\alpha^2 + \beta^2 = 1$. (142).

146. Il résulte de cette théorie que la racine m d'un nombre quelconque A, positif ou négatif, a m valeurs différentes, parmi lesquelles deux seules, au plus, sont réelles. Par exemple, $\sqrt[2m]{+A}$ a deux valeurs réelles égales et de signes contraires, et $2m - 2$ valeurs imaginaires. $\sqrt[2m]{-A}$, n'a point de valeur réelle, mais elle a $2m$ valeurs imaginaires ; $\sqrt[2m+1]{+A}$, a une seule valeur réelle positive et $2m$ valeurs imaginaires ; et enfin $\sqrt[2m+1]{-A}$ a une seule valeur réelle négative et $2m$ valeurs imaginaires. Ce sont les conséquences immédiates de la génération des nombres par l'unité, sur laquelle reposent les expressions

$$\sqrt[2m]{+A} = \sqrt[2m]{+1}.\sqrt[2m]{A}, \quad \sqrt[2m+1]{+A} = \sqrt[2m+1]{+1}.\sqrt[2m+1]{A}$$
$$\sqrt[2m]{-A} = \sqrt[2m]{-1}.\sqrt[2m]{A}, \quad \sqrt[2m+1]{-A} = \sqrt[2m+1]{-1}.\sqrt[2m+1]{A}$$

Une autre conséquence, que nous devons signaler, c'est que l'égalité de deux puissances n'entraîne pas nécessairement celle des bases et qu'on ne peut généralement conclure $a = b$ parce qu'on a

$$a^m = b^m$$

C'est dans le cas seulement où a et b ne peuvent être l'un et l'autre que des quantités réelles que l'égalité des bases résulte de celle des puissances :

147. L'extraction des racines des quantités algébriques s'exécute à peu près de la même manière que celle des racines des nombres et repose d'ailleurs sur les mêmes principes.

Nous avons vu (39) que le produit de plusieurs quantités radicales de même exposant $\sqrt[m]{a}$, $\sqrt[m]{b}$, $\sqrt[m]{c}$, etc., se réduit à la seule quantité radicale $\sqrt[m]{a.b.c}$ etc. L'égalité

$$\sqrt[m]{abcd} \text{ etc.} = \sqrt[m]{a}.\sqrt[m]{b}.\sqrt[m]{c}.\sqrt[m]{d} \text{ etc.}$$

renferme le procédé de l'extraction des racines des monomes. Demande-t-on, par exemple, la *racine cubique* du monome $8a^3b^6c^9$? En vertu de la loi précédente, on a

$$\sqrt[3]{[8a^3b^6c^9]} = \sqrt[3]{8}.\sqrt[3]{a^3}.\sqrt[3]{b^6}.\sqrt[3]{c^9}$$

ainsi l'extraction de la racine de tout monome composé de facteurs s'effectue en prenant la racine de chaque facteur en particulier.

Lorsque la racine d'un facteur ne peut être extraite exactement, on la réduit à sa forme la plus simple en lui donnant d'abord la forme d'une puissance fractionnaire et en réduisant ensuite l'exposant fractionnaire à sa plus simple expression. Dans l'exemple ci-dessus on a

$$\sqrt[3]{8} = 2, \quad \sqrt[3]{a^3} = a, \quad \sqrt[3]{b^6} = b^{\frac{6}{3}} = b^2, \quad \sqrt[3]{c^9} = c^{\frac{9}{3}} = c^3$$

donc la racine demandée est

$$\sqrt[3]{[8a^3b^6c^9]} = 2ab^2c^3$$

S'il s'agissait de la racine quatrième du monome $81a^8b^6c^4$, on trouverait de la même manière

$$\sqrt[4]{81} = 3, \quad \sqrt[4]{a^8} = a^{\frac{8}{4}} = a^2, \quad \sqrt[4]{b^6} = b^{\frac{6}{4}} = b^{\frac{3}{2}}, \quad \sqrt[4]{c^4} = c$$

d'où

$$\sqrt[4]{[81a^8b^6c^4]} = 3a^2b^{\frac{3}{2}}c$$

Ici, l'exposant étant pair, la racine a deux valeurs, l'une positive et l'autre négative, de sorte qu'on doit poser

$$\sqrt[4]{[81a^8b^6c^4]} = \pm\, 3a^2b^{\frac{3}{2}}c$$

Nous ne tenons pas compte des valeurs imaginaires dont l'emploi est réservé pour certaines questions particulières.

Cette dernière expression peut encore se mettre sous la forme

$$\sqrt[4]{[81a^8b^6c^4]} = \pm\, 3a^2bc. \sqrt{b}$$

en observant que $b^{\frac{3}{2}} = b^{1 + \frac{1}{2}} = b\sqrt{b}$.

148. Les racines des polynomes s'obtiennent par un procédé inverse de celui de la formation de leurs puissances. Soit proposé, par exemple, d'extraire la racine quatrième du polynome

$$16\,a^4\,x^{12} + 32\,a^5\,x^{11} + 24\,a^6\,x^{10} + 8\,a^7\,x^9 + a^8\,x^8.$$

Après l'avoir ordonné suivant les puissances décroissantes d'une même lettre, on extraira la racine quatrième de son premier terme. Cette racine, est d'après ce qui précède,

$$\sqrt[4]{[16a^4x^{12}]} = 2ax^3$$

Le second terme de la puissance m d'un binome $a + b$ étant (114)

$m\,a^{m-1}\,b$, le second terme du polynome proposé doit être formé par *quatre fois* la *troisième* puissance du premier terme de la racine, $2ax^{2}$, multiplié par le second terme de cette racine. On obtiendra donc ce second terme en divisant $32a^{5}x^{11}$ pour $4(2ax^{2})^{3} = 32a^{3}x^{9}$, ce qui donnera d'après les règles de la division des monomes.

$$\frac{32a^{5}x^{11}}{32a^{3}x^{9}} = a^{2}x^{2}$$

Les deux premiers termes de la racine sont donc $2ax^{2} + a^{2}x^{2}$ ou plutôt la racine n'a que ces deux termes, car en formant la puissance $(2ax + a^{2}x^{2})^{4}$ on reproduit le polynome proposé. Nous avons formé cette puissance aux numéros 118.

149. Si la racine avait eu plus de deux termes, en retranchant du polynome donné la quatrième puissance de $2\,a\,x + a^{2}\,x^{2}$, on aurait obtenu un reste qui aurait servi à déterminer les autres termes de la même manière que dans l'extraction de la racine des nombres, c'est-à-dire, en divisant les quatre premiers termes de ce reste par $4(2ax + a^{2}x^{2})^{3}$ développé. Les opérations suivent absolument la même marche pour les quantités algébriques que pour les nombres.

Suite de la Numération.

150. Nous avons vu (62) que la *numération* est un mode élémentaire de la génération des quantités numériques, dérivé de la combinaison nécessaire des deux modes primitifs $a + b = c$, $a \times b = c$. Nous avons prouvé que cette génération dérivée dont la forme générale est

$$\text{A}.m^{0} + \text{B}m^{1} + \text{C}m^{2} + \text{D}m^{3} + \text{etc...}$$

donne la construction complète d'un nombre entier quelconque, quelle que soit la limite m des nombres considérés comme simples A, B, C, etc., employés pour cette construction. Il nous reste à montrer ici que la numération peut encore donner, sous sa forme primitive, la génération d'une fraction quelconque $\frac{M}{N}$.

Pour cet effet nous supposerons $M < N$; car dans le cas contraire M divisé par N donnant pour quotient un nombre entier plus une fraction, la question serait encore ramenée à exprimer la fraction par le moyen de la numération.

Ceci posé, multiplions le numérateur M de la fraction proposée par la limite m, elle devient

$$\frac{\text{M}.\,m}{\text{N}}$$

et il se présente deux cas, ou M. $m > $ N, ou M. $m < $ N. Dans le premier, en désignant pour A_0 le quotient de la division et par M_1 le reste on a

$$(a) \ldots \ldots \frac{M. m}{N} = A_0 + \frac{M_1}{N},$$

dans le second, M. m reste une fraction plus petite que l'unité. Mais ce second cas étant encore compris sous la forme (a) en y faisant $A_0 = 0$ et $M_1 = $ M. m, nous poserons en général pour les deux cas l'égalité (a).

Multipliant de nouveau M_1 par m, nous aurons également

$$\frac{M_1 m}{N} = A_1 + \frac{M_2}{N}$$

A_1 désignant le nouveau quotient et M_2 le nouveau reste.

Poursuivant de la même manière, et rassemblant les résultats nous nous aurons la suite d'égalité.

$$\frac{M. m}{N} = A_0 + \frac{M_1}{N}$$

$$\frac{M^1. m}{N} = A_1 + \frac{M_2}{N}$$

$$\frac{M_2. m}{N} = A_2 + \frac{M_3}{N}$$

$$\frac{M_3 m}{N} = A_3 + \frac{M_4}{N}$$

$$\text{etc.} \quad = \quad \text{etc.}$$

Divisant les deux membres de chacune de ces égalités par m, elles deviennent

$$\frac{M}{N} = A_0 \, m^{-1} + \frac{M_1}{N}. \, m^{-1}$$

$$\frac{M_1}{N} = A_1 \, m^{-1} + \frac{M_2}{N}. \, m^{-1}$$

$$\frac{M_2}{N} = A_2 \, m^{-1} + \frac{M_3}{N} \, m^{-1}$$

$$\frac{M_3}{N} = A_3 \, m^{-1} + \frac{M_4}{N} \, m^{-1}$$

$$\text{etc.} \quad = \quad \text{etc.}$$

Ainsi, substituant la dernière dans l'avant-dernière et ensuite celle-ci, dans celle qui la précède, jusqu'à ce qu'on soit arrivé à la première, on obtiendra

$$\frac{M}{N} = A_0\, m^{1-} + A_1\, m^{-2} + A_2\, m^{-3} + A_3\, m^{-4} + \text{etc.}$$

suite de termes qui ne s'arrêtera qu'autant qu'on ait trouvé un quotient exact pour une des divisions successives.

Or il est facile de prouver que tous les quotients A_0, A_1, A_2, etc. sont plus petits que m et qu'ils sont par conséquent des chiffres simples du système de numération dont m est la limite. En effet A_0, par exemple, est donné par

$$\frac{M.\, m}{N}$$

dont nous avons représenté le quotient par

$$\frac{M.\, m}{N} = A_0 + \frac{M_1}{N}$$

ce qui donne l'égalité

$$M.\, m = A_0.\, N + M_1$$

d'où il résulte évidemment

$$M.\, m > A_0\, N$$

ou, tout au plus

$$M.\, m = A_0\, N$$

si le reste M était zéro.

Mais N étant plus grand que M, son produit par A_0 ne saurait être égal et, à plus forte raison, plus petit que le produit de M par m si A_0 n'était pas plus petit que m.

Donc, les quotiens A_0, A_1, A_2, etc., sont, dans tous les cas, des chiffres simples du système de numération employé et la génération de la fraction $\frac{M}{N}$ est opérée sous la forme

$$A_0\, m^{-1} + A_1\, m^{-2} + A_2\, m^{-3} + A_3\, m^{-4} + \text{etc.}$$

Tel est le principe de la génération des *fractions décimales* qu'on exprime, en Arithmétique, en remplaçant les puissances négatives m^{-1}, m^{-2}, etc., par la place qu'on fait occuper aux chiffres, à la droite du chiffre des unités; comme pour les nombres entiers, on remplace les puissances positives m^1, m^2, m^3, etc., par la place qu'on fait occuper aux chiffres, à la gauche du chiffre des unités. Cette génération rend compte de toutes les circonstances particulières que présente la réduction des fractions ordinaires en fractions décimales. *Voy.* ARITH., 84).

151. La construction des nombres, soit entiers, soit fraction-naires, par la *numération* n'est, en dernier lieu, que l'évaluation de leurs grandeurs, opérée en les rapportant tous à une *mesure* commune, qui est évidemment la *limite* du système employé. Cette évaluation peut s'effectuer pour les fractions de deux manières différentes ; d'abord comme nous venons de le faire, ce qui conduit aux *fractions décimales;* ensuite d'une manière inverse, ce qui conduit à une forme particulière de génération. En effet, la fraction $\frac{M}{N}$, que nous supposerons toujours plus petite que l'unité, est, par rapport à cette unité, $1 : \frac{N}{M}$; car, d'après les règles de la division des fractions. (ARITH., 62.)

$$1 : \frac{N}{M} = \frac{M}{N}$$

mais N étant plus grand que M, la division de N par M est possible, et nous pouvons désigner par a_1 le quotient de cette division et par N_1 son reste, ce qui nous donnera

$$\frac{M}{N} = 1 : \frac{N}{M} = \frac{1}{a_1 + \frac{N_1}{M}}$$

Maintenant, la fraction $\frac{N_1}{M}$ donne encore

$$\frac{N_1}{M} = 1 : \frac{M}{N_1}$$

et, comme M est nécessairement plus grand que N_1, nous pourrons poser

$$\frac{M}{N_1} = a_2 + \frac{N_2}{N_1}$$

d'où

$$\frac{N_1}{M} = 1 : \frac{M}{N_1} = \frac{1}{a_2 + \frac{N_2}{N_1}}$$

Continuant de la même manière sur la fraction $\frac{N_2}{N_1}$ et sur toutes celles qui peuvent en résulter, nous aurons, en rassemblant les résultats, la suite d'égalité

$$\frac{M}{N} = \frac{1}{a_1 + \frac{N_1}{M}}$$

$$\frac{\overline{N_1}}{M} = \frac{1}{a_1 + \dfrac{N_2}{N_1}}$$

$$\frac{N_2}{N_1} = \frac{1}{a_2 + \dfrac{N_3}{N_2}}$$

$$\frac{N_3}{N_2} = \frac{1}{a_4 + \dfrac{N_4}{N_3}}$$

$$\text{etc.} = \text{etc.}$$

En général

$$\frac{N_{\mu-1}}{N_{\mu-2}} = \frac{1}{a_\mu + \dfrac{N_\mu}{N_{\mu-1}}}$$

Dont la dernière sera celle dans laquelle on aura pour dernier reste $N_\mu = 0$, ce qui doit toujours finir par arriver, puisque les restes successifs N_1, N_2, N_3, etc., vont continuellement en décroissant.

Substituant chacune de ces égalités dans celle qui la précède et ainsi de suite, jusqu'à la première, on obtiendra définivement pour la génération de la fraction $\frac{M}{N}$, la forme particulière et nouvelle

$$\frac{M}{N} = \cfrac{1}{a_1 + \cfrac{1}{a_2 + \cfrac{1}{a_3 + \cfrac{1}{a_4 + \cfrac{1}{a_5 + \cfrac{1}{a_6 + \text{etc.}}}}}}}$$

$$\cfrac{1}{a_{\mu-1} + \cfrac{1}{a_\mu}}$$

ce mode de génération, qui n'est qu'un cas particulier de la NUMÉRA-TION, se nomme FRACTION CONTINUE.

LES FRACTIONS CONTINUES.

152. La transformation d'une fraction ordinaire en *fraction continue* peut toujours s'effecter très-facilement ; car, en examinant la construction des quantités a_1, a_2, a_3, etc., dont dépend cette transformation, on reconnaît que la première a_1 est le quotient de la division du dénominateur par le numérateur, que la seconde a_2 est le quotient de la division du diviseur, de la première division, par son reste, et ainsi de suite ; soit par exemple, la fraction $\frac{398}{445}$.

En divisant 445 par 398, on obtient.

$$\frac{445}{398} = 1,\ reste\ 47;\ \text{d'où } a_1 = 1$$

continuant ensuite, en divisant chaque diviseur par son reste, on trouve

$$\frac{298}{47} = 8,\ reste\ 42;\ \text{d'où } a_2 = 8$$

$$\frac{47}{42} = 1,\ reste\ 5;\ \text{d'où } a_3 = 1$$

$$\frac{42}{5} = 8,\ reste\ 2;\ \text{d'où } a_4 = 8$$

$$\frac{5}{2} = 2,\ reste\ 1;\ \text{d'où } a_5 = 2$$

$$\frac{2}{1} = 2,\ reste\ 0;\ \text{d'où } a_6 = 2$$

Le dernier quotient est a_6, et l'on a conséquemment

$$\frac{398}{445} = \cfrac{1}{1+\cfrac{1}{8+\cfrac{1}{1+\cfrac{1}{8+\cfrac{1}{2+\cfrac{1}{2}}}}}}$$

153. On nomme *fractions partielles* ou *intégrantes*, les fractions simples $\frac{1}{a_1}$, $\frac{1}{a_2}$, $\frac{1}{a_3}$, etc., qui entrent dans la composition de la fraction continue. Ces fractions intégrantes donnent le moyen d'obtenir les valeurs approximatives d'une fraction quelconque $\frac{M}{N}$; ce qui peut être très-utile dans tous les cas où $\frac{M}{N}$ est exprimée par de grands

nombres et est d'ailleurs irréductible. En effet, la génération de $\frac{M}{N}$ étant

$$\frac{M}{N} = \cfrac{1}{a_1 + \cfrac{1}{a_2 + \cfrac{1}{a_3 + \text{etc.}}}}.$$

si l'on s'arrête successivement à la première, seconde, troisième, etc., fraction intégrante, on a les quantités

$$\frac{1}{a_1}, \quad \cfrac{1}{a_1 + \cfrac{1}{a^2}}, \quad \cfrac{1}{a_1 + \cfrac{1}{a_2 + \cfrac{1}{a_3}}}, \quad \text{etc.}$$

qui approchent d'autant plus de la véritable valeur de $\frac{M}{N}$, qu'on prend un plus grand nombre de fractions intégrantes. Il est évident, d'ailleurs, que la véritable valeur n'est donnée que par toutes les fractions.

Par exemple, dans la fraction ci-dessus $\frac{328}{441}$, si l'on s'arrête à la seconde fraction intégrante $\frac{1}{8}$, on a pour valeur approchée

$$\cfrac{1}{1 + \cfrac{1}{8}} = \cfrac{1}{\cfrac{8+1}{8}} = \frac{8}{9}$$

si l'on s'arrête à la troisième $\frac{1}{1}$, on a

$$\cfrac{1}{1 + \cfrac{1}{8 + \cfrac{1}{1}}} = \cfrac{1}{1 + \cfrac{1}{9}} = \cfrac{1}{\cfrac{9+1}{9}} = \frac{9}{10}$$

$\frac{8}{9}$ et $\frac{9}{10}$ sont donc des valeurs approchées de $\frac{328}{441}$.

154. Les quantités que l'on obtient en s'arrêtant successivement à chaque fraction intégrante, sont alternativement plus grandes et plus petites que la fraction $\frac{M}{N}$; car en s'arrêtant d'abord à la première fraction $\frac{1}{a_1}$, on néglige la partie jointe au dénominateur a_1 et on rend, par conséquent, ce dénominateur plus petit qu'il ne devrait être; d'où $\frac{1}{a_1}$ trop grand, ainsi

$$\frac{M}{N} < \frac{1}{a_1}$$

En s'arrêtant à la seconde fraction $\frac{1}{a_{2}}$, on néglige la partie jointe au dénominateur a_{2}, ce qui rend $\frac{1}{a_{2}}$ plus grand qu'il ne devrait être; alors $a_{1} + \frac{1}{a_{2}}$ est aussi trop grand, d'où

$$\frac{M}{N} > \frac{1}{a_{1} + \frac{1}{a_{2}}}$$

Par la même raison, en s'arrêtant à la troisième fraction intégrante, on obtient une valeur plus grande que $\frac{M}{N}$, et une valeur plus petite, en s'arrêtant à la quatrième fraction; ainsi de suite.

On aura donc, en s'arrêtant successivement à chaque fraction intégrante, une suite de valeurs approchées de $\frac{M}{N}$ dont les unes, dans lesquelles le nombre des fractions intégrantes est *impair*, sont plus grandes que $\frac{M}{N}$, et dont les autres, dans lesquelles le nombre des fractions intégrantes est *pair*, sont plus petites que $\frac{M}{N}$.

Or, comme on approche d'autant plus près de la véritable valeur de $\frac{M}{N}$, qu'on prend un plus grand nombre de fractions intégrantes, les premières valeurs approchées, les plus grandes, doivent être de plus en plus petites; et les secondes, au contraire, doivent être de plus en plus grandes.

155. La suite de divisions qu'il faut exécuter pour transformer une fraction en *fraction continue*, forme une opération tout-à-fait identique avec celle de la recherche du plus grand commun diviseur de deux nombres (ARITH., 74); on doit donc la disposer de la même manière. Par exemple, soit le nombre fractionnaire $\frac{381}{266}$, ce nombre se réduisant d'abord à $1 + \frac{115}{266}$, on peut se contenter d'opérer sur la fraction $\frac{115}{266}$; mais, sans tenir compte de cette circonstance qui fait seulement commencer la fraction continue après le premier quotient, on disposera l'opération, comme il suit :

	1	2	3	5	7
381	266	115	36	7	1
265	230	108	35	7	
115	36	7	1	0	

en écrivant les quotiens au dessus des diviseurs, comme si l'on cher-

chait le plus grand commun diviseur des nombres 381 et 266. La
suite des quotiens étant 1, 2, 3, 5, 7, on aura

$$\frac{381}{266} = 1 + \cfrac{1}{2 + \cfrac{1}{3 + \cfrac{1}{5 + \cfrac{1}{7}}}}$$

156. Cette transformation ne présentant aucune difficulté, il s'agit
maintenant d'examiner comment on peut trouver la valeur d'une
fraction continue donnée.

Prenons d'abord pour forme générale

$$\frac{N}{M} = a_1 + \cfrac{1}{a_2 + \cfrac{1}{a_3 + \cfrac{1}{a_4 + \text{etc.}}}}$$

a_1 désigne alors la partie entière du nombre fractionnaire $\frac{N}{M}$. Si $\frac{N}{M}$
est une fraction $a_1 = 0$, de sorte que cette forme s'applique à tous
les cas.

En ne prenant qu'une seule fraction intégrante, on a immédiatement

$$a_1 + \frac{1}{a_2} = \frac{a_1 a_2 + 1}{a_2}.$$

Pour deux fractions intégrantes

$$a_1 + \cfrac{1}{a_2 + \cfrac{1}{a_3}}$$

on a d'abord $a_2 + \frac{1}{a_3} = \frac{a_2 a_3 + 1}{a_3}$; puis substituant cette somme,
il vient

$$a_1 + \cfrac{1}{\cfrac{a_2 a_3 + 1}{a_3}} = a_1 + \frac{a_3}{a_2 a_3 + 1},$$

ce qui donne, en ajoutant l'entier a_1 au numérateur, après l'avoir préalablement multiplié par le dénominateur,

$$\frac{a_1 a_2 a_3 + a_1 + a_3}{a_2 a_3 + 1}.$$

On trouvera de la même manière pour trois fractions intégrantes

$$a_1 + \cfrac{1}{a_2 + \cfrac{1}{a_3 + \cfrac{1}{a_4}}} = a_1 + \cfrac{1}{a_2 + \cfrac{1}{\cfrac{a_3 a_4 + 1}{a_4}}} = a_1 + \cfrac{1}{a_2 + \cfrac{a_4}{a_3 a_4 + 1}}$$

$$= a_1 + \cfrac{1}{\cfrac{a_2 a_3 a_4 + a_2 + a_4}{a_3 a_4 + 1}} = a_1 + \cfrac{\cfrac{a_3 a_4 + 1}{a_2 a_3 a_4 + a_2 + a_4}}{}$$

$$= \frac{a_1 a_2 a_3 a_4 + a_1 a_2 + a_1 a_4 + a_3 a_4 + 1}{a_2 a_3 a_4 + a_2 + a_4}$$

et ainsi de suite.

157. En examinant ces sommes successives, on voit qu'on peut leur donner les formes

$$\frac{a_1 a_2 + 1}{a_2},$$

$$\frac{a_3 (a_1 a_2 + 1) + a_1}{a_2 a_3 + 1},$$

$$\frac{a_4 [a_3 (a_1 a_2 + 1) + a_1] + (a_1 a_2 + 1)}{a_4 (a_2 a_3 + 1)}, \text{ etc.}$$

ce qui rend sensible la construction du numérateur et du dénominateur de chacunes d'elles au moyen du numérateur et du dénominateur de celle qui la précède.

Si l'on forme donc deux suites de quantités P_1, P_2, P_3, etc., Q_1, Q_2, Q_3, etc., d'après la loi très-simple de construction... (m)

$$
\begin{aligned}
P_1 &= a_1 & Q_1 &= 1 \\
P_2 &= a_2 P_1 + 1, & Q_2 &= a_2 Q_1 \\
P_3 &= a_3 P_2 + P_1, & Q_3 &= a_3 Q_2 + Q_1 \\
P_4 &= a_4 P_3 + P_2, & Q_4 &= a_4 Q_3 + Q_2 \\
\text{etc.,} &= \text{etc.} & \text{etc.,} &= \text{etc.} \\
P_\mu &= a_\mu P_{\mu-1} + P_{\mu-2}, & Q_\mu &= a_\mu Q_{\mu-1} + Q_{\mu-2}
\end{aligned}
$$

on aura évidemment

$$\frac{P_1}{Q_1} = a_1, \quad \frac{P_2}{Q_2} = \frac{a_1 a_2 + 1}{a_2}, \quad \frac{P_3}{Q_3} = \frac{a_3 (a_1 a_2 + 1) + a_1}{a_2 a_3 + 1}, \text{ etc.}$$

c'est-à-dire que les quantités $\frac{P_1}{Q_1}$, $\frac{P_2}{Q_2}$, $\frac{P_3}{Q_3}$, etc., sont les valeurs successives approchées de la fraction continue qui représente $\frac{N}{M}$.

158. Pour première application de ces expressions générales, proposons-nous de trouver les valeurs consécutives que donne la fraction continue

$$1 + \cfrac{1}{2 + \cfrac{1}{3 + \cfrac{1}{4 + \cfrac{1}{5 + \cfrac{1}{6 + \cfrac{1}{7}}}}}}$$

lorsqu'on s'arrête successivement à chacune de ses fractions intégrantes.

Nous avons ici $a_1 = 1$, $a_2 = 2$, $a_3 = 3$, $a_4 = 4$, $a_5 = 5$, $a_6 = 6$ et $a_7 = 7$. Substituant ces valeurs dans les expressions (m), nous trouverons

$P_1 = 1$		$Q_1 = 1$
$P_2 = 2P_1 + 1 =$	3.	$Q_2 = 2$
$P_3 = 3P_2 + P_1 =$	10.	$Q_3 = 3Q_2 + Q_1 =$ 7
$P_4 = 4P_3 + P_2 =$	43.	$Q_4 = 4Q_3 + Q_2 =$ 30
$P_5 = 5P_4 + P_3 =$	225.	$Q_5 = 5Q_4 + Q_3 =$ 157
$P_6 = 6P_5 + P_4 =$	1393.	$Q_6 = 6Q_5 + Q_4 =$ 972
$P_7 = 7P_6 + P_5 =$	9976.	$Q_7 = 7Q_6 + Q_5 =$ 6961

Les valeurs consécutives demandées seront donc

$$\frac{1}{1}, \ \frac{3}{2}, \ \frac{10}{7}, \ \frac{43}{30}, \ \frac{225}{157}, \ \frac{1393}{972}, \ \frac{9976}{6961},$$

dont la dernière est celle de la fraction continue entière.

159. On nomme *médiateurs* les quantités P_1, P_2, etc., Q_1 Q_2 etc., au moyen desquelles s'opère la réduction des fractions continues en fractions ordinaires, et *fractions principales* les fractions formées de ces *médiateurs*. Nous allons exposer les propriétés les plus importantes de ces fractions.

Les fractions principales consécutives forment la suite

$$\frac{P_1}{Q_1}, \ \frac{P_2}{Q_2}, \ \frac{P_3}{Q_3}, \ \frac{P_4}{Q_4}, \ \text{etc.} \ \frac{P_\mu}{Q_\mu}$$

et chacune d'elles diffère d'autant moins de la fraction continue entière qu'il entre plus de fractions intégrantes dans sa composition. En prenant la différence de chaque fraction principale avec celle qui la suit immédiatement, on obtient

$$\frac{P_1}{Q_1} - \frac{P_2}{Q_2} = \frac{P_1 Q_2 - P_2 Q_1}{Q_1 Q_2}$$

$$\frac{P_2}{Q_2} - \frac{P_3}{Q_3} = \frac{P_2 Q_3 - P_3 Q_2}{Q_2 Q_3}$$

$$\frac{P_3}{Q_3} - \frac{P_4}{Q_4} = \frac{P_3 Q_4 - P_4 Q_3}{Q_3 Q_4}$$

$$\text{etc.} = \text{etc.}$$

$$\frac{P_{\mu-1}}{Q_{\mu-1}} - \frac{P_\mu}{Q_\mu} = \frac{P_{\mu-1} Q_\mu - P_\mu Q_{\mu-1}}{Q_{\mu-1} Q_\mu}$$

et il est facile de s'assurer que tous les numérateurs des différences sont égaux. Ces différences sont d'ailleurs alternativement positives et négatives, parce que, d'après ce que nous avons dit plus haut (154), les fractions principales sont alternativement plus grandes et plus petites que la fraction totale.

Pour vérifier d'une manière générale l'égalité de ces numérateurs observons qu'un quelconque d'entre eux étant représenté par

$$P_{m-1} Q_m - P_m Q_{m-1}$$

celui de la différence précédente est

$$P_{m-2} Q_{m-1} - P_{m-1} Q_{m-2}$$

Or, d'après la construction des médiateurs (157), on a

$$P_m = a_m P_{m-1} + P_{m-2}, \quad Q_m = a_m Q_{m-1} + Q_{m-2}$$

Multiplions la première égalité par Q_{m-1} et la seconde par P_{m-1} elles deviendront

$$P_m \cdot Q_{m-1} = a_m P_{m-1} Q_{m-1} + P_{m-2} Q_{m-1}$$

$$P_{m-1} Q_m = a_m P_{m-1} Q_{m-1} + P_{m-1} Q_{m-2}$$

retranchons la première, de celles-ci, de la dernière, nous obtiendrons

$$P_{m-1} Q_m - P_m Q_{m-1} = P_{m-1} Q_{m-2} - P_{m-2} Q_{m-1}$$

$$= -[P_{m-2} Q_{m-1} - P_{m-1} Q_{m-2}]$$

ainsi deux différences consécutives ont pour numérateurs des quantités égales, mais de signes contraires.

Tous les numérateurs des différences étant égaux, il s'agit donc seulement d'en connaître un pour les connaître tous. Le premier

$$P_1 Q_2 - P_2 Q_1,$$

en substituant aux médiateurs, leurs valeurs $P_1 = 1$, $P_2 = a_1 P_1 + 1$ $= a_1 + 1$, $Q_1 = 1$, $Q_2 = a_2$, se réduit à

$$a_2 - a_2 - 1 = -1$$

Donc, toutes ces différences ont l'*unité* pour numérateur, et comme la première est négative, la seconde est positive, et ainsi de suite ; de sorte qu'on a généralement

$$\frac{P_{\mu-1}}{Q_{\mu-1}} - \frac{P_\mu}{Q_\mu} = (-1)^{\mu-1} \cdot \frac{1}{Q_{\mu-1}Q_\mu}$$

160. Il résulte de cette loi plusieurs conséquences importantes. 1° la différence entre deux fractions principales consécutives est d'autant plus petite que ces fractions renferment plus de fractions intégrantes. En effet, cette différence étant toujours une fraction de la forme

$$(-1)^{\mu-1} \cdot \frac{1}{Q_{\mu-1}Q_\mu}$$

c'est-à-dire l'unité, prise en *plus* ou en *moins*, divisée par le produit des dénominateurs des fractions principales, comme le produit est d'autant plus grand que l'indice des médiateurs, qui composent ces dénominateurs, est plus grand, la différence est d'autant plus petite.

2° La différence entre deux fractions principales consécutives est la plus petite possible, c'est-à-dire qu'entre ces mêmes fractions il ne saurait tomber aucune autre fraction quelconque à moins qu'elle n'ait un dénominateur plus grand que ceux de ces fractions ; car s'il existait une fraction $\frac{A}{B}$ dont la valeur tombât entre celles des deux fractions principales consécutives

$$\frac{P_{\mu-1}}{Q_{\mu-1}}, \frac{P_\mu}{Q_\mu},$$

et dont le dénominateur fût moindre que $Q_{\mu-1}$ ou que Q_μ, il faudrait que la différence entre $\frac{P_{\mu-1}}{Q_\mu-}$ et $\frac{A}{B}$ qui est

$$\frac{BP_{\mu-1} - AQ_{\mu-1}}{BQ_{\mu-1}}$$

fût plus petite que $\frac{1}{Q_{\mu-1}Q_\mu}$; mais il est évident que cette différence ne saurait être plus petite que $\frac{1}{BQ_{\mu-1}}$; donc si B est $< Q_\mu$ elle sera nécessairement plus·grande que $\dfrac{1}{Q_\mu {}_{-1} Q_\mu}$. De même, la différence entre $\dfrac{A}{B}$ et $\dfrac{P_\mu}{Q_\mu}$ étant

$$\dfrac{AQ_\mu - BP_\mu,}{BQ_\mu}$$

et ne pouvant être plus petite que $\dfrac{1}{BQ_\mu}$, sera nécessairement plus grande que $\dfrac{1}{Q_\mu {}_{-1} Q_\mu}$, si $B < Q_\mu - {}_1$.

3° Les fractions consécutives sont irréductibles, ou se trouvent déjà à leur plus simple expression, car si $\dfrac{P_\mu {}_{-1}}{Q_\mu {}_{-1}}$, par exemple, avait un facteur commun dans ses deux termes, il s'ensuivrait que la différence

$$P_\mu - {}_1 Q_\mu - P_\mu Q_\mu - {}_1$$

serait divisible par ce facteur; mais cette différence est toujours égale à l'unité donc $P_\mu - {}_1$ et $Q_\mu - {}_1$ ne peuvent avoir aucun facteur commun.

161. Les fractions principales étant alternativement plus grandes et plus petites que la fraction continue, (154), la différence entre la fraction continue et une fraction principale quelconque est toujours moindre que la différence entre cette fraction principale et la fraction principale suivante, de sorte que cette différence, généralement égale à l'unité, divisée par le produit des dénominateurs des deux fractions principales, peut servir de *limite* pour apprécier l'erreur que l'on commet en prenant une fraction principale à la place de la fraction entière. C'est ainsi, par exemple, que si nous choisissons la fraction principale $\frac{43}{30}$, pour représenter la fraction continue du n° 158, nous saurons que la différence entre cette fraction principale et la fraction entière $\frac{9975}{6961}$ est moindre que

$$\dfrac{1}{30.\ 157} = \dfrac{1}{4710}$$

parce que 157 est le dénominateur de la fraction principale $\frac{221}{157}$ qui suit $\frac{43}{30}$.

Pour trouver une *limite inférieure*, supposons que la fraction principale à laquelle on s'arrête soit la troisième $\dfrac{P_4}{Q_4}$, cette fraction est la somme des quatre fractions intégrantes

$$a_1 + \cfrac{1}{a_2 + \cfrac{1}{a_3 + \cfrac{1}{a_4}}}$$

et la partie négligée de la fraction continue est celle qui suit a_4, ou

$$\cfrac{1}{a_5 + \cfrac{1}{a_6 + \cfrac{1}{a_7 + \text{etc.}}}}$$

Représentons par q la somme de la partie

$$a_5 + \cfrac{1}{a_6 + \cfrac{1}{a_7 + \text{etc.}}},$$

depuis a_5 jusqu'à la dernière fraction intégrante $\dfrac{1}{a_\mu}$; alors la fraction continue entière devenant

$$a_1 + \cfrac{1}{a_2 + \cfrac{1}{a_3 + \cfrac{1}{a_4 + \cfrac{1}{q}}}}$$

ses derniers médiateurs P_μ et Q_μ seront

$$P_\mu{}' = qP_4 + P_3, \quad Q_\mu = qQ_4 + Q_3,$$

c'est-à-dire, que la valeur totale de la fraction continue étant représentée par $\frac{N}{M}$, nous aurons

$$\frac{N}{M} = \frac{P_\mu}{Q_\mu} = \frac{qP_4 + P_3}{qQ_4 + Q_3}.$$

Nous aurons donc aussi, pour la différence entre la fraction continue et la fraction principale $\dfrac{P_4}{Q_4}$, l'expression

$$\frac{N}{M} - \frac{P_4}{Q_4} = \frac{qP_4 + P_3}{qQ_4 + Q_3} - \frac{P_4}{Q_4}$$
$$= \frac{qP_4 Q_4 + P_3 Q_4 - qP_4 Q_4 - P_4 Q_3}{Q_4 (qQ_4 + Q_3)}$$

ce qui se réduit à

$$\frac{N}{M} - \frac{P_4}{Q_4} = \frac{1}{Q_4 (qQ_4 + Q_3)}$$

à cause de $P_3 Q_4 - P_4 Q_3 = \pm 1$;

Mais q est égal à a_5 plus une fraction, on a donc

$$q > a_5, \text{ et } q < a_5 + 1,$$

et, par conséquent,

$$\frac{N}{M} - \frac{P_4}{Q_4} < \frac{1}{Q_4 (a_5 Q_4 + Q_3)}$$

$$\frac{N}{M} - \frac{P_4}{Q_4} > \frac{1}{Q_4 [(a_5 + 1) Q_4 + Q_3]}$$

Ainsi, comme d'après la formation des médiateurs (157), $Q_5 = a_5 Q_4 + Q_3$, on a définitivement

$$\frac{N}{M} - \frac{P_4}{Q_4} < \frac{1}{Q_4 Q_5}$$

$$\frac{N}{M} - \frac{P_4}{Q_4} > \frac{1}{Q_4 (Q_5 + Q_4)}$$

On trouverait évidemment de la même manière, pour une fraction principale quelconque $\dfrac{P_\mu}{Q_\mu}$,

$$\frac{N}{M} - \frac{P_\mu}{Q_\mu} < \frac{1}{Q_\mu Q_{\mu + 1}}$$

$$\frac{N}{M} - \frac{P_\mu}{Q_\mu} > \frac{1}{Q_\mu (Q_{\mu + 1} + Q_\mu)}$$

Ces expressions nous apprennent que la différence entre une fraction principale et la fraction continue est toujours *moindre* que l'unité divisée par le produit du dénominateur de la fraction principale et de celle qui la suit ; c'est la *limite supérieure* déjà trouvée ci-dessus ; et que cette différence est toujours *plus grande* que l'unité divisée par le produit du dénominateur de la fraction principale et de la somme de ce dénominateur avec celui de la fraction principale suivante.

Ainsi, dans l'exemple ci-dessus, la différence entre la fraction principale et la fraction continue est plus grande que

$$\frac{1}{30(30 + 157)} = \frac{1}{5610}$$

La connaissance de ces limites est surtout essentielle lorsque la fraction continue se compose d'un nombre infini de fractions intégrantes, ce qui arrive dans certaines circonstances dont nous parlerons plus loin.

162. Proposons-nous, comme application, de réduire en fraction continue la fraction ordinaire $\frac{31415926}{10000000}$ et de trouver toutes les fractions principales qui en sont les valeurs approchées. Cette fraction exprime à *un dix-millionième* près le rapport de la circonférence du cercle à son diamètre.

Les divisions successives, opérées d'après la règle (155), font connaître la suite des quotiens 3, 7, 15, 1, 243, 1, 1, 9, 1, 1, 4. On a donc pour la fraction continue l'expression

$$\frac{31415926}{10000000} = 3 + \cfrac{1}{7 + \cfrac{1}{15 + \cfrac{1}{1 + \cfrac{1}{243 + \cfrac{1}{1 + \cfrac{1}{1 + \cfrac{1}{9 + \cfrac{1}{1 + \cfrac{1}{1 + \cfrac{1}{4}}}}}}}}}}$$

Pour trouver les fractions principales construisons les deux suites de médiateurs

$P_1 = 3$ $Q_1 = 1$

$P_2 = 7.3 + 1 = 22$ $Q_2 = 7$

$P_3 = 15.22 + 3 = 333$ $Q_3 = 15.7 + 1 = 106$

$P_4 = 1.333 + 22 = 355$ $Q_4 = 1.106 + 7 = 113$

$P_5 = 243.355 + 333 = 86598$ $Q_5 = 243.113 + 106 = 27565$

$P_6 = 1.86598 + 355 = 86953$ $Q_6 = 1.27565 + 113 = 27678$

$P_7 = 1.86953 + 86598 = 173551$ $Q_7 = 1.27678 + 27565$
$\qquad\qquad\qquad\qquad\qquad\qquad\qquad\qquad\qquad\quad = 55243$

$P_8 = 9.173551 + 86953 = 1648912$ $Q_8 = 9.55243 + 27678$
$\qquad\qquad\qquad\qquad\qquad\qquad\qquad\qquad\qquad\quad = 524865$

$P_9 = 1.1648912 + 173551 = 1822463$ $Q_9 = 1.524865 + 55243$
$\qquad\qquad\qquad\qquad\qquad\qquad\qquad\qquad\qquad\quad = 580108$

$P_{10} = 1.1822463 + 1648912 = 3471375$ $Q_{10} = 1.580108 + 524865$
$= 1104973$

$P_{11} = 4.3471375 + 1822463 = 15707963.$ $Q_{11} = 4.1104973 + 580108$
$= 5000000.$

Les fractions principales seront donc

$$\frac{3}{1}, \frac{22}{7}, \frac{333}{106}, \frac{355}{113}, \frac{86598}{27565}, \frac{86953}{27678}, \frac{173551}{55243}, \frac{1648912}{524865}, \frac{1822463}{580108},$$
$$\frac{3471375}{1104973}, \frac{15707963}{5000000}.$$

La dernière est égale à la proposée réduite à sa plus simple expression.

De toutes ces fractions la quatrième est celle qui peut remplacer la proposée avec le plus d'avantage, parce qu'elle est exprimée par peu de chiffres et qu'elle n'en diffère que de moins

$$\frac{1}{113 \times 27565} = \frac{1}{3114845}.$$

La seconde, $\frac{22}{7}$, qui est le rapport trouvé par Archimède, peut être employée dans tous les calculs qui ne réclament pas une très-grande exactitude. C'est vainement qu'on chercherait des nombres plus petits que $\frac{355}{113}$ pour exprimer plus exactement le rapport de la circonférence au diamètre ; $\frac{3}{1}$, $\frac{22}{7}$, $\frac{333}{106}$, $\frac{355}{113}$ sont les fractions les plus simples qui approchent le plus près du véritable rapport ; en trouver d'autres est la chimère de ceux qui cherchent encore aujourd'hui la quadrature du cercle. Ils feraient beaucoup mieux d'étudier la géométrie.

163. La grandeur numérique d'un nombre irrationnel quelconque pouvant toujours être exprimée approximativement par un nombre fractionnaire, on peut également l'exprimer par une fraction continue, ce qui donne le moyen de trouver toutes les fractions approchées les plus simples possibles. Mais, comme l'expression exacte d'un nombre irrationnel exigerait une quantité infinie de chiffres dans le numérateur et dans le dénominateur de la fraction qui le représente, et que ces deux termes sont premiers entre eux, les divisions successives, pour la transformation en fraction continue, devraient se prolonger à l'infini, c'est-à-dire, que, dans ce cas, la fraction continue se compose d'un nombre infini de fractions intégrantes. Le procédé des divisions successives, n'est donc propre qu'à faire connaître les premières fractions intégrantes, ce qui du reste est suffisant dans le plus grand nombre des cas ; et pour être sûr, alors, de l'exactitude de ces premières fractions, voici comme on doit procéder :

Il faut d'abord chercher la valeur approchée du nombre irrationnel exprimée en décimales. Quel que soit le nombre des décimales auquel on s'arrête, on connaît ainsi deux limites entre lesquelles est la valeur exacte du nombre irrationnel, par exemple, nous avons trouvé (135) que la racine carrée de 2, est, à *un millionième* près, égale à 1,414213, c'est-à-dire, que cette racine est plus grande que 1,414213, et plus petite que 1,414214. Ces deux nombres mis sous la forme de fractions ordinaires nous donnent

$$\sqrt{2} > \frac{1414213}{1000000}, \ \sqrt{2} < \frac{1414214}{1000000}.$$

Ainsi, en transformant l'une et l'autre de ces fractions ordinaires en fractions continues, on ne devra prendre pour représenter $\sqrt{2}$ en fraction continue, que les premières fractions intégrantes égales de part et d'autre. On arrêtera donc les divisions successives dès qu'on tombera sur des quotiens différens. Ici les neufs premiers quotiens fournis par $\frac{1414213}{1000000}$ étant 1, 2, 2, 2, 2, 2, 2, 2, 2; et les neuf premiers quotiens fournis par $\frac{1414214}{1000000}$, étant 1, 2, 2, 2, 2, 2, 2, 2, 1; on ne poursuivra pas plus loin les divisions, et, ne tenant compte que des huit quotiens égaux de part et d'autre, on posera

$$\sqrt{2} = 1 + \cfrac{1}{2 + \cfrac{1}{2 + \cfrac{1}{2 + \cfrac{1}{2 + \cfrac{1}{2 + \cfrac{1}{2 + \cfrac{1}{2 + \text{etc.}}}}}}}$$

Pour obtenir un plus grand nombre de quotiens égaux de part et d'autre, il aurait fallu employer plus de décimales dans l'expression de $\sqrt{2}$; mais sept à huit fractions intégrantes suffisent en général pour donner toutes les approximations dont on peut avoir besoin dans les calculs ordinaires. Nous verrons ailleurs, que toutes les fractions intégrantes de la fraction continue qui exprime $\sqrt{2}$, sont, à l'infini, égales à $\frac{1}{2}$. On nomme *fractions continues périodiques*, les fractions continues dans lesquelles un nombre limité de fractions intégrantes différentes se reproduit à l'infini, dans le même ordre. Par exemple :

$$\cfrac{1}{3+\cfrac{1}{3+\cfrac{1}{3+\cfrac{1}{3+\cfrac{1}{3+\cfrac{1}{3+\text{etc.}}}}}}} \qquad \cfrac{1}{2+\cfrac{1}{3+\cfrac{1}{2+\cfrac{1}{3+\cfrac{1}{2+\cfrac{1}{3+\text{etc.}}}}}}} \qquad \cfrac{1}{3+\cfrac{1}{5+\cfrac{1}{4+\cfrac{1}{3+\cfrac{1}{5+\cfrac{1}{4+\text{etc.}}}}}}}$$

sont des *fractions continues périodiques*, dont les périodes sont respectivement $\frac{1}{3}$; $\frac{1}{2}$, $\frac{1}{3}$; $\frac{1}{3}$, $\frac{1}{5}$, $\frac{1}{4}$.

Cette espèce de fractions continues a l'avantage d'être entièrement déterminée par la connaissance de la période. Nous verrons, en son lieu, que tous les nombres irrationnels de second degré, c'est-à-dire, que toutes les racines carrées qui ne peuvent s'exprimer exactement, conduisent à des fractions continues périodiques.

Reprenons la fraction continue que nous avons trouvée ci-dessus, pour l'expression de $\sqrt{2}$ et construisons les fractions principales qui doivent nous donner toutes les valeurs approchées de ce nombre.

Les médiateurs seront, en vertu des expressions (m) (*Voy.* n° 157).

$$
\begin{array}{ll}
P_1 = 1 & Q_1 = 1 \\
P_2 = 2 . \ 1 + 1 = 3 & Q_2 = 2 \\
P_3 = 2 . \ 3 + 1 = 7 & Q_3 = 2 . \ 2 + 1 = 5 \\
P_4 = 2 . \ 7 + 3 = 17 & Q_4 = 2 . \ 2 + 5 = 12 \\
P_5 = 2 . \ 17 + 7 = 41 & Q_5 = 2 . \ 12 + 5 = 29 \\
P_6 = 2 . \ 41 + 17 = 99 & Q_6 = 2 . \ 29 + 12 = 70 \\
P_7 = 2 . \ 99 + 41 = 239 & Q_7 = 2 . \ 70 + 29 = 169 \\
\text{etc.} = \text{etc.} & \text{etc.} = \text{etc.}
\end{array}
$$

ce qui donne la suite des fractions principales

$$\frac{1}{1}, \ \frac{3}{2}, \ \frac{7}{5}, \ \frac{17}{12}, \ \frac{41}{29}, \ \frac{99}{70}, \ \frac{239}{169}, \ \text{etc.}$$

Ces fractions sont, de toutes les fractions ordinaires, celles qui expriment le plus exactement $\sqrt{2}$, avec les plus petits dénominateurs possibles ; il n'existe pas, par exemple, de fraction dont le dénominateur soit plus petit que 29 et qui exprime plus exactement $\sqrt{2}$, que la fraction $\frac{41}{29}$.

Les limites déterminées ci-dessus (161), nous apprennent que la différence entre $\frac{41}{29}$ est plus petite que $\frac{1}{29.70} = \frac{1}{2030}$ et plus grande que $\frac{1}{29(29+70)} = \frac{1}{2871}$; ainsi toutes les fois que, dans un calcul où se trouverait $\sqrt{2}$, on n'aurait besoin de connaître cette quantité qu'à *un deux-millième* près, on pourrrait employer la fraction $\frac{41}{29}$.

164. D'après ce qui précède, on voit quelles fractions principales trouvées (162) pour les expressions approchées de $\frac{31415926}{10000000}$, ne sauraient être toutes prises pour les valeurs approchées du véritable rapport de la circonférence au diamètre ; car ce véritable rapport est plus grand que la fraction proposée ; sa valeur exacte est entre

$$\frac{3141592\acute{6}}{10000000}, \text{ et } \frac{3141592\,7}{10000000}$$

Or, en opérant les divisions successives sur la seconde fraction, les cinq premiers quotiens sont 3, 7, 15, 1, 354 ; tandis que les cinq premiers quotiens fournis par la première sont 3, 7, 15, 1, 243 ; on ne doit donc prendre que les quatre premiers quotiens, égaux de part et d'autre, pour exprimer en fraction continue le véritable rapport de la circonférence au diamètre, ce qui donne pour ce rapport l'expression

$$3 + \cfrac{1}{7 + \cfrac{1}{15 + \cfrac{1}{1 + \text{etc.}}}}$$

qui ne peut faire connaître que les quatre fractions principales

$$\frac{3}{1}, \ \frac{22}{7}, \ \frac{333}{106}, \ \frac{355}{113},$$

Pour obtenir plus de fractions intégrantes, il faudrait prendre des limites plus resserrées ; en observant, par exemple, que le rapport exact est entre 3,14159265358 et 3,14159265359, on trouverait les quotiens égaux de part et d'autre, 3, 7, 15, 1, 292, 1, 1, etc., qui fonrniront les fractions principales.

$$\frac{1}{3}, \ \frac{22}{7}, \ \frac{333}{106}, \ \frac{355}{113}, \ \frac{103993}{33102}, \text{ etc.}$$

Le rapport $\frac{355}{113}$ ne diffère donc du véritable que de moins $\frac{1}{113.\ 33102}$ Du reste, ces fractions sont alternativement plus grandes et plus petites que le véritable rapport.

LES FACTORIELLES.

165. Nous avons vu (61) que la combinaison des deux modes primitifs de la génération des nombres $a \times b = c$, $a^b = c$, produit un mode dérivé dont la forme est

A. B. C. D. E. F., etc.,

les quantités A, B, C, etc., étant liées par une loi de construction.

Cette forme renferme en effet, d'une part le caractère de la génération par *facteurs*, $a \times b$, qui est le caractère distinctif du mode $a \times b = c$; et de l'autre le caractère de génération successive ou continue par *puissance*, $a \times a \times a \times a \times$ etc., qui est le caractère distinctif du mode $a^b = c$.

Le cas le plus simple de cette génération dérivée est celui où les quantités A, B, C, D etc., sont construites à l'aide d'une même quantité *a* prise pour *base*, et que l'on fait croître successivement à l'aide d'un même *accroissement r*; ces quantités sont alors

$$a, \ a+r, \ a+2r, \ a+3r, \ a+4r, \text{ etc.}$$

C'est là, en effet, la loi la plus simple qui puisse lier des quantités. La génération dérivée en question devient alors

$$a(a+r)(a+2r)(a+3r)(a+4r)\dots \text{ etc.}$$

On la nomme *génération par factorielles*.

166. Désignons par *m* le nombre des facteurs a, $(a+r)$, $(a+2r)$, etc., et par *c* le nombre engendré par leur produit; nous pourrons alors donner à la génération de ce nombre la forme déterminée

$$a^{m|r} = c,$$

a sera la *base* de la *factorielle*, *m* son *exposant* et *r* son *accroissement*. On devra seulement se rappeler que l'accroissement *r*, quoique écrit à la droite de l'exposant, n'influe en rien sur cet exposant et porte exclusivement sur la base *a*.

On a donc de cette manière

$$a^{1|r} = a$$
$$a^{2|r} = a(a+r)$$
$$a^{3|r} = a(a+r)(a+2r)$$
$$a^{4|r} = a(a+r)(a+2r)(a+3r)$$
$$\text{etc.} = \text{etc.}$$

et, en général,

$$a^{m|r} = a(a+r)(a+2r)(a+3r)\dots(a+(m-1)r)$$

Nous allons examiner les particularités les plus importantes de ce mode de génération.

167. La factorielle $a^{m|r}$ qui désigne le produit

$$a(a+r)(a+2r)(a+3r)\dots\dots(a+(m-1)r)$$

peut encore s'exprimer par

$$(a + (m - 1)r)^{m|-r}$$

en prenant le dernier facteur pour la *base* et considérant l'accroissement r comme négatif.

Par la même raison, la factorielle à accroissement négatif

$$a^{m|-r}$$

qui désigne le produit

$$a\,(a - r)\,(a - 2\,r)\,(a - 3\,r)\ldots\ldots(a - (m - 1)\,r)$$

peut se mettre sous la forme

$$(a - (m - 1)\,r)^{m|r}.$$

Ainsi, le produit 720 des six facteurs 1, 2, 3, 4, 5, 6 pourra s'exprimer indifféremment par $1^{6|1}$ ou par $6^{6|-1}$.

168. La factorielle à exposant binome $a^{m+n|r}$ peut être exprimée de deux manières différentes par le produit de deux factorielles à exposant monome. On a

$$(1)\ldots\ldots\begin{cases} a^{m+n|r} = a^m.\,(a + m\,r)^{n|r} \\ a^{m+n|r} = a^n.\,(a + n\,r)^{m|r}. \end{cases}$$

En effet la factorielle $a^{q|r}$ représentant le produit

$$a(a + r)\,(a + 2r)\ldots\ldots(a + (q - 1)r),$$

on a visiblement

$$a^{q|r} = a.(a + r)^{q-1|r}$$
$$a^{q|r} = a\,(a + r).\,(a + 2r)^{q-2|r} = a^{2|r}.\,a^{q-2|r}$$
$$a^{q|r} = a\,(a + r)\,(a + 2r).\,(a + 3r)^{q-3|r} = a^{3|r}.\,a^{q-3|r}$$
$$\text{etc.} = \text{etc.}$$

et, en général

$$a^{q|r} = a(a + r)\ldots(a + (n - 1)r).\,(a + n\,r)^{q-n|r} = a^{n|r}.\,(a + n\,r)^{q-n|r}.$$

Donc, en faisant $q - n = m$, d'où $q = m + n$,

$$a^{m+n|r} = a^{n|r}.\,(a + n\,r)^{m|r}.$$

Cette première décomposition entraîne nécessairement la seconde

$$a^{m+n|r} = a^{m|r}.\,(a + m\,r)^{n|r},$$

puisque $a^{m+n|r} = a^{n+m|r}$.

169. La factorielle $a^{m-n|r}$ exprime le quotient des deux factorielles $a^{m|r}$, $(a + (m-n)r)^{n|r}$, c'est-à-dire, qu'on a

$$a^{m-n|r} = \frac{a^{m|r}}{(a + (m-n)r)^{n|r}}.$$

Car, d'après le théorème précédent

$$a^{p+n|r} = a^{p,r}.(a+pr)^{n|r}$$

ce qui donne, en divisant par $(a+pr)^{n|r}$,

$$a^{p|r} = \frac{a^{p+n|r}}{(a+pr)^{n|r}}$$

faisant dans cette dernière égalité $p+n=m$, d'où $p=m-n$, elle devient

$$(2)\ldots\ldots a^{m-n|r} = \frac{a^{m|r}}{(a+(m-n)r)^{n|r}}.$$

170. Les expressions (1) et (2) constituent les deux lois fondamentales de la théorie des factorielles. Nous verrons plus loin qu'elles s'étendent à tous les cas possibles des valeurs entières et fractionnaires positives et négatives des exposans.

Lorsqu'on fait dans la seconde $m=n$, ou $m-n=0$, elle devient

$$a^{0|r} = \frac{a^{m|r}}{a^{m|r}} = 1.$$

Ce qui nous apprend que la factorielle à exposant zéro est, comme la simple puissance a^0, égale à l'unité.

La factorielle à exposant 1, $a^{1|r}$ se réduisant à la base elle-même a, on voit que l'accroissement r n'est sensible que lorsque l'exposant n'est pas égal à l'unité. Si l'accroissement r devenait zéro la factorielle $a^{m|r}$ se réduirait à la simple puissance a^m; aussi les propriétés fondamentales des factorielles ne sont-elles qu'une extension de celles des puissances et en faisant $r=0$ dans les deux expressions

$$a^{m+n|r} = a^{m|r}.(a+mr)^{n|r}$$
$$a^{m-n|r} = \frac{a^{m|r}}{(a+(m-n)r)^{n|r}},$$

on retrouve les expressions des puissances (29 et 30)

$$a^{m+n} = a^m.a^n$$
$$a^{m-n} = \frac{a^m}{a^n}.$$

171. Si l'on fait $m=0$ dans l'expression (2), elle devient

$$a^{-n|r} = \frac{1}{(a-nr)^{n|r}}$$

et détermine l'idée qu'on doit attacher aux factorielles à exposans *négatifs*.

Cette dernière expression, en passant des accroissemens positifs aux accroissemens négatifs (167), fournit les quatre expressions suivantes

$$a^{--n|r} = \frac{1}{(a-r)^{n|-r\prime}}$$

$$a^{-n|-r} = \frac{1}{(a+r)^{n|r\prime}}$$

$$a^{n|r} = \frac{1}{(a-r)^{-n|-r\prime}}$$

$$a^{n|-r} = \frac{1}{(a+r)^{-n|r\prime}}$$

à l'aide desquelles on peut transformer, dans tous les cas, les factorielles négatives en factorielles positives et réciproquement.

172. Les factorielles se prêtent à un grand nombre de transformations, qui permettent de leur donner des bases ou des accroissemens arbitraires. D'abord, on peut toujours leur donner l'unité pour base, car

$$a^{m|r} = a^m . 1^{m|\frac{r}{a}}.$$

En effet, si on divise chaque facteur a, $a+r$, $a+2r$, etc., par la base a, ils deviennent.

$$\frac{a}{a} = 1, \; \frac{a+r}{a} = 1 + \frac{r}{a}, \; \frac{a+2r}{a} = 1+2\frac{r}{a}, \; \frac{a+3r}{a} = 1+3\frac{r}{a} \colon \text{etc.}$$

La factorielle $a^{m|r}$ exprime donc aussi le produit

$$a \times 1 . a \times (1+\frac{r}{a}). a \times (1+2\frac{r}{a}). a \times (1+3\frac{r}{a}) \ldots \ldots$$
$$\ldots \ldots a \times (1+(m-1)\frac{r}{a})$$

ou, en réunissant les m facteurs a, le produit

$$a^m \times 1 . (1+\frac{r}{a}).(1+2\frac{r}{a}).(1+3\frac{r}{a})\ldots (1+(m+1)\frac{r}{a}),$$

ce qui se réduit, en dernier lieu, à

$$a^m . 1^{m|\frac{r}{a}}.$$

On trouverait de la même manière, en multipliant ou en divisant tous les facteurs par une même quantité q

$$a^{m|r} = \frac{(aq)^{m|qr}}{q^m}, \text{ d'où } q^m . a^{m|r} = (aq)^{m|qr},$$

$$a^{m|r} = q^m \cdot \left(\frac{a}{q}\right)^n \Big|_{q}^{\frac{r}{q}}, \quad \text{d'où} \quad \frac{a^{m|r}}{q^m} = \left(\frac{a}{q}\right)^n \Big|_{q}^{\frac{r}{q}}.$$

173. Pour transformer la factorielle $a^{m|r}$ en une autre dont la base soit b, on partira de l'expression ci dessus

$$a^{m|r} = a^m \cdot 1^{m|\frac{r}{a}}$$

d'où

$$\frac{a^{m|r}}{a^m} = 1^{m|\frac{r}{q}}$$

multipliant les deux membres de cette égalité par b^m, elle deviendra

$$\frac{b^m}{a^m} \cdot a^{m|r} = b^m \cdot 1^{m|\frac{r}{a}} = b^m \Big|^{\frac{br}{q}}.$$

On a donc, définitivement, en divisant par le facteur $\frac{b^m}{a^m}$,

$$a^{m|r} = \frac{a^m}{b^m} \cdot b^m \Big|^{\frac{br}{q}}$$

174. En partant de l'égalité, (172),

$$q^m \cdot a^{m|r} = (aq)^{m|qr},$$

on transformera la factorielle $a^{m|r}$ en une autre qui aura q pour accroissement; car, en divisant les deux membres par r^m, il vient, en vertu de ce qui précède,

$$\frac{q^m}{r^m} \cdot a^{m|r} = \frac{(aq)^{m|qr}}{r^m} = \left(\frac{aq}{r}\right)^{m|q}$$

ainsi,

$$a^{m|r} = \frac{r^m}{q^m} \cdot \left(\frac{aq}{r}\right)^{m|q}$$

175. La factorielle $a^{m|r}$ représentant le produit des m facteurs

$$a\,(a+r)\,(a+2r)\,(a+3\,r)\ldots(a+(m-1)\,r)$$

peut toujours se développer par la multiplication successive de ces facteurs en une suite de termes

$$a^m + \mathrm{A}a^{m-1}\,r + \mathrm{B}a^{m-2}\,r^2 + \text{etc.} \ldots + \mathrm{Q}ar^{m-1}.$$

Nous savons, en effet (111), que le produit de m binomes

$$(a+b)\,(a+c)\,(a+d)\,(a+e)\ldots(a+n)$$

dont les premiers termes sont les mêmes, est égal à

$$a^m + \mathrm{A}_1\,a^{m-1} + \mathrm{A}_2\,a^{m-2} + \mathrm{A}_3\,a^{m-4} + \text{etc.} \ldots + \mathrm{A}_m$$

A_1 représentant la somme des seconds termes $b+c+d+e+$ etc.;
A_2, la somme de leurs produits *deux à deux*, $bc+cd+be+cd-$ etc.,

A$_2$, la somme de leurs produits *trois à trois*, $bc\,l$, $+\,bce+cde+$etc., et ainsi de suite, jusqu'à A$_m$, qui représente le produit de tous ces seconds termes. Or, dans le cas des factorielles, les seconds termes des binomes sont

$$0r, \quad 1r, \quad 2r, \quad 3r, \quad 4r, \text{ etc...} (m-1)r,$$

ainsi, leur somme peut se mettre sous la forme

$$(0+1+2+3+\text{etc..}+(m-1)r, \text{ ou } (mI_1)r,$$

en désignant par $(m\,I_1)$ la somme des m nombres naturels $0+1+2+3+$etc., jusqu'à $m-1$. La somme des produits *deux à deux* de ces seconds termes peut aussi prendre la forme

$$(0\times1+1\times2+2\times3+\text{etc...})r^2, \text{ ou } (mI_2)\,r^2,$$

en désignant par (mI_2) la somme des produits deux à deux des m nombres naturels $0, 1, 2, 3,$ etc..... $m-1$.

En général, la somme des produits μ à μ des seconds termes des facteurs de la factorielle pourra s'exprimer par $(mI\mu)\,r^\mu$, en désignant par $(mI\mu)$ la somme des produits μ à μ des nombres naturels $0, 1, 2, 3,...m-1$.

Or, pour passer du développemect du produit des m binomes à celui de la factorielle $a^{m|r}$, il ne faut que substituer les quantités

$$(mI_1)r, (mI_2)r^2, (mI_3)r^3, \text{ etc.}$$

à la place des coefficiens A$_1$, A$_2$, A$_3$, etc. Donc ce développement sera

$$a^{m|r} = a^m + (mI_1)a^{m-1}r + (mI_2)a^{m-2}r^2 + (mI_3)a^{m-3}r^3 + \text{etc.....}$$
$$(m\,I\,m-1)a\,r^{m-1}.$$

Le dernier coefficient A$_m$ du développement du produit des m binomes étant ici *zéro* à cause du facteur *zéro* qui s'y trouve, le développement de la factorielle s'arrête au terme $(mIm-1)a\,r^{m-1}$; ce développement n'a conséquemment que m termes.

Il nous reste à trouver la loi des coefficiens (mI_1), (mI_2), etc., pour pouvoir déterminer leur valeur numérique dans chaque cas particulier.

176. Les expressions fondamentales (1) nous donnent l'égalité

$$(a+mr)^{n|r}.\ a^{m|r} = a^{n|r}.\ (a+nr)^{m|r}$$

qui, en faisant $n=1$, devient

$$(a+mr).\ a^{m|r} = a.\ (a+r)^{m|r}.$$

Pour obtenir le développement du premier membre de cette dernière égalité, il est évident qu'il faut multiplier par $a + mr$ celui de $a^m r$, ce qui donne

$$(a+mr).a^m r = a^{m+1} + (mI_1)a^m r + (mI_2)a^{m-1}r^2 + (mI_3)a^{m-2}r^3 + \text{etc.}$$
$$+ m\,a^m r + m(mI_1)a^{m-1}r^2 + m(mI_2)a^{m-2}r^3 + \text{etc.}$$
$$= a^{m+1} + [m + (mI_1)]a^m r + [m(mI_1) + (mI_2)]a^{m-1}r^2$$
$$+ [m(mI_2) + (mI_3)]a^{m-2}r^3 + \text{etc.}$$

Quant au développement du second membre, on l'obtiendra en substituant d'abord $a + r$ à r dans le développement général de $a^m r$, puis en multipliant ensuite tout par a. On aura de cette manière,

$$a.(a+r)^m r = a(a+r)^m + (mI_1)a(a+r)^{m-1}r + (mI_2)a(a+r)^{m-2}r^2$$
$$+ (mI_3)a(a+r)^{m-3}r^3 + \text{etc.}$$

Mais, d'après le binome de Newton,

$$(a+r)^m = a^m + ma^{m-1}r + \frac{m(m-1)}{1.2}a^{m-2}r^2 + \frac{m(m-1)(m-2)}{1.2.3}a^{m-3}r^3 + \text{etc.}$$

$$(a+r)^{m-1} = a^{m-1} + (m-1)a^{m-2}r + \frac{(m-1)(m-2)}{1.2}a^{m-3}r^2$$
$$+ \frac{(m-1)(m-2)(m-3)}{1.2\;3.4}a^{m-4}r^3 + \text{etc.}$$

$$(a+r)^{m-2} = a^{m-2} + (m-2)a^{m-3}r^2 + \frac{(m-2)(m-3)}{1.2}a^{m-4}r^2$$
$$+ \frac{(m-2)(m-3)(m-4)}{1.2.3}a^{m-5}r^3 + \text{etc.}$$

Substituant, on obtient

$$a(a+r)^m r = a^{m+1} + ma^m r + \frac{m(m-1)}{1.2}a^{m-1}r^2 + \frac{m(m-1)(m-2)}{1.2.3}a^{m-2}r^3 + \text{etc.}$$
$$+ (mI_1)a^m r + (mI_1).(m-1)a^{m-1}r^2 + (mI_1)\frac{(m-1)(m-2)}{1.2}a^{m-2}r^3 + \text{etc.}$$
$$+ (mI_2)a^{m-1}r^2 + (mI_2)(m-2)a^{m-2}r^3 + \text{etc.}$$
$$+ (mI_3)a^{m-2}r^3 + \text{etc.}$$
$$+ \text{etc.}$$

Or, le développement de $a(a+r)^m r$ devant être le même que celui de $(a+mr)a^m r$, les coefficiens des mêmes puissances de a et de r doivent être égaux dans ceux que nous venons d'obtenir; ainsi

$$m + (mI_1) = m + (mI_1)$$
$$m(mI_1) + (mI_2) = \frac{m(m-1)}{1.2} + (mI_1)(m-1) + (mI_2)$$
$$m(mI_2) + (mI_3) = \frac{m(m-1)(m-2)}{1.2.3} + (mI_1)\frac{(m-1)(m-2)}{1.2}$$
$$+ (mI_2)(m-2) + (mI_3)$$
$$\text{etc.} = \text{etc.}$$

La première de ces égalités est une simple identité qui ne fait rien connaître ; mais, retranchant des deux membres de la seconde, d'abord, le terme commun (mI_2), puis la quantité $(m-1)(mI_1)$, nous aurons

$$(mI_1) = \frac{m(m-1)}{1.2}.$$

Retranchant pareillement des deux membres de la troisième égalité le terme commun (mI_3), puis la quantité $(m-2)(mI_2)$, nous trouverons

$$2(mI_2) = \frac{(m-1)(m-2)}{1.2}(mI_1) + \frac{m(m-1)(m-2)}{1.2.3}.$$

Opérant de la même manière sur toutes ces égalités, nous obtiendrons, en rassemblant les résultats

$$(mI_1) = \frac{m(m-1)}{1.2}$$

$$2(mI_2) = \frac{(m-1)(m-2)}{1.2}(mI_1) + \frac{m(m-1)(m-2)}{1.2.3}$$

$$3(mI_3) = \frac{(m-2)(m-3)}{1.2}(mI_2) + \frac{(m-1)(m-2)(m-3)}{1.2.3}(mI_1)$$
$$+ \frac{m(m-1)(m-2)(m-3)}{1.2.3.4}$$

$$4(mI_4) = \frac{(m-3)(m-4)}{1.2}(mI_3) + \frac{(m-2)(m-3)(m-4)}{1.2.3}(mI_2)$$
$$+ \frac{(m-1)(m-2)(m-3)(m-4)}{1.2.3.4}(mI_1) + \frac{m(m-1)(m-2)(m-3)(m-4)}{1.2.3.4.5},$$

expressions dont la loi est évidente et qui donnent les coefficiens (mI_1), (mI_2), etc., les uns au moyen des autres.

177. Pour appliquer, par exemple, ces expressions au developpement de la factorielle $a^{5|r}$, nous y ferons $m = 5$, et nous trouverons

$$(mI_1) = \frac{5.4}{1.2} = 10$$

$$2(mI_2) = \frac{4.3}{1.2}10 + \frac{5.4.3}{1.2.3} = 70, \text{ d'où } (mI_2) = 35$$

$$3(mI_3) = \frac{3.2}{1.2}35 + \frac{4.3.2}{1.2.3}10 + \frac{5.4.3.2}{1.2.3.4} = 150, \text{ d'où } (mI_3) = 50$$

$$4(mI_4) = \frac{2.1}{1.2}50 + \frac{3.2.1}{1.2.3}35 + \frac{4.3.2.1}{1.2.3.4}10 + \frac{5.4.3.2.1}{1.2.3.4.5} = 96, \text{ d'où } (mI_4) = 24$$

$$5(mI_5) = 0.$$

Tous les coefficiens, passé (mI_4), se réduisant à zéro le développement demandé est

$$a^{5|r} = a^5 + 10a^4r + 35a^3r^2 + 50a^2r^3 + 24ar^4.$$

178. Les coefficiens du développement des factorielles se présentant dans un grand nombre de problèmes, il est utile de les avoir

tout calculés au moins pour les premiers degrés, en voici la table depuis $m = 1$ jusque $m = 10.$,

Exposans.   *Coefficiens.*

1. . . . 1

2. . . . 1, 1

3. . . . 1, 3,   2

4. . . . 1, 6, 11,   6,

5. . . . 1, 10, 35, '50,   24

6. . . . 1, 15, 85, 225,   274,   120

7. . . . 1, 21, 175, 735, 1624,   1764,   720

8. . . . 1, 28, 322, 1960, 6769, 13132, 13068,   5040

9. . . . 1, 36, 546, 4536, 22449, 67284, 118124, 109584,
                                                    40320

10. . . . 1, 45, 870, 9450, 62273, 269325, 723680, 1172700,
                                                    986256, 362880.

179. La loi du développement des factorielles renfermée dans les expressions générales des coefficiens (176) a lieu pour toutes les valeurs entières et fractionnaires positives et négatives de l'exposant m. On peut s'en assurer facilement, pour le cas de l'exposant m entier négatif, par les considérations suivantes.

La factorielle à exposant négatif $a^{-m|r}$ est égale, (171), à

$$\frac{1}{(a-r)^{m|-r}}$$

elle représente donc le produit

$$\frac{1}{a-r} \cdot \frac{1}{a-2r} \cdot \frac{1}{a-3r} \cdot \frac{1}{a-4r} \cdot \frac{1}{a-5r} \cdots \frac{1}{a-mr}.$$

Développant chaque facteur en particulier, par le binome de Newton, nous aurons

$$(a-r)^{-1} = a^{-1} + a^{-2}r + a^{-3}r^2 + a^{-4}r^3 + a^{-5}r^4 + \text{etc.}$$
$$(a-2r)^{-1} = a^{-1} + 2a^{-2}r + 4a^{-3}r^2 + 8a^{-4}r^3 + 16a^{-5}a^4 + \text{etc.}$$
$$(a-3r)^{-1} = a^{-1} + 3a^{-2}r + 9a^{-3}r^2 + 27a^{-4}r^3 + 81a^{-5}a^4 + \text{etc.}$$
$$\text{etc.} = \text{etc.}$$
$$(a-mr)^{-1} = a^{-1} + ma^{-2}r + m^2a^{-3}r^2 + m^3a^{-4}r^3 + m^4a^{-5}r^4 + \text{etc.}$$

Or, le produit de tous ces développemens, qui doit donner celui de $a^{-m|r}$, est nécessairement de la forme

$$a^{-m} + Aa^{-m-1}r + Ba^{-m-2}r^2 + Ca^{-m-3}r^3 + \text{etc.},$$

le nombre des termes étant infini. Cette expression est, à l'exception des coefficiens dont la loi ne nous est point encore connue, ce que devient le développement de $a^{m|r}$ lorsqu'on y substitue $-m$ à la place de m.

Pour trouver la loi des coefficiens (mI_1), (mI_2), etc., nous sommes partis en premier lieu de l'égalité

$$(a+mr)^{n|r}.\, a^{m|r} = a^{m|r}.\, (a+nr)^{m|r};$$

mais cette égalité subsiste, comme nous allons le prouver à l'instant, pour toutes les valeurs entières positives et négatives des exposans m et n; ainsi, faisant $m = -m$ et $n = 1$, nous aurons encore

$$(a-mr).\, a^{-m|r} = a.\, (a+r)^{-m|r},$$

et opérant sur cette égalité comme nous l'avons fait sur l'égalité

$$(a+mr).\, a^{m|r} = a\,(a+r)^{-m|r},$$

Nous obtiendrons pour les coefficiens A, B, C, D, etc., les valeurs suivantes :

$$A = \frac{m(m+1)}{1.2.}$$

$$2\,B = \frac{(m+1)\,(m+2)}{1.2}.\,A - \frac{m(m+1)\,(m+2)}{1.2.3}$$

$$3\,C = \frac{(m+2)\,(m+3)}{1.2.3}\,B - \frac{(m+1)\,(m+2)\,(m+3)}{1.2.3}\,A + \frac{m\,(m+1)\,(m+2)\,(m+3)}{1.2.3.4}$$

etc. $=$ etc.

valeurs identiques avec celles qu'on obtiendrait en faisant m négative dans les expressions du numéro 176.

Le développement

$$a^{m|r} = a^m + (mI_1)\,a^{m-1}\,r + (mI_2)a^{m-2}\,r^2 + (mI3)\,a^{m-3}r^3 + \text{etc.}$$

dans lequel les coefficiens sont donnés par les expressions générales (176) se trouve donc démontré pour toutes les valeurs entières positives et négatives de l'exposant m.

180. Il nous reste à démontrer que l'expression fondamentale

$$a^{m+n|r} = a^{m|r}.\, (a+mr)^{n|r} = a^{n|r}.\, (a+nr)^{m|r}$$

a lieu dans le cas des exposans entiers négatifs.

Observons pour cet effet que (171),

$$a^{-(m+n)|r} = \frac{1}{(a-(m+n)\,r)^{m+n|r}}$$

Mais, d'après la loi (1) n° 168,

$$(a-(m+n)r)^{m+n|r} = (a-(m+nr)^{m|r}.\, (a-nr)^{n|r}$$

donc

$$a^{-(m+n)|r} = \frac{1}{(a-(m+n)r)^{m|r}.\ (a-nr)^{n|r}}$$

En réduisant les fractions en factorielles négatives par les expressions 171, on trouve

$$\frac{1}{(a-(m+n)r)^{m|r}} = (a-nr)^{-n|r}$$

$$\frac{1}{(a-nr)^{n|r}} = a^{-n|r}$$

Ainsi, en substituant, on aura encore

$$a^{-m-n|r} = a^{-n|r}.\ (a-nr)^{-m|r}$$

et par suite

$$a^{-m-n|r} = a^{-m|r}.\ (a-mr)^{-n|r}.$$

181. Cette décomposition de la factorielle à exposant binome est la propriété fondamentale des factorielles; il suffit de démontrer qu'elle a lieu généralement pour pouvoir démontrer ensuite généralement toutes leurs autres propriétés; mais jusqu'ici ces propriétés n'ont été étendues au cas des exposans fractionnaires que par induction. La signification d'une factorielle fractionnaire, telle que $a^{\frac{1}{2}|r}$, par exemple, n'est point immédiatement donnée comme celle de la puissance $a^{\frac{1}{2}}$, qui est identique avec $\sqrt{a}$, et on ne peut la concevoir que comme une grandeur intermédiaire entre $a^{0|r} = 1$ et $a^{1|r} = a$. Cependant cette grandeur intermédiaire se trouve exactement déterminée par le développement général (177); car, en y donnant à m la valeur $\frac{1}{2}$, on obtient une série infinie, qui pour chaque valeur particulière de a et de r, donne des quantités différentes, de sorte qu'en considérant ce développement en lui-même et abstraction faite de son origine, la série

$$a^m + (mI_1)\ a^{m-1}\ r + (mI_2)\ a^{m-2}\ r^2 + (mI_3)a^{m-3}\ r^3 + \text{etc.},$$

est susceptible d'engendrer une infinité de quantités différentes correspondantes à l'infinité de valeurs différentes qu'on peut attribuer à m et cela pour une même valeur de a et de r.

Or, cette infinité de quantités différentes construites d'après la même loi de génération et provenant, par conséquent, d'une source commune, sont nécessairement soumises aux mêmes lois, et doivent pouvoir s'exprimer sous une même forme, mais tant que m est un nombre entier positif ou négatif, nous savons que la forme générale de ces quantités est

$$a^{m|r}$$

il ne peut donc en être autrement pour les autres valeurs de m; $a^{m|r}$, quelle que soit m, doit représenter la quantité engendrée par la série; car cette série elle-même n'a d'autre signification que celle de donner l'évaluation numérique de la grandeur de la quantité représentée par $a^{m|r}$. Au reste, en généralisant la conception du mode de génération des nombres par les factorielles, il devient possible d'attacher aux factorielles fractionnaires une idée analogue à celle des puissances fractionnaires, et l'on peut alors démontrer d'une manière élémentaire que la loi

$$a^{m\,+\,n|r} = a^{m|r}. (a + m\,r)^{n|r}$$

a lieu pour toutes les valeurs entières et fractionnaires, positives et négatives des exposans m et n. Ces considérations supérieures ne peuvent trouver place ici (1).

182. La difficulté de démontrer le cas des exposans fractionnaires d'une manière purement élémentaire, c'est-à-dire, à l'aide des seules considérations fournies par les modes primitifs de la génération des quantités, s'est déjà présentée pour les puissances fractionnaires du binome; cette difficulté résulte, en principe, de ce que la génération d'un nombre irrationnel implique l'idée de l'*infini*. Les factorielles fractionnaires engendrent aussi une classe particulière de nombres irrationnels très-remarquables, dont l'importance se manifestera plus loin; ces nombres ont encore une génération indéfinie, indiquée par le nombre infini de termes que reçoit alors le développement de $a^{m|r}$, et il est impossible de se former une idée exacte de cette génération indéfinie, sans avoir préalablement une idée exacte de l'*infini* numérique et de son influence sur la génération des quantités. Avant d'aborder ces considérations nouvelles, nous allons terminer ce qui concerne les factorielles par l'exposition de leur théorème principal, dont le binome de Newton n'est qu'un cas particulier.

183. *Théorème.* La factorielle à base binome $(a + b)^{m|r}$ a pour développement l'expression

---

(1) *Voyez* notre *Dictionnaire des Sciences mathématiques*, article *Factorielle.*

$$(a + b)^{m|r} = a^{m|r} + ma^{m-1|r}.\, b^{1|r} + \frac{m(m-1)}{1\,2}\, a^{m-2|r}.\, b^{2|r} +$$
$$\frac{m(m-1)(m-2)}{1.\,2.\,3}.\, a^{m-3|r}.\, b^{3|r} + \text{etc.}\,,$$

dans laquelle les termes successifs procèdent par factorielles croissantes du second terme b du binome, et par factorielles décroissantes du premier terme a. Les coefficiens sont les mêmes que ceux du
binome de Newton.

D'après la nature des factorielles, quel que soit l'exposant m on
a, en détachant le dernier facteur,

$$a^{m|r} = a^{m-1|r}.\, (a + (m-1)r).$$

Ainsi

$$a^{m|r} = a.\, a^{m-1|r} + (m-1)r\, a^{m-1|r}$$
$$= (a - r)a^{m-1|r} + mra^{m-1|r}$$

d'où

$$a^{m|r} = (a - r)^{m|r} + mra^{m-1|r}$$

à cause de $(a - r)\, a^{m-1|r} = (a - r)^{m|r}$.

Substituant dans cette dernière égalité $a + r$ à la place de a, on
obtient

$$(a + r)^{m|r} = a^{m|r} + mr\, (a + r)^{m-1|r},$$

puis, en vertu de cette même expression,

$$(a + r)^{m-1|r} = a^{m-1|r} + (m-1)r\, (a + r)^{m-2|r}$$
$$(a + r)^{m-2|r} = a^{m-2|r} + (m-2)r\, (a + r)^{m-3|r}$$
$$(a + r)^{m-3|r} = a^{m-3|r} + (m-3)r\, (a + r)^{m-4|r}$$
$$\text{etc.} = \text{etc.}$$
$$(a + r)^{m-\mu|r} = a^{m-\mu|r} + (m-\mu)r\, (a + r)^{m-\mu-1|r}.$$

Substituant chacune de ces expressions dans la précédente, on
obtiendra

$$(a+r)^{m|r} = a^{m|r} + ma^{m-1|r}.r + m(m-1)a^{m-2|r}.r^2 +$$
$$m(m-1)(m-2)a^{m-3|r}r^3 + \text{etc.}...$$
$$+ m(m-1)....(m-\mu)(a + r)^{m-\mu-1|r}r^{\mu+1}.$$

μ étant un nombre entier positif quelconque, si on le fait égal à m,
on a, lorsque m est lui-même un nombre entier positif,

$$m (m - 1) (m - 2)....(m - m) = 0.$$

D'où il résulte que dans le cas de m entier positif, le développement
précédent n'a que $m + 1$ termes, et que le dernier terme est

$$m (m - 1) (m - 2)... (m - m + 1)\, r^m\, (a + r)^{m - m|r},$$

ou simplement

$$m\,(m-1)\,(m-2)\ldots 4.\,3.\,2.\,1.\,r_m$$

à cause de $(a+r)^{0|r}=1$.

Dans le cas de toute autre valeur de m, ce développement prend un nombre indéfini de termes. On a donc en général… (a)

$$(a+r)^{m|r}=a^{m|r}+ma^{m-1|r}.r+m(m-1)a^{m-2|r}.r^2+$$
$$m(m-1)(m-2)a^{m-3|r}r^3+\text{etc.}$$

Ceci posé, si l'on fait dans cette expression $a=a+r$, elle devient

$$(a+2r)^{m|r}=(a+r)^{m|r}+m(a+r)^{m-1|r}r+m(m-1)(a+r)^{m-2|r}r^2+\text{etc.}$$

Développant $(a+r)^{m|r}$, $(a+r)^{m+1|r}$, etc., par la même loi (a), on obtient

$$(a+2r)^{m|r}=a^{m|r}+ma^{m-1|r}r+m(m-1)a^{m-2|r}r^2+$$
$$m(m-1)(m-2)a^{m-3|r}r^3+\text{etc.}$$
$$+ma^{m-1|r}r+m(m-1)a^{m-2|r}r^2+m(m-1)(m-2)a^{m-3|r}r^3+\text{etc.}$$
$$+m(m-1)a^{m-2|r}r^2+m(m-1)(m-2)a^{m-3|r}r^3+\text{etc.}$$
$$+m(m-1)(m-2)a^{m-3|r}r^3+\text{etc.}$$
$$+\text{etc.}$$

et, par conséquent,

$$(a+2r)^{m|r}=a^{m|r}+2ma^{m-1|r}r+3m(m-1)a^{m-2|r}r^2+$$
$$4m(m-1)(m-2)a^{m-3|r}r^3+\text{etc.}$$

Faisant encore dans cette dernière expression $a=a+r$, et opérant comme ci-dessus, on trouve

$$(a+3r)^{m|r}=a^{m|r}+ma^{m-1|r}r+m(m-1)a^{m-2|r}r^2+$$
$$m(m-1)(m-2)a^{m-3|r}r^3+\text{etc.}$$
$$+2ma^{m-1|r}r+2m(m-1)a^{m-2|r}r^2+2m(m-1)(m-2)a^{m-3|r}r^3+\text{etc.}$$
$$+3m(m-1)a^{m-2|r}r^2+3m(m-1)(m-2)a^{m-3|r}r^3+\text{etc.}$$
$$+4m(m-1)(m-2)a^{m-3|r}r^3+\text{etc.}$$
$$+\text{etc.}$$

et, en additionnant,

$$(a+3r)^{m|r}=a^{m|r}+3ma^{m-1|r}r+6m(m-1)a^{m-2|r}r^2+$$
$$10m(m-1)(m-2)a^{m-3|r}r^3+\text{etc.}$$

En suivant la même marche, on obtiendrait encore

$$(a+4r)^{m|r}=a^{m|r}+4ma^{m-2|r}r+10m(m-1)a^{m-2|r}+$$
$$20m(m-1)(m-2)a^{m-3|r}r^3+\text{etc.}$$

Or, en examinant la formation des coefficiens numériques, on reconnaît avec facilité qu'elle est identiquement la même que celle des coefficiens des puissances négatives du binome , c'est-à-dire que les coefficiens numériques de $(a + r)^{m|r}$, $(a + 2r)^{m|r}$, $(a + 3r)^{m|r}$, etc., sont respectivement les mêmes que ceux de $(a + b)^{-1}$, $(a+b)^{-2}$, $(a+b)^{-3}$, etc. Nous pouvons donc poser généralement, n étant un nombre entier quelconque

$$(a + nr)^{m|r} = a^{m|r} + nma^{m-1|r}r + \frac{n(n+1)}{1 \cdot 2} m(n-1)a^{m-2|r}r^2 + \text{etc.}$$

Le terme général de ce développement sera visiblement, en désignant par μ le rang des termes , à partir du second ,

$$\frac{n(n+1)(n+2)\dots(n+\mu-1)}{1.2.3.4\dots\mu} m(m-1)(m-2)\dots(m-\mu+1)a^{m-\mu|r}. r^\mu.$$

Mais , en nous servant de la notation des factorielles ,

$$n(n+1)(n+2)\dots(n+\mu-1) = n^{\mu|1},$$

et de plus, d'après (172) ,

$$r^\mu. n^{\mu|1} = (nr)^{\mu|r}.$$

On peut donc donner à ce terme général la forme

$$\frac{m(m-1)(m-2)\dots(m-\mu+1)}{1.2.3.4\dots\mu} a^{m-\mu|r}. (nr)^{\mu|r}.$$

Ainsi, faisant $nr = b$, on a définitivement

$$(a + b)^{m|r} = a^{m|r} + ma^{m-1|r}b^{1|r} + \frac{m(m-1)}{1.2} a^{m-2|r}. b^{2|r}$$
$$+ \frac{m(m-1)(m-2)}{1.23} a^{m-3|r}. b^{3|r} + \text{etc.}$$

Cette démonstration n'est entièrement rigoureuse que lorsque b est un multiple exact de r ; car n est nécessairement un nombre entier, mais nous déduirons ailleurs le binome des factorielles d'une formule plus générale en laissant aux quantités a , b, m, r, la plus grande généralité.

Considérations sur l'infini numérique.

184. La génération des nombres par le simple mode primitif de l'addition conduit successivement à des nombres de plus en plus grands , et comme cette addition peut être poursuivie indéfiniment, du moins en idée, on arrive à concevoir des nombres tellement grands qu'aucune représentation sensible ne saurait les exprimer exactement et qu'il n'existe plus de rapports assignables entre eux et les nombres finis. Ces nombres *infinis*, dont l'existence est purement idéale, ne peuvent plus être modifiés par l'influence des nom-

bres finis, c'est-à-dire que leur grandeur, dépassant toutes limites, ne peut plus ni croître ni décroître par l'addition ou la soustraction d'un nombre fini quelconque.

Par une génération inverse, et en imaginant l'unité divisée en parties de plus en plus petites, nous arrivons à concevoir des nombres tellement petits qu'aucune représentation sensible ne saurait les exprimer exactement et qu'il n'existe plus, encore, de rapports assignables entre eux et les nombres finis ; de sorte que ces derniers ne peuvent plus être modifiés par leur influence, et que l'addition ou la soustraction d'un nombre *infiniment petit* ne saurait augmenter ou diminuer un nombre fini.

Mais le caractère distinctif de la raison humaine est d'étendre continuellement ses conceptions en les rapportant à des conceptions de plus en plus générales ; aussi nous ne pouvons nous arrêter aux nombres infiniment grands, ni aux nombres infiniment petits, et par une ascension continue nous nous trouvons forcés de concevoir des nombres qui sont infiniment grands par rapport aux nombres infiniment grands et des nombres infiniment petits par rapport aux nombres infiniment petits ; nous établissons de cette manière une infinité d'ordres différens de quantités, infinies les unes à l'égard des autres ; de sorte que celles de ces quantités qui appartiennent à un même ordre peuvent avoir entre elles toutes les relations et tous les rapports que nous avons reconnus dans les nombres finis, mais que leurs rapports avec les quantités d'un autre ordre sont inassignables.

Quoique purement idéales et par conséquent inapplicables aux relations finies numériques ou géométriques qu'on peut établir entre les objets sensibles, ces quantités infinies deviennent nécessaires pour concevoir les nombres finis, non dans leurs relations réciproques, mais bien dans les principes de leur génération, dont les lois ne peuvent acquérir le plus haut degré de généralité que par la considération de l'*infini*.

C'est ainsi que, pour appliquer le troisième mode primitif de génération $a^b = c$ à la construction de tous les nombres finis quelconque, nous nous trouvons forcément amenés à concevoir la génération par *puissance* d'un nombre, comme produite par une infinité de facteurs égaux qui ne diffèrent de l'unité que par une quantité infiniment petite, différente pour chaque nombre engendré. En effet, et pour rendre évidente cette particularité, considérons le nombre 10 ; sa décomposition en deux facteurs égaux, ou, ce qui est la même chose, l'extraction de sa racine carrée, nous fait connaître, en nous bornant à 6 décimales, que

$$10 = (3,162277)^2.$$

L'extraction de la racine carrée de 3,162277 nous fait connaître à son tour

$$10 = (1,778279)^4;$$

une nouvelle extraction de racine carrée, nous donne encore

$$10 = (1,333521)^8.$$

Et, continuant de la même manière par des extractions successives de racines carrées, nous obtiendrons

$$10 = (1,154781)^{16}$$
$$10 = (1,074607)^{32}$$
$$10 = (1,036632)^{64}$$
$$10 = (1,018851)^{128}$$
$$10 = (1,009035)^{256}$$
$$10 = (1,004507)^{512}$$
$$10 = (1,002251)^{1024}$$
$$10 = (1,001124)^{2048}$$
$$10 = (1,000562)^{4096}$$
$$10 = (1,000281)^{8192}$$
$$10 = (1,000140)^{16384}$$
$$10 = (1,000070)^{32768}$$
$$\text{etc.} = \text{etc.}$$

D'où l'on voit que la *base* de la puissance égale à 10 diffère d'autant moins de l'unité que l'exposant est plus grand. Si cet exposant est seulement 2^{30}, la base est réduite à

$$1,0000000021....$$

lorsqu'il devient 2^{60} elle est moindre que

$$1,000000000000000002,$$

et, comme on peut poursuivre à l'infini cette décomposition de 10 en facteurs égaux, il est évident que, si l'exposant devient infini, la base ne différera plus de l'unité que d'une quantité infiniment petite. Ainsi, en désignant par p cette quantité infiniment petite et par ∞ un nombre infiniment grand, on aurait pour la génération de 10 l'expression

$$10 = (1 + p)^\infty.$$

Il en est évidemment de même pour tout autre nombre que 10, de sorte qu'on peut entrevoir comment les nombres infinis servent à engendrer la connaissance d'une quantité numérique en la soumettant à une loi de construction purement idéale telle qu'est la génération

$$a = (1 + q)^\infty$$

dans laquelle q est une quantité infiniment petite, différente pour chaque nombre A.

185. On désigne une quantité infiniment grande par le signe ∞. La seconde puissance de cette quantité ou ∞^2 désigne alors l'*infini du second ordre*, qui est infiniment grand par rapport à celui du premier. ∞^3, ∞^4, ∞^5, etc., désignent aussi les quantités infinies des troisième, quatrième, cinquième, etc., ordres.

Une quantité *infiniment petite* se désigne par $\frac{1}{\infty}$; et les quantités infiniment petites des ordres suivans, par $\frac{1}{\infty^2}$, $\frac{1}{\infty^3}$, $\frac{1}{\infty^4}$, etc.

186. Si l'on examine ce que devient la grandeur numérique d'une fraction dont on divise successivement le dénominateur, on est frappé de sa croissance rapide, par exemple

$$\frac{a}{a} = 1, \frac{a}{\frac{1}{2}a} = 2a, \frac{a}{\frac{1}{4}a} = 4a, \frac{a}{\frac{1}{8}a} = 8a, \text{etc...} \frac{a}{\frac{1}{1024}a} = 1024a, \text{etc.}$$

Le quotient devient donc infiniment grand lorsque le diviseur devient infiniment petit. C'est ce que signifie l'expression

$$\frac{a}{0} = \infty$$

qu'on rencontre fréquemment et dans laquelle on doit considérer 0, non comme un zéro absolu, mais comme un zéro relatif, c'est-à-dire comme une quantité *infiniment petite* dont la valeur est réellement zéro lorsqu'on la compare à une quantité finie.

187. L'expression générale du quotient indéfini de la fraction $\frac{a}{a-b}$ (87), c'est-à dire

$$\frac{a}{a-b} = 1 + \frac{b}{a} + \frac{b^2}{a^2} + \frac{b^3}{a^3} + \frac{b^4}{a^4} + \text{etc... à l'infini.}$$

nous conduit à une valeur infinie lorsqu'on y fait $a = b$. En effet, cette expression devient alors

$$\frac{a}{0} = 1 + 1 + 1 + 1 + 1 + 1 + \text{etc. à l'infini.}$$

ou

$$\frac{a}{0} = \infty$$

car le second nombre de cette égalité pris dans toute sa généralité est nécessairement une quantité infiniment grande.

188. L'égalité $\frac{a}{0} = \infty$, ou plus rigoureusement

$$a : \frac{1}{\infty} = \infty$$

entraîne plusieurs conséquences essentielles à signaler. En la multipliant d'abord par $\frac{1}{\infty}$, elle devient

$$a = \infty \times \frac{1}{\infty} = \frac{\infty}{\infty}$$

c'est-à-dire que *le rapport de deux nombres infiniment grands doit toujours être considéré comme une quantité finie.*

Cette dernière divisée par ∞ donne

$$\frac{a}{\infty} = \frac{1}{\infty}$$

ce qui signifie *qu'une quantité finie quelconque divisée par un nombre infiniment grand produit un nombre infiniment petit.*

On voit ici que la quantité infiniment petite produite par $\frac{a}{\infty}$ ne peut être égale à la quantité infiniment petite produite par toute autre quantité finie b, $\frac{b}{\infty}$; ces deux quantités infiniment petites ne sont égales que par rapport aux nombres finis devant lesquels elles n'ont ni l'une ni l'autre aucune valeur assignable. Comparées entre elles, elles ont le même rapport que les nombres finis dont elles proviennent, car

$$\frac{a}{\infty} : \frac{b}{\infty} = \frac{a.\infty}{b.\infty} = \frac{a}{b}.$$

C'est à l'aide de ces considérations si simples qu'on peut employer les quantités infinies des divers ordres dans la génération des quantités finies et obtenir toujours des résultats rigoureusement exacts.

189. Lorsque l'exposant d'une factorielle devient infiniment grand, le produit qu'elle exprime

$$a\,(a+r)\,(a+2r)\,(a+3r)\,(a+4r)\,(a+5r)\ldots\ldots \text{ à l'infini}$$

est nécessairement une quantité infiniment grande, mais de tels produits divisés les uns par les autres peuvent engendrer des quantités finies déterminées, et il en résulte un mode dérivé de génération qui n'est qu'un cas particulier des factorielles. L'expression

$$\frac{2.\ 2.\ 4.\ 4.\ 6.\ 6.\ 8.\ 8.\ 10.\ 10.\ldots\ \textit{à l'infini}}{1.\ 3.\ 3.\ 5.\ 5.\ 7.\ 7.\ 9.\ \ 9.\ 11\ldots\ \textit{à l'infini}}$$

trouvée par Wallis et qui donne la valeur numérique du quart de la circonférence dont le rayon est pris pour l'*unité*, offre un exemple de cette *génération*. Cette expression est évidemment la même chose que le rapport

$$\frac{2^{\infty|2}.\ 2^{\infty|2}}{1^{\infty|2}.\ 3^{\infty|2}}$$

elle peut servir, comme toutes les expressions semblables, à obtenir des valeurs approchées de la quantité qu'elles représentent. Par exemple, en s'arrêtant successivement à un, deux, trois, quatre, etc., facteurs, tant dans le numérateur que dans le dénominateur, on a la suite d'expressions approchées

$$\frac{2}{1},\ \frac{2.2}{1.3},\ \frac{2.2.4}{1.3.3},\ \frac{2.2.4.4}{1.3.3.5},\ \frac{2.2.4.4.6}{1.3.3.5.5},\ \text{etc.},$$

qui sont alternativement plus grandes et plus petites que la valeur totale, dont on peut ainsi approcher indéfiniment. Ces produits infinis ont reçu le nom de *produites continues*.

LES PRODUITES CONTINUES.

190. Le rapport de plusieurs *produites continues* peut toujours être exprimé par celui de deux *factorielles*, et réciproquement le rapport de deux *factorielles* peut toujours être développé en *produites continues*. Cette réduction d'expressions indéfinies en expressions finies est le point le plus important de la théorie des factorielles. Nous allons en exposer les principes.

D'après la décomposition de la factorielle à exposant binome (168), nous avons l'égalité

$$a^{m|r}(a + mr)^{n|r} = a^{n|r}.\ (a + nr)^{m|r},$$

d'où l'on tire

$$\frac{a_m{}^{|r}}{(a+nr)^{m|r}} = \frac{a^{n|r}}{(a+mr)^{n|r}}$$

Si nous faisons dans cette dernière égalité $n = \infty$ et $m = \frac{p}{r}$, il viendra

$$\frac{a^{\frac{p}{r}}\Big|^r}{(\infty r)^{\frac{p}{r}}} = \frac{a^{\infty}|r}{(a+p)^{\infty}|r}$$

car la base $a + nr$ devenant infiniment grande, l'accroissement fini r n'exerce plus aucune influence sur les divers facteurs de la factorielle $(a + nr)^m|r$, qui se réduit alors à une simple puissance.

Pour toute autre base b et tout autre accroissement s, nous trouverons de la même manière

$$\frac{a^{\frac{q}{s}}\Big|^s}{(\infty s)^{\frac{q}{s}}} = \frac{b^{\infty}|s}{(b+q)^{\infty}|s}$$

Ainsi, divisant l'égalité précédente par celle-ci, nous obtiendrons

$$\frac{a^{\infty}|r.(b+q)^{\infty}|s}{b^{\infty}|s.\ (a+p)^{\infty}|r} = \frac{(\infty s)^{\frac{q}{s}}}{(\infty r)^{\frac{p}{r}}} \cdot \frac{a^{\frac{p}{r}}\Big|^r}{a^{\frac{q}{s}}\Big|^s}$$

Ce rapport ne peut admettre des valeurs finies qu'autant que la quantité

$$\frac{(\infty s)^{\frac{q}{s}}}{(\infty r)^{\frac{p}{r}}}$$

soit elle-même finie, ce qui ne peut arriver que lorsque

$$\frac{q}{s} = \frac{p}{r}$$

cas où elle se réduit à

$$\left(\frac{\infty s}{\infty r}\right)^{\frac{q}{s}} = \left(\frac{s}{r}\right)^{\frac{q}{s}}$$

On a donc alors, en faisant $\frac{q}{s} = \frac{p}{r} = m$,

$$\frac{a^{\infty}|r.\ (b+q)^{\infty}|s}{b^{\infty}|s.\ (a+p)^{\infty}|r} = \left(\frac{r}{s}\right)^m \cdot \frac{a^m|r}{b^m|s}$$

Dans le cas simple où les accroissemens r et s sont égaux, ce qui

entraîne l'égalité des quantités p et q, cette formule générale se réduit à

$$\frac{a^{\infty|r} \cdot (b+p)^{\infty|r}}{b^{\infty|r} (a+p)^{\infty|r}} = \frac{a^{\frac{p|}{r}r}}{b^{\frac{p'|}{r}r}}$$

ce qui est la même chose que... (m)

$$\frac{a^{\frac{p|}{r}r}}{b^{\frac{p|}{r}r}} = \frac{a(b+p)\ (a+r)\ (b+p+r)\ (a+2r)\ (b+p+2r)\ (a+3r)\dots\text{ etc.}}{b(a+p)\ (b+r)\ (a+p+r)\ (b+2r)\ (a+p+2r)\ (b+3r)\dots\text{ etc.}}$$

191. Pour indiquer l'application de ces formules prenant la produite continue

$$\frac{3.\ 5.\ 7.\ 9.\ 11.\ 13.\ 15.\ 17\dots\text{ etc.}}{2.\ 6.\ 6.\ 10.\ 10.\ 14.\ 14.\ 18\dots\text{ etc.}}$$

En comparant avec la forme générale (m), nous aurons

$$a = 3,\ b = 2,\ p = 3,\ r = 4.$$

Ainsi l'expression finie de cette produite est

$$\frac{3^{\frac{3}{4}|4}}{2^{\frac{3}{4}|4}}$$

et, comme on peut toujours obtenir l'évaluation numérique des factorielles par la formule générale du n° 176, on aura ainsi l'évaluation
numérique générale de la produite.

192. Pour évaluer les factorielles il faut toujours les ramener à
leur forme la plus simple ; car il arrive quelquefois que ces transformations réduisent le rapport de deux factorielles à une seule et
même à une quantité plus simple. Ces transformations, dont le
nombre est infini, reposent en principe sur les propriétés démontrées
plus haut et n'exigent que l'habitude des calculs. Nous allons en
donner un exemple sur le rapport que nous venons de trouver.

En divisant par 2 la base et l'accroissement de chaque factorielle,
il vient d'après (172)

$$\frac{3^{\frac{3}{4}|4}}{2^{\frac{3}{4}|4}} = \frac{2^{\frac{3}{4}} \cdot \left(\frac{3}{2}\right)^{\frac{3}{4}|2}}{2^{\frac{3}{4}} \cdot 1^{\frac{3}{4}|2}} = \frac{\left(\frac{3}{2}\right)^{\frac{3}{4}|2}}{1^{\frac{3}{4}|2}}.$$

Or, en passant de l'accroissement positif à l'accroissement négatif, on a

$$\left(\tfrac{3}{2}\right)^{\tfrac{3}{4}|^2} = \left[\tfrac{3}{2} + \left(\tfrac{3}{4} - 1\right)2\right]^{\tfrac{1}{4}|-2} = 1^{\tfrac{3}{4}|-2}$$

Ainsi le rapport proposé se réduit à

$$\frac{1^{\tfrac{3}{4}|-2}}{1^{\tfrac{3}{4}|^2}}$$

mais on peut encore simplifier les exposans, car en détachant le
premier facteur 1, on a

$$1^{\tfrac{3}{4}|-2} = 1 . (1-2)^{\tfrac{3}{4}-1|-2} = (-1)^{-\tfrac{1}{4}|-2}$$

ce qui se réduit, d'après la troisième expression du n° 171, à

$$(-1)^{-\tfrac{1}{4}|-2} = \frac{1}{1^{\tfrac{1}{4}|^2}} .$$

on trouve de la même manière

$$1^{\tfrac{3}{4}|^2} = 1 . (1+2)^{-\tfrac{1}{4}|^2} = 3^{-\tfrac{1}{4}|^2} = \frac{1}{1^{\tfrac{1}{4}|-2}}$$

Ainsi

$$\frac{3^{\tfrac{3}{4}|4}}{2^{\tfrac{3}{4}|4}} = \frac{1^{\tfrac{3}{4}|-2}}{1^{\tfrac{3}{4}|^2}} = \frac{1^{\tfrac{1}{4}|-2}}{1^{\tfrac{1}{4}|^2}}$$

Cette dernière transformation ramène le rapport proposé à sa forme
la plus simple, et elle va nous permettre d'en déterminer la valeur à
l'aide d'une loi de réduction que nous allons préalablement exposer.

193. La factorielle à exposant pair $a^{2m|r}$ peut toujours se décom-
poser en deux facteurs $a^{m|2r}$, $(a + r)^{m|2r}$ dont le premier exprime le
produit de tous les facteurs de rangs impairs

$$a(a + 2r)(a + 4r)(a + 6r)\ldots (a+(2m - 2)r)$$

et dont le second exprime le produit de tous les facteurs de rangs
pairs

$$(a + r)(a + 3r)(a + 5r)(a + 7r)\ldots (a+(2m - 1)r)$$

ceci est évident, et donne l'égalité générale

$$a^{2m|r} = a^{m|2r}(a + r)^{m|2r}.$$

Faisant dans cette égalité $a = 1$ et $r = 1$, elle donne

$$1^{2m|1} = 1^{m|2} . 2^{m|2}$$

16

ou
$$1^{zm|^1} = 1^{m|^z} \cdot 1^{m|^1} \cdot 2_m$$

à cause de $2^m \cdot 1^{m|^1} = 2^{m|^z}$. (172).

On tire de cette dernière égalité

$$\frac{1^{zm|^1}}{1^{m|^z} \cdot 1^{m|^1}} = 2^m, \text{ ce qui se réduit à } \frac{(1+m)^{m|^1}}{1^{m|^z}} = 2^m$$

à cause de $\dfrac{1^{zm|^1}}{1^{m|^1}} = (1+m)^{m|^1}$, (169). Il en résulte que le rapport des deux factorielles $(1+m)^{m|^1}$, $1^{m|^z}$ est toujours égal à la puissance m du nombre 2.

Ceci posé, cette égalité nous donne

$$1^{m|^z} = \frac{(1+m)^{m|^1}}{2^m}$$

ce qui devient dans le cas de $m = \frac{1}{4}$

$$1^{\frac{1}{4}|^2} = \frac{\left(\frac{5}{4}\right)^{\frac{1}{4}|^1}}{\sqrt[4]{2}}$$

multipliant les deux termes de la fraction par $\sqrt[4]{2}$, il vient, à cause de

$$2^{\frac{1}{4}|^2} \cdot \left(\frac{5}{4}\right)^{\frac{1}{4}|^1} = \left(\frac{5}{2}\right)^{\frac{1}{4}|^2} = \left[\frac{5}{2} + \left(\frac{1}{4} - 1\right)2\right]^{\frac{1}{4}|-2} = 1^{\frac{1}{4}|-2}$$

$$1^{\frac{1}{4}|^2} = \frac{1^{\frac{1}{4}|-2}}{\sqrt{2}}$$

Ce qui nous apprend définitivement que

$$\frac{1^{\frac{1}{4}|-2}}{1^{\frac{1}{4}|^2}} = \sqrt{2}$$

et par conséquent, en remontant à la produite continue,

$$\sqrt{2} = \frac{3.5.7.9.11.13.15.17\ldots, \text{etc.}}{2.6.6.10.10.14.14.18\ldots \text{etc.}}$$

§ III. GÉNÉRATION DÉRIVÉE.

194. De toutes les combinaisons possibles que l'on peut former entre les trois modes primitifs de la génération des quantités pour obtenir des modes dérivés, les seules capables de constituer des gé-

nérations élémentaires sont celles qui composent la *numération* et les *factorielles*, parce que ces combinaisons ne sont nullement arbitraires et qu'elles se présentent avec un caractère de *nécessité* que ne sauraient offrir les autres, sans la numération, la construction universelle des nombres serait impossible; sans les factorielles, la génération des quantités transcendantes, que nous allons rencontrer par la suite, demeurerait indéfinie. La numération et les factorielles deviennent ainsi par leur nécessité des modes élémentaires de génération, et ce qui précède contiendrait toute la partie élémentaire de la science des nombres, ou, du moins, les élémens absolus de tous les calculs, s'il ne se présentait, dans la nature même des modes primitifs de la génération des quantités, deux problèmes essentiels dont la solution réclame des modes dérivés *nécessaires* et qu'on doit par cette raison ranger dans la classe des modes élémentaires.

195. Le premier de ces problèmes résulte de la *continuité indéfinie* qui est le caractère distinctif de la génération par puissance, et qui nous force à considérer un nombre quelconque, comme pouvant toujours être produit par une infinité de facteurs égaux. Nous venons de voir, en effet (184), que la forme idéale de la génération par puissance est

$$a = (1 + q)^\infty,$$

q étant une quantité infiniment petite, mais cependant différente pour chaque nombre a. Ainsi, quel que soit le nombre μ, comme $\frac{\mu}{\infty}$ est une quantité infiniment petite (188), il s'agit de découvrir dans la forme générale

$$a = (1 + \tfrac{\mu}{\infty})^\infty$$

la liaison des nombres a et μ, pour qu'il soit possible de construire l'un de ces nombres au moyen de l'autre et, par conséquent, d'attacher une signification déterminée à leur relation primitive. Or, en donnant des valeurs quelconques à μ, on peut toujours obtenir les valeurs correspondantes de a; car, en développant le binome d'après la formule de Newton, il vient

$$a = 1 + \infty \, \frac{\mu}{\infty} + \frac{\infty(\infty-1)}{1 \cdot 2} \, \frac{\mu^2}{\infty^2} + \frac{\infty(\infty-1)(\infty-2)}{1 \cdot 2 \cdot 3} \, \frac{\mu^3}{\infty^3} + \text{etc.}$$

mais les nombres finis 1, 2, 3, etc., n'ayant aucune valeur devant les nombres infinis ∞, cette expression est identique avec

$$a = 1 + \infty \, \frac{\mu}{\infty} + \frac{\infty^2}{1 \cdot 2} \, \frac{\mu^2}{\infty^2} + \frac{\infty^3}{1 \cdot 2 \cdot 3} \, \frac{\mu^3}{\infty^3} + \text{etc.}$$

dans laquelle les nombres infinis se détruisent et qui se réduit à... (m)

$$a = 1 + \frac{\mu}{1} + \frac{\mu^2}{1.2} + \frac{\mu^3}{1.2.3} + \frac{\mu^4}{1.2.3.4.} + \frac{\mu^5}{1.2.3.4.5.} + \text{etc.}$$

Ainsi la génération du nombre a se trouve en réalité produite par les puissances successives de μ.

Le cas le plus remarquable de cette génération est celui dans lequel $\mu = 1$; car alors a se trouve pour ainsi dire indépendant de μ et sa valeur est donnée par la série remarquable

$$1 + \frac{1}{1} + \frac{1}{1.2} + \frac{1}{1.2.3} + \frac{1}{1.2.3.4} + \frac{1}{1.2.3.4.5} + \text{etc.},$$

qui n'est que la construction numérique du nombre représenté par la forme idéale

$$(1 + \frac{1}{\infty})^\infty \; :$$

En prenant la somme d'une quantité suffisante de termes, on obtient pour la valeur numérique de ce nombre, que nous désignerons dorénavant par la lettre e,

$$e = 2,718281828459045 \text{ etc.}$$

Ce nombre e, donné ainsi par la nature même des opérations idéales de l'intelligence humaine pour la génération des nombres, n'est pas moins remarquable par ses propriétés que par son origine. En effet, la puissance quelconque m de e, étant

$$e^m = (1 + \frac{1}{\infty})^{m\infty}$$

si on développe le binome, on obtient, en négligeant les nombres finis devant les infiniment grands

$$e^m = 1 + m\infty . \frac{1}{\infty} + \frac{m^2 \infty^2 .}{1.} \frac{1}{2} \frac{1}{\infty^2} + \frac{m^3 \infty^3}{1.2.3} \frac{1}{\infty^3} + \text{etc.}$$

puis, en retranchant les nombres infinis qui se détruisent,

$$e^m = 1 + \frac{m}{1} + \frac{m^2}{1.2} + \frac{m^3}{1.2.3} + \frac{m^4}{1.2.3.4} + \frac{m^5}{1.2.3.4.5} + \text{etc...}$$

ce qui donne la génération des puissances de e, au moyen des puissances de leurs exposans, construction singulière qui n'a lieu que pour le seul nombre e.

Mais, en comparant cette génération des puissances de e avec l'expression (m), on découvre une circonstance extrêmement importante, c'est que le nombre quelconque a, dans la génération duquel entre le nombre μ, dont nous cherchons à déterminer la nature, est précisément la puissance μ de e, c'est-à-dire que

$$e^{\mu} = a.$$

Donc le nombre particulier μ, qui, pour un nombre déterminé a, opère la génération de ce nombre a sous la forme idéale

$$a = (1 + \frac{\mu}{\infty})^{\infty}$$

est l'exposant de la puissance à laquelle il faut élever e pour obtenir a.

196. Le problème qui nous occupe se trouve donc ramené à l'évaluation de l'exposant, lorsque la base et la puissance sont connues, question que nous avons déjà signalée (56). Ici, la valeur de μ étant liée à celle de a par la forme précédente, il devient facile de la déterminer à l'aide de quelques artifices de calcul. Prenons la racine ∞ des deux membres de l'égalité

$$a = (1 + \frac{\mu}{\infty})^{\infty}$$

nous aurons

$$a^{\frac{1}{\infty}} = (1 + \frac{\mu}{\infty})$$

puis, retranchons l'unité de part et d'autre et multiplions par ∞, nous obtiendrons

$$\mu = \infty (a^{\frac{1}{\infty}} - 1)$$

c'est la construction idéale ou primitive du nombre μ, au moyen du nombre a.

Pour obtenir maintenant l'évaluation numérique de μ, observons que, n étant un nombre arbitraire, nous pouvons donner à la quantité $a^{\frac{1}{\infty}}$ la forme

$$a^{\frac{1}{\infty}} = [1 + (a^n - 1)]^{\frac{1}{n\infty}},$$

ce qui nous permet de la développer par la formule du binome. Opérant ce développement, il vient

$$a^{\frac{1}{\infty}} = 1 + \frac{1}{n\infty}(a^n - 1) + \frac{1.(1 - n\infty)}{n^2 \infty^2 .1.2}(a^n - 1)^2$$
$$+ \frac{1(1 - n\infty)(1 - 2n\infty)}{n^3 \infty^3 . 1. 2. 3}(a^n - 1)^3 + \text{etc...}$$

Ce qui se réduit, en négligeant les nombres finis devant les infinis, à

$$a^{\frac{1}{\infty}} = 1 + \frac{1}{n\,\infty}\,(a^n - 1) - \frac{1}{2n\,\infty}\,(a^n - 1)^2 + \frac{1}{3n\,\infty}\,(a^n - 1)^3$$
$$- \frac{1}{4n\,\infty}\,(a^n - 1)^4 + \text{etc.}.$$

Retranchant l'unité de part et d'autre et multipliant tout par ∞, nous aurons définitivement...... (n)

$$\infty(a^{\frac{1}{\infty}} - 1) = \mu = \frac{1}{n}(a^n - 1) - \frac{1}{2n}(a^n - 1)^2 + \frac{1}{3n}(a^n - 1)^3 - \frac{1}{4n}(a^n - 1)^4 + \text{etc.}$$

Ainsi comme n est une quantité arbitraire, on peut toujours la choisir de manière que $a^n - 1$ soit une petite fraction et par conséquent que cette série, qui donne μ par a, soit très-convergente; d'où il résulte que dans tous les cas la valeur de μ est réelle et parfaitement déterminable.

Par exemple, si nous voulons trouver la valeur de μ qui correspond à $a = 2$, nous y ferons $n = \frac{1}{100}$, ce qui nous donnera, en extrayant la racine centième de 2,

$$2^{\frac{1}{100}} - 1 = 0,00695554$$

Les puissances successives de cette quantité sont

$$(0,00695554)^2 = 0,0000483794$$
$$(0,00695554)^3 = 0,0000003365$$
$$(0,00695554)^4 = 0,0000000023$$

et la quatrième est déjà si petite que si l'on ne demande que six décimales exactes, on peut se borner aux trois premiers termes de la série.

On a de cette manière

$$\mu = 100(0,00695554) - \frac{100}{2}(0,0000483794) + \frac{100}{3}(0,0000003365) - \text{etc.},$$

ce qui donne, tout calcul fait

$$\mu = 0,693147.....$$

Il résulte de ce qui précède que le nombre μ impliqué dans la génération idéale de tout nombre

$$a = (1 + \tfrac{\mu}{\infty})^{\infty}$$

a toujours une valeur réelle dépendante de celle de a, et que ce nombre μ est l'exposant de la puissance à laquelle il faut élever le nombre transcendant e, pour produire a. Cette dernière propriété va nous faire connaître toutes celles des différens nombres μ correspondant aux différens nombres a, et que l'on nomme les LOGARITHMES de ces derniers.

LES LOGARITHMES.

197. Le *logarithme* d'un nombre est donc l'exposant de la puissance de e égale à ce nombre, ainsi, en désignant par l'abréviation $\log x$ le logarithme d'un nombre quelconque x, nous aurons la relation fondamentale

$$(p) \ldots \ldots e^{\log x} = x :$$

sous cette forme d'exposans les logarithmes jouissent nécessairement de toutes les propriétés des exposans des puissances ; ainsi, pour un tout autre nombre z comme nous avons encore

$$(q) \ldots \ldots e^{\log z} = z$$

si on multiplie ces égalités l'une par l'autre, on aura

$$e^{\log x} . \ e^{\log z} = x . z$$

ou, d'après (39),

$$e^{\log x + \log z} = x . z.$$

Mais l'exposant de e est toujours le logarithme de la puissance, donc

$$\log x + \log z = \log (x . z.)$$

C'est-à-dire, que *la somme des logarithmes de deux quantités est égale au logarithme du produit de ces quantités.*

198. En divisant l'égalité (p) par l'égalité (q), on obtient d'après la loi (30)

$$\frac{e^{\log x}}{e^{\log z}} = e^{\log x - \log z} = \frac{x}{z}$$

d'où

$$\log x - \log z = \log \left(\frac{x}{z}\right)$$

ce qui nous apprend que *la différence des logarithmes de deux nombres est égale aux logarithmes du quotient de ces nombres.*

199. Si on élève les deux membres de l'égalité

$$e^{\log x} = x$$

à la puissance m, il vient

$$[e^{\log x}]^m = x^m,$$

ou, d'après la loi (34),

$$e^{m \log x} = x^m ;$$

on a donc aussi

$$m \log x = \log (x^m)$$

ce qui signifie que *le logarithme d'une puissance est égal au logarithme de sa base multiplié par son exposant.*

200. Enfin, si on extrait la racine m des deux membres de l'égalité (p) on obtient

$$\sqrt[m]{[e^{\log x}]} = \sqrt[m]{x}$$

ce qui (42) est la même chose que

$$e^{\frac{\log x}{m}} = \sqrt[m]{x}.$$

d'où il résulte

$$\frac{\log x}{m} = \log (\sqrt[m]{x}).$$

Donc, *le logarithme de la racine d'un nombre est égal au logarithme de ce nombre divisé par l'exposant.*

Ces quatre propriétés fondamentales des logarithmes font immédiatement apercevoir l'immense avantage dont ils peuvent être pour la réalisation des calculs, puisqu'ils offrent un moyen très-facile de ramener les opérations primitives les plus compliquées à de plus simples. Il ne faut évidemment, pour les employer à cet usage, que pouvoir connaître dans tous les cas et sans calculs préalables, les logarithmes des quantités données et, réciproquement, les quantités des logarithmes donnés. Alors la multiplication et la division se trouvent ramenées à l'addition et à la soustraction, et l'élévation aux puissances et l'extraction des racines, à la multiplication et à la division. C'est dans ce but qu'on a construit des tables dans lesquelles on trouve les nombres dans une colonne et les logarithmes correspondant dans une autre, de sorte qu'il suffit d'un coup d'œil pour trouver le logarithme d'un nombre et *vice versá.*

201. Pour donner au moins une idée de la manière dont la construction de ces tables a pu être effectuée, nous devons faire observer qu'il n'est pas nécessaire de calculer chaque logarithme en particulier comme nous avons calculé ci-dessus (196) celui de 2. Ce logarithme de 2 une fois connu, par exemple, on obtient par une simple multiplication ceux de toutes les puissances de 2 puisque en vertu de la loi (199)

$$\log (2^m) = m \log 2.$$

Ainsi, log. $4 = 2$ log. 2, log. $8 = 3$ log. 2, log. $16 = 4$ log. 2, et ainsi de suite.

Le logarithme de 3 ayant été ensuite calculé , soit par la série du numéro 196, soit par tout autre moyen , car l'utilité des logarithmes a fait chercher et trouver des moyens plus prompts et plus faciles de de les construire, ce logarithme de 3 suffit encore pour trouver ceux de toutes les puissances de 3; car, toujours d'après la loi (199), on a

$$\log. 9 = 2 \log. 3 , \log. 27 = 3 \log. 3 , \log. 81 = 4 \log. 3 , \text{etc.}$$

Combinant les logarithmes des puissances de 2 avec ceux des puissances de 3, on obtient les logarithmes de tous les nombres composés des facteurs 2 et 3 , par exemple, en vertu de la loi (197) $\log. 2 + \log. 3 = \log. (2.3) = \log. 6, \log. 4 + \log. 3 = \log. 12$, etc. En général, $\log. (2^m) + \log. (3^n) = \log. (2^m.3^n)$.

La construction des tables de logarithmes se réduit donc à la construction des logarithmes des nombres premiers. Le logarithme de 1 est d'ailleurs *zéro* puisque e , comme tout autre nombre, donne $e^0 = 1$ (34).

202. Le nombre e , dont les exposans sont les logarithmes des puissances, se nomme la *base* des logarithmes. Comme les propriétés des logarithmes ne sont qu'une conséquence de celle des exposans des puissances de même base , et que ces propriétés seraient nécessairement les mêmes si les logarithmes avaient une tout autre *base* que e , on a dû chercher s'il ne serait pas possible de former des systèmes de logarithmes différant par leurs bases du système naturel donné par la nature même des nombres. La question se réduit à savoir si pour une base quelconque a , différente de l'unité cependant , car toutes les puissances de 1 sont 1 , il existe toujours un nombre réel z , qui puisse donner

$$(r)\ldots\ldots\ldots a^z = x$$

x étant un nombre quelconque.

C'est ce dont on peut reconnaître très-facilement la possibilité , car quel que soit x on a toujours

$$x = e^{\log. x}$$

Si donc l'égalité (r) est possible, on doit avoir aussi

$$a^z = e^{\log. x} ,$$

et par conséquent

$$\log. (a^z) = \log. (e^{\log. x}).$$

Or, $\log. (a^z) = z \log. a$, $\log. (e^{\log. x}) = \log. x \log. e = \log. x$ à cause de $\log. e = 1$, (201); donc

$$z \log. a = \log. x,$$

d'où l'on tire

$$z = \frac{\log. x}{\log. a}$$

z est donc, pour toute valeur de a différente de l'unité, un nombre réel et parfaitement déterminable, et il en résulte qu'on peut former une infinité de systèmes différens de logarithmes.

203. En désignant par la caractéristique L les logarithmes du système dont la *base* est a, nous aurons d'une part, l'égalité générale,

$$a^{Lx} = x$$

et de l'autre l'expression générale

$$Lx = \frac{\log. x}{\log. a}$$

Cette dernière nous offre le moyen immédiat de construire Lx par les *logarithmes naturels* $\log. x$. et $\log. a$. Nous nommerons dorénavant logarithmes naturels ceux du système primitif qui a pour base le nombre e.

En examinant cette expression, on voit qu'il y entre une quantité invariable $\log. a$, qui reste constamment la même, quelque valeur qu'on puisse attribuer à x; de sorte que, pour passer des logarithmes naturels à ceux d'un système quelconque, il suffit de diviser les premiers par une même quantité, qui est toujours *le logarithme naturel de la base de ce système.*

La division de $\log. x$ par $\log. a$ étant la même chose que la multiplication de $\log. x$ par la quantité $\frac{1}{\log. a}$, on peut dire que le logarithme particulier Lx est égal au *produit* du logarithme naturel $\log. x$, par la quantité constante $\frac{1}{\log. a}$; cette quantité constante reçoit le nom de *module.*

La valeur de la base a d'un système de logarithmes entre donc comme partie constituante dans la valeur de tous les logarithmes de ce système; c'est ce qui distingue les divers systèmes de celui des logarithmes naturels dans lequel les valeurs des logarithmes peuvent être obtenues d'une manière indépendante de celle de la base e.

204. On a généralement adopté, comme offrant le plus de facilité pour les calculs, le système des logarithmes qui a pour base le nom-

bre 10. Ces logarithmes se désignent indistinctement par les noms de *logarithmes vulgaires* ou de *logarithmes tabulaires*.

Les logarithmes vulgaires, outre les propriétés qui leur sont communes avec ceux de tout autre système, en ont une bien précieuse pour l'arithmétique décimale. La suite des puissances entières de 10 étant

$$10^0 = 1$$
$$10^1 = 10$$
$$10^2 = 100$$
$$10^3 = 1000$$
$$\text{etc.} = \text{etc.}$$

on voit que les logarithmes des nombres compris entre 1 et 10 sont eux-mêmes compris entre 0 et 1, que ceux des nombres compris entre 10 et 100 sont compris entre 1 et 2, et ainsi de suite ; de sorte qu'un logarithme quelconque vulgaire est composé d'un nombre entier et d'un nombre fractionnaire qu'on exprime en décimales. Le nombre entier, qui est toujours immédiatement connu, puisqu'il est constamment 0 depuis 1 jusqu'à 10, 2 depuis 10 jusqu'à 100, 3 depuis 100 jusqu'à 1000, etc., et qu'en général il ne diffère que d'une unité du nombre des chiffres de la quantité correspondante au logarithme, ce nombre entier, disons-nous, se nomme la *caractéristique* du logarithme. Par exemple, la *caractéristique* ou le nombre entier qui entre dans le logarithme vulgaire de 5367 est 3, parce que 5367 est compris entre 1000 et 10000.

Lorsqu'on connaît un logarithme, on sait donc toujours à l'avance de combien de chiffres son nombre est composé, comme on connaît toujours la caractéristique de tout nombre proposé. C'est pour cette raison que les grandes tables des logarithmes vulgaires ne contiennent que les parties décimales des logarithmes.

205. La manière de se servir des tables de logarithmes ne saurait être clairement expliquée, ni parfaitement comprise, si l'on n'a pas ces tables sous les yeux ; mais comme toutes les tables existantes renferment des instructions détaillées, nous devons nous contenter d'y renvoyer, en indiquant particulièrement celles de *Callet*, publiées par *Firmin Didot*, comme les plus complètes et les plus étendues.

206. z désignant le logarithme de x, nous avons généralement pour tous les systèmes possibles, l'égalité fondamentale

$$a^z = x.$$

Or, si l'on donne successivement à z les valeurs

$$0, 1, 2, 3, 4, 5, 6, 7, 8, \text{etc.},$$

les valeurs correspondantes de x seront

$$1, a, a^2, a^3, a^4, a^5, a^6, a^7, a^8, \text{etc.},$$

d'où l'on voit que toutes les valeurs de x, depuis l'*unité* jusqu'à l'infini, sont produites par des puissances de la base a, dont les exposans sont positifs, entiers ou fractionnaires, et que la valeur de x est d'autant plus grande qne celle de z est elle-même plus grande.

Si l'on donne ensuite à z les valeurs

$$0, -1, -2, -3, -4, -5, -6, \text{etc.},$$

les valeurs correspondantes de x seront

$$0, \frac{1}{a}, \frac{1}{a^5}, \frac{1}{a^3}, \frac{1}{a^4}, \frac{1}{a^5}, \frac{1}{a^6}, \text{etc.}$$

C'est-à-dire, que toutes les valeurs de x plus petites que l'unité, sont produites par des puissances de a, dont les exposans sont *négatifs* entiers ou fractionnaires; et que la valeur de x est d'autant plus petite que celle de z est plus grande, abstraction faite du signe.

Ces considérations entraînent une conséquence remarquable. Puisque les logarithmes tant *positifs* que *négatifs* dont les valeurs croissent, d'une part, depuis 0 jusqu'à $+\infty$, et de l'autre, depuis 0 jusqu'à $-\infty$, correspondent à tous les nombres entiers et fractionnaires *positifs*, il en résulte que les *nombres négatifs* ne peuvent avoir pour logarithmes que des nombres qui ne soient ni positifs ni négatifs, ou, ce qui est la même chose, que les logarithmes des nombres négatifs sont des quantités *idéales* sans réalisation possible, car il n'existe pour z aucune valeur réelle qui puisse donner

$$a^z = -x,$$

a étant considéré d'ailleurs comme un nombre essentiellement positif.

207. Nous voici donc ramenés encore une fois à des *quantités imaginaires*, et il devient important de reconnaître si ces quantités nouvelles sont les mêmes que celles qui se présentent dans la théorie des puissances (52), ou si elles sont des quantités différentes, D'abord, comme

$$-x = (-1) \cdot x,$$

on a

$$L(-x) = L(-1) + L x.$$

Ainsi, les *logarithmes imaginaires* sont tous engendrés par le *logarithme imaginaire* de — 1, ce qui est une propriété analogue à celle qu'ont les quantités imaginaires des puissances de pouvoir être toutes construites par la plus simple d'entre elles, $\sqrt{-1}$ (139).

La détermination de la nature de la quantité imaginaire z capable de donner

$$a^z = -1,$$

exige que nous connaissions préalablement la nature des puissances qui ont pour exposans des quantités imaginaires telles que $\sqrt[2m]{-A}$, et c'est là précisément la seconde des questions que nous avons signalées (194), comme devant compléter, par leur solution, toute la partie élémentaire de la génération des quantités. Nous venons de voir que la première de ces questions conduit aux *logarithmes;* examinons maintenant si la seconde ne nous fera pas découvrir à son tour d'autres quantités particulières.

LES FONCTIONS CIRCULAIRES.

208. On nomme, en général, *fonction d'une quantité variable,* toute expression algébrique dans laquelle entre cette quantité. Par exemple, x désignant une quantité variable quelconque, c'est-à-dire une quantité susceptible de plusieurs valeurs différentes, et a, b, c, etc., désignant des quantités invariables ou *constantes,* c'est-à-dire, qui ne sont susceptibles que d'une seule valeur, les expressions

$$a x, \ a x + b, \ \frac{2 a x^2}{b}, \ \sqrt{a x + b - c}, \ (a - b x)^2, \text{ etc.}$$

sont toutes des *fonctions* de la variable x.

La valeur d'une *fonction* est liée à celle de sa variable, ou dépend de cette variable.

209. Ceci posé, la question qu'il s'agit de résoudre consiste à déterminer si la puissance

$$a^{x\sqrt{-1}}$$

dans laquelle a est une quantité constante et x une quantité variable exige, pour sa construction, des fonctions de x différentes de toutes les fonctions élémentaires connues jusqu'ici, et quelle est, dans ce cas, la nature de ces fonctions.

C'est à cela, en effet, que se réduit la question générale de la signification de la puissance

$$a^{\sqrt[2m]{-1}}$$

car, nous avons vu (140), que la quantité imaginaire $\sqrt[2m]{-z}$ peut toujours s'exprimer à l'aide de $\sqrt{-1}$, sous la forme

$$y + x\sqrt{-1}$$

x et y étant deux quantités réelles, or,

$$a^{y+x\sqrt{-1}} = a^y . a^{x\sqrt{-1}}$$

ainsi a^y étant une puissance ordinaire susceptible d'une détermination immédiate, il reste simplement à considérer $a^{x\sqrt{-1}}$.

210. m étant une quantité quelconque, dont nous désignerons simplement par lm le logarithme naturel, nous avons, en vertu de la loi (m) du numéro 195, l'expression générale,

$$m = 1 + lm + \frac{(lm)^2}{1.2} + \frac{(lm)^3}{1.2.3} + \frac{(lm)^4}{1.2.3.4} + \text{etc.}$$

pour appliquer cette loi de construction à la quantité $a^{x\sqrt{-1}}$, observons que, d'après (199)

$$L(a^{x\sqrt{-1}}) = x\sqrt{-1}. \text{ La}$$

et nous trouverons, en substituant, ... (s)

$$a^{x\sqrt{-1}} = 1 + x\sqrt{-1}. la - \frac{x^2(la)^2}{1.2} - \frac{x^3\sqrt{-1}(la)^3}{1.2.3.} + \frac{x^4(la)^4}{1.2.3.4} + \text{etc.}$$

Cette dernière expression est composée de deux suites de termes, l'une réelle

$$1 - \frac{x^2(la)^2}{1.2} + \frac{x^4(la)^4}{1.2.3.4} - \frac{x^6(la)^6}{1.2.3.4.5.6} + \text{etc.}$$

l'autre, dont tous les termes sont affectés de la quantité imaginaire $\sqrt{-1}$,

$$xla.\sqrt{-1} - \frac{x^3(la)^3}{1.2.3}\sqrt{-1} + \frac{x^5(la)^5}{1.2.3.4.5}\sqrt{-1}$$
$$- \frac{x^7(la)^7}{1.2.3.4.5.6.7}\sqrt{-1} + \text{etc.}$$

Si nous désignons donc par Fx la première suite et par fx la somme des coefficiens de $\sqrt{-1}$, nous aurons définitivement

$$a^{x\sqrt{-1}}. = Fx + fx\sqrt{-1}$$

211. La génération de la puissance à exposant imaginaire se trouve ainsi effectuée sous la forme $Fx + fx . \sqrt{-1}$ que nous avons déjà reconnue pour être celle des racines imaginaires de l'unité (140), elle n'offre donc de particulier que les deux fonctions Fx et fx dont l'évaluation numérique peut toujours être obtenue par les deux expressions..... (t)

$$Fx = 1 - \frac{x^2 (la)^2}{1.2} + \frac{x^4 (la)^4}{1.2.3.4} - \frac{x^6 (la)^6}{1.2.3.4.5.6} \pm \text{etc.}$$

$$fx = xla - \frac{x^3 (la)^3}{1.2.3} + \frac{x^5 (la)^5}{1.2.3.4.6} - \frac{x^7 (la)^7}{1.2.3.4.5.6.7} + \text{etc.}$$

et nous pourrions considérer le problème comme résolu s'il ne nous restait à découvrir la nature des fonctions Fx et fx impliquées dans cette génération.

Remarquons avant tout la différence essentielle qui existe entre la *nature* d'une quantité et sa *valeur numérique*. La *nature* d'une quantité est l'expression théorique qui la constitue à l'aide des trois modes primitifs de la génération des nombres ; la nature de la racine carrée de *deux*, par exemple, est donnée par l'expression primitive $\sqrt{2}$, tandis que la *valeur numérique* de cette quantité est sa grandeur comparée à l'unité. La nature de la fonction nommée *logarithme* réside dans l'expression primitive.

$$\log. \; x = \infty^{\frac{1}{8}} (x - 1)$$

qui nous apprend qu'un *logarithme* est une *quantité irrationnelle* d'un ordre indéfini, l'expression (*n*) n° 196, n'est que l'*évaluation* de cette même fonction, ou le moyen de réaliser sa *valeur numérique*. Ainsi, les deux expressions précédentes ne nous offrent que la génération numérique ou l'évaluation des fonctions Fx et fx et nullement la nature même de ces fonctions, leur génération théorique ou primitive.

212. Tout radical carré devant être considéré comme ayant le double signe $\pm$, parce que toute racine carrée a deux valeurs égales et de signes contraires (52). Nous avons évidemment, non seulement

$$a^{+x\sqrt{-1}} = Fx + fx \sqrt{-1},$$

mais encore

$$a^{-x\sqrt{-1}} = Fx - fx \sqrt{-1};$$

car en prenant $\sqrt{-1}$ avec le signe — tous les termes du développement général (*s*) affectés de cette quantité changent de signe.

Or, en prenant la somme de ces égalités, il vient

$$a^{+x\sqrt{-1}} + a^{-x\sqrt{-1}} = 2\,\mathrm{F}x$$

d'où

$$\mathrm{F}x = \tfrac{1}{2}\left\{a^{+x\sqrt{-1}} + a^{-x\sqrt{-1}}\right\}$$

On trouverait encore, en prenant la différence de ces égalités :

$$fx = \frac{1}{2\sqrt{-1}}\left\{a^{+x\sqrt{-1}} - a^{-x\sqrt{-1}}\right\}$$

Telles sont les expressions primitives des fonctions $\mathrm{F}x$ et fx; elles nous apprennent que ces fonctions, quoique susceptibles de valeurs réelles, sont des fonctions dérivées, composées de puissances *imaginaires*, et qui sortent par conséquent de la classe des puissances ordinaires susceptibles d'une détermination immédiate. Ces fonctions sont donc encore des *fonctions dérivées élémentaires*.

213. La base a étant une quantité arbitraire, il existe une infinité de systèmes différens de ces fonctions $\mathrm{F}x$ et fx; mais, pour ne considérer ici que le plus simple, faisons cette base égale à celle des logarithmes naturels; alors, a devenant e, on a $La = Le = 1$, et les expressions (t), qui donnent l'évaluation numérique de ces fonctions se réduisent à..... (u)

$$\mathrm{F}x = 1 - \frac{x^2}{1.2} + \frac{x^4}{1.2.3.4} - \frac{x^6}{1.2.3.4.5.6} - \text{etc.}$$

$$fx = x - \frac{x^3}{1.2.3} + \frac{x^5}{1.2.3.4.5} - \frac{x^7}{1.2.3.4.5.6.7} + \text{etc.}$$

Elles deviennent, de cette manière, indépendantes de la base du système.

Les fonctions $\mathrm{F}x$ et fx, qui appartiennent à ce système, se retrouvent dans la géométrie, où elles ont reçu les noms de SINUS et de COSINUS. La fonction fx est celle qu'on nomme *sinus* et la fonction $\mathrm{F}x$ celle qu'on nomme *cosinus*. En adoptant, pour représenter ces fonctions les abréviations *sin.* et *cos.*, nous aurons pour les expressions primitives des *sinus* et des *cosinus* les égalités..... (v)

$$\cos x = \tfrac{1}{2}\left\{e^{+x\sqrt{-1}} + e^{-x\sqrt{-1}}\right\}$$

$$\sin x = \frac{1}{2\sqrt{-1}}\left\{e^{+x\sqrt{-1}} - e^{-x\sqrt{-1}}\right\}.$$

C'est de ces expressions, qui font connaître la nature transcendante des fonctions *sinus* et *cosinus*, qu'on doit déduire leurs principales propriétés.

214. En élevant au carré les deux membres de chaque égalité (*s*) l'imaginaire $\sqrt{-1}$, qui divise le second membre de la dernière, disparaît et on trouve

$$(\cos x)^2 = \frac{1}{4} \left\{ e^{ + 2 x \sqrt{-1}} + 2 + e^{ - 2 x \sqrt{-1}} \right\}$$

$$(\sin x)^2 = - \frac{1}{4} \left\{ e^{ + 2 x \sqrt{-1}} - 2 + e^{ - 2 x \sqrt{-1}} \right\}$$

D'où, en additionnant, ... (*x*)

$$(\cos x)^2 + (\sin x)^2 = 1.$$

La somme des carrés du sinus et du cosinus d'une même quantité x est donc toujours égale à l'unité. Cette propriété caractéristique est la liaison de ces deux fonctions ; elle permet de passer de l'une à l'autre, ou de déterminer immédiatement la valeur numérique de l'une lorsque celle de l'autre est connue, car on en tire les deux expressions

$$\cos x = \sqrt{[1 - (\sin x)^2]}$$
$$\sin x = \sqrt{[1 - (\cos x)^2]}$$

215. D'après la question dont nous sommes partis, nous avons

$$e^{x \sqrt{-1}} = \cos x + \sin x \sqrt{-1}$$

Or, en comparant cette forme de construction de la quantité $e^{x\sqrt{-1}}$ avec la propriété fondamentale (*x*) nous nous trouvons portés à concevoir cette quantité $e^{x\sqrt{-1}}$, quelle que soit la valeur de *x*, comme une puissance fractionnaire et imaginaire de l'unité, car la forme générale de ces puissances fractionnaires est, (145),

$$\alpha + \beta \sqrt{-1}$$

Les quantités α et β étant liées par les relations, (147)

$$\alpha^2 + \beta^2 = 1$$

Pour nous assurer si, en effet, $e^{x\sqrt{-1}}$ est une puissance fractionnaire et imaginaire de l'unité, ce qui serait une circonstance remarquable, partons du cas déterminé $x = 1$ et désignons par π le nombre réel, s'il existe, capable de donner

$$1^{\frac{1}{\pi}} = e^{\sqrt{-1}}, \text{ ou } (e^{\sqrt{-1}})^{\pi} = 1$$

et, comme nous ne devons considérer ici que les valeurs imaginaires, rappelons-nous que nous avons reconnu (76) que la racine quatrième de l'unité a deux valeurs imaginaires $+\sqrt{-1}$ et $-\sqrt{-1}$, ce qui nous permettra de remplacer l'unité par $(\pm\sqrt{-1})^4$ et transformera la dernière égalité en

$$(e^{x\sqrt{-1}})_{\pi} = (\sqrt{-1})^4$$

Il est inutile de considérer le double signe $+$ dans le second membre, puisqu'il correspond évidemment au double signe $\pm$, du radical $\sqrt{}$, sous-entendu dans le premier membre. Ceci posé, prenons les logarithmes naturels des deux membres de cette égalité, nous trouverons, en vertu de (203),

$$\pi\sqrt{-1}.\log e = 4\log(\sqrt{-1})$$

ou, simplement, à cause du $\log e = 1$

$$\pi\sqrt{-1} = 4\log\sqrt{-1}, \text{ d'où } \pi = \tfrac{\log 4\sqrt{-1}}{\sqrt{-1}}$$

Cette expression de π paraîtrait annoncer que cette quantité n'est pas susceptible d'une valeur réelle, et, par conséquent, que $e^{\sqrt{-1}}$ n'est pas une racine déterminée de l'unité, mais de telles formes imaginaires ne sont souvent que les expressions *idéales* de quantités très-réelles, les *sinus* en sont un exemple, de sorte qu'il devient nécessaire de développer la valeur hypothétique de π, pour savoir si l'imaginaire $\sqrt{-1}$ peut disparaître, et si, définitivement, π est susceptible d'une valeur numérique.

Pour appliquer au logarithme, $\log\sqrt{-1}$ le développement (n) du n° 196, faisons, dans ce développement, la quantité arbitraire n égale à l'unité, et représentons $a - 1$ par x, il deviendra

$$\log(1+x) = x - \tfrac{1}{2}x^2 + \tfrac{1}{3}x^3 - \tfrac{1}{4}x^4 + \tfrac{1}{5}x^5 - \tfrac{1}{6}x^6 + \text{etc.}$$

Observons en outre que

$$\sqrt{-1}.[1-\sqrt{-1}] = \sqrt{-1}+1$$

et qu'on peut ainsi donner à l'imaginaire primitive $\sqrt{-1}$ la forme

$$\sqrt{-1} = \tfrac{1+\sqrt{-1}}{1-\sqrt{-1}}$$

ce qui rend, alors,

$$\log\sqrt{-1} = \log\left[\tfrac{1+\sqrt{-1}}{1-\sqrt{-1}}\right] = \log(1+\sqrt{-1}) - \log(1-\sqrt{-1})$$

et transforme l'expression de π, en

$$\pi = \tfrac{4}{\sqrt{-1}}\left\{\log(1+\sqrt{-1}) - \log(1-\sqrt{-1})\right\}$$

Faisons donc successivement dans le développement général de $\log(1+x)$, $x = \sqrt{-1}$ et $x = -\sqrt{-1}$. Nous obtiendrons

$$\log(1+\sqrt{-1}) = +\sqrt{-1} - \tfrac{1}{2}(\sqrt{-1})^2 + \tfrac{1}{3}(\sqrt{-1})^3$$
$$- \tfrac{1}{4}(\sqrt{-1})^4 + \text{etc.}$$

$$\log(1-\sqrt{-1}) = -(\sqrt{-1}-)\tfrac{1}{2}(\sqrt{-1})^2 + \tfrac{1}{3}(\sqrt{-1})^3$$
$$- \tfrac{1}{4}(\sqrt{-1}) + \text{etc.}$$

Retranchant le second développement du premier, il vient

$$\log(1+\sqrt{-1}) - \log(1-\sqrt{-1}) = 2\sqrt{-1} + \tfrac{2}{3}(\sqrt{-1})^3$$
$$+ \tfrac{2}{5}(\sqrt{-1})^5 + \tfrac{2}{7}(\sqrt{-1})^7 + \text{etc.}$$

développement qui ne contient plus que les puissances croissantes impaires de $\sqrt{-1}$.

Remplaçant ces puissances par leurs valeurs périodiques (104) $+\sqrt{-1}, -\sqrt{-1}$, ce développement devient

$$2\left\{\sqrt{-1} - \tfrac{1}{3}\sqrt{-1} + \tfrac{1}{5}\sqrt{-1} - \tfrac{1}{7}\sqrt{-1} + \tfrac{1}{9}\sqrt{-1} - \text{etc.}\right\}$$

ainsi, divisant tout par $\sqrt{-1}$ et multipliant par 4, il viendra définitivement

$$\pi = 8\left\{1 - \tfrac{1}{3} + \tfrac{1}{5} - \tfrac{1}{7} + \tfrac{1}{9} - \tfrac{1}{11} + \tfrac{1}{13} - \text{etc.}\right\}$$

ce qui donne, en calculant un nombre suffisant de termes,

$$\pi = 6,2831853\ldots\ldots$$

L'exposant π est donc un nombre réel et la quantité $e^{\sqrt{-1}}$ est, en effet, une racine déterminée de l'unité. Nous verrons dans la géométrie que ce nombre transcendant π exprime la circonférence du cercle dont le rayon est pris pour unité.

216. Il résulte de cette circonstance importante que les sinus et les cosinus ont une génération périodique, c'est-à-dire, que les valeurs numériques de sin x et de cos x, ne sont pas toutes différentes pour les valeurs différentes de x, mais que celles de ces valeurs de sin x et de cos x, qui ne sont pas les mêmes se reproduisent à l'infini et forment des périodes semblables, dont les valeurs extrêmes sont celles qui correspondent aux valeurs de x, $x = 0$ et $x = \pi$. En effet, puisque

$$e^{\pi\sqrt{-1}} = 1,$$

on a aussi, m étant un nombre entier quelconque positif, négatif ou zéro,

$$e^{m\pi\sqrt{-1}} = 1$$

et, par suite,

$$e^{x\sqrt{-1}} = e^{x\sqrt{-1}}.\ e^{m\pi\sqrt{-1}} = e^{(x+m\pi)\sqrt{-1}}$$

ainsi la quantité $e^{x\sqrt{-1}}$ n'a de valeurs différentes que celles qui sont comprises entre les limites de $x = 0$ et de $x = \pi$, car lorsque x est plus grand que π, on peut toujours le décomposer en deux parties, dont l'une soit un multiple de π et l'autre une quantité plus petite que π; en général, si z représente un nombre plus grand que π, on a

$$\frac{z}{\pi} = y + \frac{u}{\pi}, \text{ d'où } z = y\pi + u$$

y, désignant le quotient et u le reste; donc

$$e^{x\sqrt{-1}} = e^{(u+y\pi)\sqrt{-1}} = e^{u\sqrt{-1}}.$$

La valeur correspondante à z est donc la même que celle qui correspond à u, nombre plus petit que π et reste de la division de z par π. Il en est donc, ici, comme des puissances successives de $\sqrt{-1}$, les valeurs de $e^{x\sqrt{-1}}$ sont comprises entre les limites de $x = 0$ et de $x = \pi$.

Tout ce que nous venons de dire de la quantité $e^{x\sqrt{-1}}$ s'applique exactement à la quantité $e^{-x\sqrt{-1}}$, et il devient évident, que les fonctions sin x et cos x dont les expressions primitives (v) (n° 213) se composent de ces quantités, ont-elles mêmes des valeurs périodiques renfermées entre les mêmes limites de $x = 0$ et de $x = \pi$.

217. Les valeurs extrêmes de la période se trouvent immédiatement en faisant successivement $x = 0$ et $x = \pi$, dans les expressions primitives (v). On obtient de cette manière

$$\text{cos. } 0 = 1, \text{ sin. } 0 = 0$$
$$\text{cos. } \pi = 1, \text{ sin. } \pi = 0$$

Les valeurs de cos. x tournent donc, à l'infini, dans un cercle qui commence à l'unité et finit par l'unité, tandis que celles de sin. x commencent à zéro et finissent à zéro.

218. Pour savoir ce que deviennent les valeurs de sin. x et de cos. x lorsqu'on donne à x des valeurs négatives, il suffit de remplacer x par $-x$ dans les expressions primitives (v); elles deviennent alors

$$\cos(-x) = \tfrac{1}{2}\{e^{-x\sqrt{-1}} + e^{+x\sqrt{-1}}\} = \tfrac{1}{2}\{e^{+x\sqrt{-1}} + e^{-x\sqrt{-1}}\}$$

$$\sin(-x) = \frac{1}{2\sqrt{-1}}\{e^{-x\sqrt{-1}} - e^{+x\sqrt{-1}}\}$$

$$= -\frac{1}{2\sqrt{-1}}\{e^{x\sqrt{-1}} - e^{-x\sqrt{-1}}\}$$

c'est-à-dire $\cos(-x) = \cos x$, et $\sin(-x) = -\sin x$.

La valeur de $\cos x$ demeure donc la même, et celle de $\sin x$ change seulement de signe.

219. Les propriétés fondamentales des sinus et des cosinus reposent en principe sur celle de la quantité

$$e^{x\sqrt{-1}} = e^{(x + m\pi)\sqrt{-1}},$$

puisque nous avons généralement

$$e^{x\sqrt{-1}} = \cos x + \sin x \sqrt{-1}.$$

Or, pour toute autre variable z, nous avons toujours

$$e^{z\sqrt{-1}} = \cos z + \sin z \sqrt{-1}.$$

Ainsi

$$e^{x\sqrt{-1}}.e^{z\sqrt{-1}} = e^{(x+z)\sqrt{-1}} = (\cos x + \sin x \sqrt{-1})(\cos z + \sin z \sqrt{-1}).$$

Mais

$$e^{(x+z)\sqrt{-1}} = \cos(x+z) + \sin(x+z)\sqrt{-1}.$$

Donc..... (y)

$$(\cos x + \sin x \sqrt{-1})(\cos z + \sin z \sqrt{-1}) = \cos(x+z) + \sin(x+z)\sqrt{-1}.$$

On obtiendrait évidemment de la même manière, pour un nombre quelconque de facteurs,

$$(\cos x + \sin x \sqrt{-1})(\cos z + \sin z \sqrt{-1})(\cos y + \sin y \sqrt{-1}).\text{etc.}$$
$$= \cos(x + z + y + \text{etc}...) + \sin(x + z + y + \text{etc}...)\sqrt{-1}.$$

Si nous développons le produit qui forme le premier membre de l'égalité (y), nous trouverons

$$\cos x.\cos z + \cos x.\sin z \sqrt{-1} + \cos z.\sin x \sqrt{-1} - \sin x.\sin z,$$

d'où

$$[\cos x. \cos z - \sin x . \sin z] + [\cos x . \sin z + \cos z . \sin x]\sqrt{-1}$$
$$= \cos(x+z) + \sin(x+z)\sqrt{-1}.$$

Observons maintenant que deux quantités, telles que $A + B\sqrt{-1}$

17*

et $M + N\sqrt{-1}$, ne sauraient être égales si, d'une part, les parties réelles A et M et, si de l'autre, les parties imaginaires $B\sqrt{-1}$ et $N\sqrt{-1}$ ne sont respectivement égales; car de

$$A + B\sqrt{-1} = M + N\sqrt{-1}$$

on tire

$$A - M = (N-B)\sqrt{-1} ;$$

ce qui serait une absurdité si les différences A—M et N—B n'étaient l'une et l'autre égale à zéro. Nous avons donc, nécessairement, en égalant séparément les parties réelles et les parties imaginaires de l'expression précédente... (z)

$$\cos(x+z) = \cos x.\sin z - \sin x.\sin z ,$$
$$\sin(x+z) = \cos x.\sin z + \cos z.\sin x.$$

Ces expressions donnent le cosinus et le sinus de la *somme* de deux nombres x et z en *produits* des cosinus et des sinus de ces nombres.

220. Faisant dans ces expressions z négatif, elles deviennent, à cause de $\cos(-z) = \cos z$ et de $\sin(-z) = -\sin z...(\alpha)$,

$$\cos(x-z) = \cos x.\cos z + \sin x.\sin z ,$$
$$\sin(x-z) = \cos z.\sin x - \cos x.\sin z.$$

Ces dernières donnent le cosinus et le sinus de la *différence* de deux nombres x et z en fonctions des sinus et cosinus de ces nombres.

221. Les quatre égalités (z) et (α), que l'on considère ordinairement comme les principes fondamentaux de la théorie des sinus, quoiqu'elles ne soient évidemment que des principes subordonnés aux expressions primitives (v), admettent plusieurs combinaisons qui fournissent un grand nombre de conséquences utiles. Nous nous contenterons de signaler ici les plus importantes. En prenant la somme et la différence des égalités (z) et (α), on obtient les quatre nouvelles égalités

$$\sin x.\cos z = \tfrac{1}{2} \sin(x+z) + \tfrac{1}{2} \sin(x-z),$$
$$\sin z.\cos x = \tfrac{1}{2} \sin(x+z) - \tfrac{1}{2} \sin(x-z),$$
$$\cos x.\cos z = \tfrac{1}{2} \cos(x-z) + \tfrac{1}{2} \cos(x+z),$$
$$\sin x.\sin z = \tfrac{1}{2} \cos(x-z) - \tfrac{1}{2} \cos(x+z).$$

On peut, au moyen de celles-ci, transformer un *produit* en *somme*, et réciproquement.

222. L'emploi des sinus, dans les calculs, exige, comme celui des

logarithmes, la connaissance prompte et facile de leurs valeurs numériques, ce qui ne peut être obtenu qu'à l'aide de *tables* capables
d'offrir au premier coup d'œil les sinus et les nombres correspondans.
Mais les sinus n'ayant été considérés dans l'origine que comme des
lignes géométriques et leur usage le plus ordinaire se rapportant à
des questions géométriques, les tables dont on se sert ont été calculées pour les arcs du cercle exprimés en *degrés*, et non en partie
du nombre π, ce qui du reste est tout-à-fait indifférent ; car on peut
toujours exprimer tout nombre donné en' *degrés* du cercle, et réciproquement. En effet, la circonférence du cercle, dont le rayon $= 1$
étant supposée composée de 360 parties égales qu'on nomment *degrés*, ce nombre 360, qui est purement conventionnel, remplace π
dans le calcul des sinus ; ainsi, comme on peut poser ,

$$\pi = 360 \ degrés,$$

le rapport numérique d'un nombre quelconque à π donne le moyen
de réduire ce nombre en degrés. De plus, à cause de la périodicité
des valeurs de sin x et de cos x, nous avons, x étant plus petit que π,

$$\sin (m\pi + x) = \sin x$$
$$\cos (m\pi + x) = \cos x,$$

et, comme $m\pi + x$, m étant un nombre entier quelconque, peut
représenter tous les nombres, il suffira de réduire en degrés le reste
de la division d'un nombre donné par π : ce reste ayant pour son sinus
et son cosinus les mêmes valeurs numériques que celles du sinus et
du cosinus du nombre en question.

Les tables des sinus n'ont besoin, pour être complètes, que de
renfermer les valeurs des sinus des nombres depuis 0 jusqu'à π, et
nous allons même voir, tout à l'heure, qu'en tenant compte des signes
de ces valeurs, il n'y en a réellement de différentes que depuis 0
jusqu'à $\frac{\pi}{4}$. Quoi qu'il en soit, x exprimant un nombre plus petit que π,
exprime, par conséquent, une partie de la circonférence du cercle
égale à π, et le nombre des degrés de cette partie est contenu de la
même manière dans 360 degrés, que x est contenu dans π ; il faut
donc, pour déterminer ce nombre de degrés, que nous désignerons
par z, poser la proportion (*voyez* ARITH., 45):

$$x : \pi = z : 360,$$

d'où l'on tire

$$z = x. \ \frac{360}{\pi}.$$

L'opération se réduit donc à multiplier le nombre proposé par le facteur constant

$$\frac{360}{\pi} = 58,8873\ldots$$

La même proportion donne encore

$$x = z.\ \frac{\pi}{360}.$$

C'est-à-dire, que lorsqu'une quantité est exprimée en degrés du cercle, pour avoir sa valeur en nombres naturels, il faut la multiplier par le facteur constant

$$\frac{\pi}{360} = 0,017453\ldots$$

Les deux expressions (u), (213), ne peuvent être employées pour obtenir l'évaluation des sinus et cosinus qu'autant qu'on donne à x des valeurs en nombres naturels ; lorsque cette évaluation est obtenue, on la rapporte aux parties de la circonférence en transformant x en degrés.

223. Les valeurs numériques des fonctions $\sin x$ et $\cos x$ étant comprises entre les limites de $x = 0$ et $x = \pi$, examinons celles de ces valeurs qui répondent aux subdivisions principales de π, c'est-à-dire à $\frac{1}{4}\pi$, $\frac{1}{2}\pi$ et $\frac{3}{4}\pi$, et nous allons reconnaître, ainsi que nous l'avons annoncé plus haut, que toutes les valeurs numériques des fonctions $\sin x$ et $\cos x$ sont comprises, abstraction faite des signes entre les limites de $x = 0$ et de $x = \frac{1}{4}\pi$. Observons pour cet objet que, quelle que soit la quantité φ, on a toujours

$$e^{\log \varphi} = \varphi,$$

de sorte que pour déterminer les valeurs particulières de la quantité

$$e^{x\sqrt{-1}}$$

correspondantes aux valeurs particulières de x, il faut tâcher de rendre son exposant $x\sqrt{-1}$ égal au logarithme de quelque quantité déterminée. Or, nous avons trouvé (215)

$$\pi = \frac{4 \log \sqrt{-1}}{\sqrt{-1}},$$

et on peut tirer de cette valeur

$$\pi\sqrt{-1} = 4 \log \sqrt{-1}$$
$$\tfrac{1}{2}\pi\sqrt{-1} = 2 \log \sqrt{-1} = \log (\sqrt{-1})^2 = \log (-1)$$
$$\tfrac{1}{4}\pi\sqrt{-1} = \log \sqrt{-1}$$
$$\tfrac{3}{4}\pi\sqrt{-1} = 3 \log \sqrt{-1} = \log (\sqrt{-1})^3 = \log (-\sqrt{-1});$$

Ainsi, d'après l'observation précédente,

$$e^{+\frac{1}{2}\pi\sqrt{-1}} = e^{\log(-1)} = -1$$

$$e^{+\frac{1}{4}\pi\sqrt{-1}} = e^{\log\sqrt{-1}} = \sqrt{-1}$$

$$e^{+\frac{3}{4}\pi\sqrt{-1}} = e^{\log(-\sqrt{-1})} = -\sqrt{-1},$$

ce qui fait encore connaître

$$e^{-\frac{1}{2}\pi\sqrt{-1}} = \frac{1}{e^{+\frac{1}{2}\pi\sqrt{-1}}} = \frac{1}{-1} = -1$$

$$e^{-\frac{1}{4}\pi\sqrt{-1}} = \frac{1}{\sqrt{-1}} = \frac{\sqrt{-1}}{-1} = -\sqrt{-1}$$

$$e^{-\frac{3}{4}\pi\sqrt{-1}} = -\frac{1}{\sqrt{-1}} = -\frac{\sqrt{-1}}{-1} = +\sqrt{-1}.$$

Substituant ces valeurs dans les expressions primitives (v), on obtient, pour $x = \frac{1}{2}\pi$

$$\cos\tfrac{1}{2}\pi = \frac{-1-1}{2} = -1, \; \sin\tfrac{1}{2}\pi = \frac{-1+1}{2\sqrt{-1}} = 0,$$

pour $x = \frac{1}{4}\pi$

$$\cos\tfrac{1}{4}\pi = \frac{\sqrt{-1}-\sqrt{-1}}{2} = 0, \; \sin\tfrac{1}{4}\pi = \frac{\sqrt{-1}+\sqrt{-1}}{2\sqrt{-1}} = 1,$$

pour $x = \frac{3}{4}\pi$

$$\cos\tfrac{3}{4}\pi = \frac{-\sqrt{-1}+\sqrt{-1}}{2} = 0, \; \sin\tfrac{3}{4}\pi = \frac{-\sqrt{-1}-\sqrt{-1}}{2\sqrt{-1}} = -1.$$

En joignant à ces valeurs celles qui correspondent à $x = 0$ et à $x = \pi$ (217), on pourra former le tableau suivant :

$$\cos 0 = 1, \qquad \sin 0 = 0$$
$$\cos\tfrac{1}{4}\pi = 0, \qquad \sin\tfrac{1}{4}\pi = 1$$
$$\cos\tfrac{1}{2}\pi = -1, \qquad \sin\tfrac{1}{2}\pi = 0$$
$$\cos\tfrac{3}{4}\pi = 0, \qquad \sin\tfrac{3}{4}\pi = -1$$
$$\cos \pi = 1, \qquad \sin \pi = 0.$$

Il en résulte que les valeurs de $\cos x$ vont en décroissant depuis $x = 0$ jusqu'à $x = \frac{1}{4}\pi$; qu'elles croissent *négativement* depuis $x = \frac{1}{4}\pi$ jusqu'à $x = \frac{1}{2}\pi$; que depuis $x = \frac{1}{2}\pi$ jusqu'à $x = \frac{3}{4}\pi$; elles décroissent de nouveau, toujours *négativement* ; et qu'enfin, de $x = \frac{3}{4}\pi$ jusqu'à $x = \pi$, elles recroissent *positivement*. Quant aux valeurs de $\sin x$, elles parcourent le même cercle dans un ordre différent ; elles sont positives depuis $x = 0$ jusqu'à $x = \frac{1}{2}\pi$, et négatives depuis $x = \frac{1}{4}\pi$ jusqu'à $x = \pi$. Toutes ces valeurs sont comprises entre 0 et 1, abstraction faite des signes.

224. x étant une quantité plus petite que π et z une quantité plus petite que $\frac{1}{4}\pi$, toutes les valeurs de x seront évidemment comprises sous les formes

$$\frac{\pi}{4} - z, \quad \frac{\pi}{4} + z, \quad \frac{\pi}{2} + z, \quad \frac{3\pi}{4} + z.$$

Mais, d'après les lois (z) et (α) (220),

$$\sin\left(\frac{\pi}{4} - z\right) = \sin\frac{\pi}{4} . \cos z - \cos\frac{\pi}{4} . \sin z,$$

$$\sin\left(\frac{\pi}{4} + z\right) = \sin\frac{\pi}{4} . \cos z + \cos\frac{\pi}{4} . \sin z,$$

$$\sin\left(\frac{\pi}{2} + z\right) = \sin\frac{\pi}{2} . \cos z + \cos\frac{\pi}{2} . \sin z,$$

$$\sin\left(\frac{3\pi}{4} + z\right) = \sin\frac{3\pi}{4} . \cos z + \cos\frac{3\pi}{4} . \sin z.$$

Substituant dans ces égalités les valeurs de $\sin\frac{\pi}{4}$, $\sin\frac{\pi}{2}$, $\sin\frac{3\pi}{4}$, $\cos\frac{\pi}{4}$, $\cos\frac{\pi}{2}$, $\cos\frac{3\pi}{4}$, trouvées ci-dessus, il viendra

$$\sin\left(\frac{\pi}{4} - z\right) = \cos z, \quad \sin\left(\frac{\pi}{2} + z\right) = -\sin z,$$

$$\sin\left(\frac{\pi}{4} + z\right) = \cos z, \quad \sin\left(\frac{3\pi}{4} + z\right) = -\cos z.$$

On trouverait de la même manière

$$\cos\left(\frac{\pi}{4} - z\right) = \quad \sin z, \quad \cos\left(\frac{\pi}{2} + z\right) = -\cos z,$$

$$\cos\left(\frac{\pi}{4} + z\right) = -\sin z, \quad \cos\left(\frac{3\pi}{2} + z\right) = \quad \sin z.$$

Il suffit donc de considérer les seules valeurs comprises entre les limites de la variable $x = 0$ et $= \frac{1}{4}\pi$, puisque ces valeurs, avec des signes convenables, peuvent représenter toutes celles de la période entière, depuis $x = 0$ jusqu'à $x = \pi$. Aussi les tables des sinus ne donnent-elles que les sinus du *premier quart* du *cercle*, ou de 0 à 90 degrés.

225. Les rapports du sinus et du cosinus, soit entre eux, soit avec l'unité, engendrent des fonctions dérivées dont on fait un fréquent usage. Voici leur construction et leurs dénominations :

$$\frac{\sin x}{\cos x} = \text{tangente } x, \quad \frac{\cos x}{\sin x} = \text{cotangente } x,$$

$$\frac{1}{\cos x} = \text{sécante } x, \quad \frac{1}{\sin x} = \text{cosécante } x.$$

Toutes les propriétés de ces dernières fonctions n'étant que des conséquences immédiates de celles des sinus et des cosinus, et pouvant toujours en être déduites avec la plus grande facilité, nous ne nous arrêterons point à leur examen.

226. Il nous reste à déterminer la nature des logarithmes des nombres négatifs, et à donner la construction générale des puissances fractionnaires de l'unité. Ce sont les seules questions, basées sur la nature même des quantités numériques, demeurées jusqu'ici sans solution.

Pour la dernière de ces questions, désignons par ρ un nombre entier quelconque depuis 0 jusqu'à l'infini ; alors $(-1)^\rho$ représentera l'unité positive ou négative, suivant que ρ sera pair ou impair, et par conséquent $(-1)^{\frac{\rho}{m}}$ sera une racine quelconque de l'unité positive ou négative. Or, nous avons trouvé ci-dessus (223)

$$e^{\frac{1}{2}\pi\sqrt{-1}} = -1;$$

Ainsi, nous aurons généralement

$$(-1)^{\frac{\rho}{m}} = e^{\frac{\rho\pi}{2m}\sqrt{-1}};$$

mais

$$e^{\frac{\rho\pi}{2m}\sqrt{-1}} = \cos\frac{\rho\pi}{2m} + \sin\frac{\rho\pi}{2m}\cdot\sqrt{-1}.$$

Donc

$$(-1)^{\frac{\rho}{m}} = \cos\frac{\rho\pi}{2m} + \sin\frac{\rho\pi}{2m}\cdot\sqrt{-1}.$$

Telle est l'expression générale des racines de l'unité. En y faisant successivement ρ égal à tous les nombres pairs depuis 0, on aura les m racines de $+1$; et en le faisant successivement égal à tous les nombres impairs depuis 1, on aura les m racines de -1. On ne trouvera dans l'un et l'autre cas que m racines différentes, à cause de la périodicité des valeurs des sinus et des cosinus.

Pour trouver, par exemple, les quatre valeurs de $\sqrt[4]{+1}$, nous ferons $m = 4$, et, successivement, $\rho = 0$, $\rho = 2$, $\rho = 4$, $\rho = 6$.

Dans le premier cas, nous aurons

$$\sqrt[4]{+1} = \cos 0 + \sin 0.\sqrt{-1} = 1,$$

à cause de $\cos 0 = 1$, $\sin 0 = 0$.

Dans le second,

$$\sqrt[4]{+1} = \cos\frac{\pi}{4} + \sin\frac{\pi}{4}\sqrt{-1} = \sqrt{-1},$$

à cause de $\cos\frac{\pi}{4} = 0$, $\sin\frac{\pi}{4} = 1$;

Dans le troisième,

$$\sqrt[4]{\mp 1} = \cos \frac{\pi}{2} + \sin \frac{\pi}{2}\sqrt{-1} = -1,$$

à cause de $\cos \frac{\pi}{2} = -1$, $\sin \frac{\pi}{2} = 0$.

Enfin, dans le quatrième,

$$\sqrt[4]{\mp 1} = \cos \frac{3\pi}{4} + \sin \frac{3\pi}{4}\sqrt{-1} = -\sqrt{-1},$$

à cause de $\cos \frac{3\pi}{4} = 0$, $\sin \frac{3\pi}{4} = -1$.

Si l'on poursuivait en faisant $\rho = 8$, $\rho = 10$, etc., on retrouverait à l'infini les quatre mêmes valeurs.

227. La question des logarithmes négatifs se trouve résolue par les mêmes considérations ; car de

$$(-1)^{\frac{\rho}{m}} = e^{\frac{\rho\pi}{2m}\sqrt{-1}}.$$

On tire immédiatement, en prenant les logarithmes,

$$\log[(-1)^{\frac{\rho}{m}}] = \frac{\rho\pi}{2m}\sqrt{-1}.$$

Ce qui nous apprend que le logarithme de l'unité négative, et même ceux de toutes ses puissances imaginaires, s'expriment encore à l'aide de la quantité imaginaire primitive $\sqrt{-1}$. Dans le cas de $m = 1$, on a simplement

$$\log[(-1)^{\rho}] = \tfrac{1}{2}\rho\pi\sqrt{-1};$$

et, comme un nombre quelconque positif ou négatif est représenté par la forme $(-1)^{\rho}.A$, il en résulte

$$\log[(-1)^{\rho} A] = \log[(-1)^{\rho}] + \log A,$$

ou

$$\log[(-1)_{\rho}.A] = \tfrac{1}{2}\rho\pi\sqrt{-1} + \log A,$$

log A désignant simplement alors la valeur réelle du logarithme du nombre positif A.

Les conséquences de cette expression sont importantes pour la théorie des logarithmes. Lorsqu'il s'agit du logarithme d'un nombre négatif, ρ étant un nombre impair quelconque, et ne pouvant être zéro, le second membre est une quantité imaginaire, c'est-à-dire que parmi l'infinité de valeurs différentes que peut avoir le logarithme d'un nombre négatif, il ne s'en trouve pas une seule réelle. S'il s'agit du logarithme d'un nombre positif, alors ρ doit être considéré comme un nombre pair quelconque, y compris 0, et, par conséquent, ce logarithme admet encore une infinité de valeurs différentes correspondantes à l'infinité de valeurs arbitraires qu'on peut donner à ρ ; mais parmi toutes ces valeurs, il n'y en a qu'une seule de réelle, celle qui répond à $\rho = 0$.

Quoique nous n'ayons considéré ici que les logarithmes naturels, ce que nous venons de dire s'applique nécessairement à ceux de tous les systèmes, puisque les valeurs de ces derniers ne sont que les produits de leur module (203) par les valeurs des premiers.

228. Les *logarithmes* et les *sinus* forment les deux derniers modes dérivés nécessaires de la génération des quantités. En examinant leurs propriétés principales qui peuvent être exprimées par les égalités.

$$\log x + \log y + \log z + \log u + \text{etc.} = \log [\, x.y.z.u.\, \text{etc...}\,]$$

$$(\cos x + \sin x \sqrt{-1})(\cos y + \sin y \sqrt{-1})(\cos z + \sin z \sqrt{-1})\ldots\text{etc.}$$

$$= \cos (x + y + z + \text{etc...}) + \sin (x + y + z + \text{etc...})\sqrt{-1}$$

on reconnaît qu'ils opèrent une transition entre la forme générale de la numération.

$$A_1 \, M + A_2 \, N + A_3 . O + A_4 \, P + \text{etc.}$$

et celle des factorielles

$$A. B. C. D. E. F. G. \text{etc...}$$

les logarithmes offrant spécialement la réduction des *sommes* aux *produits* et les sinus celle des *produits* aux *sommes*. Toutes les parties élémentaires de la science se trouvent ainsi ramenées à l'unité systématique, et nous pouvons être assurés qu'il ne saurait exister aucune combinaison algébrique, aucun calcul, dont les élémens absolus ne soient compris parmi les modes primitifs ou dérivés dont nous venons de donner la déduction.

Pour terminer cette branche fondamentale de la science des nombres, nous résumerons dans le tableau suivant l'ensemble de la génération élémentaire des quantités.

ÉLÉMENS ABSOLUS DE LA GÉNÉRATION DES QUANTITÉS.

I. Génération primitive.

Forme générale.	*opérations simples.*	*conséquences.*
1er MODE. $a + b = c$	Addition.	
	Soustraction	Nombres *positifs.*
		Nombres *négatifs,*
2e MODE. $a \times b = c$	Multiplication	Nombres *entiers.*
	Division	
		Nombres *fractionnaires.*
3e MODE. $a^b = c$	Elévation aux puissances.	Nombres *rationnels.*
	Extraction des racines . .	Nombres *irrationnels* { *réels.* / *imaginaires,* }

II. Génération dérivée.

MODES IMMÉDIATS.

Ier MODE. Combinaison des deux premiers { Générale. — NUMÉRATION.
modes primitifs . . . . { Particulière. — FRACTIONS CONTINUES.

2e MODE. Combinaison des deux derniers { Générale. — FACTORIELLES.
modes primitifs . . . . { Particulière. — PRODUITS CONTINUS.

MODES MÉDIATS.

Ier MODE. Transition de la numération aux factorielles. — LOGARITHMES.

2e MODE. Transition des factorielles à la numération. — SINUS.

COMPARAISON DES QUANTITÉS.

§ I. INÉGALITÉ. — RAPPORT.

229. Les relations réciproques qui peuvent exister entre les quantités numériques, forment le second des deux points de vue distincts sous lesquels ces quantités doivent être considérées. Le premier, qui porte exclusivement sur la *génération* ou la construction des quantités les unes au moyen des autres, venant d'être traité dans tous ses détails, du moins pour ce qui concerne sa partie élémentaire, nous pouvons aborder le second, dont la partie purement élémentaire n'exige aucune détermination nouvelle et se trouve immédiatement fondée sur les lois simples des modes primitifs de la génération.

En effet, deux quantités quelconques A et C étant données, les seules relations possibles entre ces quantités, qui puissent résulter de leur comparaison, consistent dans *l'égalité* ou *l'inégalité* de leurs valeurs respectives. Dans le premier cas, nous avons $A = C$, ce qui est une simple identité qui ne saurait avoir d'autres lois que les axiomes mêmes de l'algèbre (11); dans le second, en supposant A la plus petite de ces quantités, nous avons $A < C$, relation générale, qui ne saurait encore avoir d'autres lois que celles qui résultent de la simple identité, mais qui devient cependant l'objet d'une considération particulière par la possibilité de l'envisager de plusieurs manières différentes, selon les diverses manières dont on peut concevoir que la quantité la plus petite A, entre dans la construction de la plus grande C.

230. Ainsi, en vertu des deux premiers modes primitifs de la construction des nombres, on peut avoir

$$C - A = B, \text{ ou } \frac{C}{A} = B,$$

B représentant, dans la première relation, la *différence* de C et de A et, dans la seconde, le *quotient* de C par A.

D'après le dernier mode primitif, il semblerait exister encore deux autres relations possibles, savoir : 1° en considérant A comme la *base* de la puissance C, ce qui donne en désignant l'exposant par B

$$A^B = C,$$

mais la détermination de cet exposant ne pouvant s'opérer généralement que sous la forme

$$\frac{\log C}{\log A} = B, \qquad \cdot$$

cette relation des deux quantités C et A ne diffère pas essentiellement de la seconde des deux relations précédentes. 2° En considérant A comme l'exposant de la puissance C, ce qui donne, en désignant la *racine* par B

$$\sqrt[A]{C} = B$$

relation différente des deux premières.

Il n'existe donc que trois relations d'inégalités essentiellement différentes entre deux quantités et, comme la troisième n'a présenté jusqu'à présent aucune particularité qui puisse la faire employer d'une manière utile, on se borne à la considération des deux premières,

$$C - A = B, \ C : A = B,$$

auxquelles on donne respectivement les noms de RAPPORT ARITHMÉTIQUE et de RAPPORT GÉOMÉTRIQUE.

La *différence* B, de deux nombres C et A est donc le *rapport arithmétique* de ces nombres, et le *quotient* de C par A le *rapport géométrique* de ces mêmes nombres.

231. Les deux quantités comparées, C et A se nomment les *termes* du rapport et, en particulier, C prend le nom d'*antécédent*, et A celui de *conséquent*. Le résultat B, de la comparaison, est ce qu'on nomme proprement le *rapport* des quantités C et A.

232. Les propriétés du *rapport arithmétique* ne sont que des conséquences directes des lois de l'identité ; c'est ainsi, par exemple, que :

1° *La différence de deux nombres ne change pas, soit qu'on les augmente, soit qu'on les diminue tous deux d'une même quantité.*

En effet, si C — A = B, on aura évidemment encore,

$$(C + P) - (A + P) = B, (C - P) - (C - P) = B,$$

la quantité P se détruisant dans chaque premier membre.

2°. *On augmente la différence B de deux nombres C et A, de deux manières savoir : en augmentant l'antécédent* C, *ou en diminuant le conséquent* A. Car, de C — A = B, il résulte

$$C+P-A=B+P, \quad C-(A-P)=B+P.$$

3° *On diminue la différence* B *de deux nombres* C *et* A, *de deux manières, savoir : en diminuant l'antécédent* C *ou en augmentant le conséquent* A. Puisque C — A = B, on a aussi, nécessairement

$$C-P-A=B-P. \quad C-(A+P)=B-P.$$

233. Le rapport géométrique n'a aussi d'autres propriétés générales que celles des nombres fractionnaires. Il résulte, de la construction même de ce rapport, $\frac{C}{A} = B$, 1° *que sa grandeur reste la même, soit qu'on multiplie, soit qu'on divise ses deux termes par un même nombre.* 2° *Qu'on multiplie cette grandeur de deux manières, savoir : en multipliant l'antécédent ou en divisant le conséquent.* 3° *Enfin qu'on divise cette grandeur de deux manières, savoir : en divisant l'antécédent ou en multipliant le conséquent.* En effet, de l'égalité $\frac{C}{A} = B$, on tire immédiatement

$$\frac{C}{A} = \frac{C.P}{A.P} = \frac{C:P}{A:P} = B$$
$$\frac{C:P}{A} = \frac{C}{A:P} = B.P$$
$$\frac{C:P}{A} = \frac{C}{A.P} = \frac{B}{P}$$

(*Voy.* ARITH. 56 et 64.)

234. Deux rapports d'une même classe, c'est-à-dire tous deux arithmétiques ou tous deux géométriques, peuvent être de nouveau comparés l'un à l'autre ; leur inégalité donne naissance à un *rapport composé*, leur égalité forme ce qu'on nomme une *proportion*.

Comme il y a deux classes de rapports il y a aussi deux classes de proportions : les *proportions arithmétiques* et les *proportions géométriques.* Leurs formes générales respectives sont :

$$a - b = c - d$$
$$a : b = c : d$$

elles signifient l'une et l'autre que le rapport des nombres *a* et *b*, est le même que celui des nombres *c* et *d*.

LES PROPORTIONS ARITHMÉTIQUES.

235. Quatre nombres sont en proportion arithmétique lorsque la *différence* des deux premiers est égale à celle des deux derniers. Ainsi, la forme générale de ces sortes de proportions

$$a - b = c - d$$

comprend les deux égalités $a - b = \delta$, $c - d = \delta$; δ désignant la différence commune ou le *rapport*.

De $a - b = \delta$ on tire $a = b + \delta$ et de $c - d = \delta$ on tire $c = d + \delta$; la forme ci-dessus est donc identique avec

$$(b + \delta) - b = (d + \delta) - d$$

D'où l'on tire, en ajoutant $b + d$ à chaque membre

$$(b + \delta) + d = (d + \delta) + b$$

cette identité remise sous la forme

$$a + d = c + b$$

renferme la propriété fondamentale des proportions arithmétiques; elle nous apprend que *la somme des deux termes extrêmes* a *et* d *est toujours égale à la somme des deux termes moyens* b *et* c.

Cette propriété, comme toutes celles qu'on peut en déduire, ne sont, comme on le voit évidemment, que les conséquences des lois de l'identité. Elles n'exigent donc aucun développement.

236. Lorsque les deux termes moyens d'une proportion sont égaux elle prend le nom de *proportion continue*

$$8 - 6 = 6 - 4$$

est une *proportion continue* arithmétique. Le nombre dont la valeur est commune aux deux moyens se nomme alors *moyen arithmétique*. 6 est le *moyen* ou la *moyenne* arithmétique entre 8 et 4.

Comme la somme des extrêmes est toujours égale à celle des moyens, dans une proportion continue la *somme des extrêmes est le double du moyen arithmétique*, ainsi dans la forme générale

$$a - b = b - c$$

on a $a + c = 2b$, d'où

$$\frac{a + c}{2} = b$$

c'est-à-dire, que *la moyenne arithmétique entre deux nombres donnés est égale à la moitié de la somme de ces nombres.*

Si l'on demandait donc, d'insérer une *moyenne arithmétique* entre 54 et 86, on prendrait la moitié de la somme de ces nombres, et comme $\frac{1}{2}(54 + 86) = 70$, on aurait la proportion

$$86 - 70 = 70 - 54$$

237. L'égalité de la somme des extrêmes à celle des moyens permet aussi d'obtenir un terme quelconque, lorsque les trois autres sont connus. Il ne faut, pour cet effet, si le terme cherché est un extrême, que retrancher l'autre extrême de la somme des moyens et, si c'est un moyen, que retrancher l'autre moyen connu de la somme des extrêmes. Toutes ces opérations sont si évidentes qu'elles n'ont besoin d'aucune démonstration.

LES PROPORTIONS GÉOMÉTRIQUES.

238. Les proportions géométriques ont des propriétés analogues à celle des proportions arithmétiques ; mais elles sont suceptibles d'applications beaucoup plus étendues, et nous devons faire observer que c'est plus particulièrement aux rapports et aux proportions géométriques que les termes *rapport* et *proportion* sont adaptés ; en général, lorsqu'on parle d'un rapport ou d'une proportion sans spécifier sa classe particulière on entend toujours parler d'un rapport et d'une proportion géométrique. Le peu d'importance des rapports arithmétiques ne saurait les rendre l'objet d'une considération particulières s'ils n'entraient comme parties constituantes dans une espèce de série d'un usage fréquent et général. Au reste, les dénominations des deux classes de rapports ne correspondent nullement à l'idée qu'on doit leur attacher, car l'une n'est pas plus géométrique que l'autre ; aussi, les modernes ont pris l'habitude de désigner la proportion arithmétique par le terme *d'équidifférence*, et la proportion géométrique par celui de *proportion par quotient*. Quoi qu'il en soit, lorsque nous emploierons dorénavant les mots *rapports* et *proportions* nous les appliquerons exclusivement aux rapports et aux proportions géométriques ou par quotiens.

239. Une proportion est, comme nous l'avons dit ci-dessus, l'égalité de deux rapports, elle se compose donc de quatre termes, savoir : deux antécédens et deux conséquens. Dans la proportion générale

$$a : b = c : d,$$

a et *c* sont les *antécédens* et *b* et *d* les *conséquens*. Les deux termes extrêmes a et d se nomment encore simplement les *extrêmes*, et les deux termes du milieu b et c, se nomment les *moyens*.

240. Si nous désignons par r le rapport, nous aurons,

$$\frac{a}{b} = r, \text{ d'où } a = br$$

$$\frac{c}{d} = r, \text{ d'où } c = dr.$$

Nous pourrons donc toujours mettre la proportion sous la forme

$$br : b = dr : d,$$

ce qui rend évidente la propriété fondamentale des proportions, savoir : que *le produit des extrêmes est égal à celui des moyens*. On voit en effet, que

$$br \times d = b \times dr$$

ainsi, en partant de la forme générale

$$a : b = c : d,$$

on a

$$a \times d = b \times c.$$

241. Il en résulte qu'un terme quelconque est toujours déterminé par les trois autres, car de l'égalité $a \times d = b \times c$, on tire les quatre égalités

$$a = \frac{b \times c}{d}, \quad d = \frac{b \times c}{a}$$

$$b = \frac{a \times d}{c}, \quad c = \frac{a \times d}{b}.$$

Les deux premières signifient *qu'un quelconque des extrêmes est égal au produit des moyens divisé par l'autre extrême;* et les deux dernières, *qu'un quelconque des moyens est égal au produit des extrêmes divisé par l'autre moyen.*

Les opérations qu'il faut faire pour obtenir la valeur d'un terme d'une proportion, dont les trois autres sont connus, constituent la *règle de trois*. C'est la plus importante des *règles* de l'arithmétique, exception faite toutefois des six opérations simples ou fondamentales. (*Voy.* ARITH. 104.)

242. On peut faire subir aux quatre termes d'une proportion plusieurs changemens d'ordre et plusieurs transformations sans qu'il cessent de constituer une proportion. Voici les plus importantes de ces propriétés.

1° *On peut changer les moyens de place.* C'est-à-dire, qu'ayant

$$a : b = c : d,$$

on a aussi

$$a : c = b : d.$$

En effet, a étant égal à br, (240) et c étant égal à dr, cette dernière égalité est la même chose que

$$br : dr = b : d,$$

qui se réduit à l'identité $b : d = b : d$ par la suppression du facteur commun r.

2° *On peut mettre les extrêmes à la place des moyens.* L'égalité

$$b : a = d : c,$$

qui résulte de ce changement est encore évidente, car elle n'est autre chose que

$$b : br = d : dr,$$

ce qui se réduit à l'identité $1 : r = 1 : r$.

3° *La somme des antécédens est à la somme des conséquens dans un rapport égal à celui de la proportion*, c'est-à-dire qu'on a

$$a + c : b + d = a : b ;$$

en effet, $a + c = br + dr = (b + d)r$ et $a = br$; ainsi cette égalité se réduit à

$$(b + d)r : b + d = br : b,$$

ou à l'identité $r : 1 = r : 1$.

4° *La différence des antécédens est à la différence des conséquens dans un rapport égal à celui de la proportion.* C'est-à-dire qu'on a

$$a - c : b - d = a : b,$$

ce qui est encore évident, puisque cette égalité est la même chose que

$$(b - d)r : b - d = br : b$$

ou que l'identité $r : 1 = r : 1$.

243. En combinant les deux dernières propriétés avec les deux premières, on obtiendra tous les changemens qu'on peut faire subir aux quatre termes d'une proportion sans que les résultats cessent de former une proportion. Nous ne nous arrêterons point à ces transformations, qui n'offrent aucune difficulté.

244. Les produits des termes correspondans de deux proportions forment eux-mêmes une proportion. C'est-à-dire, qu'ayant les deux proportions

$$a : b = c : d$$
$$e : f = g : h,]$$

on a aussi

$$a \times e : b \times f = \times g : d \times h.$$

En effet, si nous désignons par r le rapport de la première proportion et par q celui de la seconde, nous pourrons leur donner les
formes

$$br : b = dr : d$$
$$fq : f = hq : h$$

et, il devient alors évident que

$$brfq : bf = drhq : dh,$$

car, en retranchant les facteurs communs dans chaque rapport, il
reste l'identité

$$rq : 1 = rq : 1.$$

Le rapport de la nouvelle proportion est donc le *produit* de ceux
des deux premières. Ce rapport prend le nom de *composé*.

245. Si on avait un nombre quelconque de proportions

$$a_1 : b_1 = c_1 : d_1$$
$$a_2 : b_2 = c_2 : d_2$$
$$a_3 : b_3 = c_3 : d_3$$
$$a_4 : b_4 = c_4 : d_4$$
$$\text{etc.} = \text{etc.},$$

dont les rapports fussent respectivement r_1, r_2, r_3, r_4, etc,; on
trouverait de la même manière

$$(a_1 . a_2 . a_3 . a_4 \dots \text{etc.}) : (b_1 . b_2 . b_3 . b_4 . \text{etc.}) = (c_1 . c_2 . c_3 . c_4 .. \text{etc.}) :$$
$$(d_1 . d_2 . d_3 . d_4 \text{ etc.}),$$

proportion dont le rapport *composé* de ceux de toutes les autres serait égal au produit $r_1 . r_2 . r_3 . r_4 . \text{etc}\dots$

246. Dans le cas où les quantités a_1, a_2, a_3, etc. ; b_1, b_2, b_3, etc.;
c_1, c_2, c_3, etc. ; d_1, d_2, d_3, etc., serait respectivement égales, en
désignant par m le nombre des proportions, on aurait

$$a_1^m : b_1^m = c_1^m : d_1^m,$$

d'où il suit que lorsque quatre quantités sont en proportion toutes
les puissances, du même degré, de ces quantités sont elles-mêmes en
proportion.

247. Il résulte évidemment de cette propriété que les *racines* du

même degré, de quatre nombres en proportion forment également une proportion, c'est-à-dire que, si l'on a

$$a : b = c : d,$$

on peut en conclure

$$\sqrt[m]{a} : \sqrt[m]{b} = \sqrt[m]{c} : \sqrt[m]{d},$$

ce qui est, du reste, une conséquence immédiate de la propriété des puissances des nombres fractionnaires (41).

248. Dans une proportion continue (236), le terme moyen proportionnel est égal à la racine carrée du produit des extrêmes. En effet, le produit des extrêmes égalé à celui des moyens de la proportion continue,

$$a : b = b : c$$

donne $a . c = b^2$, d'où $b = \sqrt{a.c}$.

249. Lorsqu'on à une suite de rapports égaux

$$a : b = c : d = e : f = g : h = i : k = \text{etc},$$

la somme des antécédens est toujours à celle des conséquens dans le même rapport que celui de la suite. On a de cette manière

$$a : b = [a + c + e + g + i + \text{etc...}] : [b + d + f + h + k + \text{etc..}]$$

Pour démontrer cette propriété, observons que chaque antécédent est égal à son conséquent multiplié par le rapport (240), et qu'ainsi la proportion précédente est identique avec

$$br : b = [b + d + f + h + k + \text{etc.}] r : [b + d + f + h + k + \text{etc..}],$$

c'est-à-dire, avec l'égalité évidente $r : 1 = r : 1$.

250. Une suite de rapport égaux, tels que

$$a : b = b : c = c : d = d : e = e : f = \text{etc.},$$

qui forment deux à deux autant de proportions continues, prend le nom de *progression*. La progression est dite *géométrique*, lorsque le rapport est par *quotient*, et *arithmétique*, lorsqu'il est par *différence*.

$$64 : 32 = 32 : 16 = 16 : 8 = 8 : 4 = \text{etc.}$$

est une *progression géométrique*, et

$$30 - 28 = 28 - 26 = 26 - 24 = 24 - 22 = \text{etc.}$$

est une *progression arithmétique*.

LES PROGRESSIONS ARITHMÉTIQUES.

251. La progression arithmétique se désigne par le signe $\div$, de sorte que l'expression

$$\div 30. \ 28. \ 26. \ 24. \ 22. \ 20....$$

signifie exactement la même chose que

$$30 - 28 = 28 - 26 = 26 - 24 = 24 - 22 = \text{etc.}$$

Le *point* placé entre les nombres n'indique plus alors une *multiplication*, mais le signe $\div$ prévient toute équivoque.

252. Une progression arithmétique est donc une suite de termes dont chacun surpasse celui qui le suit d'une quantité constante, qui est le *rapport* ou la *différence* de la progression. Comme cette différence peut être positive ou négative, il y a deux sortes de progressions ; les unes, dans lesquelles les termes vont en croissant, se nomment *progressions croissantes,* et les autres, dont les termes vont en diminuant, se nomment *progressions décroissantes.*

$$\div 30. \ 28. \ 26. \ 24. \ 22. \ 20....$$

est une progression décroissante dont la *différence* est 2 ; et

$$\div 2. \ 5. \ 8. \ 11. \ 14. \ 17. \ 21....$$

est une progression croissante dont la *différence* est 3.

La forme générale

$$\div a. \ b. \ c. \ d. \ e. \ f. \ g. \ h. \ i. \ k.....$$

comprend ces deux espèces de progressions en considérant la *différence a—b* comme positive lorsque $a > b$, et comme négative, lorsque $a < b$. On peut encore prendre cette différence d'une manière inverse, en faisant $b - a = \delta$, et alors elle est positive dans les progressions croissantes, et négative dans les progressions décroissantes. C'est de cette manière que nous allons la considérer.

253. D'après la nature de la progression, nous avons

$$b = a + \delta, \ c = b + \delta, \ d = c + \delta, \ e = d + \delta, \ f = e + \delta, \text{ etc.}$$

d'où, en substituant la valeur de b dans celle de d, et ensuite celle de c dans celle de d, et ainsi de suite.

$$b = a + \delta$$
$$c = a + \delta + \delta = a + 2\delta$$
$$d = a + \delta + \delta + \delta = a + 3\delta$$
$$e = a + \delta + \delta + \delta + \delta = a + 4\delta$$
$$\text{etc.} = \text{etc.}$$

c'est-à-dire que chaque terme est égal au premier, plus autant de fois la différence qu'il y a de termes avant lui.

Une progression croissante peut donc s'exprimer en général par

$$\div\ a.\ a + \delta.\ a + 2\delta.\ a + 3\delta.\ a + 4\delta.\ a + 5\delta.\ \text{etc}\dots\ a + (n-1)\delta$$

n étant le nombre des termes. Cette forme a l'avantage de rendre sensible la loi des termes.

En faisant δ négatif, on a pour la forme générale des progressions décroissantes

$$\div\ a.\ a - \delta.\ a - 2\delta.\ a - 3\delta.\ a - 4\delta.\ a - 5\delta.\ \text{etc}\dots\ a - (n-1)\delta.$$

254. Le dernier terme $a + (n-1)\delta$ peut être considéré comme le *terme général* de la suite; car, en faisant successivement $n = 1$, $n = 2$, $n = 3$, etc., on retrouve tous les termes à partir du premier. Ainsi, il suffit de connaître le premier terme et la différence d'une progression pour pouvoir trouver un terme quelconque, sans passer par les intermédiaires. Si l'on demandait par exemple le *sixième* terme de la progression *croissante*, qui a 2 pour premier terme et 3 pour différence, on ferait $a = 2$, $\delta = 3$, et $n = 6$; on trouverait $a + (n-1)\delta = 2 + 5.\ 3 = 17$. S'il s'agissait du *sixième* terme de la progression *décroissante*, qui a 30 pour premier terme et 2 pour différence, on ferait $a = 30$, $\delta = 2$, $n = 6$, et la formule $a - (n-1)\delta$ donnerait $30 - 5.\ 2 = 20$.

255. Pour rendre les démonstrations plus faciles, désignons par

$$\div\ a_1.\ a_2.\ a_3.\ a_4.\ a_5.\ a_6.\ a_7\dots\ a_m$$

une progression arithmétique quelconque croissante ou décroissante; le terme général sera exprimé par a_μ, l'indice μ étant 1 pour le premier terme, 2 pour le second et ainsi de suite. D'après ce qui précède, la valeur de ce terme général sera $a_\mu + (\mu - 1)\delta$. Ceci posé, nous avons la proposition suivante :

Deux termes quelconques a_n et a_{m-n+1} pris à égale distance des deux termes extrêmes a_1 et a_m, forment avec ces extrêmes la proportion arithmétique

$$a_n - a_1 = a_m - a_{m-n+1}.$$

On a, en effet,

$$a_n = a_1 + (n-1)\delta$$
$$a_m = a_1 + (m-1)\delta$$
$$a_{m-n+1} = a_1 + (m-n)\delta$$

d'où

$$a_n - a_1 = a_1 + (n-1)\,\delta - a_1 = (n-1)\,\delta,$$
$$a_m - a_{m-n+1} = a_1 + (m-1)\,\delta - a_1 - (m-n)\,\delta = (n-1)\delta;$$

et par conséquent $a_n - a_1 = a_m - a_{m-n+1}$.

256. La somme des extrêmes et celle des moyens de cette proportion fournissent l'égalité (235),

$$a_1 + a_m = a_n + a_{m-n+1};$$

c'est-à-dire que *la somme de deux termes quelconques pris à égale distance des extrêmes est toujours égale à la somme de ces extrêmes.*

Si la progression avait un nombre impair de termes, celui du milieu serait donc moyen proportionnel entre les extrêmes, et la somme des extrêmes serait le double de ce terme moyen.

257. Le théorème suivant résulte de ces propriétés. *La somme de tous les termes d'une progression arithmétique quelconque est égale à la moitié du produit de la somme des extrêmes par le nombre des termes.*

Ainsi, en désignant par S la somme de la progression dont le premier terme est a_1, le dernier a_m, et dont le nombre des termes est m, on aura l'expression générale

$$S = \frac{(a_1 + a_m)m}{2}.$$

En effet, si l'on renverse l'ordre des termes de la progression

$$\div a_1 \,.\, a_2 \,.\, a_3 \,.\, a_4 \ldots\ldots\ldots a_{m-2} \,.\, a_{m-1} \,.\, a_m,$$

elle deviendra

$$\div a_m \,.\, a_{m-1} \,.\, a_{m-2} \ldots\ldots\ldots a_3 \,.\, a_2 \,.\, a_1,$$

et l'on aura, d'après ce qui précède, en ajoutant les termes correspondans de ces deux progressions, la suite d'égalités

$$a_1 + a_m = a_2 + a_{m-1} = a_3 + a_{m-2} = \text{etc}\ldots$$
$$= a_{m-2} + a_3 = a_{m-1} + a_2 = a_m + a_1.$$

Or, en additionnant toutes ces sommes, on aura évidemment pour résultat deux fois la somme de la progression. Donc, puisque ces sommes sont égales et qu'elles sont au nombre de m, en multipliant par m une quelconque d'entre elles, on aura leur somme générale. Cette somme générale sera par conséquent égale à $(a_1 + a_m)m$, et la moitié de cette quantité sera la somme de la progression; ce qui donne le théorème énoncé.

258. Les deux formules

$$(a) \ldots \ldots a_m = a_1 + (m-1)\delta,$$
$$(b) \ldots \ldots S = \tfrac{1}{2}(a_1 + a_m)m,$$

renferment implicitement la solution de toutes les questions qu'on peut se proposer sur les progressions arithmétiques. Chacune d'elles, contenant quatre quantités différentes, donne le moyen d'obtenir la détermination d'une quelconque de ces quantités lorsque les trois autres sont connues. C'est ainsi que de l'égalité (a) on tire les trois égalités..... (d)

$$a_1 = a_m - (m-1)\delta,$$
$$\delta = \frac{a_m - a_1}{m-1},$$
$$m = \frac{a_m - a_1}{\delta} + 1,$$

dont la première donne le *premier* terme, à l'aide du dernier terme, de la différence et du nombre des termes ; la seconde donne la *différence*, à l'aide du dernier terme, du premier et du nombre des termes ; la troisième donne le *nombre des termes*, à l'aide du premier, du dernier et de la différence.

L'égalité (b) conduit également aux trois autres égalités..... (e),

$$m = \frac{2S}{a_1 + a_m},$$
$$a_1 = \frac{2S}{m} - a_m,$$
$$a_m = \frac{2S}{m} - a_1,$$

lesquelles font respectivement connaître le *nombre des termes*, le *premier terme* et le *dernier*, par le moyen de la somme et deux autres de ces quantités.

259. Pour montrer les applications de ces formules, proposons nous d'abord de trouver le *trentième terme* de la progression croissante ÷ 1.3.5.7.9.11. etc..., dont la différence est 2.

Nous ferons, dans la formule (a), $m = 30$, $a_1 = 1$, $\delta = 2$, et nous obtiendrons

$$a_{10} = 1 + 29 \cdot 2 = 59 :$$

ce *trentième terme* est donc égal à 59.

Pour trouver maintenant la somme des *trente* premiers termes de la même progression, faisons, dans la formule (b), $m = 30$, $a_1 = 1$, $a_m = 59$. Elle nous donnera : $S = \frac{1}{2}. (1 + 59). 30 = 900$.

Si, connaissant cette somme, 900, des trente premiers termes de la progression $\div$ 1. 3. 5. 7. 9. etc., on voulait trouver le *trentième terme*, on se servirait de la troisième des formules (e) dans laquelle on ferait $a_1 = 1$, $2S = 2. 900 = 1800$ et $m = 30$. On trouverait de cette manière

$$a_{30} = \frac{1800}{30} - 1 = 59.$$

260. En substituant dans la formule (b) la valeur de a_m donnée par la formule (a), on obtient une seconde expression de la somme S, qui fait connaître cette somme par le moyen du premier terme, du nombre des termes et de la différence. Cette expression... (f)

$$S = ma_1 + \frac{m(m-1)}{2} \delta,$$

en fournit d'abord immédiatement deux autres,

$$a_1 = \frac{S}{m} - \frac{(m-1)\delta}{2}$$

$$\delta = \frac{2[S - ma_1]}{m(m-1)},$$

à l'aide desquelles on peut trouver la valeur du *premier terme* et de la *différence* par le moyen de la somme, du nombre des termes et de l'autre de ces deux quantités. Mais il se présente ici une difficulté qui ne peut être levée par aucune des propriétés des nombres exposées précédemment : si de l'expression (f) on voulait tirer la valeur de m, c'est-à-dire, si on se proposait le problème de trouver le *nombre* des termes d'une progression dont on connaît la somme, le premier terme et la différence, les lois simples de l'égalité, dont nous nous sommes servi jusqu'ici, deviendraient insuffisantes pour résoudre cette question, parce qu'il entre deux puissances différentes de la quantité m dans le second nombre de l'égalité (f). En effet, $m(m-1) = m^2 - m$, et par conséquent cette égalité (f) développée est en dernier lieu

$$S = (a_1 - \tfrac{1}{2}\delta)m + \tfrac{1}{2}\delta m^2,$$

expression dont on ne peut tirer m par une extraction de racine. La question se trouve ainsi ramenée au problème plus général de trouver la valeur d'une quantité inconnue x liée à des quantités connues A, B, C, de la manière suivante :

$$Ax^2 + Bx = C.$$

Or, la relation de x avec A, B, C, n'est plus un *rapport* simple et élémentaire toujours immédiatement réductible à une identité; elle exige donc des considérations supérieures qui feront l'objet de la seconde partie de la *comparaison des quantités*.

261. La progression arithmétique croissante $\div$ 1. 3. 5. 7. etc., que nous avons prise ci-dessus pour exemple, est la suite des nombres naturels impairs; la somme d'un nombre quelconque de termes de cette suite jouit d'une propriété que nous devons signaler en passant. Si dans la formule (f) on fait $a_1 = 1$ et $\delta = 2$, elle devient

$$S = m + m(m-1) = m[1 + m - 1] = m^2$$

ce qui nous apprend que *la somme d'un nombre quelconque m de termes de la suite des nombres naturels impairs, à commencer du premier 1, est égale au carré de ce nombre de termes m.* C'est pour cela que nous venons de trouver pour la somme des 30 premiers termes de cette progression le nombre 900 qui est le carré de 30.

262. La somme de la progression des nombres naturels 1, 2, 3, 4, 5, etc., s'exprime encore par une formule très-simple qu'on doit connaître. Dans cette progression, le premier terme est 1 ainsi que la différence; faisant donc dans la formule (f) $a_1 = 1$ et $\delta = 1$, elle deviendra

$$S = m + \frac{m(m-1)}{2} = \frac{2m + m(m-1)}{2} = \frac{m[2 + m - 1]}{2},$$

ce qui se réduit définitivement à

$$S = \frac{m(m+1)}{2}.$$

Si on voulait connaître, par exemple, la somme des 100 premiers nombres naturels, $1 + 2 + 3 +$ etc.... $+ 100$, il suffirait de faire $m = 100$, dans cette formule, et on trouverait, pour la somme demandée, $S = \frac{1}{2} \cdot 100 \cdot 101 = 5050$.

Les questions suivantes éclairciront l'usage de toutes ces formules.

263. *On demande d'insérer six moyens proportionnels arithmétiques entre les deux nombres 3 et 31; ou, ce qui est la même chose, on demande six nombres, t, u, v, x, y, z, tels qu'on ait la progression.*

$$\div 3.\ t.\ u.\ v.\ x.\ y.\ z.\ 31.$$

La question se réduit évidemment à trouver la *différence* de la progression; car, si l'on connaissait cette différence, on construirait les termes demandés en l'ajoutant successivement une fois, deux fois, trois fois, etc., au premier terme 3. Mais le premier et le dernier terme étant connus ainsi que le nombre 8 des termes, la différence de la progression est donnée par la seconde des expressions (d); donc, en faisant dans cette expression $a_1 = 3$, $a_m = 31$; $m = 8$, on trouvera

$$\delta = \frac{31 - 3}{8 - 1} = 4.$$

la progression sera $\div$ 3. 7. 11. 15. 19. 23. 27. 31, et par conséquent les six moyens demandés sont 7, 11, 15, 19, 23, 27.

264. *On demande le dixième terme de la progression décroissante,* $\div$ 15. 9. 3. etc.

Ici, pour faire usage de la formule (a), il faut observer que la *différence* doit être considérée comme *négative*, parce que dans les progressions croissantes nous formons cette différence en retranchant un terme quelconque de celui qui le précède, et que, dans le cas en question, nous avons, de cette manière, $\delta = 9 - 15 = - 6$, faisant donc $a_1 = 15$, $\delta = - 6$ et $m = 10$, la formule (a) nous donnera

$$a_{10} = 15 - (10 - 1)6 = - 39.$$

Les termes de cette progression deviennent effectivement négatifs après le troisième; car, en retranchant successivement la différence 6, on forme la suite

$\div$ 15. 9. 3. — 3. — 9. —15. — 21. — 27. — 33. — 39. —45. etc....

Il en est de même de toutes les progressions décroissantes; en les prolongeant suffisamment, on doit toujours arriver à des termes négatifs dont la grandeur numérique croit ensuite à l'infini, abstraction faite du signe.

265. Si l'on insère entre chaque terme d'une progression et celui qui le suit imédiatement un même nombre de moyens proportionnels, on forme une nouvelle progression dont la différence est égale à celle de la progression primitive divisée par le nombre des moyens plus 1. Etant donnée, par exemple, la progression

$\div$ 28. 22. 16. 10. 4. — 2. — 8. etc.

dont la différence est 6, on trouve d'abord en insérant un seul moyen entre chaque terme et son suivant.

$\div$ 28. 25. 22. 19. 16. 13. 10. 7. 4. 1. — 2. — 5. — 8. — etc.

progression dont la différence est la *moitié* de 6. En insérant *deux* moyens, la progression primitive devient

$\div$ 28. 26. 24. 22. 20. 18. 16. 14. 12. 10. 8. 6. 4. 2. 0. — 2. —4. etc, et cette dernière a pour différence le *tiers* de 6. En insérant *trois* moyens, on trouverait

$$\div 28.\ 26\tfrac{1}{2}.\ 25.\ 23\tfrac{1}{2}.\ 22.\ 20\tfrac{1}{2}.\ 19.\ 17\tfrac{1}{2}.\ 16.\ \text{etc.}$$

progression dont la différence est le *quart* de 6. Et ainsi de suite.

Or, en considérant, dans la formule (a),

$$a_m = a_1 + (m-1)\,\delta,$$

le nombre des termes m, comme *l'indice* du terme a_m, on peut construire toutes les progressions qui résultent d'une progression primitive, par l'insertion de moyens proportionnels, sans changer la différence δ et en donnant des valeurs fractionnaires à cet indice m. En effet, si, au lieu de faire croître m successivement d'une unité, à partir de $m = 1$ pour former les termes

$$a_1,\ a_1 + \delta,\ a_1 + 2\,\delta,\ a_1 + 3\,\delta,\ a_1 + 4\,\delta,\ \text{etc.,}$$

on le fait croître de la fraction $\tfrac{1}{2}$, on formera les termes

$$a_1,\ a_1 + \tfrac{1}{2}\delta,\ a_1 + \delta,\ a_1 + \tfrac{3}{2}\delta,\ a_1 + 2\delta,\ a_1 + \tfrac{5}{2}\delta,\ a_1 + 3\delta,\ \text{etc.}$$

qui composent une progression dont la différence est $\tfrac{1}{2}\delta$. De même, si on fait croître m de $\tfrac{1}{3}$, toujours à partir de $m = 1$, on formera les termes

$$a_1,\ a_1 + \tfrac{1}{3}\delta,\ a_1 + \tfrac{2}{3}\delta,\ a_1 + \delta,\ a_1 + \tfrac{4}{3}\delta,\ a_1 + \tfrac{5}{3}\delta,\ a_1 + 2\delta,\ \text{etc.}$$

lesquels composent à leur tour une progression dont la différence $= \tfrac{1}{3}\delta$. Et ainsi de suite.

Il est donc possible de trouver la valeur d'un terme quelconque d'une de ces progressions dérivées par la seule considération du terme général de la progression primitive et sans avoir besoin de construire préalablement cette progression dérivée.

Remarquons, pour cet objet, que la progression primitive

$$\div\ a_1,\ a_1 + \delta\ .\ a_1 + 2\delta\ .\ a_1 + 3\delta\ .\ a_1 + 4\delta\ .\ \text{etc...}$$

dont la différence est δ, devient la progression dérivée

$$\div\ a_1\ .\ a_1 + \tfrac{1}{n}\delta\ .\ a_1 + \tfrac{2}{n}\delta\ .\ a_1 + \tfrac{3}{n}\delta\ .\ \text{etc...}\ a_1 + \tfrac{n}{n}\delta\ .\ \text{etc...}$$

en faisant croître successivement l'indice m du terme général

$$a_m = a_1 + (m-1)\delta$$

de la fraction $\tfrac{1}{n}$, à partir de $m = 1$; de sorte que le *second* terme de la progression dérivée correspond à la valeur $1 + \tfrac{1}{n}$ de l'indice m ;

le *troisième* à la valeur $1 + \frac{2}{n}$ de cet indice, etc. En général, le terme du rang μ correspond à la valeur $1 + \frac{\mu-1}{n}$ de l'indice m. Donc pour trouver le terme du rang μ de la progression dérivée dont la différence est $\frac{d}{n}$, il suffit de faire dans le terme général de la progression primitive, $m = 1 + \frac{\mu-1}{n} = \frac{n+\mu-1}{n}$.

Par exemple, étant donnée la progression primitive $\div 28.22.16.$ etc. qui a 6 pour différence, si on demandait le *huitième* terme de la progression dérivée dont la différence serait $\frac{1}{3}.6 = 2$, on ferait d'abord dans l'expression... (*h*)

$$m = \frac{n+\mu-1}{n}$$

$n = 3$ et $\mu = 8$, ce qui ferait connaître $m = \frac{10}{3}$; puis, substituant cette valeur de l'indice dans le terme général (*a*) en y faisant, en outre, $a_1 = 28$ et $\delta = -6$ parce que la progression est décroissante, on trouverait

$$a_{\frac{10}{3}} = 28 - (\frac{10}{3} - 1)\, 6 = 14$$

Le huitième terme demandé est donc égal à 14. C'est, en effet, ce que nous avons trouvé ci-dessus en construisant la progression dérivée qui a pour différence le *tiers* de celle de la progression primitive en question.

266. Le problème inverse de trouver quel est le rang d'un terme dont la valeur est donnée, et à quelle progression dérivée il appartient, dépend en premier lieu de celui de trouver la valeur de l'indice du terme général de la progression primitive. Par exemple, la progression primitive étant toujours $\div 28.22.16.$ etc. Proposons-nous de déterminer le rang du terme égal à $17\frac{1}{2}$, dans une progression dérivée.

L'indice m du terme général de la progression primitive est donnée par la troisième des expressions (*d*)

$$m = \frac{a_m - a_1}{\delta} + 1$$

faisant donc ici, $a_m = 17\frac{1}{2}$, $a_1 = 28$ et $\delta = -6$, nous aurons

$$m = \frac{17\frac{1}{2} - 28}{-6} + 1 = \frac{11}{4}$$

Ainsi l'indice qu'il faudrait donner au terme général de la progression primitive pour lui donner la valeur $17\frac{1}{2}$ est égal à $\frac{11}{4}$. Substituons maintenant cette valeur de m dans l'expression (b)

$$m = \frac{n+\mu-1}{n} = 1 + \frac{\mu-1}{n},$$

elle nous donnera

$$\frac{11}{4} = 1 + \frac{\mu-1}{n}, \text{ d'où } \frac{11}{4} - 1 = \frac{7}{4} = \frac{\mu-1}{n}:$$

l'égalité $\frac{7}{4} = \frac{\mu-1}{n}$ ne pourrait nous faire connaître les deux nombres indéterminés μ et n, si nous ne supposions la fraction $\frac{\mu-1}{n}$ réduite à sa plus simple expression, comme l'est déjà la fraction équivalente $\frac{7}{4}$; mais dans ce cas nous avons $n = 4$ et $\mu-1 = 7$, d'où $\mu = 8$. Il en résulte que le terme proposé $17\frac{1}{2}$ est le *huitième* terme de la progression dérivée dont la différence est $\frac{1}{4}$ de celle de la progression primitive.

267. Lorsque la progression primitive est décroissante, comme, en la prolongeant suffisamment, ses termes passent du positif au négatif, il doit toujours y avoir une progression dérivée qui ait 0 pour un de ses termes, puisqu'on peut partager arbitrairement la différence de la progression primitive. La recherche de la valeur de l'indice qui donne au terme général de la progression primitive la valeur 0, conduit à la règle de *fausse position*. Avant d'aborder cette question, observons que, pour trouver l'indice du terme 0, il suffit d'opérer exactement de la même manière que nous venons de le faire pour trouver l'indice du terme $17\frac{1}{2}$. Ainsi, en partant toujours de la même progression primitive, nous ferons donc l'expression

$$m = \frac{a_m - a_1}{\delta} + 1$$

$a_m = 0$, $a_1 = 28$, $\delta = -6$, et nous trouverons $m = \frac{17}{3}$. Il faut donc faire $m = \frac{17}{3}$, dans le terme général de la progression $\div 28 \cdot 22 \cdot 16 \cdot$ etc., pour que ce terme général devienne 0. On peut ensuite reconnaître que le terme 0 est le 15e terme de la progression dérivée dont la différence est $\frac{6}{3}$.

268. La règle de fausse position (ARITH. 120) est une opération par laquelle on arrive à la détermination exacte d'un nombre inconnu, mais soumis à certaines conditions, en lui supposant arbitrairement deux valeurs. Or, tant que le nombre inconnu n'est lié avec les nombres connus du problème que par les relations simples et primitives des *rapports* arithmétiques ou géométriques, on peut représenter ces relations par la forme générale

$$A x + B = 0$$

x désignant le nombre inconnu, et A et B les nombres connus ou les rapports quelconques de ces nombres. Sous cette forme, la valeur de x est immédiatement déterminée, car on en tire $x = -\frac{B}{A}$, valeur qui, substituée à x, réduit l'égalité générale à l'identité $-B + B = 0$. Mais si, au lieu de substituer à x sa véritable valeur $-\frac{B}{A}$, nous lui substituons successivement la suite des nombres naturels 0, 1, 2, 3, 4, etc., nous verrons que le premier membre de cette égalité devient

$$\begin{array}{ll}
\text{pour } x = 0, \text{ la quantité} & B \\
x = 1, & A + B \\
x = 2, & 2\,A + B \\
x = 3, & 3\,A + B \\
\text{etc.} & \text{etc.}
\end{array}$$

D'où il résulte que les valeurs successives de ce premier membre forment une progression arithmétique, dont le premier terme est B et la différence A, et dont le terme général est $A x + B$, x désignant alors l'indice ou le rang des termes. Ainsi trouver la valeur de x, qui satisfait à l'égalité $A x + B = 0$, revient donc à déterminer quel est le terme de la progression, qui se réduit à zéro, ou, ce qui revient au même, à déterminer la valeur de l'indice x du terme zéro.

Les deux suppositions dont on fait usage dans la règle de *fausse position*, sont donc les indices respectifs de deux termes de la progression, qui ne sont eux-mêmes que les *erreurs* des résultats; car, en supposant, par exemple, $x = 2$, au lieu de trouver 0 pour résultat, on trouve $2\,A + B$; $2\,A + B$ est donc l'*erreur* de la supposition. La détermination de l'indice du terme zéro doit donc s'effectuer, ici, à l'aide de deux termes de la progression dont on connaît les valeurs et les indices.

Or, désignons par a_m et a_n ces deux termes, leurs indices étant m

et n, quels que soient la différence δ de la progression et son premier terme a_1 nous devons avoir (254), :

$$a_m = a_1 + (m - 1)\delta, \quad a_n = a_1 + (n - 1)\delta$$

retranchant la première égalité de la seconde, il vient

$$a_n - a_m = (n - 1)\delta - (m - 1)\delta = (n - m)\delta$$

et par suite

$$\delta = \frac{a_n - a_m}{n - m};$$

mais il est évident que, pour trouver *l'indice* du terme *zéro* de la progression, il suffit de diviser l'un ou l'autre des termes a_m ou a_n par la différence δ; car le quotient de cette division indiquera combien de fois il faut ôter la différence de l'un ou de l'autre de ces termes pour le rendre égal à zéro, et par conséquent l'indice du terme zéro sera égal à l'un ou à l'autre des indices m, n diminués de ce quotient. Ainsi a_m et a_n divisés par la valeur précédente de δ donnant respectivement

$$\frac{na_m - ma_m}{a_n - a_m}, \quad \frac{na_n - ma_n}{a_n - a_m}$$

l'indice x demandé sera

$$m - \frac{na_m - ma_m}{a_n - a_m}, \text{ ou } n - \frac{na_n - ma_n}{a_n - a_m},$$

expressions qui se réduisent l'une et l'autre à

$$x = \frac{ma_n - na_m}{a_n - a_m}.$$

Il faut donc, pour trouver l'indice demandé, multiplier chacun des deux termes par l'indice de l'autre, et diviser la différence des produits par celle des termes. Tel est le procédé que nous avions exposé, sans démonstration, pour la *règle de fausse position;* on peut maintenant se rendre compte de toutes les particularités de cette règle.

LES PROGRESSIONS GÉOMÉTRIQUES.

269. Les progressions géométriques se désignent par le signe $\div$, de sorte que l'expression

$$\div 2 : 4 : 8 : 16 : 32 : 64 : 128 : 256 : \text{etc...}$$

n'est que l'abréviation de

$$2 : 4 = 4 : 8 = 8 : 16 = 16 : 32 = 32 \cdot 64 = \text{etc...}$$

Dans ces suites, chaque terme est moyen proportionnel entre celui qui le précède et celui qui le suit; il est donc à la fois *antécédent* et *conséquent*, sauf le premier, qui est seulement antécédent, et le dernier, qui n'est que conséquent.

Les progressions géométriques sont dites *croissantes* lorsque la grandeur des termes augmente à partir du premier, et *décroissantes* lorsque le contraire a lieu. En renversant l'ordre des termes, c'est-à-dire en prenant le dernier pour le premier, on peut toujours rendre croissante une progression décroissante, et *vice versâ*.

Nous ramènerons toutes les progressions géométriques à la forme

$$\div a_1 : a_2 : a_3 . a_4 : a_5 : a_6 : \text{etc...} : a_m$$

et nous désignerons le *rapport* $a_1 : a_2$ par r. La progression sera croissante si $a_2 > a_1$, et décroissante si $a_1 > a_2$. Dans ce dernier cas, r sera une fraction plus petite que l'unité.

270. D'après la construction même de cette espèce de progression, chaque terme est égal à celui qui le précède multiplié par $\dfrac{1}{r}$; car de $\dfrac{a_1}{a_2} = r$, on tire $a_1 = a_2 . r$, et $a_2 = \dfrac{a_1}{r} = a_1 . \dfrac{1}{r}$. de même $a_3 = a_2 . \dfrac{1}{r}$, $a_4 = a_3 . \dfrac{1}{r}$. etc. En représentant $\dfrac{1}{r}$ par q, ce qui revient à renverser le rapport $a_1 : a_2$, ou à faire $a_2 : a_1 = q$, on a donc

$$a_2 = a_1 q$$
$$a_3 = a_2 q = a_1 q q = a_1 q^2$$
$$a_4 = a_3 q = a_1 q q q = a_1 q^3$$
$$a_5 = a_4 q = a_1 q q q q = a_1 q^4$$
$$\text{etc.} = \text{etc.}$$

et, en général, μ étant un indice quelconque,

$$a_\mu = a_{\mu-1} q = a_1 q^{\mu-1}.$$

Ainsi, un terme quelconque est égal au premier multiplié par autant de fois le *rapport* qu'il y a de termes avant lui.

On peut donc donner encore à toute progression géométrique la forme

$$\div a_1 : a_1 q : a_1 q^2 : a_1 q^3 \cdot a_1 q^4 : \text{etc...} : a_1 q^{m-1},$$

m, désignant le nombre des termes.

Les propriétés principales des progressions géométriques sont les suivantes :

271. Deux termes quelconques a_n et a_{m-n+1} pris à égale distance des termes extrêmes a_1 et a_m, forment avec ces extrêmes la proportion

$$a_1 : a_n = a_{m-n+1} : a_m.$$

Cette propriété, analogue à celle des progressions arithmétiques (254), se démontre de la même manière. Puisqu'on a généralement, quel que soit l'indice μ, $a_\mu = a_1\, q^{\mu-1}$; on a, ici,

$$a_n = a_1 q^{n-1}, \quad a_{m-n+1} = a_1 q^{m-n}, \quad a_m = a_1 q^{m-1},$$

et, par suite,

$$\frac{a_1}{a_n} = \frac{a_1}{a_1 q^{n-1}} = \frac{1}{q^{n-1}}; \quad \frac{a_{m-n+1}}{a_m} = \frac{a_1 q^{m-n}}{a_1 q^{m-1}} = \frac{1}{q^{n-1}}.$$

Donc, $\dfrac{a_1}{a_n} = \dfrac{a_{m-n+1}}{a_m}$, ce qui est la proportion en question.

En formant le produit des extrêmes et celui des moyens de cette proportion, il vient

$$a_1 \times a_m = a_n \times a_{m-n+1}.$$

Ainsi, *le produit de deux termes quelconques, pris à égale distance des extrêmes, est égal au produit de ces extrêmes.*

Si la progression a un nombre impair de termes, le terme du milieu se trouve à égale distance des extrêmes ; il en résulte que ce terme, multiplié par lui-même ou son *carré*, est égal au produit des extrêmes.

272. Dans une progression géométrique, le *rapport* du premier terme a_1 à un terme quelconque a_n, est égal au rapport des puissances $n - 1$, des deux premiers termes a_1, a_2, c'est-à-dire qu'on a la proportion

$$a_1 : a_n = a_1{}^{n-1} : a_2{}^{n-1}.$$

En effet, $a_1 : a_n = a_1 : a_1 q^{n-1} = 1 : q^{n-1}$, et $a_1{}^{n-1} : a_2{}^{n-1}$
$= a_1{}^{n-1} : (a_1 q)^{n-1} = a_1{}^{n-1} : a_1{}^{n-1} q^{n-1} = 1 : q^{n-1}$.

Faisant donc successivement $n = 3, 4, 5, 6$, etc., on a les diverses proportions

$$a_1 : a_3 = a_1^2 : a_2^2,$$
$$a_1 : a_4 = a_1^3 : a_2^3,$$
$$a_1 : a_5 = a_1^4 : a_2^4,$$
$$a_1 : a_6 = a_1^5 : a_2^5,$$
$$\text{etc.} \qquad \text{etc.}$$

273. La progression

$$\div\ a_1 : a_2 : a_3 : a_4 : a_5 : \text{etc....}\ a_m$$

n'étant que l'expression abrégée de la suite de rapports égaux

$$a_1 : a_2 : \;=\; a_2 : a_3 \;=\; a_3 : a_4 \;=\; a_4 : a_5 \;=\; \text{etc.} \ldots \;=\; a_{m-1} : a_m$$

nous avons entre les sommes des termes, la proportion

$$\begin{array}{c}\cdot\\r\end{array}[a_1 + a_2 + a_3 + \text{etc.} \ldots + a_{m-1}] : [a_2 + a_3 + a_4 + \text{etc.} \ldots + a_m] = a_1 : a_2$$

car il a été démontré (249) qne, dans une suite de rapports égaux, la somme des antécédens et celle des conséquens ont le même rapport que la suite. Or, le premier terme $a_1 + a_2 + a_3 + \text{etc.} \ldots + a_{m-1}$ de cette proportion est visiblement égal à la somme de tous les termes de la progression, moins le dernier a_m, et le second terme $a_2 + a_3 + a_4 + \text{etc.} \ldots + a_m$ est égal à la somme de tous les termes de la progression, moins le premier a_1. Si nous désignons donc par S la somme de tous les termes de la progression, nous pourrons donner à cette proportion la forme

$$(S - a_m) : (S - a_1) = a_1 : a_2,$$

ce qui se réduit à l'égalité

$$(S - a_m) : (S - a_1) = \frac{1}{q}$$

en observant que $a_1 : a_2 = a_1 : a_1 q = 1 : q$.

On tire de cette égalité

$$S - a_m = \frac{1}{q}(S - a_1) = \frac{1}{q}S - \frac{a_1}{q}$$

puis, en retranchant des deux membres $\frac{1}{q}S - a_m$, cette dernière devient

$$S - \frac{1}{q}S = a_m - \frac{a_1}{q} = \frac{a_m q - a_1}{q}$$

Mais, $S - \frac{1}{q}S = S\left(1 - \frac{1}{q}\right) = S\left(\frac{q-1}{q}\right)$ donc

$$S\left(\frac{q-1}{q}\right) = \frac{a_m q - a_1}{q}$$

et, par conséquent,

$$S = \frac{a_m q - a_1}{q} \times \frac{q}{q-1} = \frac{a_m q - a_1}{q-1}$$

Telle est l'expression générale de la somme des m premiers termes de la progression géométrique. On voit que pour calculer cette somme il faut : *multiplier le dernier terme par le rapport, retrancher du produit le premier terme, et diviser le reste par le rapport diminué de l'unité.*

Par exemple, pour trouver la somme des douze termes en proportion géométrique

$$\div 1 : 2 : 4 : 8 : 16 : 32 : 64 : 128 : 256 : 512 : 1024 : 2048.$$

comme on a $q = 2 : 1 = 2$, on ferait $a_1 = 1$, $a_m = 2048$, $q = 2$,
et la formule précédente donnerait

$$S = \frac{2048.2 - 1}{2 - 1} = 4095.$$

Si la progression était décroissante, on pourrait considérer le dernier terme comme le premier et le premier comme le dernier, alors
la formule ne changerait pas; il faudrait seulement observer que, la
progression devenant $\div a_m : a_{m-1} :$ etc., on devra prendre q égal à
$a_{m-1} : a_m$.

Proposons-nous, par exemple, de trouver la somme des six
termes

$$\therefore \frac{1}{2} . \frac{1}{6} : \frac{1}{18} : \frac{1}{54} : \frac{1}{162} : \frac{1}{486}$$

nous ferons $a_1 = \frac{1}{486}$, $a_m = \frac{1}{2}$, $q = \frac{1}{162} : \frac{1}{486} = 3$ et nous obtiendrons

$$S = \frac{\frac{1}{2}.3 - \frac{1}{486}}{3 - 1} = \frac{728}{972}.$$

En réduisant la fraction $\frac{728}{972}$, nous aurons définitivement $S = \frac{182}{243}$.
274. Les deux formules

$$(m)\ldots\ldots a_m = a_1 q^{m-1},$$

$$(n)\ldots\ldots S = \frac{a_m q - a_1}{q - 1},$$

contiennent implicitement la solution de tous les problèmes qu'on
peut se proposer sur les progressions géométriques. On peut rendre
l'expression de la *somme* S indépendante du dernier terme a_m, en y
substituant à la place de ce dernier terme sa valeur $a_1 q^{m-1}$, on
obtient de cette manière une troisième formule

$$(o)\ldots\ldots S = \frac{a_1 q^m - a_1}{q - 1} = \frac{a_1 (q^m - 1)}{q - 1},$$

qui sert à calculer la *somme* à l'aide du *premier terme*, *du rapport*
et du *nombre des termes*.

Cette dernière peut s'appliquer immédiatement aux progressions
décroissantes, sans leur faire subir d'inversions, pourvu qu'on prenne

toujours q égal au quotient du second terme par le premier, ou que l'on fasse dans tous les cas $a_2 : a_1 = q$.

Lorsque q est une fraction, ce qui arrive dans toutes les progressions décroissantes, on change seulement les signes du numérateur et du dénominateur de l'expression (o), ce qui la rend

$$(p)..... S = \frac{a_1 (1 - q^m)}{1 - q}.$$

On n'a plus alors besoin de considérer des quantités négatives dans les calculs.

Pour trouver par le moyen de la forme (p), la somme des six termes

$$\div \frac{1}{2} : \frac{1}{6} : \frac{1}{18} : \frac{1}{54} : \frac{1}{162} : \frac{1}{486},$$

nous ferons $q = \frac{1}{6} : \frac{1}{2} = \frac{2}{6} = \frac{1}{3}$, $a_1, = \frac{1}{2}$, $m = 6$ et nous trouverons

$$S = \frac{\frac{1}{2}[1-(\frac{1}{3})^6]}{1 - \frac{1}{3}} = \frac{1}{2}(1 - \frac{1}{729}) : \frac{2}{3} = \frac{3}{4} \cdot \frac{728}{729} = \frac{2184}{2916}.$$

la fraction $\frac{2184}{2916}$, réduite à sa plus simple expression, nous donne, comme ci-dessus (272) $S = \frac{182}{243}$.

275. La formule (o) va nous donner le moyen de trouver la somme d'une série infinie de termes en progression géométrique décroissante, car il ne faut, pour cet effet, qu'y faire le nombre m des termes infiniment grand. Or, q étant, dans toutes les progressions décroissante, une fraction plus petite que l'unité sa puissance infinie q^∞, est une quantité infiniment petite, qui n'a aucune valeur comparative avec l'unité (184), de sorte que $1 - q^m$ se réduit à 1, et que la formule (o) devient

$$(q)..... S = \frac{a_1}{1 - q},$$

expression d'une application très-étendue et très-importante, puisqu'elle nous fait connaître la somme de toute série infinie composée de termes en progression géométrique décroissante, et qu'elle nous apprend, en outre, que de telles séries ont toujours des valeurs finies et rationnelles.

Proposons-nous, pour exemple, de trouver la somme de la série

$$\frac{1}{2} + \frac{1}{4} + \frac{1}{8} + \frac{1}{16} + \frac{1}{32} + \frac{1}{64} + \frac{1}{128} + \text{etc}....$$

continuée à l'infini.

Chaque terme de cette série étant égal à celui qui le précède multiplié par la quantité constante $\frac{1}{2}$, il en résulte que ces termes sont en progression géométrique et qu'on peut appliquer la formule (q), faisant donc $\frac{1}{4} : \frac{1}{2} = \frac{1}{2} = q$, et $a_1 = \frac{1}{2}$, nous trouverons

$$S = \frac{\frac{1}{2}}{1 - \frac{1}{2}} = \frac{1}{2} : \frac{1}{2} = 1.$$

La somme totale de la série proposée est donc égale à l'unité.

276. Les trois formules (m), (n), (o) conduisent à de nouvelles formules, selon qu'on se propose d'obtenir la détermination de chacune des quantités qu'elles renferment, par le moyen des autres de ces quantités. On tire d'abord de la formule (m) les trois égalités...... (r)

$$a_1 = \frac{a_m}{q^{m-1}}$$

$$q = \sqrt[m-1]{\frac{a_m}{a_1}}.$$

$$m = \frac{\log a_m - \log a_1}{\log q} + 1$$

dont la première sert à calculer le *premier terme* au moyen du dernier, du rapport et du nombre des termes ; dont la seconde donne le *rapport* par le moyen du premier terme, du dernier et du nombre des termes ; et dont, enfin, la troisième fait connaître le *nombre des termes* à l'aide du premier terme, du dernier et du rapport.

La déduction de ces formules ne présente aucune difficulté, on obtient la première en divisant par q^{m-1} les deux membres de l'égalité fondamentale

$$a_m = a_1 \, q^{m-1}$$

La seconde se trouve en divisant d'abord le tout par a_1, ce qui donne $q^{m-1} = \frac{a_m}{a_1}$ puis en prenant ensuite la racine $m-1$ des deux membres de cette dernière égalité. Quant à la troisième, d'après les propriétés des logarithmes (197, 199) on obtient, en prenant les logarithmes des deux membres de l'égalité fondamentale,

$$\log a_m = \log [a_1 \, q^{m-1}] = \log a_1 + \log [q^{m-1}]$$
$$= \log a_1 + (m-1) \log q$$

puis, en retranchant $\log a_1$ des deux membres,

$$\log a_m - \log a_1 = (m-1) \log q$$

D'où , en divisant par $\log q$,

$$m-1 = \frac{\log a_m - \log a_1}{\log q}$$

ce qui donne, enfin, la troisième égalité ci-dessus en ajoutant l'unité aux deux membres.

Les applications de ces diverses formules exigent simplement qu'on y substitue à la place des lettres les valeurs correspondantes données par la nature des questions.

277. *Problème.* Insérer entre 2 et 256 six moyens proportionnels, ou trouver six nombres t, u, v, x, y, z, tels que l'on ait

$$\div 2 : t : u : v : x : y : z : 256$$

Pour résoudre cette question d'une manière directe , il s'agit de trouver le *rapport* de la progression ; car, une fois ce rapport connu, on obtiendra les termes demandés en multipliant successivement par ce rapport le premier terme 2. Or , nous connaissons le premier terme 2, le dernier 256 et le nombre des termes 8, ainsi en faisant dans la seconde des formules (r) $a_1 = 2$, $a_m = 256$ et $m = 8$, nous aurons , pour le rapport inconnu , la valeur

$$q = \sqrt[7]{\tfrac{256}{2}} = \sqrt[7]{128} = 2$$

maintenant , $t = 2 . 2 = 4$, $u = 2. 2^2 = 8$, $v = 2. 2^3 = 16$, $x = 2. 2^4 = 32$, $y = 2. 2^5 = 64$, $z = 2. 2^6 = 128$; la progression est donc

$$\div 2 : 4 : 8 : 16 : 32 : 64 : 128 : 256.$$

278. Les trois égalités qu'on peut tirer de la seconde formule générale (n), en prenant successivement pour inconnue, ou pour quantité à déterminer, chacune des trois quantités a_1, a_m et q que renferme son second membre , sont.... (s)

$$a_1 = a_m q - S(q-1)$$
$$a_m = \tfrac{1}{q}.[S(q-1) - a_1]$$
$$q = \frac{S-a_1}{S-a_m}$$

On obtient la première en multipliant d'abord par $q-1$ les deux membres de l'égalité fondamentale

$$S = \frac{a_m q - a_1}{q-1}$$

ce qui la rend $S(q—1) = a_m q — a_1$, puis en retranchant $a_m q$ des deux membres de cette dernière, d'où $S(q — 1) — a_m q = — a_1$, et finalement en changeant tous les signes.

La seconde se trouve en ajoutant a_1 aux deux membres de l'égalité $S(q — 1) = a_m q — a_1$ et en divisant ensuite par q.

Enfin, pour avoir la troisième, il faut encore partir de l'égalité $S(q — 1) = a_m q — a_1$; développer le produit, ce qui donne $Sq — S = a_m q — a_1$; ajouter aux deux membres de cette dernière $S — a_m q$, ce qui la rend $Sq — a_m q = S — a_1$ ou $q(S — a_m) = S — a_1$; et enfin diviser les deux membres de celle-ci par $S — a_m$.

279. *Problème.* On demande quel est le *rapport* de la progression dont le premier terme est $\frac{1}{2}$, le dernier $\frac{1}{486}$ et la somme $\frac{182}{243}$.

Nous connaissons ici $a_1 = \frac{1}{2}$, $a_m = \frac{1}{486}$, $S = \frac{182}{243}$, et il s'agit de déterminer q. Il faut donc employer la troisième des formules (s). En y substituant ces valeurs, il vient

$$q = \frac{\frac{182}{243} — \frac{1}{2}}{\frac{182}{243} — \frac{1}{486}} = \left[\frac{364}{486} — \frac{243}{486}\right] : \left[\frac{364}{486} — \frac{1}{486}\right] = \frac{121}{486} : \frac{363}{486} = \frac{121}{363}.$$

Réduisant cette valeur de q à sa plus simple expression, on a $q = \frac{1}{3}$. Tel est en effet le rapport de la progression dont nous avons trouvé ci-dessus la somme égale à $\frac{182}{243}$.

280. La troisième formule générale (o) doit aussi fournir trois autres formules, en prenant successivement pour inconnue chacune des trois quantités qui entrent dans son second membre; mais nous ne pouvons en obtenir que deux par les lois simples de l'égalité.

En multipliant les deux membres de (o) par $q — 1$, il vient

$$S(q—1) = a_1(q^m—1),$$

d'où, en divisant par $q^m—1$,

$$a_1 = \frac{S(q—1)}{q^m—1};$$

formule qui peut servir à déterminer le premier terme a_1, quand on connaît la somme, le rapport et le nombre des termes.

Si on développe les produits, dans cette même égalité, on aura

$$Sq — S = a_1 q^m — a_1,$$

d'où l'on tire

$$a_1 q^m = Sq — S + a_1 = S(q—1) + a_1,$$

et par suite

$$q^m = \frac{S(q-1) + a_1}{a_1}.$$

En prenant les logarithmes des deux membres de cette dernière, on a

$$m \log q = \log\left[\frac{S(q-1) + a_1}{a_1}\right] = \log\,[S(q-1) + a_1] - \log a_1,$$

et, divisant tout par $\log q$,

$$m = \frac{\log\,[S(q-1) + a_1] - \log a_1}{\log q};$$

expression à l'aide de laquelle on peut obtenir le nombre des termes, lorsqu'on connaît la somme, le rapport et le premier terme.

Soit, par exemple, $S = 4095$, $a_1 = 1$ et $q = 2$, on aura

$$S(q-1) + a_1 = 4095\,(2-1) + 1 = 4096.$$

Cherchant donc dans les tables de logarithmes ceux de 4096, 2 et 1, comme on a d'après la formule

$$m = \frac{\log 4096 - \log 1}{\log 2} = \frac{\log 4096}{\log 2},$$

à cause de $\log 1 = 0$, on obtiendra, en substituant les valeurs des logarithmes,

$$m = \frac{3,6123600}{0,3010300} = 12.$$

Quant au rapport q, sa détermination exige des lois supérieures aux lois de l'identité, parce qu'il entre deux de ses puissances différentes dans l'expression (o) dont il faudrait le tirer. (*Voyez* ci-dessus numéro 260.) Ce problème sera résolu plus loin.

281. L'expression générale (o) reproduit la progression dont elle est la somme, en effectuant la division de $q^m - 1$ par $q - 1$; car on sait (88) que

$$\frac{q^m - 1}{q - 1} = 1 + q + q^2 + q^3 + q^4 + \text{etc.}\ldots + q^{m-1}.$$

Ainsi, multipliant tout par a_1, on a

$$\frac{a_1(q^m - 1)}{q - 1} = S = a_1 + a_1 q + a_1 q^2 + a_1 q^3 + \text{etc.}\ldots + a_1 q^{m-1}.$$

Cette déduction pourrait servir, au besoin, de démonstration à la formule (o); mais nous ne la faisons remarquer ici que pour montrer l'accord et la liaison des divers procédés de la science.

COMPARAISON DES QUANTITÉS.

§ II. ÉGALITÉ. — ÉQUATIONS.

282. Il ne peut y avoir entre des quantités quelconques, comparées l'une à l'autre, que deux relations générales différentes : ou elles sont *égales*, ou elles sont *inégales*. Deux quantités A et B, considérées, non dans le principe de leur construction, qui peut être effectuée de diverses manières différentes, d'après les divers modes primitifs ou dérivés de la génération des nombres, mais seulement dans leur valeur numérique déjà réalisée ou construite, ne saurait donc produire, par leur comparaison, qu'une simple égalité A$=$B, ou qu'une simple inégalité A $>$ B. La simple égalité, soumise, comme nous l'avons déjà dit, aux axiomes de l'identité (14) n'a pas de lois particulières qui puissent la rendre l'objet d'une considération spéciale; la simple inégalité, quoique toujours réductible à l'identité, est seule susceptibles de lois particulières, par les divers aspects sous lesquels on peut l'envisager. C'est l'ensemble de ces lois qui forme la *théorie des rapports* exposée dans la partie précédente.

Mais si, au lieu de comparer les grandeurs réalisées ou construites des quantités A et B, on fait porter cette comparaison sur les générations elles-mêmes de ces quantités, leur *égalité*, comme leur *inégalité* recevront un caractère particulier qui les rendra respectivement susceptibles de lois nouvelles. Supposons, par exemple, que la génération de la quantité A soit produite sous la forme générale

$$A = ax^5 + b,$$

dans laquelle a et b sont des quantités constantes et x une quantité variable, dont la grandeur, prise arbitrairement, détermine en dernier lieu la grandeur de A. Supposons, également, que la quantité B soit produite sous la forme générale

$$B = cx - d,$$

c et d étant encore des quantités-constantes et x une variable quelconque. La comparaison des deux quantités. A et B, ou plutôt celle des formes sous lesquelles ces quantités sont engendrées , ne pourra évidemment donner lieu à une relation *d'égalité*

$$(a) \ldots\ldots\ldots ax^2 + b = cx - d$$

qu'autant qu'il existera parmi toutes les valeurs arbitraires de la variable x, dont le nombre est indéfini, une ou plusieurs valeurs déterminées capables de rendre les quantités A et B , réalisées ou construites, égales entre elles. Ainsi après avoir posé l'égalité hypothétique (a) , il s'agit de savoir s'il existe toujours, nécessairement , un ou plusieurs nombres , tels qu'en les substituant successivement à la place de x les quantités, respectivement résultantes , A et B ,

$$A = ax^2 + b, \quad B = cx - d.$$

soient égales. Pour rendre ceci plus sensible, faisons $a = 6, b = 20,$ $c = 30, d = 16$; les deux formes de génération deviendront

$$A = 6x^2 + 20, \quad B = 30x - 16,$$

et leur relation générale d'égalité sera

$$6x^2 + 20 = 30x - 16 ;$$

ce que l'on pourra mettre sous la forme

$$6x^2 + 20 - 30x + 16 = 0.$$

en réunissant tous les termes dans le premier membre. Cette réunion s'effectue en retranchant des deux membres de l'égalité fondamentale son second membre $30\,x - 16$, ce qui donne

$$6x^2 + 20 - (30x - 16) = 30x - 16 - (30x - 16) = 0.$$

Réduisant les termes semblables, nous aurons définitivement l'égalité particulière

$$(b) \ldots\ldots\ldots 6x^2 - 30x + 36 = 0.$$

La question se trouve ainsi ramenée à déterminer les valeurs de x, s'il en existe qui, substituées dans le premier membre, le réduisent à *zéro*. Le premier moyen qui se présente à l'esprit est de faire successivement x égal à tous les nombres entiers 0 , 1 , 2 , 3 , 4 , etc. , en prenant ces nombres avec les signes $+$ et $-$; on trouve de cette manière :

pour $x = 0$, le 1er membre $= 36$.... Pour $x = -1$, il $= $ 72 ,
$\quad x = 1$ . . . .   12.... $x = -2$ . . . . . 120 ,
$\quad x = 2$ . . . .   0.... $x = -3$ . . . . . 180 ,

Pour $x=3$ . . . . 0.... $x=-4$. . . . 252,

$x=4$ . . . . -12.... $x=-5$. . . . 336,

$x=5$ . . . . -36.... $x=-6$. . . . 432.

Il devient inutile de poursuivre ces substitutions, car il est évident, que les résultats des substitutions de la suite des nombres négatifs $-1, -2, -3$, etc., allant toujours en croissant, aucun de ces résultats ne peut devenir 0 ; comme aussi les résultats des substitutions de la suite des nombres positifs $+1, +2, +3, +$ etc., allant toujours en croissant négativement, à partir de $x=4$, aucun nombre positif plus grand que 3 ne saurait donner un résultat égal à *zéro*. Mais nous voyons déjà qu'il existe deux valeurs pour x, qui rendent le premier membre de l'égalité (b) égal à *zéro*, et par conséquent, l'une et l'autre de ces valeurs, introduites dans les générations $A=6x^2 +20$, $B=30x-16$, produiront deux nombres égaux A et B. En effet, faisant $x=3$, il vient : $A=6.2^2+20=44$, et $B=30.2 -16=44$; et faisant $x=3$, il vient : $A=6.3^2+20=74$, et $B=30.3-16=74$.

Cette détermination des valeurs d'une variable, capables de rendre équivalentes deux formes différentes de génération, dans lesquelles elle entre comme partie constituante, est le problème le plus important de la science des nombres, car il embrasse tous les problèmes qu'on peut se proposer sur les quantités. Comme on peut toujours ramener de telles équivalences à la forme générale

$$ax^m + bx^n + cx^p + \text{etc.}\ldots + m = 0,$$

a, b, c, etc., étant des quantités constantes et m, n, p, etc. des exposans quelconques de la variable x, le problème général se réduit à trouver les valeurs de x, qui peuvent satisfaire à cette égalité, c'est-à-dire qui peuvent rendre son premier membre égal à zéro. Une égalité de ce genre se nomme une ÉQUATION.

283. Résoudre une *équation*, c'est trouver les valeurs particulières qui, substituées à la place de la variable, réduisent à zéro son premier membre; ces valeurs se nomment les *racines* de l'équation. Il faut observer qu'ici le mot *racine* est pris dans un sens différent que lorsqu'on l'applique aux *bases* des puissances. Ainsi les *racines* de l'*équation*, traitée ci-dessus, $6x^2-30x+16=0$ sont 2 et 3.

Existe-t-il toujours des valeurs déterminées pour les *racines* d'une équation quelconque? Quel est le nombre de ces *racines?* Par quel procédé peuvent-elles être obtenues? Telles sont les questions nouvelles et très-importantes qui font l'objet de la *théorie des équations*. Pour pouvoir les résoudre, il devient indispensable de remonter aux principes qui rendent possible l'équivalence de deux formes différentes de génération.

284. Les modes dérivés immédiats de la génération des nombres nous permettent, par leur généralité absolue, de considérer toute quantité M comme pouvant être construite indistinctement par la *somme* ou par le *produit* d'autres quantités liées entre elles par une loi, et de là vient la possibilité de réaliser ou de construire la grandeur numérique de cette quantité M, d'une part sous la forme

$$M = x^m + A_1 x^{m-1} + A_2 x^{m-2} + \text{etc.} \dots + A_{m-1} x + A_m,$$

qui est la forme générale de la *numération* (62), et de l'autre, sous la forme

$$M = (x+a)\ (x+b)\ (x+c) \dots (x+m),$$

qui est la forme générale des *factorielles* (165).

Il doit donc exister une équivalence générale entre ces deux formes, si essentiellement opposées par leurs caractères respectifs, c'est-à-dire qu'on doit avoir toujours

$$(x+a)\ (x+b)\ (x+c) \dots (x+m) = x^m + A_1 x^{m-1} + \text{etc.} \dots + A_{m-1} x + A_m,$$

les quantités a, b, c, d, etc., et A_1, A_2, A_3, etc., étant liées de telle manière que, pour toute valeur arbitraire de x, les quantités constantes a, b, c, etc., déterminent les quantités A_1, A_2, A_3, etc., et réciproquement.

Les lois de cette détermination réciproque forment la *théorie de l'équivalence*, partie de la science qu'on doit ranger dans la *génération des quantités*, considérée sous le point de vue de la *réunion systématique* des modes élémentaires, ainsi qu'on peut le voir dans notre *Dictionnaire des sciences mathématiques*, tome II, pages 240 et 330. Nous allons les examiner ici, ne pouvant traiter isolément la *génération systématique* des quantités avec tous les détails nécessaires.

285. Etant donnée la génération

$$M = (x+a)\ (x+b)\ (x+c) \dots (x+m),$$

dans laquelle a, b, c, d, etc., sont des quantités constantes et x une quantité variable, il s'agit donc de prouver qu'il existe toujours des quantités A_1, A_2, A_3, etc., capables de former la génération équivalente.

$$M = x^m + A_1 x^{m-1} + A_2 x^{m-2} + A_3 x^{m-3} + \text{etc.} \ldots + A_{m-1} x + A_m,$$

quelle que soit la valeur de x. Et réciproquement, cette dernière étant donnée, dans laquelle A_1, A_2, A_3, etc., sont des quantités constantes, il s'agit de démontrer qu'il existe toujours des quantités a, b, c, d, etc., capables de former la première génération.

286. La première partie de cette question est déjà résolue par la théorie de la multiplication. Nous savons, en effet (111), que le produit de m binomes, dont les seconds termes seuls sont différens, se développe en un polynome du degré m, de sorte qu'en posant l'égalité.... (c).

$$(x+a)(x+b)(x+c)\ldots(x+m) = x + A_1 x^{m-1} + A_2 x^{m-2} + \text{etc.} \ldots$$
$$+ A_{m-1} x + A_m,$$

les quantités A_1, A_2, A_3, se trouvent immédiatement déterminées par les seconds termes des binomes, et qu'on a

A_1, égal à la somme de ces seconds termes,

A_2, égal à la somme de leurs produits *deux à deux*,

A_3, égal à la somme de leurs produits *trois à trois*,

etc., etc.

A_m, égal, enfin, à leur produit général.

Ainsi, quelque valeur qu'on puisse donner à x, l'égalité (c) subsiste, pourvu que les quantités A_2, A_3, A_4, etc., aient avec les quantités a, b, c, etc., les relations précédentes.

La réciproque de cette proposition présente des difficultés qu'on ne peut lever que par des considérations très-délicates.

287. La génération d'une quantité étant donnée sous la forme

$$x^m + A_1 x^{m-1} + A_2 x^{m-2} + A_3 x^{m-3} + \text{etc.} \ldots + A_{m-1} x + A_m,$$

s'il existe toujours, nécessairement, une seconde génération équivalente

$$(x+a)\ (x+b)\ (x+c)\ (x+d)\ldots(x+m),$$

le polynome doit être exactement divisible par chacun des facteurs $(x + a)$, $(x + b)$, etc. Examinons donc les conditions sous lesquelles la division de ce polynome par un quelconque de ces binomes, $x + a$, par exemple, pourrait s'effectuer exactement.

L'opération, exécutée d'après la règle (80), donne

$$x^m + A_1 x^{m-1} + A_2 x^{m-2} + A_3 x^{m-3} + \text{etc}... \left|\; x + a \right.$$

$$-x^m - a x^{m-1} \qquad\qquad \overline{\quad x^{m-1} + (A_1 - a)x^{m-2}}$$
$$+ (A_2 - A_1 a + a^2)x^{m-3} + \text{etc}.$$

$$\overline{\quad (A_1 - a)x^{m-1} + A_2 x^{m-2}}$$
$$-(A_1 - a)x^{m-1} - (A_1 a - a^2)x^{m-2}$$

$$\overline{\quad + (A_2 - A_1 a + a^2)x^{m-2} + A_3 x^{m-3}}$$
$$- (A_2 - A_1 a + a^2)x^{m-2} - (A_2 a - A_1 a^2 + a^3)x^{m-3}$$

$$\overline{\quad + (A_3 - A_2 a + A_1 a^2 - a^3)x^{m-3} + \text{etc}.}$$

Les restes successifs étant

$$(A_1 - a)\, x^{m-1},$$
$$(A_2 - A_1 a + a^2)\, x^{m-2},$$
$$(A_3 - A_2 a + A_1 a^2 - a^3)\, x^{m-3}.$$

il est facile de reconnaître que le dernier reste, indépendant de x, sera

$$A_m - A_{m-1} a + A_{m-2} a^2 - \text{etc}..... \pm a^m.$$

Le dernier terme a^m étant *positif* lorsque le nombre $m+1$ des termes est impair, et négatif dans le cas contraire, on peut mettre ce dernier reste sous la forme

$$- [a^m - A_1 a^{m-1} + A_2 a^{m-2} - A_3 a^{m-3} + \text{etc}... (-1)^m A_m].$$

Or, pour que la division soit exacte, il faut que ce dernier reste se réduise à zéro; ainsi, la valeur du second terme a du binome $x + a$ doit être telle qu'on ait

$$a^m - A_1 a^{m-1} + A_2 a^{m-2} - \text{etc}... (-1)^m A_m = 0,$$

A_1, A_2, A_3, etc., étant les coefficiens du polynome.

288. Pour reconnaître, maintenant, si cette condition peut toujours être remplie, nous démontrerons préalablement la proposition suivante :

Lorsqu'à la place de la variable x, d'un polynome de degré quelconque,

$$x^n - A x^{n-1} + B x^{n-2} - C x^{n-3} + \text{etc}... (-1)^n Z,$$

on substitue successivement deux nombres p et q, et que les résultats sont deux quantités de *signes* contraires; il existe *toujours* un *nombre réel*, d'une grandeur comprise entre p et q, qui, substitué à la place de x, rendrait ce polynome égal à *zéro*. En effet, si le polynome en question produit une quantité positive en y faisant $x = p$, c'est qu'alors la somme de ses termes positifs devient plus grande que celle de ses termes négatifs, et que l'on a

$$[x^m + A_2 x^{m-2} + A_4 x^{m-4} + etc.] > [A_1 x^{m-1} + A_3 x^{m-3} + A_5 x^{m-5} + etc.]$$

De même, si ce polynome produit une quantité négative en y faisant $x = q$, c'est qu'alors

$$[q^m + A_2 q^{m-2} + A_4 q^{m-4} + etc.] < [A_1 q^{m-1} + A_3 q^{m-3} + A_5 q^{m-5} + etc...]$$

C'est-à-dire que la somme de ses termes positifs devient plus petite que celle de ses termes négatifs.

Mais les quantités $x^m + A_2 x^{m-2} + A_4 x^{m-4} + etc....$; $A_1 x^{m-1} + A_3 x^{m-3} + A_5 x^{m-5} + etc....$, augmentent chacune de leur côté, lorsqu'on donne à x des valeurs de plus en plus grandes, valeurs qu'on peut prendre aussi proches les unes des autres qu'on voudra ; ainsi puisque la première de ces quantités, d'abord plus grande que la seconde est devenue ensuite plus petite, il est évident qu'en faisant croître successivement, par degrés insensibles, x depuis p jusqu'à q, les valeurs qui en résulteront pour chacune de ces quantités croîtront insensiblement, mais que, cependant, les valeurs de la seconde croîtront plus rapidement que celles de la première ; car si son accroissement n'était pas plus rapide, elle ne pourrait pas finir par la surpasser. Il y a donc nécessairement un moment où ces deux quantités sont égales, et, par conséquent, il existe entre les deux nombres p et q, un nombre réel plus grand que p et plus petit que q, qui, substitué à la place de x, rendrait la somme des termes positifs égale à la somme des termes négatifs, ou, ce qui est la même chose, rendrait égal à *zéro* le polynome en question.

289. Ceci posé, reprenons le reste de la division précédente,

$$a_m - A_1 a^{m-1} + A_2 a^{m-2} - etc... (-1)^m A_m,$$

en observant que le dernier terme A_m est $+ A_m$, lorsque m est *pair* et $- A_m$, lorsqu'il est impair.

En faisant dans cette expression $a = 0$, elle se réduit à son dernier terme $(-1)^m A_m$ et en y faisant $a = \infty$, elle se réduit au premier terme ∞^m, car tous les autres termes n'ont plus aucune valeur assignable devant l'infini de l'ordre m (184), or, dans le cas de m impair, on a donc

1re *substitution* $a = 0$ .... *résultat* $- A_m$;

2e *substitution* $a = \infty$ .... *résultat* $+ \infty^m$;

et il en résulte, d'après la proposition que nous venons de démontrer, qu'il existe nécessairement entre 0 et *l'infini*, un nombre *réel* capable de rendre le reste de la division égal à zéro, en l'y substituant à la place de *a*. Dans le cas de *m pair*, la substitution de $a = 0$ donne un résultat positif $= A_m$; mais il en est de même des substitutions de $a = + \infty$ et de $a = - \infty$, qui donnent l'une et l'autre $+ \infty^m$, de sorte qu'il devient impossible, en conservant ces limites extrêmes 0 et ∞, de savoir s'il existe ou s'il n'existe pas une valeur réelle susceptible d'anéantir le reste en question. Si le dernier terme A_m était *négatif* dans le polynome qu'on a divisé, il serait *positif* dans le reste lorsque *m* est impair, et *négatif* au contraire lorsqu'il est pair; alors, en opérant les mêmes substitutions, il viendrait pour *m impair*,

1re *substitution* $a = + \infty$ .... *résultat* $+ \infty^m$;
2e *substitution* $a = 0$ .... *résultat* $+ A_m$;
3e *substitution* $a = - \infty$ .... *résultat* $- \infty^m$;

et, pour *m pair*,

1re *substitution* $a = + \infty$ .... *résultat* $+ \infty^m$;
2e *substitution* $a = 0$ .... *résultat* $- A_m$;
3e *substitution* $a = - \infty$ .... *résultat* $+ \infty^m$.

Ainsi, dans le cas de *m* impair, il y a nécessairement une *valeur réelle négative* comprise entre 0 et $- \infty$, et dans le cas de *m* pair, il y a nécessairement *deux valeurs réelles*, une *positive* comprise entre 0 et $+ \infty$, et l'autre *négative* comprise entre 0 et $- \infty$.

Il est donc rigoureusement démontré qu'il existe *nécessairement* une valeur réelle *a*, telle que le binome $x + a$ puisse diviser exactement le polynome

$$x^m + A_1 x^{m-1} + A_2 x^{m-2} + \text{etc...} + A_{m-1} x + A_m$$

dans les deux cas suivans : 1° lorsque le polynome est de degré impair : quel que soit le signe du dernier terme A_m; 2° lorsque le polynome est de degré pair, et que son dernier terme A_m est négatif.

Quand le polynome est de degré pair et que son dernier terme est positif, le procédé de démonstration dont nous venons de nous servir n'est plus applicable, parce qu'il n'existe point alors *nécessairement* une *valeur réelle* pour *a*, et que ce n'est qu'en prenant des limites plus resserrées que 0 et ∞, qu'il devient possible de reconnaître l'existence de valeurs telles. Mais dans le cas où *m* ne pourrait avoir une valeur réelle, elle en aurait au moins toujours une *imagi-*

naire, ce que l'on démontre par des considérations dont les détails dépassent les limites d'un ouvrage élémentaire, de sorte que nous poserons comme *théorème* qu'il existe *dans tous les cas* une valeur *a* *entière* ou *fractionnaire*, *rationnelle* ou *irrationnelle*, *réelle* ou *imaginaire*, telle que le polynome

$$x^m + A_1 x^{m-1} + A_2 x^{m-2} + A_3 x^{m-3} + \text{etc}\ldots + A_{m-1}x + A_m$$

est exactement divisible par le binome $x + a$.

Si nous désignons par A'_1, A'_2, A'_3, etc., les coefficiens du quotient de cette division, nous aurons donc

$$x^m + A_1 x^{m-1} + \text{etc}\ldots + A_m = (x+a)\,[x^{m-1} + A_1' x^{m-2} + \text{etc}\ldots + A'_{m-1}].$$

Maintenant, si l'on applique au quotient

$$x^{m-1} + A_1' x^{m-2} + A_2' x^{m-3} + \text{etc}\ldots + A'_{m-2}a + A_{m-1}\,;$$

ce que nous venons de dire pour le premier polynome, on reconnaîtra qu'il doit être exactement divisible par un binome $x + b$, et qu'en opérant la division, on aura un quotient de la forme

$$x^{m-2} + A_1'' x^{m-3} + A_2'' x^{m-4} + \text{etc}\ldots + A''_{m-3}x + A''_{m-2}.$$

Ce dernier polynome sera à son tour divisible par un binome $x + c$, et ainsi de suite jusqu'à ce que le dernier quotient soit un simple binome du premier degré $x + m$. On a donc effectivement.... (*d*)

$$x^m + A_1 x^{m-1} + A_2 x^{m-2} + \text{etc}\ldots + A_m = (x+a)(x+b)(x+c)\ldots(x+m),$$

et l'équivalence générale de ces deux générations opposées a lieu dans tous les cas possibles et pour toutes les valeurs possibles de la variable x.

290. En vertu de l'équivalence générale (*d*), si l'on donne à x une quelconque des m valeurs $-a, -b, -c, -d$, etc., $-a$ par exemple, le binome correspondant à cette valeur, $x + a$, devenant $-a + a = 0$, le produit total des m binomes s'anéantit, et, par conséquent, le premier membre doit aussi s'anéantir. On doit donc avoir.... (*e*)

$$x^m + A_1 x^{m-1} + A_2 x^{m-2} + \text{etc}\ldots + A_{m-1}x + A_m = 0,$$

lorsqu'on fait $x = -a$. Il en serait évidemment de même, si l'on faisait $x = -b$, ou $x = -c$, etc., $x = -m$. C'est cette propriété caractéristique de l'égalité (*e*) qui la sort de la classe des simples égalités et la rend *équation*.

291. Nous verrons plus loin qu'une équation quelconque peut toujours être ramenée à la forme générale (*e*); signalons, d'abord,

les conséquences les plus importantes de la théorie précédente.

Les équations se classent d'après le degré de la plus haute puis-sance de la variable; ainsi, une équation est dite du *premier degré*, du *second degré*, etc., selon que la plus haute puissance de la variable est du *premier degré*, du *second degré*, etc. La forme de ces diverses équations est

Equations du premier degré. . . . . $x + A_1 = 0$

Equations du second degré. . . . . $x^2 + A_1 x + A_2 = 0$

Equations du troisième degré. . . $x^3 + A_1 x^2 + A_2 x + A_3 = 0$
etc., etc.

Equations du degré m. . . . $x^m + A_1 x^{m-1} + A_2 x^{m-2} + $ etc. . . .
$$+ A_{m-1} x + A_m = 0$$

L'équation est complète quand toutes les puissances de la variable, depuis la plus élevée x^m, jusqu'à la puissance 0, x^0 sous-entendue dans le terme absolu A_m, s'y trouvent; mais elle ne change pas de désignation, lors même que plusieurs termes manquent.

Il résulte de l'équivalence (*d*), que l'équation d'un degré *m* a *m racines* différentes; car le premier membre de cette équivalence, et, par conséquent aussi celui de l'équation, se réduisent à zéro en y donnant à *x*, avec un signe contraire, une quelconque des *m* valeurs qui forment les seconds termes des binomes. On peut donc poser, comme une loi des équations : *une équation admet autant de racines différentes qu'il y a d'unités dans le nombre qui marque son degré.*

Conséquemment, les équations du *premier degré* n'ont qu'une seule racine; celles du *second degré* ont deux racines; celles du *troisième degré* en ont *trois*, etc., etc. On prouve aisément qu'il ne peut pas y en avoir davantage.

S'il existait, en effet, un nombre *p*, autre que $-a$, $-b$, $-c$, etc., capable de réduire à *zéro* le premier membre de l'équivalence (*d*) en le substituant à *x*, il faudrait aussi que la même substitution rendît le second membre égal à *zéro*, ou que l'on eut

$$(p + a)(p + b)(p + c)(p + d), \text{ etc.} \ldots (p + m) = 0.$$

Or, un tel produit ne peut devenir zéro qu'autant que l'un de ses facteurs $p + a$, par exemple, ne devienne *zéro*; mais si $p + a = 0$, on a $p = -a$, et de même pour tous les autres facteurs; donc, ce produit de peut devenir *zéro* qu'en faisant *p* égal à l'une des quantités $-a$, $-b$, $-c$, etc., d'où il suit que ces *m* quantités sont seules les racines de l'équation (*e*).

292. Nous n'avons jusqu'ici considéré que des expressions qui ne renferment qu'une seule quantité variable; mais on peut facilement étendre tout ce qui vient d'être dit aux cas de deux ou de plusieurs variables. Par exemple $ax + by + c$, $a'x + b'y + c'$, $a''x + b''y + c''$, etc., étant des trinomes du premier degré à deux variables x et y, un seul de ces trinomes égalé à 0 formera l'équation du *premier degré à deux variables*

$$ax + by + c = 0.$$

Le produit développé de deux de ces trinomes, égalé à 0

$$(ax + by + c)(a'x + b'y + c',) = Ax^2 + By^2 + Cxy + Dx + Ey + F,$$

formera l'*équation du second degré à deux variables*

$$Ax^2 + By^2 + Cxy + Dx + Ey + F = 0.$$

Le produit développé de trois trinomes, formera l'*équation du troisième degré à deux variables*, et ainsi de suite.

L'équation du premier degré à trois variables sera de la forme

$$ax + by + cz + d = 0$$

x, y, z étant les variables.

Le produit développé de deux facteurs semblables composera l'équation du *second degré à trois variables*. En général, l'équation du degré m à n variables, sera le produit développé et égalé à zéro de m facteur du premier degré de la forme

$$ax + bx + cz + du + \text{etc...} + n,$$

$x, y, z, u,$ etc., étant les n variables.

La détermination des racines des équations est le point le plus important de leur théorie; nous allons y procéder par ordre, en commençant par les équations du premier degré, et en indiquant les diverses applications qu'on peut en faire pour la solution des problèmes numériques.

EQUATIONS DU PREMIER DEGRÉ.

293. La forme générale des équations du premier degré à une seule variable étant $x + A = 0$, on en tire immédiatement $x = -A$. Il ne s'agit donc que de ramener à cette forme toutes les égalités qui ne renferment que la première puissance d'une quantité variable.

Mais, tous les changemens qu'on peut faire subir aux deux membres d'une égalité quelconque étant fondés sur les lois de l'identité (11), nous allons poser le petit nombre de règles simples à l'aide desquelles on ramène toutes les équations de degré quelconque aux formes générales que nous leur avons assignées ci-dessus. Soit, par exemple, l'équation

$$9x^2 - 4x = 11 - 2x + 3x^2$$

on peut transposer un terme quelconque du premier membre au second, et réciproquement, en l'effaçant simplement du membre où il est et en l'écrivant dans l'autre avec un *signe contraire*. Ainsi, opérant cette transposition sur le terme — $2x$ du second membre, l'équation deviendra

$$9x^2 - 4x + 2x = 11 + 3x^2.$$

En effet, lorsqu'on ajoute ou qu'on retranche une même quantité de deux quantités égales, les résultats restent égaux ; or, le transport de — $2x$ du second membre au premier en changeant son signe — en +, est identiquement la même chose que l'addition simultanée de $+2x$ à chacun des membres, car, par cette addition l'équation deviendrait

$$9x^2 - 4x + 2x = 11 - 2x + 3x^2 + 2x$$
ou $9x^2 - 4x + 2x = 11 + 3x^2$ à cause de — $2x + 2x = 0$.

On peut donc transposer de la même manière tous les termes d'un membre dans l'autre et après cette transposition l'ensemble de tous les termes sera égal à zéro. L'équation précédente pourra donc se mettre sous la forme

$$9x^2 - 4x + 2x - 11 - 3x^2 = 0,$$

ou, plus simplement, en réduisant les termes semblables (68)

$$6x^2 - 2x - 11 = 0$$

si l'on divise, maintenant les deux membres par 6 coefficient de x^2 il viendra

$$x^2 - \frac{2}{6}x - \frac{11}{6} = 0$$

et, l'équation sera ramenée à la forme générale des équations du second degré.

Il suit, des mêmes principes, qu'il est toujours permis de changer tous les signes des termes qui composent une équation en les remplaçant par des signes contraires, on peut donc écrire indifféremment — $8x^2 + 3x - 4 = 0$, ou $8x^2 - 3x + 4 = 0$; car si M $=$ N on a aussi — M $=$ — N, et comme 0 ne peut être affecté d'aucun signe, quand il est seul dans un membre, le changement des signes de l'autre membre ne détruit pas l'égalité.

Lorsqu'une équation renferme des termes fractionnaires, on peut toujours les faire diparaître, si cela est utile , en mettant tous les termes sous une forme fractionnaire , les réduisant ensuite au même dénominateur et retranchant, après , ce dénominateur commun. Soit, par exemple, l'équation

$$\frac{x}{4}\frac{7}{\scriptstyle ?}— 16 = \frac{1}{x}+\frac{x}{2}$$

Considérons 16 comme le nombre fractionnaire $\frac{16}{1}$, et réduisons les quatre fractions $\frac{x}{4}$, $\frac{16}{1}$, $\frac{1}{x}$, $\frac{x}{2}$ au même dénominateur, ce qui s'exécute en multipliant les deux termes de chaque fraction par le produit des dénominateurs des trois autres (*voyez* ARITH., 57). Ces fractions deviendront $\frac{2x^{\scriptstyle ?}}{8x}$, $\frac{128x}{8x}$, $\frac{8}{8x}$, $\frac{4x^{\scriptstyle ?}}{8x}$, et par conséquent l'équation proposée est identique avec

$$\frac{2x^{\scriptstyle ?}}{8x} — \frac{128x}{8x} = \frac{8}{8x} + \frac{4x^{\scriptstyle ?}}{8x},$$

ce qui se réduit à

$$2x^{\scriptstyle ?} — 128x = 8 + 4x^{\scriptstyle ?}$$

en retranchant le dénominateur commun $8x$. Ce retranchement revient à multiplier les deux membres par la même quantité $8x$, double opération dont les résultats sont nécessairement égaux.

Si tous les termes d'une équation renfermaient un même facteur, on devrait le retrancher pour la simplifier , ce qui n'altérerait en aucune manière l'égalité des deux membres. Dans l'équation ci-dessus , le facteur 2 se trouvant commun , en divisant tous les termes par 2 , il reste

$$x^{\scriptstyle ?} — 64x = 4 + 2x^{\scriptstyle ?}.$$

On ramènera cette dernière à la forme générale en transposant d'abord tous les termes dans le premier membre , ce qui donne $x^{\scriptstyle ?}—64x—4—2x^2=0$; et, définitivement, en réduisant $—x^{\scriptstyle ?}—64x—4 =0$, ou $x^{\scriptstyle ?}+64x + 4 = 0$, en changeant tous les signes.

Les problèmes suivans vont nous montrer l'usage de ces transformations.

294. PROBLÈME I. *Un père a six fois l'âge de son fils et la somme des deux âges est égale à 91 ans. On demande l'âge du père et celui du fils?*

Pour résoudre ce problème , et, en général, pour résoudre un problème quelconque , il faut analyser les conditions qui lient les quantités inconnues ou cherchées aux quantités connues ; les résultats d'une telle analyse, exprimés algébriquement, conduisent toujours à une expression d'égalité qui est l'*équation du problème*. Une fois

---

cette équation trouvée, la solution du problème est ramenée à la solution de l'équation, laquelle peut toujours s'effectuer d'après les lois générales qui vont être successivement exposées. Le point essentiel pour résoudre un problème est donc d'abord de trouver son équation ; mais on ne peut prescrire aucune règle générale pour cet objet. La sagacité nécessaire pour démêler dans un problème ce qui est la condition principale, l'adresse pour exprimer cette condition de la manière la plus simple, ne peuvent s'acquérir que par le développement de l'intelligence et l'emploi bien réglé de ses facultés. Si l'étude des mathématiques est beaucoup plus propre que celle des sciences naturelles à former le jugement et à lui donner de la rectitude, elle ne saurait toutefois remplacer l'étude de la *logique*, dont les préceptes toujours rigoureux dominent toutes les opérations de la raison humaine. Cependant, à défaut d'une règle générale, on doit ne jamais perdre de vue le principe suivant, formulé par Lacroix ; son application bien conduite facilitera toujours la mise en équation de tout problème.

Regardez le problème comme résolu et indiquez à l'aide des signes algébriques sur les quantités connues, représentées, soit par des nombres, soit par des lettres, et sur l'inconnue, toujours représentée par une lettre, les mêmes raisonnemens et les mêmes opérations qu'il faudrait effectuer pour vérifier la valeur de l'inconnue, si cette valeur était donnée.

. Par exemple, dans le problème proposé, quoiqu'il s'agisse de trouver deux nombres, l'âge du père et l'âge du fils, la liaison de ces deux nombres dont l'un doit être égal à 6 fois l'autre, nous montre qu'il suffit d'en déterminer un seul pour les connaître tous deux. Or, en désignant par x l'âge du fils, x doit être tel qu'en le multipliant par 6, on ait l'âge du père; cet âge sera donc égal à $6x$; en outre, la somme des deux âges doit être égal à 91 ans, donc l'égalité

$$x + 6x = 91$$

exprime toutes les conditions du problème. Maintenant, il n'est rien de plus facile que de trouver la valeur de x; car, en réduisant $x + 6x = 7x$, il vient $7x = 91$, d'où, en divisant les deux membres par 7, $x = \frac{91}{7} = 13$. Le fils a donc 13 ans, et le père a, par conséquent, 6 fois 13 ans ou 78 ans : la somme de 13 et de 78, est en effet 91.

PROBLÈME II. *Quel est le nombre dont le tiers, le quart et le cinquième ajoutés ensemble font 47 ?*

Soit x ce nombre, son tiers sera $\frac{x}{3}$, son quart $\frac{x}{4}$, son cinquième $\frac{x}{5}$, et comme la somme de ces trois parties doit être égale à 47, nous aurons l'équation

$$\frac{x}{3} + \frac{x}{4} + \frac{x}{5} = 47$$

réduisant tous les termes au même dénominateur, et retranchant ensuite le dénominateur commun, il viendra

$$20x + 15x + 12x = 60.47 \text{ ou } 47x = 60.47$$

divisant donc les deux membres par 47, on aura $x = 60$. En effet, le tiers de 60 est 20, son quart est 15, son cinquième 12 et $20 + 15 + 12 = 47$.

PROBLÈME III. *D'après le testament d'un père, le fils aîné doit prélever d'abord sur la masse de la succession une somme de 10000 francs, puis prendre ensuite le sixième de ce qui restera. La part du second fils doit être formée : 1° de 20000 francs, 2° du sixième de ce qui restera. La part du troisième doit être composée de 30000 francs, plus le sixième de ce qui restera, et ainsi de suite, jusqu'au dernier, dont la part sera le reste de celles de ses frères. Les dispositions du testament s'exécutent, et il se trouve que la part de chaque enfant est la même. On demande : 1° quel est le bien du père? 2° combien il y a d'enfans? 3° quelle est la part de chacun.*

On pourrait supposer qu'il y a réellement trois inconnues différentes dans ce problème ; mais, en examinant attentivement les conditions imposées, on reconnaît que, si le bien du père était déterminé, tout le reste le serait. En effet, la part de l'aîné résultant de la somme de 10000 francs, plus du sixième de ce qui doit rester après ce prélevant de 10000 francs, si on connaissait le bien total, il suffirait d'en retrancher 10000 francs, de prendre le sixième du reste, et la somme de ce sixième avec 10000 francs composerait la part de l'aîné. Mais, comme d'après l'énoncé du problème, toutes les parts doivent être égales, en divisant le bien total par la part de l'aîné, on connaîtra le nombre des parts, et par conséquent celui des enfans. Prenons donc le bien total pour l'inconnue et procédons à la déduction de l'équation qui doit le déterminer.

Faisons pour abréger $10000 = a$, et représentons le bien cherché par x. Lorsque l'aîné aura retranché 10000 de x, le reste du bien sera exprimé par $x - a$, et comme il doit prendre encore le sixième de ce reste, c'est-à-dire, $\frac{x-a}{6}$, sa part sera donc exprimée par $a + \frac{x-a}{6}$, ou par $\frac{5a+x}{6}$, en ajoutant l'entier à la fraction. Cette part devant être égale à celle de chacun de ses frères, cherchons maintenant l'expression algébrique d'une autre de ces parts, celle du second, par exemple, l'égalité des deux parts sera l'équation du problème.

Or, quand on a soustrait du bien total la part de l'aîné, le reste est exprimé par

$$x - \left[\frac{5a+x}{6}\right] = \frac{5x-5a}{6}$$

et c'est sur ce reste, que le second doit prélever d'abord 20000 francs ou 2a, puis après prendre le sixième du dernier reste. Après le prélèvement de 2a, le bien est réduit à

$$\frac{5x-5a}{6} - 2a = \frac{5x-17a}{6}$$

dont le sixième est $\frac{5x-17a}{36}$; ainsi la part du second sera exprimée par

$$2a + \frac{5x-17a}{36} = \frac{55a+5x}{36}.$$

Egalement la part de l'aîné à celle du second, nous aurons donc pour l'équation du problème

$$\frac{5a+x}{6} = \frac{55a+5x}{36}.$$

Cette équation étant trouvée, le problème est résolu ; car il ne s'agit plus que de la ramener à la forme générale $x + A = 0$. Pour cet effet, réduisons d'abord les deux membres au même dénominateur, et comme ici le premier dénominateur est facteur du second, il suffit de multiplier les deux termes du premier membre par 6. Après avoir opéré cette multiplication et retranché le dénominateur commun 36, il vient $30a+6x = 55a+5x$; faisant passer tous les termes dans le premier membre, l'équation devient $30a+6x-55a-5x=0$, ce qui se réduit à $x-25a=0$; d'où $x=25a=250000$ francs. Le bien total étant de 250000 francs, la part de l'aîné est

$$10000 + \frac{250000-10000}{6} = 50000.$$

Ainsi, chaque fils devant avoir la même part, il en résulte que le nombre des enfans est égal à 5.

Pour vérifier maintenant l'exactitude de ces résultats, il faut former successivement les 5 parts d'après les conditions énoncées.

La part du premier, 50000 francs, étant prélevée du bien total 250000 francs, il reste 200000 francs.

Sur ce reste, le second prend 20000, plus le sixième du reste; il a donc $20000 + \frac{200000 - 20000}{6} = 20000 + \frac{180000}{6} = 50000$ francs.

Les deux premières parts prélevées, le reste du bien est 150000 fr. sur ce second reste, le second prend 30000, plus le sixième du reste; sa part est donc $30000 + \frac{150000 - 30000}{6} = 30000 + \frac{120000}{6} = 50000$ fr.

Les trois premières parts prélevées, le reste du bien est 100000 fr. sur ce troisième reste, le troisième prend 40000 francs, plus le sixième du reste; sa part est ainsi, $40000 + \frac{100000 - 40000}{6} = 40000 + \frac{60000}{6} = 50000$ fr.

Enfin, les quatre premières parts étant prélevées, il reste finalement 50000 francs pour la part du dernier des fils.

295. La forme générale des équations du second degré à deux inconnues est

$$Ax + By + C = 0.$$

Elles admettent une infinité de valeurs différentes pour les variables x et y, de sorte qu'une seule de ces équations est insuffisante pour déterminer les valeurs des inconnues. Il est évident, en effet, qu'on ne peut obtenir aucune détermination pour x et y, à moins de décomposer le nombre C en deux autres a et b capables de donner les deux équations séparées

$$Ax + a = 0, \quad By + b = 0$$

mais la quantité C peut être décomposée en deux parties d'une infinité de manières différentes, donc tant qu'on n'a qu'une seule équation entre deux inconnues x et y, ces inconnues restent complétement indéterminées.

Il n'en est plus ainsi si l'on a deux équations différentes entre les deux mêmes inconnues, telles par exemple que

$$ax + by + c = 0$$
$$ax' + b'y + c' = 0$$

car, en résolvant ces deux équations par rapport à x et comme si y était une quantité connue, on obtient les deux valeurs

$$x = -\frac{c + by}{a}, \quad x = -\frac{c' + b'y}{a'}$$

lesquelles devant être équivalentes fournissent l'équation

$$\frac{c+by}{a} = \frac{c'+b'y}{a'}$$

qui ne contient plus que l'inconnue y et qui la détermine par conséquent. Il en résulte que deux équations du premier degré entre les deux mêmes inconnues déterminent entièrement ces inconnues. On peut voir aisément qu'il faut trois équations pour déterminer trois inconnues, et, en général, autant d'équations que d'inconnues.

296. Proposons-nous de résoudre les deux équations générales

$$ax + by + c = 0$$
$$a'x + b'y + c' = 0$$

en admettant qu'elles sont parfaitement indépendantes l'une de l'autre, condition essentielle pour que la détermination des inconnues soit possible ; car si la seconde équation n'était que la conséquence de la première, c'est-à-dire, si elle n'était que cette première multipliée ou divisée par une quantité quelconque, on n'aurait réellement qu'une seule équation et non deux. Le premier moyen qui se présente pour résoudre ces équations, est celui que nous venons de signaler plus haut. En effet, après avoir égalé les deux valeurs de x tirées de chacune des équations, en considérant y comme connu, on parvient à une équation finale en y, de laquelle on tire la valeur de y ; cette valeur étant déterminée, on la substitue dans l'une quelconque des équations primitives, qui ne contient plus alors que la seule inconnue x et qui détermine à son tour cette inconnue. Le procédé à l'aide duquel on parvient à une équation finale qui ne renferme plus qu'une seule inconnue, se nomme *élimination*. Nous allons tout de suite exposer la méthode la plus générale et la plus expéditive pour éliminer une inconnue.

Ordinairement on suppose les termes c et c' négatifs, alors les équations générales sont

$$ax + by - c = 0$$
$$a'x + b'y - c' = 0$$

Ceci posé, multiplions la première équation par a' coefficient de x dans la seconde, puis multiplions la seconde équation par a, coefficient de la même inconnue x dans la première. Les deux équations proposées deviendront.

$$aa'x + a'by - a'c = 0$$
$$aa'x + ab'y - ac' = 0$$

et , il suffit de prendre leur différence pour faire disparaître x. Retranchant donc la seconde équation de la première , on aura l'équation finale

$$(a'b - ab')y - (a'e - a'c) = 0$$

de laquelle on tire immédiatement

$$y = \frac{a'c - ac'}{a'b - ab'}$$

Pour éliminer y des deux équations primitives , on multipliera de la même manière la première équation par b', coefficient de y dans la seconde , et la seconde équation par b, coefficient de y dans la première. Elles deviendront

$$ab'x + bb'y - b'c = 0$$
$$a'bx + bb'y - bc' = 0$$

et leur différence sera

$$(ab' - a'b)x - (b'c - bc') = 0$$

équation finale en x, d'où l'on tire

$$x = \frac{b'c - bc'}{ab' - a'b}$$

Ce qui devient, en changeant les signes du numérateur et du dénominateur du second membre, afin de rendre le dénominateur de x identique avec celui de y

$$x = \frac{c'b - cb'}{a'b - ab'}$$

Les deux expressions... (f)

$$x = \frac{c'b - cb'}{a'b - ab'} , \quad y = \frac{a'c - ac'}{a'b - ab'}$$

donnent la résolution générale des équations du premier degré à deux inconnues. Il suffit d'y substituer les valeurs particulières qu'ont les lettres a, b, c, a', b', c' dans deux quelconques de ces équations pour obtenir celles de x et de y. C'est ce que les exemples suivans vont mieux faire comprendre.

297. PROBLÈME 1. *On a acheté pour la somme de 318 francs 3 onces d'or et 5 onces d'argent ; on a acheté aussi pour la somme de 522 francs, 5 onces d'or et 7 onces d'argent. On demande quel est le prix de l'once d'or et celui de l'once d'argent?*

Soient x le prix de l'once d'or et y le prix de l'once d'argent; d'après le premier marché, on doit avoir $3x + 5y = 318$, et d'après le second, $5x + 7y = 522$. Les équations du problème seront donc

$$3x + 5y - 318 = 0, \; 5x + 7y - 522 = 0$$

Comparant avec les formules générales, on a

$$a = 3, \; b = 5, \; c = 318; \; a' = 5, \; b' = 7, \; c' = 522$$

substituant ces valeurs dans les expressions (f) il vient

$$x = \frac{522.5 - 318.7}{5.5 - 3.7} = 96, \; y = \frac{5.318 - 3.522}{5.5 - 3.7} = 6 \, .$$

Le prix de l'once d'or est donc 96 f. et celui de l'once d'argent 6 f.

298. PROBLÈME II. *La somme de deux nombres est égale à* m *, leur différence est égale à* n. *On demande quels sont ces nombres?*

Désignons par x le plus grand nombre et par y le plus petit. D'après les conditions du problème, nous aurons les deux équations

$$x + y = m, \; x - y = n$$

Comparant avec les formules générales on a $a = 1, \; b = 1, \; c = m,$ $a' = 1, b' = -1, c' = n,$ substituant ces valeurs dans les expressions (f) elles fournissent

$$x = \frac{m+n}{2}, y = \frac{m-n}{2}$$

D'où l'on conclut que *le plus grand nombre est égal à la moitié de la somme, plus la moitié de la différence, et que le plus petit est égal à la moitié de la somme moins la moitié de la différence.* C'est une loi des nombres qu'il est bon de retenir parce qu'elle reçoit plusieurs applications.

Si la somme était 24 et la différence 6, on aurait donc

$$x = \frac{24+6}{2} = 15, y = \frac{24-6}{2} = 9$$

Dans un grand nombre de cas, il est plus prompt d'opérer l'élimination sur les équations proposées, que d'avoir recours aux formules générales, par exemple pour les deux équations

$$x + y = 24, \; x - y = 6$$

Si on retranche la seconde de la première, il vient $2y = 24 - 6 = 18$, d'où $y = 9$, et, si on ajoute ensemble ces deux équations, on a $2x = 24 + 6 = 30$, d'où $x = 15$.

299. PROBLÈME III. *L'aiguille des minutes d'une montre est sur celle des heures, à midi; on demande à quelle heure elles se trouveront de nouveau l'une sur l'autre?*

L'aiguille des minutes fait sa révolution ou le tour du cadran en une heure, tandis que celle des heures parcourt la douzième partie de cet espace. Ainsi, une heure après que ces deux aiguilles sont parties ensemble du point de midi, l'aiguille des minutes se retrouve sur ce même point, et l'aiguille des heures se trouve en avance d'un douzième du cadran ou de l'intervalle d'une heure. Si nous désignons maintenant par x l'intervalle que doit parcourir l'aiguille des minutes pour rattraper celle des heures, et par y l'intervalle que parcourt l'aiguille des heures pendant que celle des minutes parcourt x, nous devrons avoir $x = 12\,y$, puisque l'aiguille des minutes va douze fois plus vite que celle des heures, et que, par conséquent, dans une même durée de temps, elle doit parcourir un intervalle douze fois plus grand. En outre, la distance des deux aiguilles étant l'intervalle d'une heure au moment où la première commence à décrire l'intervalle x, et où la seconde commence à décrire l'intervalle y, nous avons encore l'équation $x = y + 1$. Ainsi les deux équations du problème ramenées à la forme générale sont

$$x - 12y = 0, \quad x - y - 1 = 0$$

Sans avoir besoin de recourir aux expressions (f), on obtient en retranchant la première équation de la seconde

$$+ 12y - y - 1 = 0, \text{ ou } 11y - 1 = 0$$

ce qui donne $y = \frac{1}{11}$. En substituant cette valeur de y dans l'équation $x = 12\,y$, on obtient $x = \frac{12}{11} = 1 + \frac{1}{11}$. Pour interpréter ces résultats, observons que nous avons pris pour unité l'intervalle de midi à une heure ou le *douzième* du cadran, de sorte que la valeur $x = \frac{12}{11}$ signifie qu'à partir du point de midi, l'aiguille des heures aura dû parcourir les $\frac{12}{11}$ du *douzième* du cadran pour rattraper l'aiguille des minutes qui, pendant le même temps, aura du parcourir le $\frac{1}{11}$ d'*un douzième* du cadran. Or les $\frac{12}{11}$ de $\frac{1}{12}$ sont égaux à $\frac{1}{11}$ du cadran entier, et comme le cadran entier se divise en 60 parties, pour marquer les minute, l'aiguille des minutes aura parcouru $\frac{60}{11}$ de minute ou 5 minutes et $\frac{1}{11}$ de minute, cette aiguille marquera donc 5 minutes $\frac{1}{11}$, et par conséquent, la rencontre des aiguilles s'effectuera à *une heure* 5 *minutes* $\frac{1}{11}$ *de minute*.

300. PROBLÈME IV. *On demande les valeurs des inconnues* x *et* y *capables de satisfaire aux deux équations*

$$3x - 2y + 5 = 0$$
$$6y - 9x - 15 = 0$$

Nous avons ici , en comparant avec les formules générales ,

$$a = 3, \ b = -2, \ c = -5, \ a' = -9, \ b' = 6, \ c' = 15.$$

substituant dans les expressions (f) il vient

$$x = \frac{-30 + 30}{18 - 18} = \frac{0}{0}, \ y = \frac{45 - 45}{18 - 18} = \frac{0}{0},$$

résultats singuliers qui ne peuvent rien nous apprendre sur les valeurs de x et de y, mais qui doivent nous engager à examiner les conditions d'un cas si remarquable.

301. Les expressions

$$x = \frac{c'b - cb'}{a'b - ab'}, \ y = \frac{a'c - ac'}{a'b - ab'}$$

ne peuvent généralement donner de pareils résultats qu'autant que l'on a

$$(g)\ldots\ldots \begin{cases} c'b - cb' = 0 \\ a'c - ac' = 0 \\ a'b - ab' = 0 \end{cases}$$

Or, l'une quelconque de ces égalités est une conséquence nécessaire des deux autres, car prenant, par exemple, la valeur de b' dans la dernière, valeur qui est

$$b' = \frac{a'b}{a},$$

et la substituant dans la première, on trouve

$$c'b - c.\frac{a'b}{a} = 0,$$

d'où, multipliant par a et divisant par b,

$$ac' - a'c = 0;$$

ce qui est la même chose que la seconde des égalités (g), en changeant les signes.

Ceci posé, prenant les valeurs de a' et de b' données par les deux premières de ces égalités (g); savoir :

$$a' = \frac{ac'}{c}, \ b' = \frac{c'b}{c},$$

et les substituant dans l'équation générale

$$a'x + b'y - c' = 0,$$

on a

$$\frac{ac'}{c}x + \frac{c'b}{c}y - c' = 0,$$

ce qui devient, en multipliant par c et en divisant par c'

$$ax + by - c = 0,$$

c'est-à-dire la première des deux équations générales. Ainsi dans l'hypothèse des trois égalités (g), la seconde équation n'est qu'une conséquence de la première, et, au lieu d'avoir deux équations indépendantes, on en n'a réellement qu'une, ce qui ne peut suffire pour la détermination des inconnues x et y. Donc, lorsqu'après les réductions faites, on trouvera les résultats $x = \frac{o}{o}$, $y = \frac{o}{o}$, on en devra conclure que les valeurs des inconnues sont indéterminées et que des deux équations dont on est parti l'une n'est qu'une transformation de l'autre. En effet, si nous examinons les équations proposées ci-dessus.

$$3x - 2y + 5 = 0, \ 6y - 9x - 15 = 0.$$

nous verrons facilement qu'on obtient la seconde en multipliant la première par le facteur -3.

302. Les deux équations

$$2x + 3y - 5 = 0, \ 4x + 6y - 15 = 0$$

vont encore nous présenter des résultats remarquables.

Nous avons ici, $a = 2$, $b = 3$, $c = 5$, $a' = 4$, $b' = 6$, $c' = 15$; et, par suite

$$x = \frac{45-30}{12-12} = \frac{15}{0}, \ y = \frac{20-30}{12-12} = -\frac{10}{0},$$

valeurs *infiniment grandes* (186).

Pour que de semblables valeurs soient données par les expressions générales (f) il faut qu'on ait.... (h)

$$a'b - ab' = 0.$$

Or, on tire de cette égalité $a' = \frac{ab'}{b}$ substituant cette valeur de a' dans l'équation $a'x + b'y - c' = 0$, nous aurons

$$\frac{ab'}{b} x + b'y - c' = 0,$$

et, en multipliant par b,

$$1.... \ ab'x + bb'y - bc' = 0;$$

Mais en multipliant par b', l'équation $ax + by - c = 0$, on a

$$2.... \ ab' + bb'y - b'c = 0.$$

donc, pour que les deux expressions 1 et 2 ne soient pas contradictoires, les premiers termes étant identiques, il faudrait qu'on eût

$$bc' = b'c, \ \text{ou} \ bc' - b'c = 0,\text{']}$$

et, alors, à cause de $a'b - ab' = 0$, on conclurait comme ci-dessus $a'c - ac' = 0$, d'où il résulterait $x = \frac{o}{o}$, $y = \frac{o}{o}$, résultats qui ne sont pas ceux que nous venons d'obtenir. On ne peut donc avoir $b'c = bc'$ et la condition isolée (*h*) indique que les deux équations dont on est parti sont contradictoires.

En effet, multipliant la première équation par 2, elle devient $4x + 6y - 10 = 0$, et si on la compare avec la seconde $4x + 6y - 15 = 0$ on reconnaît aisément qu'elles ne peuvent être satisfaites en même temps par aucune valeur finie de x et de y.

303. Les résultats de la forme $x = \frac{A}{o}$, $y = \frac{B}{o}$, indiquent donc une contradiction dans les équations proposées, ou une impossibilité d'assigner aux inconnues des valeurs finies. Cependant cette impossibilité n'est que relative ; car dans le problème qui nous occupe, nous trouvons les valeurs infinies $x = \infty$, $y = -\infty$ qui résolvent complétement la question, et il est important de distinguer l'impossibilité relative de l'impossibilité absolue, c'est-à-dire, de celle dont les conditions ne peuvent être remplies, ni réellement, ni *idéalement*. Par exemple, si un problème fournissait à la fois les trois équations

$$2x + y - 3 = 0, \quad 4x + 2y - 9 = 0, \quad x + y - 6 = 0,$$

des deux premières on tirerait $y = \frac{6}{8}$ et des deux dernières $y = \frac{15}{2}$, résultats *absolument* contradictoires qui montrent avec évidence que le problème ne peut avoir aucune espèce de solution.

304. PROBLÈME V. *On a trois lingots composés d'or, d'argent, et de cuivre en différentes proportions. Dans le premier lingot il y a* $\frac{3}{10}$ *d'or,* $\frac{5}{10}$ *d'argent et* $\frac{2}{10}$ *de cuivre. Dans le second, il y a* $\frac{5}{10}$ *d'or,* $\frac{1}{10}$ *d'argent et* $\frac{4}{10}$ *de cuivre. Dans le troisième, il y a* $\frac{2}{10}$ *d'or,* $\frac{2}{10}$ *d'argent et* $\frac{6}{10}$ *de cuivre. On demande combien il faut prendre de chacun de ces lingots pour composer un kilogramme d'alliage dans lequel il y ait* $\frac{7}{20}$ *d'or,* $\frac{7}{20}$ *d'argent et* $\frac{6}{20}$ *de cuivre ?*

Ce problème conduit à trois équations du premier degré à trois inconnues ; sa solution nous servira de point de départ pour la solution générale des équations à trois inconnues.

Prenons le kilogramme pour unité et désignons par x, y, z, les trois fractions de kilogramme qu'il faudra respectivement prélever sur les trois lingots pour former l'alliage demandé. La partie x tirée du premier lingot contiendra en poids $\frac{3}{10} x$ d'or, $\frac{5}{10} x$ d'argent et $\frac{2}{10} x$ de cuivre. La partie y, tirée du second lingot, contiendra, en poids, $\frac{5}{10} y$ d'or, $\frac{1}{10} y$ d'argent et $\frac{4}{10} y$ de cuivre. Enfin la partie z tirée du troisième lingot contiendra en poids , $\frac{2}{10}$ z d'or , $\frac{2}{10}$ z d'argent et $\frac{6}{10}$ z de cuivre. Or, d'après les conditions du problème, le lingot d'alliage doit contenir $\frac{7}{20}$ de kilogramme d'or, $\frac{7}{20}$ d'argent et $\frac{6}{20}$ de cuivre, on a donc les trois équations

$$\frac{3x}{10} + \frac{5y}{10} + \frac{2z}{10} = \frac{7}{20} \Big\}$$

$$\frac{5x}{10} + \frac{y}{10} + \frac{2z}{10} = \frac{7}{20}$$

$$\frac{2x}{10} + \frac{4y}{10} + \frac{6z}{19} = \frac{6}{20}$$

Pour faire, d'abord, disparaître les dénominateurs, il suffit de multiplier les deux termes de chaque fraction des premiers membres par 2, on a alors partout 20 pour dénominateur commun, et en le retranchant les équations deviennent

$$1 \ldots \quad 6x + 10y + 4z = 7$$
$$2 \ldots \quad 10x + 2y + 4z = 7$$
$$3 \ldots \quad 4x + 8y + 12z = 6$$

On réduit ces trois équations à deux en éliminant x entre la première et la seconde d'une part, et entre la seconde et la troisième de l'autre. Les résultats de ces éliminations sont deux équations qui ne renferment plus que les deux inconnues y et z et qui suffisent, par conséquent, pour les déterminer. Les valeurs de y et de z étant une fois connues, leur substitution dans l'une quelconque des trois proposées déterminera x.

L'élimination de x se fera de la même manière que s'il n'y avait que deux inconnues, c'est-à-dire, en multipliant chacune des deux équations par le coefficient de x dans l'autre équation, puis en prenant la différence des résultats.

Multiplions donc l'équation 1 par 10 et l'équation 2 par 6 , elles deviendront

$$60x + 100y + 40z = 70 , \quad 60x + 12y + 24z = 42$$

Retranchons maintenant la seconde de la première, nous aurons

$$88y + 16z = 28 , \text{ ou } 22y + 4z = 7$$

en divisant tous les termes par 4. Opérons de la même manière sur les équations 2 et 3 ; elles deviendront, en multipliant la première par 4 et la seconde par 10 ,

$$40x + 8y + 16z = 28 , \quad 40x + 80y + 120z = 60$$

Retranchons la première de la seconde, il viendra

$$72y + 104z = 32, \text{ ou } 9y + 13z = 4$$

en divisant tous les termes par 8.

Les deux équations, en y et z seulement, sont donc

$$22y + 4z - 7 = 0, \, 9y + 13z - 4 = 0$$

Comparant avec les formules générales, nous aurons

$$a = 22, b = 4, c = 7, a' = 9, b' = 13, c' = 4$$

Ce qui nous donnera, en substituant dans les expressions (*f*),

$$y = \frac{16-91}{36-286} = \frac{75}{250}, \quad z = \frac{63-88}{36-286} = \frac{25}{250}.$$

Ces valeurs réduites à leur plus simple expression sont $y = \frac{3}{10}$, $z = \frac{1}{10}$. On obtient en les substituant dans la première équation,

$$6x + 3 + \frac{4}{10} = 7, \text{ d'où } x = \frac{6}{10}.$$

Il faudra donc prendre $\frac{6}{10}$ de kilogramme du premier lingot, $\frac{3}{10}$ de kilogramme du second et $\frac{1}{10}$ de kilogramme du dernier.

305. La marche que nous venons de suivre nous conduira aux expressions générales des inconnues x, y, z liées par les trois équations générales

$$1 \ldots ax + by + cz - d = 0$$
$$2 \ldots a'x + b'y + c'z - d' = 0$$
$$3 \ldots a''x + b''y + c''z - d'' = 0$$

Pour éliminer x entre 1 et 2, multiplions la première équation par a' la seconde par a, et retranchons le second résultat du premier. Opérons de la même manière sur les équations 2 et 3, en multipliant la première par a'' et la dernière par a'. Nous obtiendrons les deux équations suivantes :

$$(a'b - b'a)y + (a'c - c'a)z - (a'd - d'a) = 0,$$
$$(a''b' - b''a')y + (a''c' - c''a')z - (a''d' - d''a') = 0.$$

Nous éliminerons y de celles-ci, en multipliant la première par $(a''b' - b''a')$, la seconde par $(a'b - b'a)$, et en retranchant le second résultat du premier; l'équation finale en z, sera

$$[(a'c - c'a)(a''b' - b''a') - (a''c' - c''a')(a'b - b'a)]z$$
$$- [(a'd - d'a)(a''b' - b''a') - (a''d' - d''a')(a'b - b'a)] = 0.$$

Nous en tirerons

$$z = \frac{(a'd - d'a)(a''b' - b''a') - (a''d' - d''a')(a'b - b'a)}{(a'c - c'a)(a''b' - b''a') - (a''c' - c''a')(a'b - b'a)}.$$

Cette expression devient, en développant les produits, et en réduisant,

$$z = \frac{ab'd'' - ad'b'' + bd'a'' - ba'd'' + da'b'' - db'a''}{ab'c'' - ac'b'' + bc'a'' - ba'c'' + ca'b'' - cb'a''}.$$

On trouverait de la même manière, en formant les équations finales en y et en x,

$$y = \frac{ad'c'' - ac'd'' + dc'a'' - da'c'' + ca'd'' - cd'a''}{ab'c'' - ac'b'' + bc'a'' - ba'c'' + ca'b'' - cb'a''},$$

$$x = \frac{db'c'' - dc'b'' + bc'd'' - bd'c'' + cd'b'' - cb'd''}{ab'c'' - ac'b'' + bc'a'' - ba'c'' + ca'b'' - cb'd''}.$$

En examinant ces valeurs, on découvre une loi très-simple de construction qui se manifeste également quel que soit le nombre des équations. Le dénominateur commun des valeurs de x, y, z

$$ab'c'' - ac'b'' + bc'a'' - ba'c'' + ca'b'' - cb'a''$$

est composé, abstraction faite d'abord des accens $'$, $''$, qui différencient les lettres, de tous les groupes de permutations des trois lettres a, b, c; ces divers groupes formés d'après la règle 113, sont effectivement

$$abc, \quad acb, \quad bca, \quad bac, \quad cab, \quad cba.$$

Si l'on donne, maintenant, le signe $+$ à chaque groupe dans lequel les variations de l'ordre alphabétique a, b, c sont *nulles* ou en *nombre pair*, et le signe $-$ à chaque groupe dans lequel ces variations sont en nombre *impair*, on formera la somme

$$abc - acb + bca - bac + cab - cba,$$

laquelle, en plaçant l'accent *prime* $'$, sur la seconde lettre de chaque groupe, et l'accent *seconde* $''$ sur la dernière, deviendra

$$ab'c'' - ac'b'' + bc'a'' - ba'c'' + ca'b'' - cb'a'',$$

c'est-à-dire, le dénominateur commun des expressions de x, y et z.

Les numérateurs de ces expressions générales se déduisent encore du dénominateur commun par un procédé unique. Le numérateur de x se forme en remplaçant dans le dénominateur ses coefficiens a, a', a'', par les termes absolus d, d', d''. Le numérateur de y, en remplaçant ses coefficiens b, b', b'', par les mêmes termes absolus d, d', d''.

Et enfin, le numérateur de z, se forme de la même manière, en remplaçant, dans le dénominateur commun, les coefficiens de cette inconnue, c, c', c'', par les termes absolus d, d', d''.

Cette construction symétrique a lieu pour m équations du premier degré à m inconnues; elle présente donc la *loi générale* de la résolution de ces équations. Quant à la démonstration de cette loi, elle est trop compliquée pour trouver place dans un ouvrage élémentaire. Vandermonde en a donné le premier une vérification générale dans les *Mém. de l'Acad. des Sciences, pour* 1772.

306. Pour appliquer cette loi de construction au cas de deux équations

$$ax + by - c = 0$$
$$a'x + b'y - c' = 0,$$

il faut former tous les groupes de permutations des coefficiens a, b des inconnues; ces groupes sont ab et ba. En donnant ensuite le signe —, au groupe dans lequel le nombre des variations alphabétiques est impair, on a la somme $ab - ba$; et enfin, en plaçant l'accent *prime* sur la dernière lettre de chaque groupe, il vient définitivement

$$ab' - ba'.$$

Tel est le dénominateur commun des valeurs de x et de y.

Le numérateur de x se formera en changeant a en c, dans ce dénominateur commun, et celui de y en changeant b en c. On aura donc de cette manière

$$x = \frac{cb' - bc'}{ab' - ba'}, \quad y = \frac{ac' - ca'}{ab' - ba'}.$$

Ces expressions, en changeant les signes du numérateur et du dénominateur, sont identiques avec les expressions (f) trouvées ci-dessus n° 294.

307. Proposons-nous les quatre équations générales

$$ax + by + cz + du - e = 0,$$
$$a'x + b'y + c'z + d'u - e' = 0,$$
$$a''x + b''y + c''z + d''u - e'' = 0,$$
$$a'''x + b'''y + c'''z + d'''u - e''' = 0.$$

les groupes de permutations des quatre coefficiens généraux a, b, c, d, sont

$$abcd, \quad bacd, \quad cabd, \quad dabc,$$
$$abdc, \quad badc, \quad cadb, \quad dacb,$$
$$acbd, \quad bcad, \quad cbad, \quad dbac,$$
$$acdb, \quad bcda, \quad cbda, \quad dbca,$$
$$adcb, \quad bdca, \quad cdab, \quad dcab,$$
$$adbc, \quad bdac, \quad cdba, \quad dcba.$$

donnons à tous les groupes de permutations dont les variations alpha-bétiques sont en nombre pair, le signe $+$, aux autres le signe $-$, et plaçons ensuite l'accent $'$ sur la seconde lettre de chaque groupe, l'accent $''$ sur la troisième, et l'accent $'''$ sur la dernière. Nous aurons pour le dénominateur commun des valeurs de x, y, z et u l'expression

$$ab'c''d''' - ab'd''c''' + ad'b''c''' - ad'c''b''' + ac'd''b''' - ac'b''d''' + ba'd''c'''$$
$$- ba'c''d'' + bc'a''d''' - bc'd''a''' + bd'c''a''' - bd'a''c''' + ca'd''b''' - ca'b''d''$$
$$+ cb'd''a''' - cb'a''d''' + cd'a''b''' - cd'b''a''' + da'c''b''' - da'b''c''' + db'a''c'''$$
$$- db'c''c''' + dc'b''a''' - dc'a''b'''.$$

En changeant successivement dans cette expression a, b, c et d en e, on formera les numérateurs des valeurs de x, y, z et u.

308. Il résulte de ce qui vient d'être exposé que, quel que soit le nombre des équations du premier degré que puisse fournir un pro-blème, pourvu que ce nombre soit égal à celui des inconnues, et qu'en outre, les équations soient indépendantes entre elles et ne se trouvent point en contradiction l'une avec l'autre, on parviendra tou-jours par une suite d'éliminations successives, et sans avoir besoin de recourir aux formules générales qui deviennent déjà très-compliquées pour le cas de trois équations, à la détermination complète de chaque inconnue. Lorsque le problème contiendra des conditions contradic-toires, on en sera averti par des valeurs de la forme $\frac{M}{0}$; et si les équa-tions ne sont pas toutes indépendantes, l'indétermination des incon-nues se manifestera par des expressions de la forme $\frac{0}{0}$.

EQUATIONS DU SECOND DEGRÉ.

309. La forme générale des équations du second degré à une seule inconnue est

$$x^2 + px + q = 0$$

Les coefficiens p et q étant des quantités quelconques positives ou négatives.

Toute équation de second degré admettant *deux racines* (291), la résolution complète de l'équation générale doit donner l'expression de ces deux racines.

Or, en faisant passer le terme absolu q dans le second membre, l'équation devient

$$x^2 + px = -q,$$

et, sous cette forme, le premier membre peut toujours être considéré comme contenant les deux premiers termes du carré d'un binome $x + a$; car ce carré étant $x^2 + 2ax + a^2$, il suffit de supposer $p = 2a$. On peut donc rendre ce premier membre un carré parfait en lui ajoutant le carré de $\frac{p}{2}$ ou $\frac{p^2}{4}$, car, en posant $p = 2a$, on a

$a = \frac{p}{2}$ et $a = \frac{p^2}{4}$, ce qui rend identiques les expressions

$$x^2 + 2ax + a^2, \quad x^2 + px + \frac{p^2}{4},$$

dont la première est le carré de $x + a$, et, par conséquent, la seconde, celui de $x + \frac{p}{2}$.

Mais, pour ne pas détruire l'égalité $x^2 + px = -q$, en ajoutant $\frac{p^2}{4}$ à son premier membre, il faut l'ajouter aussi au second, et cette égalité devient alors

$$x^2 + px + \frac{p^2}{4} = \frac{p^2}{4} - q, \text{ ou } (x + \frac{p}{2})^2 = \frac{p^2}{4} - q.$$

Prenant donc la racine carrée des deux membres de cette dernière il viendra

$$x + \frac{p}{2} = \pm \sqrt{\left[\frac{p^2}{4} - q\right]},$$

une racine carrée ayant toujours deux valeurs égales et de signes contraires (52).

On a donc définitivement pour les deux valeurs de x

$$x = -\frac{p}{2} + \sqrt{\left[\frac{p^2}{4} - q\right]},$$
$$x = -\frac{p}{2} - \sqrt{\left[\frac{p^2}{4} - q\right]}.$$

Telles sont les expressions générales des racines de l'équation du second degré en fonctions des coefficiens p et q.

310. On pourrait parvenir à ces expressions d'une manière plus directe, en observant que l'équation

$$x^2 + px + q = 0$$

suppose, d'après la théorie générale, l'égalité correspondante

$$(x + \alpha)(x + \beta) = 0,$$

dans laquelle les quantités α et β sont les *racines* prises avec un signe contraire (290). On a encore, en vertu de cette théorie (286),

$$\alpha + \beta = p, \quad \alpha\beta = q.$$

Ainsi, la *somme* des quantités α et β étant connue, il ne s'agit que de trouver leur *différence* pour pouvoir ensuite les construire l'une et l'autre à l'aide de la loi démontrée ci-dessus (298). Or, élevant les deux membres de la première égalité au carré, et multipliant par 4 ceux de la seconde, il vient

$$p^2 = \alpha^2 + 2\alpha\beta + \beta^2,$$
$$4q = 4\alpha\beta.$$

Retranchant la seconde égalité de la première, on trouve

$$p^2 - 4q = \alpha^2 - 2\alpha\beta + \beta^2 = (\alpha - \beta)^2;$$

ce qui donne pour la différence en question, en prenant les racines carrées des deux membres,

$$\alpha - \beta = \sqrt{[p^2 - 4q]}.$$

Nous ne donnons pas ici le double signe au radical, parce que les combinaisons de ces signes ne changent rien aux résultats suivants.

Mais, d'après la règle (298), quand on connaît la *somme* et la *différence* de deux nombres, on obtient le plus grand de ces nombres en ajoutant la moitié de la différence à la moitié de la somme, et le plus petit, en retranchant la moitié de la différence de la moitié de la somme ; donc

$$\alpha = \frac{p}{2} + \frac{1}{2}\sqrt{[p^2 - 4q]}, \quad \beta = \frac{p}{2} - \frac{1}{2}\sqrt{[p^2 - 4q]};$$

mais $x = -\alpha$ ou $x = -\beta$: ainsi les deux valeurs de x sont

$$x = -\frac{p}{2} + \frac{1}{2}\sqrt{[p^2 - 4q]}, \quad x = -\frac{p}{2} - \frac{1}{2}\sqrt{[p^2 - 4q]},$$

expressions identiques avec celles trouvées ci-dessus, car la quantité radicale de ces premières se prête aux transformations

$$\sqrt{\left[\frac{p^2}{4} - q\right]} = \sqrt{\left[\frac{p^2 - 4q}{4}\right]} = \frac{\sqrt{[p^2 - 4q]}}{\sqrt{4}} = \frac{1}{2}\sqrt{[p^2 - 4q]}.$$

311. Toute équation du second degré étant ramenée à la forme générale

$$(h)\ldots\ldots\ x^2 + px + q = 0,$$

les valeurs de ses deux racines sont donc données par l'expression

$$(i)\ldots\ldots\ x = \frac{p}{2} \pm \sqrt{\left[\frac{p^2}{4} - q\right]},$$

et cette expression renferme la loi de toutes les particularités qui peuvent se présenter dans les valeurs des racines, d'après celles des coefficiens p et q. Avant de nous livrer à l'examen de ces cas particuliers, ce qu'on nomme la *discussion* d'une expression générale, appliquons les formules à la solution de quelques problèmes.

312. PROBLÈME V. *Connaissant le premier terme* 2 *d'une progression arithmétique, sa différence* 3 *et sa somme* 2420, *on demande de combien de termes elle est composée?*

Ce problème n'est qu'un cas particulier de celui que nous avons signalé (260) comme insoluble par aucun des moyens connus jusqu'alors.

Nous connaissons la relation générale qui existe entre le premier terme, la différence, le nombre des termes et la somme de toute progression arithmétique. Cette relation est exprimée (260) par l'égalité.

$$S = ma_1 + \frac{m(m-1)}{2}\delta,$$

dans laquelle S désigne la *somme*, a_1 le *premier terme*, δ la *différence*, et m le *nombre des termes*. Désignons donc par x le nombre des termes, qui est ici l'inconnue du problème, et substituons dans cette égalité les valeurs données S $= 2420$, $a_1 = 2$, $\delta = 3$; nous aurons l'équation

$$2420 = 2x + \frac{x(x-1)}{2}\cdot 3.$$

Multipliant tout par 2 pour faire disparaître la fraction, et développant ensuite le produit $3x(x-1)$, il viendra

$$4840 = 4x + 3x^2 - 3x = 3x^2 + x;$$

ce que nous ramènerons à la forme générale en faisant passer tous les termes dans un même membre, et en divisant par 3. Nous obtiendrons de cette manière

$$x^2 + \frac{1}{3}x - \frac{4840}{3} = 0.$$

La comparaison de cette équation avec l'équation générale (*h*) donne

$$q = - \frac{4840}{3}, \text{ et } p = \frac{1}{3}; \text{ d'où } p = \frac{1}{6} \text{ et } \frac{p^2}{4} = \frac{1}{36}. \text{ Substituant ces}$$

valeurs dans l'expression (*i*), elle deviendra

$$x = - \frac{1}{6} \pm \sqrt{\left[\frac{1}{36} + \frac{4840}{3} \right]}.$$

Pour évaluer cette expression, prenons la somme des fonctions $\frac{1}{36}$ et $\frac{4840}{3}$. On leur donne le même dénominateur en multipliant les deux termes de la dernière par 12. On a de cette manière

$$\frac{1}{36} + \frac{4840}{3} = \frac{1}{36} + \frac{58080}{36} = \frac{58081}{36}.$$

La racine de cette dernière fraction étant $\sqrt{\left[\frac{58081}{36} \right]} = \frac{241}{6}$, les

valeurs de x sont $x = - \frac{1}{6} + \frac{241}{6} = \frac{240}{6} = 40$, et $x = - \frac{1}{6} - \frac{241}{6}$

$= - \frac{242}{6} = - 40 \frac{1}{3}$.

De ces deux valeurs, la première seule, $x = 40$, satisfait au problème proposé; la seconde, $x = - 40 \frac{1}{3}$, ne saurait avoir avec aucune relation directe ou indirecte avec la question; car le *nombre* des termes d'une progression est essentiellement un nombre positif.

313. Nous devons faire observer ici la différence essentielle qui se rencontre souvent entre la solution d'un problème et la résolution de l'équation à laquelle il conduit. Toute équation, quelle que soit son origine, admet autant de *racines* qu'il y a d'unités dans son degré et chacune de ces racines la satisfait complétement (291). Tous les problèmes, au contraire, ne peuvent admettre plusieurs valeurs différentes pour leur inconnue; s'il arrive quelquefois qu'en généralisant les conditions imposées on trouve qu'elles embrassent plusieurs cas différens qui exigent plusieurs valeurs différentes, il arrive bien plus généralement que la solution d'un problème dépend d'une valeur unique et alors la nature seule de ce problème détermine celle des racines de l'équation qui le satisfait. C'est ainsi que, dans l'exemple précédent, des deux racines $x = 40$, $x = - 40 \frac{1}{3}$ une seule; la première, peut exprimer le *nombre des termes* d'une progression. Il est donc essentiel d'analyser avec soin toutes les circonstances d'un problème pour distinguer parmi les *racines* de son équation les valeurs qu'on doit admettre ou rejeter.

314. PROBLÈME X. *Connaissant la somme* m *et le produit* n *de deux nombres, trouver ces nombres.*

: Si nous désignons par x l'un de ces nombres., l'autre sera $m-x$, et comme leur produit doit être égal à n nous aurons l'équation

$$x(m-x) = n, \text{ ou } mx - x^2 = n,$$

qui, ramenée à la forme générale sera

$$x^2 - mx + n = 0.$$

Nous avons donc ici $p = -m$, $q = n$. Substituant ces valeurs dans l'expression (i), il viendra

$$x = \frac{1}{2}m \pm \sqrt{\left[\frac{m^2}{4} - n\right]}.$$

Les deux nombres cherchés, entrant de la même manière dans la question, se trouvent ici donnés par les deux valeurs de x. En effet, la *somme* des deux valeurs $\frac{1}{2}m + \sqrt{\left[\frac{m^2}{4} - n\right]}$, $\frac{1}{2}m - \sqrt{\left[\frac{m^2}{4} - n\right]}$ est égale à m, et leur produit se réduit à n, ce qui sont les deux conditions imposées.

Si la somme donnée était 10 et le produit 24, on aurait

$$x = 5 \pm \sqrt{[25-24]} = 5 \pm \sqrt{1} = 5 \pm 1.$$

Les deux nombres sont donc alors 6 et 4.

Si la somme donnée était 14 et le produit 49, on aurait

$$x = 7 \pm \sqrt{[49-49]} = 7 \pm 0$$

Les deux nombres seraient égaux dans ce cas et 7 serait leur valeur commune.

Enfin si la somme donnée était 18 et le produit 82, on aurait

$$x = 9 \pm \sqrt{[81-82]} = 9 \pm \sqrt{-1}.$$

Ce résultat indique qu'il n'existe aucun *nombre réel* capable de satisfaire à la question. Cependant les deux nombres imaginaires $9 + \sqrt{-1}$, $9 - \sqrt{-1}$ la résolvent *idéalement;* car la somme de ces nombres est 18 et leur produit est 82.

L'expression générale $x = \frac{1}{2}m \pm \sqrt{\left[\frac{m^2}{4} - n\right]}$ devant nous présenter la *loi* de tous les cas particuliers, il suffit de la discuter pour reconnaître les diverses valeurs dont seront susceptibles les nombres demandés, suivant les diverses valeurs des nombres donnés m et n. Voici les points principaux de cette *discussion*, qui pourra servir d'exemple pour tous les cas semblables.

Pour que le radical $\sqrt{\left[\dfrac{m^2}{4} - n\right]}$ soit une quantité réelle, il faut nécessairement que $\dfrac{m^2}{4}$ soit plus grand que n, car dans le cas contraire $\dfrac{m^2}{4} - n$ est une quantité *négative*, et la racine carrée d'une quantité négative est *imaginaire*. Ainsi, lorsque le produit donné n est plus grand que le carré de la moitié de la somme donnée m, le problème est impossible, ou du moins il n'existe aucuns nombres réels qui puissent satisfaire à ses conditions.

Lorsqu'au contraire $\dfrac{m^2}{4} > n$, la différence $\dfrac{m^2}{4} - n$ est toujours positive et le problème admet une solution en *nombres réels*. Ces nombres réels seront *rationnels*, si $\dfrac{m^2}{4} - n$ est un carré parfait, et *irrationnels*, dans tous les autres cas.

Si $\dfrac{m^2}{4} = n$, c'est à-dire, si *le carré de la moitié de la somme* est égal au *produit*, les deux nombres demandés sont égaux chacun à $\dfrac{m}{2}$, ou à la moitié de la *somme*. Or $\dfrac{m^2}{4}$ étant la plus grande valeur qu'on puisse supposer au produit n, puisque, lorsque $n > \dfrac{m^2}{4}$, le problème est impossible, il en résulte que, si l'on veut partager un nombre m en deux parties dont le produit soit le plus grand possible, il faut le partager en deux parties égales.

345. PROBLÈME XI. *On demande deux nombres tels que leur somme, leur produit, et la différence de leurs carrés soient trois quantités égales.*

En désignant ces nombres par x et y la triple condition imposée est exprimée par

$$x + y = xy = x^2 - y^2$$

l'égalité particulière $x + y = x^2 - y^2$, donne, en décomposant la différence $x^2 - y^2$ (17), $x + y = (x+y)(x-y)$; d'où, en divisant les deux membres par $x + y$, $x - y = 1$, et, par suite, $y = x - 1$. Substituant cette valeur de y, dans l'égalité particulière $x + y = xy$, on obtient

$$2x - 1 = x^2 - x, \text{ ou } x^2 - 3x + 1 = 0$$

équation finale en x de laquelle dépend la solution du problème.

Comparant avec les expressions générales (*h*) et (*i*), nous aurons
$p = -3, q = 1$ et par conséquent

$$x = \frac{3}{2} \pm \sqrt{\left[\frac{9}{4} - 1\right]} = \frac{3}{2} \pm \sqrt{\left[\frac{5}{4}\right]} = \frac{3 \pm \sqrt{5}}{2}.$$

Chacune des deux valeurs de x satisfait à toutes les conditions du problème.

En faisant, d'abord, $x = \frac{3 + \sqrt{5}}{2}$, on a, d'après la condition dérivée $y = x - 1$,

$$y = \frac{3 + \sqrt{5}}{2} - 1 = \frac{1 + \sqrt{5}}{2},$$

et il est facile de s'assurer que les deux quantités $\frac{3 + \sqrt{5}}{2}, \frac{1 + \sqrt{5}}{2}$, remplissent les conditions imposées. En effet, la somme de ces quantités est

$$\frac{3 + \sqrt{5}}{2} + \frac{1 + \sqrt{5}}{2} = \frac{4 + 2\sqrt{5}}{2} = 2 + \sqrt{5},$$

leur produit est

$$\left(\frac{3 + \sqrt{5}}{2}\right)\left(\frac{1 + \sqrt{5}}{2}\right) = \frac{8 + 4\sqrt{5}}{4} = 2 + \sqrt{5},$$

Et enfin, la différence de leurs carrés est (78),

$$\left(\frac{3 + \sqrt{5}}{2}\right)^2 - \left(\frac{1 + \sqrt{5}}{2}\right)^2 = \left(\frac{4 + 2\sqrt{5}}{2}\right)\left(\frac{2}{2}\right) = 2 + \sqrt{5}.$$

En faisant maintenant $x = \frac{3 - \sqrt{5}}{2}$, on a $y = \frac{3 - \sqrt{5}}{2} - 1$
$= \frac{1 - \sqrt{5}}{2}$. Ces valeurs satisfont également, aux conditions du problème ; car leur *somme*, leur *produit* et la *différence de leurs carrés* sont tous $2 - \sqrt{5}$.

346. Reprenons maintenant l'équation générale

$$x^2 + px + q = 0,$$

et examinons toutes les formes sous lesquelles peuvent se présenter ses deux racines données par l'expression

$$x = -\frac{1}{2}p + \sqrt{\left[\frac{p^2}{4} - q\right]}.$$

Les coefficiens *p et q* pouvant être des quantités quelconques positives ou négatives, nous les supposerons d'abord tout deux positifs, et comme c'est principalement de la valeur de la quantité radicale que dépend celle des racines, il se présente trois cas à considérer, d'après les trois relations différentes des deux quantités $\frac{p^2}{4}$ et q comprises sous ce radical,

$$\frac{p^2}{4} > q \, , \, \frac{p^2}{4} = q \, , \, \frac{p^2}{4} < q.$$

Dans le premier cas, la quantité $\frac{p^2}{4} - q$ étant positive, la valeur du radical est réelle, ainsi, en la désignant par m, les deux racines sont $x = -\frac{1}{2}p + m$, $x = -\frac{1}{2}p - m$; ces deux racines sont donc alors réelles et inégales. Si m est plus grand que $\frac{1}{2}p$, l'une des racines est positive et l'autre négative. Si m est plus petit que $\frac{1}{2}p$, les deux racines sont négatives.

Dans le second cas, la quantité $\frac{p^2}{4} - q$ se réduisant à *zéro*, les racines sont $x = -\frac{1}{p} + 0$, $y = -\frac{1}{p} - 0$; c'est-à-dire qu'elles sont égales et négatives.

Dans le troisième cas, la quantité $\frac{p^2}{4} - q$ étant *négative*, la valeur du radical est *imaginaire*, et par conséquent, les deux racines sont imaginaires. Si nous représentons la quantité négative $\frac{p^2}{4} - q$ par $- m^2$, les racines seront

$$x = -\frac{1}{2}p + m\sqrt{-1} \, , \, x = -\frac{1}{2}p - m\sqrt{-1} \, ,$$

elles ne différeront donc que par le signe de $\sqrt{-1}$.

Les diverses suppositions qu'on peut faire sur les signes des coefficiens p et q présentent les trois cas suivans, outre celui que nous venons d'examiner,

$$x^2 - px + q = 0,$$
$$x^2 + px - q = 0,$$
$$x^2 - px - q = 0.$$

L'expression générale des racines correspondantes au premier cas est

$$x = \frac{1}{2}p \pm \sqrt{\left[\frac{p^2}{4} - q\right]}.$$

Les expressions correspondantes aux deux autres cas, sont

$$x = -\frac{1}{2}p \pm \sqrt{\left[\frac{p^2}{4} + q\right]},$$

$$x = +\frac{1}{2}p \pm \sqrt{\left[\frac{p^2}{4} + q\right]}.$$

En analysant ces expressions, comme nous venons de le faire ci-dessus, on reconnaîtra pour chaque cas particulier la nature des racines. Il suffit de remarquer que les deux dernières ne peuvent jamais admettre de valeur imaginaire pour savoir que lorsque q est négatif, dans l'équation générale, les racines sont toujours *réelles* et *inégales*. Ce n'est que lorsque q est *positif*, qu'il peut y avoir des racines égales ou des racines imaginaires.

317. Lorsqu'un problème conduit à deux équations, à deux inconnues, dont l'une est du premier degré et l'autre du second, on peut prendre la valeur d'une inconnue dans l'équation du premier degré et la substituer dans celle du second degré. L'équation finale sera alors du second degré, et même, dans certains cas, ne s'élevera qu'au premier. Mais si les équations sont toutes deux du second degré, l'élimination d'une inconnue conduit généralement à une équation finale du quatrième degré. Nous verrons plus loin comment on peut résoudre les équations du quatrième degré.

ÉQUATIONS DU TROISIÈME DEGRÉ.

318. La forme générale des équations du troisième degré est

$$x^3 + Ax^2 + Bx + C = 0.$$

mais on fait ordinairement disparaître leur second terme Ax^2, ce qui rend leur résolution plus facile. Pour opérer cette transformation, il ne faut qu'égaler l'inconnue x à une autre inconnue z, augmentée d'une quantité arbitraire qu'on détermine ensuite de manière à lui faire produire l'effet demandé. Posons, par exemple, $x = z + t$, et substituons $z + t$ à la place de x dans l'équation générale; nous obtiendrons, en développant les puissances,

$$x^3 = z^3 + 3z^2t + 3zt^2 + t^3,$$
$$Ax^2 = \quad\quad + Az^2 + 2Azt + At^2,$$
$$Bx = \quad\quad\quad\quad\quad + Bz + Bt,$$
$$C = \quad\quad\quad\quad\quad\quad\quad + C.$$

l'équation générale deviendra de cette manière

$$z^3 + (3t + A) z^2 + (3t^2 + 2A + B) z + (t^3 + At^2 + Bt + C) = 0.$$

Ainsi, en donnant à la quantité arbitraire t une valeur capable de réduire à zéro le coefficient de z^2, le second terme de cette équation disparaîtra; mais la condition $3t + A = 0$, donne $t = -\frac{A}{3}$, donc en substituant à la place de x, une nouvelle inconnue z, augmentée de $-\frac{A}{3}$, ou diminuée du *tiers du coefficient du second terme*, l'équation transformée en z n'aura pas de second terme.

La résolution de l'équation en z fait connaître les racines de l'équation en x, puisqu'on a $x = z - \frac{A}{3}$.

Nous supposons dorénavant toutes les équations du troisième degré ramenées à la forme $x^3 + px + q = 0$.

319. Pour résoudre l'équation générale $x^3 + px + q = 0$, faisons $x = y + z$, y et z étant deux nouvelles inconnues dont la détermination nous conduira à celle de x. Elevant au cube les deux membres de l'égalité $x = y + z$, nous aurons

$$x^3 = y^3 + 3y^2z + 3yz^2 + z^3;$$

ce qu'on peut mettre sous la forme

$$x^3 = y^3 + z^3 + 3yz(y+z),$$

ou,

$$x^3 = y^3 + z^3 + 3yzx,$$

en remplaçant $y + z$, par x. Faisant passer tous les termes dans le premier membre, il viendra

$$x^3 - 3yzx - y^3 - z^3 = 0,$$

équation du troisième degré dans laquelle $x = y + z$. Pour que cette équation soit identique avec la proposée $x^3 + px + q = 0$, il faut qu'on ait

$$p = -3yz, \quad q = -y^3 - z^3,$$

d'où l'on tire

$$(1)\ldots\ldots\ yz = -\frac{p}{3}, \quad (2)\ldots\ldots\ y^3 + z^3 = -q.$$

Telles sont les conditions que les valeurs de y et de z doivent remplir afin que leur somme $y + z$ donne une valeur capable de satisfaire à l'équation générale. Or, élevant au cube les deux membres de l'égalité (1), il vient

$$y^3z^3 = -\frac{p^3}{27}, \quad \text{d'où } y^3 = -\frac{p^3}{27z^3}.$$

substituant cette valeur de y^3 dans l'égalité (2), on a

$$z^3 - \frac{p^3}{27 z^3} = -q, \quad \text{ce qui se réduit à } z^6 - \frac{p^3}{27} = -q z^3,$$

d'où l'on tire enfin l'équation du sixième degré

$$z^6 + q z^3 - \frac{p^3}{27} = 0.$$

cette équation s'abaisse au second degré, en posant $z^3 = t$, car on a alors $z^6 = t^2$, et elle devient conséquemment

$$t^2 + qt - \frac{p^3}{27} = 0.$$

Les racines de cette dernière équation, qu'on nomme la *réduite*, sont les valeurs de z^3 et de y^3, parce que ces valeurs sont symétriques et qu'en prenant dans (1) la valeur de z^3 pour la substituer dans (2), on serait parvenu à une équation *réduite* identique avec la précédente. En résolvant cette équation par les procédés exposés ci-dessus, on obtient

$$t = -\frac{q}{2} \pm \sqrt{\left[\frac{q^2}{4} + \frac{p^3}{27}\right]},$$

et, par conséquent,

$$y^3 = -\frac{q}{2} + \sqrt{\left[\frac{q^2}{4} + \frac{p^3}{27}\right]}, \quad z^3 = -\frac{q}{3} - \sqrt{\left[\frac{q^2}{4} + \frac{p^3}{27}\right]}.$$

Prenant les racines cubiques, nous aurons définitivement à cause de $x = y + z$

$$x = \sqrt[3]{\left[-\frac{q}{2} + \sqrt{\left(\frac{q^2}{4} + \frac{p^3}{27}\right)}\right]} + \sqrt[3]{\left[-\frac{q}{2} - \sqrt{\left(\frac{q^2}{4} + \frac{p^3}{27}\right)}\right]}.$$

Cette expression semblerait ne donner qu'une seule valeur pour x; mais on doit se rappeler (146) que toute racine cubique a trois valeurs, et qu'en désignant par 1, α et β les trois racines cubiques de l'unité, la racine troisième d'une quantité quelconque M^3 admet les trois valeurs

$$1.M, \quad \alpha.M, \quad \beta.M$$

ainsi, en représentant par M et N les quantités radicales ci-dessus ou les valeurs de y et de z, nous avons

$$y = M, y = \alpha M, y = \beta M$$
$$z = N, z = \alpha N, z = \beta N$$

valeurs qui, étant combinées deux à deux pour former $x = y + z$, donneront toutes les racines de l'équation générale. Il est important d'observer que parmi ces combinaisons, celles qui ne remplissent pas la condition $yz = -\frac{p}{3}$ doivent être rejetées; avec cette considération, il ne reste que les trois combinaisons différentes suivantes :

$$x = M + N$$
$$x = \alpha M + \beta N$$
$$x = \beta M + \alpha N$$

Les trois racines cubiques de l'unité étant, comme nous allons le voir,

$1, \dfrac{-1 + \sqrt{-3}}{2}, \dfrac{-1 - \sqrt{-3}}{2}$; les trois racines de l'équation générale sont..... (m)

$$x = \sqrt[3]{\left[-\frac{q}{2} + \sqrt{\left(\frac{q^2}{4} + \frac{p^3}{27} \right)} \right]} + \sqrt[3]{\left[-\frac{q}{2} - \sqrt{\left(\frac{q^2}{4} + \frac{p^3}{27} \right)} \right]}.$$

$$x = \frac{-1 + \sqrt{-3}}{2} \cdot \sqrt[3]{\left[-\frac{q}{2} + \sqrt{\left(\frac{q^2}{4} + \frac{p^3}{27} \right)} \right]}$$
$$+ \frac{-1 - \sqrt{-3}}{2} \cdot \sqrt[3]{\left[-\frac{q}{2} - \sqrt{\left(\frac{q^2}{4} + \frac{p^3}{27} \right)} \right]}.$$

$$x = \frac{-1 - \sqrt{-3}}{2} \cdot \sqrt[3]{\left[-\frac{q}{2} + \sqrt{\left(\frac{q^2}{2} + \frac{p^3}{27} \right)} \right]}$$
$$+ \frac{-1 + \sqrt{-3}}{2} \cdot \sqrt[3]{\left[-\frac{q}{2} - \sqrt{\left(\frac{q^2}{4} + \frac{p^3}{27} \right)} \right]}.$$

320. En partant de l'expression générale des racines de l'unité positive (226), on parviendrait aux trois valeurs de $\sqrt[3]{1}$; Mais on peut encore obtenir ces valeurs d'une manière très-simple, posons $\sqrt[3]{1} = x$ nous aurons $x^3 = 1$ et par conséquent $x^3 - 1 = 0$, équation dont les trois *racines* seront celles de l'unité. Or, nous connaissons une de ces racines $x = 1$, ainsi le binome $x^3 - 1$ doit être exactement divisible par $x - 1$ (289). Opérant la division, on trouve effectivement pour quotient exact $x^2 + x + 1$; quotient qui, d'après la théorie générale, doit être composé du produit de deux facteurs binomes $x + \alpha$, $x + \beta$ dans lesquels $-\alpha$ et $-\beta$ sont les deux autres racines de l'équation $x^3 - 1 = 0$. La détermination de ces deux

quantités dépend ainsi de l'équation $x^2 + x + 1 = 0$, laquelle donne au moyen des formules générales du second degré,

$$x = -\frac{1}{2} \pm \sqrt{\left[\frac{1}{4} - 1\right]} = -\frac{1}{2} \pm \sqrt{\left[\frac{1-4}{4}\right]},$$

D'où

$$x = -\frac{1}{2} + \frac{1}{2}\sqrt{-3}, \quad x = -\frac{1}{2} - \frac{1}{2}\sqrt{-3}.$$

Les trois racines de l'unité sont donc

$$1, \quad \frac{-1+\sqrt{-3}}{2}, \quad \frac{-1-\sqrt{-3}}{2},$$

et on peut s'assurer que leurs diverses combinaisons avec les deux quantités radicales que nous avons désignées par M et N ne donnent que trois valeurs différentes pour les racines de l'équation générale du troisième degré,

321. L'examen des trois expressions (m) montre que lorsque la quantité $\frac{q^2}{4} + \frac{p^3}{27}$ est *positive* la première racine est *réelle* et les deux autres *imaginaires*. En effet, dans ce cas, les deux quantités radicales

$$\sqrt[3]{\left[-\frac{q}{2} + \sqrt{\left(\frac{q^2}{4} + \frac{p^3}{27}\right)}\right]}, \quad \sqrt[3]{\left[-\frac{q}{2} - \sqrt{\left(\frac{q^2}{4} + \frac{p^3}{27}\right)}\right]}$$

sont des nombres *réels* positifs ou négatifs de sorte qu'en désignant le premier par m et le second par n, les deux autres racines sont comprises sous la forme

$$x = -\frac{m+n}{2} \pm \frac{m-n}{2}\sqrt{-3},$$

qui ne peut jamais produire un nombre réel, puisque m et n étant des nombres inégaux $m - n$ ne peut devenir *zéro*.

Or, quel que soit le signe de q dans l'équation générale $x^3 + px + q = 0$ le carré $\frac{q^2}{4}$ étant toujours positif, la quantité $\frac{q^2}{4} + \frac{p^3}{27}$ sera toujours positive si p est positif. Elle sera encore positive dans le cas de p négatif, si $\frac{q^2}{4} > \frac{p^3}{27}$. Ainsi, lorsque p est *positif*, l'équation a nécessairement une racine *réelle* et deux racines imaginaires, et la même chose aura lieu, lorsque p est *négatif*, si l'on a $\frac{q^2}{4} > \frac{p^3}{27}$.

Dans le cas de p *négatif* la quantité comprise sous le radical carré devient $\frac{q^2}{4} - \frac{p^3}{27}$. Il peut donc alors se présenter trois cas : ou

$$\frac{q^2}{4} > \frac{p^3}{27}, \text{ ou } \frac{q^2}{4} = \frac{p^3}{27}, \text{ ou } \frac{q^2}{4} < \frac{p^3}{27}.$$

Le premier cas rentre dans ce qui vient d'être dit. Dans le second, le radical carré disparaît, et la première racine devient

$$x = \sqrt[3]{-\frac{q}{2}} + \sqrt[3]{-\frac{q}{2}} = 2\sqrt[3]{-\frac{q}{2}}.$$ Ces radicaux, substitués

dans les deux autres racines, les réduisent à $x = -\sqrt[3]{-\frac{q}{2}}$,

$x = -\sqrt[3]{-\frac{q}{2}}$, les trois racines sont donc *réelles*, et la première est le *double*, abstraction faite du signe, des deux autres, qui sont égales. Si q est *positif*, la première racine est négative, et les deux racines égales sont positives; si q est *négatif*, la première racine est positive et les deux autres négatives.

Dans le troisième cas, le radical carré devenant une quantité imaginaire, la première racine se présente sous la forme

$$x = \sqrt[3]{[A + B\sqrt{-1}]} + \sqrt[3]{[A - B\sqrt{-1}]},$$

et les deux autres racines se trouvent doublement compliquées de quantités imaginaires. Cependant alors les trois racines sont *réelles* Ce cas singulier, qui a beaucoup occupé les géomètres, a été nommé le *cas irréductible*, parce qu'il n'existe aucun moyen d'obtenir les racines sous une forme finie.

On reconnaît d'abord, malgré ces formes imaginaires qu'il est impossible que les trois racines soient imaginaires; car, d'après la théorie des équations, toute équation de degré impair, a au moins une racine *réelle* (290). En outre, rien n'est plus facile que de prouver la réalité des trois racines, et même d'obtenir leurs valeurs numériques en employant pour cet objet les fonctions dérivées nommées *sinus* (208). La résolution du *cas irréductible* au moyen des sinus est une opération tout aussi simple que celle d'extraire les racines des nombres au moyen des logarithmes. (*Voy.* notre *Dict. des math.*

tom. I, page 176). En développant la puissance $(A + B\sqrt{-1})^{\frac{1}{3}}$

par le binome de Newton, on obtient une expression de la forme
$M + N \sqrt{-1}$, M désignant la somme des termes réels du développement et N la somme des coefficiens réels de $\sqrt{-1}$. Nous
avons donné (138) des exemples de ces développemens. Le changement du signe de B change.int seulement celui de N, on a donc

$$\sqrt[3]{\left[A + B\sqrt{-1} \right]} = M + N\sqrt{-1},$$

$$\sqrt[3]{\left[A - B\sqrt{-1} \right]} = M - N\sqrt{-1}.$$

ainsi, en désignant, comme ci-dessus, les quantités radicales par m
et n nous avons pour la première racine $x = m + n = 2\,M$ quantité
réelle. Mais $m - n = 2N\sqrt{-1}$ et, par conséquent l'expression
générale des deux autres racines devient, en y substituant ces valeurs,

$$x = -M \pm N\sqrt{-1} \cdot \sqrt{-3} = -M \pm N\sqrt{3} ;$$

il en résulte donc que les trois racines sont *réelles*.

322. PROBLÈME. *Trouver trois nombres en progression arithméti-*
que, dont la différence soit 3 et le produit 28.

Si nous désignons par x le plus petit de 'ces nombres, d'après la
nature des progressions arithmétiques, le second sera $x + 3$ et le troisième $x + 6$ (253); le produit de ces trois nombres devant être égal
à 28, nous aurons l'égalité $x(x + 3)(x + 6) = 28$ qui, étant développée, nous donnera l'équation

$$x^3 + 9x^2 + 18x - 28 = 0.$$

Pour la ramener à la forme générale, nous ferons (318)$x = z - \frac{9}{3}$ ou
$x = z - 3$, et nous obtiendrons, en substituant et en réduisant,

$$z^3 - 9z - 28 = 0.$$

Comparant avec $z^3 + pz + q = 0$, nous aurons $p = -9$, $q = -28$.
Substituant ces valeurs dans la première des racines (m), il viendra

$$z = \sqrt[3]{\left[14 + \sqrt{(197 - 27)} \right]} + \sqrt[3]{\left[14 + \sqrt{(197 - 27)} \right]}$$

$$= \sqrt[3]{\left[14 + 13 \right]} + \sqrt[3]{\left[14 - 13 \right]} = \sqrt[3]{27} + 1 = 4 ;$$

mais $x = z - 3$, donc $x = 4 - 3 = 1$. Le plus petit nombre étant
y, les deux autres sont 4 et 7, et l'on a $\div 1.4.7$ dont le produit est

en effet 28. Les deux autres racines de l'équation sont imaginaires.

Cet exemple est suffisant pour montrer l'application des formules (*m*) dont on ne peut se servir que lorsqu'il n'y a qu'une seule racine réelle. Au reste, les méthodes d'approximation que nous exposerons plus loin, conduisent presque toujours au but avec plus de facilité.

ÉQUATIONS DU QUATRIÈME DEGRÉ.

323. Ces équations dont la forme générale est

$$x^4 + Ax^3 + Bx^2 + Cx + D = 0,$$

peuvent toujours être ramenées à la forme plus simple (*n*).

$$x^4 + px^2 + qx + r = 0,$$

c'est-à-dire peuvent être privées de leurs seconds termes en y substituant à la place de l'inconnue x, une nouvelle inconnue z, *diminuée du quart du coefficient du second terme*, ou en faisant $x = z - \frac{A}{4}$. Il est aisé de voir, en étendant le procédé que nous avons suivi (318), pour priver l'équation générale du troisième degré de son second terme, qu'on peut faire disparaître le second terme de l'équation du degré m, en y substituant à la place de x, une nouvelle inconnue diminuée de la m^e partie du coefficient de ce second terme. Si ce coefficient est négatif, la soustraction se change en addition.

Cette transformation est utile en ce que l'équation résultante a la somme de ses racines égale à zéro, puisque le coefficient du second degré de toute équation est égal à la somme des racines prise avec un signe contraire (286), ce qui fournit une condition de plus pour la détermination de ces racines. Désignons par α, β, γ, δ, les quatre racines de l'équation (*n*), nous aurons (287) l'égalité équivalente,

$$(x - \alpha)(x - \beta)(x - \gamma)(x - \delta) = 0,$$

égalité qui sera satisfaite, comme l'équation, en y faisant $x = \alpha$, ou $x = \beta$, ou $x = \gamma$, ou enfin $x = \delta$. Cette égalité, et par conséquent l'équation correspondante (*n*) peuvent être décomposées en un produit de deux facteurs du second degré de trois manières différentes. Mais comme toutes les combinaisons sont de la même forme, nous n'avons besoin que d'en considérer une seule

$$[(x-\alpha)(x-\beta)] \times [(x-\gamma)(x-\delta)] \text{ ou } (x^2-(\alpha+\beta)x+\alpha\beta)(x^2-(\gamma+\delta)x+\gamma\delta).$$

Ainsi, désignant ces facteurs du second degré par $x^2 + ax + b$, $x^2 + cx + d$, nous aurons

$$x^4 + px^2 + qx + r = (x^2 + ax + b)(x^2 + cx + d).$$

Il s'agit donc de déterminer les coefficiens a, b, c, d; car, ces coefficiens étant une fois connus, l'équation du second degré $x^2 + ax + b = 0$ nous fera trouver deux des racines de la proposée, et la seconde équation $x^2 + cx + d = 0$ nous fera trouver les deux autres. Or, ces racines étant α, β, γ, δ, nous avons $a = -(\alpha + \beta)$, $b = -(\gamma + \delta)$, et, par conséquent, $a + b = -(\alpha + \beta + \gamma + \delta) = 0$; condition qui donne $a = -b$. Nous n'avons donc réellement que trois indéterminées et nous pouvons poser

$$x^4 + px^2 + qx + r = (x^2 + ax + b)(x^2 - ax + d).$$

Développant le produit, il vient

$$x^4 + px^2 + qx + r = x^4 - ax^3 + dx^2$$
$$+ ax^3 - a^2x^2 + adx$$
$$+ bx^2 - abx + bd,$$

égalité dont les deux membres ne peuvent être identiques à moins qu'on n'ait

$$p = d - a^2 + b,$$
$$q = ad - ab,$$
$$r = bd.$$

Telles sont les équations de conditions qui vont nous servir à déterminer les quantités a, b et d par les coefficiens connus p, q et r.

Multiplions la première par a et ajoutons le produit à la seconde, nous obtiendrons

$$pa + q = 2ad - a^3, \text{ ou } 2ad = a^3 + pa + q,$$

d'où nous tirerons

$$d = \frac{a^3 + pa + q}{2a}.$$

substituant cette valeur de d dans la troisième, nous aurons

$$r = b \cdot \frac{a^3 + pa + q}{2a}, \text{ et } b = \frac{2ar}{a^3 + pa + q}.$$

Ces deux valeurs de b et d nous montrent qu'il suffit de connaître a pour connaître toutes les indéterminées de la question.

Substituons maintenant ces mêmes valeurs dans la seconde égalité

$q = ad - ab$, elle deviendra $q = \dfrac{a^{\text{s}} + pa + q}{2a} - \dfrac{2a^{\text{s}}r}{a^{\text{s}} + pa + q}$, ou,

en faisant disparaître les dénominateurs, réduisant et transposant

$$a^{\text{s}} + 2pa^{4} + (p^{\text{s}} - 4r)\, a^{\text{s}} - q^{\text{s}} = 0,$$

équation finale, qui ne contient plus que la seule indéterminée a. Quoique cette équation soit du sixième degré, on peut la résoudre comme celles du troisième; car en faisant $a^{\text{s}} = z$, d'où $a^{4} = z^{\text{s}}$ et $a^{\text{s}} = z^{\text{s}}$ elle devient

$$z^{\text{s}} + 2pz^{\text{s}} + (p^{\text{s}} - 4r)\, z - q^{\text{s}} = 0.$$

Cette dernière est ce qu'on nomme la *réduite* du quatrième degré. On peut donc considérer la valeur de a comme connue. Mais les deux facteurs du second degré, en y substituant à la place de b et de d les valeurs de ces quantités, en fonction de a, fournissent les équations

$$x^{\text{s}} + ax + \dfrac{2r}{a^{\text{s}} + p + \frac{q}{a}} = 0,$$

$$x^{\text{s}} - ax + \dfrac{1}{2}a^{\text{s}} + \dfrac{q}{2a} = 0.$$

Ainsi, en résolvant ces dernières, on aura les quatre racines de la proposée. En appliquant les formules du second degré, on obtiendra pour ces quatres racines

$$x = -\frac{1}{2}a + \sqrt{\left[\frac{1}{4}a^{\text{s}} - \dfrac{2r}{a^{\text{s}} + p + \frac{q}{a}}\right]},$$

$$x = -\frac{1}{2}a - \sqrt{\left[\frac{1}{4}a^{\text{s}} - \dfrac{2r}{a^{\text{s}} + p + \frac{q}{a}}\right]},$$

$$x = +\frac{1}{2}a + \sqrt{\left[-\frac{1}{4}a^{\text{s}} - \frac{1}{2}p - \dfrac{q}{2a}\right]},$$

$$x = +\frac{1}{2}a - \sqrt{\left[-\frac{1}{4}a^{\text{s}} - \frac{1}{2}p - \dfrac{q}{2a}\right]}.$$

La valeur de a devant être prise avec le double signe $\pm$, parce qu'elle provient de la racine carrée d'une des racines de la réduite $\pm\sqrt{z}$, ces quatre expressions sembleraient pouvoir donner huit valeurs différentes; mais on prouve aisément que les quatre combinaisons fournies par les deux premières sont identiques avec les quatre combinaisons fournies par les deux dernières, il suffit pour cela de remarquer qu'on a généralement

$$\frac{1}{4}a^2 - \frac{2r}{a^2 + p \pm \frac{q}{a}} = -\frac{1}{4}a^2 - \frac{1}{2}p \mp \frac{q}{2a}.$$

En effet, faisant disparaître les dénominateurs, réduisant et transposant, on retrouve l'équation finale en a

$$a^6 + 2pa^4 + (p^2 - 4r)\, a^2 - q^2 = 0.$$

Cette circonstance permet d'adopter les quatre dernières combinaisons, qui sont les plus simples, pour les expressions des racines, et, de cette manière, les quatres racines de l'équation du quatrième degré sont.... (p):

$$x = -\frac{1}{2}a + \sqrt{\left[-\frac{1}{4}a^2 - \frac{1}{2}p + \frac{q}{2a} \right]},$$

$$x = -\frac{1}{2}a - \sqrt{\left[-\frac{1}{4}a^2 - \frac{1}{2}p + \frac{q}{2a} \right]},$$

$$x = +\frac{1}{2}a + \sqrt{\left[-\frac{1}{4}a^2 - \frac{1}{2}p - \frac{q}{2a} \right]},$$

$$x = +\frac{1}{2}a - \sqrt{\left[-\frac{1}{4}a^2 - \frac{1}{2}p - \frac{q}{2a} \right]},$$

Il reste maintenant à observer que la quantité z dont la racine carrée est égale à a, est donnée pour une équation du troisième degré et admet par conséquent trois valeurs différentes ; en substituant donc successivement la racine carrée de chacune de ces trois valeurs à la place de a dans les expressions précédentes, elles devront également donner chacune trois valeurs différentes, et si les douze valeurs résultantes n'étaient pas égales trois par trois, l'équation du quatrième degré aurait plus de quatre racines, ce qui est impossible (291). Cette impossibilité si rigoureusement démontrée est donc déjà une raison suffisante pour admettre que, quelle que soit celle des racines de la réduite qu'on veuille employer, on trouvera toujours les mêmes valeurs pour les racines de la proposée ; mais on peut encore vérifier ce fait important de la manière suivante :

Désignons par m le radical $\sqrt{[-\frac{1}{4}a^2 - \frac{1}{2}p + \frac{q}{2a}]}$, par h la quantité $\frac{1}{2}a$ et par n l'autre radical $\sqrt{[-\frac{1}{4}a^2 - \frac{1}{2}p]- \frac{q}{2a}]}$; les quatre racines' précédentes deviendront $x = - h + m$, $x = - h - m$, $x = h + n$, $x = h - n$, et, par conséquent, l'équation proposée résultera du produit des quatre facteurs.

$$(x + h - m) \ (x + h + m) \ (x - h - n) \ (x - h + n).$$

Cette équation doit donc être identique avec le produit

$$
\begin{aligned}
&x^4 - 2h^2 x^2 - 2hn^2 x + h^4 \\
&\quad - m^2 x^2 + 2hm^2 x - h^2 n^2 \\
&\quad - n^2 x^2 \qquad\qquad - h^2 m^2 \\
&\qquad\qquad\qquad\qquad\quad + m^2 n^2.
\end{aligned}
$$

Ainsi, en comparant les termes de ce produit avec ceux de l'équation on aura... (q) :

$$
\begin{aligned}
p &= - 2h^2 - m^2 - n^2, \\
q &= - 2hn^2 + 2hm^2, \\
r &= + h^4 - h^2 n^2 - h^2 m^2 + m^2 n^2.
\end{aligned}
$$

substituant ces valeurs dans l'équation finale en a elle devient

$$
\left.
\begin{array}{l}
a^6 \quad \Big| \ a^4 + 8h^2 n^2 \ \Big| \ a^2 - 4h^2 n^4 \\
- 2n^2 \ \Big| \quad + 8h^2 m^2 \ \Big| \quad + 8h^2 n^2 m^2 \\
- 2m^2 \ \Big| \quad + m^4 \quad \Big| \quad - 4h^4 m^2 \\
\qquad\quad \Big| \quad + n^4 \\
\qquad\quad \Big| \quad - 2m^2 n^2
\end{array}
\right\} = 0,
$$

dont le premier membre n'est que le développement du produit

$$(a+2h)\,(a-2h)\,(a+m+n)\,(a-m-n)\,(a+m-n)\,(a-m+n).$$

Les six racines de l'équation finale sont donc $- 2h$, $+ 2h$, $- m - n$, $+ m + n$, $- m + n$, $+ m - n$; maintenant si dans l'expression générale... (r)

$$
x = \pm \frac{1}{2} a \pm \sqrt{\left[- \frac{1}{4} a^2 - \frac{1}{2} p \mp \frac{q}{2a} \right]},
$$

qui comprend les quatre expressions (p) on substitue les valeurs précédentes (q) de p et de q, et qu'on mette ensuite à la place de a une quelconque des six racines de l'équation finale, on retrouvera toujours les quatre racines $x = - h + m$, $x = - h - m$, $x = h + n$, $x = h - n$.

324. On peut obtenir sous une autre forme les racines de l'équation du quatrième degré, pour laquelle il existe encore deux autres méthodes de résolution, fondées l'une et l'autre, comme celle que nous venons d'exposer sur la résolution préalable d'une *réduite* du troisième degré. Les détails qu'exigerait l'examen de ces diverses

méthodes ne peuvent trouver place dans cet ouvrage , qu'on ne doit considérer que comme une introduction à l'étude des mathématiques. Aussi, sans même *discuter* les formules précédentes, nous allons passer aux procédés particuliers à l'aide desquels on peut, dans tous les cas , obtenir les valeurs numériques des racines d'une équation quelconque. Nous devons seulement faire observer qu'il résulte de l'expression générale (*r*) qu'une équation du quatrième degré peut avoir ses racines ou toutes quatre réelles, ou toutes quatre imaginaires , ou deux réelles et deux imaginaires.

LES RACINES COMMENSURABLES.

325. Les racines d'une équation se distinguent en *réelles* et en *imaginaires*. Parmi les racines réelles , on nomme *commensurables* celles dont la valeur numérique est un nombre *entier* ou *fractionnaire*.

La recherche des racines commensurables se ramène à la recherche des seules racines entières en donnant à l'équation proposée la forme

$$x^m + A_1 x^{m-1} + A_2 x^{m-2} + \text{etc.} \ldots + A_m = 0 ,$$

dans laquelle les coefficiens A_1 , A_2, A_3 , etc., sont tous des nombres entiers positifs ou négatifs.

Montrons d'abord qu'une telle équation ne peut admettre aucune valeur fractionnaire pour ses racines. En effet, s'il existait une racine $x = \frac{a}{b}$, a et b étant des nombres entiers, premiers entre eux, en substituant $\frac{a}{b}$ à la place de x l'équation devrait être satisfaite et l'on aurait

$$\frac{a^m}{b^m} + A_1 \frac{a^{m-1}}{b^{m-1}} + A_2 \frac{a^{m-2}}{b^{m-2}} + \text{etc.} \ldots + A_{m-1} \frac{a}{b} + A_m = 0.$$

multipliant tous les termes par b^{m-1} et les transposant, hormis le premier , dans le second membre il viendrait

$$\frac{a^m}{b} = - A_1 a^{m-1} - A_2 a^{m-2} b - \text{etc.} \ldots - A_{m-1} ab^{m-1} - A_m b^{m-1} ;$$

égalité impossible ; car le second membre se compose d'une suite de nombres entiers, tandis que le second est un nombre essentiellement fractionnaire (24). Une équation dont le premier terme n'a pas de coefficient , et dont les coefficiens de tous les autres termes sont des nombres entiers ne peut donc avoir aucune racine fractionnaire.

326. Pour ramener toute équation à coefficiens fractionnaires à la forme en question, on emploie un procédé très-simple que, pour

mieux fixer les idées, nous allons appliquer à l'équation du troisième degré

$$\frac{a}{b}x^3 + \frac{c}{d}x^2 + \frac{e}{f}x + \frac{g}{h} = 0.$$

Nous ferons d'abord disparaître le coefficient de x^3 en divisant toute l'équation par ce coefficient, elle deviendra

$$x^3 + \frac{bc}{ad}x^2 + \frac{be}{af}x + \frac{bg}{ah} = 0.$$

Réduisant toutes les fractions au même dénominateur, nous obtiendrons

$$x^3 + \frac{bcfh}{adfh}x^2 + \frac{bedh}{adfh}x + \frac{bgdf}{adfh} = 0,$$

ou, simplement... (a)

$$x^3 + \frac{p}{m}x^2 + \frac{q}{m}x + \frac{r}{m} = 0.$$

Prenons maintenant une nouvelle inconnue y et faisons $x = \frac{y}{m}$, il viendra, en substituant,

$$\frac{y^3}{m^3} + \frac{p}{m} \cdot \frac{y^2}{m^2} + \frac{q}{m} \cdot \frac{y}{m} + \frac{r}{m} = 0,$$

puis en multipliant tout par m^3... (b)

$$y^3 + py^2 + qmy + rm^2 = 0,$$

équation dont tous les coefficiens sont évidemment des nombres entiers. Les racines de cette dernière, divisées par m, donneront les racines de la proposée. En examinant l'équation (a) et la transformée (b) on reconnaît qu'on peut immédiatement passer de l'une à l'autre en multipliant le second terme de (a) par le dénominateur commun m, le troisième terme par m^2 et le quatrième par m^3. On peut donc, en étendant le procédé à toutes les équations, poser la règle suivante.

Après avoir fait disparaître le coefficient du premier terme et réduit tous les autres coefficiens au même dénominateur, on multipliera chaque terme par ce dénominateur commun élevé à une puissance dont le degré sera le nombre des termes précédens, puis on changera x *en* y, *et les racines de l'équation en* y *divisées par le dénominateur commun seront celles de la proposée.*

Soit, par exemple, l'équation

$$3x^4 - \frac{7}{2} x^3 + 7x^2 - 7x + 2 = 0.$$

divisant tout par trois et réduisant ensuite au même dénominateur il vient

$$x^4 - \frac{7}{6} x^3 + \frac{14}{6} x^2 - \frac{14}{6} x + \frac{4}{6} = 0.$$

multipliant le second terme par 6, le troisième par 36, le quatrième par 216 et le cinquième par 1096, ou, ce qui revient au même et ce qui est plus simple, retranchant le dénominateur commun 6 et multipliant le second terme par $6^0 = 1$, le troisième par $6^1 = 6$, le quatrième par $6^2 = 36$ et le cinquième par $6^3 = 216$, le transformée en y sera

$$y^4 - 7x^3 + 84y^2 - 504y + 864 = 0.$$

327. Le dernier terme de toute équation étant formé par le produit de toutes les racines (286), est exactement divisible par chacune de ces racines. Ainsi, lorsqu'une ou plusieurs de ces racines seront des nombres entiers, on pourra toujours obtenir leurs valeurs, en cherchant parmi tous les diviseurs exacts du terme absolu ou du dernier terme, quels sont ceux qui satisfont à l'équation. Par exemple, l'équation du problème du n° 322, que nous avons traitée par la méthode du troisième degré, va nous montrer avec quelle facilité on trouve, dans certains cas, les racines entières; cette équation est

$$x^3 + 9x^2 + 18x - 28 = 0;$$

son terme absolu 28 a pour facteurs premiers 2, 2, 7 ainsi, en les combinant deux à deux, on trouve pour les diviseurs exacts de 28, 2, 4, 7, 14, auxquels il faut ajouter 1, diviseur exact de tous les nombres, et le nombre lui-même, qui se divise toujours exactement. S'il existe donc une racine commensurable, cette racine ne peut être que l'un des nombres 1, 2, 4, 7, 14 et 28. En substituant 1, on obtient

$$1 + 9 + 18 - 28 = 0;$$

ainsi, il y a une racine commensurable égale à *l'unité*. C'est ce que nous avions déjà trouvé (322). Pour savoir s'il n'y en aurait pas d'autre, il faut substituer de la même manière chacun des diviseurs à la place de x, en le prenant alternativement avec le signe $+$ et avec le signe $-$. On découvrira nécessairement, par ce procédé, toutes les racines entières positives ou négatives; mais quelque facile que soit ce procédé, outre qu'il peut y avoir dans certains cas, un très-grand nombre de diviseurs à essayer, les substitutions successives entraînent des calculs prolixes qu'on abrége considérablement par une méthode que nous allons faire connaître, en exposant préalablement les principes sur lesquels elle est fondée.

328. Soit l'équation générale

$$x^m + Ax^{m-1} + Bx^{m-2} + \text{etc.} \ldots\ldots + Px^3 + Qx^2 + Rx + S = 0,$$

a étant un nombre entier positif ou négatif, s'il est une racine de cette équation, en le substituant à la place de x, on doit avoir

$$a^m + Aa^{m-1} + Ba^{m-2} + \text{etc.} \ldots\ldots + Pa^3 + Qa^2 + Ra + S = 0,$$

d'où, en divisant tout par a et transposant

$$\frac{S}{a} = - a^{m-1} - Aa^{m-2} - Ba^{m-3} - \text{etc.} \ldots - Pa^2 - Qa - R,$$

Transposant R dans le premier membre et divisant de nouveau le tout par a, il vient

$$\frac{\frac{S}{a} + R}{a} = - a^{m-2} - Aa^{m-3} - Ba^{m-4} - \text{etc.} \ldots - Pa - Q,$$

et, comme le second membre est nécessairement un nombre entier, le premier l'est aussi. Transposant Q dans le premier membre et divisant encore le tout par a, nous aurons

$$\frac{\frac{\frac{S}{a} + R}{a} + Q}{a} = - a^{m-3} - Aa^{m-4} - Ba^{m-5} - \text{etc.} \ldots - P,$$

et le premier nombre sera encore un membre entier. Continuant de la même manière, c'est-à-dire, transposant successivement chaque coefficient isolé dans le premier membre et divisant tout par a, après chaque transposition, le résultat de la $(m-1)^{\text{ième}}$ division sera de la forme

$$\frac{U}{a} = - a - A,$$

et celui de la $m^{\text{ième}}$ deviendra

$$\frac{\frac{U}{a} + A}{a} = - 1.$$

Cette dernière égalité nous indique la dernière condition à laquelle le nombre *a* doit satisfaire pour qu'il soit racine de l'équation.

Or, en observant que toutes les divisions doivent s'effectuer exactement, si *a* est une racine de l'équation, on peut en conclure la règle générale suivante :

Après avoir divisé le dernier terme par son facteur a, *on ajoutera au quotient le coefficient de* x, *puis on divisera la somme par* a. *On ajoutera ensuite au nouveau quotient, qui doit être un nombre entier, le coefficient de* x^2, *et on divisera de nouveau la somme par* a. *On ajoutera encore au quotient de cette dernière division le coefficient de* x^3, *puis on divisera la somme par* a. *On continuera de la même manière, jusqu'au coefficient du second terme, ou de* x^{m-1}, *qui, étant ajouté au dernier quotient obtenu, doit produire une somme, laquelle divisée par* a *doit donner* — 1 *pour quotient. Tout nombre qui satisfera à ces conditions réunies, c'est-à-dire, qui donnera à chaque division un quotient entier, sera racine de l'équation, et ceux qui manqueront à une seule de ces conditions ne pourront être des racines.*

Dans les applications de cette méthode, il faut, lorsqu'il manque des termes à l'équation sur laquelle on opère, les remplacer en leur donnant *zéro* pour coefficient.

329. Les diviseurs + 1 et — 1, qui appartiennent à tous les nombres doivent s'essayer à part, parce que leur substitution à la place de *x*, dans l'équation, réduisant le premier membre à la suite des coefficiens, il suffit d'une simple addition pour s'assurer directement si ces nombres sont racines de l'équation, soit par exemple, l'équation

$$x^3 - 4x^2 - 11x + 30 = 0;$$

en faisant *x* = 1, il vient 1 — 4 — 11 + 30 pour le premier membre; cette quantité étant égale à 16, on voit immédiatement que + 1 ne peut être une racine. En faisant *x* = —1, le premier membre devient —1 — 4 + 11 + 30 = 36, ce qui nous apprend encore que — 1 ne saurait être une racine. Il ne reste donc à essayer que les autres diviseurs de 30.

Ces autres diviseurs étant 2, 3, 5, 6, 10, 15, 30, on les écrira sur une même ligne horizontale tant avec le signe + qu'avec le signe —1, puis au dessous de ces diviseurs, on écrira les quotiens du dernier terme 30 divisé par chacun d'eux. L'opération tout entière offrira le tableau suivant.

+30, +15, +10, + 6, +5, + 3, + 2, — 2, — 3, — 5, — 6, —10, —15, —30

+ 1,	+ 2,	+ 3,	+5,	+6,	+10,	+ 15,	—15,	—10,	— 6,	—5,	— 3,	— 2,	— 1
—10,	— 9,	— 8,	—6,	—5,	— 1,	+ 4,	—26,	—21,	—17,	—16,	—14,	—13,	—12
»,	»,	»,	—1,	—1,	»,	+ 2,	+13.	+ 7,	»,	»,	»,	»,	»
»,	»,	»,	—5,	—5,	»,	— 2,	+ 9,	+ 3,	»,	»,	»,	»,	»
»,	»,	»,	»,	—1,	»,	— 1,	»,	— 1,	»,	»,	»,	»,	»

Après avoir écrit sous chaque diviseur le quotient correspondant, on ajoutera à chacun de ces quotiens le coefficient — 11 de x, ce qui formera la troisième ligne du tableau. Ces additions terminées, on divisera chaque somme par le diviseur à laquelle elle correspond, ce qui formera, en écrivant les quotiens, la quatrième ligne du tableau : les quotiens entiers sont les seuls qu'on doit écrire ; tous les autres doivent être abandonnés. On ajoutera aux quotiens écrits le coefficient — 4 de x^2, ce qui formera la cinquième ligne du tableau, dont on divisera tous les nombres par les diviseurs correspondans. Les derniers quotiens entiers — 1, — 1, — 1 qui résultent des diviseurs — 3, + 2 et + 5 nous apprennent que ces diviseurs sont les racines de l'équation proposée.

330. Pour trouver tous les diviseurs d'un nombre entier, sans en laisser échapper un seul, on doit disposer l'opération comme nous allons l'indiquer. Soit, par exemple, le nombre 210. On voit d'abord que ce nombre est divisible par 2, et que le quotient de cette première division est 105, d'où 210 = 2. 105 ; 105 n'étant plus divisible par 2, puisque c'est un nombre impair, il faut essayer d'autres diviseurs premiers, en les prenant toujours dans l'ordre naturel 2, 3, 5, 7, 11, 13, 17, 19, etc. On reconnaît d'abord que 105 est divisible par 3, parce que la somme de ses chiffres est un multiple de 3 (ARITH. 69). La division donne 105 = 3. 35, ainsi, 210 = 2. 3. 35, et par conséquent, 210 est encore divisible exactement par le produit 6 de de ses deux facteurs premiers 2 et 3.

35 n'est plus divisible ni par 2 ni par 3 ; mais il est divisible par 5 (ARITH. 70) ce qui donne 35 = 5. 7. Ainsi, 2. 5 ou 10, 3. 5 ou 15, 6. 5 ou 30, sont encore autant de diviseurs exacts de 210.

Le quotient de la dernière division étant 7, nombre premier, l'opération est terminée ; mais les produits de 7 par tous les diviseurs déjà trouvés sont autant de diviseurs exacts de 210.

La règle pour obtenir tous les diviseurs d'un nombre, se réduit donc à le diviser d'abord par 2 s'il est pair, ou par 3, ou par 5, ou par 7, ou par quelqu'un des autres nombres premiers s'il est impair.

Puis on divise le premier quotient par 2 s'il est pair, ou par 3, ou par 5, etc., s'il est impair. Ensuite, on multiplie le premier diviseur par le second, et on écrit le produit au rang des diviseurs cherchés. On opère sur le second quotient comme sur le premier, c'est-à-dire en le divisant par 2 s'il est pair, et par 3, 5, 7, etc., s'il est impair. Le diviseur étant trouvé, on multiplie tous les diviseurs déjà connus par ce dernier, ce qui produit autant de diviseurs exacts du nombre donné. On continue de la même manière, jusqu'à ce qu'on parvienne enfin à un dernier quotient qui soit l'unité.

Voici, pour le nombre 210, les détails de l'opération.

Dividendes	210	1.	*Diviseurs.*
et	105	2.	
quotiens.	35.	3. 6.	
	7	5. 10. 15. 30.	
	1	7. 14. 21. 35. 42. 70. 105. 210.	

Tous les diviseurs de 210 sont donc 1, 2, 3, 5, 6, 7, 10, 14, 15, 21, 30, 35, 42, 70, 105, 210.

331. On reconnaît aisément qu'un nombre est divisible exactement par 2, 3 ou 5, et même par 3 fois 3 ou 9 et par 11. Mais, pour tous les autres nombres premiers, on a tout aussitôt fait d'essayer la division que de se servir des caractères particuliers qui font reconnaître s'ils sont des diviseurs exacts. D'ailleurs, les nombres premiers qui présentent de tels caractères sont en très-petite quantité. Voici les propriétés des nombres sur lesquelles sont fondées ces divers caractères.

Un nombre composé d'un seul chiffre est exactement divisible par 2, lorsqu'il est pair, c'est-à-dire lorsqu'il est un des nombres 2, 4, 6 ou 8. Il est divisible par 3 s'il est un des nombres 3, 6, 9. Mais, pour qu'il soit divisible par 5 ou 7, il faut qu'il soit ces nombres eux-mêmes. Tout ceci est évident.

Si le nombre est composé de deux chiffres, c'est-à-dire s'il a unités et dixaines, il sera représenté par $a.10 + b$, a et b étant des chiffres quelconques de notre système de numération, ainsi, a étant un nombre premier, s'il est diviseur de ce nombre, $\dfrac{a.10 + b}{a}$ sera un nombre entier. Mais $\dfrac{a.10 + b}{a} = \dfrac{a.10}{a} + \dfrac{b}{a}$, donc, en divisant séparément les dixaines et les unités, si les deux quotiens ne sont pas entiers, il faudra que les restes des divisions soient tels, que leur somme puisse se diviser exactement par a; car, en désignant par p le quotient et par q le reste de la division de $a.10$ par α, et par p' le quotient et par q' le reste de la division de b par α, on aura

$$\frac{a.10}{\alpha} = p + \frac{q}{\alpha}, \quad \frac{b}{\alpha} = p' + \frac{q'}{\alpha},$$

d'où

$$\frac{a.10 + b}{\alpha} = p + p' + \frac{q + q'}{\alpha},$$

égalité dont le second membre ne peut être un nombre entier si $\frac{q + q'}{\alpha}$ n'est pas un nombre entier, c'est-à-dire, si la somme des restes n'est pas exactement divisible par α.

Il en est de même pour un nombre composé de plusieurs chiffres, $a + b10 + c10^2 + d10^3 + e10^4 +$ etc., par exemple, ne peut être exactement divisible par α si la somme des restes de toutes les divisions partielles $\frac{e10^4}{\alpha}, \frac{d.10^3}{\alpha}, \frac{c10^2}{\alpha}, \frac{b10}{\alpha}, \frac{a}{\alpha}$ n'est pas elle-même exactement divisible par a.

Ceci posé, observons qu'une seule dixaine 10 divisée par 3, donne *un* pour reste; ainsi, un nombre b de dixaines divisé par 3, donnera b pour reste. b pouvant être plus grand que 3, ce n'est qu'en divisant b par 3 qu'on aurait le véritable reste; mais nous n'avons pas besoin de considérer ici ce véritable reste, il nous suffit de savoir que $\frac{b.10}{3} = p + \frac{b}{3}$, p désignant un quotient entier. Dix dixaines ou 100 divisé par 3, donnera également pour reste l'*unité*, et, par conséquent, un nombre quelconque c de dixaines divisé par 3, laissera c pour reste; nous avons donc encore $\frac{c.10^2}{3} = p' + \frac{c}{3}$, p' désignant un quotient entier, 10 centaines ou *mille*, 10 mille, 100 mille, etc. en général, l'unité suivie d'un nombre quelconque de zéros devant toujours laisser l'unité pour reste dans toutes les divisions par 3; nous aurons donc aussi $\frac{d.10^3}{3} = p'' + \frac{d}{3}$, $\frac{e.10^4}{3} = p''' + \frac{e}{3}$, etc.

Donc

$$\frac{a + b.10 + c.10^2 + d.10^3 + e.10^4 + \text{etc.}}{3} = Q + \frac{a + b + c + d + e + \text{etc.}}{3}.$$

Q désignant la somme des quotiens entiers. Mais le second membre ne peut être un nombre entier si $a + b + c + d +$ etc., n'est exactement divisible par 3 ; donc, *un nombre quelconque est divisible par 3 lorsque la somme des chiffres qui le composent est exactement divisible par 3.*

Les restes des divisions de 10, 100, 1000, etc., par 9 étant également l'*unité*, le même raisonnement nous démontre *qu'un nombre est divisible par 9 lorsque la somme de ses chiffres est divisible par 9.*

Quant au nombre premier 5, comme tout nombre composé seulement de dixaines, de centaines, etc., est nécessairement divisible par 5, puisque ce nombre est un multiple de 10 et que $10 = 2 \times 5$, il suffit que le dernier chiffre d'un nombre soit 5 ou 0 pour qu'on puisse reconnaître immédiatement qu'il est divisible par 5.

La division de 10 par 7 donnant 3 pour reste, nous pourrons considérer la division d'un nombre quelconque b de dixaines comme donnant $3b$ pour reste et poser $\dfrac{b.10}{7} = p + \dfrac{3b}{7}$, p étant un quotient entier. La division de 100 par 7 donnant 2, nous pourrons de même considérer la division d'un nombre quelconque c de centaines comme donnant $2c$ pour reste et poser $\dfrac{c.10^2}{7} = p' + \dfrac{2c}{7}$, p' désignant encore un quotient entier. Les restes respectifs de 1000, 10000, 100000 étant 6, 4, 5, 1, nous aurons de la même manière

$$\frac{d.10^3}{7} = p'' + \frac{6d}{7}, \quad \frac{e.10^4}{7} = p''' + \frac{4e}{7}, \quad \frac{f.10^5}{7} = p^{iv} + \frac{5f}{7}, \quad \frac{g.10^6}{7} = \frac{g}{7}.$$

Passé les dizaines de mille, les restes se représentent de nouveau dans l'ordre 3, 2, 6, 4, 5, 1, et ainsi de suite à l'infini. (ARITH. 84).

En observant qu'on a de cette manière

$$\frac{a+b.10+c.10^2+d.10^3+\text{etc.}}{7} = Q + \frac{a+3b+2c+6d+4e+\text{etc.}}{7}$$

on reconnaîtra qu'un nombre ne peut être divisible par 7 à moins que la somme des produits obtenus en multipliant son chiffre des unités par 1, son chiffre des dizaines par 3, son chiffre des centaines par 6, etc., ne soit elle-même divisible par 7.

Lorsque le nombre est composé de peu de chiffres, ce caractère de divisibilité peut être utile, mais dans le cas contraire, il est beaucoup plus prompt d'essayer immédiatement la division. Soit, par exemple, le nombre 791

$$\begin{array}{r} 791 \\ \textit{Facteur constant.}\ \ldots\quad 23 \\ \hline 1 \\ 27 \\ 14 \\ \hline \textit{Somme.}\ \ldots\quad 42 \\ \textit{Facteur constant.}\ \ldots\quad 3 \\ \hline 2 \\ 12 \\ \hline \textit{Somme.}\ \ldots\quad 14 \end{array}$$

On écrira au dessous du chiffre des dizaines le facteur **3**, premier de la période 3, 2, 6, 4, 5, 1 et sous le chiffre des centaines le second facteur **2**. Après avoir séparé ces nombres par un trait, on écrira d'abord le chiffre **1** des unités; au dessous, on écrira le produit 27 de 9 par 3, et au dessous de ce dernier, le produit 14 de 7 par 2. La somme de ces trois nombres est 42, multiple exact de 7, ainsi 791 est exactement divisible par 7. Si l'on ne pouvait reconnaître immédiatement que la somme est divisible par 7, on opérerait sur cette somme de la même manière que sur le nombre proposé, et la dernière somme 14, qui n'est que 2 fois 7, montrerait encore que 791 est exactement divisible par 7.

Le nombre premier immédiatement au dessus de 7 est 11. La division de 10 par 11 ne pouvant s'effectuer, il faut faire la division en *dehors*, c'est-à-dire prendre 1 pour quotient et considérer le reste négatif —1, parce que $\frac{10}{11} = 1 - \frac{1}{11}$; un nombre quelconque b de dizaines divisé par 11, donnera de cette manière — b pour reste. En opérant ainsi les divisions alternativement en *dedans* et en *dehors*, les restes sont alternativement — 1 et + 1, car

$$\frac{100}{11} = 9\ \textit{reste} + 1, \quad \frac{1000}{11} = 91\ \textit{reste} - 1,$$

$$\frac{10000}{11} = 909\ \textit{reste} + 1, \quad \frac{100000}{11} = 9091\ \textit{reste} - 1,\ \text{etc.}$$

On aura donc

$$\frac{a + b.10 + c.10^2 + d.10^3 + e.10^4 + \text{etc.}}{11} = Q + \frac{a - b + c - d + e - \text{etc.}}{11}.$$

C'est-à-dire que lorsque la différence entre la somme des chiffres de rangs impairs et la somme des chiffres de rangs pairs est divisible par 11, le nombre est exactement divisible par 11.

En suivant la même marche, on trouverait les caractères de divisibilité des nombres premiers 17, 19, 23, etc.

332. Revenons à notre opération principale et proposons-nous de trouver les racines commensurables de l'équation du n° 326.

$$y^4 - 7y^3 + 84y^2 - 504y + 864 = 0.$$

En cherchant, par les procédés indiqués ci-dessus, les diviseurs de 864, on trouve les nombres 1, 2, 3, 4, 6, 8, 12, 16, 18, 24, 32, 36, 48, 54, 72, 96, 108, 144, 216, 288, 432, 864. La grande quantité de ces diviseurs montre la nécessité de n'employer que ceux qui ne dépassent pas la *limite* des racines tant positives que négatives, limite que nous allons apprendre à déterminer.

333. On nomme *limite supérieure* des racines positives d'une équation, tout nombre positif qui surpasse la plus grande de ces racines positives, comme aussi on nomme *limite supérieure* des racines négatives, tout nombre négatif plus grand que la plus grande des racines négatives. Une limite supérieure peut être ainsi susceptible d'une infinité de valeurs; mais la question consiste précisément à trouver la plus petite possible de ces valeurs.

Il est d'abord évident que tout nombre qui, mis à la place de l'inconnue, dans une équation, rend son premier membre plus grand que la somme de tous les autres, est une limite supérieure des racines positives; car, sa substitution donnant pour résultat un nombre positif, et la substitution de tout autre nombre plus grand donnant, à plus forte raison, un résultat positif, il ne peut y avoir aucune racine positive qui le surpasse. Or pour trouver un nombre capable de rendre le premier terme d'une équation plus grand que la somme de tous les autres, prenons d'abord le cas le plus défavorable, celui où tous les termes à partir du second sont négatifs, (comme

$$x^m - Ax^{m-1} - Bx^{m-2} - \text{etc.}... - Qx^2 - Rx - S = 0,$$

et cherchons quel est le nombre qui, mis à la place de x, peut donner..... (a)

$$x^m > Ax^{m-1} + Bx^{m-2} + \text{etc.}... + Qx^2 + Rx + S.$$

Si nous désignons par M le plus grand de tous les coefficiens, il est

évident que tout nombre substitué à x qui pourrait satisfaire à l'inégalité..... (b)

$$x^m > Mx^{m-1} + Mx^{m-p} + \text{etc}\ldots + Mx^s + Mx + M,$$

satisferait, à plus forte raison à l'inégalité (a). Occupons-nous donc
d'abord de celle-ci

Les termes du second membre de l'inégalité (b) forment une progression géométrique dont M peut être considéré comme le premier
terme, x comme le *rapport*, et m, comme le nombre des termes;
on a donc pour leur somme (274) l'expression

$$\frac{M(x^m - 1)}{x - 1},$$

et, par conséquent l'inégalité (b) peut être mise sous la forme

$$x^m > \frac{M(x^m - 1)}{x - 1}.$$

Si l'on fait dans cette expression $x = M + 1$, le second membre
devient

$$\frac{M[(M+1)^m - 1]}{M + 1 - 1} = (M + 1)^m - 1;$$

mais le premier est alors $(M + 1)^m$, ainsi comme on a

$$(M+1)^m > (M+1)^m - 1,$$

il en résulte que le nombre $M + 1$ satisfait à l'inégalité (b), c'est-à-
dire, que le plus grand coefficient négatif augmenté de l'unité,
substitué à la place de x, rend le premier terme de l'équation plus
grand que la somme de tous les autres. Ce plus grand coefficient ainsi
augmenté est donc une *limite supérieure* des racines positives de
l'équation.

Mais il est rare qu'une équation ne renferme pas quelques termes
positifs autres que le premier; ainsi la limite que nous venons de
trouver est ordinairement beaucoup trop grande, et il est important
de la diminuer le plus possible. Soit

$$x^m + Ax^{m-1} + \text{etc}\ldots - Mx^{m-n} - Nx^{m-n-1} \text{ etc}\ldots - Qx - S = 0,$$

une équation dont le premier des termes négatifs est celui du rang
$n + 1$. Supposons que tous les autres termes, à partir de celui-ci,
sont négatifs, et que, de plus, ils ont tous le plus grand coefficient M. Alors tout nombre qui mis à la place de x rendra

$$x^m > Mx^{m-n} + Mx^{m-n-1} + \text{etc}\ldots + Mx + M;$$

rendra, à plus forte raison, x^m plus grand que la somme de tous les termes de la proposée. Le second membre de cette inégalité formant une progression géométrique, nous aurons, en prenant la somme de ses termes

$$x^m > M \cdot \frac{x^{m-n+1}-1}{x-1}.$$

Or, posant $x = \sqrt[n]{M}+1 = M'+1$, le second membre deviendra

$$M \cdot \frac{(M'+1)^{m-n+1}-1}{M'+1-1} = \frac{M}{M'} [(M'+1)^{m-n+1}-1].$$

mais $\dfrac{M}{M'} = \dfrac{M'^n}{M'} = M'^{n-1}$, on pourra donc mettre cette quantité sous la forme

$$\left(\frac{M'}{M'+1}\right)^{n-1} \cdot (M'+1)^m - M'^{n-1},$$

ce qui rend évident qu'elle est plus petite que $(M'+1)^m$.

Donc $\sqrt[n]{M}+1$, ou la racine du plus grand coefficient négatif, du degré n, ou du degré marqué par le nombre des termes qui précèdent le premier terme négatif, est, en l'augmentant de l'unité, une limite supérieure des racines positives de l'équation. On prend toujours pour $\sqrt[n]{M}$, le nombre entier le plus près de la racine. Lorsque le second terme de l'équation est négatif, il faut faire $n = 1$, et l'on retombe sur la limite obtenue précédemment.

334. Pour trouver les limites supérieures des racines négatives, on doit observer qu'en changeant x en $-x$ dans une équation quelconque, l'équation transformée a les mêmes racines que l'équation primitive, seulement les positives sont devenues négatives et *vice versa*. En opérant donc cette transformation, qui s'effectue en changeant les signes des termes qui renferment les puissances impaires de x, on trouve immédiatement la limite supérieure des racines négatives de la proposée, puisque cette limite est nécessairement la même que celle des racines positives de la transformée.

335. Pour appliquer cette théorie à l'équation

$$y^4 - 7y^3 + 84y^2 - 504y + 864 = 0.$$

nous observerons que le second terme étant négatif, la limite supérieure des racines positives est le plus grand coefficient négatif 504, augmenté de l'unité. Nous sommes donc forcés d'essayer tous les diviseurs plus petits que 505, c'est-à-dire tous les diviseurs de 864, moins un seul, 864 lui-même. En substituant $-y$ à y, cette équation devient

$$y^4 + 7y^3 + 84y^2 + 504y + 864 = 0;$$

et comme elle n'a aucun terme négatif, la limite supérieure de ses racines positives est zéro; car, en y substituant 0 ou tout autre nombre plus grand, on obtient toujours un résultat positif, ce qui indique qu'elle n'a pas de racines positives. La proposée n'a donc point de racines négatives et il est inutile d'essayer avec le signe — aucun des diviseurs de 864.

Ces considérations réduisent à vingt le nombre des diviseurs à essayer; mais ce nombre est encore assez grand pour rendre très-utile le procédé d'exclusion que nous allons exposer.

336. Si a est une racine de l'équation générale

$$x^m + Ax^{m-1} + Bx^{m-2} + \text{etc}\ldots + Qx^2 + Qx + S = 0.$$

son premier membre est exactement divisible pour le binôme $x - a$, ce qui donne l'égalité

$$x^m + Ax^{m-1} + \text{etc}\ldots + Rx + S = (x-a)(x^{m-1} + A'x^{m-2} + \text{etc}\ldots + Q'x + R'),$$

A', B', etc., étant des nombres entiers. Or, comme cette égalité est indépendante de toute valeur particulière de x, si l'on y fait $x = 1$, on doit avoir encore

$$1+A+B+\text{etc}\ldots+R+S=(1-a)(1+A'+B'+\text{etc}\ldots+Q'+R'),$$

d'où

$$\frac{1+A+B+\text{etc}\ldots+R+S}{1-a} = 1+A'+B'+\text{etc}\ldots+Q'+R'$$

Ainsi puisque le second nombre de cette égalité est un nombre entier, il doit en être autant du premier, et $1 + A + B + \text{etc}\ldots + R + S$ doit être exactement divisible par $1 - a$, ou par $a - 1$, en changeant les signes.

Si l'on fait dans cette même égalité $x = -1$, on verra de même que le résultat est exactement divisible par $-1-a$, ou par $a + 1$.

Il résulte de cette propriété de la racine a, la règle suivante, à l'aide de laquelle on peut considérablement diminuer le nombre des diviseurs à essayer.

Substituez successivement $+1$ et -1 à la place de x dans la pro-

posée , ce qui vous donnera deux résultats. Nous désignerons le premier par P et le second par Q.

Tout diviseur qui, diminué de l'unité, ne divise pas P exactement, et qui, augmenté de l'unité, ne divise pas Q, exactement ne peut être racine de l'équation.

337. Substituons donc $+1$ et -1 à la place de y dans l'équation

$$y^4 - 7y^3 + 84y - 504 + 864 = 0,$$

nous obtiendrons

$$1 - 7 + 84 - 504 + 864 = 438,$$
$$1 + 7 + 84 + 504 + 864 = 1460.$$

Le premier de ces résultats étant le plus petit, nous nous en servirons d'abord, et nous le diviserons successivement par tous les diviseurs de 864 diminués de l'unité, c'est-à-dire par $2-1$, $3-1$, $4-1$, etc., et jusqu'à $216 - 1$, seulement; car il devient évident que les autres diviseurs, savoir 288 et 432 se trouvent tout naturellement exclus. En opérant ces divisions, on trouve que les seuls nombres $2 - 1$, $3 - 1$ et $4 - 1$ divisent exactement 438; ainsi tous les diviseurs autres que 2, 3 et 4 sont déjà exclus. Mais ceux qui nous restent doivent encore, en les augmentant de l'unité, diviser exactement 1460; opérant donc ces divisions et rejetant les nombres qui ne donnent pas des quotiens exacts, il ne nous reste définitivement que les diviseurs 3 et 4 auxquels il faut appliquer la méthode du n° 328. Voici le calcul :

Diviseurs...............	$+ 3,$	$+ 4$
Premiers quotiens.....	$+ 288,$	$+ 216$
	$- 216,$	$- 288$
Seconds quotiens......	$- 72,$	$- 72$
	$+ 12,$	$+ 12$
Troisièmes quotiens....	$+ 4,$	$+ 3$
	$- 3,$	$- 4$
Derniers quotiens......	$- 1,$	$- 1.$

Les deux derniers quotiens étant -1, 3 et 4 sont tous deux racines de l'équation proposée.

Pour obtenir les autres racines, divisons l'équation par $y - 3$, et ensuite le quotient par $y - 4$, ou, ce qui revient au même, divisons immédiatement par $(y - 3)(y - 4) = y^2 - 7y + 12$. Cette division donne pour quotient $y^2 + 72$, et nous avons, par conséquent, pour déterminer les deux autres racines de la proposée, l'équation

$$y^2 + 72 = 0,$$

d'où $y^2 = -72$ et $= \pm \sqrt{-72}$. Les quatre racines de la proposée sont donc $3, 4, \sqrt{-72}, -\sqrt{-72}$; elle a ainsi deux racines réelles et deux racines imaginaires, et résulte du produit

$$(y-3)(y-4)(y+\sqrt{-72})(y-\sqrt{-72}).$$

338. Proposons-nous encore de trouver les racines commensurables, s'il y en a, de l'équation

$$x^5 - 11x^4 + 27x^3 + 27x^2 - 160x + 140 = 0.$$

Les diviseurs de 140 sont $1, 2, 4, 5, 7, 10, 14, 20, 28, 35, 70, 240$, mais la limite des racines négatives étant $\sqrt[3]{160} + 1 = 7$, nous n'avons à essayer que les diviseurs négatifs $-1, -2-4$ et -5. Quant aux diviseurs positifs, sans la règle d'exclusion, il faudrait les essayer tous; car la limite supérieure des racines positives est 161. Substituons donc d'abord $+1$ et -1 à la place de x, il viendra

$$1 - 11 + 27 + 27 - 160 + 140 = 24$$
$$-1 - 11 - 27 + 27 + 160 + 140 = 288.$$

Le premier résultat 24 n'étant divisible que par $2-1, 4-1, 5-1$ et $7-1$, tous les diviseurs autres que 2, 4, 5, 7, se trouvent exclus. Parmi ces derniers, 2, 4, 7 augmentés de l'unité peuvent seuls diviser 288, ainsi il n'y a plus à essayer que les diviseurs 2, 4, 7, et comme 7 est exclu des diviseurs négatifs, le calcul doit seulement porter sur $+2, +4, +7, -2-4$. Opérant donc, comme il a été prescrit, nous trouverons

$+2,$	$+4,$	$+7,$	$-2,$	-4
$+70$	$+35$	$+20$	-70	-35
-90	-125	-140	-230	-195
-45	»	-20	$+115$	»
-18	»	$+7$	$+142$	»
-9	»	$+1$	-71	»
$+18$	»	$+28$	-44	»
$+9$	»	$+4$	$+22$	»
-2	»	-7	-11	»
-1	»	-1	»	»

2 et 7 sont donc racines de la proposée. En divisant cette équation par $(x-2)(x-7) = x^2-9x+14$, on trouve l'équation

$$x^3 - 2x^2 - 5x + 10 = 0,$$

de laquelle dépendent les trois autres racines. Appliquons de nouveau les mêmes procédés à cette dernière, car si l'équation proposée avait des racines égales, ces procédés n'auraient pu nous faire découvrir qu'une de ces racines. La substitution de $+1$ et de -1 donne

$$1 - 2 - 5 + 10 = 4$$
$$-1 - 2 + 5 + 10 = 12.$$

Ainsi de tous les facteurs de 10 : 1, 2, 5, 10, les seuls à essayer sont 2 et 5, parce que $2-1$ et $5-1$ divisent exactement 4, et que $2+1$ et $5+1$ divisent exactement 12. De plus, la limite supérieure des racines négatives étant $\sqrt{10}+1 = 5$, on aura seulement à opérer sur $+2, +5$ et -2.

L'opération exécutée comme ci-dessus fait connaître que 2 est encore une racine. Pour trouver l'équation qui ne renferme plus que les deux dernières racines de la proposée, nous diviserons la dernière par $x-2$, le quotient sera x^2-5, et l'équation $x^2-5=0$, nous apprendra que les deux racines incommensurables sont $x=\sqrt{5}$ et $x=-\sqrt{5}$. La proposée résulte donc du produit

$$(x-2)(x-2)(x-7)(x-\sqrt{5})(x+\sqrt{5}).$$

339. Lorsqu'une équation n'a pas de racines commensurables, qu'elle dépasse le quatrième degré et qu'elle ne peut être abaissée, il n'existe aucun moyen connu d'obtenir, sous une forme finie, l'expression de ses racines. Toutes les tentatives faites pour résoudre d'une manière générale les équations des degrés supérieurs au quatrième n'ont eu, jusqu'ici, aucun succès et l'on ignore même si le problème est réellement insoluble ou s'il dépend de conditions qui dépassent les moyens actuels de la science. Dans ce cas, il faut avoir recours aux méthodes d'approximations, leur application fait toujours connaître la valeur numérique approchée des racines aussi près qu'on peut le désirer. Ces méthodes sont d'autant plus précieuses que, lors même qu'on découvrirait, par la suite, les expressions théoriques des racines des degrés supérieurs, la complication de ces expressions, à en juger par celles du troisième et du quatrième degré, rendrait leur emploi très-difficile, et ce n'est probablement que dans un petit nombre de circonstances favorables qu'elles pourraient devenir utiles.

MÉTHODES D'APPROXIMATION.

340. Si deux nombres p et q substitués successivement à la place de x, dans une équation de degré quelconque

$$x^m + Ax^{m-1} + Bx^{m-2} + \text{etc...} + Rx + S = 0,$$

donnent deux résultats de *signes contraires*, il existe toujours un nombre *réel* compris entre p et q, qui, substitué à la place de x, rendrait le premier membre égal à zéro. Cette proposition a été démontrée n° 288, et nous devons rappeler ici ses conséquences principales; elles sont au nombre de trois.

1° *Toute équation de degré impair dont le dernier terme est négatif a, au moins, une racine réelle positive.*

2° *Toute équation de degré impair dont le dernier terme est positif a, au moins, une racine réelle négative.*

3° *Toute équation de degré pair, dont le dernier terme est négatif, a, au moins, deux racines réelles : une positive et une négative.*

341. Une équation quelconque étant donnée, par exemple,

$$x^3 - x^2 - 2x - 1 = 0,$$

en y substituant successivement à la place de x la suite des nombres naturels 0, 1, 2, 3, 4, etc., , tant avec le signe $+$ qu'avec le signe $-$, si nous obtenons deux résultats successifs de *signes contraires*, nous pourrons donc en conclure que l'équation a une racine réelle, dont la valeur est comprise entre celles des deux nombres entiers auxquels on doit ces résultats : ce qui nous fera d'abord connaître la valeur numérique de la racine à moins d'une unité près.

En opérant ces substitions dans l'équation précédente, nous obtiendrons, en désignant, pour abréger, son premier membre par X,

Pour $x = 0$, X $= -1$	Pour $x = -0$, X $= -1$
$x = 1$, X $= -3$	$x = -1$, X $= -1$
$x = 2$, X $= -1$	$x = -2$, X $= -9$
$x = 3$, X $= +11$	$x = -3$, X $= -31$
etc. , etc.	etc. , etc.

Il devient inutile de prolonger ces substitutions, la limite supérieure des racines positives étant $2+1=3$ et la limite supérieure des racines négatives étant $-(\sqrt{2}+1) = -3$, (334), tous les nombres au dessus de 3 et de -3 donneront respectivement des résultats de même signe, c'est-à-dire que la substitution des nombres plus grands que 3 produira toujours des quantités positives et que celle des nombres plus grands que — 3, abstraction faite du signe, produira toujours des quantités négatives.

Le résultat de la substitution de + 3 étant *positif*, tandis que celui de la substitution de + 2 est *négatif*, nous en conclurons que l'équation proposée a une racine réelle comprise entre 2 et 3, mais plus près de 2 que de 3, car le résultat —1 est plus près de zéro que le résultat +11. Cette racine a donc pour valeur numérique $x = 2 + z$, z désignant une fraction plus petite que l'unité.

Supposons $z = \frac{2}{10}$ et voyons ce que devient le premier membre de l'équation en y faisant $x = 2,2$. Cette substitution produit X = + 0,408, résultat plus grand que 0, d'où nous pouvons conclure que 2, 2 est un peu trop grand, faisons donc $x = 2, 1$, le résultat de la substitution étant X = — 0,369 nous voyons que la valeur de x est entre 2, 1 et 2, 2, puisque ces deux quantités donnent des résultats de signes contraires. Nous pourrions essayer maintenant des nombres entre 2, 1 et 2, 2, tels que 2, 15 ou 2, 16, et nous parviendrons de cette manière à la valeur approchée de la racine, à moins de 0,01 près; mais, lorsque cette valeur est connue à 0,1 près, le procédé suivant fait obtenir rapidement le degré d'approximation dont on peut avoir besoin.

342. a étant une valeur approchée d'une des racines de l'équation

$$x^m + A x^{m-1} + B x^{m-2} + \text{etc...} + R x + S = 0.$$

désignons par z la quantité dont a diffère de la véritable valeur de x, ou posons $x = a + z$. Substituant $a + z$ à la place de x, l'équation deviendra

$$(a+z)^m + A(a+z)^{m-1} + B(a+z)^{m-2} + \text{etc...} + R(a+z) + S = 0.$$

développant les puissances des binomes et ordonnant suivant les puissances de z, nous obtiendrons une équation en z de la forme (a)

$$z^m + A' z^{m-1} + B' z^{m-2} + \text{etc...} + R' z + S' = 0.$$

Or, a ne devant différer de x que d'une quantité plus petite que 0,1 z sera plus petit que 0,1 et par conséquent z^2, z^3 etc., seront des fractions plus petites que 0,01, 0,0001, etc. Négligeant donc les termes où ces quantités se trouvent, nous aurons l'équation

$$R' z + S' = 0,$$

qui nous donnera pour la valeur approchée de z, $z = -\frac{S'}{R'}$ valeur qui ne différera de la véritable que de *moins* de 0,01. En l'ajoutant à a on aura donc la valeur de x à *moins d'un centième* près. Désignons cette dernière par a' et posons encore $x = a' + z'$, la substitution de $a' + z'$ à la place de x dans l'équation primitive nous conduira de nouveau à une équation en z' de la forme (a) et comme z' est alors une quantité plus petite que 0,01 , les puissances z'^2, z'^3, etc., seront des quantités plus petites que 0,0001 , 0,000001 etc., de sorte qu'en les négligeant nous aurons une équation du premier degré $R'' z' + S''$ $= 0$ qui nous fera connaître la valeur de z' à moins de 0,0001 près; celle-ci, ajoutée à a' sera donc la valeur de x à moins d'un *cent millième* près. Désignant cette dernière valeur par a'', posant $x = a''$ $+ z''$ et opérant de la même manière, on obtiendra la valeur de x à moins de 0,00000001 près, et ainsi de suite ; chaque nouvelle opération donnant, en général, le double des décimales de la précédente. On pourra donc ainsi approcher à l'infini de la véritable valeur de la racine.

343. Appliquons cette méthode à l'équation

$$x^3 - x^2 - 2x - 1 = 0,$$

dont nous avons trouvé ci-dessus qu'une des racines est 2,1 à moins de 0,1 près. En faisant $x = 2,1 + z$, nous aurons

$$x^3 = (2,1+z)^3 = (2,1)^3 + 3(2,1)^2z + 3(2,1)z^2 + z^3$$
$$-x^2 = -(2,1+z)^2 = -(2,1)^2 + 2(2,1)z - z^2$$
$$-2x = -2(2,1+z) = -2(2,1) - 2z$$
$$-1 = -1.$$

réalisant les calculs, en se bornant aux termes qui ne renferment aucune puissance de z supérieure à la première, nous obtiendrons

$$0 = -0,349 + 7,03z,$$

d'où $z = \dfrac{0,349}{7,03} = 0,04$, en nous bornant aux *centièmes*. La première valeur approchée de x est donc 2,14. Faisons de nouveau $x = 2,14 + z$, l'équation proposée deviendra

$$x^3 = (2,14+z)^3 = (2,14)^3 + 3(2,14)^2z + \text{etc.}$$
$$-x^2 = -(2,14)^2 - 2(2,14)z - \text{etc.}$$
$$-2x = -2(2,14) - 2z$$
$$-1 = -1;$$

et, en réalisant les calculs, nous obtiendrons

$$- 0,059256 + 7,4588z = 0,$$

d'où , $z = \dfrac{0,059256}{7,4588} = 0,0079$. La seconde valeur approchée de x est donc $x = 2,14 + 0,0079 = 2,1479$, à moins d'un *cent-millième* près.

Si la nature du problème exigeait une approximation ·plus exacte, on ferait encore $x = 2,1479 + z$, et on trouverait

$$x^3 = (2,1479+z)^3 = (2,1479)^3 + 3(2,1479)^2z + \text{etc.}$$
$$- x^2 = - (2,1479)^2 - 2(2,1479)z - \text{etc.}$$
$$- 2x = - 2(2,1479) - 2z$$
$$- 1 = - 1,$$

d'où, en effectuant les calculs,

$$+ 0,000007275239 + 7,54462323z = 0;$$

ce qui donne pour la valeur de z, $z = - \dfrac{0,000007275239}{7,54462323} = -$

$0,000000964$, en nous arrêtant à la neuvième décimale. Nous avons donc

$$x = 2,1479 - 0,0000000964 = 2,147899036,$$

valeur exacte jusqu'à la neuvième décimale. Une nouvelle opération ferait obtenir seize décimales exactes.

344. S'il se trouvait deux ou un nombre pair de racines réelles comprises entre deux nombres entiers consécutifs, ces nombres substitués à la place de x, ne donneraient pas des résultats de signes contraires, et pour pouvoir appliquer la méthode précédente, il serait essentiel de faire subir des transformations à l'équation. En effet, si nous désignons par $\alpha, \beta, \gamma, \delta$, etc., les racines d'une équation, son premier membre est équivalent au produit

$$(x-\alpha)(x-\beta)(x-\gamma)(x-\delta) . \text{etc...} = 0,$$

ou, pour ne considérer d'abord que deux racines au produit

$$(x-\alpha)(x-\beta) . X = 0,$$

X désignant le produit de toutes les autres racines.

Si nous supposons que les racines α et β sont comprises toutes deux entre les deux nombres p et q, et qu'il n'y en a pas d'autre comprise entre les mêmes nombres, leur substitution donnera les deux résultats

$$(p-\alpha)(p-\beta)X', \quad (q-\alpha)(q-\beta)X'',$$

X′ et X″, représentant ce que devient X par ces substitutions. Or, comme nous avons supposé qu'aucune des racines de X n'est comprise entre p et q, les quantités X′ et X″ seront nécessairement de même signe, de sorte que les *signes* de ces résultats dépendront de ceux des produits $(p - \alpha)(p - \beta)$, $(q - \alpha)(q - \beta)$. Mais puisque les racines α et β sont comprises toutes deux entre p et q, c'est-à-dire, puisqu'on a

$$p < \alpha, \quad p < \beta, \quad q > \alpha, \quad q > \beta.$$

les deux binomes $p - \alpha$ et $p - \beta$ seront *négatifs*, et les deux binomes $q - \alpha$ et $q - \beta$ seront *positifs*. Leurs produits respectifs seront donc tous deux *positifs* (21); ainsi, les signes des résultats seront les mêmes.

On trouverait encore que si quatre, ou en général un nombre pair de racines, ont leurs valeurs comprises entre celles de deux nombres p et q, la substitution de ces nombres à la place de x donnera toujours deux résultats de même signe; comme il est facile de voir que les résultats seront toujours de signes différens si les nombres substitués comprennent un nombre impair de racines. Lors donc qu'on obtient deux résultats de signes contraires, on peut bien en conlure qu'il y a au moins une racine réelle comprise entre les nombres substitués, mais non qu'il n'y en a qu'une seule.

On ne peut mettre dans ces divers cas, toutes les racines réelles incommensurables en évidence qu'en substituant à la place de x, une suite de nombres dont la différence soit plus petite que la plus petite des différences qui existent entre deux quelconques des racines.

345. Les racines égales présentent nécessairement la même particularité; mais il devient impossible de les mettre en évidence par des substitutions successives, parce que, quelque petite que soit la différence des nombres substitués, toutes ces racines sont comprises à la fois entre deux de ces nombres. Nous allons voir que les équations qui renferment des racines égales sont beaucoup plus faciles à résoudre que les autres. Dans tous les cas, il est nécessaire de débarrasser une équation de ses racines égales pour pouvoir appliquer la méthode précédente.

346. Si nous désignons par X un polynome d'un degré quelconque, ordonné suivant les puissances croissantes d'un variable x, l'égalité $X = 0$ représentera une équation d'un degré quelconque. Or, nous savons que X doit être exactement divisible par $x - a$, si a est une des racines de l'équation. Ainsi, désignant

par X' le quotient de cette division, l'équation X' = 0 contiendra toutes les autres racines de la proposée, et, parmi celles-ci, s'il s'en trouve encore une seconde égale à a, X' sera encore exactement divisible par $x - a$. En admettant donc d'abord que la proposée n'ait que deux racines égales, et en désignant par X" le quotient de la division de X' par $x - a$, nous aurons les deux égalités

$$X = (x-a) \cdot X', \quad X' = (x-a) \cdot X'',$$

c'est-à-dire que les deux équations X = 0 et X' = 0 subsistent en même temps ou sont satisfaites par une même valeur de x. Si a se trouvait trois fois racine dans la proposée, le second quotient X" serait de nouveau exactement divisible par $x - a$, et l'on aurait, en désignant le quotient par X''', X" = $(x - a)$ X''' ; d'où il résulte que les trois équations X = 0, X' = 0, X" = 0 subsisteraient en même temps et seraient satisfaites par une même valeur de x.

Ceci posé, examinons la forme des quotiens qui résultent de la division d'un polynome par un binome $(x - a)$ et, pour cet effet, posons

$$X = x^m + A x^{m-1} + B x^{m-2} + \text{etc.} + Q x^2 + R x + S.$$

L'opération effectuée comme au n° 287 nous donnera d'abord pour le reste indépendant de x le polynome

$$a^m + A a^{m-1} + B a^{m-2} + \text{etc.} + Q a^2 + R a + S,$$

qui est simplement ce que devient X lorsqu'on y met a à la place de x. Ce reste se réduisant à zéro lorsque a est racine de x, nous n'avons à considérer que le quotient dont les termes sont

$$
\begin{aligned}
& x^{m-1} \\
& + (A+a)x^{m-2} \\
& + (B+Aa+a^2)x^{m-3} \\
& +(C+Ba+Aa^2+a^3)x^{m-4} \\
& +(D+Ca+Ba^2+Aa^3+a^4)x^{m-5} \\
& +\text{etc.} \dots \dots \dots
\end{aligned}
$$

Maintenant, si a est une racine seulement double de la proposée, ce quotient doit se réduire à zéro en mettant a à la place de x, ou x à la place de a. La substitution de x à la place de a donne au quotient la forme

$$
\begin{aligned}
& x^{m-1} \\
& + x^{m-1} + A x^{m-2} \\
& + x^{m-1} + A x^{m-2} + B x^{m-3}
\end{aligned}
$$

$$+ x^{m-1} + Ax^{m-2} + Bx^{m-3} + Cx^{m-4}$$
$$+ \ldots \ldots \ldots \ldots \ldots \ldots$$
$$+ x^{m-1} + Ax^{m-2} + Bx^{m-3} + Cx^{m-4} + \text{etc}\ldots + Qx + R \, ;$$

et comme le nombre des termes du quotient est m, il deviendra en additionnant.... (p)

$$mx^{m-1} + (m-1)Ax^{m-2} + (m-2)Bx^{m-3} + \text{etc}\ldots + 2Qx + R.$$

347. En comparant cette expression que nous désignerons par Y avec l'équation primitive, on reconnaît aisément qu'elle est ce que devient le premier membre X, en multipliant chacun de ses termes par l'exposant de la puissance de x qu'il contient, puis en diminuant cet exposant d'une unité, on pourra donc toujours passer de X à Y, en dérivant les termes du dernier polynome de ceux du premier. Par exemple si X était

$$x^4 + px^3 + qx^2 + rx + s = 0,$$

Y serait

$$4x^3 + 3px^2 + 2qx + r = 0,$$

le dernier terme disparaît toujours dans cette dérivation, parce qu'on doit le considérer comme le coefficient de la puissance x^0.

Observons, maintenant, qu'en divisant successivement X par tous ses autres facteurs simples $x - b$, $x - c$, etc., et en substituant ensuite x à la place de b, de c, etc., dans chaque quotient, nous parviendrons toujours à la même expression (p). Cette expression dérivée représente donc généralement ce que devient X lorsqu'on le divise par tous ses facteurs simples, c'est-à-dire que X en passant à l'état Y perd tous ses facteurs simples, et que ses facteurs doubles ne se trouvent plus dans Y que comme facteurs simples, ses facteurs triples comme facteurs doubles, et ainsi de suite.

Si nous supposons donc que X renferme p facteurs $x - a$, q facteurs $x - b$, r facteurs $x - c$, etc., ou qu'on ait

$$X = M \cdot (x-a)^p \cdot (x-b)^q \cdot (x-c)^r \cdot \text{etc}\ldots$$

M représentant le produit de tous les facteurs simples, Y sera

$$Y = N \cdot (x-a)^{p-1} \cdot (x-b)^{q-1} \cdot (x-c)^{r-1} \text{ etc}\ldots$$

N représentant le produit des facteurs égaux ou inégaux de Y différens de tous ceux de X. Sous cette forme, on reconnaît que le plus grand commun diviseur entre X et Y est le produit

$$(x-a)^{p-1} \cdot (x-b)^{q-1} \cdot (x-c)^{r-1} \cdot \text{etc}\ldots$$

qui renferme les seuls facteurs multiples de X, chacun en nombre moindre d'une unité que dans X.

348. On tire de ces considérations la règle suivante, au moyen de laquelle on peut trouver les racines égales d'une équation quelconque.

1° *Etant donnée l'équation* $X = 0$, *formez le polynome dérivé Y en suivant la marche prescrite ci-dessus.*

2° *Cherchez le plus grand commun diviseur entre X et Y.*

Si l'opération exécutée d'après les règles indiquées (93) donne un diviseur exact de X et de Y, l'équation proposée renferme des racines égales ; dans le cas contraire, on est assuré que toutes les racines sont différentes.

S'il existe un commun diviseur Z, l'équation $Z = 0$ sera telle que ses racines simples seront les racines doubles de la proposée, ses racines doubles, les racines triples de la proposée, etc.

Lorsque le degré de l'équation $Z = 0$ ne permettra pas de la résoudre directement et qu'elle contiendra encore des racines égales, on opérera sur elle comme on l'a fait sur X, ce qui abaissera son degré en conduisant à une équation dont les racines simples sont les racines triples de la proposée ; ses racines doubles, les racines quadruples, etc.

L'exemple suivant va faire comprendre la marche de ces procédés.

349. Soit l'équation

$$x^9 + 2x^8 + x^7 + 6x^6 + 7x^5 - 2x^4 + 3x^3 + 2x^2 - 12x - 8 = 0 = X$$

Pour traiter cette équation de la manière la plus simple, il faudrait commencer par chercher ses racines commensurables, ce qui permettrait ensuite d'abaisser son degré ; mais, pour mieux montrer l'application de la méthode, nous ne lui ferons subir aucune réduction. Formons le polynome dérivé Y, en multipliant (347) chaque terme par le coefficient de la puissance de x qu'il contient puis en diminuant cet exposant d'une unité. Nous obtiendrons

$$Y = 9x^8 + 16x^7 + 7x^6 + 36x^5 + 35x^4 - 8x^3 + 9x^2 + 4x - 12.$$

Le plus grand commun diviseur entre X et Y est

$$x^4 + x^3 + x^2 + 3x + 2$$

L'équation qui en résulte étant de quatrième degré, posons

$$x^4 + x^3 + x^2 + 3x + 2 = 0 = X'$$

et formons le polynome dérivé

$$4x^3 + 3x^2 + 2x + 3 = Y'$$

Cherchant de nouveau le plus grand commun diviseur entre X' et Y' nous trouverons que ce diviseur est $x + 1$, d'où il résulte que l'équation $X' = 0$ contient *deux* racines égales à -1, et par conséquent que la proposée contient *trois* racines égales à -1.

Divisons maintenant X' par $(x + 1)^2 = x^2 + 2x + 1$ nous obtiendrons pour quotient le produit des autres facteurs de X'. Le quotient étant $x^2 - x + 2$, l'équation $x^2 - x + 2 = 0$ nous fera donc connaître les deux autres racines de X'. En la résolvant par la méthode du second degré, il vient

$$x = \frac{1}{2} + \frac{1}{2}\sqrt{-7}, \; x = \frac{1}{2} - \frac{1}{2}\sqrt{-7}$$

mais les *racines simples* de $X' = 0$, sont les *racines doubles* de X, ainsi, nous connaissons déjà *sept* des racines de la proposée savoir : *trois* égales à -1, *deux* égales à $\frac{1}{2} + \frac{1}{2}\sqrt{-7}$ et *deux* égales à $\frac{1}{2} - \frac{1}{2}\sqrt{-7}$; pour obtenir les deux autres développons le produit

$$(x + 1)^3 \cdot (x - \frac{1}{2} - \frac{1}{2}\sqrt{-7})^2 \cdot (x - \frac{1}{2} + \frac{1}{2}\sqrt{-7})^2.$$

et divisons ensuite par ce produit développé le polynome X. Le quotient étant $x^2 + x - 2$, l'équation $x^2 + x - 2 = 0$ nous fera trouver pour les deux dernières racines $x = -2, x = 1$

En cherchant d'abord les racines commensurables, on aurait découvert les 5 racines $x = 1, x = -1, x = -1, x = -1, x = -2$, ce qui aurait permis d'abaisser la proposée au quatrième degré ; l'application de la méthode serait alors devenue beaucoup plus facile.

Généralement, pour traiter une équation quelconque, la première opération doit être toujours de la débarrasser de ses racines commensurables, et la seconde, de ses racines égales incommensurables ; ce n'est que lorsque l'équation ne contient plus aucune de ces racines qu'on doit avoir recours aux procédés des n° 341 et suivans.

350. Nous avons vu (344) que la substitution de la suite des nombres naturels 0, 1, 2, 3, etc., ne peut mettre en évidence que les racines inégales dont la différence n'est pas plus petite que l'unité ;

or, il est toujours possible de transformer les équations qui ont de telles racines en d'autres dans lesquelles la différence des racines est plus grande que l'unité. En effet, si nous désignons par $\frac{1}{\mu}$ une fraction plus petite que la différence des deux racines les plus proches α et β et que nous fassions $x = \frac{z}{\mu}$, la substitution de $\frac{z}{\mu}$ à la place de x, conduira à une équation en z dont les racines seront μ fois plus grandes que celles de la proposée, ainsi, α et β représentant toujours les racines les plus proches de l'équation en x, $\mu\alpha$ et $\mu\beta$ représenteront les racines les plus proches de l'équation en z, mais $\alpha - \beta > \frac{1}{\mu}$ ainsi $\mu\alpha - \mu\beta > \frac{\mu}{\mu} > 1$. Aucune des différences entre les racines de l'équation en z ne sera donc plus petite que l'unité et la substitution à la place de z, de la suite des nombres naturels 0, 1, 2, 3, etc., mettra toutes les racines de l'équation en z en évidence. Ces dernières une fois déterminées, par l'application des procédés enseignés, on les divisera par μ pour obtenir les racines de l'équation en x.

On rendra donc les racines de l'équation proposée 10 fois, 100 fois, etc., plus grandes en y faisant $x = \frac{z}{10}$, $x = \frac{z}{100}$, etc., suivant les besoins. La nature de la question servira assez souvent de guide pour faire choisir du premier coup la valeur convenable, qu'on obtiendra toujours par quelques essais successifs. Au reste, il existe des moyens directs de déterminer une limite inférieure $\frac{1}{\mu}$ des différences entre les racines, mais ces moyens exigent des calculs assez prolixes pour qu'on doive chercher à les éviter; leur exposition ne peut trouver place ici. La résolution des équations a été l'objet d'un si grand nombre de travaux qu'il est impossible de la traiter complètement dans un ouvrage destiné seulement à présenter les élémens de la science. Nous devons donc nous borner aux traits principaux que nous venons d'esquisser et terminer ce qui concerne la *comparaison des quantités* en donnant un aperçu de la solution des équations dites indéterminées.

DES PROBLÈMES INDÉTERMINÉS.

351. On nomme *problème indéterminé* toute question dont la solution dépend d'un nombre d'équations moindre que celui des inconnues qu'il s'agit de trouver. Si l'on demandait, par exemple, deux nombres tels que le premier multiplié par 3 et ajouté au second

multiplié par 13 fût égal à 72, cette condition exprimée algébriquement fournirait l'équation

$$5x + 13y = 72,$$

qui est insuffisante pour la détermination des inconnues x et y.

En résolvant cette équation par rapport à x, on obtient

$$x = \frac{72 - 13y}{5},$$

et quelque valeur qu'on puisse donner à y, entière, fractionnaire ou
irrationnelle, positive ou négative, il en résultera une valeur correspondante pour x, de sorte que l'équation peut être satisfaite d'une infinité de manières différentes. En ne prenant pour y que des nombres entiers et en faisant successivement $y = 1, y = 2, y = 3$, etc.
on trouvera les deux suites de nombres

$$\text{Pour } y = 1, \ x = \frac{59}{5},$$

$$y = 2, \ x = \frac{46}{5},$$

$$y = 3, \ x = \frac{33}{5}$$

$$y = 4, \ x = 4,$$

$$y = 5, \ x = \frac{7}{5},$$

$$y = 6, \ x = -\frac{6}{5},$$

$$\text{etc.} \qquad \text{etc.}$$

dans lesquelles deux termes quelconques correspondant satisfont à
la condition demandée.

On pose ordinairement pour première condition que les nombres
cherchés soient *entiers* et *positifs;* alors le nombre des solutions possibles n'est plus illimité, et c'est la recherche de ces solutions particulières qui forme l'objet de la résolution des équations indéterminées.

352. L'équation du premier degré à deux inconnues $ax + by = c$
n'est résoluble en nombres entiers que lorsque les coefficiens a et b
sont premiers entre eux. Si ces coefficiens avaient un facteur commun, les inconnues x, y, ne pourraient admettre des valeurs en-

tières, à moins que le terme absolu *c* ne renfermât ce même facteur ; alors, opérant la division sur tous les termes, on la ramènerait au cas où les coefficiens *a* et *b* sont premiers entre eux.

En effet, si *a* et *b* avaient un facteur commun que nous désignerons par *d*, on aurait $a = pd$, $b = qd$, *p* et *q* étant des nombres premiers entre eux et l'équation deviendrait

$$pdx + qdy = c,$$

d'où

$$px + qy = \frac{c}{d},$$

et il est évident que *x* et *y* ne pourraient être des nombres entiers, si $\frac{c}{d}$ n'était un nombre entier, ou si *c* n'était pas divisible par *d*. Dans ce dernier cas, soit $\frac{c}{d} = r$, l'équation sera ramenée à la forme $px + qy = r$, dans laquelle *p*, *q*, *r* sont des nombres entiers, et *p* et *q* sont premiers entre eux. Nous supposerons dorénavant toute équation ramenée à cette forme ; celles qui ne peuvent s'y ranger n'admettent point de solutions en nombres entiers.

353. Prenons toujours pour exemple l'équation $5x + 13y = 72$ et examinons les circonstances sous lesquelles il est possible de n'obtenir que des solutions entières ; la valeur de *x* en fonction de *y* étant

$$x = \frac{72 - 13y}{5}$$

divisons 72—13*y* par 5, nous obtiendrons

$$x = 14 - 2y + \frac{2 - 3y}{5}$$

dont le second membre sera un nombre entier si la quantité $\frac{2-3y}{5}$ est elle-même un nombre entier. Pour exprimer cette condition, faisons

$$\frac{2 - 3y}{5} = p$$

p étant un nombre entier indéterminé ; nous aurons d'une part

$$1\ldots x = 14 - 2y + p$$

et de l'autre

$$2 - 3y = 5p$$

équation semblable à la proposée, mais dont les coefficiens sont plus petits. Résolvant cette dernière par rapport à y, il viendra

$$y = \frac{2 - 5p}{3}$$

Effectuant la division autant que possible, on aura

$$y = -p + \frac{2 - 2p}{3}$$

et cette valeur de y sera entière si $\frac{2-2p}{3}$ est un nombre entier. Pour exprimer cette nouvelle condition, faisons de nouveau

$$\frac{2 - 2p}{3} = q$$

q étant un nombre entier indéterminé ; nous aurons d'une part

$$2\ldots y = -p + q$$

et de l'autre

$$2 - 2p = 3q$$

équation à deux indéterminées comme les précédentes, mais plus simple. En la résolvant par rapport à p, il vient

$$p = \frac{2 - 3q}{2}$$

d'où, en divisant,

$$p = 1 - q - \frac{q}{2}$$

p sera donc un nombre entier si $\frac{q}{2}$ est un nombre entier ; faisant donc $\frac{q}{2} = r$, on a les deux expressions finales

$$3\ldots p = 1 - q - r$$
$$4\ldots q = 2r$$

car il est évident qu'en prenant pour r un nombre entier quelconque, p sera un nombre entier, et que, par suite q étant un nombre entier, y et x seront des nombres entiers. Les deux inconnues x, y sont donc liées à la quantité arbitraire r par les quatre équations

$$1\ldots x = 14 - 2y + p$$
$$2\ldots y = -p + q$$
$$3\ldots p = 1 - q - r$$
$$4\ldots q = 2r$$

En substituant successivement la valeur de q dans celle de p, puis les valeurs de p et q dans celle de y et enfin les valeurs de p et de y dans celle de x, on fera disparaître les quantités auxiliaires p et q et on obtiendra définitivement les deux expressions

$$x = 17 - 13r, \; y = 5r - 1$$

qui feront connaître toutes les valeurs entières dont x et y sont susceptibles, en substituant successivement à la place de r la suite des nombres entiers 0, 1, 2, 3, etc., pris positivement et négativement. On trouvera de cette manière

pour $r = 0$	$x = $	17	$y = -$	1
$r = 1$	$x = $	4	$y = $	4
$r = 2$	$x = -$	9	$y = $	9
$r = 3$	$x = -$	22	$y = $	14
etc.	etc.		etc.	

et comme la solution proprement dite ne comprend que les seules valeurs entières positives, on verra qu'il n'existe qu'une seule solution correspondante à $r = 1$ savoir : $x = 4$, $y = 4$. En effet, l'expression $17 - 13r$ n'est positive qu'en donnant à r les valeurs positives 0 et 1 ou les valeurs négatives depuis -1 jusqu'à l'infini, tandis que l'expression $5r - 1$ n'est positive qu'en donnant à r les valeurs positives depuis 1 jusqu'à l'infini; il n'y a donc que la seule valeur $z = 1$ qui rende en même temps positives $17 - 13r$ et $5r - 1$.

On peut au reste s'assurer d'une manière très-simple que les valeurs générales $x = 17 - 13r$, $y = 5r - 1$ satisfont à l'équation $5x + 13y = 72$, quelle que soit la valeur de r; car, en les substituant dans cette équation, elle devient

$$5 (17 - 13r) + 13 (5r - 1) = 27$$

ce qui se réduit à $72 = 72$.

. 354. La marche que nous venons d'indiquer peut être employée pour résoudre toutes les équations du premier degré à deux inconnues. En l'examinant avec attention, on reconnaît qu'elle conduit par des divisions successives à des équations dont les coefficiens sont de plus en plus petits, de sorte qu'on doit toujours finir par arriver à une dernière équation dans laquelle le coefficient de l'une des indéterminées étant l'unité, l'autre indéterminée est entièrement arbitraire. L'exemple suivant va rendre ceci plus sensible.

ROBLÈME. *Trouver un nombre tel qu'en le divisant par* 39 *on ait* 16 *pour reste et qu'en le divisant par* 56 *on ait* 27.

Désignons ce nombre par z et par x et y les quotiens entiers qu'on obtient en le divisant successivement par 39 et par 56 ; nous aurons

$$z = 39x + 16 \text{, et } z = 56y + 27$$

et, par conséquent,

$$39x + 16 = 56y + 27,$$

En ramenant cette équation à la forme générale $ax + by = c$, elle devient

$$39x - 56y = 11.$$

Les coefficiens 39 et 56 étant premiers entre eux, elle est soluble en nombres entiers.

Dégageant x, nous aurons

$$x = \frac{11 + 56\,y}{39}$$

et, en divisant autant que possible, il viendra

$$x = y + \frac{11 + 17y}{39}$$

ou simplement

$$(1)\ldots\ x = y + p$$

p désignant la quantité $\dfrac{11 + 17\,r}{39}$, qui doit être un nombre entier.

Dégageant y de l'équation auxiliaire

$$p = \frac{11 + 17\,y}{39}$$

nous aurons

$$y = \frac{39p - 11}{17}$$

ou, en divisant autant que possible,

$$y = 2p + \frac{5p - 11}{17}$$

$\dfrac{5p - 11}{17}$ devant être un nombre entier, désignons cette quantité par q, il viendra d'une part

$$(2)\ldots\ y = 2p + q$$

et de l'autre , la seconde équation auxiliaire

$$q = \frac{5p - 11}{17}$$

Dégageant p de cette dernière et divisant , nous trouverons

$$p = \frac{17q + 11}{5} = 3q + 2 + \frac{2q + 1}{5}$$

posant $\dfrac{2q + 1}{5} = r = $ nombre entier , nous aurons

$$(3)\ldots p = 3q + 2 + r$$

et la troisième équation auxiliaire

$$r = \frac{2q + 1}{5}$$

d'où nous tirerons

$$q = \frac{5r - 1}{2} = 2r = \frac{r - 1}{2}$$

faisant enfin , $\dfrac{r - 1}{2} = s$, il viendra

$$(4)\ldots q = 2r + s$$
$$(5)\ldots r = 2s + 1$$

Nous avons donc, en réunissant les résultats, les cinq expressions

$$1.\ldots x = y + p$$
$$2.\ldots y = 2p + q$$
$$3.\ldots p = 3q + 2 + r$$
$$4.\ldots q = 2r + s$$
$$5.\ldots r = 2s + 1,$$

à l'aide desquelles les valeurs entières de x et de y dépendent de la seule quantité arbitraire s. Éliminant les indéterminées auxiliaires p, q et r, nous obtiendrons les deux expressions finales

$$x = 56s + 29 , \quad y = 39s + 20 ,$$

qui , étant positives pour toutes les valeurs positives de s depuis $s = 0$ jusqu'à $s = +\infty$, nous apprennent que l'équation $39x - 56y = 11$ est susceptible d'un nombre infini de solutions.

Mais x et y ne sont point ici les inconnues du problème, et pour avoir le véritable nombre demandé, il faut substituer leurs valeurs générales dans celles de z

$$z = 39x + 16 , \quad z = 56y + 27 ,$$

nous aurons ainsi

$$z = 39\,(56s + 29) + 16, \text{ ou } z = 2184s + 1147$$
$$z = 56\,(39s + 20) + 27, \text{ ou } z = 2184s + 1147.$$

Les deux valeurs de z sont identiques comme cela devait être nécessairement.

z est donc aussi susceptible d'une infinité de valeurs positives correspondantes aux valeurs de s depuis $s = 0$ jusqu'à $s = \infty$. La plus petite de ces valeurs est 1147 qui résulte de $s = 0$; 1147 est donc le plus petit nombre qui divisé par 39 donne 16 pour reste et qui divisé par 56 donne 27 pour reste.

355. Les valeurs finales de x et de y, obtenues à l'aide du procédé précédent, sont toujours de la forme..... (*a*)

$$x = mz + p, \; y = nz + q.$$

m, p, n, q, étant des nombres entiers et z une quantité arbitraire; et cette forme étant une fois trouvée, on peut dire que la solution d'une équation du premier degré à deux inconnues consiste dans la détermination de ces nombres m, p, n, q. Examinons donc les moyens généraux d'obtenir cette détermination sans passer par toutes les substitutions qu'exige la méthode dont nous venons de nous servir.

Les expressions (*a*) devant satisfaire d'une manière générale à l'équation $ax + by = c$, substituons-les dans cette équation, nous obtiendrons

$$a\,(mz + p) + b\,(nz + q) = c,$$

ce qu'on peut mettre sous la forme

$$ap + bq + (am + bn)\,z = c.$$

Or, cette équation devant être satisfaite, quelle que soit la valeur de z, il faut nécessairement que $am + bn$ soit égal à *zéro*, ce qui nous donne les deux équations

$$(b). \; . \; . \; . \; ap + bq = c$$
$$(c). \; . \; . \; . \; am + bn = 0,$$

dont la première ne diffère de la proposée que par les indéterminées p et q qui ont pris la place de x et de y. La solution de l'équation (*b*) présente donc les mêmes difficultés que celle de l'équation primitive $ax + by = c$. La seconde équation (*c*) nous donne

$$\frac{a}{b} = -\frac{n}{m},$$

et comme a et b sont premiers entre eux, il en résulte

$$n = -a, \quad m = b,$$

substituant ces valeurs de m et de n dans les deux formes (a), elles deviendront.... (d)

$$x = p + bz, \quad y = q - az,$$

et, par conséquent nous n'avons plus à déterminer que les deux nombres p et q.

Ces deux nombres devant satisfaire à l'équation (b) ne sont que deux quelconques des valeurs de x et de y; d'où il résulte qu'il suffit de connaître deux valeurs particulières de x et de y pour les connaître toutes; car p et q étant connus les formes (d) comprennent toutes les valeurs possibles de x et de y.

Or, en supposant le coefficient a de x plus grand que le coefficient b de y, ce qui est toujours possible puisque dans le cas contraire il suffit de changer x en y et y en x, $\frac{a}{b}$ est un nombre fractionnaire irréductible, si on le transforme donc en fraction continue et qu'on forme la suite des fractions principales qui donnent les valeurs approchées de $\frac{a}{b}$, la dernière de ces fractions principales sera le nombre $\frac{a}{b}$ lui-même, et si nous représentons l'avant-dernière par $\frac{t}{u}$, nous aurons

$$\frac{a}{b} - \frac{t}{u} = \frac{au - bt}{bu},$$

le numérateur $au - bt$ de cette différence étant $+1$ ou -1 suivant que la dernière fraction principale est d'ordre pair ou impair. (*Voy.* n° 159.)

Dans le premier cas nous aurons l'équation

$$au - bt = 1,$$

et dans le second, l'équation

$$au - bt = -1.$$

Multipliant les deux membres de la première par c, et les deux membres de la seconde par $-c$, il viendra

$(e). \ . \ . \ . \quad auc - btc = c$

$(f). \ . \ . \ . \quad a(-uc) + btc = c,$

dont la première se réduit à

$$ap + bq = c,$$

en faisant $p = uc$, $q = -tc$; et dont la seconde se réduit également à

$$ap + bq = c,$$

en y faisant $p = -uc$, $q = tc$.

Les quantités uc et tc, prises avec des signes contraires, sont donc les valeurs des deux nombres p et q, qui nous restaient à déterminer, et la solution générale de l'équation

$$ax + bx = c,$$

est donnée par les deux expressions

$$x = \pm\, uc + bz, \quad y = \mp\, tc - az,$$

les signes supérieurs répondant au cas où l'avant-dernière fraction principale $\frac{t}{u}$ est d'ordre impair, et les signes inférieurs à celui où elle est d'ordre pair.

Nous pouvons donc conclure la règle suivante :

Etant donnée l'équation $ax + by = c$, *dans laquelle* a *et* b *sont premiers entre eux et* $a > b$, *réduisez* $\frac{a}{b}$ *en fraction continue, calculez les deux suites de médiateurs* P_1, P_2, *etc.*, P_μ ; Q_1, Q_2, *etc.*, Q_μ ; *la dernière fraction principale, égale à* $\frac{a}{b}$, *étant représentée par* $\frac{P_\mu}{Q_\mu}$, *l'avant-dernière fraction principale sera représentée par* $\frac{P_{\mu-1}}{Q_{\mu-1}}$ *et vous aurez pour les valeurs de* x *et de* y *les deux expressions*. . . (g)

$$x = (-1)^\mu.\, Q_{\mu-1}.\, c + Q_\mu\, z$$
$$y = (-1)^{\mu+1}.\, P_{\mu-1}.\, c - P_\mu z,$$

dans lesquelles $P_\mu = a$, $Q_\mu = b$ et z un nombre entier arbitraire.

356. On peut vérifier que les deux valeurs générales (g) satisfont à l'équation $ax + by = c$, quel que soit le nombre arbitraire z, en la mettant sous la forme

$$P_\mu x + Q_\mu y = c,$$

et en substituant ces valeurs à la place de x et de y. Cette substitution donne

$$(-1)^\mu.\, P_\mu\, Q_{\mu-1}.\, c + P_\mu\, Q_\mu\, z + (-1)^{\mu+1}.\, Q_\mu P_{\mu-1}\, c - Q_\mu P_\mu z = c,$$

25

ou, en réduisant,

$$(-1)^{\mu}.\ [\ P_{\mu}\ Q_{\mu-1}\ -\ P_{\mu-1}\ Q_{\mu}\ ]\ c = c.$$

Or, (159),

$$P_{\mu}\ Q_{\mu-1}\ -\ P_{\mu-1}\ Q_{\mu} = -\ (-1)^{\mu-1} = (-1)^{\mu},$$

et de plus $(-1)^{\mu}.\ (-1)^{\mu} = (-1)^{2\mu} = +\ 1$, donc on a définitivement $c = c$.

357. Appliquons cette règle à l'équation

$$15x + 13y = 181.$$

Nous avons ici $a = 15$, $b = 13$, $c = 181$. Les divisions successives opérées sur la fraction $\frac{15}{13}$ pour la réduire en fraction continue (158) nous font connaître les quotiens

$$a_1 = 1,\ a_2 = 6,\ a_3 = 2,$$

avec lesquels nous construirons les médiateurs

$$P_1 = 1,\quad Q_1 = 1$$
$$P_2 = 7,\quad Q_2 = 6$$
$$P_3 = 15,\quad Q_3 = 13.$$

Ainsi, composant avec les formules (g), nous avons

$$P_{\mu} = 15,\ Q_{\mu} = 13,\ P_{\mu-1} = 7,\ Q_{\mu-1} = 6,\ \mu = 3,$$

et, par conséquent,

$$x = (-1)^{3}.\ 6.\ 181 + 13z$$
$$y = (-1)^{4}.\ 7.\ 181 - 15z,$$

ce qui donne définitivement

$$x = -\ 1086 + 13z$$
$$y = +\ 1267 - 15z.$$

Si l'on veut se borner aux solutions *positives*, il ne faut donner à z que les valeurs capables de rendre positives en même temps $-\ 1086 + 13z$ et $1267 - 15z$, mais ces valeurs doivent être telles qu'on ait

$$13z > 1086 \text{ et } 15z < 1267,$$

ou,

$$z > \frac{1086}{13},\ \text{et } z < \frac{1267}{15},$$

ce qui donne en opérant les divisions

$$z > 83 + \frac{7}{13},\ z < 84 + \frac{7}{15}.$$

Ainsi les valeurs de z capables de donner des valeurs entières et positives pour x et y sont renfermées entre les limites 83 et 85, c'est-à-dire, qu'il n'existe qu'une seule valeur, $z = 84$, qui puisse satisfaire à ces conditions. En faisant $z = 84$, il vient

$$x = -1086 + 13.84 = -1086 + 1092 = 6$$
$$y = -1267 - 15.84 = +1267 - 1260 = 7.$$

Toute autre valeur de z rendrait x négative et z positive, ou *vice versa*.

358. Les expressions (g) supposent que les coefficiens a et b sont tous deux positifs, lorsque cela n'a pas lieu elles éprouvent une modification qu'il est important de signaler.

Comme on peut toujours rendre a positif par un changement général des signes, il suffit de considérer le cas de b négatif, ce qui donne à l'équation générale la forme

$$ax - by = c,$$

c étant indifféremment positif ou négatif. Or, la fraction $\frac{P_\mu}{Q_\mu}$ représentant toujours $\frac{a}{b}$, et $\frac{P_{\mu-1}}{Q_{\mu-1}}$ représentant l'avant-dernière fraction principale, ces deux fractions doivent satisfaire à la relation

$$P_\mu Q_{\mu-1} - P_{\mu-1} Q_\mu = (-1)^\mu;$$

ce qui ne peut évidemment avoir lieu dans le cas de b ou de Q_μ négatif, qu'autant qu'on prend $P_{\mu-1}$ négatif, afin que le produit $P_{\mu-1} Q_\mu$ ne change pas de signe. Donc, dans ce cas de b négatif il faut donner le signe — à la quantité $P_{\mu-1}$ dans les expressions (g), Q_μ prenant aussi le signe —, ces expressions deviennent... (h)

$$x = (-1)^\mu . Q_{\mu-1} . c - Q_\mu z,$$
$$y = (-1)^\mu . P_{\mu-1} . c - P_\mu z.$$

en observant que $(-1)^\mu . (-P_{\mu-1}) = (-1)^{\mu+1} P_{\mu-1} = (-1)^\mu P_{\mu-1}$.

On emploiera donc, pour les applications, les formules (h) à la place des formules (g), lorsque b est négatif. Dans les unes et les autres de ces formules on fera c positif ou négatif, suivant qu'il sera positif ou négatif dans l'équation proposée.

359. Soit à résoudre en nombre entiers positifs l'équation

$$19x - 7y = 80,$$

On a $a = 19$, $b = 7$ et $c = 80$. Les divisions successives font connaître

$$a_1 = 2. \quad a_2 = 1, \quad a_3 = 2, \quad a_4 = 2;$$

Et en construisant les médiateurs, on obtient

$$\begin{aligned}
P_1 &= 2, & Q_1 &= 1, \\
P_2 &= 3, & Q_2 &= 1, \\
P_3 &= 8, & Q_3 &= 3, \\
P_4 &= 19, & Q_4 &= 7,
\end{aligned}$$

ce qui donne $\mu = 4$, $P_\mu = 19$, $P_{\mu-1} = 8$, $Q_\mu = 7$, $Q_{\mu-1} = 3$.
Substituant ces valeurs dans les formules (h), on obtient

$$\begin{aligned}
x &= 3.80 - 7z = 240 - 7z, \\
y &= 8.80 - 19z = 640 - 19z.
\end{aligned}$$

Ces valeurs font connaître que l'équation proposée est susceptible
d'une infinité de solutions; car, en donnant à z des valeurs négatives
depuis 1 jusqu'à l'*infini*, les valeurs correspondantes de x et y sont
positives. Quant aux valeurs positives de z, elles doivent être telles
qu'on ait en même temps

$$7z < 240 \quad \text{et} \quad 19z < 640,$$

ou

$$z < \frac{240}{7} \quad \text{et} \quad z < \frac{640}{19}.$$

La plus grande valeur positive de z ne devant pas dépasser d'une
part $34 + \frac{2}{7}$, et de l'autre $33 + \frac{13}{19}$, est évidemment égale à 33; faisant donc successivement $z = 33$, $z = 32$, $z = 31$, etc., jusqu'à
$z = 0$, et ensuite $z = -1$, $z = -2$, etc., on obtiendra les deux
suites de valeurs, dont chaque couple satisfait à l'équation proposée.

$$\begin{aligned}
\textit{Pour} \quad z &= 33, & x &= 9, & 7 &= 13, \\
z &= 32, & x &= 16, & 7 &= 32, \\
z &= 31, & x &= 23, & 7 &= 51, \\
z &= 30, & x &= 30, & 7 &= 70, \\
& \text{etc.} & & \text{etc.} & & \text{etc.}
\end{aligned}$$

Les plus petites valeurs de x et de z sont évidemment celles qui
correspondent à $z = 33$.

360. Les valeurs successives de x et de y formant deux progressions arithmétiques, on peut aisément prolonger leurs suites en
observant que la *différence* de la progression des valeurs de x est le
coefficient de y, et que la *différence* de la progression des valeurs de y

est le coefficient de x. Ces circonstances sont exprimées dans les formules (g) et (h).

361. Lorsqu'un des coefficiens a ou b est facteur exact du terme absolu c, la solution de l'équation $ax + by = c$ devient extrêmement simple et n'exige plus la réduction de $\frac{a}{b}$ en fraction continue. Soit en effet $c = ad$, d étant un nombre entier, l'équation devenant

$$ax + by = ad,$$

est évidemment satisfaite en faisant $x = d$ et $z = 0$, car elle se réduit alors à l'identité $ad = ad$. Mais il suffit de connaître une solution pour les avoir toutes, car les formes générales des valeurs de x et de y sont (353) (d)

$$x = p + bz, \quad y = q - az,$$

p et q étant deux quelconques de ces valeurs. Ainsi faisant $p = d$ et $q = 0$, on a immédiatement

$$x = d + bz, \quad y = -az,$$

ou, en changeant le signe de z, ... (i)

$$x = d - bz, \quad y = az.$$

Si b était négatif, les valeurs de x et de y, qui satisfont à l'équation $ax - bz = ad$, seraient..... (k)

$$x = d + bz, \quad y = az.$$

Enfin, dans le cas de $c = bd$, l'équation $ax + bz = bd$ serait résolue par les valeurs..... (l)

$$x = bz, \quad y = d - az,$$

et l'équation $ax - by = bd$ par les valeurs..... (m)

$$x = bz, \quad y = az - d.$$

Toutes ces particularités sont évidentes.

362. L'équation $5x - 7y = 56$ se trouve comprise dans les cas précédens ; car 7 est facteur de 56 ; ainsi comme $56 = 7, 8$, faisant $d = 8$, $a = 5$, $b = 7$, les expressions (m) nous donnent

$$x = 7z, \quad y = 8 + 5z,$$

d'où

$$
\begin{array}{llll}
pour & z = 1, & x = 7, & 7 = 13, \\
& z = 2, & x = 14, & 7 = 18, \\
& z = 3, & x = 21, & 7 = 23, \\
& \text{etc.} & \text{etc.} & \text{etc.}
\end{array}
$$

Les plus petites valeurs de x et de y correspondent à $z = 1$, mais l'équation proposée admet un nombre infini de solutions.

363. En partant de la forme générale $ax + by = c$, dans laquelle on peut toujours considérer a comme un nombre essentiellement positif, il est facile de reconnaître toutes les particularités qui résultent des diverses valeurs des coefficiens a, b, c, ainsi que des *signes* de b et de c; car cette équation résolue, de la manière la plus générale, par rapport à x, donne

$$x = \frac{c - by}{a}.$$

Or, il est visible, sous cette forme, que 1° si b et c sont positifs, les valeurs de x ne pourront être positives qu'en prenant pour y des nombres tels que by soit plus petit que c. Dans ce cas, le nombre des solutions est *limité*.

2° Si c étant positif, b est négatif, la quantité $c + by$ sera positive pour toutes les valeurs positives de y, depuis 0 jusqu'à l'infini. Dans ce cas le nombre des solutions est *illimité*.

3° Si c est négatif et b positif, aucune valeur positive de y ne pouvant rendre $-c - by$ positif, l'équation n'admet alors *aucune solution*, dans les conditions exigées.

4° Enfin, si c et b sont négatifs, toutes les valeurs positives de z qui rendent by plus grand que c, rendant $-c + by$ positif, l'équation est encore susceptible d'un nombre *illimité* de solutions.

Lorsque le nombre des solutions est *limité*, on trouve ce nombre en opérant comme nous l'avons fait dans les exemples des n°ˢ 355 et 357.

364. Le procédé de solution des équations du premier degré à deux inconnues s'applique facilement aux équations à un nombre quelconque d'inconnues, lorsque le nombre des équations est moindre d'une unité que celui des inconnues. Examinons d'abord le cas de deux équations à trois inconnues.

$$ax + by + cz = d,$$
$$a'x + b'y + c'z = d'.$$

En éliminant z entre ces équations, (305), on obtiendra une équation en x et y seulement de la forme

$$Ax + By = C,$$

dont les racines seront elles-mêmes de la forme

$$x = p + \mathrm{B}t, \quad y = q - \mathrm{A}t.$$

Substituant ces valeurs dans l'une quelconque des équations proposées, il en résultera une équation en z et en t qui fournira les valeurs de z et de t en fonction d'une autre quantité arbitraire u ; enfin, substituant l'expression de t dans celles de x et y, on obtiendra définitivement les valeurs de x, y et z, en fonctions de la seule quantité arbitraire u, sous les formes

$$x = m + nu, \quad y = m' + n'u, \quad z = m'' + n''u.$$

Les exemples suivans vont éclaircir cette marche.

365. PROBLÈME I. *Un orfèvre a trois lingots d'alliage d'or et d'argent. Le premier lingot contient 70 pour 100 d'or pur, ou 700 grammes d'or par kilogramme ; le second, 550 grammes d'or par kilogramme, et le troisième 450. Il veut faire un alliage de 1200 grammes, de manière que le kilogramme de cet alliage contienne 600 grammes d'or. On demande combien il doit prendre de chaque lingot ?*

Soient x, y, z les nombres respectifs de grammes pris dans chaque lingot. Le premier lingot contenant 700 grammes d'or par kilogramme, ou par *mille* grammes, chaque gramme renferme $\frac{700}{1000}$ d'or, et par conséquent le nombre x de grammes renfermera $\frac{700}{1000} x$ de grammes d'or. Par la même raison, le nombre des grammes d'or pur contenu dans la quantité y de grammes prise sur le second lingot, sera $\frac{550}{1000} y$, et le nombre des grammes d'or contenu dans la quantité z de grammes prise sur le troisième lingot, sera $\frac{450}{1000} z$. Ces trois quantités d'or devant former en tout 600 grammes, nous avons l'équation

$$\frac{700}{1000} x + \frac{550}{1000} y + \frac{450}{1000} z = 600 \, ;$$

et comme de plus les nombres des grammes x, y, z, doivent composer un lingot pesant 1200 grammes, nous avons la seconde équation

$$x + y + z = 1200.$$

Multipliant les deux membres de la première équation par 100, elle se réduit à

$$70x + 55y + 45z = 60000,$$

dont tous les termes sont encore divisibles par 5 ; retranchant ce facteur commun 5, cette équation devient $14x + 11y + 9z = 12000$.

Les équations dont dépendent la solution du problème sont donc

$$(1)....\quad x + y + z = 1200,$$
$$(2)....\ 14x + 11y + 9z = 12000.$$

Pour éliminer z, nous multiplierons la première équation par 9, ce qui la rendra

$$9x + 9y + 9z = 10800$$

puis en la retranchant de la seconde nous obtiendrons

$$(3)....\ 5x + 2y = 1200,$$

Cette équation traitée d'après la règle 353, donne

$$x = 1200 + 2t,\ y = -240 - 5t$$

ou encore

$$(4)....\ x = 1200 - 2t,\ y = 5t - 2400$$

en changeant le signe de la quantité arbitraire t pour éviter les valeurs nécessairement négatives de y. Substituant ces deux valeurs dans l'équation (1), elle devient

$$1200 - 2t + 5t - 2400 + z = 120$$

et on en tire

$$z = 2400 - 3t$$

Les trois valeurs demandées sont donc

$$x = 1200 - 2t,\ y = 5t - 2400,\ z = 2400 - 3t$$

Il est évident que ces valeurs ne peuvent être tous les trois positives à moins que le nombre t ne soit tel qu'on ait à la fois

$$2t < 1200,\quad 5t > 2400,\quad 3t < 2400$$

ou

$$t < 600,\quad t > 480,\quad t < 800$$

la première condition entraînant la dernière, il en résulte qu'en prenant pour t tous les nombres compris entre 480 et 600 ou depuis 481 jusqu'à 599, on obtiendra des valeurs positives pour x, y, z. Le problème proposé est donc susceptible de 119 solutions différentes, et on a

pour $t =$ 481,	$x =$ 238,	$y =$ 5,	$z =$ 957
482	236	10	954
483	234	15	951
484	232	20	948
485	230	25	945
etc.	etc.	etc.	etc.

366. En faisant usage des observations du n° 359, on aurait obtenu les valeurs de x, y et z sous des formes plus simples, car l'équation finale (3)

$$5x + 2y = 1200$$

ayant son terme absolu 1200 exactement divisible par chacun des coefficiens 5 et 2, les formules (i) donnent immédiatement, en y faisant $d = \dfrac{1200}{5} = 240$,

$$x = 240 - 2t, \; y = 5t$$

et en substituant ces valeurs dans l'équation (1), on en tire

$$z = 960 - 3t$$

ces expressions fournissent le même nombre de valeurs et les mêmes valeurs que les précédentes; mais elles sont moins compliquées, et l'on doit toujours s'attacher à déterminer les formes les plus simples.

367. PROBLÈME II. *Trouver trois nombres entiers tels, que la somme de leurs produits respectifs par les nombres* 3, 5, 7 *soit égale à* 560, *et que la somme de leurs produits par les carrés* 9, 25, 49, *de ces mêmes nombres, soit égale à* 2920.

Ces trois nombres étant exprimés par x, y, z, nous avons les deux équations

$$(1)\ldots\; 3x + 5y + 7z = 560$$
$$(2)\ldots\; 9x + 25y + 49z = 2920$$

Multiplions la première équation par 7, puis retranchons en la seconde; z disparaîtra et nous obtiendrons

$$12x + 10y = 1000$$

divisant tous les termes par leur facteur commun 2, il viendra

$$(2)\ldots\; 6x + 5y = 500$$

500 étant exactement divisible par 5 les formules (l) n° 359 nous donnent

$$x = 5t, \; y = 100 - 6t$$

Substituant dans (1) il viendra

$$15t + 500 - 30t + 7y = 560$$

ce qui se réduit à

$$7y - 15t = 60$$

Appliquant à cette dernière les formules (m) n° 356, parce que 60 est divisible par 15 nous obtiendrons

$$y = 15u, \; t = 7u - 4$$

Enfin substituant cette valeur de t dans celles de x et de y, nous aurons définitivement

$$x = 35u - 20, \, y = 124 - 42u, \, z = 15u$$

Pour que ces trois valeurs soit positives, il faut que u soit tel qu'on ait

$$u > \frac{20}{35} \text{ et } u < \frac{124}{42}$$

Il n'y a donc que *deux* solutions correspondantes à $u = 1$ et $u = 2$; savoir :

pour $u = 1$.... $x = 15, \quad y = 82, \quad z = 40,$
       2....   50,   40,   30,

368. Dans le cas de quatre inconnues v, x, y, z, si l'on avait trois équations

$$(1).... \, a \, v + b \, x + c \, y + d \, z = e$$
$$(2).... \, a' v + b' x + c' y + d' z = e'$$
$$(3).... \, a'' v + b'' x + c'' y + d'' z = e''$$

dans lesquelles les coefficiens a, b, c, etc., sont des nombres entiers quelconques y compris 0, on réduirait ces équations à deux en éliminant d'une part z entre (1) et (2) et de l'autre entre (2) et (3) ; ces opérations produiraient deux équations en v, x et y seulement, de la forme

$$(4).... \, a_1 v + b_1 x + c_1 y = d_1$$
$$(5).... \, a'_1 v + b'_1 x + c'_1 y = d'_1$$

puis, en éliminant y entre ces deux dernières, on obtiendrait une équation finale ou v et x, de la forme

$$a_2 v + b_2 x = c_2 ,$$

Celle-ci, résolue par les méthodes précédentes, ferait connaître les valeurs de v et de x dont les formes sont

$$v = p + b_2 s, \, x = q - a_2 s,$$

s étant une quantité arbitraire.

Substituant les expressions de v et de x dans l'une ou l'autre des équations (4) et (5), on obtiendrait une équation en s et y de la forme

$$a_3 s - b_3 y = c_3 ,$$

dont la solution ferait connaître

$$s = p' + b_3 t, \, y = q' - a_3 t,$$

Cette valeur de s mise dans les expressions de v et de x donnerait les valeurs de v et de x en fonction de l'indéterminé t; on aurait ainsi les trois formes

$$v = p'' + mt,\ x = p''' + m't,\ y = p'''' + m''t,$$

Substituant ces formes dans une quelconque des équations proposées (1), (2), (3), on obtiendrait une équation finale en t et en z,

$$a_4 t + b_4 z = b_4,$$

qui, traitée par les procédés enseignés, donnerait

$$t = q' + b_4 u,\ z = q'' - a_4 u$$

u étant une nouvelle quantité arbitraire.

Enfin, substituant la valeur de t dans les valeurs de v, x et y, les quatre inconnues v, x, y, z, se trouveraient finalement données en fonctions du seul nombre arbitraire u et sous les formes

$$v = g + hu,\ x = g' + h'u,\ y = g'' + h''u,\ z = g''' + h'''u.$$

Ce procédé général, qu'on peut étendre au cas de $m-1$ équations à m inconnues, peut être simplifié dans les exemples particuliers où les valeurs des coefficiens permettent des réductions qui dispensent d'employer un aussi grand nombre d'indéterminées auxiliaires. C'est ce que le problème suivant va rendre sensible.

369. PROBLÈME. *On demande l'année de la période julienne, dont le nombre d'or est 15, le cycle solaire 27, et l'indiction 11.*

Ce problème est le même que celui de trouver le plus petit des nombres, qui, divisés successivement par 19, 28 et 15, donnent pour restes respectifs, 15, 27 et 11. Ainsi, désignant ces nombres par u, et par x, y et z, les quotiens entiers des divisions de u par 19, 28 et 15, nous aurons les trois équations

$$(1)\dots u = 19x + 15,$$
$$(2)\dots u = 28y + 27,$$
$$(3)\dots u = 15z + 11.$$

Éliminant u entre (1) et (2), ce qui s'exécute en retranchant simplement (1) de (2); puis entre (2) et (3), nous obtiendrons les deux équations.

$$(4)\dots 28y - 19x = -12,$$
$$(5)\dots 28y - 15z = -16.$$

Comme chacune de ces équations ne renferme que deux inconnues, nous appliquerons immédiatement à la dernière la règle (356), et nous trouverons

$$y = 15t - 112,\ z = 28t - 208,$$

t étant un nombre entier arbitraire. Substituant cette valeur de y dans l'équation (4), elle deviendra, toutes réductions faites,

$$420t - 19x = 3424,$$

d'où nous tirerons, en appliquant les formules (h) n° 356,

$$t = 19r - 2 8116, \quad x = 420r - 621676,$$

Substituant cette valeur de t dans les valeurs précédentes de y et de z, nous aurons pour les valeurs de x, y, z en fonctions de la seule indéterminée r, les expressions

$$x = 420r - 621676,$$
$$y = 285r - 421852,$$
$$z = 532r - 787456.$$

Ces expressions substituées dans les équations proposées (1), (2), (3) réduiront chacune d'elles à la valeur commune

$$u = 7980r - 11811829.$$

D'après la nature des équations (1) (2) et (3), nous eussions pu nous épargner tous calculs ultérieurs à la détermination de x, car la valeur $x = 420r - 621676$ était suffisante pour nous donner celle de u.

L'expression de u nous montre qu'il existe une infinité de nombres capables de satisfaire aux conditions demandées, mais pour que u soit positif, on doit avoir

$$r > \frac{11811829}{7980}, \text{ ou } r > 1480,$$

ainsi, le plus petit de ces nombres répond à $r = 1481$, d'où $u = 6651$. L'année dont le *nombre d'or* est 15, le *cycle solaire* 27, et l'*indiction* 11, est donc l'année 6551 de la *période julienne*. Sachant que la première année de l'ère chrétienne répond à l'an 4713 de la période julienne, la différence $6551 - 4783 = 1838$ fait connaître que les nombres proposés sont ceux de l'année 1838.

370. Nous devons dire un mot des problèmes nommés *plus qu'indéterminés*; ce sont ceux pour lesquels le nombre des équations est moindre de *deux* ou *de plusieurs unités* que celui des inconnues. Si l'on n'a, par exemple, qu'une seule équation à trois inconnues

$$ax + by + cz = d,$$

la détermination de ces inconnues en nombres entiers exige que l'on considère une d'elles comme entièrement arbitraire ; mais, à l'aide de cette supposition, les méthodes précédentes deviennent applicables.

En effet, faisant passer cz dans le second membre, l'équation deviendra

$$ax + by = d - cz,$$

et, regardant la quantité $d - cz$ comme connue, on pourra poser

$$ax + by = c',$$

en exprimant $d - cz$ par c'. Les valeurs de x et de y seront alors données par les expressions

$$x = (-1)^\mu . mc' + bt, \quad y = (-1)^{\mu+1} . nc' - at,$$

dans lesquelles $\frac{m}{n}$ désigne l'avant-dernière fraction principale de $\frac{a}{b}$ réduite en fraction continue et μ le nombre des fractions principales ; remettant $d - cz$ à la place de c', on aura donc

$$x = (-1)^\mu [md - mcz] + bt,$$
$$y = (-1)^{\mu+1} [nd - ncz] - at,$$

et en prenant pour z et t des nombres-entiers quelconques, on obtiendra toujours pour x et y des valeurs entières. La question suivante va éclaircir ce procédé.

371. PROBLÈME. *N'ayant que des poids de 2 kil., 5 kil. et 20 kil., on veut peser 171 kil. Combien doit-on en prendre de chacun ?*

Désignons par x le nombre des poids de 20 kil. qu'il faut prendre, par y, celui des poids de 5 kil., et par z celui des poids des deux kil., nous aurons l'équation

$$20x + 5y + 2z = 171.$$

Pour conserver deux coefficiens premiers entre eux, faisons passer $20x$ dans le second membre, et désignons $171 - 20x$ par c ; l'équation deviendra

$$5y + 2z = c;$$

et appliquant la règle (353), nous en tirerons

$$y = c + 2t, \quad z = -2c - 5t.$$

Remplaçant dans ces deux expressions c par sa valeur $171 - 20x$, elles deviendront... (n)

$$y = 171 - 20x + 2t,$$
$$z = -342 + 40x - 5t.$$

Si l'on ne veut avoir que des valeurs positives pour y et z, il faut que $171 - 20x$ soit un nombre positif (3°,361), et par conséquent on doit prendre $x < \frac{171}{20}$, ou $x < 9$. Faisant donc successivement $x = 1$, $x = 2$, etc., jusqu'à $x = 8$, nous obtiendrons huit expressions différentes tant pour y que pour z, qui nous feront connaître toutes les solutions possibles du problème. Par exemple, dans le cas de $x = 1$, il vient

$$y = 151 + 2t, \quad z = -302 - 5t;$$

et comme aucune valeur positive de t ne donnerait des résultats positifs, nous changerons le *signe* de t; ce qui produira

$$y = 151 - 2t, \quad z = 5t - 302.$$

Sous cette forme, nous voyons que les limites de t sont

$$t < \frac{151}{2}, \qquad t > \frac{302}{5},$$

c'est-à-dire que t doit être plus petit que 76 et plus grand que 61 ; ce qui nous donne quatorze solutions possibles correspondantes à $t = 62$, $t = 63$, $t = 64$, etc .., $t = 75$.

En faisant $t = 62$, on obtient $y = 27$ et $z = 8$. Ainsi, pour première solution, on peut prendre un poids de vingt kilogrammes, vingt-sept poids de cinq kilogrammes et huit poids de deux.

Si on fait $x = 2$, les expressions (n) deviennent

$$y = 131 + 2t, \quad z = -162 - 5t,$$

ou, en changeant le signe de t,

$$y = 131 - 2t, \quad z = 5t - 162.$$

Dans ces dernieres, t doit être plus petit que $\frac{131}{2} = 65 + \frac{1}{2}$ et plus grand que $\frac{162}{5} = 32 + \frac{2}{5}$, c'est-à-dire plus petit que 66 et plus grand que 32. Il y a donc ici trente-quatre solutions possibles.

Continuant de la même manière, en faisant $x = 3$, $x = 4$, etc., jusqu'à $x = 8$, on trouvera toutes les solutions dont le problème est susceptible. La valeur $x = 8$ change les expressions (n) en $y = 11 + 2t$, $z = -22 - 5t$; ce qui revient à

$$y = 11 - 2t, \quad z = 5t - 22.$$

Ces dernières expressions n'admettent qu'une seule solution, correspondante à $t = 5$, savoir : $y = 1$, $z = 3$.

372. Deux équations à quatre inconnues donnant, par l'élimination d'une des inconnues, une équation finale à trois inconnues, si on avait deux telles équations

$$av + bx + cy + dz = e,$$
$$a'v + b'x + c'y + d'z = e'.$$

après avoir éliminé z, par exemple, et obtenu l'équation finale,

$$a''v + b''x + c''y = e'',$$

on traiterait celle-ci d'après le procédé qui vient d'être exposé, ce qui donnerait pour v et x des valeurs de la forme

$$v = m + ny + ot,$$
$$x = m' + n'y + o't,$$

t étant un nombre arbitraire. Ces valeurs, substituées dans une des équations proposées, conduiraient à une équation en t, y et z de la forme

$$a'''t + b'''y + c'''z = e''' :$$

et en opérant sur cette dernière, après avoir fait passer $b'''y$ dans le second membre, on obtiendrait des valeurs de la forme

$$t = m'' + n''y + o''u,$$
$$z = m''' + n'''y + o'''u,$$

u étant une nouvelle indéterminée. Enfin, substituant la valeur de t dans les valeurs précédentes de v et de x, on aurait les expressions de v, x et z en fonctions de u et de y.

On suivrait la même marche pour trois équations à cinq inconnues, et en général pour $m - 2$ équations à m inconnues. A l'aide de l'élimination, on obtiendra toujours une équation finale à trois inconnues.

373. Si la solution des équations indéterminées du premier degré entraîne des calculs souvent très-compliqués, celle des équations du second degré est bien autrement laborieuse ; et la théorie de ces équations, considérée, à juste titre, comme une des plus difficiles de la science des nombres, ne saurait trouver place dans un ouvrage aussi élémentaire que le nôtre. Quant aux équations des degrés supérieurs au second, il n'existe point encore de méthode générale pour les résoudre.

MATHÉMATIQUES PURES.

DEUXIÈME DIVISION.

SCIENCE DE L'ÉTENDUE.

La science de l'étendue présente des subdivisions semblables à celles de la science des nombres: Ces subdivisions forment autant de sciences particulières comprises sous le nom général de GÉO-MÉTRIE.

C'est ainsi que l'ensemble des modes individuels de la génération et de la comparaison de l'étendue compose la GÉOMÉTRIE ÉLÉMEN-TAIRE, et que les modes universels de cette génération et de cette comparaison constituent deux sciences nommées, l'une, GÉOMÉTRIE DESCRIPTIVE, et l'autre, GÉOMÉTRIE ANALYTIQUE.

Nous allons exposer les principes fondamentaux de la GÉOMÉTRIE ÉLÉMENTAIRE, puis, nous jeterons un coup d'œil sur les branches supérieures, afin de reconnaître et de déterminer leurs buts et leurs moyens respectifs.

Quoique la *quantité géométrique* puisse, ainsi que la *quantité nu-mérique*, être considérée en général et en particulier, c'est-à-dire

26

sous le rapport des *lois* et sous celui des *faits*, la géométrie n'a aucune branche analogue à l'arithmétique. Dans cette science la déduction des lois marche concurremment avec celle des faits, et son exposition n'en est que plus simple et plus facile.

Nous devons prévenir qu'il serait impossible d'étudier avec fruit la *comparaison géométrique* sans avoir pris une connaissance suffisante de la théorie des *rapports* et des *proportions*. Cette théorie a été exposée, dans l'algèbre, avec tous les détails nécessaires.

GÉOMÉTRIE.

1. La géométrie a pour objet général les lois et les propriétés de l'étendue.

2. L'étendue, considérée dans les objets matériels, est la portion de l'espace absolu que ces objets occupent.

Nous ne pouvons nous représenter aucun objet sans lui attribuer une étendue particulière, une portion de l'espace infini qui s'étend en tout sens autour de nous. Tous les corps nous apparaissent comme occupant un *lieu* dans cet espace, et c'est ce lieu, partie limitée de l'espace sans limite, qui constitue proprement l'étendue du corps qui l'emplit, étendue que nous concevons invariablement avec trois dimensions, *longueur*, *largeur* et *hauteur*.

3. L'étendue d'un corps matériel est parfaitement indépendante de la nature et des propriétés physiques de ce corps. Deux corps entièrement hétérogènes peuvent avoir des étendues égales.

Les diverses espèces d'étendues doivent donc être étudiées en elles-mêmes, c'est-à-dire abstraction faite de tout objet matériel ; car les lois de l'étendue *abstraite* régissent nécessairement l'étendue *concrète*, de la même manière que les lois des nombres abstraits régissent les nombres concrets.

4. L'étendue des corps, avec ses trois dimensions, se nomme SOLIDE.

Si l'on fait abstraction de l'une de ces dimensions, on a la conception d'une étendue en *longueur* et *largeur* seulement, que l'on nomme SURFACE. Les surfaces peuvent être considérées comme les limites des solides.

En faisant encore abstraction de l'une des dimensions des surfaces, on a la conception d'une étendue en *longueur* seulement, que l'on nomme LIGNE. On peut considérer les lignes comme les limites des surfaces.

Les extrémités ou les limites d'une ligne se nomment POINTS. On donne encore le nom de *point* à l'endroit où deux lignes se coupent. Le point mathématique doit être conçu comme n'ayant aucune espèce d'étendue.

5. Sans la *ligne*, il serait impossible de concevoir des surfaces et des solides; car une *dimension* n'est qu'une étendue en longueur seulement. La ligne est donc l'*élément primitif* de toute espèce d'étendue.

6. Une ligne quelconque peut être considérée comme formée par la réunion d'une infinité de parties n'ayant elles-mêmes qu'une seule dimension : une longueur indéfiniment petite. C'est pour cela qu'on dit souvent qu'une ligne est composée de *points*, mais alors on entend par *point* l'élément idéal infiniment petit de la ligne et non le point sans aucune espèce d'étendue réelle ou idéale qui sert de limite ou de terme fixe.

7. Lorsque toutes les parties d'une ligne ont la même direction on la nomme une *ligne droite* ou simplement une *droite*.

La ligne droite est le plus court chemin d'un point à un autre. Il ne peut y avoir qu'une seule espèce de ligne droite.

8. Lorsque toutes les parties indéfiniment petites d'une ligne ont des directions différentes ou, plus exactement, lorsque la direction d'une ligne varie à chacun de ses points, on la nomme une *ligne courbe*.

Il y a une infinité d'espèces de lignes courbes.

9. Les surfaces sont, comme nous l'avons dit plus haut, des étendues qui n'ont que deux dimensions, longueur et largeur; en considérant les lignes comme ayant une largeur infiniment petite. On peut dire que les lignes sont les élémens des surfaces, ou que toute surface est formée par la réunion d'une infinité de lignes.

On nomme *surface plane*, celle sur laquelle étant pris à volonté deux points, si l'on suppose une droite menée par ces deux points, cette droite sera entièrement contenue dans la surface et se confondra avec elle.

Il n'y a qu'une seule espèce de *surface plane*. On la nomme simplement *plan*.

10. On nomme *surface courbe* celle sur laquelle on ne peut appliquer une ligne droite dans tous les sens.

Il y a une infinité d'espèces différentes de surfaces courbes.

11. Une surface limitée de toutes parts par des lignes prend le nom de *figure*.

Les propriétés des figures géométriques dépendant principalement de la nature des lignes qui les terminent et de la manière dont ces lignes se coupent ou se rencontrent, les diverses relations que peuvent avoir entre elles des lignes tracées sur une même surface sont le point de départ de la théorie de ces figures.

Nous supposerons d'abord que toutes les lignes dont nous allons parler sont tracées sur une même surface plane ou sur un même *plan*.

GÉNÉRATION DE L'ÉTENDUE.

Première partie.

12. Deux droites EF et GH (pl. 1 , fig. 1) qui ont des directions différentes , étant suffisamment prolongées, doivent toujours finir par se rencontrer.

Deux droites AB et CD qui, prolongées indéfiniment ne peuvent se rencontrer, se nomment des *lignes parallèles*. On peut définir les parallèles , des droites qui ont la *même direction*.

13. Lorsque deux droites AB et AC (pl. 1 , fig. 2) se rencontrent, la quantité plus ou moins grande dont elles sont inclinées l'une sur l'autre, ou la *différence* de leurs directions respectives s'appelle *angle*. Le point de rencontre ou d'intersection A se nomme le *sommet* de l'angle et les droites en sont les *côtés*.

On désigne un angle par trois lettres , en plaçant celle du sommet au milieu. Ainsi, l'angle formé par les deux droites AB et AC se nomme l'angle BAC, ou CAB indifféremment. Lorsqu'il ne peut y avoir équivoque , on désigne encore l'angle par la seule lettre du sommet ; ici on dirait simplement l'angle A.

14. La grandeur d'un angle ne dépend en aucune manière de la longueur des droites qui le forment mais uniquement de la différence de leurs directions. Plus cette différence est grande et plus l'angle est grand. Par exemple, l'angle BAC (fig. 3) augmenterait successivement si le côté AB prenait successivement les directions AB′, AB″, AB‴, etc. , et enfin il arriverait à son maximum de grandeur si le côté AB prenait la direction AC′ opposée à celle de l'autre côté AC.

Le maximum de grandeur d'un angle est donc l'état dont il peut approcher indéfiniment, mais qu'il ne peut atteindre sans cesser d'exister, puisqu'alors ses côtés ne forment plus qu'une seule ligne droite.

15. Les angles , étant de véritables quantités , dont nous apprendrons plus loin à mesurer la grandeur, peuvent être ajoutés , sous-

traits, multipliés ou divisés. Par exemple, la *somme* des deux angles BAC et B'AB forme l'angle B'AC et la *différence* des deux angles B'AC et B'AB forme l'angle BAC.

16. On nomme *angles adjacens* ou *angles de suite* deux angles qui ont un côté commun et dont les deux autres ne forment qu'une seule ligne droite. Tels sont, par exemple, les angles BAD, DAC (fig. 4).

La somme de deux angles adjacens est une quantité constante; car, quels que soient ces angles, leur somme est toujours égale au maximum d'un angle (14). C'est à cause de cette propriété que deux angles adjacens sont dits *supplément* l'un de l'autre. Ainsi BAB est le *supplément* de DAC, et réciproquement.

17. Deux angles adjacens sont égaux lorsque leur côté commun AD (fig. 5) est également incliné par rapport à chacun des deux autres côtés AC et AB, ou lorsque la différence de sa direction avec celles de chacun de ces côtés est la même. La droite AD est dite alors *perpendiculaire* sur la droite BC et les angles égaux BAD et DAC prennent le nom d'*angles droits*.

Un angle droit est donc la moitié du maximum de grandeur d'un angle et, comme il en résulte que tous les angles droits sont égaux, on peut prendre l'angle droit pour terme de comparaison ou pour unité de grandeur.

18. La somme de deux angles adjacens ou de deux angles de suite, étant constante (16), cette somme est équivalente à deux angles droits.

19. Tout angle DAB (fig. 4) plus petit qu'un angle droit, se nomme un *angle aigu*, et tout angle plus grand DAC, se nomme *un angle obtus*.

20. Une droite AD, qui forme avec une autre droite BC, deux angles adjacens, dont l'un est aigu et l'autre obtus, est dite *oblique* par rapport à cette droite.

21. Il faut au moins trois droites pour construire une figure; mais on peut évidemment en construire avec un nombre quelconque de droites plus grand que trois.

Les figures terminées de toutes parts par des lignes droites, se nomment *figures rectilignes* ou *polygones*. Les droites se nomment alors les *côtés* du polygone, et, prises ensemble, elles forment son *contour* ou son *périmètre*. •

On appelle en particulier *triangle*, un polygone de trois côtés, *quadrilatère*, celui de quatre côtés ; *pentagone*, celui de cinq ; *hexagone*, celui de six, etc.

22. Les côtés d'un polygone font entre eux divers angles, de sorte qu'on peut classer les figures rectilignes, non seulement par rapport à leurs côtés, mais encore par rapport à leurs angles. C'est ainsi que le triangle considéré d'après ses angles, reçoit les noms de :

Triangle rectangle (fig. 6), lorsqu'il à un angle droit. Alors le côté BC opposé à l'angle droit A prend le nom d'*hypothénuse*.

Triangle obtusangle ou *amblygone* (fig. 7), lorsqu'il à un angle obtus.

Triangle acutangle ou *oxygone* (fig. 8), lorsque ses trois angles sont aigus.

Considéré d'après ses côtés, il reçoit les noms de :

Triangle équilatéral, si ses trois côtés sont égaux (fig. 9).

Triangle isocèle, si deux seulement de ses côtés sont égaux (fig. 10).

Triangle scalène, si ses trois côtés sont inégaux (fig. 8).

On appelle *sommet* d'un triangle le sommet d'un quelconque de ses angles, et alors le côté opposé à cet angle se nomme la base du triangle.

On prend ordinairement pour sommet du triangle isocèle le sommet de l'angle formé par les deux côtés égaux.

23. Quant aux quadrilatères, on nomme en particulier :

Quarré, celui dont les quatre côtés sont égaux et dont les quatre angles sont droits (fig. 11).

Rectangle, celui dont les quatre angles sont droits sans que les côtés soient égaux (fig. 12).

Lozange ou *rhombe*, celui dont les côtés sont égaux sans que les angles soient droits (fig. 13).

Parallélogramme, celui dont les côtés opposés sont parallèles (fig. 14).

Et enfin, *trapèze*, celui qui n'a que deux côtés parallèles (fig. 15).

24. On appelle, en général, *polygone équilatéral*, tout polygone dont les côtés sont égaux ; et *polygone équiangle*, celui dont tous les angles sont égaux.

Les polygones qui sont à la fois *équilatéraux* et *équiangles* se nomment *polygones réguliers*.

25. Les figures terminées par des lignes courbes se nomment *figures*

curvilignes. De toutes ces figures, on ne considère que le CERCLE dans la géométrie élémentaire.

Le *cercle* est une figure limitée par une seule ligne courbe, rentrante en elle-même (fig. 16), et dont tous les points sont à égale distance d'un point nommé le *centre*, pris dans l'intérieur de la figure. La ligne courbe qui forme le *contour* de cette figure curviligne reçoit le nom de circonférence du cercle. Telle est la figure 16 ; la ligne courbe BCDEFG est la *circonférence*, la portion de surface plane renfermée par cette courbe est le *cercle*, et le point A est le *centre*.

26. La distance de deux points se mesurant par la droite menée de l'un de ces points à l'autre, toutes les droites que l'on pourrait tirer du centre d'un cercle aux divers points de sa circonférence sont égales entre elles. Ces droites se nomment les *rayons* du cercle.

Telles sont les lignes AB, AC, AD, etc.

27. Une droite PQ (fig. 17), menée dans le cercle et qui se termine de part et d'autre à la circonférence se nomme une *corde*. On appelle *arc* de cercle la partie PCQ de la circonférence interceptée ou *soustendue* par la corde.

28. Lorsqu'une corde passe par le centre, elle prend le nom de *diamètre*. Un diamètre est le double du rayon.

Tous les diamètres d'un même cercle sont égaux.

29. Un diamètre divise le cercle et sa circonférence en deux parties égales ; car, si l'on suppose la partie BCDE (fig. 16), repliée sur la partie BGFE, en conservant la base commune BE, ces deux parties doivent exactement coïncider, puisque dans le cas contraire, il y aurait dans l'une ou dans l'autre des points qui ne seraient pas à égale distance du centre, ce qui est contre la nature du cercle fixée par sa définition.

30. Une droite telle que MN (fig. 17), qui coupe la circonférence en deux points A et B, se nomme *sécante*.

31. Une droite telle que EF qui touche la circonférence en un seul point D, se nomme *tangente*. Le point D commun aux deux lignes, prend le nom de *point de contact*.

32. L'espace renfermé entre deux rayons AP, AQ et l'arc compris entre leurs extrémités, PCQ, est un *secteur*. La portion de surface comprise entre un arc PCQ et sa corde PQ est un *segment*.

33. La plupart des définitions précédentes sont de véritables constructions ; car elles engendrent leurs divers objets qui n'existaient point avant elles. Il suffit donc d'examiner les conséquences de cette

construction générale pour en déterminer les circonstances particulières et arriver à la connaissance complète de la nature de l'objet construit et de ses propriétés. Mais cet examen exige la connaissance préalable des relations différentes qui peuvent exister entre les *lignes* et les *angles*, ces élémens nécessaires des figures géométriques et de toute espèce d'étendue.

§ I. LES ANGLES.

34. THÉORÈME I. *Lorsque la somme de deux angles, qui ont le même sommet et un côté commun, est égale à deux angles droits, les deux autres côtés sont en ligne droite, et ces angles sont des angles de suite* (16).

Soient les deux angles ABD et DBC (fig. 18), dont la somme est équivalente à celle de deux angles droits. Si les côtés AB et BC ne formaient pas une seule et même ligne droite, en prolongeant AB, son prolongement BF ne se confondrait pas avec BC et ABF serait une ligne droite. Mais alors les angles ABD et DBF seraient des angles de suite (16), dont la somme est égale à deux droits et comme par hypothèse la somme des angles ABD et DBC est aussi égale à deux droits, on aurait ABD+DBF, = ABD+DBC. Retranchant de cette égalité l'angle commun ABD, il resterait DBF=DBC, ce qui est impossible. Donc AB ne peut avoir d'autre prolongement que BC. Donc, les deux côtés AB et BC ne forment qu'une seule ligne droite, et les angles ABD et DBC sont des *angles de suite*.

35. THÉORÈME II. *Toutes les fois que deux droites* AC *et* DE (fig. 19), *se coupent, les angles opposés par le sommet qu'elles forment, tels que* ABE *et* CBF, *sont égaux*.

Les angles ABE et EBC qui ont le côté EB commun sont des angles de suite (16), et il en est de même des angles EBC et CBF. La somme des deux premiers est donc égale à la somme des deux seconds (18), et l'on a ABE+EBC=EBC+CBF. Retranchant l'angle commun EBC, il reste ABE=CBF.

On démontrerait de la même manière l'égalité des deux autres angles opposés par le sommet ABF et EBC.

36. COROLLAIRE. Les quatre angles ABE, EBC, CBF, FBA formés autour d'un point B par deux droites qui se coupent valent ensemble quatre angles droits.

Il en est nécessairement de même d'un nombre quelconque d'angles formés autour d'un même point B (fig. 19 *bis*) par un nombre quelconque de droites qui se rencontrent en ce point.

37. Lorsque deux droites parallèles AB et CD (fig. 20) sont coupées par une troisième droite EH, cette dernière droite , qu'on nomme en général une *transversale ,* forme avec les parallèles plusieurs angles qu'on distingue par des noms particuliers.

1° Les angles renfermés entre les parallèles, tels que AFG , BFG , CGF, DGF, se nomment les *angles internes.*

2° Les angles en dehors des parallèles, tels que AFE , EFB, CGH, HGD, se nomment les *angles externes.*

3° Deux angles situés d'un même côté de la transversale , l'un *interne ,* l'autre *externe ,* et qui ne sont point adjacens, se nomment *angles correspondans.* Tels sont les angles AFG et CGH. Tels sont encore les angles CGF et AFE , DGF et BFE , BFG et DGH.

4° Deux angles internes non adjacens et situés des deux côtés différens de la transversale se nomment *angles alternes internes.*

5° Deux angles externes non adjacens et situés des deux côtés différens de la transversale se nomment angles *alternes externes.*

Les angles AFG et FGD sont alternes internes , ainsi que les angles BFG et FGC.

Les angles CGH et EFB sont alternes externes , ainsi que les angles DGH et AFE.

Ces divers angles sont l'objet des théorèmes suivans :

38. THÉORÈME III. *Les angles correspondans formés par deux parallèles et une transversale sont égaux.*

Considérons , par exemple , les deux angles correspondans AFG et CGH. Ces angles sont nécessairement égaux ; car les droites AB et CD, étant parallèles, ont une même direction (12) ; donc la différence des directions des deux droites CG et GH, ou l'angle CGH, est égale à la différence de direction des deux droites AF et FG ou à l'angle AFG.

Il en est nécessairement de même de tous les autres angles correspondans.

39. THÉORÈME IV. *Les angles alternes internes formés par deux parallèles et une transversale sont égaux.*

L'angle AFG est égal à l'angle CGH comme correspondant, et l'angle

FGD est égal au même angle CGH comme opposé par le sommet (35); donc les deux angles alternes internes AFG et FGD sont égaux entre eux.

On démontrerait de la même manière l'égalité des deux autres angles alternes internes BFG, FGC.

40. THÉORÈME V. *Les angles alternes externes formés par deux parallèles et une transversale sont égaux.*

Soient les angles alternes externes CGH et EFB. Le premier CGH est égal à son correspondant AFG, le second EFB est égal au même angle AFG parce qu'il lui est opposé par le sommet, donc les deux angles CGH et EFB, étant égaux à une même quantité, sont égaux entre eux.

41. THÉORÈME VI. *La somme des deux angles internes d'un même côté de la transversale est égale à deux angles droits.*

Considérons les deux angles internes AFG et FGC. La somme de ces angles ou AFG + FGC est égale à celle des deux angles CGH et FGC puisque les deux angles correspondans AFG et CGH sont égaux. Mais CGH + FGC = 2 *droits,* car ces angles sont deux angles de suite (18), donc AFG + FGC = 2 *droits.* On trouverait de la même manière que BFG + FGD = 2 *droits.*

42. THÉORÈME VII. *La somme des deux angles externes d'u même côté de la transversale est égale à deux angles droits.*

On a en effet, AFE + CGH = AFE + AFG, puisque les deux angles correspondans CGH et AFG sont égaux. Or AFE + AFG = 2 *droits* donc la somme des angles externes d'un même côté : AFE et CGH est égale à deux angles droits. Il en est de même des deux autres angles externes EFB et HGD.

43. Deux droites parallèles peuvent être considérées comme ayant une même direction ou une direction opposée, de la même manière que nous pouvons considérer les deux parties d'une même droite comme ayant une même direction ou une direction opposée. Par exemple, nous pouvons dire que les deux parallèles AF et CG ont la même direction, tandis que les deux mêmes parallèles AF et GD ont une direction opposée, il suffit pour cela d'envisager la direction à partir d'un terme fixe et dans des sens différens.

44. THÉORÈME VIII. *Deux angles dont les côtés sont respectivement*

parallèles sont égaux , 1° si ces côtés ont une même direction , 2° s'ils ont une direction opposée.

La somme de ces mêmes angles est équivalente à celle de deux angles droits, si deux côtés seulement ont la même direction.

1° Soient les deux angles EAG, FBC (fig. 21) dont les côtés AE et BF sont parallèles ainsi que les côtés AG et BC. En prenant les sommets A et B pour points de départ les parallèles ont la même direction.

2° Soient également les deux angles CAB et EGF (fig. 22) dont les côtés AC et GF, AB et GE sont parallèles. En prenant toujours les sommets pour points de départ les parallèles ont une direction opposée.

3° Soient enfin les deux angles CAD, EBG (fig. 23) dont les deux côtés parallèles AD, BG ont la même direction tandis que les deux autres côtés parallèles AC et BE ont une direction opposée.

. Dans les deux premiers cas les angles seront égaux , dans le dernier ils seront supplément l'un de l'autre , c'est-à-dire leur somme sera égale à deux droits.

En effet si l'on suppose les côtés AG et BF, qui ne sont pas parallèles (fig. 21), prolongés jusqu'à ce qu'ils se coupent en un point F, on formera en F un angle HFI égal à chacun des proposés; car HFI = EAG puisque ces angles sont correspondans par rapport aux parallèles AE et BH et à leur transversale AI (38) ; de même HFI = FBC, puisque ces angles sont encore correspondans par rapport aux parallèles AI et BC et leur transversale BH. Dans les deux angles proposés EAG et FBC étant égaux à un troisième angle HFI sont égaux entre eux.

Dans le second cas (fig. 22) si nous prolongeons encore deux côtés non parallèles AB et FG jusqu'à ce qu'ils se coupent en D, nous formerons au point D un angle MDN égal à chacun des proposés parce que , d'une part MDN = CAB, comme angles correspondans entre les parallèles AC, DM et leur transversale AN, et que de l'autre MDM = EGF comme angles *alternes externes* entre les parallèles EG , AN et leur transversale FM. Donc les deux angles proposés CAB et EGF étant égaux à un troisième angle MDN sont égaux entre eux.

Dans le dernier cas (fig. 23) , les côtés non parallèles ayant été suffisamment prolongés pour se couper, on a l'angle CAD égal à l'angle MFD comme correspondant, mais MFD et EBG sont deux angles externes du même côté de la transversale EM, par rapport aux parallèles AD et BG , ainsi (42) MFD + EBG = 2 *droits*, et par conséquent aussi CAD + EBG = 2 *droits*, puisque MFD = CAD. Donc la somme des deux angles proposés est égale à 2 *droits*.

45. THÉORÈME IX. *L'angle extérieur* ACD (fig. 24) *formé par le côté* AC *d'un triangle et le prolongement* CD *d'un autre côté est équivalent à la somme des deux angles intérieurs* A *et* B *qui lui sont opposés.*

Par le point C menons une droite CM parallèle à AB, les deux angles B et MCD seront égaux comme correspondans par rapport à la transversale BD, et les deux angles A et ACM seront égaux comme alternes internes par rapport à la transversale AC. Mais des deux égalités B = MCD, A = ACM, on tire A + B = ACM + MCD = ACD. Donc l'angle extérieur ACD est équivalent à la somme des deux intérieurs opposés A et B.

46. COROLLAIRE. L'angle extérieur est toujours plus grand que l'un quelconque des angles intérieurs opposés.

47. THÉORÈME. X. *La somme des trois angles d'un triangle est toujours équivalente à celle de deux angles droits.*

Soit le triangle ABC (fig. 24). Si on suppose le côté BC prolongé en D, l'angle extérieur ACD sera équivalent (45) à la somme des deux intérieurs opposés, et on aura l'égalité A + B = ACD. Ajoutant aux deux membres de cette égalité le troisième angle intérieur ACB, on aura encore l'égalité A + B + ACB = ACB + ACD. Mais les deux angles ACB et ACD sont des angles de suite dont la somme est équivalente à 2 droits (18); donc A + B + ACB = 2 droits : donc la somme des trois angles d'un triangle quelconque est équivalente à deux angles droits.

48. COROLLAIRE I. Un triangle ne peut avoir qu'un angle droit, et, à plus forte raison, qu'un angle obtus.

49. COROLLAIRE II. Dans un triangle rectangle, la somme des deux angles aigus est équivalente à un angle droit.

50. COROLLAIRE III. Lorsque deux des angles d'un triangle sont respectivement égaux à deux des angles d'un autre triangle, les troisièmes angles sont égaux.

51. COROLLAIRE IV. Lorsque deux triangles ont un angle égal chacun à chacun, la somme des deux autres angles est la même dans les deux triangles.

52. THÉORÈME XI. *La somme de tous les angles intérieurs d'un polygone quelconque est équivalente à autant de fois deux angles droits qu'il y a de côtés moins deux.*

Soit le polygone ABCDE (fig. 25). Si du sommet de l'un des angles, A par exemple, on mène des droites AC, AD à tous les autres sommets, le polygone sera partagé en autant de triangles qu'il a de côtés moins deux ; car, à l'exception des deux côtés AB et AE qui forment l'angle A, chacun des autres côtés sert de base à un triangle. Or, on peut aisément remarquer que la somme des angles de tous les triangles est la même chose que la somme des angles du polygone ; mais la somme des trois angles de tout triangle vaut deux droits ; donc la somme des angles du polygone est équivalente à autant de fois deux droits qu'il y a de triangles ou qu'il y a de côtés moins deux dans le polygone.

53. DÉFINITION. Les droites AC et CD que nous avons menées dans le polygone ABCDE se nomment les *diagonales* du polygone.

En général, toute droite tirée du sommet d'un angle au sommet d'un autre angle non adjacent, dans une figure rectiligne, reçoit le nom de *diagonale*.

54. THÉORÈME XII. *Dans un même cercle ou dans des cercles égaux, les angles égaux qui ont leurs sommets au centre interceptent des arcs égaux sur la circonférence.*

Réciproquement, les angles qui ont leurs sommets au centre et qui interceptent des arcs égaux sur la circonférence, sont égaux.

1° Soient les deux cercles égaux B et *b* (fig. 26), si les deux angles ABC et *abc* qui ont leurs sommets au centre sont égaux, les arcs AC et *ac* interceptés par les côtés de ces angles sont égaux.

Car, si on suppose le cercle *b* transporté sur le cercle B, de manière que les deux centres coïncident, les cercles, étant égaux, coïncideront parfaitement dans toutes leurs parties et ne feront plus qu'un seul et même cercle. Mais on peut supposer, de plus, que le rayon *ab* soit confondu avec le rayon AB ; alors, à cause de l'égalité des angles *abc* et ABC, le côté *bc* devra se trouver dans la direction de BC, et comme, en outre, ces deux côtés sont encore deux rayons égaux, le point *c* se trouvera sur le point C. Donc les arcs *ac* et AC coïncideront exactement et sont par conséquent égaux.

2° Soient les deux angles ABC et *abc*, qui ayant leurs sommets aux

centres des deux cercles égaux B et *b*, interceptent les arcs égaux
AC et *ac*. Ces deux angles sont égaux. En effet, s'ils n'étaient point
égaux, on pourrait toujours supp ser un angle *abm* plus grand ou plus
petit que *abc* et qui serait égal à ABC. Mais, d'après ce qui précède,
les arcs *am* et AC seraient égaux, et comme par hypothèse *ac* = AC,
il en résulterait *am* = *ac*, ce qui est impossible. Donc, il ne peut
exister aucun angle plus grand ou plus petit que *abc* qui soit égal à
ABC, donc ces deux angles sont nécessairement égaux.

55. Théorème XIII. *Les angles qui ont leurs sommets au centre
d'un même cercle ou de cercles égaux sont entre eux comme les arcs
interceptés par leurs côtés.*

Si les deux angles ABC et *abc* (fig. 27) ont leurs sommets aux centres des deux cercles égaux B et *b*, le rapport de ces angles comparé
à celui des arcs AC et *ac* qu'ils interceptent donnera la proportion.

$$\text{ABC} : abc = \text{AC} : ac.$$

En effet, le rapport des deux arcs AC et *ac* peut toujours s'exprimer par celui de deux nombres entiers *m* : *n*, si ces arcs sont commensurables entre eux, c'est-à-dire s'il existe un petit arc qui soit
contenu un nombre exact de fois dans l'un et dans l'autre. Supposons qu'il en soit ainsi, et qu'en divisant l'arc AC en *m* parties égales
A1, 12, 23, etc., l'arc *ac* contienne *n* de ces parties *a*1, 12, 23, etc.
Nous aurons donc la proportion AC : *ac* = *m* : *n*. Mais si par tous les
points de division des arcs AC et *ac* on mène des rayons aux centres B
et *b*, l'angle ABC se trouvera divisé en *m* petits angles égaux (54), et
l'angle *abc* en *n* de ces mêmes angles; ainsi le rapport des angles
ABC et *abc* est encore égal à celui des nombres *m* : *n*, et on a la seconde proportion ABC : *abc* = *m* : *n*. On a donc aussi à cause du rapport *m* : *n* commun à cette proportion et à la précédente, ABC : *abc* .
= AC : *ac*. Donc, etc.

Dans le cas où il n'existerait aucun arc, quelque petit qu'il soit, qui
puisse être contenu exactement dans chacun des arcs AC et *ac*, ces
arcs n'auraient point de commune mesure ou seraient incommensurables, et il en serait alors de même des deux angles ABC et *abc*. Mais
le rapport irrationnel des arcs AC et *ac* n'en serait pas moins égal au
rapport irrationnel des angles ABC et *abc;* car s'il était possible qu'on
n'eût pas dans ce cas ABC : *abc* = AC : *ac*, on pourrait toujours supposer qu'on a ABC : *abc* :: AC : *ao*, *ao* étant un arc plus grand ou plus

petit que *ac*. Or, nous allons voir que cette supposition est admissible. Prenons d'abord *ao* $>$ *ac* et imaginons le plus petit angle *abc* placé dans le plus grand ABC (fig. 28); l'arc AC′ représentera l'arc *ac*, et AO l'arc plus grand que *ac*, capable de donner la proportion hypothétique ABC : ABC′ = AC : AO. Supposons maintenant l'arc AC divisé en parties égales plus petites que C′O, il y aura au moins un point I de division entre C′ et O, et en menant le rayon BI, les deux angles ABC et ABI seront entre eux comme les arcs AC et AI, puisque ces arcs sont commensurables. On aura donc la proportion

$$ABC : ABI = AC : AI,$$

comparant avec la proportion hypothétique,

$$ABC : ABC' = AC : AO,$$

et observant que les antécédens sont les mêmes, on en concluera (*Alg.* 103) que les conséquens sont en proportion ou qu'on doit avoir

$$ABI : ABC' = AI : AO.$$

Mais ABI est plus grand que ABC′, tandis que AI est plus petit que AO. Cette proportion est donc absurde, et il en est de même de la proportion hypothétique qui nous a conduit à cette dernière. Donc, on ne peut supposer que l'angle ABC soit à l'angle ABC′ comme l'arc AC est à un arc plus grand que AC′.

On démontrerait de la même manière que le rapport de ces angles ne peut être égal à celui de l'arc AB avec un arc plus petit que AC′. Ainsi le quatrième terme de la proportion ne pouvant être ni plus grand ni plus petit que l'arc AC′, est nécessairement égal à cet arc ; donc le rapport de deux angles qui ont leurs sommets au centre d'un même cercle ou de cercles égaux est toujours égal au rapport des arcs interceptés.

56. Il résulte du théorème précédent, qu'un angle quelconque étant donné, si l'on décrit un cercle qui ait son centre au sommet de l'angle, l'arc intercepté par les côtés de cet angle pourra lui servir de mesure.

Soit, en effet, l'angle ABC (fig. 29), si de son sommet B, comme centre, on décrit une circonférence de cercle, l'arc AC intercepté par les côtés AB et BC peut mesurer la grandeur de cet angle, car en supposant qu'on ait choisi un angle MBN pour unité de mesure des angles, la grandeur de l'angle ABC est exprimée par le nombre qui indique combien de fois cet angle contient l'unité de mesure MBN, mais d'après ce qui précède, on a la proportion ABC : MBN=AC : MN ; donc, si pour mesurer l'arc AC on prend l'arc MN pour unité de mesure, le nombre qui exprimera la grandeur de l'arc AC sera le même que celui qui exprimera la grandeur de l'angle ABC, et l'on peut ainsi prendre l'arc AC pour la mesure de l'angle ABC.

De cette manière, un angle droit a pour mesure le quart de la circonférence ; deux angles droits la moitié de la circonférence ; et, enfin, la circonférence entière est la mesure de quatre angles droits. C'est ce qu'on reconnaît immédiatement, en supposant deux diamètres BC et DE (fig. 30) perpendiculaires l'un sur l'autre ; car ces diamètres forment quatre angles droits et partagent le cercle en quatre parties égales.

57. On a pris, dès la plus haute antiquité, pour unité de mesure des angles, un angle dont les côtés interceptent la trois-cent soixantième partie de la circonférence décrite de son sommet, c'est-à-dire qu'on a supposé toutes les circonférences grandes ou petites partagées en 360 parties égales nommées *degrés*. La grandeur d'un angle se trouve donc parfaitement déterminée par le nombre des parties que ces côtés interceptent, lorsqu'on place son sommet au centre, puisque ce nombre exprime combien de fois il contient l'unité de mesure ou l'angle d'un degré. Pour obtenir des déterminations précises, autant que possible, on a subdivisé l'arc d'un degré en *soixante* parties égales nommées *minutes*. L'arc d'une *minute* en *soixante* parties nommées *secondes*, l'arc d'une *seconde* en *soixante* parties nommées *tierces*, et ainsi de suite. C'est ce que l'on nomme la division sexagésimale. L'angle droit, dont les côtés interceptent le quart de la circonférence, est dit, d'après cette division, l'angle de 90 degrés.

La prolixité des calculs qu'entraînent les fractions sexagésimales avait fait proposer depuis long-temps d'adapter la division décimale au cercle, lorsque la réforme du système métrique français, décrétée en 1790, parut une occasion favorable pour substituer, avec autorité, à l'ancien système des mesures angulaires un système plus simple et plus commode pour les calculs ; l'angle droit fut donc pris pour *unité*, et le quart de la circonférence divisé en 100 parties nommées *grades* ou *degrés*. Ces degrés *décimaux* se subdivisent à leur tour en 100 *minutes*, la minute en 100 *secondes*, etc.

Cependant, malgré l'utilité manifeste de cette division nommée *centésimale*, elle n'a point encore été adoptée par les autres nations, et même en France la plupart des instrumens qui servent à mesurer les angles sont encore divisés en 360 degrés. Nous nous bornerons donc, dans la suite de cet ouvrage, à l'ancienne division sexagésimale.

Les degrés, minutes et secondes se désignent par les caractères °, ′, ″ ; par exemple, 30° 25′ 50″,3 signifient 30 *degrés*, 25 *minutes*, 50 *secondes* et 3 *dixièmes de seconde*.

58. Théorème XIV. *Si on divise en deux parties égales un angle qui a son sommet au centre d'un cercle, la droite qui fait cette division partage la corde de l'arc intercepté en deux parties égales, et de plus lui est perpendiculaire.*

Soit menée, dans l'angle ABC (fig. 32), la droite BM qui partage cet angle en deux parties égales ; cette droite partagera la corde AC en deux parties égales, et les angles AMB, et BMC qu'elle forme avec la corde seront des angles droits.

Car si on suppose l'angle ABM replié sur son égal MBC, de manière que la droite BM reste commune aux deux angles, alors la ligne AB tombera dans la direction de la ligne CB, et comme ces deux lignes sont égales (26), le point A tombera sur le point C. Or, la droite AM ayant ses deux extrémités communes avec celles de la droite MC, se confondra entièrement avec elles ; donc ces lignes sont égales. Mais l'angle AMB se trouve également confondu avec l'angle BMC ; donc ces deux angles sont égaux et, par conséquent, sont des angles droits (17).

59. Théorème XV. *La droite qui partage en deux parties égales l'angle au sommet d'un triangle isocèle, est perpendiculaire sur la base et la partage en deux parties égales.*

Du sommet B du triangle isocèle ABC (fig. 32), si l'on décrit une circonférence de cercle en prenant le côté BC pour rayon, cette circonférence passera par le point A, puisque, d'après la nature du triangle, AB, étant égal à BC, sera également un rayon du cercle.

Mais les points A et C se trouvant sur la circonférence, la base AC du triangle deviendra une corde. Donc, en vertu de la démonstration précédente, la droite BM qui partage en deux parties égales l'angle ABC, partage la base AC en deux parties égales et lui est perpendiculaire.

60. THÉORÈME XVI. *Dans un triangle isocèle, les angles opposés aux côtés égaux, ou les angles à la base, sont égaux.*

Dans le triangle isocèle ABC (fig. 32), abaissons du sommet B la droite BM, qui partage l'angle B du sommet en deux parties égales. Cette droite sera perpendiculaire sur la base AC et partagera le triangle en deux triangles rectangles AMB, CMB.

Or, ces triangles rectangles ont deux de leurs angles égaux chacun à chacun, savoir : l'angle droit BMA égal à l'angle droit BMC, et l'angle ABM égal à l'angle CBM, par construction; leurs troisièmes angles BAM et BCM sont donc égaux (50). Donc les angles A et C, à la base du triangle isocèle ABC, sont égaux.

61. COROLLAIRE 1. Chacun des angles à la base d'un triangle isocèle équivaut à un angle droit moins la moitié de l'angle au sommet; car dans chacun des triangles rectangles ABM et MBC, la somme des deux angles autres que l'angle droit, équivaut à un angle droit (49); mais cette somme se compose de l'un des angles à la base du triangle isocèle et de la moitié de l'angle du sommet. Donc, etc.

62. COROLLAIRE 2. Les trois angles d'un triangle équilatéral sont égaux; car, en considérant le triangle équilatéral ABC (fig. 9) comme isocèle par rapport à la base AC, les angles A et C sont égaux, et en le considérant comme isocèle par rapport à la base AB, les angles A et B sont égaux. Donc les trois angles A, B, C, sont égaux.

63. Nous avons vu que les arcs de la circonférence du cercle servent à mesurer la grandeur des angles lorsqu'on place les sommets de ces angles au centre. Dans les diverses positions qu'un angle peut avoir par rapport à un cercle, si ses côtés interceptent un arc, il existe toujours entre cet arc et celui qui serait intercepté en plaçant le sommet de l'angle au centre, des rapports tels qu'on peut en conclure la mesure de l'angle sans lui faire subir aucun transport; ce qui est utile dans un grand nombre de cas. Tel est l'objet des théorèmes suivans.

64. THÉORÈME XVII. *Un angle qui a son sommet à la circonférence d'un cercle a pour mesure la moitié de l'arc intercepté par ses côtés.*

Il se présente trois cas : ou l'un des côtés de l'angle passe par le centre D du cercle, comme dans la fig. 33, ou ce centre est en dehors des deux côtés, comme dans la fig. 34, ou enfin le centre est compris entre les deux côtés, comme dans la fig. 35.

Dans le premier cas (fig. 33), si du centre D on mène à l'extrémité de l'autre côté AC, de l'angle ACB, le rayon AD, le triangle ADC sera isocèle à cause des rayons égaux AD et DC, et par conséquent les angles à la base ACD et CAD seront égaux (58); or, l'angle extérieur ADB du triangle CAD est égal à la somme des deux angles intérieurs opposés CAD et ACD (45); donc cet angle ADB est le double de l'un quelconque de ces deux angles égaux, et par conséquent de l'angle proposé ACD; mais l'angle ADB ayant son sommet au centre, a pour mesure l'arc AB, donc l'angle ACB aura pour mesure la moitié de cet arc.

Dans le second cas, si on mène le diamètre CE (fig. 34), les deux angles BCE et ACE se trouveront dans la condition que nous venons d'examiner, c'est-à-dire que le premier aura pour mesure la moitié de l'arc BE, et le second la moitié de l'arc AE, ainsi, l'angle proposé ACB étant la différence des deux angles ACE et BCE, sa mesure sera la différence de leurs mesures ou $\frac{1}{2}$ AE — $\frac{1}{2}$ BE; mais $\frac{1}{2}$ AE — $\frac{1}{2}$ BE $= \frac{1}{2}$ [AE — BE] $= \frac{1}{2}$ AB. Donc, l'angle ACB a pour mesure la moitié de l'arc AB intercepté entre ses côtés.

Dans le troisième cas, ayant mené le diamètre CE (fig. 35) l'angle proposé ACB sera la somme des deux angles ACE et ECB qui se trouvent encore dans les conditions du premier cas, et qui ont par conséquent pour mesure la moitié des arcs qu'ils interceptent; ainsi, la mesure de ACB sera $\frac{1}{2}$ AE $+ \frac{1}{2}$ EB $= \frac{1}{2}$ AB Donc, dans tous les cas, un angle qui a son sommet à la circonférence a pour mesure la moitié de l'arc intercepté par ses côtés.

65. COROLLAIRE 1. Tous les angles qui ont leurs sommets à la circonférence d'un cercle et dont les côtés passent par les extrémités d'une même corde sont égaux, car ils ont tous pour mesure la moitié du même arc. Tels sont les angles ABC, ADC, AEC, AFC (fig. 31), qui ont tous pour mesure la moitié du même arc AC.

66. COROLLAIRE 2. Un angle qui a son sommet à la circonférence d'un cercle et dont les côtés passent par les extrémités d'un diamètre est droit, car il a pour mesure la moitié de la demi-circonférence ou le quart de la circonférence.

67. THÉORÈME XVIII. *Un angle BAC (fig. 40), qui a son sommet dans l'intérieur d'un cercle, entre le centre et la circonférence, a pour mesure la moitié de la somme des arcs BC et DE interceptés par ses côtés et leurs prolongemens.*

Ayant prolongé les côtés AB et AC de cet angle jusqu'à ce qu'ils rencontrent la circonférence en D et en E, si l'on mène la corde DB on aura un triangle BDA, dont l'angle proposé BAC sera un angle extérieur. Cet angle est donc égal à la somme des deux angles intérieurs opposés BDA et ABD, et par conséquent, sa mesure sera la somme des mesures de ceux-ci. Mais, d'après la proposition précédente BDA a pour mesure la moitié de l'arc BC et ABD la moitié de l'arc DE, donc, l'angle proposé BAC a pour mesure $\frac{1}{2}$ BC $+\frac{1}{2}$ DE $=\frac{1}{2}$ (BC $+$ DE), c'est-à-dire la moitié de la somme des arcs compris entre ses côtés et leurs prolongemens.

68. THÉORÈME XIX. *Un angle ABC (fig. 36), formé par deux sécantes, et dont, par conséquent le sommet est hors du cercle, a pour mesure la moitié de la différence des arcs AC et DE interceptés entre ses côtés.*

Menons la corde AE, l'angle AEC sera extérieur par rapport au triangle ABE. On aura donc AEC $=$ ABE $+$ BAE, d'où, ABE $=$ AEC $-$ BAE. Ainsi, l'angle ABE qui est l'angle proposé, doit avoir pour mesure la différence des mesures des angles AEC et BAE, c'est-à-dire $\frac{1}{2}$ AC $-\frac{1}{2}$ DE ou $\frac{1}{2}$ (AC $-$ DE), ce qui est la proposition énoncée.

69. THÉORÈME XX. *Un angle ACB, dont le sommet est sur la circonférence (fig. 41), et qui est formé par une corde AC et par le prolongement CB d'une autre corde DC, a pour mesure la moitié de la somme des arcs AC et CD soutendus par ces cordes.*

Les deux angles DCA et BCA sont deux angles de suite dont la somme est équivalente à deux angles droits (18). Cette somme a donc pour mesure la moitié de la circonférence (56); mais l'angle ACD a pour mesure $\frac{1}{2}$ DA; donc, l'angle ACB a pour mesure la moitié du reste de la circonférence ou $\frac{1}{2}$ DC $+\frac{1}{2}$ AC.

70. Si l'on suppose que la droite DB tourne autour du point C et prenne les diverses positions D'B', D''B'', etc., on verra que l'arc soutendu DC diminue successivement en devenant D'C, D''C, D'''C, etc., de sorte que la mesure des angles successifs BCA, B'CA, B''CA, etc., diffère de moins en moins de $\frac{1}{2}$AC. Lorsque la droite DB devient la tangente NM, l'arc DC disparaît, et l'angle BCA devenu MCA, n'a plus que $\frac{1}{2}$AC pour mesure. Il en résulte que, *l'angle formé par une tangente et par une corde a pour mesure la moitié de l'arc compris entre ses côtés.*

71. Si la corde CA (fig. 42) passait par le centre O, ou était un diamètre, l'arc compris entre les côtés de l'angle BCA serait la demi-circonférence CNA; Cet angle aurait donc alors pour mesure le quart de la circonférence, et serait par conséquent un angle droit. Donc, *la tangente est perpendiculaire au diamètre ou au rayon mené au point de contact.* Nous démontrerons ailleurs cette proposition d'une manière plus directe.

72. THÉORÈME XXI. *Dans un parallélogramme quelconque, les angles opposés sont égaux.*

Soit le parallélogramme ABCD (fig. 14), les angles opposés A et C ou B et D sont égaux, car ces angles sont formés par des côtés parallèles qui ont une direction opposée (44).

§ II. LES LIGNES.

73. La ligne droite étant le plus court chemin d'un point à un autre, la somme de deux côtés quelconques d'un triangle est toujours plus grande que le troisième côté.

74. THÉORÈME I. *Si deux angles d'un triangle sont égaux, les côtés opposés à ces angles le sont aussi, et le triangle est isocèle.*

Cette proposition est l'inverse ou la réciproque de la proposition du n° 60, et nous devons faire observer, une fois pour toutes, qu'on démontre généralement les propositions réciproques par une *réduction à l'absurde*, c'est-à-dire, en supposant qu'elles n'ont pas lieu et en montrant que cette hypothèse conduit, à l'aide de la proposition directe, à une conséquence absurde. Ce mode de démonstration étant bien compris, rien n'est plus facile que d'établir une proposition réciproque; aussi, dans la plupart des traités de géométrie, on se contente d'énoncer ces propositions.

Soit donc, le triangle ABC (fig. 38), dans lequel les angles BAC et BCA sont égaux. Les côtés opposés AB et BC seront égaux.

Car, s'ils ne l'étaient pas, il y aurait un côté plus grand que l'autre, BC par exemple ; alors on pourrait prendre sur BC, BD égal à AB et, en menant la droite AD, le triangle ABD serait isocèle, et par conséquent, les angles à la base BAD et BDA seraient égaux (60). Or, l'angle ADB extérieur au triangle ADC est plus grand que l'angle intérieur opposé ACB (46) ; ainsi, son égal BAD sera aussi plus grand que ACB ; mais, par hypothèse, ACB est égal à BAC, donc, BAD est plus grand que BAC, ce qui est absurde.

On ne peut donc pas supposer que les deux côtés AB et AC sont inégaux, et, conséquemment, le triangle ABC est isocèle.

75. THÉORÈME II. *Dans un triangle, si deux angles sont inégaux, le plus grand des deux est opposé au plus grand côté, et réciproquement.*

1°. Soit dans le triangle ACB (fig. 39) l'angle ABC plus grand que l'angle CAB, le côté AC sera plus grand que le côté BC.

En effet, l'angle ABC étant plus grand que l'angle BAC, on peut mener une droite BD de manière qu'elle forme, avec le côté AB, un angle ABD égal à l'angle CAB. Alors, le triangle ADB ayant deux angles égaux, sera isocèle, et l'on aura AD $=$ DB ; mais BC est plus petit que BD $+$ DC (72), il est donc aussi plus petit que AD $+$ DC, ou que AC.

2°. Soit, maintenant, dans le triangle ACB, le côté AC plus grand que le côté BC, l'angle ABC sera plus grand que l'angle CAB.

Car, si cela n'était pas, l'angle ABC serait plus petit que l'angle CAB ou lui serait égal. Or, s'il était plus petit, d'après la proposition directe, le côté AC qui lui est opposé serait plus petit que BC, ce qui est contre l'hypothèse ; s'il lui était égal, le triangle ABC serait isocèle, et les deux côtés AC et BC seraient égaux, ce qui est aussi contre l'hypothèse ; donc, l'angle ABC ne peut être que plus grand que l'angle CAB. Donc, etc.

76. DÉFINITION. La distance d'un point à une ligne est la droite la plus courte que l'on puisse mener de ce point à cette ligne.

77. THÉORÈME III. *La distance d'un point à une droite est la perpendiculaire abaissée de ce point sur cette droite.*

Soient A le point (fig. 43) et CB la droite, la perpendiculaire AD, abaissée du point A sur CB, sera la mesure de leur distance.

Car, si l'on mène du point A une oblique quelconque AE, cette oblique sera plus grande que la perpendiculaire, puisque le triangle AED étant rectangle en D, l'angle AED est évidemment plus petit que l'angle droit ADE, et par conséquent, le côté AD plus petit que le côté AE. On ne peut donc mener du point A à la droite CB une droite plus courte que la perpendiculaire AD; ainsi, cette perpendiculaire est la distance du point A à la droite CB.

78. THÉORÈME IV. *De deux obliques qui partent d'un même point d'une perpendiculaire, celle qui s'écarte le plus de son pied est la plus longue.*

Soit la droite AD perpendiculaire sur BE (fig. 44). Si on mène d'un point quelconque A de cette perpendiculaire les deux obliques AC et AB, l'oblique AB qui s'écarte le plus du pied D de la perpendiculaire sera la plus grande des deux.

En effet, l'angle BCA étant extérieur par rapport au triangle rectangle ADC est plus grand que l'angle droit opposé CDA, tandis que l'angle ABD qui fait partie du triangle rectangle BAD est nécessairement plus petit que l'angle droit CDA. Ainsi, dans le triangle BAC, l'angle ABC est plus petit que l'angle BCA et par conséquent le côté AB opposé au plus grand angle est plus grand que le côté AC opposé au plus petit. Donc, etc.

79. Si les deux obliques étaient situées l'une à la droite et l'autre à la gauche de la perpendiculaire, il en serait necessairement de même, c'est-à-dire que la plus écartée du pied serait la plus longue. Cependant on ne peut démontrer directement cette proposition qu'à l'aide de la suivante.

80. THÉORÈME V. *Les obliques qui s'écartent également du pied de la perpendiculaire sont égales.*

Soient les deux obliques AB et AC (fig. 45) qui partent du même point A de la perpendiculaire AD et qui s'écartent également de son pied, c'est-à-dire, de manière que BD soit égal à DC. Ces obliques sont égales. Car si l'on fait tourner le triangle rectangle ADC autour de la perpendiculaire AD, pour l'appliquer sur le triangle rectangle ADB, les deux côtés DC et DB se confondront et comme ces côtés sont égaux le point C tombera sur le point B; les deux droites AC et AB auront ainsi leurs deux extrémités communes; elles devront donc exactement coïncider et sont, par conséquent, égales.

81. COROLLAIRE. D'un point pris hors d'une droite on ne peut lui mener que deux obliques égales; car une troisième oblique serait plus ou moins écartée du pied de la perpendiculaire, que l'on peut concevoir menée du même point, et serait ainsi plus ou moins longue.

82. THÉORÈME VI. *Lorsqu'une droite est perpendiculaire sur 'le milieu d'une autre droite, tous ses points sont à égale distance des deux extrémités de cette dernière.*

Car, d'un point quelconque de la perpendiculaire, si on mène une oblique à chacune de ces extrémités, ces obliques s'écartant également du pied de la perpendiculaire seront égales et par conséquent ce point et tous ceux que l'on pourrait prendre sur la perpendiculaire sont également distans des deux extrémités de la droite sur le milieu de laquelle elle est élevée.

83. Il n'existe aucun autre point à égale distance des deux extrémités d'une droite que ceux qui appartiennent à la perpendiculaire élevée sur son milieu, car F étant un point quelconque hors de la perpendiculaire AE (fig. 46) si on mène les obliques FC et FD, l'une de ces obliques coupera la perpendiculaire en un point B duquel menant BD, on aura CB $=$ BD. Or, dans le triangle BFD le côté FD est plus petit que la somme des deux autres BD $+$ BF; mais BD $+$ BF est la même chose que CB $+$ BF ou que CF donc FD $<$ CF, donc le point F, et par conséquent tout point pris hors de la perpendiculaire est inégalement éloigné des extrémités C et D.

84. Comme on ne peut mener qu'une seule ligne droite par deux points donnés et que la position d'une droite est entièrement déterminée par celle de deux de ses points, il résulte de ce qui précède, que lorsqu'une droite a deux de ses points également distans des extrémités d'une autre droite, elle est perpendiculaire sur le milieu de cette dernière.

85. THÉORÈME VII. *La tangente d'un cercle est perpendiculaire au rayon mené au point de contact.*

Cette proposition déjà conclue de la mesure des angles (70) est une conséquence immédiate des propriétés des obliques. En effet, si on mène au point de contact B (fig. 47), de la tangente CD, le rayon AB et que du centre A on mène, en outre, diverses obliques AE, AF, AG, etc., toutes ces obliques sont nécessairement plus grandes que le rayon AB puisqu'elles sortent du cercle. Ainsi le rayon mené au point de contact est évidemment la droite la plus petite que l'on puisse mener du centre à la tangente. Donc ce rayon est perpendiculaire à la tangente (76).

86. THÉORÈME VIII. *Les côtés opposés d'un parallélogramme sont égaux.*

Soit le parallélogramme ABCD (fig. 48 et 49). Du sommet A d'un des angles abaissons la perpendiculaire AE sur le côté opposé CD et menons l'oblique AF de manière que EF soit égal à CE, en prolongeant, s'il est nécessaire, le côté CD. Nous aurons (79) d'après cette construction AC = AF. Si le point de rencontre F de cette oblique avec le côté CD est en dehors du parallélogramme comme dans la figure 48 elle coupera le côté BD opposé à AC en un point G, si, au contraire, ce point de rencontre est dans l'intérieur comme dans la figure 49, elle ne pourra rencontrer ce côté BD qu'en la prolongeant suffisamment ainsi que le côté lui-même, mais dans ce cas les deux droites n'étant pas parallèles finiront toujours par se rencontrer en un point G.

Ceci posé, dans l'un et l'autre cas, les deux triangles FGD et AGB seront isocèles ; car, dans la figure 48, les deux angles GDF et DFG sont égaux entre eux puisqu'ils sont tous deux égaux au même angle C du parallélogramme. En effet, l'angle C est égal à l'angle GDF comme correspondant par rapport aux parallèles AC, BD et à leur transversale CF, et le même angle C est égal à l'angle DFG parce qu'ils sont l'un et l'autre à la base du triangle isocèle CAF. Donc l'angle GDF est égal à l'angle DFG et par suite le côté DG est égal au côté GE (73). On reconnaît l'égalité des deux angles GAB est ABG du second triangle AGB en observant qu'ils sont respectivement égaux aux deux angles égaux GDF et DFG du premier triangle DGF ; savoir : GAB = DFG comme alternes internes entre les parallèles AB, CF et leur transversale AF ; et ABG = GDF comme alternes internes entre les mêmes parallèles et leur transversale DB. Donc GAB = ABG et par suite le côté AG = GB. Mais, en additionnant membre à membre les deux égalités GF = DG et AG = GB, on a AG + GF = DG + GB ou AF = BD. Or, par construction AF = AC, donc AC = BD, donc les deux côtés opposés AC et BD du parallélogramme ABCD sont égaux.

Dans la figure 49, l'égalité des angles conduit de la même manière aux égalités des côtés AG = GB, GF = DG et l'on obtient en prenant les différences au lieu des sommes AG — GF $=$ GB — DG , ou AF $=$ BD et , par conséquent , AC $=$ BD.

On démontrerait de la même manière l'égalité des autres côtés opposés AB et CD.

87. La réciproque de cette proposition a également lieu, c'est-à-dire qu'un quadrilatère dont les côtés opposés sont égaux, a ses côtés égaux parallèles et est un parallélogramme. C'est ce qu'on peut démontrer par une *réduction à l'absurde*, mais nous le déduirons plus loin comme un simple corollaire de la *comparaison* des figures géométriques.

88. COROLLAIRE. *Deux parallèles sont partout à égale distance.* Car si d'un point quelconque P de la droite AB (fig. 37) on abaisse la perpendiculaire PR sur sa parallèle CD , et que d'un autre point quelconque Q de la même droite on abaisse une seconde perpendiculaire QS sur sa parallèle CD , ces deux perpendiculaires qui sont les distances respectives des points P et Q à la droite CD sont égales. En effet, ces deux perpendiculaires sont parallèles entre elles , ainsi la figure PQSR est un parallélogramme et par conséquent les côtés opposés PR et QS sont égaux. Le parallélisme des deux perpendiculaires est une conséquence immédiate de ce que la somme des trois angles d'un triangle est égale à deux angles droits, puisque si l'on pouvait supposer que ces perpendiculaires prolongées suffisamment dussent se rencontrer , il en résulterait qu'elles formeraient avec PQ ou RS un triangle dont les deux angles à la base seraient droits ce qui est absurde. Ainsi ces perpendiculaires prolongées à l'infini ne peuvent se rencontrer et sont parallèles.

89. Un parallélogramme devient un rectangle quand ses angles sont droits. Le *rectangle* n'est donc qu'un cas particulier du parallélogramme et jouit de toutes les propriétés de ce dernier. Lorsque les quatre côtés du *rectangle* sont égaux , le rectangle devient *quarré*. Un *quarré* n'est donc encore qu'un cas particulier du parallélogramme.

90. THÉORÈME IX. *La perpendiculaire* AD (fig. 50), *abaissée du centre d'un cercle sur une corde* BC, *partage cette corde en deux parties égales.*

Menons aux extrémités de la corde BC les rayons AB et AC , ces rayons étant égaux , sont deux obliques égales par rapport à la perpendiculaire AD, elles sont donc également écartées de son pied M. Donc BM $=$ MC.

91. Théorème X. *Dans un même cercle ou dans des cercles égaux, les cordes situées à égale distance du centre sont égales.*

Soient les deux cordes AB et CD (fig. 51), situées à égale distance du centre O, les perpendiculaires OM et ON qui mesurent leurs distances seront égales, et si l'on mène les rayons OA et OC, on pourra considérer ces rayons comme deux obliques égales, par rapport aux perpendiculaires égales OM et ON ; ces obliques s'écartent donc également de leurs pieds : AM est dont égale à CN ; mais AM et CN sont les moitiés des cordes AB et CD, donc ces cordes elles-mêmes sont égales.

92. Théorème XI. *De deux cordes inégalement éloignées du centre d'un cercle la plus proche est la plus grande et réciproquement.*

Soit dans le cercle O (*fig.* 52), la corde AC plus éloignée du centre que la corde AB ; la perpendiculaire OD tirée du centre sur AC et qui mesure la distance de cette corde au centre sera plus grande que la perpendiculaire OE, menée du centre sur AB. D'après cette construction, on aura AM > AD, car AM est oblique par rapport à la perpendiculaire AD ; mais AE est plus grand que AM ; donc on aura, à plus forte raison, AE > AD. Or, AE et AD sont les moitiés des cordes AB et AC (89), donc la corde AB, la moins éloignée du centre est plus grande que la corde AC, la plus éloignée.

Réciproquement, si des deux cordes AB et AC, AB est la plus grande, elle sera la plus proche du centre. Car, si cela n'était pas sa distance au centre ne pourrait être que plus grande ou égale à celle de l'autre. Mais dans le premier cas, d'après la proposition directe, elle serait la plus petite des deux cordes et dans le second cas, d'après 90, elle serait égale à l'autre, ce qui est également contre l'hypothèse. Elle ne peut donc être que la plus près du centre.

93. Corollaire. On peut conclure de cette proposition la réciproque de la précédente, c'est-à-dire, *que les cordes égales, dans un même cercle ou dans des cercles égaux, sont à égale distance du centre.* Car il est évident qu'on ne peut supposer le contraire.

94. Théorème XII. *Dans un même cercle ou dans des cercles égaux, les arcs égaux sont sous-tendus par des cordes égales, et réciproquement.*

Soient les deux cercles égaux O et o (fig. 53), dont les arcs ACB et acb sont égaux, les cordes AB et ab, qui sous-tendent ces arcs seront égales.

En effet, si l'on conçoit le cercle o superposé sur le cercle O, de ma-

nière que les deux centres coincident et que le point *a* tombe sur
le point A, ces cercles, étant égaux, coincideront dans toutes leurs
parties, et par conséquent, les circonférences ACB et *acb* se confondront;
mais puisque le point *a* coincide avec le point A, et que les arcs *acb*
et ACB sont égaux, le point *b* coincidera avec le point B, et les deux
cordes *ab* et AB, ayant leurs extrémités communes, coincideront parfaitement. Ces deux cordes sont donc égales.

La réciproque se démontre en prouvant que l'hypothèse de la non-
égalité des arcs, lorsque les cordes sont égales, conduit à une absurdité.

95. COROLLAIRE. La perpendiculaire abaissée du centre d'un cercle
sur une corde, partage l'arc sous-tendu en deux parties égales.

On a démontré (89) que la perpendiculaire AD (fig. 50) partage la
corde BC, sur laquelle elle est abaissée en deux parties égales BM et
MC; si l'on mène donc les cordes BD et DC, ces cordes seront égales,
comme obliques s'écartant également du pied de la perpendiculaire,
et, par conséquent, les arcs sous-tendus seront égaux : le point D est
donc le milieu de l'arc BDC.

96. THÉORÈME XIII. *Deux cordes parallèles* AB *et* CD (fig. 54), *interceptent sur la circonférence des arcs égaux* AC *et* BD.

Menons la droite AD, les angles BAD et ADC seront égaux comme
alternes internes, et, par conséquent, les arcs qui servent de mesure à ces angles seront égaux. Mais l'angle BAD a pour mesure la
moitié de l'arc BD, et l'angle ADC a pour mesure la moitié de l'arc
AC (63), donc $\frac{1}{2}$AC $=\frac{1}{2}$BD, d'où AC $=$ BD.

97. THÉORÈME XIV. *Lorsque deux cercles* A *et* B (fig. 55) *se coupent,
la droite* CD *qui joint les points d'intersection des deux circonférences,
est partagée en deux parties égales et à angles droits par la droite* AB,
qui joint les centres.

Car le centre A est également éloigné des deux points C et D, extrémités de la droite CD, puisque ces points se trouvent sur la circonférence de son cercle; par la même raison, le centre B est aussi également éloigné de ces deux points C et D. Donc la droite AB, qui joint
les centres, ayant deux de ses points également distans des extrémités de la droite CD, est perpendiculaire sur son milieu (83).

98. THÉORÈME XV. *Par trois points donnés* A, B, C (fig. 56), *qui*

ne sont pas en ligne droite, on peut toujours faire passer une circonférence de cercle.

Joignons ces points deux à deux, par les droites AB et BC, et sur le milieu de chacune de ces droites élevant les perpendiculaires EO et DO. Ces perpendiculaires se rencontreront nécessairement en un point quelconque O, car elles ne peuvent être parallèles, puisqu'en menant la droite ED, la somme des angles internes DEO et EDO est évidemment plus petite que deux angles droits (41). Mais le point O, comme appartenant à la perpendiculaire EO est également éloigné des deux points A et B, et, comme appartenant à la perpendiculaire DO, il est également éloigné des deux points B et C; donc ce point O est également éloigné des trois points A, B, C, et par conséquent, la circonférence décrite de ce point, comme centre avec le rayon OB passera par les trois points A, B, C.

99. COROLLAIRE. Il résulte de cette construction que deux circonférences ne peuvent se rencontrer en plus de deux points; car, si elles avaient trois points communs, elles auraient le même centre, le même rayon, et par conséquent, se confondraient.

• 100. DÉFINITION. Lorsqu'un polygone est renfermé dans un cercle, de manière que les sommets de tous ses angles sont sur la circonférence, on dit qu'il est *inscrit* au cercle, ou que le cercle lui est *circonscrit*.

Lorsqu'au contraire, le cercle est renfermé dans un polygone, de manière, que les côtés de ce polygone sont des tangentes, on dit, que le polygone est *circonscrit* ou que le cercle est *inscrit*.

101. THÉORÈME XIVI. *Un triangle quelconque peut toujours être inscrit et circonscrit.*

D'abord, il peut être inscrit, puisqu'on peut toujours faire passer une circonférence par les sommets de ses trois angles (97).

Il peut être aussi circonscrit, car soit ABC (fig. 57), ce triangle; supposons menées les droites AO et BO, qui divisent en deux parties égales, les angles A et B, le point O, rencontre de ces droites est à égale distance des trois côtés du triangle. En effet, soient O*a*, O*b*, O*c*, les trois perpendiculaires, qui mesurent respectivement la distance de ce point O, à chacun des côtés, si l'on conçoit le triangle BO*a*, transporté sur le triangle BO*b*, de manière, que le côté BO reste commun, alors, comme par construction, l'angle OB*a* est égal à l'angle

OB*b*, le côté B*a* prendra la direction du côté B*b* ; mais ces deux triangles étant rectangles, le troisième angle BO*a* est égal au troisième angle BO*b* et, par conséquent à cause de l'égalité de ces angles, le côté O*a* prendra la direction du côté O*b*. Donc le point *a* devant être en même temps sur les directions des droites B*b* et O*b*, ne peut tomber qu'au point *b*, commun à ces deux droites ; donc les deux perpendiculaires O*a* et O*b*, coincideront parfaitement et sont égales.

On démontrerait de la même manière que O*a* = O*c* ; donc les trois perpendiculaires O*a*, O*b* et O*c* sont égales.

Le point O est donc le centre d'un cercle dont la circonférence passerait par les trois points *a*, *b*, *c*. Cette circonférence étant décrite, les trois côtés du triangle seront des tangentes, puisqu'ils seront perpendiculaires aux extrémités des rayons O*a*, O*b*, O*c*, et le triangle sera circonscrit.

102. THÉORÈME. *Un polygone régulier quelconque peut être inscrit et circonscrit.*

Soit ABCDEF (fig. 58) un polygone régulier. 1° Ce polygone peut être inscrit dans un cercle,

Car si des points M et N, milieux des deux côtés AB et BC, on mène les droites MO et NO perpendiculaires à ces deux côtés, le point d'intersection O de ces perpendiculaires est le centre de la circonférence qui passerait par les trois points A, B, C (97). Or, si l'on décrivait cette circonférence, elle passerait par tous les autres sommets D, E et F, et le polygone serait inscrit. En effet, pour démontrer que tous ces sommets doivent se trouver sur la circonférence décrite du point O avec le rayon OB, il suffit de démontrer qu'ils sont tous également éloignés de O de la distance OB. Or, menons les droites AO, BO, CO, DO et EO, les deux triangles OAB, OBC auront les deux angles AOB et BOC égaux, puisque ces angles ont leurs sommets au centre et qu'ils interceptent des arcs égaux AB et BC sur la circonférence (54) ; la somme des deux autres angles OAB, ABO du triangle OAB sera donc égale à la somme des deux autres angles OBC, BCO du triangle OBC (51) ; mais ces deux triangles sont isocèles par construction, car AO, BO et CO sont trois rayons de la circonférence ABC, on a donc

angle OBC = *angle* BCO ; *angle* OAB = *angle* ABO.

Ainsi l'égalité OBC + BCO = OAB + ABO, est la même chose que

2OBC = 2ABO, d'où l'on conclut OBC = ABO. La droite OB partage donc en deux parties égales l'angle B du polygone ; et comme OBC = BCO, l'angle BCO sera également la moitié de l'angle B ou de son égal C, de sorte que la droite CO partage aussi en deux parties égales l'angle C.

Ceci posé, considérons les deux triangles BOC et COD ; ces triangles ont le côté OC commun, les côtés BC et CD égaux, et l'angle BCO égal à l'angle OCD ; si on suppose le premier de ces triangles replié sur le second, de manière que le côté OC reste commun, le côté BC prendra la direction du côté CD, à cause de l'égalité des angles BCO, OCD ; et, comme ces côtés sont égaux, le point B tombera sur le point D ; le côté OB, ayant ses extrémités confondues avec celles du côté OD, lui coïncidera parfaitement : ces deux côtés sont donc égaux. Ainsi la circonférence qui passe par les trois sommets A, B, C, passera par la quatrième D.

On démontrerait de la même manière que OD = OE = OF. Donc tous les sommets du polygone sont également distans du point O, et par conséquent la circonférence ABC devra passer par tous ces sommets. Le polygone peut donc être inscrit.

2° Il peut être circonscrit,

Car, l'ayant inscrit (fig. 59), tous ses côtés peuvent être considérés comme des cordes égales ; mais de telles cordes sont également éloignées du centre ; ainsi les perpendiculaires OM, ON, OP, OQ, etc., abaissées du centre sur ces cordes, sont égales, et les points M, N, P, etc., sont également éloignés du point O, on peut donc faire passer par tous ces points une circonférence ; alors tous les côtés du polygone seront des tangentes, puisqu'ils sont perpendiculaires aux extrémités des rayons, et le polygone sera circonscrit.

103. On doit remarquer que dans un polygone régulier les centres des cercles inscrit et circonscrit sont le même point. Ce point se nomme souvent, pour abréger, *centre* du polygone.

Le rayon du cercle inscrit se nomme aussi l'*apothème* du polygone. C'est la perpendiculaire abaissée de son centre sur l'un quelconque de ses côtés.

104. Les angles AOB, BOC, etc. (fig. 58), formés par les rayons du cercle circonscrit, se nomment *les angles au centre du polygone ;* ils sont tous égaux puisqu'ils interceptent des arcs égaux (54). Comme la somme de tous ces angles vaut quatre angles droits, on

connaît leur grandeur en divisant quatre angles droits par leur nombre, qui, pour chaque polygone régulier, est égal à celui des côtés. Par exemple, l'angle au centre de l'hexagone régulier est égal à la sixième partie de quatre angles droits, ou à $\frac{1}{2}$ d'angle droit. En prenant l'angle droit de 90 degrés, c'est donc un angle de 60 degrés.

105. Dans tout ce qui précède, nous avons constamment supposé qu'on pouvait mener des lignes droites, abaisser des perpendiculaires, décrire des circonférences, partager des angles en deux parties égales, etc., etc. Il nous reste à démontrer la possibilité de ces diverses opérations géométriques.

Lorsqu'on décrit sur le papier une figure géométrique avec ses proportions exactes, cette description se nomme une *construction graphique*. Deux instrumens suffisent pour toutes les figures élémentaires : la *règle* et le *compas;* la règle, pour tirer des lignes droites avec un crayon ou une plume; le compas, pour tracer des arcs de cercle. Les anciens rejetaient du nombre des constructions géométriques celles qui ne peuvent se réaliser à l'aide de ces deux seuls instrumens, et c'est à cause de cela qu'il est d'usage de ne considérer dans la géométrie élémentaire aucune autre ligne courbe que la circonférence du cercle.

LES OPÉRATIONS GÉOMÉTRIQUES.

106. PROBLÈME I. *D'un point* A *pris sur la droite* BC (fig. 60), *lui élever une perpendiculaire.*

Prenez à volonté les points M et N également distans du point A, et de chacun de ces points comme centre, avec une ouverture de compas plus grande que MA, décrivez les arcs *pq* et *rs*, qui se coupent en un point O; par les points A et O, menez la droite AO, cette droite sera la perpendiculaire demandée.

Car les deux arcs *pq* et *rs* ayant été décrits avec un même rayon, le point O, qui leur est commun, est également éloigné des points M, N; le point A est également éloigné des points M et N; donc la droite AO, ayant deux de ses points également éloignés des extrémités M et N, est perpendiculaire à la droite MN (84), ou, ce qui est même chose, à la droite BC.

107. PROBLÈME II. *D'un point* C *donné hors d'une droite* AB (fig. 61), *lui abaisser une perpendiculaire.*

Du point C comme centre avec un rayon plus grand que la distance de ce point à la droite AB, décrivez un arc *mn* qui coupe cette droite en deux points *m* et *n*, puis de chacun de ces points comme centre avec un rayon plus grand que la moitié de *mn*, décrivez les arcs *pq* et *rs* qui se coupent au point O ; par ce point O et par le point donné C faites passer la droite CD, elle sera la perpendiculaire demandée.

En effet, les points O et C sont chacun, par construction, également éloignés des points *m* et *n*. Donc la droite CD est perpendiculaire sur *mn* ou sur AB (84).

108. PROBLÈME III. *Elever une perpendiculaire à l'extrémité* B *d'une droite donnée* AB (fig. 62), *sans prolonger cette droite.*

D'un point O pris à discrétion et avec un rayon égal à la distance de ce point au point B, décrivez un arc MBC qui coupe la droite AB en un point M ; par les points M et O faites passer la droite MO prolongée jusqu'à sa rencontre en C avec l'arc de cercle MBC ; menez enfin la droite CB, elle sera la perpendiculaire demandée.

En effet, MC passant par le centre est un diamètre, et, par conséquent, l'angle CBM, qui s'appuie sur un diamètre, est un angle droit. Donc BC est perpendiculaire sur AB.

109. PROBLÈME IV. *Diviser une droite donnée* AB (*fig.* 63) *en deux parties égales.*

Du point A comme centre avec un rayon plus grand que la moitié de AB, décrivez l'arc CND ; du point B, avec le même rayon décrivez l'arc CMD qui coupe le premier aux points C et D ; par ces deux points faites passer la droite CD, elle partagera la droite donnée AB en deux parties égales, au point A.

Car la droite CD ayant deux de ses points également éloignés des extrémités de AB, est perpendiculaire sur le milieu de cette droite (84).

On emploiera la même construction pour élever une perpendiculaire sur le milieu d'une droite donnée.

110. PROBLÈME V. *Un point* B (*fig.* 47) *étant donné sur la circonférence d'un cercle* A, *mener par ce point une tangente au cercle.*

Menez le rayon AB et élevez lui la perpendiculaire BC par un des

procédés exposés ci-dessus, soit en le prolongeant, soit sans le prolonger. Cette perpendiculaire sera la tangente demandée.

111. PROBLÈME VI. *D'un point C (fig. 64) donné, hors du cercle
donné B, mener une tangente à ce cercle.*

Faites passer par le point C et le centre B une droite BC. Partagez
cette droite en deux parties égales et de son milieu O, avec OB pour
rayon, décrivez la circonférence CMBN qui coupera celle du cercle B
en deux points M et N. Faites passer par ces points et par le point C
les droites CM et CN ; ces droites seront toutes deux tangentes au
cercle B.

Car en menant les rayons BM et BN, ces rayons seront cordes
dans le cercle O, et les angles BMC et BNC seront évidemment des
angles droits, puisqu'ils s'appuient sur le diamètre CB. Donc les
droites CM et CN sont perpendiculaires aux extrémités des rayons BM
et BN, et sont par conséquent tangentes au cercle B (85).

112. PROBLÈME VII. *Construire sur une droite donnée cb un angle égal à l'angle donné ACB (fig. 65).*

Du sommet C de l'angle ACB avec un rayon arbitraire décrivez
l'arc MN ; puis, avec le même rayon, décrivez du point *b* comme
centre, sur la droite *cb*, l'arc *mn*. Prenez la distance des points N et
M, et portez-la de *n* en *m ;* par le point *m*, ainsi déterminé, et par
le point *c*, menez la droite *ca ;* elle formera, avec *cb*, l'angle *acb* égal
à l'angle donné ACB.

Car les deux arcs MN et *mn* étant décrits avec le même rayon font
parties de cercles égaux, et comme la distance des points *n* et *m* est
la même que celle des points M et N, les cordes des arcs *mn* et MN
sont égales, et, par conséquent, ces arcs eux-mêmes sont égaux (94),
Donc les deux angles ACB, *acb* ayant leurs sommets aux centres
de cercles égaux et interceptant des arcs égaux sur leurs circonférences, sont égaux (54).

113. PROBLÈME VIII. *Par un point donné C, mener une parallèle
à la droite donnée AB (fig. 66).*

Du point C, menez sur AB une oblique CD, faites au point C sur CD,
un angle ECD égal à l'angle CDA, le côté CE de cet angle sera la parallèle demandée.

Car les angles égaux ECD et CDA sont des angles alternes internes.

114. PROBLÈME IX. *Diviser un angle ou un arc donné en deux parties égales.*

1° Soit l'angle BAC (fig. 67) à diviser en deux parties égales. Du sommet A, comme centre, avec un rayon quelconque, décrivez l'arc BC, menez la corde BC, et du point A abaissez une perpendiculaire sur cette corde, ce qui peut se faire simplement en décrivant des points B et C, comme centres, avec un rayon convenable, deux arcs *pq* et *rs* qui se coupent en un point O, puis en faisant passer par les points A et O la droite AO. Cette droite divisera l'angle BAC en deux parties égales; car elle est perpendiculaire sur la corde BC; ainsi les arcs BM et MC sont égaux (95), et, par conséquent, les angles qu'ils mesurent sont égaux.

2° Soit l'arc BC (fig. 68) à diviser en deux parties égales. De ses extrémités B et C avec un rayon convenable, décrivez les arcs *pq* et *rs*, qui se coupent en O; par ce point O et par le centre A, menez la droite AO, elle partagera l'arc BC en deux parties égales. Cette construction est évidente d'après ce qui précède.

115. PROBLÈME X. *Un cercle étant donné, trouver son centre.*

Prenez arbitrairement sur la circonférence trois points A, B, C (fig. 56); menez les droites AB et BC; sur le milieu de ces droites élevez les perpendiculaires EO et DO, elles se rencontreront en un point O qui sera le centre du cercle (98).

116. S'il s'agissait de faire passer une circonférence par trois points donnés, on emploierait la même construction, ce qui ferait trouver le centre; une fois ce centre déterminé, sa distance à l'un des points servirait de rayon pour décrire la circonférence.

117. PROBLÈME XI. *Un angle abc (fig. 69) étant donné ainsi qu'une droite AB, décrire sur cette droite un segment de cercle capable de cet angle, c'est-à-dire un segment AMM'B tel que tous les angles AMB qui ont leurs sommets sur son arc, et dont les côtés passent par les extrémités de sa corde AB soient égaux à l'angle donné ABC.*

Faites sur la droite AB, l'angle NAB égal à l'angle donné *abc* ; au point A menez AF perpendiculaire sur AN, et élevez sur le milieu de AB la perpendiculaire OF; ces deux perpendiculaires se couperont en un point F. De ce point F comme centre, avec AF pour rayon, décrivez un cercle, le segment demandé sera AMM'M''B.

Car AN étant perpendiculaire à l'extrémité du rayon est une tangente. Ainsi l'angle NAB, formé par une tangente et par une corde, a pour mesure la moitié de l'arc AB compris entre ses côtés (70). Mais tous les angles AMB, AM'B AM''B, etc., inscrits dans le segment ont pour mesure la moitié du même arc, donc tous ce s angles sont égaux à l'angle donné *abc*.

118. PROBLÈME XII. *Deux droites* AB *et* CD (*fig.* 70) *étant données, trouver leur commune mesure ou leur rapport numérique.*

Portez la plus petite CD sur la plus grande AB autant de fois qu'elle peut y être contenue ; par exemple, trois fois avec un reste BE. Portez le reste BE sur la droite CD autant de fois qu'il peut y être contenu, par exemple, deux fois, avec un reste CF, portez ce second reste CF sur le premier BE autant de fois qu'il peut y être contenu, par exemple une fois avec un troisième reste BG. Portez le troisième reste BG sur le second CF, et continuez de la même manière jusqu'à ce que vous obteniez un reste qui soit.contenu un nombre exact de fois dans le reste précédent. Ce dernier reste sera la *commune mesure* des deux droites, parce qu'il sera contenu un nombre exact de fois dans l'une et dans l'autre.

Supposons par exemple que BG soit ce dernier reste, et que le second reste CF le contienne exactement deux fois. Pour savoir combien AB et CD contiennent de fois BG, il faut se rappeler les détails de l'opération. On a

$$AB = 3CD + BE, \quad CD = 2BE + CF, \quad BE = CF + BG, \quad CF = 2BG;$$

Substituant ces valeurs les unes dans les autres, on obtient

$$AB = 27BG, \quad CD = 8BG;$$

Ainsi, le rapport des droites AB et CD est le même que celui des nombres 27 : 8.

On peut aisément reconnaître que cette opération est identiquement la même que l'opération arithmétique de la recherche du plus grand commun diviseur de deux nombres (ARITH. 74 et ALG. 93). Elle se trouve donc déjà démontrée.

Si la perfection des instrumens le permettait, il arriverait dans certains cas que, les lignes étant incommensurables, on trouverait toujours de nouveaux restes. Mais en poussant l'opération très-loin, les restes deviennent si petits que le compas ne peut plus les faire sentir, et quelles que soient les droites, on finit toujours par trouver une commune mesure ; elle est plus ou moins exacte, suivant qu'on a fait l'opération avec plus ou moins de délicatesse.

119. PROBLÈME XIII. *Deux angles* A *et* B *(fig. 71) étant donnés, trouver leur commune mesure.*

Des sommets de ces angles comme centres et avec un rayon arbitraire, décrivez les arcs MN et OF qui leur serviront de mesure, et procédez ensuite sur ces deux arcs comme sur les droites du problème précédent, car un arc peut se porter sur un autre arc du même rayon, comme une ligne droite sur une autre ligne droite, par une ouverture de compas. L'opération sera terminée, comme ci-dessus, lorsque vous aurez trouvé un reste qui soit exactement contenu dans le reste précédent ou tel que le reste suivant échappe par sa petitesse.

120. PROBLÈME XIV. *Deux des angles d'un triangle étant donnés, trouver le troisième.*

Soient A et B ces deux angles (fig. 72).

Menez à volonté une droite CD, et d'un point O, pris sur cette ligne, menez la droite ON qui fasse avec elle un angle NOD égal à l'angle donné A. Menez ensuite du même point O la droite OM qui fasse avec ON l'angle NOM égal à l'angle donné B. L'angle COM sera l'angle demandé. Car les trois angles COM, NOM, NOD pris ensemble valent deux angles droits, et, par conséquent, l'angle COM est le troisième angle d'un triangle, qui aurait pour ses deux autres angles NOM et NOD, ou B et A.

121. PROBLÈME XV. *Inscrire un quarré dans un cercle donné.*

Menez un diamètre quelconque AB (fig. 73) et sur celui-ci un second diamètre CD qui lui soit perpendiculaire. Menez ensuite les cordes AC, CB, BD et AD, la figure ACBD sera le quarré demandé.

Car, la circonférence étant partagée en quatre parties égales par les diamètres, les quatre cordes sont égales ; de plus, les angles CAD, ADB, DBC, BCA, s'appuyant sur des diamètres, sont droits ; donc la figure ACBD, qui a ses quatre côtés égaux et ses quatre angles droits, est un quarré.

122. PROBLÈME XVI. *Inscrire un exagone régulier dans un cercle.*

Soit O (fig. 74) le cercle donné. Portez le rayon OA six fois sur la circonférence de A en B, de B en C, etc., et menez par les points de division les droites AB, BC, CD, DE, EF et FA. La figure ABCDEFA sera un hexagone régulier.

Car, supposons que le côté AB est le côté de l'hexagone inscrit et menons les rayons OA et OB; l'angle AOB du triangle ABO sera l'angle au centre du polygone; il est donc égal à $\frac{1}{6}$ de quatre angles droits (103) ou à $\frac{1}{3}$ de deux angles droits. Ainsi les deux autres angles du triangle ABO valent ensemble les $\frac{2}{3}$ de deux angles droits. Mais ce triangle est isocèle à cause des rayons égaux AO et OB, donc les deux angles à la base AB sont égaux et valent chacun la moitié des $\frac{2}{3}$ de deux droits, ou $\frac{1}{3}$ de deux droits. Les trois angles du triangle ABO sont donc égaux et ce triangle est équilatéral (62). Donc le côté AB de l'hexagone inscrit est égal au rayon du cercle, et en portant six fois le rayon sur la circonférence, on la divise en six parties égales.

123. PROBLÈME XVII. *Inscrire un triangle équilatéral dans un cercle.*

Inscrivez d'abord un hexagone régulier ABCDEF (fig. 74) et joignez les sommets des angles non adjacens par les droites BF, BD, et FD. Le triangle BFD sera équilatéral; car ses côtés sont égaux comme cordes d'arcs égaux.

124. Un polygone régulier quelconque étant inscrit, si on divise les arcs sous-tendus par ses côtés en deux parties égales et que l'on mène les cordes des demi-arcs, on formera un polygone régulier inscrit d'un nombre de côtés double du premier. Ainsi au moyen du quarré on pourra inscrire successivement les polygones réguliers de 8, 16, 32, 64, etc., côtés, et au moyen de l'hexagone ceux de 12, 24, 48, etc., côtés.

L'inscription des polygones au cercle dépendant de la division de la circonférence en parties égales, les moyens d'opérer cette division pour un nombre de parties autres que 4 et 6, et que leurs produits par 2 exigent des principes supérieurs à ceux que nous avons exposés jusqu'ici.

125. PROBLÈME XVIII. *Un polygone régulier étant inscrit, circonscrire au même cercle un polygone régulier d'un même nombre de côtés.*

Soit ABCDE (fig. 75) le polygone régulier inscrit. Du centre R menez un rayon à chaque sommet, et à l'extrémité de chacun de ces rayons élevez une perpendiculaire que vous prolongerez jusqu'à ce qu'elle soit coupée à droite et à gauche par les perpendiculaires suivantes. La figure PQMNOP formée par les intersections de toutes ces perpendiculaires sera un polygone régulier circonscrit d'un même nombre de côtés que le polygone inscrit.

En effet, on reconnaît, d'abord, qu'il a le même nombre de côtés que le proposé et qu'il est circonscrit puisque tous ses côtés sont des tangentes. Il reste donc seulement à démontrer que tous ses angles sont égaux ainsi que tous ses côtés. Or, tous les angles à la base des triangles EPD, DOC, CNB, etc., sont égaux entre eux, car étant formés chacun par une tangente et par une corde, ils ont tous pour mesure la moitié de l'arc compris entre leurs côtés, et comme tous les arcs sont égaux il en est de même des angles. Ainsi tous les triangles EPD, DOC, CNB, etc., sont isocèles, et tous leurs angles au sommet sont égaux. Ce sont les angles du polygone circonscrit. Nous avons en outre EP $=$ PD , DO $=$ OC , CN $=$ NB , etc. Ainsi l'égalité des deux parties PD et DO d'un même côté PO entraîne l'égalité de tous les côtés. Mais si du centre R on mène les droites RP et RO, aux deux sommets P et O, chacune de ces droites sera perpendiculaire sur le côté correspondant du polygone inscrit ; car ses deux extrémités sont à égale distance des extrémités de ce côté ; ainsi les angles P et O des triangles isocèles EPD et DOC seront partagés en deux parties égales et ces parties seront égales entre elles puisque les angles P et O sont égaux ; donc les angles DPR et DOR sont égaux, donc le triangle PRO est isocèle, et l'on a RP $=$ RO ; ces deux droites sont donc deux obliques égales par rapport à la perpendiculaire RD, et, par conséquent, elles sont également écartées de son pied D, c'est-à-dire que PD $=$ DO. On trouverait de la même manière que OC $=$ CN, NB $=$ BM, etc. Ainsi tous les côtés du polygone circonscrit sont partagés en deux parties égales au point de contact et comme on a vu plus haut que la moitié d'un côté est égale à la moitié du côté adjacent il en résulte que tous les côtés sont égaux.

La figure circonscrite a donc tous ses angles et tous ses côtés égaux, elle est donc le polygone régulier demandé.

126. *Autre moyen.* Du centre R (fig. 76) menez les apothèmes Ra, Rb, Rc, etc., prolongées jusqu'à la circonférence. Aux extrémités f, g, h, i, k de ces droites élevez les perpendiculaires MN,

NO, OP, PQ, etc. La figure MNOPQ formée par les intersections de ces perpendiculaires sera le polygone circonscrit demandé.

D'abord, cette figure est un polygone circonscrit; car tous ses côtés sont des tangentes; et il est facile de voir qu'il a le même nombre de côtés que le proposé. Ensuite, tous ses angles sont égaux; car par là construction, ils ont leurs côtés parallèles aux angles du polygone inscrit (44); ils sont donc égaux à ceux-ci et par conséquent égaux entre eux. Maintenant, si on mène les rayons RE, RF et RA, ces rayons prolongés passeront par les sommets P, Q, M; car, en menant les cordes AE et fk, ces cordes seront parallèles puisqu'elles interceptent les arcs Ef et Ak qui sont égaux comme moitié des arcs égaux EfF, FKA; ainsi dans le triangle isocèle ERA la droite RF qui partage l'angle au sommet en deux parties égales est perpendiculaire à la base EA; elle l'est donc aussi à sa parallèle fk et la partage en deux parties égales; donc le triangle fkR est isocèle; mais le triangle fQk est également isocèle puisque les angles à la base ont pour commune mesure la moitié de l'arc fFk; ainsi la droite RF qui est perpendiculaire sur le milieu de la base fk passe par son sommet Q et divise l'angle Q en deux parties égales.

On démontrerait de la même manière que tous les autres rayons RE, RA, etc., passent par les sommets du polygone circonscrit.

Ceci posé, le triangle RPQ est isocèle, car ses angles à la base PQ, savoir : RPQ et RQP sont respectivement égaux aux angles à la base EF du triangle isocèle ERF, comme correspondans. Donc la perpendiculaire Rf partage cette base PQ en deux parties égales et l'on a $fQ = fP$. On trouverait de même que $Qk = kM$; mais $fQ = Qk$, donc PQ $=$ QM.

Les mêmes considérations appliquées aux autres côtés MN, NO et OP démontreraient que ces côtés sont égaux entre eux et aux précédens PQ et QM. Ainsi le polygone circonscrit MNOPQ a tous ses angles et tous ses côtés égaux, il est donc le polygone régulier demandé.

127. Si l'on proposait de circonscrire au cercle un polygone régulier, il faudrait commencer par inscrire un polygone régulier d'un nombre de côtés égal à celui du polygone demandé, et ensuite on construirait celui-ci par l'un des moyens précédens.

COMPARAISON DE L'ÉTENDUE.

Première partie.

128. La comparaison des figures géométriques a pour objet de reconnaître l'*égalité* ou l'*inégalité* de ces figures. L'égalité présente deux points de vue distincts : 1° la génération des figures est identique ; c'est-à-dire, l'étendue de leur surface et la relation de leurs limites sont les mêmes. 2° La génération des figures est différente ; c'est-à-dire, l'étendue de leur surface est la même, mais leurs limites ont des relations différentes. Dans le premier cas les figures sont dites *coïncidentes*, parce que, si elles étaient superposées, elles coïncideraient exactement ou se confondraient. Dans le second cas les figures sont dites *équivalentes*.

L'inégalité des figures géométriques porte essentiellement sur l'inégalité de l'étendue de leur surface ; ainsi, en la considérant dans toute sa généralité, elle ne pourrait conduire à d'autres questions que celle de la détermination du *rapport numérique* de deux surfaces inégales, question dont la solution se trouve donnée par les lois de l'équivalence des figures. Mais, deux figures inégales peuvent avoir des limites dont les relations soient les mêmes ; car nous pouvons très-bien concevoir, par exemple, deux triangles dont les trois angles seraient respectivement égaux, tandis que les côtés du premier seraient le *double* ou le *triple*, ou un multiple quelconque des côtés du second, et de telles figures, qu'on nomme *figures semblables*, doivent nécessairement présenter des rapports déterminés et des propriétés qui les rendent l'objet d'une considération particulière.

Ainsi, la *comparaison* des quantités géométriques peut s'effectuer sous trois conditions différentes dont les deux premières, la *coïncidence* et l'*équivalence* des figures, portent sur l'*égalité* de l'étendue des surfaces, et dont la dernière, la *similitude des figures*, porte sur leur *inégalité*.

§ I⁰ʳ. COINCIDENCE.

129. **Théorème I.** *Deux triangles qui ont un angle égal compris entre deux côtés égaux chacun à chacun peuvent coïncider et sont, par conséquent, égaux dans toutes leurs parties.*

Soient ABC et *abc* (pl. 77) deux triangles dans lesquels on ait l'angle A égal à l'angle *a*, le côté AB égal au côté *ab* et le côté AC égal au coté *ac*. Ces deux triangles seront égaux.

Car, si l'on conçoit le triangle *abc* transporté sur le triangle ABC de manière que l'angle *a* se confonde avec son égal A, le côté *ab* tombera dans la direction du côté AB et le côté *bc* dans la direction du côté BC. Mais, puisque ces côtés sont égaux entre eux, le point *a* tombera sur le point A et le point *b* sur le B, et les extrémités du côté *bc* se trouveront ainsi confondues avec les extrémités du côté BC; ces deux côtés eux-mêmes doivent donc se confondre. Les deux triangles coincident donc parfaitement et sont nécessairement égaux. On a donc *bc* = BC, l'angle *b* = l'angle B et l'angle *c* = l'angle C.

130. **Théorème II.** *Deux triangles qui ont un côté égal adjacent à deux angles égaux chacun à chacun, sont égaux.*

Soit le côté BC égal au côté *bc* (fig. 77), l'angle B égal à l'angle *b*, et l'angle C égal à l'angle *c*.

Supposons que le triangle *abc* soit transporté sur le triangle ABC de manière que le côté *bc* coïncide avec son égal BC; alors, à cause de l'égalité des angles *b* et B, le côté *ab* prendra la direction du côté AB, et son extrémité *a* tombera quelque part dans cette direction; de même, à cause de l'égalité des angles *c* et C, le côté *ac* prendra la direction du côté AC, et son extrémité *a* tombera quelque part dans cette direction. Or, le point *a* devant se trouver à la fois dans les deux directions AB et AC ne peut se trouver que sur le point A commun à ces directions, ainsi les deux triangles coïncident exactement et sont parfaitement égaux. On a donc *ab* = AB, *ac* = AC et l'angle *a* égal à l'angle A.

131. **Théorème III.** *Deux triangles qui ont leurs trois côtés égaux chacun à chacun, sont égaux.*

Soit AB = ab, AC = ac, BC = bc (fig. 77). Supposons le triangle abc transporté sous le triangle ABC de manière que les côtés égaux BC et bc coïncident et que les autres côtés égaux AB et ab, AC et ac soient adjacens (fig. 78). Le triangle abc prendra la position aBC. Menons la droite Aa, les triangles ABa et ACa seront isocèles, puisque, par hypothèse, AB = aB, AC = aC, ainsi les angles à la base de ces triangles sont égaux (60), et l'on a

$$\text{angle BA}a = \text{angle B}a\text{A}, \quad \text{angle }a\text{AC} = \text{angle A}a\text{C}.$$

Mais les deux angles BAa, aAC composent l'angle A, et les deux angles BaA, AaC composent l'angle a; donc l'angle a est égal à l'angle A et en vertu du *théorème* I, les deux triangles ABC et abc peuvent coïncider et sont égaux. On a donc encore l'angle b égal à l'angle B et l'angle c égal à l'angle C.

132. Théorème IV. *Deux triangles rectangles qui ont l'hypothénuse et l'un des angles aigus égaux chacun à chacun, sont égaux.*

Soient les deux triangles rectangles ABC et abc (fig. 79) dans lesquels les hypothénuses AC et ac sont égales ainsi que les deux angles aigus A et a. Ces deux triangles sont égaux, car deux triangles rectangles ne peuvent avoir deux angles aigus égaux sans que les deux autres angles aigus ne soient égaux (50); on a donc l'angle c égal à l'angle C, et on peut considérer les triangles proposés comme ayant un côté égal adjacent à deux angles égaux chacun à chacun. Ces deux triangles rentrent dans le *théorème* du n° 130.

133. Théorème V. *Deux triangles rectangles qui ont deux côtés égaux chacun à chacun sont égaux.*

Si les côtés égaux étaient ceux de l'angle droit, les triangles seraient égaux en vertu du *théorème* I; ainsi nous avons seulement à considérer le cas où les côtés donnés sont l'hypothénuse et un des côtés de l'angle droit. Soit donc AC = ac et AB = ab (fig. 79). Du point O milieu de l'hypothénuse AC décrivons avec OC pour rayon, une demi-circonférence de cercle AMBC. Cette demi-circonférence passera par le point B puisque l'angle ABC est droit (65). De même, du point o milieu de ac, avec le rayon oc décrivons une demi-circonférence qui passera par le point b. Or, ces deux demi-circonférences sont égales, puisqu'elles ont des diamètres égaux AC et ac; ainsi les arcs AMB et amb sous-tendus par les cordes égales AB et ab sont égaux

(90). Mais les angles ACB et *acb* ont pour mesures les moitiés de ces arcs, donc ces angles sont égaux. Les troisièmes angles *a* et A des triangles proposés sont donc égaux aussi, et l'on peut simplement considérer ces triangles comme ayant un angle égal compris entre deux côtés égaux chacun à chacun, d'où résulte leur entière égalité d'après le *théorème* I.

134. Théorème VI. *Deux triangles qui ont deux côtés et l'angle opposé à l'un d'eux égaux chacun à chacun, sont égaux, si l'angle opposé à l'autre côté est de même nature dans les deux triangles.*

Soient *abc* et ABC (fig. 80) dans lesquels les côtés AC et *ac*, CB et *cb* sont égaux, ainsi que les angles A et *a* opposés aux côtés CB et *cb*. Ces triangles seront égaux si les angles B et *b* opposés aux côtés AC et *ac* sont de même nature, c'est-à-dire s'ils sont tous deux aigus ou tous deux obtus.

Car, en abaissant des points C et *c* sur les côtés AB et *ab*, prolongés s'il est nécessaire, les perpendiculaires CD et *cd*, on formera deux triangles rectangles CDA et *cda*, qui sont égaux (132) comme ayant leurs hypoténuses AC et *ac* égales, ainsi que tous leurs angles. Il est facile de voir que les deux autres triangles rectangles CDB, *cdb* sont égaux aussi (133); car ils ont leurs hypoténuses CB et *cb* égales par hypothèse, et de plus, leurs côtés CD et *cd* sont égaux comme appartenant aux triangles égaux CDA et *cda*. Mais le triangle *abc* est formé par la réunion des deux triangles rectangles *acd*, *cdb*, si l'angle *b* est aigu et par leur différence, si l'angle *b* est obtus ; le triangle ABC est également formé par la somme des triangles ACD et CDB, si l'angle B est aigu, et par leur différence si l'angle B est obtus. Donc, lorsque ces angles B et *b* sont tous deux aigus ou tous deux obtus les triangles ABC et *abc*, étant la somme ou la différence de triangles égaux, sont égaux.

135. Toute la *coïncidence* des figures géométriques repose sur le petit nombre de propositions que nous venons de démontrer; car les polygones peuvent tous se décomposer en triangles par des droites tirées d'un sommet aux autres sommets. Ainsi deux polygones pourront coïncider lorsque leurs triangles partiels pourront eux-mêmes coïncider et seront de plus situés de part et d'autre de la même manière.

136. Théorème VII. *La diagonale d'un parallélogramme le partage en deux triangles égaux.*

Soit le parallélogramme ABCD (fig. 81). Si nous menons la diagonale BC, nous aurons deux triangles ABC et BDC, dont les trois côtés
sont égaux chacun à chacun, savoir : AB = CD, comme côtés opposés
d'un parallélogramme (86), AC = BD par la même raison, et,
BC commun aux deux triangles ; ces triangles sont donc égaux.

137. La même chose a évidemment lieu pour tout quadrilatère
dont les côtés opposés sont égaux, et il en résulte que ces quadrilatères sont des parallélogrammes ; car les deux triangles ABC et BDC
ne peuvent être égaux sans que les côtés BD et AC, AB et CD ne
soient parallèles puisque leurs angles égaux BCA et CBD, ABC et
BCD sont alternes internes par rapport à la transversale AC.

138. Corollaire I. Les diagonales de deux parallélogrammes égaux
sont égales.

139. Corollaire II. Les deux diagonales d'un parallélogramme se
coupent en parties égales. On a en effet (fig. 81), les triangles égaux
ABO et COD, car AB = CD et les angles adjacens à AB : OAB et ABO
sont égaux aux angles adjacens à CD : ODC, OCD ; ainsi AO = OD et
BO = OC.

140. Dans deux triangles égaux, les côtés égaux chacun à chacun
sont placés de la même manière, c'est-à-dire, opposés aux angles égaux,
et réciproquement. On nomme, en général, *angles* et *côtés homologues*,
les angles et les côtés qui sont situés de la même manière dans deux
figures égales. On leur donne encore le même nom dans les figures
semblables.

§ II. ÉQUIVALENCE.

141. Définitions. La perpendiculaire abaissée du sommet d'un
triangle sur sa base, se nomme la *hauteur* du triangle.

On nomme *hauteur* d'un parallélogramme, la *distance* de deux de
ses côtés opposés. Alors un de ces deux côtés se nomme la *base* du
parallélogramme. La distance de deux droites parallèles, étant partout la même (88), la *hauteur* d'un parallélogramme sera la perpendiculaire abaissée sur sa base d'un point quelconque du côté opposé
à cette base.

142. Théorème I. *Deux parallélogrammes de même base et de même
hauteur, sont équivalens.*

Soient les deux parallélogrammes ABCD, EFGH (fig. 82). Si l'on transporte le parallélogramme EFGH sur le parallélogramme ABCD, en faisant coïncider les bases égales EH et AD, les côtés opposés BC et FG tomberont l'un sur l'autre ou dans la même direction, puisqu'ils sont à égale distance des bases, et on aura trois cas à considérer. 1_o Le côté EF tombera dans l'intérieur du parallélogramme ABCD (fig. 83). 2_o Il deviendra diagonale de ce parallélogramme (fig. 84). 3° Il tombera en partie au dehors de ABCD (fig. 85).

1° Lorsque le côté EF est dans l'intérieur (fig. 83), les deux triangles BAF et CDG sont égaux ; car ils ont un angle égal, compris entre deux côtés égaux chacun à chacun ; savoir : AB$=$CD, AF$=$DG, comme côtés opposés d'un parallélogramme, et l'angle BAF égal à l'angle CDG, comme formés par des côtés parallèles. Or, en ajoutant au premier de ces triangles, BAF, le trapèze AFCD, on a le parallélogramme ABCD, et, en ajoutant au second de ces triangles, CDG, le même trapèze AFCD, on a le parallélogramme AFGD. Donc ces deux parallélogrammes ont des surfaces égales ou sont équivalens.

2° Lorsque le côté EG se trouve être la diagonale AC (fig. 84), on a de même deux triangles égaux, ABC et DCG, et, en ajoutant de part et d'autre le triangle CAD, on trouve, d'une part, le parallélogramme ABCD, et de l'autre, le parallélogramme AFGD. Ces deux parallélogrammes sont donc équivalens.

3° Dans le troisième cas, (fig. 85), en menant la 'droite CF, la ligne BCFG sera une seule droite, puisque les parallélogrammes ont même hauteur. On aura donc encore deux triangles égaux ABF et DCG. Or, si de chacun de ces triangles on retranche le triangle commun COF, il restera les deux figures équivalentes ABCO, DOFG; mais, en ajoutant à la première le triangle AOD, on a le parallélogramme ABCD, et, en ajoutant à la seconde ce même triangle, on a le parallélogramme AFGD ; donc ces deux parallélogrammes sont équivalens.

Donc, en général, deux parallélogrammes de même base et de même hauteur sont équivalens.

143. COROLLAIRE. Un parallélogramme quelconque est équivalent à un rectangle de même base et de même hauteur.

Car un rectangle est aussi un parallélogramme (88).

144. THÉORÈME II. *Un triangle quelconque est équivalent à la moitié d'un parallélogramme de même base et de même hauteur.*

Soit le triangle ABC (fig. 86). Du sommet C, menons la droite CD parallèle à la base AB, et par le point B, la droite BD parallèle au côté AC, la figure ACDB sera un parallélogramme; car ses côtés opposés sont parallèles par construction. Or, CB est une diagonale ; ainsi les deux triangles CAB et CBD sont égaux (136), et le triangle proposé CAB est la moitié du parallélogramme ACDB, de même base et de même hauteur. Il est donc équivalent à la moitié de tout autre parallélogramme de même base et de même hauteur (142).

145. Un triangle quelconque est équivalent à la moitié d'un rectangle de même base et de même hauteur.

146. Deux triangles de même base et de même hauteur sont équivalens, car ils équivalent chacun à la moitié du rectangle de même base et de même hauteur.

147. THÉORÈME III. *Deux rectangles de même hauteur sont entre eux comme leurs bases.*

Soient ABCD et EFGH (fig. 87) deux rectangles de même hauteur.

Si les bases AD et EH sont commensurables, elles auront pour commune mesure une droite qui sera contenue un nombre exact de fois dans chacune d'elle. Supposons que cette commune mesure soit AI et qu'elle soit contenue 5 fois dans AD et 8 fois dans EH. Par tous les points de division des bases, si on élève des perpendiculaires, on partagera le rectangle ABCD en cinq rectangles égaux, puisqu'ils auront même base et même hauteur, et le rectangle EFGH en huit rectangles égaux entre eux et aux précédens; le rapport des superficies des deux rectangles proposés sera donc le même que celui des nombres 5 : 8; mais ce rapport est aussi celui des bases AD et EH. Donc, le rapport des deux rectangles est égal à celui de leurs bases, et on a la proportion.

$$\text{ABCD} : \text{EFGH} = \text{AD} : \text{EH}.$$

Il en serait évidemment de même, quelle que soit la commune mesure des bases et leur rapport numérique.

Si les bases sont incommensurables, il n'existe qu'une commune mesure approximative, mais on peut aisément prouver que le rapport irrationnel des bases est rigoureusement égal à celui des rectangles.

En effet, si l'on pouvait supposer dans ce cas, que le rapport ABCD : EFGH n'est pas égal au rapport AD : EH, c'est qu'il serait égal à celui de AD avec une droite plus grande ou plus petite que EH avec EO, par exemple (fig. 88). On aurait donc

$$ABCD : EFGH = AD : EO;$$

mais on pourra toujours diviser la droite AD en parties égales plus petites que OH, de sorte qu'en opérant la même division sur EH de E en H, quoiqu'elle ne puisse se faire exactement, il y aura toujours au moins un point de division qui tombera entre O et H; soit P ce point. Si nous élevons la perpendiculaire PQ, nous aurons un rectangle EFQP, dont la base EP est commensurable avec la base AD du rectangle ABCD, d'où nous pourrons conclure

$$ABCD : EFQP = AD . EP.$$

Ainsi, les antécédens de cette proportion étant égaux aux antécédens de la proportion précédente, on doit avoir

$$EFGH : EFQP = EO : EP,$$

ce qui est absurde, car EFGH $>$ EFQP et EO $<$ EP. On ne peut donc supposer que le rapport des rectangles soit égal au rapport de AB avec une droite plus petite que EH.

On démontrerait de la même manière que ce rapport ne peut être égal au rapport de AB avec une droite plus grande que EH; donc, il ne peut être que celui de AB à EH. Donc, quel que soit le rapport des bases, commensurable ou incommensurable, deux rectangles de même hauteur sont entre eux comme leurs bases.

148. COROLLAIRE. Deux rectangles de même base sont entre eux comme leurs hauteurs. Car, en renversant les rectangles, les hauteurs deviennent les bases, et les bases les hauteurs.

149. THEORÈME IV. *Deux rectangles quelconques sont entre eux comme les produits de leurs bases par leurs hauteurs.*

Soient ABCD, EFGH deux rectangles quelconques (fig. 89). Prenons sur la hauteur EF du second une partie EM égale à la hauteur AB du premier, et menons MN perpendiculaire sur EF, la figure EMNH sera un rectangle de même hauteur que ABCD, on aura donc la proportion.

$$ABCD : EMNH = AD . EH;$$

mais les deux rectangles EMNH et EFGH ont la même hauteur FG ; ils sont donc entre eux comme leurs bases EM et EF , et on a encore la proportion

$$EMNH : EFGH = EM : EF.$$

Multipliant ces proportions terme par terme (ALG. 244), et retranchant le facteur commun du premier rapport EMNH , on obtiendra

$$ABCD : EFGH = AD \times EM \cdot EH \times EF,$$

ou, à cause de EM $=$ AB,

$$ABCD : EFGH = AD \times AB : EH \times EF,$$

ce qui est le théorème énoncé.

150. On ne peut *mesurer* une quantité quelconque qu'à l'aide d'une quantité de même nature prise pour unité ; ainsi, la mesure des surfaces doit être une surface, et comme il est naturel de choisir l'unité la plus facile à construire, on se sert du *quarré*, figure entièrement déterminée par un seul côté, pour mesurer toutes les autres figures. Ce quarré, unité des surfaces, a pour côté l'unité des longueurs, par exemple, en adoptant le mètre pour unité de longueur, le quarré dont les quatre côtés auront un mètre, ou le *mètre quarré*, sera *l'unité* des surfaces, et la superficie d'une figure quelconque sera déterminée lorsqu'on connaîtra combien elle renferme de mètres quarrés ou de parties du *mètre quarré*.

151. DEFINITION. La surface d'une figure ou l'étendue plane renfermée par son périmètre se nomme l'*aire* de la figure.

152. THÉORÈME V. *Prenant pour unité de mesure le quarré dont les côtés sont l'unité linéaire, l'aire d'un rectangle est exprimée par le produit de sa base par sa hauteur.*

Car, soient ABCD un rectangle et EFGH un quarré quelconque (fig. 90). Comme un quarré n'est qu'un rectangle (89), on a, d'après le théorème précédent,

$$ABCD : EFGH = AD \times AB : EH \times GH;$$

mais, si le côté du quarré est l'unité linéaire, EH $=$ 1, GH $=$ 1, et, cette proportion se réduit à

$$ABCD : EFGH = AD \times AB : 1.$$

Donc, le produit AD × AB contiendra autant d'unités que le rectangle ABCD contiendra de fois le quarré EFGH pris pour unité de mesure, ce produit exprimera donc *l'aire* de ce rectangle.

153. COROLLAIRE. L'aire d'un quarré quelconque est exprimé par la seconde puissance de son côté. Car un quarré est un rectangle dont la base et la hauteur sont égales. Ainsi l'aire du quarré construit sur une droite AB, s'exprime par $\overline{AB}^2$. C'est cette circonstance qui a fait donner le nom de *quarré* à la seconde puissance.

154. THÉORÈME VI. *L'aire d'un parallélogramme quelconque est égale au produit de sa base par sa hauteur.*

Car un parallélogramme est équivalent à un rectangle de même base et de même hauteur (143) et, comme l'aire du rectangle est égale au produit de ces deux lignes, il en est nécessairement de même de l'aire du parallélogramme.

155. COROLLAIRE. Les parallélogrammes de même base sont entre eux comme leurs hauteurs, et les parallélogrammes de même hauteur sont entre eux comme leurs bases. Car M et N étant deux parallélogrammes, dont les bases sont respectivement B et b, et les hauteurs H et h, on a M $=$ B × H, N $=$ b × h, et par conséquent.

$$M : N = B \times H : b \times h.$$

Or, dans le cas de B $=b$, cette proportion se réduit à

$$M : N = H : h$$

et, dans celui de H $=h$, elle se réduit à

$$M : N :: B : b.$$

Donc, etc.

156. THÉORÈME VII. *L'aire d'un triangle est égale à la moitié du produit de sa base par sa hauteur.*

Car le triangle est la moitié du rectangle de même base et de même hauteur (145). Ainsi l'aire du rectangle étant égale au produit de cette base par cette hauteur, l'aire du triangle sera la moitié du même produit.

157. COROLLAIRE. Deux triangles de même base sont entre eux comme leurs hauteurs, et deux triangles de même hauteur sont entre eux comme leurs bases.

158. THÉOREME VIII. *L'aire du trapèze* ABCD *est égale à la moitié du produit de la somme de ses côtés parallèles* AD, BC, *par leur distance* EH (fig. 91).

Menons la diagonale BD, les deux triangles ABD et BDC auront pour hauteur commune la distance EH, qui est perpendiculaire à la fois sur leurs bases AD et BC. Or, l'aire du triangle ABD est égale à $\frac{1}{2}$ AD $\times$ EH, l'aire du triangle BDC est égale à $\frac{1}{2}$ BC $\times$ EH, donc l'aire du trapèze, qui est égal à la somme des deux triangles, sera

$$\frac{1}{2} \text{AD} \times \text{EH} + \frac{1}{2} \text{BC} \times \text{EH}, \quad \text{ou } \frac{1}{2}\text{EH} \times [\text{AD} + \text{BC}].$$

159. Si par le point O, milieu de EH, on mène la droite MN parallèle aux côtés parallèles AD et BC, le rectangle *abcd* construit entre cette droite et la hauteur EH est équivalent au trapèze. En effet, on a, d'une part, les deux triangles rectangles M*b*B et M*a*A, dont les côtés *b*M et M*a*, respectivement égaux à HO et OE comme côtés opposés d'un parallélogramme rectangle, sont égaux entre eux ; de plus, les angles *b*MB et AM*a*, sont égaux, comme opposés par le sommet, donc ces deux triangles sont égaux. De l'autre, les deux triangles rectangles CN*c*, *d*ND sont égaux, parce qu'ils ont *c*N = N*d* et l'angle *c*NC = *d*ND. (132). L'égalité de ces triangles entraîne celle du trapèze ABCD avec le rectangle *abcd*.

Or, l'aire du rectangle est égale à EH $\times$ MN; ainsi comparant cette valeur à celle de l'aire du trapèze, on en conclut que MN = $\frac{1}{2}$ [AD + BC].

La droite MN, menée à égale distance des deux côtés parallèles du trapèze est donc égale à la moitié de la somme de ces côtés.

160. L'égalité des triangles *b*BM et AM*a*, C*c*N et *d*ND, nous montre que les deux côtés AB et CD, sont partagés en parties égales, par la droite MN, car il en résulte AM = MB, CN = ND.

161. THÉORÈME IX. *L'aire d'un polygone régulier est égale à la moitié du produit de son périmètre par son apothème.*

Si du centre O d'un polygone régulier quelconque (fig. 58), on mène des droites à tous ses sommets, on le partagera en autant de triangles égaux qu'il a de côtés, ainsi son aire sera égale à l'aire d'un de ces triangles multipliée par le nombre des côtés. Or, la hauteur du triangle AOB est l'apothème OM du polygone, ainsi l'aire de ce triangle sera exprimé par $\frac{1}{2}$ AB $\times$ OM et celle du polygone par $\frac{1}{2}$ M $\times$ AB $\times$ OM, M désignant le nombre des côtés. Mais le périmètre d'un polygone quelconque est la somme de ses côtés, et, dans un polygone régulier, ce périmètre est égal à l'un des côtés pris autant de fois qu'il y a de côtés; donc le produit M $\times$ AB, représente le périmètre et l'expression $\frac{1}{2}$ M $\times$ AB $\times$ OM est la même chose que la moitié du produit du périmètre par l'apothème OM. Donc, etc.

162. THÉORÈME X. *L'aire d'un cercle est égale à la moitié du produit de sa circonférence par son rayon.*

L'élément générateur de toute ligne-courbe, est une ligne droite infiniment petite; ainsi le cercle n'est qu'un polygone régulier d'un nombre infini de côtés infiniment petits, dont l'apothème est la même chose que le rayon. L'aire du cercle doit donc se mesurer comme celle de tout autre polygone, par la moitié du produit du périmètre et de l'apothème, c'est-à-dire, ici, par la moitié du produit de la circonférence par le rayon.

163. L'expression des surfaces par le produit des lignes, donne le moyen de reconnaître avec beaucoup de facilité un grand nombre de propriétés géométriques, qu'on ne pourrait découvrir souvent qu'à l'aide de constructions très-compliquées, parce que ces produits sont naturellement soumis à toutes les lois des nombres et que les résultats des opérations numériques présentent immédiatement les résultats des opérations géométriques qu'on pourrait exécuter sur les figures représentées par ces produits. Par exemple, si a et b, désignent deux droites quelconques, a^2 représentera le quarré construit sur a, b^2 le quarré construit sur b, $(a+b)^2$ le quarré construit en prenant la somme de ces lignes pour base, et $a \times b$, le rectangle construit entre a et b, ou qui a l'une de ces lignes pour base et l'autre pour hauteur. Or, d'après les lois des nombres (ALG., 78)

$$(a + b)^2 = a^2 + 2ab + b^2.$$

Ainsi, cette expression rapportée aux figures géométriques, signifie que *le quarré construit sur la somme de deux lignes est équivalent à la somme des quarrés de ces lignes, plus au double du rectangle construit entre ces lignes.* Nous allons, en effet, démontrer géométriquement cette proposition.

164. Théorème XI. *Le quarré* ADFC (fig. 129 *bis*), *construit sur la somme de deux droites* AB *et* BC, *est équivalent à la somme des quarrés construits sur chacune de ces droites, plus deux fois, le rectangle construit entre elles.*

Du point B, élevons sur AC la perpendiculaire BE, prenons AG $=$ AB, et par le point G, menons GI parallèle à AC. Le quadrilatère AGHB sera le quarré construit sur AB, car tous ses angles sont droits et ses quatre côtés AB, AG, GH et HB sont égaux, savoir : AB $=$ AG, par construction, et, AG $=$ HB, AB $=$ GH, comme côtés opposés d'un parallélogramme.

Le quadrilatère EFIH est le quarré construit sur BC, car tous ses angles sont droits et ses quatre côtés HI, HE, EF, FI sont égaux au côté BC, savoir : HI et EF, comme côtés opposés à BC, dans les parallélogrammes BHIC et BEFC, et EH et FI, comme côtés opposés à DG $=$ BC, dans les parallélogrammes DEHG, DFIG. Nous avons posé DG $=$ BC, parce qu'en effet, puisque AC $=$ AD et AG $=$ AB, on a AC $-$ AB $=$ AD $-$ AG ou BC $=$ DG.

Les deux rectangles DEHG et HICB sont égaux au rectangle des deux droites AB et BC; car le premier DEHG est formé, entre DG $=$ BC et GH $=$ AB, et le second HICB, entre BC et BH $=$ AB.

Or, le quarré ADFC renferme les deux quarrés AGHB, EFIH et les deux rectangles DEHG, HICB, donc il est équivalent à leur somme. Ainsi, représentant ces diverses figures par l'expression de leur aire, on a

$$\overline{AC}{}^{2} = \overline{AB}{}^{2} + \overline{BC}{}^{2} + 2AB \times BC,$$

ce qui est identique avec l'expression obtenue par le développement de la seconde puissance du binome $a + b$.

165. Par une construction semblable à la précédente, on trouverait que *le quarré construit sur la différence de deux lignes, est équivalent à la somme des quarrés de ces lignes, moins deux fois le rectangle construit entre elles.* C'est ce qu'on obtient, en développant la seconde puissance $(a - b)^2$, car $(a-b)^2 = a^2 - 2ab + b^2$.

166. Théorème XII. *Le quarré construit sur l'hypoténuse d'un triangle rectangle est équivalent à la somme des quarrés construits sur les deux autres côtés.*

Soit ABC un triangle rectangle en B (fig. 93). Ayant construit sur chacun des côtés le quarré qui lui appartient, abaissons du sommet de l'angle droit sur l'hypothénuse AC, la perpendiculaire BN que nous prolongerons jusqu'en M. Cette perpendiculaire partagera le quarré de l'hypoténuse en deux rectangles ANMD, NCEM qui sont respectivement égaux, comme nous allons le voir, aux quarrés des deux autres côtés AB et BC.

Menons les droites BD et HC, nous aurons deux triangles égaux HCA et ABD. En effet, les côtés AB et AH sont égaux comme côtés d'un même quarré, les côtés AD et AC sont égaux par la même raison, et l'angle HAC composé d'un angle droit HAB et de l'angle BAC, est égal à l'angle BAD composé d'un angle droit CAD et du même angle BAC. Ainsi, les deux triangles HCA, ABD ont un angle égal compris entre deux côtés égaux chacun à chacun; donc ils sont égaux (129).

Mais le triangle HCA est la moitié du quarré AHIB (145), car il a même base AH et même hauteur HI, et le triangle ABD est la moitié du rectangle ANMD, car il a même base AD et même hauteur DM. Donc les deux triangles étant égaux, le quarré AHIB double du premier est équivalent au rectangle ANMD, double du second.

On démontrerait de la même manière que l'autre quarré BFGC est équivalent au rectangle NCEM. Or, les deux rectangles ANMD, NCEM pris ensemble forment le quarré de l'hypoténuse. Donc le quarré de l'hypoténuse est égal à la somme des quarrés des deux autres côtés.

Les aires de ces quarrés étant respectivement $\overline{AC}^2$, $\overline{AB}^2$, $\overline{BC}^2$, on a donc l'expression extrêmement importante $\overline{AC}^2 = \overline{AB}^2 + \overline{BC}^2$.

167. COROLLAIRE. Le quarré construit sur la diagonale d'un quarré est le double de ce quarré. En effet, soit ABCD (fig. 94) un quarré et BC sa diagonale, le triangle BAC étant rectangle, on aura $\overline{BC}^2 = \overline{AB}^2 + \overline{AC}^2$, mais AB = AC, donc $\overline{BC}^2 = 2\overline{AB}^2$.

On tire de l'égalité $\overline{BC}^2 = 2\overline{AB}^2$, BC = AB $\sqrt{2}$, d'où $\frac{BC}{BA} = \sqrt{2}$. Le rapport du côté du quarré à sa diagonale est donc une quantité irrationnelle, et ces deux lignes sont incommensurables entre elles.

En prenant le côté du quarré pour unité, ou en faisant AB = 1, on a simplement BC = $\sqrt{2}$. Ainsi le nombre irrationnel $\sqrt{2}$ dont il est impossible d'exprimer exactement en chiffres la valeur numérique, peut être exactement représenté par une ligne droite, lorsqu'on représente l'unité numérique elle-même par une droite.

Cette propriété donne le moyen de représenter par des droites toutes les racines quarrées, à l'aide d'une construction très-simple. Soit un triangle rectangle ABC (fig. 95) dont les deux côtés de l'angle droit AB et AC sont égaux à l'unité; nous aurons d'abord, par ce qui précède, CB $= \sqrt{2}$; élevons en C la perpendiculaire CD sur l'hypoténuse, faisons CD $=$ AB $= 1$, et tirons DB, le triangle DCB sera rectangle, et on aura $\overline{DB}^2 = \overline{CB}^2 + \overline{CD}^2 = 2 + 1 = 3$, d'où DB $= \sqrt{3}$. Elevons de nouveau DE perpendiculaire sur BD, faisons DE $=$ AB $= 1$ et menons EB, le triangle rectangle BDE, nous donnera $\overline{EB}^2 = \overline{DB}^2 + \overline{DE}^2 = 3 + 1 = 4$, d'où EB $= \sqrt{4}$. En construisant de la même manière, le triangle rectangle BEF, nous obtiendrons BF $= \sqrt{5}$, et ainsi de suite. On peut donc représenter par des droites les racines quarrées de tous les nombres entiers.

168. COROLLAIRE I. Le quarré construit sur l'un des côtés de l'angle droit est équivalent à la différence des quarrés construits sur l'hypoténuse et sur l'autre côté. Car de l'égalité $\overline{AC}^2 = \overline{AB}^2 + \overline{BC}^2$ (fig. 93). On tire $\overline{AB}^2 = \overline{AC}^2 - \overline{BC}^2$ et $\overline{BC}^2 = \overline{AC}^2 - \overline{AB}^2$.

169. COROLLAIRE II. Le quarré construit sur l'un des côtés de l'angle droit, est équivalent au rectangle construit entre l'hypoténuse et son segment adjacent, déterminé par la perpendiculaire abaissée du sommet de l'angle droit. Nous avons démontré que le quarré AHIB est équivalent au rectangle ANMD; or, les aires de ces figures étant respectivement $\overline{AB}^2$ et AC $\times$ AN; on a donc $\overline{AB}^2 =$ AC $\times$ AN, et par la même raison $\overline{BC}^2 =$ AC $\times$ CN.

170. COROLLAIRE III. Le rapport des quarrés construits sur les deux côtés AB et BC de l'angle droit est égal à celui des deux segmens AN et CN de l'hypoténuse. Car des deux égalités précédentes, on tire la proportion $\overline{AB}^2 : \overline{BC}^2 =$ AC $\times$ AN : AC $\times$ CN, ce qui se réduit, par le retranchement du facteur commun AC, à $\overline{AB}^2 : \overline{BC}^2 =$ AN : CN.

171. COROLLAIRE IV. Le rapport du quarré de l'hypoténuse avec le quarré d'un des côtés de l'angle droit est égal au rapport de l'hypoténuse avec le segment adjacent à ce côté; car le quarré du côté AB, par exemple, étant égal à AC $\times$ AN (169), on a la proportion $\overline{AC}^2 : \overline{AB}^2 = \overline{AC}^2 :$ AC $\times$ AN; ou, en divisant le dernier rapport par AC, $\overline{AC}^2 : \overline{AB}^2 =$ AC : AN.

172. Dans tous les triangles, qui ne sont pas rectangles, il existe encore des relations générales entre les quarrés construits sur les trois côtés ; c'est ce qui fait l'objet des deux théorèmes suivans.

173. THÉORÈME XIII. *Dans un triangle* ABC (fig. 96 et 97), *le quarré d'un côté* AB *opposé à un angle aigu* C *est plus petit que la somme des quarrés des deux autres côtés* AC *et* BC ; *et si de l'extrémité de* AB *on abaisse sur le côté opposé* AC *la perpendiculaire* AD, *la différence sera égale au double du rectangle* AC × CD *formé entre le côté* AC *et son segment* CD *adjacent à l'angle aigu* C ; *de sorte qu'on aura*

$$\overline{AB}^2 = \overline{AC}^2 + \overline{BC}^2 - 2AC \times CD.$$

Il se présente deux cas : 1° la perpendiculaire BD tombe dans l'intérieur du triangle (fig. 96) ; on a alors, à cause des triangles rectangles ABD et BDC, $\overline{AB}^2 = \overline{AD}^2 + \overline{BD}^2$ et $\overline{BC}^2 = \overline{CD}^2 + \overline{BD}^2$; d'où, retranchant la seconde égalité de la première $\overline{AB}^2 - \overline{BC}^2 = \overline{AD}^2 - \overline{CD}^2$. Mais AD = AC — CD, et par conséquent (165) $\overline{AD}^2 = \overline{AC}^2 + \overline{CD}^2 - 2AC \times CD$. L'égalité précédente devient, en substituant cette valeur de $\overline{AD}^2$, $\overline{AB}^2 - \overline{BC}^2 = \overline{AC}^2 - 2AC \times CD$; d'où enfin, en faisant passer $\overline{BC}^2$ dans le second membre, $\overline{AB}^2 = \overline{AC}^2 + \overline{BC}^2 - 2AC \times CD$.

2° La perpendiculaire BD tombe en dehors du triangle (fig. 97). Dans ce cas AD = CD — AC, et $\overline{AD}^2 = \overline{AC}^2 + \overline{CD}^2 - 2AC \times CD$; et comme les deux triangles rectangles CBD et ABD donnent $\overline{BC}^2 = \overline{CD}^2 + \overline{BD}^2$ et $\overline{AB}^2 = \overline{AD}^2 + \overline{BD}^2$, on en conclura comme ci-dessus $\overline{AB}^2 = \overline{AC}^2 + \overline{BC}^2 - 2AC \times CD$.

174. THÉORÈME XIV. *Dans un triangle obtusangle* ABC (fig. 97) *le quarré du côté* BC, *opposé à l'angle obtus, est plus grand que la somme des quarrés des deux autres côtés ; et si, de l'extrémité de* BC, *on abaisse une perpendiculaire sur le côté opposé* AC *prolongé, la différence sera égale au double du rectangle* AC × AD *formé entre* AC *et le segment* AD *adjacent à l'angle obtus* A ; *de sorte qu'on aura*

$$\overline{BC}^2 = \overline{AC}^2 + \overline{AB}^2 + 2AC \times AD ;$$

car les deux triangles rectangles CBD et ABD donnent

$$\overline{BC}^2 = \overline{CD}^2 + \overline{BD}^2, \quad \overline{AB}^2 = \overline{AD}^2 + \overline{BD}^2.$$

La différence de ces deux égalités est

$$\overline{BC}^2 - \overline{AB}^2 = \overline{CD}^2 - \overline{AD}^2 ;$$

ce qui conduit à l'égalité $\overline{BC}^2 = \overline{AB}^2 + \overline{CD}^2 - \overline{AD}^2$. Mais $CD = AC$ $+ AD$, et, par conséquent (164), $CD^2 = \overline{AC}^2 + \overline{AD}^2 + 2AC \times AD$. Substituant cette valeur de $\overline{CD}^2$ dans celle de $\overline{BC}^2$, nous obtiendrons définitivement $\overline{BC}^2 = \overline{AC}^2 + \overline{AB}^2 + 2AC \times CD$.

175. CORROLLAIRE. Lorsque le quarré d'un côté d'un triangle est équivalent à la somme des quarrés des deux autres côtés, le triangle est rectangle.

176. THEORÈME. XV. *Dans un parallélogramme quelconque la somme des quarrés des deux diagonales est équivalente à la somme des quarrés des quatre côtés.*

Soit ABCD (fig. 98) un parallélogramme dont les diagonales sont AD et CB, on a

$$\overline{AD}^2 + \overline{CB}^2 = \overline{AB}^2 + \overline{AC}^2 + \overline{CD}^2 + \overline{BD}^2 ;$$

car, en abaissant des sommets C et D les perpendiculaires CE et DF sur la base, on a dans le triangle ACB, à cause de l'angle aigu CAB,

$$1 \ldots \ldots \overline{BC}^2 = \overline{AC}^2 + \overline{AB}^2 - 2AB \times AE ;$$

et, dans le triangle ADB, à cause de l'angle obtus ABD,

$$2 \ldots \ldots \overline{AD}^2 = \overline{AB}^2 + \overline{BD}^2 + 2AB \times BF ;$$

mais les deux triangles ADE et BDF sont égaux; car les angles ACE et BDF sont formés par des côtés parallèles, et de plus $AC = BD$, $CE = DF$; donc $AE = BF$. Les deux produits $2AB \times AE$, $2AB \times BF$ sont donc identiques; et en ajoutant les égalités 1 et 2, on obtient

$$\overline{AD}^2 + \overline{BC}^2 = \overline{AB}^2 + \overline{BD}^2 + \overline{AC}^2 + \overline{AB}^2 ;$$

ce qui est le théorème énoncé, en observant qu'on a $\overline{AB}^2 = \overline{CD}^2$, à cause de l'égalité des côtés opposés AB et CD.

177. THÉORÈME XVI. *Deux triangles qui ont un angle égal de part* *et d'autre, sont entre eux comme les rectangles construits entre les côtés qui forment ces angles.*

Soient les deux triangles ABC et EDF (fig. 99), tels que l'angle B du premier est égal à l'angle D du second; on aura la proportion

$$ABC : EDF = AB \times BC : ED \times DF.$$

Car, prenons sur le côté AB, BM = ED et sur le côté BC, BN = DF, et menons la droite MN. Le triangle MBN sera égal au triangle EDF, puisque les angles B et D sont égaux par hypothèse et que les côtés qui forment ces angles sont égaux par construction. Ceci posé, menons la droite AN, les deux triangles ANB, MNB, ayant leurs sommets au même point N, ont la même hauteur et, par conséquent, sont entre eux, comme leurs bases AB et BM (157), on a donc.

$$1 \ldots\ldots ANB : MNB = AB : BM.$$

Les deux triangles ABC et ANB ont aussi même hauteur, puisque leurs sommets sont au même point A, ils sont donc encore comme leurs bases BC et BN, ce qui donne

$$2 \ldots ABC : ANB = BC : BN.$$

Multipliant par ordre les proportions 1 et 2, et retranchant le facteur commun ANB, on obtient

$$ABC : MNB = AB \times BC : BM \times BN.$$

Or, MNB = EDF, BM = ED, BN = DF, donc cette proportion est identique avec le théorème énoncé :

$$ABC : EDF = AB \times BC : ED \times DF.$$

178. Théorème XVII. *Si l'angle B d'un triangle quelconque ABC* (fig. 100), *est partagé en deux parties égales par une droite BD, le côté opposé AC sera partagé en deux segmens AD et DC tels, que les rectangles formés entre les segmens et les côtés qui leurs sont opposés, savoir :* AB × CD, BC × AD, *sont équivalens.*

Car, les deux triangles ABD et DBC, ayant, par construction un angle égal de part et d'autre, sont entre eux, comme les rectangles des côtés qui forment ces angles (177); on a donc la proportion ABD : DBC = AB × BD : BD × BC, ou simplement, en retranchant le facteur commun BD,

$$1 \ldots ABD : DBC = AB : BC.$$

De plus, ces deux triangles ont même hauteur, ils sont donc entre eux , comme leurs bases AD et DC , et on a

$$2.... \text{ ABD} : \text{DBC} = \text{AD} : \text{DC}.$$

Or, les premiers rapports des proportions 1 et 2 sont égaux , ainsi les seconds rapports sont égaux et donnent la proportion

$$\text{AB} : \text{BC} = \text{AD} : \text{DC},$$

dont le produit des extrêmes AB$\times$DC égalé à celui des moyens BC$\times$AD, fournit le théorème énoncé.

179. COROLLAIRE. Le rapport des côtés AB : BC, étant le même que celui des segmens AD : DC, l'égalité de ces côtés entraîne l'égalité des segmens et réciproquement. On retrouve donc ici, les principales propriétés, déjà démontrées, du triangle isocèle.

180. THÉOREME XVIII. *Lorsque dans un cercle quelconque* (fig. 101), *deux cordes* AB *et* DC *se coupent en un point* E, *le rectangle* AE $\times$ EB, *formé entre les deux parties de l'une est équivalent au rectangle* CE$\times$ED, *formé entre les deux parties de l'autre.*

Car, menant les cordes AC et DB , les deux triangles AEC et BED, ont les angles CAE et EDB égaux, comme ayant chacun pour mesure la moitié de l'arc CB (54). Ils sont donc entre eux , comme les produits ou les rectangles des côtés qui forment ces angles (177), et on a

$$1..... \text{ AEC} : \text{BED} = \text{AC} \times \text{AE} : \text{BD} \times \text{ED}.$$

Mais ces deux triangles ont encore les angles ACE et EBD égaux, comme ayant chacun pour mesure la moitié de l'arc AD , on a donc aussi

$$2.... \text{ AEC} : \text{BED} = \text{AC} \times \text{CE} : \text{BD} \times \text{EB}.$$

Or, le premier rapport des deux proportions 1 et 2 étant le même, les deux autres sont égaux , ainsi :

$$\text{AC} \times \text{AE} : \text{BB} \times \text{ED} = \text{AC} \times \text{CE} : \text{BD} \times \text{EB}.$$

Divisant les antécédens par AC, et les conséquens par BD, on obtiendra

$$\text{AE} : \text{ED} = \text{CE} : \text{EB},$$

d'où AE $\times$ EB $=$ CE $\times$ ED ; ce qui est le théorème énoncé.

181. Théorème XIX. *Si d'un point quelconque B pris hors d'un cercle quelconque* (fig. 102), *on lui mène une tangente AB et une sécante BC, le quarré* $\overline{AB}{}^{2}$ *construit sur la tangente, sera équivalent au rectangle BC × BD construit entre la sécante entière BC et sa partie extérieure BD.*

Car, menant les cordes AC et AD, les deux triangles CAB et DAB auront leurs trois angles égaux chacun à chacun, savoir : l'angle B commun, l'angle C égal à l'angle BAD, à cause de leur commune mesure $\frac{1}{2}$AD, et l'angle CAB égal à l'angle ADB par suite de l'égalité des deux autres. Or, il résulte de l'égalité des angles BCA, BAD (177) la proportion

$$1.....\ CAB : DAB = AC \times BC : AD \times AB,$$

et de l'égalité des angles CAB, ADB, la proportion

$$2.....\ CAB : DAB = AC \times AB : AD \times BD.$$

Comparant 1 et 2, on a

$$AC \times BC : AD \times AB = AC \times AB : AD \times BD,$$

ce qui donne, en divisant les antécédens par AC et les conséquens par AB

$$BC : AB = AB : BD,$$

d'où $\overline{AB}{}^{2} = BC \times AD$. Donc, etc.

182. Corollaire. La tangente est *moyenne proportionnélle* entre la sécante entière et sa partie extérieure.

183. Théorème XX. *Si d'un point quelconque A pris hors d'un cercle* (fig. 103), *on lui mène deux sécantes AB et AC, les rectangles construits entre chaque sécante et sa partie extérieure seront équivalens, c'est-à-dire qu'on aura AB × AD = AC × AE.*

Menons les cordes BE et CD, les deux triangles BAE et CAD auront leurs trois angles égaux chacun à chacun, savoir : L'angle A commun, et les angles ABE et DCA égaux comme ayant pour commune mesure $\frac{1}{2}$DE, d'où résulte l'égalité des troisièmes angles BEA, CDA. Or, par suite de l'égalité des angles ABE et DCA, on a la proportion

$$1.....\ BAE : CAD = AB \times BE : AC \times CD,$$

et par suite de l'égalité des angles BEA, CDA, on a la proportion

$$2\ldots\ldots \text{BAE} : \text{CAD} = \text{BE} \times \text{AE} : \text{CD} \times \text{AD}.$$

Comparant 1 et 2, on en tire

$$\text{AB} \times \text{BE} : \text{AC} \times \text{CD} = \text{BE} \times \text{AE} : \text{CD} \times \text{AD},$$

d'où, en divisant les antécédens par BE et les conséquens par CD,

$$\text{AB} : \text{AC} = \text{AE} : \text{AD},$$

ce qui donne le théorème énoncé $\text{AB} \times \text{AD} = \text{AC} \times \text{AE}$

184. COROLLAIRE. Le rapport des sécantes entières est l'inverse de celui de leurs parties extérieures.

185. THÉORÈME XXI. *Si de l'extrémité* A *d'une corde quelconque* AB (fig. 104), *on mène un diamètre* AC, *et que de l'autre extrémité* B *on abaisse sur ce diamètre une perpendiculaire* BD, *le quarré* $\overline{\text{AB}}^{2}$ *construit sur la corde sera équivalent au rectangle* AC $\times$ AD *construit entre le diamètre* AC *et son segment* AD *adjacent à la corde.*

Car, en menant la corde BC, le triangle ABC est rectangle (66). Ainsi, d'après les propriétés des triangles rectangles (169), on a immédiatement $\overline{\text{AB}}^{2} = \text{AC} \times \text{AD}$.

186. COROLLAIRE. La corde AB est *moyenne proportionnelle* entre le diamètre AC et son segment adjacent AD. Car, de l'égalité $\overline{\text{AB}}^{2} = \text{AC} \times \text{AD}$, on tire la proportion AC : AB = AB : AD.

187. THÉORÈME XXII. *Dans tout quadrilatère* ABCD (fig. 105), *inscrit dans un cercle, la somme des rectangles construits entre les côtés opposés,* AB $\times$ CD $+$ AC $\times$ BD *est équivalente au rectangle* AD $\times$ BC *construit entre les diagonales.*

Menons la droite AM, qui fasse avec AB l'angle BAM égal à CAD, les deux triangles CAD et MAB donneront la proportion

$$1\ldots\ldots \text{CAD} : \text{MAB} = \text{AC} \times \text{AD} : \text{AB} \times \text{AM};$$

mais ces deux triangles ayant leurs angles CDA et MBA égaux parce qu'ils ont pour commune mesure la moitié de l'arc AC, ont aussi leurs troisièmes angles ACD et AMB égaux, d'où résulte la proportion

$$2..... \text{ CAD} : \text{MAB} = \text{AC} \times \text{CD} : \text{AM} \times \text{MB}.$$

Comparant 1 et 2, on a

$$\text{AC} \times \text{AD} : \text{AB} \times \text{AM} = \text{AC} \times \text{CD} : \text{AM} \times \text{MB},$$

ce qui se réduit, en divisant les antécédens par AC, et les conséquens par AM, à

$$\text{AD} : \text{AB} = \text{CD} : \text{MB};$$

d'où, $\text{AD} \times \text{MB} = \text{AB} \times \text{CD}$.

Maintenant, puisque les deux angles CAD, MAB sont égaux par construction, les angles CAM et DAB sont égaux, puisqu'ils se composent respectivement d'un de ces angles, et d'un angle commun DAM; donc, les deux triangles CMA et ABD ayant un angle égal chacun à chacun, donnent la proportion

$$1..... \text{ CMA} : \text{ABD} = \text{AC} \times \text{AM} : \text{AD} \times \text{AB}.$$

Mais ces deux triangles ont leurs deux autres angles égaux chacun à chacun; car les angles ACB et ADB ont pour commune mesure la moitié de l'arc AB; on a donc encore, en vertu de l'égalité des angles AMC, DBA, la proportion

$$2..... \text{ CMA} : \text{ABD} = \text{AM} \times \text{CM} : \text{AB} \times \text{BD}.$$

En comparant les proportions 1 et 2, on obtient

$$\text{AC} \times \text{AM} : \text{AD} \times \text{AB} = \text{AM} \times \text{CM} : \text{AB} \times \text{BD},$$

ou simplement, en divisant les antécédens par AM et les conséquens par AB,

$$\text{AC} : \text{AD} = \text{CM} : \text{BD},$$

ce qui donne $\text{AC} \times \text{BD} = \text{AD} \times \text{CM}$.

Ajoutant cette égalité à la précédente $\text{AD} \times \text{MB} = \text{AB} \times \text{CD}$, il vient

$$\text{AB} \times \text{CD} + \text{AC} \times \text{BD} = \text{AD} \times \text{MB} + \text{AD} \times \text{CM} = \text{AD} \times [\text{MB} + \text{CM}].$$

Or, $\text{MB} + \text{CM} \times \text{BC}$, donc,

$$\text{AB} \times \text{CD} + \text{AC} \times \text{BD} = \text{AD} \times \text{BC},$$

ce qui est le théorème énoncé.

§ III. SIMILITUDE.

188. DÉFINITIONS. Deux polygones sont *semblables* lorsque tous leurs angles sont égaux chacun à chacun, et que leurs côtés situés de la même manière ont des rapports égaux.

On appelle *angles homologues*, dans deux polygones semblables, les angles égaux situés de la même manière, et côtés *homologues*, les côtés situés de la même manière.

Par exemple, A et *a* étant deux angles égaux homologues de deux polygones semblables, P et Q les côtés qui forment l'angle A, et *p* et *q* les côtés qui forment l'angle *a*, si $P : p = Q : q$, P et *p*, Q et *q* seront ses *côtés homologues*.

La similitude de deux figures a donc deux conditions : 1° l'égalité des angles, 2° la proportionalité des côtés. Dans les triangles une de ces conditions entraîne nécessairement la seconde.

189. THÉORÈME I. *Deux triangles qui ont leurs trois angles égaux chacun à chacun, sont semblables.*

Soient ABC et *abc* (fig. 106) deux triangles dans lesquels les angles $A = a$, $B = b$, $C = c$, ces triangles ont leurs côtés homologues proportionnels et sont par conséquent semblables.

Car, d'après l'égalité des angles A, *a*, ces triangles sont entre eux comme les produits des côtés qui forment ces angles, $AB \times AC : ab \times ac$.

D'après l'égalité des angles B et *b*, ces triangles sont entre eux comme les produits $AB \times BC : ab \times bc$.

Et enfin, d'après l'égalité des angle C et *c* le rapport de ces mêmes triangles est égal à $BC \times AC : bc \times ac$.

Les trois rapports $AB \times AC : ab \times ac$, $AB \times BC : ab \times bc$, $BC \times AC : bc \times ac$ sont donc égaux entre eux. Or, les deux premiers donnent la proportion

$$AB \times AC : ab \times ac = AB \times BC : ab \times bc,$$

qui se réduit en divisant les antécédens par AB et les conséquens par *ab*, à

$$AC : ac = BC : bc;$$

30

les deux derniers rapports donnent la proportion

$$AB \times BC : ab \times bc = BC \times AC : bc \times ac,$$

qui se réduit, de la même manière à

$$AB : ab = AC : ac.$$

On a donc les trois rapports égaux :

$$AC : ac = Bc : bc = AB : ab.$$

Donc, les côtés homologues sont proportionnels, et par conséquent les deux triangles ABC et *abc*, réunissant les deux conditions de la similitude, sont semblables.

190. COROLLAIRE I. Deux triangles qui ont leurs côtés respectivement parallèles, sont semblables.

Car, si les côtés AB et *ab*, AC et *ac* (fig. 107) sont parallèles, les angles A et *a* formés par des côtés parallèles qui ne peuvent avoir qu'une même direction ou qu'une direction opposée sont égaux (44) et il en est nécessairement de même des angles B et *b* et des angles C, *c*. Les deux triangles ayant leurs trois angles égaux chacun à chacun sont semblables.

191. COROLLAIRE 2. Deux triangles qui ont leurs côtés respectivement perpendiculaires sont semblables.

Soient ABC et *abc* deux triangles (fig 108) dans lesquels on ait *ab* perpendiculaire à AB, *ac* perpendiculaire à AC et *bc* perpendiculaire à BC.

Menons au sommet B la droite BN perpendiculaire à AB et par conséquent parallèle à *ab*, et la droite BM perpendiculaire à BC, et par conséquent parallèle à *bc*, l'angle MBN aura ses côtés parallèles à ceux de l'angle *b*, ainsi ces deux angles sont égaux. Mais les deux angles droits ABN et CBM ont une partie commune, l'angle CBN, en retranchant cette partie commune on a donc deux restes égaux, ce sont les angles ABC et MBN ; or MBN = *b*, donc ABC = *b*. Élevons maintenant au sommet A la droite AO perpendiculaire sur AB et la droite AP perpendiculaire sur AC, ces droites seront respectivement parallèles aux côtés *ab* et *ac*, ainsi l'angle OAP qu'elles forment sera égal à l'angle *a*. Or, en retranchant de chacun des angles droits OAB, PAC leur partie commune, l'angle PAB, on a les deux restes égaux OAP = BAC donc BAC = *b*.

L'égalité des angles ABC et *b*, BAC et *a*, entraîne l'égalité des troisièmes angles ACB et *acb*. Donc les deux triangles ont leurs trois angles égaux et sont par conséquent semblables.

On doit remarquer que les côtés homologues sont précisément les côtés perpendiculaires l'un sur l'autre.

192. COROLLAIRE 3. Deux triangles isocèles qui ont l'angle du sommet égal de part et d'autre, sont semblables; car, la somme des angles à la base étant la même de part et d'autre et ces angles étant égaux dans chaque triangle, sont égaux chacun à chacun, comme moitiés d'une même somme.

193. COROLLAIRE 4. Une droite DE parallèle à un des côtés d'un triangle ABC (fig. 109), forme dans l'intérieur de ce triangle un triangle DAE, qui lui est semblable. Car, ces deux triangles ont leur trois angles égaux, savoir : A commun ; ADB = ABC, comme correspondans entre les parallèles BC et DE et leur transversale AB ; et AED = ACB comme correspondans entre les parallèles BC et DE et leur transversale AC.

Il résulte de la similitude des triangles ABC et ADE une conséquence importante, c'est que les côtés AB et AC sont coupés par la parallèle DE en parties proportionnelles ou qu'on a la proportion

$$DB : AD = EC : AE.$$

En effet, les côtés homologues de ces triangles donnent la proportion

$$AB : AD = AC : AE,$$

d'où (ALG., 242),

$$AB - AD : AD = AC - AE : AE.$$

Or, AB — AD = DB, AC — AE = EC ; ainsi cette dernière proportion est identique avec DB : AD = EC : AE.

194. La réciproque de cette dernière proposition a également lieu, c'est-à-dire que, si la droite DE coupe les côtés AB et AC en parties proportionnelles, elle est parallèle au troisième côté BC. Car on ne pourrait supposer le contraire sans tomber dans une absurdité.

En effet si DE n'était pas parallèle à BC on pourrait toujours mener par le point D une droite DM qui le serait et alors on aurait d'une part, par hypothèse, DB : AD = EC : AE et de l'autre, à cause du parallélisme des droites BC et DM , DB : AD $=$ CM : AM d'où l'on conclurait EC : AE $=$ CM : AM proportion impossible , puisque EC $>$ CM et que AE $<$ AM.

195. COROLLAIRE 5. Si les côtés AB et AC d'un angle quelconque BAC (fig. 110) sont coupés par des droites parallèles EF, GH, IK, LM etc., ils seront partagés en parties proportionnelles , et on aura la suite de rapports égaux

$$AE : EG : GI : IL = AF : FH : HK : KM.$$

Car, en vertu des parallèles EF et GH, on a dans le triangle AGH

$$1\ldots\ldots AE : EG = AF : FH,$$

on a également dans le triangle AIK , à cause des parallèles EF et IK,

$$AE : EI = AE : FK.$$

Les antécédens de ces deux proportions étant égaux, on en conclut

$$EG : EI = FH : FK,$$

d'où EG : EI $-$ EG $=$ FH : FK $-$ FH , et définitivement

$$2\ldots\ldots EG : GI = FH : HK.$$

Le triangle ALM donne , à cause des parallèles EF et LM,

$$AE : EL = AF : FM.$$

Comparant cette proportion avec 1, on en tire

$$EG : EL = FH : FM,$$

d'où EG : EL $-$ EG $=$ FH : FM $-$ FH, ce qui se réduit à

$$EG : GL = FH : HM.$$

Cette dernière , comparée avec 2, fournit , à cause de l'égalité des antécédens ,

$$GI : GL = HK : HM,$$

d'où encore, GI : GL $-$ GI $=$ HK : HM $-$ HK, c'est-à-dire

$$3\ldots\ldots GI : IL = HK : KM.$$

On a donc les proportions

$$AE : EG = AF : FH,$$
$$EG : GI = FH : HK, \}$$
$$GI : IL = HK : KM,$$

et par conséquent

$$AE : EG : GI : IL = AF : FH : HK : KM ;$$

donc, etc.

Il en serait de même pour un plus grand nombre de parallèles.

196. THÉORÈME II. *Deux triangles qui ont un angle égal compris entre des côtés proportionnels sont semblables.*

Soient les deux triangles ABC et *abc* (fig. 111) dans lesquels l'angle A = l'angle *a*, et dont les côtés AB et *ab*, AC et *ac* donnent la proportion AB : *ab* = AC : *ac*. Ces deux triangles sont semblables.

Prenons A*m* = *ab*, A*n* = *ac*, et tirons la droite *mn*. D'après la construction, on aura AB : A*m* = AC : A*n* ; donc *mn* est parallèle à AC (194), et les deux triangles ABC et A*mn* sont semblables (193).

Or, les deux triangles A*nm* et *abc* sont égaux, puisqu'ils ont un angle égal compris entre des côtés égaux chacun à chacun ; donc ABC, semblable à A*nm*, est semblable à *abc*.

197. THÉORÈME III. *Deux triangles qui ont leurs trois côtés proportionnels sont semblables.*

Soient les deux triangles ABC et *abc* (fig. 111), tels qu'on ait

$$1 \ldots\ldots AB : ab = AC : ac = BC . bc.$$

Sur AB prenons A*m* = *ab*, et sur AC prenons A*n* = *ac*, nous aurons alors, d'après cette construction,

$$AB : Am = AC : An.$$

Ainsi, menant la droite *mn*, elle sera parallèle à BC (194), et les deux triangles ABC, A*mn* seront semblables. On aura donc

$$AB : Am = AC : An = BC : mn,$$

ou, en substituant à A*m* et A*n* leurs valeurs *ab* et *ac*,

$$AB : ab = AC : ac = BC : mn.$$

Comparant avec 1', il en résulte $mn = bc$. Donc les deux triangles *abc* et A*mn* ont leurs trois côtés égaux, et sont par conséquent égaux (131). Donc le triangle ABC, semblable au triangle A*mn*, est semblable à son égal *abc*.

198. THÉORÈME IV. *Si du sommet de l'angle droit* B (fig. 112) *d'un triangle rectangle* ABC *on abaisse la perpendiculaire* BD *sur l'hypothénuse* AC, *cette perpendiculaire partagera le triangle en deux autres*, ABD, DBC, *qui lui seront semblables.*

Car les triangles ABC et ABD étant tous deux rectangles, l'un en A et l'autre en D, et ayant un angle commun A, ont leurs troisièmes angles ABD et ACB égaux, et sont par conséquent semblables (189).

De même, les triangles ABC et DBC étant tous deux rectangles, l'un en B et l'autre en D, et ayant un angle commun C, ont leurs troisièmes angles DBC et BAC égaux, et sont par conséquent semblables.

En outre, les deux triangles partiels ABD et DBC étant chacun semblable au triangle ABC, sont semblables entre eux, ce qui résulte d'ailleurs de l'égalité de leurs angles; car, d'après ce qui vient d'être dit, l'angle ABD = l'angle BCD, l'angle BAD = l'angle DBC, et les deux autres angles ADB et CDB sont droits.

La comparaison des côtés homologues de ces triangles présente plusieurs circonstances remarquables. On a, dans les deux triangles ABC et ABD,

$$1 \ldots\ldots AC : AB = AB : AD;$$

dans les deux triangles ABC et DBC,

$$2 \ldots\ldots AC : BC = BC : CD;$$

et, dans les deux triangles ABD, DBC,

$$3 \ldots\ldots AD : DB = DB : DC.$$

Les deux premières proportions nous apprennent que *chaque côté de l'angle droit est moyen proportionnel entre l'hypoténuse et le segment adjacent;* et la dernière, que *la perpendiculaire est moyenne proportionnelle entre les deux segmens de l'hypoténuse.*

On tire des deux premières proportions

$$\overline{AB}^2 = AC \times AD, \quad \overline{BC}^2 = AC \times DC,$$

égalités déjà trouvées n° 169. En les ajoutant ensemble, il vient

$$\overline{AB}^2 + \overline{BC}^2 = AC \times AD + AC \times DC = AC \times [AD + DC],$$

c'est-à-dire $\overline{AB}^2 + \overline{BC}^2 = \overline{AC}^2$; ce qui est le théorème du quarré de l'hypoténuse (166).

199. COROLLAIRE. Si d'un point quelconque d'une circonférence on abaisse une perpendiculaire BD (fig. 104) sur le diamètre AC, cette perpendiculaire sera moyenne proportionnelle entre les deux segmens AD et DC du diamètre qu'elle détermine ; car en menant les cordes AB et BC, le triangle ABC est rectangle en B (66).

200. THÉORÈME V. *Si du sommet de l'angle* A (fig. 113) *d'un triangle quelconque* ABC *on mène autant de droites qu'on le voudra,* AE, AF, AG, etc., *sur le côté opposé* BC, *et que de plus on mène dans l'intérieur du triangle une droite* bc *parallèle à* BC, BC *et sa parallèle* bc *seront partagées en parties proportionnelles, c'est-à-dire qu'on aura*

$$BE : be = EF : ef = FG : fg = GC : gc = \text{etc.}$$

Car les deux triangles ABE et A*be* étant semblables (193), donnent

$$AE : Ae = BE : be ;$$

les deux triangles AEF et A*ef* sont également semblables, et donnent

$$AE : Ae = EF : ef.$$

Donc, en comparant les deux proportions, on a, à cause du rapport commun AE : A*e*,

$$BE : be = EF : ef.$$

En considérant les triangles semblables AEF et A*ef*, AFG et A*fg*, on obtiendrait de la même manière

$$EF : ef = FG : fg,$$

et ainsi de suite. Donc, etc.

201. THÉORÈME VI. *Deux polygones semblables peuvent être divisés en un même nombre de triangles semblables et semblablement disposés.*

Soient ABCDE, *abcde* (fig. 114), deux polygones semblables ; du sommet de l'angle A, menons des diagonales aux autres angles dans le polygone ABCDE, et dans l'autre polygone *abcde*, menons semblablement de l'angle *a*, homologue de l'angle A, des diagonales aux autres angles. Les deux polygones seront évidemment partagés en un même nombre de triangles, et de plus, les triangles placés de la même manière AED, *aed* ; ADC, *adc* ; ABC, *abc* seront semblables.

Car, les polygones étant semblables, l'angle E est égal à l'angle *e* et les côtés homologues AE, *ae* ; ED, *ed* sont proportionnels, donc les deux triangles AED, *aed* sont semblables (196), donc l'angle EDA est égal à l'angle *eda*. Ces angles égaux étant retranchés des angles égaux D et *d* des polygones, les angles restans ADC, *adc* seront égaux. Mais par suite de la similitude des deux premiers triangles AED, *aed*, on a ED : *ed* = AD : *ad* ; tandis que, d'après la similitude des polygones, ED : *ed* = DC : *dc* ; donc AD : *ad* = DC : *dc*. Ainsi les deux triangles DAC, *dac* ont un angle égal compris entre des côtés proportionnels et sont, par conséquent, semblables.

En continuant de la même manière, l'égalité des angles DCA et *dca* des deux derniers triangles conduit à l'égalité des angles BCA et *bca* des suivans, ce qui joint à la proportionnalité des côtés AC, *ac* et BC, *bc*, fait reconnaître la similitude des triangles ABC, *abc*. Et ainsi de suite, quel que soit le nombre des côtés des polygones.

202. CorollaiRE I. Dans deux polygones semblables, les diagonales semblablement situées sont entre elles comme les côtés homologues.

203. ThéorÈme VII. *Deux triangles semblables sont entre eux, comme les quarrés de leurs côtés homologues.*

Soient les deux triangles semblables ABC, *abc* (fig. 106), dont les angles égaux sont A = *a*, B = *b*, C = *c*. En vertu de l'égalité des angles A et *a*, on a (177)

$$ABC : abc = AB \times AC : ab \times ac.$$

Mais, on a aussi, puisque les triangles sont semblables

$$AB : ab = AC : ac,$$

et si si l'on multiplie cette proportion par la proportion identique

$$AC : ac = AC : ac.$$

on obtiendra

$$AB \times AC : ab \times ac = \overline{AC}^2 : \overline{ac}^2.$$

D'où, en comparant avec la première proportion,

$$ABC : abc = \overline{AC}^2 : \overline{ac}^2.$$

Donc deux triangles semblables sont entre eux comme les quarrés de deux de leurs côtés homologues quelconques, car les rapports $\overline{AC}^2 : \overline{ac}^2$, $\overline{AB}^2 : \overline{ab}^2$, $\overline{BC}^2 : \overline{bc}^2$ sont égaux.

204. THÉORÈME VII. *Les périmètres de deux polygones semblables, sont entre eux comme les côtés homologues.*

Car deux polygones semblables (fig. 114) donnent la suite de rapports égaux.

$$AB : ab = BC : bc = CD : cd = DE : de = \text{etc.}$$

Mais, d'après la nature des proportions, la somme des antécédens et celle des conséquens sont entre elles comme un antécédent à son conséquent (ALG 249). Donc

$$AB : ab = AB + BC + CD + \text{etc} : ab + bc + cd + \text{etc.}$$

Mais ces sommes sont les périmètres des polygones, donc, etc.

205. COROLLAIRE I. Les périmètres de deux polygones semblables, sont entre eux comme deux diagonales homologues. Car le rapport de deux diagonales homologues est égal à celui des côtés homologues (202).

206. THÉORÈME VIII. *Les aires de deux polygones semblables, sont entre elles comme les quarrés des côtés homologues.*

En divisant deux polygones semblables (fig. 114), en triangles semblables (204), tous ces triangles sont entre eux comme les quarrés de leurs côtés homologues (204) ; mais tous les côtés homologues ont le même rapport, ainsi tous les triangles ont le même rapport, et on a la suite de rapports égaux

$$ABC : abc = ACD : acd = ADE : ade = \text{etc.}$$

D'où

$$ABC : abc = ABC + ACD + ADE + \text{etc.} : abc + acd + ade + \text{etc.}$$

Mais ces sommes de triangles sont les aires des polygones, donc les aires des polygones sont entre elles comme deux des triangles semblables et, par conséquent, comme les quarrés $\overline{AB}^2$ et $\overline{ab}^2$ de deux côtés homologues quelconques.

207. COROLLAIRE. Si on construit trois polygones semblables sur les côtés d'un triangle rectangle, le polygone construit sur l'hypoténuse sera équivalent à la somme des deux polygones construits sur les côtés de l'angle droit. Car ces polygones sont entre eux comme les quarrés de leurs côtés homologues; or, les trois côtés de triangle rectangle sont trois côtés homologues, et le quarré de l'hypoténuse est équivalent à la somme des quarrés des deux autres côtés.

208. THÉORÈME IX. *Deux polygones réguliers d'un même nombre de côtés sont semblables.*

Car tous les angles d'un polygone régulier sont égaux entre eux, et leur grandeur est égale à leur somme divisée par leur nombre : cette somme étant elle-même égale à autant de fois deux angles droits que le polygone a de côtés moins deux (52). Ainsi deux polygones réguliers d'un même nombre de côtés ont leurs angles égaux. De plus, tous les côtés d'un polygone régulier sont égaux entre eux; donc, quel que soit le rapport du côté d'un polygone régulier au côté homologue d'un autre polygone régulier d'un même nombre de côtés, ce rapport sera le même pour deux côtés quelconques. Ici tous les angles et tous les côtés sont homologues, quel que soit l'ordre dans lequel on veuille les considérer.

209. COROLLAIRE I. Les périmètres de deux polygones réguliers d'un même nombre de côtés sont entre eux comme leurs côtés, et leurs aires sont comme les quarrés de ces mêmes côtés (204 et 206).

210. THÉORÈME X. *Les périmètres de deux polygones réguliers d'un même nombre de côtés, sont entre eux comme les rayons des cercles inscrits, et aussi comme les rayons des cercles circonscrits; leurs aires sont comme les carrés de ces mêmes rayons.*

Soit BC (fig 145), le côté d'un des polygones, A son centre AB le rayon du cercle circonscrit et AD le rayon du cercle inscrit ou l'apothème, soit pareillement ab le d'un autre polygone semblable, a son centre, ab le rayon du cercle circonscrit et ad le rayon du cercle inscrit.

Les deux triangles rectangles ADB et adb sont semblables, car ils ont leurs trois angles égaux chacun à chacun, savoir ; l'angle BAD= l'angle *bad*, comme moitiés des angles au centre BAC et *bac*, qui sont égaux, puisque les polygones ont le même nombre de côtés ; l'angle BDA = *bda* comme droits, et les troisièmes angles ABD, *abd* égaux, par suite de l'égalité des premiers. Ces deux triangles donnent la suite de rapports égaux

$$BD : bd = AB : ab = AD : ad.$$

Or, $BD : bd = 2BD : 2bd = BC : bc$, ainsi

$$BC : bc = AB : ab = AD : ad.$$

Or, le rapport des périmètres des deux polygones est égal à BC : *bc* (209); il est donc aussi égal à AB : *ab* et à AD : *ad*, c'est-à-dire au rapport des rayons des cercles circonscrits et à celui des rayons des cercles inscrits. De même, le rapport des aires est égal à $\overline{BC}^a$: $\overline{bc}^a$, donc il est encore égal à AB^a : $\overline{ab}^a$ et à $\overline{AD}^a$: $\overline{ad}^a$; c'est-à-dire au rapport des quarrés des rayons des cercles circonscrits et au rapport des quarrés des rayons des cercles inscrits.

211. COROLLAIRE. Les circonférences de deux cercles sont entre elles comme leurs rayons ; et leurs aires comme les quarrés de ces rayons. Car deux cercles sont deux polygones réguliers d'un même nombre infini de côtés, dont les apothèmes sont les rayons (102).

LES OPÉRATIONS GÉOMÉTRIQUES.

212. PROBLÈME I. *Les trois cotés* A, B, C *d'un triangle étant donnés* (fig. 116), *construire le triangle.*

Tirez une droite DE égale au côté A ; du point D, comme centre avec un rayon égal au second côté B, décrivez l'arc *pq* ; du point E comme centre avec un rayon égal au troisième côté C, décrivez l'arc *rs* qui coupera le premier en F ; tirez DF et EF, le triangle EDF sera le triangle demandé.

Pour que les deux arcs se coupent, il faut que le côté A ne soit pas plus grand que la somme des côtés B et C. En général, pour pouvoir construire un triangle avec trois droites données, il est nécessaire que chacune de ces droites soit plus petite que la somme des deux autres.

213. PROBLÈME II. *Étant donnés le coté* M *d'un triangle et les deux angles adjacens* A et B (fig. 117), *décrire ce triangle.*

Tirez une droite AB égale au côté M ; au point A faites l'angle CAB égal à l'angle A et au point B l'angle CBA égal à l'angle B, les deux droites AC et BC se couperont en C et ABC sera le triangle demandé.

Le triangle ne serait pas possible si la somme des angles donnés A et B n'était pas plus petite que deux angles droits.

214. PROBLÈME III. *Etant donnés un côté et deux angles quelconques d'un triangle décrire, le triangle.*

Si les deux angles donnés sont adjacens au côté, opérez comme ci-dessus; si l'un est adjacent et l'autre opposé, cherchez le troisième angle (120); vous aurez ainsi les deux angles adjacens, et vous pourrez décrire le triangle par le procédé précédent.

215. PROBLÈME IV. *Étant donnés les deux côtés M et N et un angle A, (fig. 118) d'un triangle, construire le triangle.*

Si l'angle A est compris entre les côtés M et N, faites l'angle BAC égal à cet angle et prenez sur ses côtés AB $=$ M AC $=$ N, tirez BC et ABC sera le triangle demandé.

Si l'angle A est opposé à l'un des côtés, M par exemple, il y a plusieurs cas à considérer 1° l'angle A est droit ou obtus ; faites l'angle BAC égal A ; prenez AB $=$ N, et du point B comme centre avec un rayon $=$ M décrivez un arc de cercle qui coupera AC en C tirez BC, ABC sera le triangle demandé. Il est nécessaire que M soit plus grand que N; car l'angle A étant droit ou obtus est le plus grand des angles du triangle, et le côté qui lui est opposé est aussi le plus grand côté du triangle.

2° L'angle A est aigu; faites toujours l'angle BAC $=$ A, prenez de même AB $=$ N et du point B avec M pour rayon, décrivez un arc de cercle qui coupera AC en un seul point C, si M est plus grand que N; mais qui le coupera en deux points C et C' si M est plus petit que N. Dans le premier cas, en tirant BC, ABC sera le triangle demandé ; dans le second, en tirant BC et BC', on aura deux triangles ABC et ABC' qui rempliront également la condition et dont l'un aura pour angle opposé à AB ou à N l'angle aigu BCA et l'autre l'angle obtus BC'A. Le problème est donc alors indéterminé, à moins que, sans connaître l'angle opposé au côté N, on sache cependant s'il est aigu ou obtus.

216. PROBLÈME V. *Les côtés adjacens M et N d'un parallélo-*

gramme avec l'angle A *qu'ils comprennent étant donnés, décrire le parallélogramme.*

Faites l'angle BAC = A (fig. 119) et prenez les côtés de cet angle AB = M et AC = N. Du point B comme centre, avec un rayon égal à N = AC décrivez un arc *pq*, et d'un rayon M = AD, décrivez du point C comme centre un autre arc *rs* qui coupera le premier en D. Tirez BD et CD ; ABCD sera le parallélogramme demandé ; car, par construction les côtés opposés sont égaux, donc la figure est un parallélogramme (87) et de plus elle est formée avec l'angle et les côtés donnés.

Dans le cas de A, angle droit, la figure est un rectangle, et si de plus M = N, elle est un quarré.

217. PROBLÈME VI. *Diviser une droite donnée* AB (fig. 120) *en quatre parties qui soient entre elles comme les droites données a, b, c, d.*

Tirez une droite indéfinie CD sur laquelle vous prendrez C*m* = *a* *mn* = *b*, *no* = *c* et *o*D = *d*. Menez au point C une droite CO, d'une direction arbitraire, et par un point quelconque, A, de cette droite menez AB parallèle à CD et égale à la ligne donnée ; joignez les points B et D par la droite BD que vous prolongerez jusqu'à sa rencontre en O avec CO. Du point O menez les lignes O*m*, O*n*, O*o*, et AB sera partagée en parties proportionnelles aux droites *a*, *b*, *c*, *d* (200).

Si AB était plus grand que CD les droites CO et OD se rencontreraient en sens inverse de celui de la figure, et il faudrait alors prolonger jusqu'à la droite AB les lignes menées du point O aux points de division *m*, *n*, *o*.

La même construction servira pour un tout autre nombre de parties. Lorsque ces parties sont égales, la droite AB est partagée en parties égales. En prenant donc arbitrairement une partie C*m* et la portant un nombre de fois déterminé sur une droite indéfinie CD on peut toujours diviser toute droite donnée AB en un nombre déterminé de parties égales.

218. PROBLÈME VII. *Trouver une droite* X *dont le rapport avec une droite donnée* C *soit égal au rapport de deux droites également données* A *et* B, *c'est-à-dire, trouver le quatrième terme de la proportion* A : B = C : X.

Pour déterminer cette droite X, qu'on nomme une quatrième proportionnelle, tirez les deux ligues indéfinies DM et DN faisant entre elles un angle quelconque (fig. 121). Prenez sur DN, DE = A, DF = B et sur DM, DH = C, joignez les points F et H par la droite FH et par le point E, menez EG, parallèle à FH, le point G où cette parallèle coupera DM, déterminera DG égale à la quatrième proportionnelle demandée.

Car, les deux triangles DHF et DGE sont semblables (193) et donnent la proportion DE : DF = DH : DG ; or, les trois premiers termes de cette proportion sont égaux aux trois lignes données, donc DG est la droite cherchée.

219. PROBLÈME VIII. *Trouver une moyenne proportionnelle entre deux lignes données* A *et* B.

Tirez une ligne indéfinie AC (fig. 122), prenez AB=A, BC=B et sur la somme AC de ces lignes, comme diamètre, décrivez la demi-circonférence ADC ; élevez au point B la perpendiculaire DB, cette droite sera moyenne proportionnelle entre AB et BC ou entre A et B (199).

220. PROBLÈME IX. *Diviser la droite donnée* AB (fig. 123) *en moyenne et extrême raison, c'est-à-dire, en deux parties dont la plus grande soit moyenne proportionnelle entre la ligne entière et l'autre partie.*

Élevez au point B la perpendiculaire BC égale à la moitié de AB, et du point C comme centre avec CB pour rayon décrivez une circonférence, tirez AC qui coupera la circonférence en un point E ; faites AD = AE, ce qui s'exécute en décrivant un arc du point A comme centre, avec AE pour rayon, et le point D sera le point de la division demandée. On aura AB : AD = AD : DB.

En effet, prolongeons AC jusqu'à ce qu'elle rencontre la circonférence en G, alors AB est une tangente et AG une sécante qui partent d'un même O, on a donc (181), AG : AB = AB : AE et, par conséquent,

$$AG - AB : AB = AB - AE : AE ;$$

or, AG — AB = AG — EG = AE, car, AB est égal au diamètre du cercle ; et AB — AE = AB — AD = DB, donc cette dernière proportion est la même chose que AE : AB = DB : AE. Remplaçant dans celle-ci AE par son égale AD et mettant les extrêmes à la place des moyens, nous aurons définitivement

$$AB : AD = AD : DB.$$

Cette espèce de division que les anciens nommaient *section divine*, offre plusieurs applications importantes. Nous aurons l'occasion d'y revenir.

On doit remarquer que, dans cette construction, la secante AG est aussi partagée en moyenne et extrême raison ; car on a AG : AB = AB : AE et, par conséquent, AG : EG = EG : AE, puisque AB = EG.

221. PROBLÈME X. *Construire un quarré équivalent à un triangle donné.*

Soit A, la base du triangle et H sa hauteur, cherchez une moyenne proportionnelle (219) entre A et $\frac{1}{2}$H, ou entre $\frac{1}{2}$A et H. Sur cette moyenne proportionnelle que nous désignerons par X, construisez un quarré (216), ce sera le quarré demandé. Car puisqu'on a $\frac{1}{2}$A : X = X : H, il en résulte $\frac{1}{2}$A × H = X²; or, $\frac{1}{2}$ A × H est l'aire du triangle (156), et X² l'aire du quarré, donc le quarré est équivalent au triangle.

222. Pour construire un quarré équivalent à un parallélogramme donné, on chercherait la moyenne proportionnelle entre sa base et sa hauteur, cette moyenne proportionnelle serait le côté du quarré.

223. PROBLÈME XI. *Sur une ligne donnée A, construire un rectangle équivalent à un rectangle donné dont B est la base et H la hauteur.*

Cherchez une quatrième proportionnelle (218) aux trois lignes A, B et H, cette quatrième proportionnelle sera la hauteur du rectangle, car de la proportion A : B = H : X, on tire A × X = B × H; ainsi, le rectangle construit entre A et X est équivalent au rectangle construit entre B et H, c'est-à-dire au rectangle donné. Quant à la construction du rectangle A × X, elle est la même que celle d'un parallélogramme dont les côtés adjacens seraient A et X, l'angle compris étant droit (216).

224. PROBLÈME XII. *Transformer un quadrilatère ABCD (fig. 124) en un triangle équivalent.*

Menez la diagonale BD par le sommet d'un angle opposé à cette diagonale, A, par exemple, tirez AE parallèle à BD, jusqu'à ce qu'elle rencontre le côté CD prolongé ; au point de rencontre E, menez la droite BE, le triangle EBC sera équivalent au quadrilatère ABCD. Car les deux triangles EBD et ABD ont une même base BD et une même hauteur, puisque leurs sommets A et E sont à égale distance de BD (88), ces deux triangles sont donc équivalens. Or, en ajoutant au premier EBD, le triangle ABC, on a le triangle EBC, tandis qu'en ajoutant au second ABD, le même triangle DBC, on a le quadrilatère ABCD, donc le triangle EBC est équivalent au quadrilatère ABCD.

225. PROBLÈME XIII. *Transformer un polygone quelconque en un triangle équivalent.*

Soit ABCDE (fig. 125) le polygone donné. Menez d'abord la diagonale AC; par le sommet B opposé, menez BF parallèle à AC jusqu'à la rencontre de CD prolongé, tirez AF, et le polygone ABCDE sera équivalent au polygone AFDE, qui a un côté de moins. Car, les triangles CBA et FCA sont équivalens puisqu'ils ont même base AC et même hauteur : leurs sommets F et B étant à égale distance de AC; ajoutant à chacun de ces triangles la figure CDEA, on aura d'une part le polygone donné ABCDE, et de l'autre le polygone d'un côté de moins AFDE.

En tirant maintenant la diagonale AD, et, du point F, une parallèle FG à cette diagonale, jusqu'à sa rencontre en G avec le côté DE prolongé; on aura, en menant AG, un nouveau polygone équivalent au polygone AFDE, et qui aura un côté de moins; ce dernier polygone sera ici le triangle AGE, parce que le polygone donné est un pentagone; mais, quel que soit le nombre des côtés du polygone proposé, il est évident qu'en le transformant successivement ainsi en des polygones équivalens d'un nombre de côtés de plus en plus petit, on finira toujours par arriver à un triangle final qui sera équivalent à chacun des polygones transformés, et, par conséquent, au polygone proposé.

226. PROBLÈME XIV. *Quarrer un polygone quelconque.*

Quarrer une figure ou trouver la *quadrature* de cette figure, c'est construire un quarré qui lui soit équivalent; ainsi, le problème des quadratures se réduit à trouver le côté du quarré équivalent à la figure proposée; car, ce côté étant connu, rien n'est ensuite plus facile que de décrire le quarré. Si la figure est rectiligne, sa quadrature peut toujours être obtenue géométriquement, c'est-à-dire à l'aide de la règle et du compas seuls; car, on commence par transformer la figure en triangle, par le procédé précédent; puis, le triangle final étant décrit, la moyenne proportionnelle entre sa base et la moitié de sa hauteur donne le côté du quarré équivalent; mais si la figure est curviligne ou mixtiligne, c'est-à-dire terminée de toutes parts par des lignes courbes ou par des lignes droites et des lignes courbes, sa quadrature géométrique ne peut être effectuée que dans un très-petit nombre de cas. Le célèbre problème de la *quadrature du cercle* qui a jadis tant occupé les géomètres, et qui occupe encore aujourd'hui ceux qui ne sont pas géomètres, consiste à trouver le côté du quarré équivalent à un cercle dont le diamètre est donné. Nous l'examinerons plus loin.

227. PROBLÈME XV. *Sur une droite donnée* ab (fig. 106) *décrire un triangle* abc *semblable au triangle donné* ABC.

Supposons que *ab* doive être l'homologue de AB.

Faites au point *a* l'angle *cab* égal à l'angle A; au point *b*, l'angle *abc* égal à l'angle B, et prolongez les droites jusqu'à ce qu'elles se rencontrent en *c*; le triangle *abc* sera le triangle demandé. Car d'après la construction, les deux triangles ABC et *abc* ont un côté proportionnel adjacent à deux angles égaux chacun à chacun. Ces deux triangles sont donc semblables (189).

228. PROBLÈME XVI. *Sur le côté* ab, *homologue à* AB, *construire un polygone* abcdef *semblable au polygone donné* ABCDEF (fig. 126).

De l'extrémité A, du côté AB, tirez dans le polygone donné les diagonales AC, AD et AE; sur le côté *ab*, décrivez le triangle *abc*, semblable au triangle ABC. Ce triangle étant décrit, sur son côté *ac*, décrivez un triangle *acd*, semblable au triangle ACD. Sur le côté *ad* du dernier triangle construit *cad*, décrivez le triangle *dae*, semblable au triangle DAE. Et enfin, décrivez sur *ae* le triangle *aef*, semblable au triangle AEF. Le polygone *abcdef* sera semblable au polygone ABCDEF, car ces deux polygones sont composés d'un même nombre de triangles semblables et semblablement placés (204).

229. PROBLÈME XVII. *Construire un quarré qui soit équivalent à la somme ou à la différence de deux quarrés donnés.*

Soient M et N (fig. 127), les côtés des quarrés donnés, tirez à angle droit les deux lignes indéfinies AE et AF; prenez AB = M, AC = N, et tirez BC; BC sera le côté du quarré équivalent à la somme des deux proposés. Car le triangle CAB étant rectangle, le quarré de l'hypothénuse CB est équivalent à la somme des quarrés des deux autres côtés AB et AC, ou M et N.

S'il s'agit du côté du quarré équivalent à la différence des quarrés donnés, opérez comme il suit : formez encore un angle droit CAD, prenez AD égal au plus petit côté M, et du point D, comme centre, avec un rayon égal à N, décrivez un arc de cercle qui coupe AF en C ; CA sera le côté du quarré demandé. Car en menant CD, le triangle CAD est rectangle, et par conséquent, le quarré de CA est égal à la différence des quarrés de CD et de AD (168), ou de N et de M.

230. Problème XVIII. *Deux figures semblables étant données, construire une figure semblable qui soit équivalente à leur somme ou à leur différence.*

Comme les figures semblables sont entre elles comme les quarrés de leurs côtés homologues, ce problème se résout de la même manière que le précédent. Vous prendrez deux côtés homologues quelconques des deux figures données, et vous chercherez le côté du quarré équivalent à la somme ou à la différence des quarrés de ces deux côtés. Sur le côté que vous aurez obtenu, vous construirez une figure semblable aux figures proposées.

231. Problème XIX. *Construire une figure semblable à une figure donnée et qui soit à cette figure dans le rapport des droites M : N.*

Supposons d'abord que la figure donnée soit un quarré dont le côté est égal à A.

Tirez une ligne indéfinie CD (fig. 128); prenez CE $=$ M, ED $=$ N; sur CD, comme diamètre, décrivez la demi-circonférence CFD, et au point E, élevez EF perpendiculaire sur le diamètre. Du point F, où cette perpendiculaire coupe la circonférence, tirez par les extrémités C et D du diamètre les droites indéfinies FG, FH; prenez sur FG, FI égale au côté A du quarré donné, et par le point I, menez IK parallèle à CD; FK sera le côté du quarré demandé.

Car, nous avons, à cause des parallèles CD et IK, FI : FK $=$ FC : FD, et, par conséquent, $\overline{FI}^2 : \overline{FK}^2 = \overline{FC}^2 : \overline{FD}^2$; mais le triangle CFD étant rectangle en F nous donne $\overline{FC}^2 : \overline{FD}^2 = CE : ED = M : N$ (170), donc, $\overline{FI}^2 : \overline{FK}^2 = M : N$. Or, FI $=$ A. Donc, le quarré construit sur FK sera au quarré construit sur FI ou A comme M est à N.

Supposons maintenant que la figure donnée soit un polygone quelconque. A étant un côté de cette figure, il s'agit de trouver le côté homologue X de la figure qu'on veut décrire. Ainsi, le rapport des figures semblables étant le même que le rapport des quarrés de leurs côtés homologues, cherchez, comme ci-dessus, la droite X qui donne $A^2 : X^2 = M : N$, puis, sur cette droite X, décrivez un polygone semblable au proposé. Le rapport de ces polygones sera évidemment le rapport donné M : N.

232. PROBLÈME XX. *Construire un triangle équivalent à un triangle donné* (fig. 129), DEF, *et semblable à un autre triangle donné* ABC.

Prenez sur la base AC du triangle ABC, AK égale à la base DF du triangle DEF ; élevez au point A la perpendiculaire AI égale à la hauteur EG du triangle DEF ; au point I, menez IH parallèle à AC, et du point H où cette parallèle rencontre le côté AB, menez la droite HK. Vous aurez d'abord le triangle AHK qui sera équivalent au triangle DEF, comme ayant par construction même base et même hauteur. Maintenant, menez HL parallèle à BC ; cherchez une moyenne proportionnelle entre AL et AK, et portez la de A en M sur AC ; par le point M, menez MN parallèle à BC, le triangle ANM sera le triangle demandé.

Car, ANM est semblable à ABC, et en outre, il est équivalent à AHK qui est égal à DEF. En effet, AM étant moyenne proportionnelle entre AL et AK, on a la proportion AL : AM = AM : AK ; mais, à cause des parallèles HL et NM, on a aussi AL : AM = AH : AN, donc AM : AK = AH : AN, d'où $AM \times AN = AK \times AH$; or, $AM \times AN$ est le rectangle des côtés AM et AN qui forment l'angle NAM dans le triangle ANM, et $AK \times AH$ est le rectangle des côtés qui forment l'angle HAK dans le triangle AHK, donc les deux triangles ANM et AHK sont égaux ; car ils sont entre eux, comme les rectangles des côtés de leur angle commun HAK ou NAM (177).

233. PROBLÈME XXI. *Construire un polygone* X, *équivalent à un polygone donné* M *et semblable à un autre polygone donné* N.

Transformez les deux polygones donnés M et N en deux quarrés équivalens (226), soit *m* le côté du quarré = M et *n* le côté du quarré = N ; soit de plus *a* un côté quelconque du polygone N. Cherchez la quatrième proportionnelle *x* des trois lignes *n*, *m* et *a* (218) et sur cette quatrième proportionnelle, comme côté homologue au côté *a*, décrivez un polygone semblable au polygone N, il sera équivalent au polygone M.

Car, d'après les conditions du problème, le rapport M : N des polygones donnés doit être égal au rapport X : N , puisque M est équivalent à X ; mais le rapport M : N est égal au rapport des quarrés $m^2 : n^2$, donc N : X $=$ $n^2 : m^2$. Or, ces deux polygones étant semblables sont entre eux , comme les quarrés de leurs côtés homologues a et x, donc N : X $=$ $a^2 : x^2$ et , par conséquent , $n^2 : m^2 = a^2 : x^2$, ou (ALG. 246) $n : m = a : x$. Le côté x, d'où dépend la solution du problème, est donc en effet la quatrième proportionnelle des lignes n, m et a.

LA MESURE DU CERCLE.

234. Le problème de la mesure du cercle est un des plus importans et des plus célèbres de la géométrie. Il se présente sous deux conditions, savoir : 1° le rayon étant donné, trouver la longueur de la circonférence ; 2° le rayon étant donné, mesurer l'aire ou la surface du cercle. La dernière de ces questions dépend évidemment de la première, car l'aire d'un cercle étant équivalente au produit de la demi-circonférence par le rayon (162), cette aire se trouve déterminée lorsque la circonférence est déterminée.

Tous les cercles étant des figures semblables et leurs circonférences étant entre elles comme leurs rayons (211) ou comme leurs diamètres, qui sont les doubles des rayons, si nous désignons par C et c deux circonférences dont les rayons respectifs sont R et r , nous avons C : c $=$ 2R : $2r$, d'où $\frac{C}{2R} = \frac{c}{2r}$; ainsi le rapport de la circonférence au diamètre est une quantité constante, et pour obtenir l'expression numérique de la circonférence dont la valeur numérique du rayon est donnée , il faut connaître la grandeur ou l'expression numérique de ce rapport constant. Si nous désignons par π cette grandeur, nous aurons en effet $\frac{C}{2R} = \pi$, et par suite C $=$ 2R.π. Donc la grandeur du rayon étant connue , celle de la circonférence le serait également si l'on connaissait π, puisqu'il ne faudrait que multiplier le rayon par π et doubler le produit. Par exemple , si la grandeur du rayon était de 4 mètres , celle de la circonférence serait 2.4.π, ou 8π mètres et ainsi de suite.

La circonférence une fois connue , l'aire du cercle s'obtient en la multipliant par la moitié du rayon , donc en désignant par S cette aire , on a S $=$ $\frac{1}{2}$R. C, ou S $=$ $\frac{1}{2}$R. 2R π ; ce qui se réduit à S $=$ R^2.π L'aire du cercle est donc égale au quarré du rayon multiplié par π. D'où l'on voit que tous les problèmes relatifs à la mesure du cercle se réduisent à celui de la détermination du nombre π égal à $\frac{C}{2R}$, ou au rapport constant de la circonférence au diamètre.

En prenant le rayon R pour *l'unité linéaire* le rapport $\frac{C}{2R}$, $= \pi$, devient $\pi = \frac{1}{2}C$. Ainsi ce rapport est égal à la moitié de la circonférence du cercle dont le rayon est l'unité, et c'est pour cela que le nombre π se nomme indifféremment *le rapport de la circonférence* au *diamètre*, ou *la demi-circonférence* dont le rayon est *un*.

Si le nombre π était un nombre rationnel, ou même si, étant un nombre irrationnel, il ne dépassait pas le second degré, c'est-à-dire, s'il était de la forme $\sqrt{A}$, A étant un nombre rationnel, on pourrait construire une ligne droite qui le représenterait exactement (167), de sorte que la quadrature du cercle pourrait s'effectuer géométriquement, car le côté du quarré équivalent au cercle est la moyenne proportionnelle entre la demi-circonférence et le rayon. En effet, l'aire du cercle étant $S = R^2.\pi$ ou $S = \pi$, en faisant $R = 1$, si on désigne par q la moyenne proportionnelle entre I et π; on a $1 : q = q : \pi$, d'où $q^2 = \pi$ et, par conséquent $q^2 = S$, donc le quarré construit sur la ligne q, qu'on obtiendrait par le procédé du n° 219 serait équivalent au cercle. Mais le nombre π est un nombre irrationnel d'un degré infini. (Voy. *notre Dict. des Math.*, tom. II, pag. 396), et il est impossible de construire géométriquement, ou avec la règle et le compas le côté q du quarré, parce qu'il est impossible de construire géométriquement ce nombre π lui-même, qui ne peut être représenté par une ligne droite. A défaut d'une solution exacte, il s'agit donc d'obtenir une expression numérique approximative ou une valeur numérique du nombre π, assez approchée pour que les résultats des calculs dans lesquels ce nombre est employé aient une exactitude suffisante. Nous allons voir qu'il n'existe aucun nombre irrationnel dont on ait poussé si loin l'expression numérique, et que la valeur de π est connue à un degré d'approximation tel qu'il dépasse énormément tout ce que pourraient exiger les calculs les plus délicats.

Les propriétés des polygones réguliers nous offrent les moyens élémentaires d'obtenir la valeur numérique approchée du nombre π. Il est évident que tout polygone régulier inscrit est plus petit que le cercle et que tout polygone régulier circonscrit est plus grand; et il n'est pas moins évident que, si après avoir inscrit, par exemple, le quarré ABCD (fig. 130), on inscrit un octogone AMDLCKBI, ou un polygone de 8 côtés, cet octogone différera beaucoup moins du cercle que le

quarré ; et qu'en inscrivant ensuite un polygone de 16 côtés, il
différera encore moins du cercle que l'octogone, et ainsi de suite,
de sorte qu'en inscrivant successivement des polygones dont chacun
ait un nombre de côtés double de celui qui le précède, ces polygones deviendront de plus en plus grands et se rapprocheront de plus
en plus du cercle. Tout au contraire, si, après avoir circonscrit le
quarré EFGH, on circonscrit l'octogone NOPQRSTU, cet octogone
sera plus petit que le quarré; un polygone régulier circonscrit de 16
côtés serait plus petit que l'octogone ; un polygone circonscrit de 32
côtés serait plus petit que celui de 16, et ainsi de suite, de sorte qu'en
circonscrivant successivement des polygones dont chacun ait un
nombre de côtés double de celui qui le précède, ces polygones deviendront de plus en plus petits et se rapprocheront de plus en plus
du cercle. Mais l'augmentation des uns, comme la diminution des
autres est limitée par le cercle qui est toujours plus grand que les
premiers et plus petit que les seconds : ce n'est que lorsque le nombre des côtés du polygone inscrit et le nombre des côtés du polygone
circonscrit deviennent infiniment grands, qu'ils se confondent l'un et
l'autre avec le cercle. Or, la différence entre le polygone inscrit et
le polygone circonscrit d'un même nombre de côtés peut devenir
aussi petite qu'on peut le désirer, en doublant successivement les
côtés de ces polygones et, par conséquent, la différence de chacun
d'eux avec le cercle, différence qui est nécessairement moindre que
celle qu'ils ont entre eux, peut, à plus forte raison, devenir aussi
petite qu'on le voudra, de sorte que l'expression numérique soit du
périmètre, soit de l'aire d'un polygone inscrit ou circonscrit, d'un
grand nombre de côtés, devient l'expression d'autant plus approchée,
soit de la circonférence, soit de l'aire du cercle, que ce nombre des
côtés est plus grand. La mesure du cercle se trouve ainsi dépendre de
celle des polygones réguliers, qui peut toujours s'effectuer d'après
les principes que nous allons établir.

235. PROBLÈME XXII. *Etant données les aires d'un polygone régulier inscrit et d'un polygone régulier circonscrit d'un même nombre de
côtés, trouver les aires des polygones réguliers inscrit et circonscrit d'un
nombre de côtés double.*

Soient A et B les aires données, et A', B' les aires cherchées, savoir :
A et A' les aires des polygones inscrits, et B et B' les aires des polygones circonscrits. On aura

$$A' = \sqrt{A \times B}, \quad B' = \frac{2A \times B}{A + A'}.$$

En effet, soit AB (fig. 131) le côté du polygone inscrit donné, et EF celui du polygone circonscrit, si on mène la corde AM, elle sera le côté du polygone inscrit d'un nombre de côtés double ; et si on mène la tangente PQ, elle sera le côté du polygone circonscrit d'un nombre de côtés double. L'angle ECM étant une partie exacte du cercle, les parties de chacun des polygones qui s'y trouvent renfermées seront entre elles comme ces polygones eux-mêmes. Ainsi, pour déterminer les rapports de ces polygones, il suffit de déterminer les rapports de leurs parties contenues dans cet angle. Or ces parties sont : pour le polygone A, le triangle CAD ; pour le polygone A', le triangle CAM ; pour le polygone B, le triangle CEM ; et enfin pour le polygone B', le quadrilatère CAPM.

Ceci posé, les triangles CAD et CAM sont entre eux comme leurs bases CM et CD, car ils ont même hauteur AD. On a donc CAD : CAM = CD : CM, ou A : A' = CD : CM, puisque le rapport de ces deux triangles est le même que celui des polygones dont ils font partie. Les triangles CAM, CEM, qui ont un sommet commun E, ont même hauteur sur leurs bases CE et CA ; ils sont donc entre eux comme ces bases, et on a encore CAM : CEM = CA : CE, ou A' : B = CA : CE, puisque le rapport de ces deux triangles est égal à celui des polygones dont ils font partie. Mais, à cause des parallèles AD et EM, on a CD : CM = CA : CE ; donc aussi A : A' = A' : B. C'est-à-dire que le polygone inscrit A' est moyen proportionnel entre les polygones donnés A et B. On a donc, pour calculer la valeur numérique de l'aire de ce polygone, l'expression $A' = \sqrt{A \times B}$.

Maintenant, les deux triangles CPM et CPE, ayant un sommet commun C, ont même hauteur, et sont par conséquent entre eux comme leurs bases MP et PE ; d'où CPM : CPE = MP : PE. Mais la ligne CP divise en deux parties égales l'angle ECM ; ainsi, dans le triangle ECM, le rectangle CE × MP = le rectangle CM × PE (178) ; ce qui donne la proportion MP : PE = CM : CE. Or CM : CE = CD : CA = CD : CM = A . A' ; donc A : A' = MP : PE = CPM : CPE, et par suite

$$A : A + A' = CPM : CPM + CPE = CPM : CME ;$$

ce qui donne encore 2A : A + A' = 2CPM : CME. Le triangle CPM est la moitié du quadrilatère CAPM ; ainsi 2CPM $=$ CAPM ; et comme le rapport de CAPM à CME est égal à celui des polygones B' et B, on a donc définitivement 2A $:$ A $+$ A' $=$ B' $:$ B ; d'où B' $= \dfrac{2A \times B}{A+A'}$.

La valeur numérique de A' donnée par l'expression $\sqrt{A \times B}$ étant supposée connue, celle de B' se trouvera donc déterminée.

236. Appliquons d'abord ces expressions à la recherche du nombre π.

Soit le rayon VB (fig. 130) égal à l'unité, le côté AB du quarré inscrit sera $= \sqrt{2}$ (167), et le côté EF du quarré circonscrit, qui est égal au diamètre MK, sera égal à 2. L'aire du quarré inscrit sera donc $= 2$ et celle du quarré circonscrit $= 4$. Faisant A $= 2$ et B $= 4$, l'aire de l'octogone inscrit A' sera $\sqrt{2 \times 4} = \sqrt{8}$, et l'aire de l'octogone circonscrit B' sera $\dfrac{2 \times 2 \times 4}{2+\sqrt{8}} = \dfrac{16}{2+\sqrt{8}}$. Ces valeurs, calculées à sept décimales, sont A' $= 2.828271$, B' $= 3,3437085$. Pour obtenir les aires des polygones inscrit et circonscrit de seize côtés, on fera de nouveau A $= 2,828271$ et B $= 3,3437085$, et on trouvera A' $= \sqrt{A \times B} = 3,0614674$, et B' $= \dfrac{2A \times B}{A+A'} = 3,1825979$.

Ces dernières valeurs serviront à obtenir les aires des polygones inscrit et circonscrit de trente-deux côtés ; et en continuant de la même manière, on obtiendra successivement celles des polygones de 64, 128, 256, etc., côtés. Voici les résultats des calculs jusqu'au polygone de 32768 côtés inclusivement, en s'arrêtant à la septième décimale :

Nombre des côtés.	Polygone inscrit.	Polygone circonscrit.
4	2,0000000	4,0000000
8	2,8284271	3,3437085
16	3,0614674	3,1825979
32	3,1214451	3,1517249
64	3,1365485	3,1441184
128	3,1403311	3,1422236
256	3,1412772	3,1417504
512	3,1415138	3,1416321
1024	3,1415729	3,1416025

Nombre des côtés.	Polygone inscrit.	Polygone circonscrit.
2048.	3,1415877.	3,1415951
4096.	3,1415914.	3,1415933
8192.	3,1415923. · . . .	3.1415928
16384.	3,1415925.	3,1415927
32768.	3,1415926.	3,1415926

En examinant ces résultats, on voit que l'aire du polygone inscrit de 32768 côtés ne diffère pas de celle du polygone circonscrit correspondant dans les sept premières décimales; ainsi l'aire du cercle qui est plus grande que la première et plus petite que la seconde, ne pourra différer de celle-ci que dans les décimales d'un ordre supérieur au septième ; donc, le cercle qui a l'unité pour rayon a pour expression numérique de sa surface, le nombre 3.1415926, valeur exacte à moins de 0,0000001 près. Mais la surface du cercle dont le rayon $= 1$ est égale à π, donc $\pi = 3,1415926$.

Nous allons retrouver cette même valeur par un moyen différent.

237. PROBLÈME XXIII. *Étant donné le côté d'un polygone régulier inscrit trouver* 1° *le côté du polygone inscrit d'un nombre de côtés double.* 2° *Le côté du polygone circonscrit semblable.* 3° *Le côté du polygone circonscrit d'un nombre double de côtés.*

Désignons par R le rayon du cercle et par

M le côté du polygone inscrit donné,

N le côté du polygone circonscrit semblable,

M′ le côté du polygone inscrit d'un nombre de côtés double,

N′ le côté du polygone circonscrit d'un nombre de côtés double. Désignons de plus, pour abréger, par A l'apothème du polygone donné ; nous aurons

$$1\ldots\ N = \frac{M.R}{A}$$

$$2\ldots\ M' = \sqrt{[2R.(R-A)]}$$

$$3\ldots\ N' = \frac{4R.(R-A)}{M}.$$

La valeur de l'apothème A est donnée par l'expression $A = \sqrt{[R^2 - \frac{1}{4}M^2]}$
En effet, soit AB (fig. 131) le côté du polygone inscrit donné, EF

celui du polygone circonscrit semblable , et AM et AP ceux des polygones inscrit et circonscrit d'un nombre de côtés double. Menons les droites que l'on voit dans la figure , et nous aurons à cause des triangles semblables CAB, CEF la proportion AB : EF = AC : CE, mais dans les deux triangles semblables CAD, CEM, on a AC : CE = CD : CM, donc AB : EF = CD : CM. Or, AB = M, EF = N, CD = A, CM = R, ainsi M : N = A : R, d'où N = $\dfrac{M.R}{A}$. Ce qui est l'expression 1.

2° Le quarré de la corde AM est équivalent au rectangle du diamètre et du segment adjacent DM (185). Donc $\overline{AM}^2 = 2R \times DM$, mais DM = CM — CD = R — A donc $\overline{DM}^2 = M'^2 = 2R.(R — A)$; et, par conséquent, $M' = \sqrt{[2R(R — A)]}$; c'est l'expression 2.

3° Les triangles rectangles DAM CMH sont semblables, car leurs angles MAD , MCH sont égaux comme ayant chacun pour mesure la moitié de l'arc MB; on a donc la proportion AD : DM = CM : MH; or, AD = $\frac{1}{2}$M, DM = R — A, CM = R et MH = $\frac{1}{2}$PH = $\frac{1}{2}$N'; Donc, $\frac{1}{4}$M : R — A = R : $\frac{1}{2}$N', d'où l'on tire N' = $\dfrac{4R.(R — A)}{M}$. C'est l'expression 3.

Quant à l'apothème A, le triangle rectangle CAD, donne $\overline{CD}^2 = \overline{AC}^2$ — $\overline{AD}^2$ c'est-à-dire $A^2 = R^2 — (\frac{1}{2}M)^2$, d'où A = $\sqrt{[R^2 — \frac{1}{4}M^2]}$.

238. Pour appliquer ces résultats au cercle, nous observerons qu'à mesure que le nombre des côtés du polygone inscrit augmente, ces côtés deviennent de plus en plus petits et par conséquent, qu'ils diffèrent de moins en moins des arcs qu'ils sous-tendent. Lors donc que le côté devient très-petit il peut être pris pour l'arc sans erreur sensible, de sorte qu'en multipliant sa valeur par le nombre des côtés du polygone, on a la valeur approchée de la circonférence.

Le côté de l'hexagone inscrit étant égal au rayon, prenons ce polygone pour point de départ, et faisons R = 1 ; nous aurons M = 1, et conséquemment

$$N = \frac{1}{a} = \frac{1}{\sqrt{1-\frac{1}{4}}} = \frac{1}{\sqrt{\frac{3}{4}}} = \frac{\sqrt{4}}{\sqrt{3}} = 0,51763809\ldots$$

Cette valeur est celle du côté du polygone inscrit de 12 côtés; en la multipliant par 6, on trouvera pour le demi-périmètre de ce polygone le nombre 3,10582854.

Faisant de nouveau M = 0,51763809, la formule 1 donnera, en réalisant les calculs,

$$N = \frac{0,5176389}{\sqrt{[1-(0,25881454)^2]}} = 0,26105238\ldots$$

Cette valeur est celle du polygone inscrit de 24 côtés ; en la multipliant par 12, on obtiendra, pour le demi-périmètre de ce polygone, le nombre 3,13262861.

Faisant encore M = 0,26105238, on trouvera, de la même manière, le côté du polygone inscrit de 48 côtés, et ainsi de suite. En poussant le calcul jusqu'au polygone inscrit de 3072 côtés, on obtiendra les résultats suivans :

Nombre des côtés.	Demi-périmètre.
6.	3,00000000
12.	3,10582854
24.	3,13262861
48.	3,13935020
96.	3,14103195
192.	3,14145247
384.	3,14155761
768.	3,14158389
1536.	3,14159044
3072.	3,14159203

La demi-circonférence du cercle ou le nombre π doit donc être égal à 3,14159, à moins de 0,00001 près, puisque les deux derniers polygones ne diffèrent plus que dans la sixième décimale. Pour mieux s'assurer de ce résultat, on peut calculer le côté du polygone circonscrit de 3072 côtés par l'expression 3, en se servant pour cet effet du côté du polygone inscrit de 1536 côtés ; ce côté étant 0,00409061, on aura

$$N' = \frac{4[1-A]}{0,0040961} ;$$

la valeur de A étant donnée par l'expression

$$A = \sqrt{[1-(0,0020480)^2]}.$$

Réalisant les calculs et multipliant le résultat par 1536 pour obtenir le demi-périmètre du polygone circonscrit de 3072 côtés, on trouvera pour ce demi-périmètre le nombre 3,1415987. Ainsi la valeur de la demi-circonférence est entre 3,14159203 et 3,1415987, et nous sommes assurés que π est égal à 3,14159, à moins d'un *cent-millième* près, les cinq décimales étant exactes. En prolongeant le calcul jusqu'aux polygones inscrit et circonscrit de 24596 côtés, on trouverait que $\pi = 3,1415926$, à moins de 0,0000001, comme nous l'avons obtenu précédemment.

239. Quoique cette valeur de π soit déjà suffisante dans presque tous les calculs, et qu'on n'ait pas même besoin d'une si grande approximation pour les usages ordinaires, d'infatigables calculateurs se sont efforcés à l'envi d'augmenter le nombre des décimales exactes.

Vers la fin du seizième siècle, *Viète* obtint les *dix* premières décimales; bientôt après, *Adrien Romanus* porta l'approximation jusqu'à *dix-sept* décimales; et *Ludolph Van Ceulen*, par un travail vraiment inconcevable, parvint à déterminer les *trente-deux* premières décimales du nombre π. Plus récemment, mais par des moyens beaucoup plus expéditifs que l'inscription des polygones, *Lagny* est arrivé à *cent vingt-huit* décimales exactes; enfin, aujourd'hui, les *cent cinquante-cinq* premières décimales de π sont exactement déterminées. En voici les vingt premières, $\pi = 3,14159265358979323846$.

240. Archimède est le premier qui se soit occupé de déterminer le rapport de la circonférence au diamètre. C'est à lui qu'est due la méthode d'employer pour cette détermination l'inscription et la circonscription des polygones. N'ayant pas dépassé le polygone de 96 côtés, il assigna pour ce rapport celui des nombres 22 : 7, dont les géomètres se sont contentés pendant dix-huit siècles, et qu'on emploie encore aujourd'hui dans les calculs qui ne réclament pas une extrême exactitude. Ce rapport donne en décimales $\frac{22}{7} = 3,1428...$ Ainsi il pèche, par excès, d'un peu plus de *douze millièmes*.

Un autre rapport, non moins célèbre que celui d'Archimède est le rapport d'*Adrien Métius*, qui joint au mérite d'être beaucoup plus exact, celui d'être représenté par des nombres faciles à retenir. Ce rapport est 355 : 113. En décimales il donne $\frac{355}{113} = 3,1415929...$ Il est donc exact à moins de *trois dix-millionièmes* près. Les nombres qui le composent sont les trois premiers nombres impairs 1, 3, 5 répétés chacun deux fois. En écrivant donc 113355, et en partageant les chiffres de ce nombre en deux groupes, 113, 355, on retrouve les termes du rapport.

Nous avons vu (ALG. 162) tous les autres rapports approchés qu'on peut déduire de la transformation du rapport 3,1415926 : 1 , ou 31415926 : 1000000 en fraction continue.

Nous terminerons ici ce qui concerne le cercle par l'inscription du décagone régulier, qui donne le moyen d'inscrire et de circonscrire le pentagone, le pentadécagone et les polygones de 20 , 40 , 80 , 160, etc. , côtés.

241. PROBLÈME XXIV. *Inscrire un décagone et un pentagone dans un cercle donné.*

Soit A (fig. 132) le cercle donné ; élevez la perpendiculaire AD sur le diamètre BC, au centre A ; divisez le rayon AC en deux parties égales au point G , et du point G , comme centre avec la distance GD pour rayon, décrivez un arc qui coupe BC en B , menez la corde ED ; cette corde sera le côté du pentagone, et le segment AE du diamètre sera le côté du décagone. En portant donc la première de ces droites sur la circonférence, on la partagera en cinq parties égales, et en joignant deux à deux les points adjacens de divisions par des droites, on construira le pentagone inscrit. La droite AE, portée dix fois sur la circonférence, la partagera en dix parties égales, et donnera de la même manière le moyen de construire le décagone inscrit.

Pour démontrer l'exactitude de cette construction, menons DG , et du point G , comme centre, décrivons l'arc AH, DH sera la plus grande partie du rayon AD partagé en *moyenne et extrême raison* (220). Mais DH $=$ AE ; donc AE, que nous avons dit être le côté du décagone inscrit, est égal à la plus grande des parties du rayon divisé en moyenne et extrême raison ; et ED, ou le côté du pentagone, est l'hypothénuse d'un triangle rectangle, dont les deux autres côtés sont le rayon et le côté du décagone. Il s'agit donc de démontrer , 1° que le côté du décagone inscrit est égal à la plus grande des parties du rayon divisé en moyenne et extrême raison ; 2° que le quarré du côté du pentagone inscrit est équivalent à la somme des quarrés du rayon et du côté du décagone :

1° Ayant divisé le rayon AB (fig. 133) en moyenne et extrême raison au point D, prenons la corde BC égale au plus grand segment AD, et tirons les droites AC et CD. Nous avons par construction

AB : AD $=$ AD : DB, ou, puisque AD $=$ BC, AB : BC $=$ BC : DB ; donc les deux triangles ABC et DBC ayant un angle commun B compris entre des côtés proportionnels, sont semblables (196) ; mais le triangle ABC est isocèle, ainsi DBC est aussi isocèle, et on a DC $=$ BC, et par suite DC $=$ AD. Or l'angle BDC, extérieur par rapport au triangle ADC, est égal à la somme des deux angles intérieurs oppo- A et DCA, ou au double de l'angle A, puisque A $=$ DCA. Donc les trois angles du triangle DBC valent cinq fois l'angle A, et par consé- quent cet angle est la cinquième partie de deux angles droits, ou la dixième partie de quatre angles droits. Donc l'arc BC est la dixième partie de la circonférence, et la corde BC le côté du déca- gone régulier inscrit.

2° Portons BC de C en E, et tirons le rayon AE et la corde BE ; cette corde sera le côté du pentagone inscrit. Divisons l'angle CAE en deux parties égales par la droite AG, et menons CF. La droite AG étant perpendiculaire sur le milieu de CE (59), le triangle CFE est isocèle ; ce triangle est donc semblable au triangle isocèle BCE, car leurs angles à la base sont égaux ; on a donc la proportion EF : EC $=$ EC : EB, d'où $\overline{EC}^{2} =$ EF $\times$ EB.

Le triangle ABF est isocèle ; car, par construction, l'angle BAF est égal à $\frac{1}{10}$ plus $\frac{1}{10}$ de quatre angles droits, c'est-à-dire à $\frac{2}{5}$ d'angle droit ; et l'angle ABF, à la base du triangle isocèle BAE dont l'angle au sommet BAE $=\frac{4}{5}$ d'angle droit, vaut la moitié de deux droits moins $\frac{4}{5}$, ou $\frac{3}{5}$ d'angle droit. Ainsi les deux côtés AF et BF sont égaux, et ce triangle BAF est semblable au triangle isocèle BAE, dont les angles à la base sont égaux aux siens. On a donc la proportion AF : AB $=$ AB : BE, d'où $\overline{AB}^{2} =$ AF $\times$ BE.

Ajoutant cette égalité à la précédente, $\overline{EC}^{2} =$ EF $\times$ EB, il vient $\overline{AB}^{2} + \overline{EC}^{2} =$ AF $\times$ EB $+$ EF $\times$ EB $=$ (AF $+$ EF) $\times$ EB ; mais AF $=$ BF, et par suite AF $+$ EF $=$ BF $+$ EF $=$ EB. Donc $\overline{AB}^{2} + \overline{EC}^{2} = \overline{EB}^{2}$. Donc le quarré du côté du pentagone inscrit est égal à la somme des quarrés du rayon et du côté du décagone inscrit.

242. L'inscription du décagone conduit également à celle du pen- tadécagone ou polygone de quinze côtés ; car si BI est la corde du décagone et BH celle de l'hexagone, ou le rayon, l'arc IH sera la quinzième partie de la circonférence ; car l'angle BAH $=\frac{2}{3}$ d'angle droit, l'angle BAI $=\frac{2}{5}$ d'angle droit ; ainsi l'angle IAH $=\frac{2}{3} - \frac{2}{5}$

d'angle droit $= \frac{20}{30} - \frac{12}{30} = \frac{8}{30} = \frac{4}{15}$ d'angle droit. Donc, en menant une corde IH, cette corde sera le côté du pentadécagone, et en la portant quinze fois sur la circonférence, on inscrira ce polygone.

Le quarré, l'hexagone, le décagone, le pentadécagone et les polygones qui en dérivent ont été considérés pendant long-temps comme les seuls susceptibles d'être inscrits au cercle, à l'aide de la règle et du compas seuls. Mais le célèbre géomètre allemand *Gauss*, à qui l'on doit de si importantes découvertes dans la théorie des nombres, a prouvé qu'on pouvait encore inscrire, par le moyen de ces instrumens, les polygones de 17, de 257, de 4097 côtés, et généralement tous ceux dont le nombre des côtés est un nombre *premier* de la forme $2^n + 1$. En faisant successivement $n = 1$, $n = 2$, $n = 3$, etc., dans cette forme, si le nombre produit est *premier*, il exprime le nombre des côtés d'un polygone inscriptible.

GÉNÉRATION DE L'ÉTENDUE.

Seconde partie.

243. Dans la construction élémentaire des figures géométriques, toutes les lignes qui composent leurs limites sont supposées tracées sur un même plan, et les relations de ces figures ne sont que les relations des différentes parties d'une même surface plane indéfinie en *longueur* et *largeur*. Les élémens *nécessaires* de toute espèce d'étendue, savoir : la *ligne droite*, *l'angle* et la *ligne courbe*, ne peuvent engendrer, par leur combinaison sur ce plan unique, que des figures *planes, rectilignes, curvilignes* ou *mixtilignes* soumises aux lois qui viennent d'être exposées ; mais la *réunion systématique* de ces élémens nécessaires opérée dans l'espace absolu à trois dimensions, *longueur, largeur* et *épaisseur*, en engendrant l'étendue nommée *solide*, introduit de nouvelles considérations et de nouvelles lois géométriques pour la *génération* comme pour la *comparaison* de l'étendue. L'ensemble de ces lois systématiques est l'objet de ce qui va suivre.

DÉFINITIONS ET CONSTRUCTIONS.

244. Une droite AB est dite *perpendiculaire* sur un plan MN (fig. 134), qu'elle rencontre en un point B, lorsqu'elle est perpendiculaire à toutes les droites CD, EG, FH, etc., qu'on peut tirer du point d'intersection B sur ce plan. On dit alors, réciproquement, que le plan est *perpendiculaire* à la droite.

Le point B d'intersection se nomme le *pied* de la perpendiculaire.

245. Toute droite AB (fig. 135) qui rencontre un plan MN, sur lequel elle n'est point perpendiculaire, est dite *oblique* par rapport à ce plan. Réciproquement, le plan est *oblique* à la droite.

246. Une droite AB (fig. 136) est *parallèle* à un plan MN lorsqu'elle ne peut le rencontrer, en les supposant l'une et l'autre prolongées à l'infini. Une droite est donc *parallèle* à un plan lorsqu'elle est parallèle à une droite menée dans ce plan.

247. Deux plans MN et PQ (fig. 137), sont *parallèles* entre eux, lorsqu'ils ne peuvent se rencontrer en les supposant prolongés à l'infini. Ils ont alors une même direction dans l'espace absolu.

248. Deux plans dont la direction est différente doivent toujours se rencontrer lorsqu'ils sont suffisamment prolongés. La *différence* de leurs directions se nomme encore un *angle*.

Nous verrons que l'angle de deux plans se mesure par l'angle simple ou primitif de deux droites, et qu'il peut être ainsi *aigu, droit* ou *obtus*.

Si cet angle est droit, les deux plans sont dits *perpendiculaires* entre eux.

249. Trois points qui ne sont pas en ligne droite déterminent la position d'un plan dans l'espace. Car, si l'on joint deux de ces points par une ligne droite, et si l'on conçoit un plan sur lequel se trouve cette droite, on pourra également supposer que le plan tourne autour de la droite et prenne une infinité de positions différentes dans l'espace, mais parmi toutes ces positions, il n'y en a évidemment qu'une seule où il puisse rencontrer le troisième point.

Deux plans qui ont trois points communs ne font donc qu'un seul et même plan ou se confondent.

La position d'un plan est donc entièrement déterminée par deux droites qui se coupent ou par deux droites parallèles, ou enfin par un arc de cercle.

250. L'intersection de deux surfaces quelconques est une ligne. Si ces surfaces sont planes, leur intersection est une ligne droite; car, cette intersection étant une ligne qui se trouve également tout entière dans chacun des plans, si trois de ses points n'étaient pas en ligne droite, il en résulterait que les deux plans, passant l'un et l'autre par ces trois points, se confondraient; ce qui est contre l'hypothèse de leur simple rencontre.

251. L'intersection AB (fig. 138) de deux plans AM et AN, peut être considérée comme le *sommet* de *l'angle* que ces plans font entre eux.

252. Trois ou un plus grand nombre de plans qui se rencontrent en un même point forment un *angle solide*. Le point de rencontre se

nomme le *sommet* de l'angle. Tel est, par exemple, l'angle solide S, qui résulte (*fig*, 39) des intersections des trois plans SAB, SBC, SAC.

Il y a deux choses à considérer dans tout angle solide ; 1° les angles plans ASB, ASC, BSC formés sur chacune de ses faces par les intersections des deux faces adjacentes ; 2° les angles que forment ces faces entre elles.

Les angles solides ne sont donc point immédiatement mesurables par l'angle primitif de deux droites, et leurs grandeurs ne peuvent être comparées entre elles qu'à l'aide de considérations qui seront exposées plus loin.

253. Un solide terminé de toutes parts par des surfaces planes se nomme *solide polyèdre,* ou simplement polyèdre. Les plans qui forment sa limite se nomment ses *faces.*

On nomme en particulier *tétraèdre* le solide qui a quatre faces ; *pentaèdre* celui qui en a cinq ; *hexaèdre* celui qui en a six, etc., etc.

Le tétraèdre est le plus simple des polyèdres ; car il faut au moins quatre plans pour limiter une étendue solide.

254. L'intersection commune de deux faces adjacentes d'un polyèdre se nomme le *côté* ou *l'arête* du polyèdre.

255. Toutes les faces qui concourent dans un point font de ce point un *sommet* du polyèdre. Chacun de ces sommets est aussi celui d'un des angles solides que présente la surface totale du polyèdre.

256. On distingue dans la surface totale d'un polyèdre deux élémens distincts ; savoir : les faces, qui sont des figures rectilignes, et les angles solides qui résultent du concours de ces faces.

257. Lorsque toutes les faces sont des polygones réguliers égaux entre eux, et que tous les angles solides sont égaux entre eux, le polyèdre est dit *régulier.* Nous verrons qu'il n'existe que cinq polyèdres réguliers.

258. Les polyèdres reçoivent encore divers noms particuliers, suivant la nature et la combinaison de leurs faces. C'est ainsi qu'on nomme *prisme* un solide compris entre deux faces polygonales égales et parallèles et terminé latéralement par des faces parallélogrammes. Tel est le solide AH (fig. 140), dans lequel les deux faces parallèles ABCDE, FGHIK, sont deux pentagones égaux, et dont les cinq autres faces latérales sont des parallélogrammes.

Les faces parallèles reçoivent les noms de *bases* du prisme.

259. Un prisme est *droit* lorsque les arêtes latérales AF, BG, etc.,

sont perpendiculaires aux deux bases. Il est *oblique* dans le cas contraire.

260. Un prisme est dit *triangulaire*, *quadrangulaire*, *pentagonal*, *hexagonal*, etc., selon que ses bases sont des triangles, des quadrilatères, des pentagones, des hexagones, etc.

261. Parmi les prismes quadrangulaires, on distingue celui dont les bases sont des parallélogrammes (fig. 141, 142), et on lui donne le nom de *parallélipipède*.

C'est un *parallélipipède rectangle*, lorsque toutes ses faces sont des rectangles.

262. Lorsque toutes les faces d'un parallélipède rectangle sont des quarrés égaux, il reçoit le nom de *cube*. Le cube est un hexaèdre régulier.

263. On nomme *pyramide*, un solide dont une des faces, nommée *base*, est un polygone quelconque et dont toutes les autres faces sont des plans triangulaires qui concourent à un même point S qu'on appelle le *sommet* de la pyramide (fig. 143).

Une pyramide est dite *triangulaire*, *quadrangulaire*, *pentagonale*, etc., selon que sa base est un triangle, un quadrilatère, un pentagone, etc.

264. La *hauteur* d'une pyramide est la perpendiculaire abaissée du sommet sur la base, prolongée s'il est nécessaire.

265. Lorsque la base d'une pyramide est un polygone régulier et que la perpendiculaire abaissée de son sommet tombe sur le centre de ce polygone, la pyramide est dite *régulière*. La hauteur d'une pyramide régulière se nomme aussi son *axe*.

266. Toute droite menée dans l'intérieur d'un polyèdre, du sommet d'un angle solide au sommet d'un autre angle solide non adjacent, est une *diagonale* du polyèdre.

267. On nomme *solide de révolution* tout solide que l'on peut concevoir comme engendré par une figure plane qui tourne autour d'un *axe*. Considérons, par exemple (*fig.* 144), le triangle rectangle ABC, et imaginons qu'il tourne autour de son côté immobile BC. Dans sa révolution entière, le côté AB décrira le cercle AMNO, et pendant le même temps l'hypoténuse AC décrira une surface courbe; l'étendue solide comprise entre le plan circulaire et la surface courbe convexe est un solide de révolution auquel on donne le nom de *cône*.

Le cercle AMNO est la *base* du cône, le point C est son *sommet* et CB sa *hauteur* ou son *axe*. Toute droite CA, CN, etc., tirée du sommet à la base, sur la surface convexe, se nomme le *côté* ou l'*apo-thème*.

268. La révolution d'un rectangle ABCD (fig. 145) autour d'un de ses côtés immobiles BD, engendre un solide compris entre deux faces égales planes et circulaires et une surface convexe. Ce solide se nomme *cylindre*. Les faces planes sont ses *bases* et le côté immobile DB sa *hauteur* ou son *axe*.

269. On nomme *sphère* un solide terminé par une seule surface courbe dont tous les points sont également éloignés d'un point pris dans l'intérieur et qu'on nomme le *centre*. La sphère est engendrée par la révolution d'un demi-cercle ACB (fig. 146) autour de son diamètre AB.

Toutes les droites menées du centre de la sphère à sa surface, se nomment les *rayons*. D'après la construction de ce solide, tous ses rayons sont égaux.

On nomme *diamètre* de la sphère toute droite qui passe par son centre et se termine de part et d'autre à sa surface. Tous les diamètres d'une sphère sont égaux puisqu'ils sont tous composés de deux rayons.

270. Le cône, le cylindre et la sphère sont les *trois corps ronds* que l'on considère exclusivement dans la géométrie élémentaire.

§ I. LES PLANS.

271. THÉORÈME I. *Une droite* AB (fig. 134) *perpendiculaire à deux droites quelconques* EG *et* FH *qui sont menées dans le plan* MN, *et qui se croisent à son pied en* B, *est aussi perpendiculaire à toute autre droite* CD *qu'on peut mener par le point* B, *dans le même plan* MN.

Prenons EB = BG, FB = BH, menons les droites EH et FG, et ensuite du point A conduisons des droites aux points E, C, H, F, D, G. Les deux triangles EHB, FGH ayant un angle égal en B compris entre deux côtés égaux chacun à chacun sont égaux (129), ainsi EH = FG.

Les deux triangles CBH et DBF sont pareillement égaux, car ils ont le côté BH égal au côté BF, par construction, l'angle CBH égal à l'angle FBD comme opposé par le sommet et l'angle CHB égal à l'angle BFD comme angles homologues des deux triangles égaux EHB, FGH. Donc BC = BD, CH = ED ; et, par suite CE = DG.

Les deux triangles rectangles ABE et ABG ayant le côté AB commun et les deux autres côtés des angles droits BE et BG égaux, sont égaux, donc AE = AG.

L'égalité des deux autres triangles rectangles ABH, ABF donne aussi AH = AF. Ainsi les deux triangles AEH et AFG ont leurs trois côtés égaux et sont par conséquent égaux.

Il en est encore de même des deux triangles ACE et ADG, puisque l'angle AEC est égal à l'angle AGD comme angles homologues des triangles égaux AEH, AFG, et que les côtés qui forment ces angles ; savoir : AE et EC, AG et GD, sont respectivement égaux. Donc, enfin, AC = AD, donc le point A est à égale distance des deux points C et D, et, comme il en est de même du point B, la droite AB ayant deux de ses points également distans des extrémités de CD est perpendiculaire sur cette droite (84).

272. COROLLAIRE 1. La droite AB est perpendiculaire au plan MN, car elle est perpendiculaire à toutes les droites qu'on peut mener par son pied dans ce plan.

273. COROLLAIRE 2. La perpendiculaire AB est plus courte que toute oblique, menée du point A à un point quelconque du plan MN, elle mesure donc la *distance* de ce point à ce plan.

274. COROLLAIRE 3. D'un point donné sur un plan on ne peut lui élever qu'une seule perpendiculaire, et d'un point pris au dehors on ne peut non plus abaisser qu'une seule perpendiculaire sur le plan.

275. COROLLAIRE 4. De deux obliques partant du même point A de la perpendiculaire, et inégalement éloignées de son pied, la plus éloignée est la plus longue, et réciproquement. Les obliques égales sont également éloignées de la perpendiculaire, et réciproquement.

276. COROLLAIRE 5. Deux droites perpendiculaires au même plan sont parallèles entre elles.

277. COROLLAIRE 6. Lorsqu'une droite est perpendiculaire a un plan toutes ses parallèles sont perpendiculaires au même plan.

278. Corollaire 7. Si du point B, comme centre, (*fig.* 147) avec CB pour rayon, on décrit la circonférence CDEF, toutes les droites AC, AD, AE, etc., tirées d'un des points de la perpendiculaire AB aux divers points de la circonférence seront des obliques égales, puisqu'elles ont toutes pour leurs distances au pied B de la perpendiculaire les rayons du cercle.

L'angle ACB formé par une oblique AC et le rayon correspondant CB sera le même pour toutes les obliques. Cet angle est ce qu'on nomme l'*inclinaison* de l'oblique AC sur le plan MN, ou l'*angle* de cette droite et de ce plan.

279. Théorème II. *Si AB* (*fig.* 148) *est perpendiculaire au plan* MN *et* CD *une droite quelconque menée dans ce plan, et que du pied* B *de la perpendiculaire on tire* BE *perpendiculaire à* CD, *toutes les droites, telles que* AE, *menées du point d'intersection* E *aux points de* AB *seront perpendiculaires sur* CD.

Par le point B, menons BP parallèle à CD, cette droite sera perpendiculaire, à la fois sur BE et sur BA; elle sera donc perpendiculaire au plan du triangle ABE (274), ainsi sa parallèle CD est perpendiculaire au même plan (277) et, par conséquent à la droite AE, qui est située dans ce plan et qui passe par son pied E.

280. Théorème III. *L'angle de deux plans* MN *et* NO (fig. 149), *est mesuré par l'angle des deux droites* AC *et* CB, *menées dans chacun de ces plans perpendiculairement à l'intersection commune* MP *et au même point* A *de cette intersection.*

Il suffit, pour démontrer cette proposition, de prouver que l'angle de deux droites perpendiculaires à l'intersection commune des plans est constamment le même, quel que soit le point de cette intersection où les perpendiculaires se rencontrent; car alors cet angle constant devient la mesure naturelle de l'inclinaison des plans entre eux, ou de leur angle.

Or, si dans le plan MO, on mène QC parallèle à l'intersection MP et si par cette droite, on conçoit un plan perpendiculaire au plan MN, l'intersection BD de ces deux derniers plans sera aussi parallèle à MP, car MP étant parallèle au plan BC ne peut rencontrer ce plan ni, par conséquent, la droite BD qui y est contenue.

Ceci posé, de deux points quelconques Q et C de la droite QC, abaissons les droites QB et CD perpendiculaires sur l'intersection BD

et des points B et D , menons BM et DA perpendiculaires sur MP ;
joignons B et M , C et A , les lignes QM et CA seront également perpendiculaires sur MP (279) ; mais AM et QC sont parallèles par construction, ainsi le quadrilatère AMQC est un parallélogramme, et l'on
a AC = MQ; il en est de même du quadrilatère AMBD, puisque AD est
parallèle à MB et AM parallèle à BD; donc aussi AD = MB. Donc les
deux triangles rectangles ACD et MQB sont égaux , car ils ont leurs
hypoténuses AC et MQ égales , ainsi que leurs côtés AD et MB (132)
et , par conséquent, les angles CAD et QMB sont égaux. Les perpendiculaires menées au point A , font donc un angle égal à celui des perpendiculaires menées au point M, et il en serait évidemment de même
des perpendiculaires menées à tout autre point de MP.

281. L'inclinaison ou l'angle des deux plans MN et MO devant se
mesurer par l'angle des droites MQ et MB , on voit que cet angle
est *droit*, lorsque ces plans sont perpendiculaires, l'un sur l'autre,
et qu'il est *aigu* ou *obtus* selon que l'angle QMB est aigu ou obtus.
Deux plans qui se coupent, MN et OP (fig. 150), font donc d'un même
côté du plan MN deux angles CBD et CBM, supplément l'un de l'autre,
et leurs angles opposés par le sommet CBD et MBO sont égaux.

Les angles formés par deux plans ont ainsi toutes les propriétés des
angles formés par deux droites , et lorsque deux plans parallèles son
coupés par un troisième plan, il en résulte des angles *correspondans*,
alternes internes, et *alternes externes* qui sont égaux entre eux, comme
les angles de deux parallèles et d'une transversale.

282. COROLLAIRE I. Deux angles CAD et QMB dont les côtés sont
parallèles (fig. 149) sont égaux, quoiqu'ils soient situés dans des plans
différens. Ces plans sont parallèles entre eux.

283. COROLLAIRE 2. Tous les plans PQ, RS, etc., qui passent
par une droite AB perpendiculaire au plan MN (fig. 151), sont eux-
mêmes perpendiculaires à ce plan. Car si du point B (fig. 152) on
mène , dans le plan MN , BC perpendiculaire à l'intersection PD d'un
quelconque de ces plans, l'angle ABC, qui mesure l'angle des plans
MN et PQ sera droit, puisque toutes les droites menées dans le plan
MN par le pied de sa perpendiculaire AB, sont perpendiculaires à
cette droite.

284. L'angle qu'une droite AC fait avec un plan MN (fig. 147), se
mesure par l'angle des deux droites AC et CB, dont l'une AC est la

droite donnée, et l'autre CB, est l'intersection du plan MN par un plan perpendiculaire qui passe par AC. Cet angle est aigu ou obtus, selon qu'on le prend dans le sens de CB ou dans le sens de CG. Il est droit lorsque AB est perpendiculaire au plan MN.

285. Les propriétés suivantes se déduisent assez facilement des théorèmes précédens pour qu'on puisse se contenter de les énoncer.

Lorsque deux plans parallèles sont coupés par un troisième plan, les intersections sont des droites parallèles.

286. Les lignes parallèles comprises entres des plans parallèles sont égales entre elles.

287. Deux plans parallèles sont partout à égale distance. Cette distance est mesurée par la perpendiculaire abaissée d'un point quelconque de l'un des plans sur l'autre.

288. Deux droites comprises entre plusieurs plans parallèles et situées dans un même plan, sont coupées en parties proportionnelles.

289. Une droite perpendiculaire à un plan est perpendiculaire à tout autre plan qui est parallèle à celui-ci. Et un plan perpendiculaire à une droite est perpendiculaire à toute autre droite qui est parallèle à la première.

290. Lorsque deux plans qui se coupent sont perpendiculaires à un troisième plan, leur intersection est une droite perpendiculaire à ce dernier.

291. THÉORÈME IV. *Si deux plans parallèles MN et PQ (fig. 153), sont traversés par des droites SA, SB, SC, etc., qui partent d'un même point S, situé hors de ces plans, et qu'on joigne, dans chaque plan, les points d'intersections par des droites, les figures résultantes ABCDE, FGHIK seront des polygones semblables.*

Car, les côtés homologues de ces polygones, ainsi que leurs diagonales sont parallèles, étant les intersections de deux plans parallèles faites par les plans SEC, SEB, SCD, etc., qui les traversent, ainsi tous les angles des triangles FGH, EGH, EIH qui composent le polygone FGHIK sont égaux aux angles des triangles EAB, EBC, CED qui composent le polygone ABCDE ; tous ces triangles sont donc respectivement semblables, et comme de plus, ils sont semblablement placés, les polygones qu'ils composent sont eux-mêmes semblables (204).

292. COROLLAIRE. Deux polygones semblables étant entre eux, comme les quarrés de leurs côtés homologues, si nous désignons par

P le polygone FGHIK et par Q le polygone ABCDE, nous aurons les proportions P : Q $= \overline{FG}^{\bullet} : \overline{AB}^{\bullet}$; mais, à cause de FG parallèle à AB, les deux triangles SFG, SAB sont semblables et donnent FG : AB $=$ SF : SA; donc aussi P : Q $= \overline{SF}^{\bullet} : \overline{SA}^{\bullet}$. Maintenant, si SL est perpendiculaire aux deux plans MN et PQ, on a encore SF : SA $=$ SO : SL, ainsi P : Q $= \overline{SO}^{\bullet} : \overline{SL}^{\bullet}$. C'est-à-dire, que les deux polygones P et Q sont entre eux comme les quarrés des droites SO et SL, qui expriment les distances des deux plans au point S.

§ II. LES ANGLES SOLIDES.

293. Il faut au moins trois plans pour former un angle solide, et il est nécessaire qu'aucun de ces plans ne soit parallèle à l'un des deux autres. Ces plans se nomment les *faces* de l'angle solide. Par exemple, dans l'angle solide S (fig. 139), les plans indéfinis MSN, MSP, PSN sont les *faces*. Les intersections MS, PS, NS des faces, sont les *arêtes* de l'angle solide.

294. L'angle solide se désigne par le nombre de ses faces; on le nomme *trièdre*, *tetraèdre*, *pentaèdre*, *hexaèdre*, etc.', selon qu'il est composé de *trois*, *quatre*, *cinq*, *six*, etc., faces. Chacune de ces faces forme au sommet un angle plan ou linéaire, et c'est par le concours de tous les angles plans que l'angle solide se trouve engendré. Les *arêtes* ne sont que les sommets des angles que font entre elles deux faces adjacentes.

295. L'angle solide est entièrement différent de ceux que nous avons considérés jusqu'ici. Ces derniers étaient tous les angles de deux droites, ou réductibles aux angles de deux droites, dont la mesure s'effectue par un arc de cercle décrit de leur sommet comme centre. La circonférence du cercle n'est plus suffisante pour déterminer le rapport de deux angles solides, et nous allons voir que la détermination de ce rapport exige l'emploie de la surface de la sphère.

296. Considérons d'abord l'angle trièdre S (fig. 139), et du point S, avec un rayon arbitraire, décrivons sur chacune des faces les arcs de cercle MN, MP, NP. Ces arcs formeront par leurs intersections M, N, P une figure curviligne MNP, qu'on nomme un *triangle sphérique*, et dont l'aire ne sera point une surface plane, mais fera partie de la surface de la sphère entière, décrite du même centre et avec

le même rayon que les arcs MN, MP, NP, qui se trouveront alors
tracés sur cette surface.

Le triangle sphérique MNP se compose de trois côtés MN, NP,
MP, et de trois angles MPN, MNP, NMP. Pour déterminer la nature
de ces angles, formés par deux arcs de cercle, remarquons que, si
du sommet d'un d'entre eux, MNP par exemple, on mène, dans le
plan MSN, NZ tangente à MN, et, dans le plan PSN, NX tangente à
NP, ces deux tangentes, qui coïncident respectivement au point N
avec les arcs de cercle NM et NP, expriment les *directions* que ces
arcs ont à ce point N, et, par conséquent, l'angle ZNX qu'elles forment est identiquement le même que celui des deux arcs MN et NP.

Or, si l'on observe que l'angle des deux tangentes NZ et NX mesure l'angle des deux faces MSN, PSN (280), on reconnaîtra que le
triangle sphérique MNP présente toutes les parties angulaires qui
composent l'angle trièdre S; car ses côtés MN, MP, NP, sont les
mesures des angles plans MSN, MSP, NSP, et ses angles M, N, P les
mesures des angles que ont entre elles les faces adjacentes. Ainsi,
dans tout ce qui concerne les relations de ces parties angulaires, on
pourra donc toujours substituer le triangle sphérique à l'angle trièdre;
et, comme en outre la grandeur relative d'un angle trièdre à l'égard
d'un autre angle trièdre sera déterminée par le rapport des aires des
triangles sphériques correspondans, sur la même sphère, la surface
du triangle sphérique devient la mesure naturelle de l'angle trièdre.

297. Ce que nous venons de dire pour l'angle trièdre s'applique
aux angles solides quelconques; car, si du sommet d'un angle pentaèdre, par exemple, on décrit avec un même rayon arbitraire des
arcs de cercle sur chacune des faces, ces arcs de cercle formeront
un pentagone sphérique dont les côtés et les angles seront les mesures respectives des angles plans, et des angles des faces de l'angle
pentaèdre, et dont la surface sera la mesure de la grandeur de cet angle.

. Mais, si l'on observe qu'un angle solide peut toujours être décomposé en angles trièdres, en menant des plans par une de ses arêtes
à toutes les autres arêtes non adjacentes, et que, de cette manière
le polygone sphérique correspondant se trouve partagé en un même
nombre de triangles sphériques; on verra facilement que toute la
théorie des angles solides est fondée sur celle de l'angle trièdre.

298. Pour pouvoir comparer les angles trièdres entre eux, on
prend pour unité l'angle trièdre dont chaque face est respectivement
perpendiculaire aux deux autres. En supposant son sommet placé au

centre d'une sphère, les trois côtés du triangle sphérique formé
par les intersections de ses faces et de la surface de la sphère sont
des quarts de circonférence, et la surface de ce triangle est la huitième partie de la surface entière de la sphère. On lui a donné le nom
de *triangle tri-rectangle*.

Un angle trièdre est ainsi le *tiers*, *le quart*, ou une partie quelconque déterminée de l'angle *tri-rectangle*, selon que son triangle sphérique est le *tiers, le quart*, ou la même partie quelconque déterminée
du triangle sphérique *tri-rectangle*.

Les triangles sphériques pouvant toujours être substitués aux angles trièdres, soit pour étudier les propriétés de ces angles, soit pour
les comparer entre eux, il devient essentiel d'examiner avec attention les propriétés de la sphère elle-même, et celles de ses intersections par des plans.

299. THÉORÈME V. *Toute section de la sphère par un plan est un
cercle.*

Soit AGEP (fig. 181) la section faite par un plan dans une sphère
quelconque dont le centre est O. Du point O, menons OC perpendiculaire sur le plan coupant, et diverses droites OA, OE, OG etc., à divers points de la courbe AGEP, formée par la commune intersection
du plan et de la surface de la sphère. D'après la nature de ce solide,
toutes ces droites seront égales entre elles (269).

Les obliques OA, OE, OG, etc., étant égales, sont également
éloignées de la perpendiculaire OC (275), donc, toutes les droites
AC, CE, CG, etc. qu'on peut mener du point C à la courbe AGEP,
sont égales ; donc, cette courbe est une circonférence de cercle.

300. DÉFINITION. On nomme *grand cercle* de la sphère la section
qui passe par le centre, et *petit cercle* la section qui n'y passe pas.

301. COROLLAIRE I. Tous les grands cercles de la sphère sont
égaux entre eux ; car ils ont tous pour rayons le rayon de la sphère.

302. COROLLAIRE 2. Deux grands cercles se coupent toujours en
deux parties égales ; car leur commune intersection est un diamètre,
puisqu'elle passe par le centre.

303. COROLLAIRE 3. La sphère est partagée en deux parties égales
par un quelconque de ses grands cercles ; car, en renversant une de

ces parties et en l'appliquant sur la base commune de manière que les convexités soient tournées du même côté, les deux surfaces doivent exactement coïncider, puisque tous leurs points sont également éloignés du centre.

Chaque moitié de la sphère se nomme un *hémisphère*.

- 304. COROLLAIRE 4. Les petits cercles sont d'autant plus petits qu'ils sont plus éloignés du centre.

Le centre d'un petit cercle et celui de la sphère sont, sur une même droite perpendiculaire au plan du petit cercle.

305. COROLLAIRE 5. On peut toujours faire passer un grand cercle par deux points pris sur la surface d'une sphère; car ces deux points et le centre de la sphère déterminent la position d'un plan, pourvu qu'ils ne soient pas en ligne droite.

Si le centre et les deux points donnés étaient en ligne droite, il y aurait une infinité de grands cercles qui pourraient passer par ces points, parce qu'on peut faire passer une infinité de plans par la même droite.

306. Les côtés du triangle sphérique formé sur la surface de la sphère par les intersections des faces d'un angle trièdre qui a son sommet au centre, sont des arcs de grands cercles; car, les trois plans coupans passent par le centre.

Dans tout ce qui suit, nous entendrons par *triangle sphérique* le triangle qui résulte des intersections de trois grands cercles de la sphère sur sa surface.

307. THÉORÈME VI. *Un côté quelconque d'un triangle sphérique est plus petit que la somme des deux autres.*

Soit MNP (fig. 139) un triangle sphérique dans lequel le côté PN est plus grand que chacun des deux autres côtés MN et MP, nous disons que PN est plus petit que MN + MP.

Les trois côtés PN, MN et MP étant les mesures des angles plans de l'angle trièdre S, la proposition énoncée est la même que celle-ci :

Dans un angle trièdre quelconque, un des angles plans est toujours plus petit que la somme des deux autres.

Menons la droite SD qui fasse l'angle CSD égal à l'angle ASC, et, par le point D pris à volonté, sur cette droite, menons arbitrairement BC; prenons SA⹀SD, et tirons AC et AB. Les deux triangles ASC et CSD ayant le côté SC commun, les côtés SA et SD égaux par construction ainsi que les angles compris ASC, CSD sont égaux, et l'on a, par conséquent, AC = CD; mais, dans le triangle ABC, AB + AC > BC; donc, AB + AC — CD > BC—CD, ou, parceque AC — CD = 0, AB > BD. Or, les deux triangles SDB, SAB ont deux côtés égaux, savoir : SB commun et SD = SA; ainsi, les troisièmes côtés étant inégaux, les angles opposés BSD, ASB sont aussi inégaux, et, comme AB est plus grand que BD, l'angle ASB est plus grand que l'angle DSB. On a donc aussi, par suite de l'égalité des angles ASC, CSD

$$ASB + ASC > DSB + CSD > BSC.$$

Donc, l'angle BSC est plus petit que la somme des deux angles ASB, ASC, et par conséquent, l'arc NP qui lui sert de mesure est plus petit que la somme des arcs MP et MN qui servent de mesure à ces derniers.

308. THÉORÈME VII. *La somme des trois côtés d'un triangle sphérique est plus petite que la circonférence d'un grand cercle.*

Soit ABC (fig. 154) un triangle sphérique quelconque. Ses côtés AB et AC étant suffisamment prolongés doivent se rencontrer de nouveau en un point D diamétralement opposé au point A, puisque ces côtés sont des arcs de grands cercles, et que deux grands cercles se coupent suivant un diamètre de la sphère (302). Les arcs ABD, ACD sont donc des demi-circonférences, et comme dans le triangle BCD on a BC < BD + CD, si on ajoute aux deux termes de cette inégalité la la somme AB + AC, on aura

$$AB + AC + BC < AB + AC + BD + CD$$

mais AB + BD est une demi-circonférence ainsi que AC + CD, donc la somme des trois côtés du triangle sphérique ABC est plus petite que deux demi-circonférences ou qu'une circonférence entière de grand cercle.

309. COROLLAIRE. La somme des trois angles plans qui composent un angle trièdre est toujours plus petite que quatre angles droits.

310. THÉORÈME VIII. *La somme des côtés d'un polygone sphérique quelconque est plus petite que la circonférence d'un grand cercle.*

Soit le quadrilatère ABCD (fig. 155), prolongeons les côtés AB et CD jusqu'à leur rencontre en E, le périmètre du triangle AEC sera plus grand que le périmètre du quadrilatère, puisque BD $<$ BE $+$ ED. Mais le périmètre de ce triangle est plus petit que la circonférence d'un grand cercle donc il en est de même, à plus forte raison, du périmètre de quadrilatère.

S'il s'agissait d'un pentagone, on formerait, en prolongeant deux de ses côtés, un quadrilatère dont le périmètre serait plus grand que le sien, et comme, d'après ce qui précède, le périmètre d'un quadrilatère sphérique est plus petit qu'une circonférence de grand cercle, le périmètre d'un pentagone sphérique est *a fortiori* moindre que cette circonférece ece.

En opérant de la même manière sur un hexagone, on verra que tout hexagone, et par suite, que tout polygone sphérique a un périmètre moindre que la circonférence d'un grand cercle.

311. COROLLAIRE. La somme de tous les angles plans qui forment un angle solide quelconque est plus petite que quatre angles droits.

312. DÉFINITION. On nomme *pôles* d'un grand cercle BMCN (fig. 156) les deux extrémités D et E du diamètre DE qui lui est perpendiculaire. Ce diamètre se nomme l'*axe* du cercle BMCN.

Les pôles d'un grand cercle sont à égale distance de tous les points de sa circonférence.

313. Tout arc de cercle BD mené d'un point de la circonférence d'un grand cercle à son pôle D est un quart de circonférence, et comme le plan de cet arc passe par le diamètre DE il est perpendiculaire sur le plan du cercle BMCN. L'angle des deux arcs BD et BM, qui n'est que l'angle de leurs plans respectifs (296) est donc un angle droit. On dit alors que ces arcs sont perpendiculaires l'un sur l'autre.

314. THÉORÈME IX. *L'angle que font entre eux deux arcs de grands cercles* DM *et* DC *(fig. 156) a pour mesure l'arc* MC *décrit de son sommet* D *comme pôle, entre ses côtés* DM *et* DC *prolongés s'il est nécessaire.*

Car, menant les rayons AM et AC, ces rayons seront perpendiculaires à l'axe DE, commune intersection des plans des arcs DM et DC; donc l'angle MAC sera la mesure de l'angle de ces plans (280) et par conséquent de l'angle curviligne MDC; mais l'angle MAC des deux rayons AM et AC a pour mesure l'arc MC donc l'angle curviligne MDC a aussi pour mesure cet arc MC.

315. Les deux arcs DM et DC qui passent par le pôle D de l'arc CM forment avec cet arc un triangle sphérique MDC dont les deux angles à la base DMC, DCM sont droits (314). Si de plus l'arc MC était un quart de circonférence, l'angle MDC, qu'il mesure, serait droit aussi, de sorte que les trois angles du triangle MDC seraient droits.

Le triangle sphérique dont les trois angles sont droits a ses trois côtés égaux au quart de la circonférence, et chacun d'eux est respectivement perpendiculaire sur les deux autres. On le nomme, comme nous l'avons déjà dit *triangle tri-rectangle*. Il est facile de voir que deux grands cercles perpendiculaires entre eux et qui passent par les pôles d'un troisième grand cercle partagent la surface de la sphère en huit triangles tri-rectangles. La surface du triangle tri-rectangle est donc la huitième partie de la surface totale de la sphère, et c'est cette huitième partie qui est prise pour l'*unité* de mesure des angles solides. L'angle trièdre tri-rectangle correspondant au triangle sphérique tri-rectangle est pour les angles trièdres, et en général, pour les angles solides, ce qu'est l'angle droit par rapport aux angles plans ou linéaires.

316. Lorsque dans un triangle sphérique MDC dont un sommet D est le pôle du côté opposé MC, ce côté est plus petit ou plus grand qu'un quart de circonférence, l'angle MDC est plus petit ou plus grand qu'un angle droit et ce triangle a seulement deux angles droits DMC DCM; on le nomme alors *triangle bi-rectangle*.

Le triangle bi-rectangle a donc deux angles droits dont les côtés opposés sont des quarts de circonférence et un angle aigu ou obtus dont le côté opposé est la mesure.

317. DÉFINITION. La portion de la surface de la sphère comprise entre deux demi-grands cercles DCE, DME se nomme *fuseau sphérique*.

D'après la propriété de la sphère d'être partagée en deux parties égales par tout plan qui passe par son centre, deux grands cercles forment toujours des fuseaux opposés égaux sur sa surface.

318. Le fuseau DMECD est partagé en deux parties égales par le cercle BMCN qui a pour pôles ses deux sommets D et E. Un triangle sphérique *tri-rectangle* ou *bi-rectangle* est donc toujours la moitié du fuseau formé par deux de ses côtés prolongés jusqu'à ce qu'ils se rencontrent de nouveau.

319. On peut considérer le fuseau sphérique DMECD comme engendré par la rotation du demi-cercle DME autour du diamètre DE ; et comme en supposant DME couché d'abord sur DCE et se mettant en mouvement dans le sens de CM, le point M, milieu de la demi circonférence DME, décrit la circonférence CMBN pendant que DME décrit la surface de la sphère, on voit que le rapport de l'arc décrit CM, à la circonférence entière CMBN, est nécessairement le même que celui du fuseau DMEC à la surface entière de la sphère.

L'arc MC étant la mesure de l'angle des deux plans DME, DCE, le fuseau DMECD est également la mesure de cet angle car le nombre qui exprimera le rapport de MC à la circonférence entière sera le même que celui qui exprimera le rapport du fuseau à la surface entière de la sphère. Ainsi, en prenant pour unité angulaire le quart de la circonférence et pour unité de surface le triangle tri-rectangle, si A exprime l'arc MC, 2A exprimera la surface du fuseau DMECD.

320. Si le fuseau DCBE (fig. 157) et son opposé DFBG sont coupés par un grand cercle oblique FCEG, chacun de ces fuseaux sera partagé en deux triangles sphériques qui seront respectivement égaux à leurs opposés dans l'autre fuseau ; car les angles trièdres qui correspondent à ces triangles, et qui sont opposés par le sommet, ont toutes leurs parties composantes égales chacune à chacune. Le triangle sphérique BCE est donc égal à son opposé DFG, et il en est de même du triangle DCE et de son opposé FBG.

Il en résulte que les deux triangles sphériques opposés par le sommet dans le même hémisphère ; savoir : DCE et DFG formés par deux grands cercles qui se coupent dans cet hémisphère sont égaux, pris ensemble, au fuseau que ces mêmes cercles forment entre eux.

321. THÉORÈME X. *La surface d'un triangle sphérique quelconque a pour mesure l'excès de la somme de ses trois angles sur deux angles droits, le triangle tri-rectangle étant pris pour unité.*

Soit ABC un triangle sphérique (fig. 158) ; prolongeons ses côtés jusqu'à ce qu'ils rencontrent un grand cercle DEFGHI mené d'une manière quelconque hors du triangle; nous aurons : 1° les deux triangles opposés par le sommet IAD , GAF, dont la somme est égale au fuseau dont l'angle est A (320) et qui a pour surface 2A (319); 2° les deux triangles ICH et ECF, dont la somme est égale au fuseau dont l'angle est C et dont la surface est 2C; 3° enfin, les deux triangles HBG , DBE, dont la somme est égale au fuseau dont l'angle est B et la surface 2B. La somme 2A + 2B + 2C exprimera donc la surface de la demi-sphère, plus deux fois celle du triangle ABC, car ce triangle entre trois fois dans cette somme. Donc la surface de la demi-sphère est égale à 2A + 2B + 2C — 2ABC. Mais, le triangle tri-rectangle étant pris pour unité, la surface de la demi-sphère est représentée par 4, ainsi : 4 = 2A + 2B + 2C — 2ABC, d'où ABC = A + B + C — 2, ce qui est le théorème énoncé.

322. COROLLAIRE I. Deux angles trièdres quelconques étant entre eux comme les triangles sphériques que leurs faces interceptent sur une même sphère, le théorème précédent donne le moyen d'obtenir la valeur numérique de leur rapport, ainsi que leur grandeur absolue. Soit, par exemple, un angle trièdre dont les faces font entre elles des angles respectivement égaux à $\frac{4}{3}$, $\frac{2}{3}$ et $\frac{1}{3}$ d'angle droit , la surface du triangle sphérique correspondant sera $\frac{4}{3} + \frac{2}{3} + \frac{1}{3} — 2 = \frac{1}{3}$, c'est-à-dire que l'angle proposé sera le *tiers* de l'angle trièdre tri-rectangle. Soit maintenant un autre angle trièdre dont les faces font entre elles des angles respectivement égaux à $\frac{1}{6}$, $\frac{7}{6}$ et $\frac{10}{6}$ d'angle droit , la surface du triangle sphérique correspondant sera $\frac{1}{6} + \frac{7}{6} + \frac{10}{6} — 2 = \frac{1}{3}$, et cet angle sera égal aux $\frac{1}{3}$ de l'angle trièdre tri-rectangle. Les grandeurs absolues de ces angles étant $\frac{1}{3}$ et $\frac{1}{3}$, on voit que le premier est cinq fois plus petit que le second.

323. COROLLAIRE 2. La somme des trois angles d'un triangle sphérique, ou la somme des trois angles que font entre elles les faces d'un angle trièdre, est toujours plus grande que 2 angles droits; car, la quantité A + B + C — 2 doit toujours être un nombre positif.

324. COROLLAIRE 3. La somme des trois angles d'un triangle sphérique est toujours moindre que six angles droits. Car, tout triangle sphérique est moindre que l'hémisphère dont il est fait partie et

comme un hémisphère est représenté par 4, on a A+B+C—2<4 ; ou A + B + C < 6, en ajoutant 2 de part et d'autre.

325. COROLLAIRE 4. Les triangles sphériques n'ont pas, comme les triangles rectilignes, une quantité constante pour la somme de leurs angles. Cette somme varie entre 2 et 6 angles droits, mais elle est toujours plus grande'qne 2'et plus petite que 6 ; de sorte que la connaissance de deux angles ne suffit pas pour déterminer le troisième. Cette détermination exige encore la connaissance d'un côté.

' 326. COROLLAIRE 5. Si du'sommet d'un des angles d'un polygone sphérique on mène des arcs de cercles diagonaux à tous les angles non-adjacens, le polygone sera partagé en triangles sphériques dont le nombre sera égal à celui des côtés moins deux. Ainsi, comme la somme des angles du polygone est égale à celle de tous les angles des triangles composans, il en résulte que, si *n* représente le nombre des côtés, la somme des angles du polygone sera plus grande que 2 (*n* — 1) et plus petite que 2*n* angles droits.

Dans un *quadrilatère* sphérique la somme des angles est donc comprise entre 4 et 8 angles droits; dans un *pentagone*, entre 6 et 10 angles droits ; dans un *hexagone*, entre 8 et 12 angles droits, etc.

§ III. LES SOLIDES.

327. Avant de passer à la comparaison des diverses étendues solides, nous devons exposer quelques unes des propriétés générales qui résultent de leurs constructions. Tel est l'objet des propositions suivantes.

328. THÉORÈME I. *Dans tout parallélipipède les faces opposées sont égales et parallèles.*

Un parallélipipède est un prisme quadrangulaire dont les bases ADGF et BCHE (*fig.*159) sont des parallélogrammes égaux et parallèles, ainsi toutes les faces sont elles-mêmes des parallélogrammes, car chacune de ces faces est un quadrilatère dont deux côtés sont égaux et parallèles. Si nous considérons deux faces opposées ABCD, FEGH, nous verrons que leurs angles BAD et EFG sont égaux, car ils sont formés par des côtés respectivement parallèles AD et FG, AB et FE ; ainsi les plans de ces angles sont parallèles (282), et comme de plus leurs côtés sont égaux chacun à chacun, les parallélogrammes ABCD et FEGH sont égaux. Il en est évidemment de même des deux autres faces opposées ABEF, CDGH.

329. COROLLAIRE 1. Une face quelconque et son opposée peuvent être considérées comme les bases du parallélipipède ; car ce solide est compris sous six plans dont les opposés sont égaux et parallèles.

330. COROLLAIRE 2. Il suffit d'un des angles solides et de ses trois arêtes pour déterminer entièrement un parallélipipède ; car étant donnés, par exemple, l'angle A et les trois arêtes AB, AD, AF, en menant par l'extrémité de chaque arête un plan parallèle au plan des deux autres, les intersections mutuelles de ces plans seront les autres arêtes du parallélipipède.

331. THÉORÈME II. *Les angles solides opposés d'un parallélipipède sont égaux.*

En comparant les deux angles trièdres opposés A et H, on reconnaît qu'ils sont composés de trois angles plans égaux ; savoir : BAD=EHG, FAD = EHC et BAF = CHG, et dont les faces homologues font entre elles des angles égaux. Ces deux angles trièdres sont donc exactement composés des mêmes élémens et sont par conséquent égaux entre eux.

Les parties de l'angle A étant disposées d'une manière entièrement opposée aux parties de l'angle H, on dit que ces angles sont *symétriques.*

332. THÉORÈME III. *Les diagonales d'un parallélipipède se coupent mutuellement en deux parties égales.*

Par les deux arêtes opposées EF et CD faisons passer un plan ; la section EFDC sera un parallélogramme, puisque EF et CD sont égales et parallèles, donc les deux diagonales de ce parallélogramme, CF et ED, qui sont en même temps les diagonales du parallélipipède, se coupent mutuellement en deux parties égales. On démontrera de la même manière que les deux autres diagonales BG, AH se couperont en deux parties égales, et que l'une des premières CF, par exemple, coupera aussi une des deux autres BG ou AH en deux parties égales. Donc les quatre diagonales du parallélipipède se coupent mutuellement en deux parties égales en un point O qui peut être considéré comme le *centre* du solide.

333. THÉORÈME IV. *Dans un prisme quelconque* (fig. 160), *les sections* mnopq, rstuv, *faites par des plans parallèles entre eux sont des polygones égaux.*

Car le côté *mn* est parallèle au côté *rs*, puisque ces deux côtés sont les intersections de deux plans parallèles par un troisième plan AI; ainsi la figure *mnsr*, qui a encore ses deux autres côtés parallèles *mr* et *ns* comme parties des côtés du parallélograme ABIK, est un parallélogramme, et *mn* = *rs*. Par la même raison *no* = *st*, *op* = *tu*, *uv* = *pq* et *vr* = *qm*. Donc les deux polygones *mnopq*, *rstuv*, ont leurs côtés respectivement égaux. De plus, ces côtés sont respectivement parallèles; donc les angles compris sont égaux, et par conséquent, les polygones eux-mêmes sont égaux.

334. COROLLAIRE. Lorsque les plans coupans sont parallèles à la base du prisme, les sections sont égales à cette base.

335. THÉORÈME V. *Lorsqu'une pyramide quelconque est coupée par un plan parallèle à sa base, la section est un polygone semblable à cette base.*

Soit la pyramide quadrangulaire SABCD (fig. 161), la section *abcd* parallèle à la base ABCD sera un quadrilatère semblable à cette base.

En effet, les côtés AB et *ab*, BC et *bc*, CD et *cd*, DA et *da*, sont parallèles, comme étant respectivement les intersections de deux plans parallèles par un troisième plan; ainsi, les angles formés par ces côtés sont égaux. De plus, les triangles *sab* et SAB, étant semblables, donnent AB : *ab* = SB : *sb*, tandis que les deux autres triangles semblables SBC, *sbc*, donnent aussi SB : *sb* = BC : *bc*; d'où l'on conclut AB : *ab* = BC : *bc*. On aurait de même BC : *bc* = CD : *cd*, CD : *cd* = DA : *da*. Donc les polygones ABCD, *abcd* ayant leurs angles égaux chacun à chacun, et leurs côtés homologues proportionnels, sont semblables.

336. DÉFINITION. Nous avons déjà nommé *polyèdre régulier* celui dont tous les angles solides sont égaux, et dont toutes les faces sont des polygones réguliers égaux. Il n'existe que cinq polyèdres régu-

liers. Ce sont 1°, le *tétraèdre*, qui n'est qu'une pyramide terminée par quatre triangles égaux et équilatéraux ; 2° le *cube* ou l'*hexaèdre*, terminé par six quarrés égaux ; 3° l'*octaèdre*, qui n'est qu'une double pyramide quadrangulaire terminée par huit triangles égaux et équilatéraux ; 4° le *dodécaèdre* (fig. 192), terminé par douze pentagones égaux et réguliers, et 5° enfin, l'*icosaèdre* (fig. 193), terminé par vingt triangles égaux et équilatéraux.

337. Ces cinq polyèdres réguliers peuvent être inscrits et circonscrits à la sphère.

338. THÉORÈME VI. *Il ne peut y avoir que cinq solides réguliers.*

Car, la somme des angles plans qui forment un angle solide est toujours plus petite que quatre angles droits (309) et, comme l'angle solide d'un polyèdre régulier est formé par des angles plans égaux appartenant à des polygones réguliers et égaux, il devient évident 1°, que si ces polygones sont des triangles équilatéraux, on ne peut en employer que trois, quatre, ou cinq. Car, l'angle d'un triangle équilatéral est égal à $\frac{2}{3}$ d'angle droit, et par conséquent, six de ces angles valant $\frac{12}{3}$, ou quatre angles droits, ne peuvent former un angle solide ; 2° que si ces polygones sont des quarrés, on ne peut en employer plus de trois ; 3° que si ces polygones sont des pentagones réguliers, on ne peut encore en employer plus de trois, puisque quatre angles de pentagone régulier valent ensemble $4 + \frac{4}{5}$ d'angles droits.

On ne peut former un angle solide avec des angles d'hexagones réguliers. Car trois de ces angles valent quatre angles droits. Et, à plus forte raison, on ne peut employer les polygones d'un plus grand nombre de côtés.

Il ne peut donc exister d'autres polyèdres réguliers que ceux dont les angles solides sont composés de *trois*, de *quatre* ou de *cinq* angles plans appartenant à des triangles équilatéraux égaux, ce sont : le *tétraèdre*, l'*octaèdre* et l'*isosaèdre*, et que ceux dont les angles solides sont composés de trois angles plans appartenant à des quarrés ou à des pentagones réguliers égaux, ce sont l'*hexaèdre* et le *dodécaèdre*.

LES CONSTRUCTIONS GÉOMÉTRIQUES.

339. PROBLÈME 1. *Etant donnés les trois angles plans qui forment un angle trièdre, construire l'angle que deux de ces plans font entre eux.*

Traçons (fig. 163) les trois angles adjacens ASB, BSC, CSA' égaux aux trois angles donnés du trièdre, prenons à volonté SA = SA', et des points A et A', abaissons AB perpendiculaire sur SB, et A'C perpendiculaire sur SC ; prolongeons ces deux perpendiculaires jusqu'à leur rencontre en D. Du point B comme centre, avec le rayon AB, décrivons la demi-circonférence A*a*E, élevons au point D la perpendiculaire D*a* sur le diamètre AE, et menons le rayon B*a*; l'angle EB*a* sera égal à l'angle que font dans le trièdre les plans des deux angles ASB, BSC.

En effet, soit S l'angle trièdre (fig. 164) dont les angles plans MSN, OSN OSM sont respectivement égaux aux angles ASB, BSC, CSA' de la figure plane 163; prenons sur l'arête SM, SA″ $=$ SA, du point A″, abaissons sur la face opposée OSN la perpendiculaire A″D'; du pied D', menons D'B' perpendiculaire sur l'arête SN, et D'C' perpendiculaire sur l'arête SO, joignons les points A″ et B', A″ et C', A″C' sera perpendiculaire sur l'arête SO. A″D' sera également perpendiculaire sur l'arête SN (279) et, par conséquent, l'angle linéaire A″B'D' sera la mesure de l'angle des deux faces MSN, OSN. Il s'agit donc de prouver que cet angle A″B'D' est égal à l'angle *a*BD de la figure plane.

Comparons les triangles de la figure solide à ceux de la figure plane, nous verrons d'abord que les deux triangles ASB et A″SB' sont égaux, car ils sont tous deux rectangles, l'un en B, l'autre en B'; leurs angles ASB et A″SB' sont égaux, et leurs hypothénuses SA et SA″ sont égales par construction; donc, AB $=$ A″B' et SB $=$ SB'. On démontrera de la même manière que les deux triangles rectangles SA'C, SA″C' sont égaux, d'où SC $=$ SC'. Ceci posé, les deux quadrilatères SBDC, SB'D'C' ont un angle égal en S compris entre deux côtés égaux chacun à chacun SB $=$ SB', SC $=$ SC', et, comme les angles en B et B', C et C' sont droits; ces deux figures, transportées l'une sur l'autre, coïncideront parfaitement, elles sont donc égales, et, par conséquent, BD $=$ B'D', CD $=$ C'D'. Il en résulte que les deux triangles rectangles *a*DB, A″D'B' sont égaux; car ils ont leurs hypoténuses *a*B $=$ AB et A″B' égales, ainsi que leurs côtés BD et B'D'. Donc, l'angle *a*BD est égal à l'angle A″B'D'. Donc, etc.

En variant, dans la figure plane les positions des angles plans, on construira de la même manière l'angle des faces MSN, MSO. Quant à celui des faces MSO, OSN, on peut l'obtenir immédiatement dans la même figure plane 163 en faisant sur le côté A'D une construction semblable à celle qui a été faite sur le côté AD.

340. Cette construction nous fait connaître la relation qui doit exis

ter entre trois angles plans donnés, pour qu'il soit possible de former un trièdre avec ces angles.

Il est d'abord évident que la somme des trois angles donnés doit être moindre que quatre angles droits; car il serait impossible, dans le cas contraire, de les construire les uns à côté des autres sur un même plan, ce qui est d'accord avec la proposition 309.

Il faut de plus, les deux premiers ASB, BSC étant arbitraires, que le troisième A'SC soit tel, que la perpendiculaire A'C au côté SC rencontre le diamètre AE entre ses extrémités A et E. Donc, les limites de ce troisième angle sont les grandeurs qui font tomber la perpendiculaire sur SC aux points E et A. Ainsi, en élevant aux points E et A les perpendiculaires EM et AN sur SC prolongée, et en décrivant du point S comme centre avec SA pour rayon la circonférence ANA″E, et menant les rayons SM et SN aux points d'intersection M et N, les angles CSM et CSN seront les limites du troisième angle, qui doit être ainsi plus grand que CSM et plus petit que CSN. Or, il est facile de reconnaître à l'inspection de la figure que CSM = BSC — ASB, et que CSN = BSC + ASB. Donc, le troisième angle doit être plus grand que la *différence* des deux premiers, et plus petit que leur *somme*; ce qui s'accorde avec le théorème, puisque, d'après ce théorème, on doit avoir non seulement ASC < BSC + A'SB, mais encore BSC < A'SC + ASB, d'où, BSC — ASB < A'SC.

341. Lorsque trois angles plans sont tels que leur somme est moindre que quatre angles droits, et que chacun d'eux est plus petit que la somme des deux autres, on peut donc toujours former avec eux un angle trièdre dont les constructions précédentes font connaître les angles des faces entre elles.

Un angle trièdre est donc entièrement déterminé par les trois angles plans qui le composent, puisqu'à l'aide de ces seuls angles, on peut trouver les angles des faces.

342. Il en résulte que *deux angles trièdres composés de trois angles plans égaux chacun à chacun, sont égaux dans toutes leurs parties constituantes.*

343. PROBLÈME II. *Etant donnés deux des angles plans d'un angle trièdre, ainsi que l'angle formé par leurs faces respectives trouver le troisième angle plan.*

Soient ASB et BSC les deux angles données. Les ayant construits l'un à côté de l'autre, comme ils le sont dans la figure 163, prenons SA à volonté et du point A, menons AE perpendiculaire sur SB ; du point d'intersection B, avec le rayon AB, décrivons la demi-circonférence AaE, et du point S avec le rayon SA ; décrivons l'arc ANA″E. Faisons l'angle EBa égal à l'angle donné des faces ASB, BSC, et du point a où le côté Ba coupe la circonférence, abaissons aD perpendiculaire sur le diamètre AE. Du pied D de cette perpendiculaire, menons DC perpendiculaire sur SC et prolongeons cette droite jusqu'à ce qu'elle rencontre en A′ la circonférence ANA′E ; menons SA′, l'angle A′SC sera le troisième angle plan demandé.

Car, dans l'angle solide formé avec les trois angles plans ASB, BSC, CSA′, l'angle des faces ASB, BSC sera évidemment égal à l'angle aBD, d'après le problème précédent.

Deux angles trièdres, composés de deux angles plans égaux chacun à chacun et dont les faces font des angles égaux, sont donc égaux dans toutes leurs parties.

344. PROBLÈME III. *Etant donné un des angles plans d'un angle triedre, ainsi que les deux angles de sa face avec les deux autres faces, trouver les angles plans de ces deux autres faces.*

Soit BSC l'angle plan donné (fig. 165), et les angles B et C du triangle BMC (fig. 166), les deux angles de sa face avec les deux autres faces. Du sommet M, abaissons sur la base BC la perpendiculaire MD, ce qui déterminera les deux segmens BD et DC. Menons (fig. 165), la ligne DM parallèle à SB, de manière que ces deux droites soient distantes entre elles du segment BD ; menons pareillement la ligne DN parallèle à SC, et de manière que ces droites soient distantes entre elles du segment DC ; par le point de rencontre D de ces deux parallèles, menons DB perpendiculaire sur SB, et DC perpendiculaire sur SC. Construisons au point B l'angle DBM = B et au point C l'angle DCN = C, prenons BA = BM, CA′ = CN, tirons SA et SA′ ; les angles ASB et CSA′ seront les deux angles plans demandés.

Car, en comparant cette construction avec les précédentes, on voit que dans l'angle trièdre formé des trois angles plans ASB, BSC, CSA′ les angles des faces ASB et CSA′ avec la face BSC seront respectivement les angles MBD et DCN.

345. Les angles solides composés de plus de trois plans ne sont pas entièrement déterminés par leurs angles plans, car avec ces mêmes

angles plans, on peut former une infinité d'angles solides dans lesquels les angles des faces seraient différens. Mais un angle polyèdre
quelconque est toujours décomposable en angles trièdres, moyennant
des plans qu'on fera passer par deux arêtes non adjacentes, de sorte
que tous les problèmes qu'on peut se proposer sur l'angle solide, en
général, dépendent de la théorie de l'angle trièdre. La nature de cet
ouvrage nous interdit de plus grands détails.

COMPARAISON DE L'ÉTENDUE.

Seconde partie.

346. La comparaison des étendues solides, comme celle des étendues planes, peut s'effectuer sous trois conditions différentes. 1° Les solides comparés sont tels que leur étendue étant la même, les relations de leurs limites sont aussi les mêmes, 2° ou bien, leur étendue étant encore la même, les relations de leurs limites sont différentes; et 3° enfin leur étendue étant différente, les relations de leurs limites sont les mêmes. Dans le premier cas, les solides sont *égaux;* dans le second, ils sont *équivalens,* et dans le troisième, ils sont *semblables. L'égalité, l'équivalence* et la *similitude* forment, en général, les trois parties de la *comparaison géométrique.*

§ I. ÉGALITÉ.

347. THÉORÈME I. *Deux prismes sont égaux, lorsqu'ils ont un angle solide compris entre trois plans égaux chacun à chacun et semblablement placés.*

Soient les deux prismes AG et *ag* (fig. 162), dans lesquels la base ABCDE est égale à la base *abcde*, la face ABIK égale à la face *abik* et la face AEFK égale à la face *aefk;* ces prismes sont égaux.

Car, supposons la base ABCDE transportée sur son égale *abcde*, de manière que le côté AB coïncide avec son homologue *ab*, ces deux bases coïncideront exactement et, comme les angles solides A et *a* sont égaux (340), le côté AK tombera sur son égal *a*K. Ainsi, à cause des parallélogrammes égaux ABIK et *abik*, AEFK et *aefk*, le côté KI tombera sur son égal *ki* et le côté KF sur son égal *kf*; donc la base supérieure KIHGF coïncidera exactement avec son égale *kihgf* et les deux solides coïncideront nécessairement dans toutes leurs parties. Ces deux solides sont donc égaux.

348. COROLLAIRE. *Deux prismes droits dont les bases et les hauteurs sont respectivement égales, sont égaux entre eux.* Car le côté AB étant égal à *ab* et la hauteur AK égale à *ak*, le rectangle ABIK est égal au rectangle *abik*; il en est de même des rectangles AEFK, *aefk*; donc les trois plans qui forment l'angle solide A sont égaux aux trois plans qui forment l'angle solide *a*; et par conséquent, ces prismes sont égaux.

349. THÉORÈME II. *Deux pyramides quelconques S et s* (fig. 167) *sont égales lorsqu'elles ont un angle solide à la base compris entre trois faces égales chacune à chacune.*

Soit la base ABCDE égale à la base *abcde*, le triangle ASB égal au triangle *asb*, et le triangle SBC égal au triangle *sbc*.

Transportons la base ABCDE sur la base *abcde*; en faisant coïncider les côtés AB et *ab*, ces bases étant égales coïncideront exactement; et comme les angles solides B et *b*, composés d'angles plans égaux, sont égaux (342), l'arête BS tombera sur l'arête *bs*; ces arêtes faisant partie des triangles égaux ABS, *abs* sont égales; donc le sommet S tombera sur le sommet *s*, et les deux pyramides coïncideront exactement dans toutes leurs parties : ces pyramides sont donc égales.

350. THÉORÈME III. *Deux pyramides qui ont l'angle du sommet égal de part et d'autre et deux faces latérales adjacentes égales, chacune à chacune, sont égales.*

Soient les angles solides S et *s* égaux, et les deux faces latérales adjacentes SAB et SBC respectivement égales aux deux faces *sab*, *sbc*.

Transportons l'angle solide S sur son égal *s* en faisant coïncider les faces égales SAB, *sab*, SBC, *sbc*, toutes les arêtes SA, SB, SC, SD, SE tomberont dans les directions des arêtes *sa*, *sb*, *sc*, *sd*, *se*. Mais SA $=$ *sa*, SB $=$ *sb* et SC $=$ *sc*; ainsi les points A, B, C coïncideront avec les points *a*, *b*, *c*, et par conséquent le plan de la base ABCDE se confondra avec le plan de la base *abcde*. Donc les sommets E et D devant se trouver à la fois sur le plan *abcde* et sur les arêtes *sc* et *sd*, ne pourront tomber qu'aux points *e* et *d*. Les deux pyramides coïncideront donc parfaitement dans toutes leurs parties, et sont égales.

351. COROLLAIRE. Deux pyramides triangulaires qui ont un angle solide égal de part et d'autre compris entre deux faces égales chacune à chacune, sont égales ; car on peut considérer, dans les pyramides triangulaires, le sommet d'un quelconque des angles solides comme le sommet de la pyramide.

352. THÉORÈME IV. *Le plan* CDEF, *qui passe par deux arêtes parallèles opposées* CD *et* EF *d'un parallélipipède quelconque* (fig. 159), *le partage en deux prismes triangulaires égaux entre eux.*

Il est d'abord évident que les solides AFDCBE, DFGHEC sont des prismes, car leurs faces opposées sont égales et parallèles, et leurs faces latérales sont des parallélogrammes.

Ces prismes sont égaux (347), car ils ont les deux angles solides A et H compris entre trois plans égaux chacun à chacun, savoir : la base AFD égale à la base CHE, le parallélogramme ABCD égal au parallélogramme HGFE, et le parallélogramme ABEF égal au parallélogramme CDGH (328).

353. Les deux prismes AFDEBE, DFGHEF ont toutes leurs parties constituantes égales situées dans des sens opposés, et il devient impossible de les faire coïncider sans opérer un renversement total. De tels solides qui ont une base commune sur laquelle ils sont construits semblablement, l'un au dessus, l'autre au dessous, se nomment *solides symétriques.* Un corps quelconque et son image dans une glace nous représentent deux solides symétriques.

§ II. EQUIVALENCE.

354. DÉFINITION 1. Deux solides sont *équivalens* lorsque sous des limites différentes ils comprennent des étendues égales.

355. DÉFINITION 2. La *hauteur* d'un prisme est la distance de ses deux faces parallèles, ou la perpendiculaire abaissée d'une de ces faces sur l'autre. Dans le prisme droit chaque arête latérale peut être considérée comme la hauteur.

La *hauteur* d'une pyramide est la perpendiculaire abaissée de son sommet sur le plan de sa base.

356. THÉORÈME I. *Deux pyramides qui ont des bases égales ou équivalentes, et qui ont même hauteur, sont équivalentes entre elles.*

Soient les deux pyramides ABCD, FEGH (*fig.* 168), dont les hauteurs sont égales et dont les bases sont équivalentes. Supposons les bases placées sur le même plan, alors la droite AF ayant ses deux points A et F à égale distance de ce plan lui sera parallèle, et la perpendiculaire HK, abaissée d'un quelconque de ses points sur le plan des bases, sera la hauteur commune des deux pyramides.

Par un point quelconque I de cette hauteur HK, menons un plan parallèle au plan des bases, et qui coupe les deux pyramides; les sections *bcd* et *egh* seront des polygones semblables aux bases BCD et EGH (335), et le rapport de chacune de ces sections à la base correspondante sera égal au rapport des quarrés des droites HI et HK qui expriment les distances respectives des bases et des sections aux sommets A et F (292), nous aurons donc ABC : $abc = \overline{HK}^2 : \overline{HI}^2$, EGH : $egh = \overline{HK}^2 : \overline{HI}^2$, d'où ABC : $abc =$ EGH : egh; mais ABC $=$ EGH, donc $abc = egh$.

Les deux sections *abc* et *egh* sont donc équivalentes, et il en serait évidemment de même de toutes les autres sections faites dans les deux pyramides à une distance déterminée du plan des bases.

Si l'on conçoit une infinité de plans parallèles aux bases, on pourra considérer les deux pyramides comme formées par une infinité de polygones équivalens chacun à chacun et disposés les uns sur les autres, depuis le plan commun des bases jusqu'à la ligne AF des sommets; et quoique le nombre de ces polygones soit infini, il sera le même dans les deux pyramides, à cause de leur hauteur égale. Les deux pyramides sont donc équivalentes.

La démonstration précédente est fondée sur la méthode dite *des indivisibles*, qui consiste à considérer les solides comme engendrés par la réunion de plans élémentaires d'une hauteur infiniment petite. Les anciens, qui n'avaient aucune notion exacte de l'*infini* mathématique, ont été forcés d'employer, pour le même objet, des démonstrations prolixes et des réductions à l'absurde que quelques modernes reproduisent encore aujourd'hui.

357. Théorème II. *Tout prisme triangulaire peut être décomposé en trois pyromides triangulaires équivalentes entre elles.*

Soit, ABCE (fig. 169) un prisme triangulaire. Par l'arête AC et le sommet E faisons passer un plan AEC, le prisme sera partagé en deux solides, dont l'un sera la pyramide triangulaire ABCE et l'autre une pyramide quadrangulaire ayant pour base le parallélogramme ACFD et pour sommet le point D.

Retranchons la pyramide triangulaire ABCE et ne considérons que la pyramide quadrangulaire ACFDE. Par son sommet E et par la diagonale DC de sa base, faisons passer un plan coupant, cette pyramide quadrangulaire sera divisée en deux pyramides triangulaires qui auront pour sommet commun le point E et pour bases les triangles ACD, DCF.

Ces deux dernières pyramides, ayant leurs sommets au même point et leurs bases dans le même plan, ont la même hauteur, et comme de plus leurs bases sont égales, car ACD = DCF (136), elles sont équivalentes. Mais la première pyramide ABCE a sa base ABC égale à la base DEF de la pyramide DEFC ; ces deux pyramides ont aussi même hauteur, car leur hauteur commune est la distance des deux plans paralleles ABC, DEF. Donc les deux pyramides ABCE, DEFC sont équivalentes. Donc enfin les trois pyramides ABCE, DEFC, ADCE sont équivalentes entre elles.

358. Corollaire 1. Une pyramide triangulaire quelconque est le tiers d'un prisme de même base et de même hauteur.

359. Corollaire 2. Deux prismes triangulaires dont les bases sont équivalentes et les hauteurs égales sont équivalens entre eux ; car ils sont les triples de deux pyramides équivalentes.

360. Corollaire 3. Deux parallélipipèdes de même hauteur et dont les bases sont égales ou équivalentes sont équivalens entre eux; car, si l'on divise chacun de ces parallélipipèdes en deux prismes triangulaires égaux (352) par des plans passant par deux arêtes paralelles et opposées, les deux prismes du premier seront équivalens aux deux prismes du second, puisque leurs bases, étant les moitiés des deux bases équivalentes des parallélipipèdes, sont équivalentes entre elles et qu'ils ont en outre la même hauteur.

361. THÉORÈME III. *Le rapport de deux parallélipipèdes rectangles de même base est égal à celui de leurs hauteurs.*

Soient les deux parallélipipèdes rectangles AI et AG qui ont une même base ABCD (fig. 170) et dont les hauteurs sont AH et AF.

Supposons que les hauteurs AH et AF sont entre elles comme deux nombres entiers 5 et 3, par exemple. Divisons AH en cinq parties égales, AF contiendra 3 de ces parties, et par tous les points de division 1, 2, 3, 4 menons des plans parallèles à la base. Ces plans partageront le parallélipipède AG en cinq parallélipipèdes rectangles égaux entre eux, car ils auront tous des bases égales (332) et des hauteurs égales. Mais de ces cinq parallélipipèdes égaux, trois sont contenus dans AG, donc *sol.* AG : *sol.* AI = 3 : 5; or, AF : AH = 3 : 5, donc *sol.* AG : *sol.* AI = AF : AH.

Si les hauteurs AF et AH étaient incommensurables on démontrerait par une *réduction à l'absurde*, comme dans la proposition du n° 147, que le rapport des solides ne peut être égal à celui de AF avec une droite plus grande ou plus petite que AH. Ainsi, dans tous les cas, deux parallélipipèdes rectangles de même base sont entre eux comme leurs hauteurs.

362. THÉORÈME IV. *Le rapport de deux parallélipipèdes rectangles de même hauteur est égal à celui de leurs bases.*

Soient les deux parallélipipèdes rectangles AI et EK qui ont une même hauteur CI et dont les bases sont les rectangles ABCD, CEFG. (fig. 171).

Après avoir placé les solides l'un à côté de l'autre, comme ils le sont dans la figure, prolongeons le plan AM jusqu'à ce qu'il rencontre le plan FK, nous aurons un troisième parallélipipède DK.

Les deux parallélipipèdes AI et DK ayant même base MDCI sont entre eux comme leurs hauteurs BC et EG.

Les deux parallélipipèdes DK et EK ayant même base CGKI sont entre eux comme leurs hauteurs CD et CE.

Nous avons donc les deux proportions,

$$sol. \text{ AI} : sol. \text{ DK} = \text{BC} : \text{CG},$$
$$sol. \text{ DK} : sol. \text{ EK} = \text{CD} : \text{CE},$$

Multipliant terme par terme et retranchant le facteur *sol.* DK, commun au premier rapport, il viendra

$$sol. \text{ AI} : sol. \text{ EK} = \text{BC} \times \text{CD} : \text{CG} \times \text{CE}.$$

Mais BC $\times$ CD est l'aire du rectangle ABCD; et CG $\times$ CE, l'aire du rectangle EFGC (152); donc deux parallépipèdes de même hauteur sont entre eux, comme leurs bases.

363. THÉORÈME V. *Deux parallélipipè'es quelconques sont entre eux comme les produits de leurs bases par leurs hauteurs.*

Soient les deux parallélipipèdes rectangles AP et EK (fig. 172).

Les ayant placés comme ils le sont dans la figure, prolongeons les plans de AP pour former le parallélipipède AI de même hauteur que EK.

Les deux parallélipipèdes AI et EK, ayant même hauteur, donnent

$$sol. \text{ AI} : sol. \text{ EK} = \text{ABCD} : \text{EFGH}.$$

Les deux parallélipipèdes AP et AI, ayant même base, donnent

$$sol. \text{ AP} : sol. \text{ AI} = \text{CP} : \text{CI}.$$

Multipliant ces deux proportions terme par terme et retranchant le facteur commun *sol* AI, nous aurons

$$sol. \text{ AP} : sol. \text{ EK} = \text{ABCD} \times \text{CP} : \text{EFGC} \times \text{CI}.$$

Ce qui est la proposition énoncée.

364. En observant que ABCD $=$ BC $\times$ CD et que EFGC $=$ CG $\times$ CE, la proportion précédente deviendra

$$sol. \text{ AP} : sol. \text{ EK} = \text{BC} \times \text{CD} \times \text{CP} : \text{CG} \times \text{CE} \times \text{CI}.$$

C'est-à-dire, que deux parallépipèdes rectangles sont entre eux comme les produits de leurs trois dimensions.

365. THÉORÈME VI. *En prenant pour unité de mesure de l'étendue solide le cube dont le côté est l'unité linéaire, l'étendue solide d'un parallélipipède rectangle sera représentée par le produit de ses trois dimensions.*

Nous avons déjà fait observer (150), 'qu'on ne peut mesurer des quantités quelconques de même espèce qu'avec une quantité de cette espèce prise pour unité de mesure ; ainsi pour mesurer des étendues solides, il faut choisir une étendue solide, régulière et facile à construire. Après avoir employé le quarré pour mesurer les surfaces, il devenait naturel d'employer le *cube* pour mesurer les solides, car le cube est parmi les solides, ce qu'est le quarré parmi les figures rectilignes, il est entièrement déterminé par un seul côté.

Soit donc P un parallélipipède rectangle dont nous représenterons la longueur, la largeur et la hauteur par les lettres A, B, C ; et soit Q un cube dont nous représenterons par M les trois dimensions égales. Un cube n'étant qu'un parallipipède rectangle, nous avons d'après le théorème précédent.

$$P : Q = A \times B \times C : M \times M \times M.$$

Si le côté M est l'unité linéaire, le cube Q sera l'unité solide et la proportion deviendra

$$P : Q = A \times B \times C : I,$$

ainsi les trois dimensions A, B, C étant exprimées en nombres, à l'aide de l'unité de mesure, leur produit sera également un nombre, et ce produit renfermera autant d'unités que le parallélipipède P contiendra de fois le cube Q. Ce produit représentera donc l'étendue solide, la grandeur, ou le *volume* du parallélipipède P, rapporté à une unité de mesure.

La grandeur d'un solide, ou son étendue, est particulièrement désigné par le mot de *solidité*, lorsqu'on la considère sous le rapport de sa mesure. Ainsi, on dit que la *solidité* d'un parallélipipède rectangle est égale au produit de ses trois dimensions.

La solidité d'un cube est égale à la troisième puissance de son côté ; car, si le côté est M, comme M exprime à la fois les trois dimensions de ce solide, sa solidité est représentée par $M \times M \times M = M^3$. C'est cette circonstance qui a fait donner le nom de *cube* à la troisième puissance d'un nombre.

La solidité d'un parallélipipède rectangle dont la longueur serait de 2 mètres, la largeur de 3 et la hauteur de 5 serait ainsi représentée par $2 \times 3 \times 5 = 30$, et ce nombre 30, désignerait des *unités cubiques* ou des *mètres cubes*. Le parallélipipède en question, contiendrait donc 30 mètres cubes, ou serait équivalent en volume à 30 fois un mètre cube.

366. THÉORÈME. VII. *La solidité d'un parallélipipède quelconque est égale au produit de sa base par sa hauteur.*

Car un parallélipipède quelconque est équivalent à un parallélipipède rectangle de même hauteur et de base équivalente (360); ainsi, comme la solidité de celui-ci est égale au produit de ses trois dimensions ou, ce qui est la même chose, au produit de sa base par sa hauteur, la solidité du premier sera donc égale au produit de sa base par sa hauteur.

367. COROLLAIRE 1. La solidité d'un prisme triangulaire est égale au produit de sa base par sa hauteur, car un prisme triangulaire est la moitié d'un parallélipipède de base double et de même hauteur (352).

368. COROLLAIRE 2. La solidité d'un prisme quelconque est égale au produit de sa base par sa hauteur. Car un prisme quelconque peut être partagé en autant de prismes triangulaires qu'on peut former de triangles dans le polygone qui lui sert de base; ainsi, comme tous ces prismes ont la même hauteur et que leur solidité est égale au produit de leur base respective par cette hauteur commune, il en résulte que la somme de tous les prismes partiels est égale à la somme de leurs bases multipliée par la hauteur commune; mais la somme des bases partielles est la base du prisme proposé, donc, etc.

369. COROLLAIRE 3. La solidité d'une pyramide triangulaire est égale au tiers du produit de sa base par sa hauteur. Car une pyramide triangulaire est le tiers d'un prisme de même base et de même hauteur (358).

370. COROLLAIRE 4. La solidité d'une pyramide quelconque est égale au tiers du produit de sa base par sa hauteur. Car, quel que soit le polygone qui lui sert de base, on pourra toujours la partager en pyramides triangulaires par des plans dirigés de son sommet aux diagonales de la base. Ces pyramides partielles auront pour sommet commun celui de la pyramide proposée et la somme de leurs bases sera la base de la pyramide totale. Donc, etc.

371. COROLLAIRE V. Deux prismes de même hauteur sont entre eux comme leurs bases, et deux prismes de même base sont entre eux comme leurs hauteurs.

372. COROLLAIRE VI. Deux pyramides de même hauteur sont entre elles comme leurs bases, et deux pyramides de même base sont entre elles comme leurs hauteurs.

373. DÉFINITION. On nomme pyramide tronquée une pyramide SABED (fig. 172) dont on a retranché la partie supérieure SEFGH. Le plan ou la face EFGH, prend le nom de base supérieure.

374. THÉORÈME VIII. *Une pyramide triangulaire tronquée AF (fig. 173) à bases parallèles, est équivalente à la somme de trois pyramides entières de même hauteur qu'elle, et dont les bases sont la base supérieure DEF, la base inférieure ABC, et une moyenne proportionnelle entre ces deux bases.*

Menons, du sommet E par l'arête opposée AC, un plan coupant AEC. Nous détacherons d'abord la pyramide triangulaire ABCE qui a pour base la base inférieure ABC du tronc de pyramide, et dont le sommet est en E. Elle aura donc la même base et la même hauteur que la pyramide tronquée. Nous la désignerons par A.

Il restera la pyramide quadrangulaire ADFCE dont le sommet est en E, et qui a pour base le trapèze ADFC. Menons un plan coupant suivant le point E et la diagonale DC du trapèze ; la pyramide quadrangulaire sera partagée en deux pyramides triangulaires ADCE, CDFE.

La pyramide CDFE a pour base la base supérieure DEF de la pyramide tronquée, et elle a même hauteur, puisque son sommet est en C sur le plan parallèle à la base. Nous la désignerons par B.

En considérant le point E comme le sommet commun des deux pyramides ADCE et CDFE. Ces deux pyramides ayant même hauteur, sont entre elles comme leurs bases (372) ADC, DFC. Ainsi, désignant la première par C, nous aurons la proportion

$$B : C = DFC : ADC$$

Mais les deux triangles DFC, ADC, compris les parallèles DF et AC ont même hauteur ; ils sont donc entre eux comme leurs bases DF et AC, et l'on a, par suite,

$$1..... B : C = DF : AC$$

Si nous considérons le point C comme le sommet commun des pyramides A et C, leurs bases seront les triangles ABE, ADE, faisant ensemble le trapèze ABED; ces pyramides ayant même hauteur, sont entre elles comme leurs bases, et nous aurons

$$C : A = ADE : ABE.$$

Mais les triangles ADE, ABE, sont entre eux comme leurs bases DE et AB, puisqu'étant compris entre les parallèles AB et DE ils ont même hauteur, donc,

$$2\ldots\ldots C : A = DE : AB.$$

Or, les triangles ABC, DEF sont semblables (335), ainsi,

$$DF : AC = DE : AB,$$

et, par conséquent, les premiers rapports des proportions 1 et 2 sont égaux entre eux, ce qui donne

$$B : C = C : A.$$

La troisième pyramide C est donc moyenne proportionnelle entre les deux autres A et B. Elle est donc équivalente à une pyramide qui ayant même hauteur que les deux premières pyramides A et B aurait pour base une moyenne proportionnelle entre leurs bases. Donc, etc.

375. COROLLAIRE. Une pyramide quelconque tronquée à bases parallèles est équivalente à la somme de trois pyramides triangulaires de même hauteur qu'elle, et qui ont pour leurs bases respectives, sa base supérieure, sa base inférieure et une moyenne proportionnelle entre ces deux bases. Car, cette pyramide tronquée est équivalente à une pyramide triangulaire tronquée de même hauteur et de base équivalente.

376. THÉORÈME IX. *Un prisme triangulaire* AE (fig. 174), *tronqué par un plan* DEF, *qui n'est pas parallèle à sa base* ABC, *est équivalent à la somme de trois pyramides triangulaires ayant pour base commune celle du prisme, savoir, le triangle* ABC, *et pour sommets les trois points* D, E, F.

Ayant séparé par le plan AEC, la pyramide triangulaire ABCE, et partagé la pyramide quadrangulaire restante ACFDE en deux pyramides triangulaires ACDE et CDFE par le plan DEC, le tronc du prisme sera divisé en trois pyramides triangulaires ABCE, ACDE, CDFE.

La première ABCE, a pour base le triangle ABC, et pour sommet le point E ; elle remplit donc immédiatement la condition énoncée.

La seconde pyramide CDFE est équivalente à la pyramide ABCF qui a pour base ABC, et dont le sommet est en E; car, en considérant ces deux pyramides comme ayant leurs sommets en D et en A, elles ont même hauteur au dessus de leurs bases, qui sont les triangles CEF, BCF; or, ces triangles sont équivalens, puisqu'ils ont même base CF, et même hauteur, étant compris entre les parallèles BE et CF; donc, ces deux pyramides ont des bases équivalentes et des hauteurs égales.

La troisième pyramide ACDE est équivalente à la pyramide ABCD dont la base est ABC, et dont le sommet est en D ; car, ces deux pyramides ont une base commune ACD, et leurs hauteurs au dessus de cette base sont égales, puisque les sommets opposés B et E sont situés sur la droite BE parallèle au plan de ACD.

Donc, enfin, le prisme tronqué est équivalent à la somme de trois pyramides triangulaires ayant ABC pour base commune et pour sommets respectifs les points D, E, F.

377. COROLLAIRE. Si nous désignons par H, H', H'' les hauteurs respectives des points D, E, F au dessus de la base ABC, la solidité du prisme tronqué sera exprimée par le produit $\frac{1}{3}$ABC $\times$ [H + H' + H''].

Si le prisme est droit, les arêtes AD, BE, CF, seront les hauteurs H, H' et H''.

378. DÉFINITIONS. On nomme *cylindre* un solide compris sous trois surfaces, dont deux qui lui servent de bases sont planes, circulaires, égales et parallèles, et dont la troisième est courbe (fig. 175 et 176).

On nomme *cône* un solide compris sous deux surfaces, l'une plane et circulaire qui lui sert de base, et l'autre courbe, se terminant en pointe au sommet (fig. 177 et 178).

La *hauteur* d'un cylindre est la distance de ses bases, ou la perpendiculaire abaissée d'une base sur l'autre.

L'*axe* d'un cylindre est la droite qui joint les centres de ses deux bases.

Lorsque l'*axe* est perpendiculaire aux bases (fig. 175) le cylindre est *droit*. Dans le cas contraire il est *oblique* (fig. 176).

La *hauteur* d'un cône est la perpendiculaire abaissée de son sommet sur le plan de sa base.

L'*axe* d'un cône est la droite menée de son sommet au centre de sa base.

Lorsque l'axe est perpendiculaire à la base, le cône est *droit* (fig. 177). Dans le cas contraire il est *oblique*.

Le cylindre droit et le cône droit se nomment *solides de révolution*, parce qu'on peut considérer le premier comme engendré par la révolution d'un rectangle ABCD, autour de son côté BD (fig. 145), et le second comme produit par la révolution du triangle rectangle ABC autour de son côté BC (fig. 144.).

379. Le cercle devant être considéré comme un polygone régulier d'un nombre infini de côtés, le cylindre est un *prisme* dont les bases sont des polygones réguliers d'un nombre infini de côtés, et le cône une *pyramide* dont la base est un polygone d'un nombre infini de côtés. Tout ce qui a été démontré pour les prismes et les pyramides s'applique donc immédiatement aux *cylindres* et aux *cônes*, et nous pouvons poser sans démonstrations les théorèmes suivans.

380. THÉORÈME X. *La solidité d'un cylindre quelconque est égale au produit de sa base par sa hauteur.*

Si nous désignons par R le rayon de la base, et par H la hauteur du cylindre, l'aire de la base étant exprimée par $\pi.R^2$ (234), la solidité sera exprimée par $\pi.R^2.H$.

381. COROLLAIRE. Deux cylindres de même hauteur sont entre eux comme leurs bases. Deux cylindres de même base sont entre eux comme leurs hauteurs.

382. THÉORÈME XI. *La solidité d'un cône quelconque est égale au tiers du produit de sa base par sa hauteur.*

Désignant, comme ci-dessus, par R le rayon de la base, et par H la hauteur du cône, sa solidité sera exprimée par $\frac{1}{3}\pi.R^2.H$.

383. COROLLAIRE 1. Un cône quelconque est équivalent au tiers d'un cylindre de même base et de même hauteur.

384. COROLLAIRE 2. Deux cônes de même hauteur sont entre eux comme leurs bases. Deux cônes de même base sont entre eux comme leurs hauteurs.

385. Théorème XII. *Un cône tronqué à bases parallèles est équivalent à la somme de trois cônes entiers de même hauteur que lui et dont les bases respectives sont la base supérieure, la base inférieure et une moyenne proportionnelle entre les bases du cône tronqué.*

Désignons par R le rayon de la base inférieure, par R' celui de la base supérieure et par H la hauteur du tronc de cône. L'aire de la base inférieure sera πR^2, celle de la base supérieure $\pi R'^2$ et la moyenne proportionnelle entre ces deux aires sera $\sqrt{\pi R^2 . \pi R'^2} = \pi R . R'$. Les solidités des trois cônes entiers, dont la somme est équivalente au cône tronqué seront donc représentées par les quantités $\frac{1}{3}\pi R^2.H$, $\frac{1}{3}\pi R'^2 H$, $\frac{1}{3}\pi RR'H$ et, par conséquent, la solidité du cône tronqué sera égale à $\frac{1}{3}\pi H. [R^2 + R'^2 + R. R']$.

386. La mesure des surfaces convexes du cône et du cylindre droits peut s'effectuer par les principes élémentaires de la géométrie; il n'en est pas de même de la mesure des surfaces convexes du cône et du cylindre obliques; cette mesure est l'objet d'un des problèmes les plus difficiles de la géométrie dite analytique.

Quant au cône droit et au cylindre droit, il ne s'agit que d'examiner comment on peut mesurer les surfaces latérales de la pyramide régulière et du prisme droit.

Or, la surface latérale d'un prisme droit se compose d'autant de rectangles que le polygone de sa base à de côtés, et tous ces rectangles, dont les bases sont les côtés de ce polygone, ont une même hauteur, celle du prisme. Si nous désignons donc par a, b, c, d, etc., les côtés de la base et par H la hauteur commune, les aires des divers rectangles qui composent la surface latérale du prisme seront exprimées par les produits $a.H$, $b.H$, $c.H$, $d.H$, etc. Cette surface latérale sera donc égale à H. $[a + b + c + d + $ etc.$]$. Mais $a + b + c + d +$ etc., est le périmètre de la base du prisme, donc *la surface latérale d'un prisme droit est égal au produit de sa hauteur par le périmètre de sa base.*

En ajoutant à ce produit les aires des deux bases parallèles, on aura la surface totale du *prisme droit.*

387. La pyramide régulière, ayant pour base un polygone régulier, et la perpendiculaire abaissée de son sommet devant passer par le centre de sa base (265), il en résulte que toutes ses arêtes latérales sont égales, car le centre G du polygone ABCDE (fig. 194), étant à égale

distance des sommets A, B, C, D, E, les arêtes SA, SB, SC, etc.,
sont des obliques qui s'écartent également de la perpendiculaire SG.
Tous les triangles ABS, BCS, etc., qui composent la surface de la
pyramide régulière sont donc des triangles isocèles égaux, et il suffit
de multiplier l'aire de l'un deux par leur nombre pour avoir l'aire
totale. Abaissons donc du sommet S, dans le plan du triangle SEA,
la droite SH perpendiculaire sur le côté AE, cette droite qu'on nomme
l'apothème de la pyramide sera la hauteur du triangle SEA, et l'aire
de ce triangle sera exprimée par le produit $\frac{1}{2}$ AE $\times$ SH. En prenant
ce produit autant de fois que la base a de côtés, on aura la surface
totale latérale dont l'expression sera ainsi, $\frac{1}{2}$M $\times$ AE $\times$ SH, M désignant le nombre des côtés de la base. Mais M $\times$ AE exprime le périmètre de là base, donc *la surface latérale d'une pyramide régulière
est égale à la moitié du produit de son périmètre par son apothème.*

Lorsque le polygone de la base à un nombre infini de côtés, l'a-
pothème devient égale au côté ou se confond avec lui. De sorte que,
dans le cône droit, on nomme indifféremment côté ou apothème toute
droite, menée du sommet à la base sur la surface convexe.

Nous pouvons donc encore poser sans démonstrations ultérieures les
deux théorèmes suivans.

388. **THÉORÈME XIII.** *La surface convexe d'un cylindre droit est
égale au produit de la circonférence de sa base par son axe.*

Désignons par R le rayon de la base et par H l'axe ou la hauteur
du cylindre, sa surface convexe sera exprimée par 2πRH.

La surface de chacune des bases étant exprimée par πR², la surface totale du cylindre droit est égale à 2πR² $+$ 2πR.H, ou à
2πR. (R $+$ H).

389. **THÉORÈME XIV.** *La surface convexe d'un cone droit est égale
au produit de la demi-circonférence de sa base par son côté.*

Désignons par A le côté du cône et par R le rayon de sa base,
πR sera la demi-circonférence de la base, et la surface convexe sera
exprimée par πR.A.

Le côté AC d'un cône droit (fig. 144), étant l'hypoténuse d'un triangle
rectangle ABC, dont les deux autres côtés sont le rayon de la base et
l'axe ou la hauteur du cône, ce côté est égal à $\sqrt{[R^2 + H^2]}$, H
désignant la hauteur. La surface convexe du cône droit est donc encore exprimée par πR. $\sqrt{[R^2 + H^2]}$.

L'aire de la base étant πR^2, la surface totale du cône droit est égale à $\pi R^2 + \pi R. A = \pi R. [R + A]$, ou bien encore à

$$\pi R. [R + \sqrt{(R^2 + H^2)}].$$

390. THÉORÈME XV. *La surface convexe du cône droit tronqué est égale au produit de son coté, par la demi-somme des circonférences des deux bases.*

Car, si de la surface convexe du cône entier BDC (fig. 177) nous retranchons la surface convexe du petit cône EDF, il restera la surface convexe du cône tronqué BCFE. Or, en désignant par C la circonférence de la base inférieure BC et par C' la circonférence de la base supérieure EF, la surface convexe du cône BDC est représentée par $\frac{1}{2} C \times BD$, et celle du cône EDF par $\frac{1}{2} C' \times ED$, donc celle du cône tronquée sera représentée par $\frac{1}{2} C \times BD - \frac{1}{2} C' \times ED$; mais BD = BE + ED, donc

$$\frac{1}{2} C \times BD - \frac{1}{2} C' \times ED = \frac{1}{2} C \times BE + \frac{1}{2} C \times ED - \frac{1}{2} C' \times ED.$$

Observons maintenant que les circonférences C et C' sont entre elles, comme leurs rayons AB et GE, et que ces rayons sont entre eux, comme les droites BD et ED, nous avons donc la proportion

$$\frac{1}{2} C : \frac{1}{2} C' = BD : ED,$$

d'où $\frac{1}{2} C \times ED = \frac{1}{2} C' \times BD = \frac{1}{2} C' \times BE + \frac{1}{2} C' \times ED$. Substituant $\frac{1}{2} C' \times BE + \frac{1}{2} C' \times ED$ à la place de $\frac{1}{2} C \times ED$, dans l'expression

$$\frac{1}{2} C \times BE + \frac{1}{2} C \times ED - \frac{1}{2} C' \times ED,$$

elle se réduit à $\frac{1}{2} C \times BE + \frac{1}{2} C' \times BE$, ou bien à $BE \times \frac{1}{2}(C + C')$, ce qui est le théorème énoncé.

391. Si par le point H, milieu du côté BE du cône tronqué, on fait passer un plan parallèle aux bases, la section sera un cercle dont la circonférence est égale à la demi-somme des circonférences des deux bases. En effet, dans le trapèze ABEG, la droite HI, située à égale distance des deux bases, est égale à la demi-somme de ces bases ou à $\frac{1}{2}$ (AB + GE); mais les circonférences sont entre elles, comme leurs rayons, donc la circonférence qui a HI pour rayon, est égale à la demi-somme des circonférences, qui ont AB et GE pour rayons. *La surface convexe d'un cone tronqué, est donc encore égale à son côté, multiplié par la circonférence d'une section faite à égale distance des deux bases.*

392. Nous devons exposer une autre mesure de la surface du cône tronqué, qui conduit à celle de la surface de la sphère. Observons d'abord, que le tronc du cône (fig. 179) est engendré par la révolution du trapèze ABDC, autour de l'axe MN du cône, et que c'est le côté AB de ce trapèze, qui produit dans son mouvement la surface convexe du cône tronqué.

Du point E, milieu du côté AB, élevons à ce côté la perpendiculaire EF, jusqu'à sa rencontre en F avec l'axe MN ; menons AH perpendiculaire sur BD et, par conséquent, égale à CD, hauteur du cône tronqué ; et EG perpendiculaire sur l'axe MN. Les deux triangles rectangles ABH, EGF, ayant leurs trois côtés perpendiculaires chacun à chacun sont semblables (191) ; on a donc la proportion

$$AB : AH = EF : EG$$

ou, AB : CD = EF : EG, à cause de AH = CD. Cette dernière donne l'égalité AB × EG = CD × EF ; multipliant les deux termes de cette égalité par 2π, elle deviendra

$$2\pi . AB \times EG = 2\pi . CD \times EF,$$

Mais 2π. EG représente la circonférence du cercle dont le rayon est EG, et 2π. EF la circonférence du cercle dont le rayon est EF (234), donc l'égalité précédente est la même chose que

$$AB \times cir. EG = CD \times cir. EF.$$

Or, d'après 391, AB × cir. EG représente la surface convexe du cône tronqué, donc CD × cir. EF représente la même surface.

Donc, *la surface convexe du cône tronqué est égale au produit de sa hauteur* CD, *par la circonférence du cercle, qui a pour rayon la perpendiculaire* EF, *élevée sur le milieu de son côté* AB, *et comprise entre le côté et l'axe.*

393. Il résulte de cette expression la proposition suivante.

Soient AB, BC, CD (fig. 180) *plusieurs côtés successifs d'un polygone régulier circonscrit au cercle* O ; *si on imagine que la portion de polygone* ABCD *comprise entre les perpendiculaires* AE *et* DN *au diamètre* MN, *fasse une révolution autour de ce diamètre la surface décrite par* ABCD *aura pour mesure, le produit de* EN, *hauteur du solide engendré, par la circonférence du cercle inscrit* O.

En effet, si du centre O on mène aux points de contacts I, K, L, les rayons OI, OK, OL, ces rayons seront perpendiculaires sur le milieu des côtés AB, BC, CD; ainsi, les surfaces convexes des solides partiels engendrés par les trapèzes ABOE, CGOB, DNGC, auront pour mesures les produits respectifs de leurs hauteurs EO, OG, GN par les circonférences des rayons OI, OK, OL, ou par la circonférence du cercle inscrit O. La surface convexe totale produite par ABCD aura donc pour mesure EO $\times$ *cir.* OM $+$ OG$\times$*cir.* OM $+$ GN $\times$ *cir.* OM, ou [EO $+$ OG $+$ GN] $\times$ *cir.* OM; or, EO $+$ OG $+$ GN $=$ EN, dans la surface convexe, décrite par ABCD, est égale à sa hauteur EN multipliée par la circonférence du cercle inscrit.

394. Si le nombre des côtés du polygone entier est pair, et que l'axe PQ passe par deux sommets opposés P et Q, la surface entière du solide, engendré par la révolution du demi-polygone régulier PABCDQ, autour de l'axe PQ, aura pour mesure le produit de l'axe PQ par la circonférence du cercle inscrit. L'axe de révolution PQ est évidemment le diamètre du cercle circonscrit.

395. Si le nombre des côtés du polygone est infiniment grand, le polygone, le cercle inscrit et le cercle circonscrit se confondent; le solide engendré est une sphère, et il en résulte ce théorème :

THÉORÈME XVI. *La surface de la sphère est égale à son diamètre multipliée par la circonférence d'un de ses grands cercles.*

Si nous désignons donc par R le rayon de la sphère, la circonférence d'un grand cercle sera $2\pi.R$, et comme le diamètre sera 2R, la surface de la sphère sera exprimé par $4\pi.R^2$.

$\pi. R^2$ étant égal à l'aire du cercle dont le rayon est R, on voit que *la surface de la sphère est équivalente à 4 fois celle d'un de ses grands cercles.*

396. DÉFINITION. On nomme *zone sphérique* la portion de la surface d'une sphère comprise entre deux sections parallèles.

397. THÉORÈME XVII. *La surface d'une zone sphérique est égale au produit de sa hauteur par la circonférence d'un grand cercle.*

Soient AC et BD les rayons de deux sections parallèles (fig. 181), le diamètre MN, mené perpendiculairement aux plans de ces sections, passera par leurs centres D et C (304), et la partie CD de ce diamètre, comprise entre les deux sections, sera la hauteur de la zone qu'elles déterminent. Cette zone sera donc engendrée par la révolution de la figure mixtiligne ABDC autour de l'axe MN.

Or, l'arc AB est une partie du polygone régulier d'un nombre infini de côtés, qui se confond avec le cercle MBANEF ; donc la surface convexe décrite par cette portion de polygone, ou la surface de la zone sphérique, est égale à sa hauteur CD, multipliée par la circonférence d'un grand cercle.

398. Si le plan coupant, dont le rayon est BC s'évanouit, la zone qui a pour base le cercle AC, comprend toute la surface sphérique, située au dessus de sa base, on la nomme alors *calotte sphérique*. La surface convexe de la calotte sphérique, qui a le cercle AC pour base, est engendrée par la révolution de l'arc MBA autour de l'axe MN, elle est donc encore égale au produit de sa hauteur MC, par la circonférence d'un grand cercle.

399. *La solidité de la sphère.* Puisque la sphère n'est que le solide engendré par la révolution du demi-polygone régulier ABCDEFG (fig. 182), autour de l'axe AF, lorsque le nombre des côtés de ce polygone est infini, c'est encore, en examinant la nature des solides engendrés par la révolution des polygones d'un nombre fini de côtés, que nous devons procéder à la recherche de la solidité de la sphère.

Or, si par tous les sommets du demi-polygone ABCDEFG, on mène les rayons BO, CO, DO, etc. ; ce demi-polygone sera partagé en autant de triangles égaux et isocèles qu'il a de côtés, et le solide formé par sa révolution autour de l'axe AF sera la somme de tous les solides partiels, formés par chacun de ces triangles, dans sa rotation autour de AF. Il devient donc essentiel, pour pouvoir déterminer le volume du solide général, de déterminer préalablement celui du solide particulier engendré, par la révolution d'un triangle isocèle autour d'un axe. Nous nous proposerons donc le problème suivant.

400. PROBLÈME. *Trouver la mesure du solide engendré par la révolution d'un triangle autour d'un axe.*

1° Examinons d'abord le cas le plus simple, celui où l'axe de rotation est un des côtés du triangle. Soit le triangle ABC (fig. 183), que nous supposerons tourner autour de son côté AC ; abaissons du sommet opposé B la perpendiculaire BD sur AC, le triangle proposé sera partagé en deux triangles rectangles ABD, BDC, et, comme chacun de ces triangles, en tournant autour de l'axe AC, engendre un cône droit, il en résulte que le solide formé par le triangle ABC est composé de deux cônes droits ayant pour base commune le cercle décrit par la perpendiculaire BD, et pour hauteurs respectives les deux parties AD et DC du côté AC.

Or, la solidité du cône décrit par BAD est égale à $\frac{1}{3}\pi.\overline{BD}^2.AD$ (373); celle du cône décrit par BDC est égale à $\frac{1}{3}\pi.\overline{BD}^2.DC$, donc, la solidité du solide total décrit par ABC est égale à $\frac{1}{3}\pi.\overline{BD}^2.AD + \frac{1}{3}\pi.\overline{BD}^2.DC$, ce qui se réduit à $\frac{1}{3}\pi.\overline{BD}^2.AC$, à cause de $AD + DC = AC$.

En observant que BD.AC exprime le double de l'aire du triangle ABC, et que π.BD exprime la moitié de la circonférence du cercle dont BD est le rayon, on pourra poser ce théorème :

Le solide décrit par la révolution d'un triangle autour de sa base, a pour mesure le tiers du produit de son aire multipliée par la circonférence du cercle dont sa hauteur est le rayon.

Si la perpendiculaire BD tombait en dehors du triangle (fig. 184), le triangle décrit par ABC ne serait plus la *somme*, mais la *différence* des cônes décrits par les triangles rectangles CBD, ABD, ce qui donnerait toujours le même résultat.

2° Considérons maintenant le triangle ABC (fig. 185) dont l'axe de révolution est une droite MN menée d'une manière quelconque par son sommet C en dehors de son axe.

Prolongeons le côté AB, jusqu'à ce qu'il rencontre l'axe en M, le solide engendré par ABC, sera la différence des solides engendrés par les triangles MAC, MBC, qui tournent autour de leur base commune MC. Ainsi, en menant les perpendiculaires BF et AH à la base MC, le solide décrit par MBC ayant pour mesure, d'après ce qui précède, $\frac{1}{3}\pi.\overline{BF}^2.MC$, et le solide décrit par MAC ayant pour mesure $\frac{1}{3}\pi.\overline{AH}^2.MC$, le solide décrit par le triangle proposé ABC, aura pour mesure $\frac{1}{3}\pi.(\overline{AH}^2 - \overline{BF}^2) \times MC$.

Pour faire disparaître de cette expression la grandeur MC qui n'est point immmédiatement donnée, abaissons du point E, milieu de AB, EG perpendiculaire sur MN, et du point B, BI perpendiculaire sur AH. Nous aurons $AH + BF = 2EG$ et $AH - BF = AI$, d'où (ALG. 77), $(AH + BF)(AH - BF) = \overline{AH}^2 - \overline{BF}^2 = 2EG \times AI$. La mesure du solide décrit par ABC a donc encore pour expression $\frac{2}{3}\pi.EG.AI.MC$. Mais en abaissant CE perpendiculaire sur AB, les triangles rectangles ABI et CEM seront semblables, nous aurons donc la proportion

$$AI : CE = AB : MC,$$

d'où, $AI \times MC = CE \times AB$; substituant, dans l'expression précédente, il viendra pour la mesure du solide en question $\frac{2}{3} \pi.EG.CE.AB.$

Or, $CE \times AB$ est le double de l'aire du triangle ABC, et $2\pi.EG$ est la circonférence du cercle qui a EG pour rayon ; donc, cette expression peut encore se mettre sous la forme $\frac{2}{3}.ABC \times cir. EG$. Ce qui nous apprend que *le solide décrit par la révolution du triangle ABC a pour mesure les deux tiers du produit de l'aire de ce triangle multipliée par la circonférence que décrit le point* E, *milieu de sa base.*

Si le triangle ABC est isocèle sur sa base AB, la perpendiculaire CE, à cette base, tombe au point du milieu E, et les deux triangles rectangles ABI, CEG sont semblables. Il en résulte la proportion

$$AB : BI = CE : EG,$$

ce qui donne $AB \times FG = BI \times CE$, ou $= FH \times CE$, à cause de $BI = FH$. Substituant $FH \times CE$ à la place de $AB \times EG$, dans l'expression ci-dessus $\frac{2}{3} \pi. EG. CE. AB$, elle deviendra $\frac{2}{3} \pi. \overline{CE}^2. FH$, et telle sera la mesure du solide décrit par le triangle isocèle ABC, dans sa révolution autour de l'axe MN.

Les démonstrations précédentes supposent que la base AB du triangle, suffisamment prolongée, rencontre l'axe MN, il est facile de s'assurer que les expressions obtenues dans cette hypothèse ont encore lieu lorsque cette base est parallèle à l'axe MN, car, en menant les perpendiculaires BF, EC, AH (fig. 186), la figure ABFH est un rectangle dont la rotation engendre un cylindre ; de sorte que le solide produit par ABC est équivalent au cylindre produit par ABFH, moins les deux cônes produits par les triangles rectangles CBF, CAH. Mais le cylindre décrit par ABFH est égal à $\pi.\overline{AH}^2.FH$, le cône décrit par $CBF = \frac{1}{3}\pi.\overline{AH}^2.CF$, et le cône décrit par CAB est égal à $\frac{1}{3} \pi.\overline{AH}^2. CH$. Donc

$$sol.\ ABC = \pi.\overline{AH}^2.FH - \tfrac{1}{3}\pi.\overline{AH}^2.CF - \tfrac{1}{3}\pi.\overline{AH}^2.CH,$$

ou

$$sol.\ ABC = \pi.\overline{AH}^2.[FH - \tfrac{1}{3}(CE + CH)] = \pi.\overline{AH}^2.[FH - \tfrac{1}{3}FH];\ ce$$

ce qui se réduit à *sol.* ABC $= \frac{2}{3}\pi.\overline{AH}^2.FH$. C'est le résultat trouvé ci-dessus, et dont les autres dépendent.

401. THÉORÈME XVIII. BC, CD, DE (fig. 182) *étant les côtés successifs d'un polygone régulier dont* O *est le centre,* OI *le rayon du cercle inscrit et* AF *le diamètre du cercle circonscrit, si l'on imagine que la portion de polygone* OBCDEO *fasse une révolution autour du diamètre* AF, *le solide engendré aura pour mesure* $\frac{2}{3}\pi.\overline{OI}^2.HN$, HN *étant la portion de l'axe terminée par les perpendiculaires extrêmes* BH *et* EN.

Car, puisque le polygone est régulier, les triangles OBC, OCD, ODE sont égaux et isocèles; mais, d'après ce qui précède, le solide décrit par le triangle OCB a pour mesure $\frac{2}{3}\pi.\overline{OI}^2.HL$, le solide décrit par le triangle OCD a pour mesure $\frac{2}{3}\pi.\overline{OI}^2.LM$, et le solide décrit par le triangle ODE a pour mesure $\frac{2}{3}\pi.\overline{OI}^2.MN$. Donc le solide total décrit par la somme de ces triangles a pour mesure

$$\frac{2}{3}\pi.\overline{OI}^2.[\,HL + LM + MN\,], \text{ ou } \frac{2}{3}\pi.\overline{OI}^2.HN.$$

402. COROLLAIRE. Le solide décrit par la révolution du demi-polygone régulier ABCDEFG d'un nombre pair de côtés autour du diamètre AF de son cercle circonscrit a pour mesure $\frac{2}{3}\pi.\overline{OI}^2.AF$; car les perpendiculaires extrêmes sont alors les extrémités A et F du diamètre.

Lorsque le nombre des côtés du polygone régulier est infini, le solide engendré est une sphère; et comme alors ce polygone et les cercles inscrit et circonscrit ne font plus qu'une seule et même figure, on a AF $= 2$OI. Désignant donc par R le rayon de la sphère, sa solidité sera exprimée par $\frac{4}{3}\pi.R^3$. Mais la surface de la sphère est égale à $4\pi.R^2$ (393); ainsi nous pouvons poser ce théorème:

403. THÉORÈME XIV. *La solidité de la sphère est égale au tiers du produit de sa surface multipliée par son rayon.*

En désignant par V le volume ou la solidité de la sphère, dont la surface est S et le rayon R, on a donc les deux expressions équivalentes

$$V = \frac{1}{3}S.R, \quad V = \frac{4}{3}\pi.R^3.$$

Si nous exprimons par D le diamètre de la sphère, les expressions de la solidité en fonctions du diamètre seront

$$V = \tfrac{1}{6} S.D , \quad V = \tfrac{1}{6} \pi.D^3 ;$$
$$\text{car } R = \tfrac{1}{2} D \text{ et } R^3 = \tfrac{1}{8} D^3.$$

404. Il existe un rapport remarquable entre la sphère et le cylindre, qui peut lui être circonscrit. Les surfaces de ces deux solides sont entre elles comme les nombres 2 et 3, et il en est de même de leurs solidités. Pour démontrer cette belle propriété dont la découverte, ainsi que celle de la mesure de la sphère, est due à Archimède, inscrivons un cercle dans le quarré ACEF (fig. 187), et imaginons que le demi-quarré ABDC, avec le demi-cercle inscrit, fasse une révolution autour du diamètre BD, le demi-quarré décrira le cylindre et le demi-cercle décrira la sphère inscrite; la base du cylindre sera donc égale à un grand cercle de la sphère, et sa hauteur sera le diamètre ou l'axe de révolution. Donc, en désignant par R le rayon de la sphère, la circonférence de la base du cylindre sera exprimée par $2\pi R$, et sa surface convexe par $2\pi R \times 2R = 4\pi R^2$: cette surface convexe est donc égale à la surface de la sphère. Ajoutant à cette quantité les surfaces des deux bases qui sont chacune $= \pi R^2$, la surface totale du cylindre sera exprimée par $6\pi R^2$; et comme celle de la sphère est $4\pi R^2$, on voit que ces deux surfaces sont entre elles dans le rapport $4\pi R^2 : 6\pi R^2 = 4 : 6 = 2 : 3$.

La base du cylindre étant $\pi.R^2$ et sa hauteur 2R, sa solidité est égale à $2\pi . R^3$; la solidité de la sphère est égale à $\tfrac{4}{3} \pi . R^3$; donc le rapport de ces solidités $= \tfrac{4}{3} \pi.R^3 : 2\pi.R^3 = \tfrac{4}{3} : 2 = 4 : 6 = 2 : 3$.

Si on mène la diagonale BC dans le demi-quarré ABDC, le triangle rectangle BCD décrira, par sa révolution autour du diamètre BD, un cône qui sera inscrit dans le cylindre, et dont la solidité sera le *tiers* de celle du cylindre (342). Ce cône sera donc équivalent à la *moitié* de la sphère inscrite. Ces trois solides, savoir : le cône inscrit, la sphère inscrite et le cylindre qui les circonscrits, sont donc entre eux comme les nombres 1, 2, 3.

405. Le même rapport ne règne pas entre les surfaces, car la surface convexe du cône étant égale à la moitié du produit de la circonférence de sa base, par son côté BC (389), est une quantité irrationnelle. En effet, le triangle rectangle BCD donne $\overline{BC}^2 = \overline{BD}^2 + \overline{CD}^2$, ou, à cause de CD = R et de BD = 2R, $\overline{BC}^2 = R^2 + 4R^2 = 5R^2$; d'où

BC $=$ R.$\sqrt{5}$; la surface convexe de ce cône est donc égale à π.R^2 $\sqrt{5}$, et par conséquent sa surface totale est égale à π.R$^2\sqrt{5}$ $+ \pi$.R$^2 = \pi$.R$^2[1+\sqrt{5}]$. Cette surface est donc à celle du cylindre, 6πR^2, comme $[1+\sqrt{5}]$: 6. Ainsi, les surfaces du cône inscrit, de la sphère inscrite et du cylindre qui les circonscrit, sont entre elles comme les nombres $\dfrac{1+\sqrt{5}}{2}$, 2, 3. Le rapport des surfaces n'est égal à celui des solidités que dans les solides circonscrits à la sphère.

406. Soit O (fig. 189) le centre du cercle inscrit dans le triangle équilatéral ABC, la droite BD qui passe par ce centre sera perpendiculaire sur le côté AC; et si l'on imagine que le triangle rectangle BAD, moitié du triangle équilatéral ABC, tourne autour de son côté BD, il décrira un cône, dit *équilatéral*, pendant que la demi-circonférence décrira la sphère inscrite dans ce cône. Or, en menant les droites OA, OC, AE, EC, les deux premières sont les rayons du cercle circonscrit au triangle équilatéral, et les deux dernières sont les côtés de l'hexagone inscrit à ce cercle; on a donc OA $=$ AE, et par conséquent OD $=$ DE; ce qui nous montre d'abord que le rayon du cercle inscrit au triangle équilatéral est la moitié de celui du cercle circonscrit au même triangle. Ceci posé, en désignant par R le rayon OD, nous aurons $\overline{AD}^2 = 4$R$^2 -$ R$^2 = 3$R^2. Ainsi la surface du cercle dont AD est le rayon, ou la base du cône équilatéral, sera 3π.R^2. La hauteur de ce cône étant BD $=$ BO $+$ OD $=$ OA $+$ OD $= 3$R, sa solidité sera exprimée par 3π.R^3; et en la comparant à celle de la sphère $\frac{4}{3}\pi$.R^3, on trouvera pour le rapport de ces deux solides celui des nombres $\frac{4}{3}$: 3 $= 4$: 9.

Pour comparer les surfaces, observons que le côté AB du cône est le double de AD, ou de $\sqrt{3\text{R}^2} =$ R$\sqrt{3}$. Ainsi, le cercle de la base ayant pour sa circonférence 2πR$\sqrt{3}$, la surface convexe du cône sera égale à 2πR$\sqrt{3} \times$ R$\sqrt{3} = 6\pi$.R^2. Ajoutant à cette quantité la surface de la base 3π.R^2, on aura 9π.R^2 pour la surface totale du cône équilatéral. Nous devons faire observer en passant que la surface convexe de ce cône est le double de celle de sa base. La surface de la sphère étant 4π.R^2, le rapport de cette surface à la surface du cône circonscrit est donc encore celui des nombres 4 : 9, c'est-à-dire qu'il est égal au rapport des solidités.

Si l'on circonscrit à la sphère un cylindre et un cône équilaté-

ral (fig. 190), les surfaces de ces trois solides seront entre elles
comme leurs solidités et comme les nombres 4, 6, 9. Ces trois
nombres formant une proportion continue $4 : 6 = 6 : 9$, il en résulte
que le cylindre circonscrit est *moyen proportionnel* entre la sphère
et le cône équilatéral circonscrit.

Le cône et le cylindre circonscrits ne sont pas les seuls solides
qui soient entre eux comme leurs surfaces. Cette propriété s'étend à
tous les polyèdres circonscrits ; car si l'on imagine que de chaque
point de contact on mène une perpendiculaire à la face du polyèdre,
toutes ces perpendiculaires passeront par le centre de la sphère ; et
si, de ce centre, on mène des droites à tous les sommets, le
polyèdre sera divisé en autant de pyramides qu'il a de faces ; ces
pyramides auront toutes pour hauteur le rayon de la sphère inscrite,
et la solidité de chacune d'elles sera égale au tiers du produit de la
face qui lui sert de base par le rayon de la sphère. La solidité
totale du polyèdre circonscrit sera donc égale au tiers du produit de
sa surface totale par le rayon de la sphère, et par conséquent le
rapport de cette solidité à celle de la sphère sera égal au rapport de
la surface du polyèdre à la surface de la sphère.

407. DÉFINITIONS. On nomme *segment sphérique* la portion de la
sphère comprise entre deux plans parallèles et la zone qu'ils interceptent sur sa surface.

Un *secteur sphérique* est le solide décrit par le secteur circulaire
AOM (fig. 181) dans le même temps que le demi-cercle MBAN décrit
la sphère.

408. THÉORÈME XX. *Tout secteur sphérique a pour mesure la surface de la calotte sphérique qui lui sert de base, multipliée par le tiers
du rayon.*

L'arc AM du secteur circulaire AOM (fig. 181), dont la révolution
autour de l'axe MN décrit le secteur sphérique, est une portion de
polygone régulier d'un nombre infini de côtés ; ainsi la solidité du
secteur sphérique a pour mesure $\frac{2}{3}\pi.\overline{OA}^{2}.MC$ (401), MC étant la
portion de l'axe MN comprise entre la perpendiculaire AC et l'extrémité de l'axe AM ; mais la surface de la calotte sphérique, qui sert
de base au secteur, est égale au produit de sa hauteur MC multipliée
par la circonférence d'un grand cercle (398) ; donc cette surface

sera exprimée par $2\pi.\mathrm{OA}.\mathrm{MC}$. Or, en multipliant $2\pi.\mathrm{OA}.\mathrm{MC}$ par le tiers du rayon OA, on obtient $\frac{2}{3}\pi.\overline{\mathrm{OA}}^2.\mathrm{MC}$, c'est-à-dire la solidité du secteur sphérique ; donc cette solidité est égale à la surface de la calotte sphérique multipliée par le tiers du rayon.

409. THÉORÈME XXI. *La solidité d'un segment sphérique est égale à la moitié du produit de la somme de ses bases multipliée par sa hauteur, plus la solidité de la sphère dont cette même hauteur est le diamètre.*

Soit CA*m*BD (fig. 188), le demi-segment de cercle dont la révolution autour de l'axe MN produit le segment sphérique ; ce demi-segment est égal au trapèze ABDC, plus au petit segment A*m*B, et comme le petit segment A*m*B est la différence du secteur circulaire OA*m*B avec le triangle isocèle ABO, on peut dire que le demi-segment circulaire CA*m*BD est égal au trapèze ABDC, plus le secteur circulaire OA*m*B, moins le triangle isocèle ABO. Le solide engendré par CA*m*BD sera donc équivalent à la somme des solides engendrés par ABDC et OA*m*B diminuée du solide engendré par ABO.

Or, le cône tronqué décrit par le trapèze ABDC est égal à (385),

$$\tfrac{1}{3}\,\pi.\,\mathrm{CD}.[\,\overline{\mathrm{AC}}^2 + \overline{\mathrm{BD}}^2 + \mathrm{AC} \times \mathrm{BD}\,]$$

le solide décrit par le secteur OH*m*B est égal à $\tfrac{2}{3}\,\pi.\,\overline{\mathrm{OA}}^2.\,\mathrm{CD}$ (401), et enfin le solide décrit par le triangle ABO est égal à (400),

$$\tfrac{2}{3}\pi.\overline{\mathrm{OE}}^2.\mathrm{CD}.$$

Donc, la solidité du segment sphérique décrit par CA*m*BD est égale à

$$\tfrac{1}{3}\pi.\,\mathrm{CD}.[\,\overline{\mathrm{AC}}^2 + \overline{\mathrm{BD}}^2 + \mathrm{AC} \times \mathrm{BD} + \overline{2\mathrm{OA}}^2 - \overline{2\mathrm{O}m}^2\,]$$

et il ne s'agit plus que de réduire cette expression. Mettons-la d'abord sous la forme

$$\tfrac{1}{6}\pi.\mathrm{CD}.[\,\overline{2\mathrm{AC}}^2 + \overline{2\mathrm{BD}}^2 + 2\mathrm{AC} \times \mathrm{BD} + \overline{4\mathrm{OA}}^2 - \overline{4\mathrm{O}m}^2\,].$$

Le triangle OEA étant rectangle en E, on a $\overline{\mathrm{AO}}^2 - \overline{\mathrm{OE}}^2 = \overline{\mathrm{AE}}^2$, d'où, $4\overline{\mathrm{AO}}^2 - 4\overline{\mathrm{OE}}^2 = 4\overline{\mathrm{AE}}^2$, mais $\mathrm{AE} = \mathrm{BE} = \tfrac{1}{2}\,\mathrm{AB}$, donc, $4\overline{\mathrm{AE}}^2 = \overline{\mathrm{AB}}^2$. En menant AI perpendiculaire sur BD, AI sera égale à CD, et, comme $\overline{\mathrm{AB}}^2 = \overline{\mathrm{BI}}^2 + \overline{\mathrm{AI}}^2 = \overline{\mathrm{BI}}^2 + \overline{\mathrm{CD}}^2$, on aura encore $4\overline{\mathrm{AO}}^2 - 4\overline{\mathrm{OE}}^2 = \overline{\mathrm{BI}}^2 + \mathrm{CD}$. Substituant, l'expression deviendra

$$\tfrac{1}{6}\pi.\,\mathrm{CD}.[\,\overline{2\mathrm{AC}}^2 + \overline{2\mathrm{BD}}^2 + 2\mathrm{AC} \times \mathrm{BD} + \overline{\mathrm{BI}}^2 + \overline{\mathrm{CD}}^2\,].$$

BI étant égal à BD — AC, son quarré $\overline{BI}{}^{2}$ est égal à $\overline{BD}{}^{2} + \overline{AC}{}^{2}$ — 2AC $\times$ BD; donc, cette dernière expression se réduit définitivement à

$$\tfrac{1}{6}\,\pi.\ \text{CD}.\ [\,3\overline{AC}{}^{2} + 3\overline{BD}{}^{2} + \overline{CD}{}^{2}\,],$$

ce qu'on peut mettre sous la forme

$$\tfrac{1}{2}\,[\,\pi.\ \overline{AC}{}^{2} + \pi.\ \overline{BD}{}^{2}\,].\text{CD} + \tfrac{1}{6}\pi.\ \overline{CD}{}^{2},$$

qui donne le théorème énoncé.

En effet, $\pi.\overline{AC}{}^{2}$ et $\pi.\overline{BD}{}^{2}$ expriment les cercles qui ont AC et BD pour rayons ou les bases du segment sphérique, ainsi, l'expression $\tfrac{1}{2}\,[\,\pi.\overline{AC}{}^{2} + \pi.\ \text{BD}{}^{2}\,].\ \text{CD}$, désigne la moitié du produit de la somme des bases multipliée par la hauteur du segment. La seconde partie $\tfrac{1}{6}\pi.\ \overline{CD}{}^{2}$, de l'expression générale, est la solidité de la sphère dont CD est le diamètre. Car la solidité d'une sphère dont le rayon est R étant $\tfrac{4}{3}\pi.R^{3}$ (403), si nous désignons le diamètre par D, nous aurons R $=\tfrac{1}{2}$D, d'où, $R^{3} = \tfrac{1}{8}D^{3}$ la quantité $\tfrac{4}{3}\pi.\times \tfrac{1}{8}\,D^{3}$, ou $\tfrac{1}{6}\pi.D^{3}$ est donc en général l'expression de la solidité de la sphère qui a D pour diamètre. Donc, etc.

410. COROLLAIRE. La solidité d'une calotte sphérique est équivalente à la moitié d'un cylindre de même base et de même hauteur, plus la sphère dont cette hauteur est le diamètre. Car, faisant évanouir la base supérieure, en augmentant la hauteur du segment jusqu'à ce qu'elle devienne DM, l'expression précédente se réduira à $\tfrac{1}{2}\pi.\overline{AC}{}^{2}.\text{DM} + \tfrac{1}{6}\pi.\overline{DM}{}^{2}$, dont le premier terme exprime la moitié de la solidité du cylindre qui a DM pour hauteur et le cercle $\pi.\overline{AC}{}^{2}$ pour base, et dont le second terme exprime la sphère qui a DM pour diamètre.

§ III. SIMILITUDE.

411. DÉFINITIONS. Deux polyèdres sont semblables lorsque tous leurs angles solides sont égaux chacun à chacun, et que leurs faces homologues sont des polygones semblables.

412. THÉORÈME I. *Deux pyramides triangulaires dont les faces ho-*

mologues sont semblables, ont leurs angles solides égaux et sont sem-blables.

Soient S et *s* deux telles pyramides (fig. 191). Les trois angles plans qui forment l'angle solide S sont égaux aux trois angles plans qui forment l'angle solide *s*, puisque ces angles sont les angles homologues de triangles semblables; donc, l'angle trièdre S est égal à l'angle trièdre *s* (342). Il en est évidemment de même des angles trièdres A et *a*, B et *b*, C et *c*; donc, etc.

413. **Théorème II.** *Deux pyramides triangulaires qui ont leurs angles solides égaux chacun à chacun, sont semblables.*

Car l'égalité des angles solides entraîne l'égalité de tous les angles plans qui les composent; ainsi les trois angles plans d'une face, sont égaux aux trois angles plans de la face homologue et, par conséquent, toutes les faces homologues sont des triangles semblables.

414. **Théorème III.** *Deux pyramides triangulaires, qui ont un angle solide égal compris entre deux faces homologues semblables, sont semblables.*

Soit dans les deux pyramides S et *s* (fig. 191), l'angle trièdre C égal à l'angle trièdre *c*, et les deux faces ASC, BSC semblables aux deux faces *asb*, *bsc*.

Prenons $Ca' = ca$, $Cb' = cb$, $Cs' = cs$, et menons les droites $a'b'$, $a's'$, $b's'$; la pyramide $s'a'Cb'$ sera égale à la pyramide *sabc*; car, ayant pris les côtés Cs' et Cb' égaux aux côtés *cs* et *cb*, et l'angle $s'Cb'$ étant égal à l'angle *scb*, par hypothèse, les deux triangles $Cs'b'$, *csb* sont égaux; il en est de même des deux triangles $a's'C$, *asc*; ainsi les deux pyramides $s'a'Cb'$, *sabc* ayant un angle solide égal, compris entre deux faces égales chacune à chacune sont égales (351).

Mais les triangles $a's'C$, $Cs'b'$, égaux aux triangles *asc*, *csb*, sont semblables aux triangles ASC, CSB; donc $a's'$ est parallèle à AS, $s'b'$ est parallèle à SB et, par conséquent le plan du triangle $a's'b'$ est parallèle au plan du triangle SAB; ces deux triangles sont donc semblables (335), et il en est de même des deux triangles $Ca'b'$, CAB, à cause des parallèles $a'b'$, AB. Donc les quatre faces de la pyramide $s'a'Cb'$, sont semblables aux quatre faces homologues de la pyramide SABC, donc ces pyramides sont semblables, donc *sabc* qui est égal à $s'a'Cb'$ est semblable à SABC.

415. Théorème IV. *Deux pyramides triangulaires qui ont deux angles trièdres égaux chacun à chacun, sont semblables.*

Soient C et *c*, B et *b* les angles trièdres égaux. Les angles plans, qui composent ces angles égaux étant égaux chacun à chacun, on a d'une part, SCB = *scb*, ACB = *acb*, SCA = *sca* et de l'autre, ABC = *abc*, SBC = *sbc*, SBA = *sba*. Donc le triangle CSB est semblable au triangle *csb* et le triangle CAB est semblable au triangle *cab*. Donc les deux pyramides S et *s*, ayant deux angles solides égaux B et *b*, compris entre deux faces semblables, sont semblables (414).

416. La pyramide triangulaire est pour les polyèdres, ce qu'est le triangle pour les polygones ; ainsi, de même que deux polygones sont semblables, lorsqu'ils peuvent être décomposés en triangles semblables et semblablement placés, deux polyèdres sont semblables, lorsqu'ils peuvent être décomposés en pyramides triangulaires semblables et semblablement placés. Cette décomposition d'un polyèdre en pyramides, s'opère, en menant des plans du sommet d'un angle solide à toutes les arêtes non adjacentes.

417. Théorème V. *Deux pyramides semblables sont entre elles comme les cubes de leurs côtés homologues.*

Soit SABCDE (fig. 153) la plus grande des deux pyramides ; ayant pris SG, SH et SI égales aux arêtes de la plus petite, faisons passer un plan PQ par les trois points G, H, I, la pyramide SGIKF sera égale à la plus petite pyramide, puisque l'angle du sommet S étant le même, les deux faces latérales adjacentes SFG, SGH sont, par construction, égales aux deux faces latérales homologues de cette petite pyramide ; mais là pyramide SGIKF, égale à la plus petite pyramide, est semblable à la plus grande SABCDE ; ainsi les polygones ABCDE, GHIKF sont semblables, leurs côtés homologues sont parallèles et le plan PQ, est parallèle au plan MN de la base ABCDE ; si du sommet S, nous abaissons la perpendiculaire SL sur ce plan MN, cette perpendiculaire sera partagée par le plan PQ, en parties proportionnelles à celles des arêtes SA, SB, etc. Nous aurons donc (290) la proportion.

$$SA : SF = SL : SO$$

et comme

$$SA : SF = AB : FG$$

il en résulte

$$SL : SO = AB : FG.$$

Mais, les deux polygones semblables ABCDE, FGHIK sont entre eux comme les quarrés de leurs côtés homologues, donc

$$ABCDE : FGHIK = \overline{AB}^2 : \overline{FG}^2,$$

multipliant cette proportion par la précédente, il vient

$$ABCDE \times SL : FGHIK \times SO = \overline{AB}^3 : \overline{FG}^3$$

et, par suite,

$$\tfrac{1}{3}ABCDE \times SL : \tfrac{1}{3} FGHIK \times SO = \overline{AB}^3 : \overline{FG}^3;$$

or, $\tfrac{1}{3}$ABCDE $\times$ SL exprime la solidité de la pyramide SABCDE, et $\tfrac{1}{3}$FGHIK $\times$ SO, celle de la pyramide SFGHIK; donc ces deux pyramides sont entre elles comme les cubes de leurs côtés homologues.

418. THÉORÈME VI. *Deux polyèdres semblables sont entre eux comme les cubes de leurs côtés homologues.*

Car ces polyèdres sont composés d'un même nombre de pyramides triangulaires semblables ; ils sont donc entre eux dans le rapport de ces dernières, c'est-à-dire dans celui des cubes de leurs côtés homologues.

419. DÉFINITION. Deux solides de révolution sont semblables lorsque leurs figures génératrices sont semblables et que les côtés de ces figures autour desquelles elles tournent, sont homologues.

420. Toutes les sphères sont des figures semblables.

Deux cylindres ou deux cônes sont semblables lorsque leurs hauteurs sont entre elles comme les rayons ou les diamètres de leurs bases.

421. THÉORÈME VII. *Deux cónes semblables sont entre eux comme les cubes des côtés homologues de leurs figures génératrices, c'est-à-dire, comme les cubes de leurs côtés ou de leurs hauteurs ou des rayons de leurs bases.*

Soient P et Q deux cônes dont les côtés sont C et C′, les hauteurs H et H′ et les rayons des bases R et R′. Les triangles générateurs étant semblables, on a la suite de rapports égaux

$$C : C' = H : H' = R : R'$$

mais les bases de ces cônes sont entre elles comme les quarrés de leurs rayons ; ainsi, en désignant ces bases par B et B', on a la proportion

$$B : B' = R^2 : R'^2$$

multipliant cette proportion par la proportion $H : H' = R : R'$ il vient

$$B \times H : B' \times H' = R^3 : R'^3$$

par suite,

$$\tfrac{1}{3}B\times H : \tfrac{1}{3}B'\times H' = R^3 : R'^3$$

or , $P = \tfrac{1}{3}B \times H$, $Q = \tfrac{1}{3} B' \times H'$ donc

$$P : Q = R^3 : R'^3$$

et, par conséquent,

$$P : Q = R^3 : R'^3 = C^3 : C'^3 = H^3 : H'^3.$$

Donc , etc.

422. THÉORÈME VIII. *Deux cylindres semblables sont entre eux comme les cubes des rayons de leurs bases et aussi comme les cubes de leurs hauteurs.*

Cette proposition se démontre de la même manière que la précédente.

423. THÉORÈME IX. *Deux sphères sont entre elles comme les cubes de leurs rayons ou de leurs diamètres.*

Soient P et Q les deux sphères dont les rayons sont R et R' la solidité de la première sera $\tfrac{4}{3}\pi.R^3$, et celle de la seconde $\tfrac{4}{3}\pi.R'^3$.

On a donc

$$P : Q = \tfrac{4}{3}\pi.R^3 : \tfrac{4}{3}\pi R'^3$$

et , en retranchant les facteurs communs ,

$$P : Q = R^3 : R'^3.$$

En exprimant par D et D' les diamètres, comme on a $P = \tfrac{1}{6}\pi D^3$, $Q = \tfrac{1}{6}\pi.D'^3$, on en conclurait

$$P : Q = D^3 : D'^3.$$

Donc , deux sphères sont entre elles comme les cubes de leurs rayons ou de leurs diamètres.

TABLE DES MATIÈRES

CONTENUES

DANS LE PREMIER VOLUME.

COMPARAISON DES NOMBRES.

ALGÈBRE.

§ I. GÉNÉRATION ÉLÉMENTAIRE DES QUANTITÉS.

§ II. GÉNÉRATION DÉRIVÉE DES QUANTITÉS.

COMPARAISON DES QUANTITÉS. — § I. INÉGALITÉ.

COMPARAISON DES QUANTITÉS.—§ II. ÉGALITÉ.

SCIENCE DE L'ÉTENDUE.

GÉOMÉTRIE.

GÉNÉRATION DE L'ÉTENDUE.—PREMIÈRE PARTIE.

COMPARAISON DE L'ÉTENDUE.—PREMIÈRE PARTIE.

GÉNÉRATION DE L'ÉTENDUE.—DEUXIÈME PARTIE.

COMPARAISON DE L'ÉTENDUE.—DEUXIÈME PARTIE.

FIN DE LA TABLE DES MATIÈRES.

ERRATA DU PREMIER VOLUME.

5   4, *nombres concrets,* lisez *nombres abstraits.*

54   33, 4_5, *lisez* 4^5.

65   24, $15 \times 4 \times 6 = 22 \times 5 \times 7$, *lisez* $15 \times 4 \times 6 ; 22 \times 5 \times 7$.

67   33, *id.* 75 bout., *lisez id.* 72. bout.

75   24, du produit $5ab$, *lisez* du produit $4ab$.

81   6, 6 fois, *lisez b* fois.

84   21, $\dfrac{a}{c} =$, *lisez* $\dfrac{c}{a} =$.

92   23, est la même chose que $\overset{m}{\sqrt{}}(a^n)$, *lisez* que $\overset{m}{\sqrt{}} a^n)$.

99   19, $(+a)^{3m+1}$, *lisez* $(+a)^{2m+1}$.

106   9, des membres, *lisez* des nombres.

116   *avant-dernière*, $a+b$, $a+d$, lisez $a+b$, $c+d$.

139   *dernière,* $(\overset{5}{\sqrt{}}a^3)$, *lisez* $(\overset{3}{\sqrt{}}a^5)$

140   1, $a^2b^4c\overset{3}{\sqrt{ab^2c}}$, lisez $a^2b^4c^2\overset{3}{\sqrt{ab^2c}}$.

144   8, et $(\sqrt{-1})^3 = +\sqrt{-1}$, *lisez* et $(\sqrt{-1})^{-3} = +\sqrt{-1}$.

158   1, $(-1)^\mu a^{-1-\mu}b^m$, lisez $(-1)^\mu a^{-1-\mu}b^\mu$.

165   26, 531801, *lisez* 531441.

203   7, remplacez dans cette ligne et dans celles qui suivent la fraction $\frac{398}{445}$ par $\frac{418}{461}$.

207   6, $= a_1 + \dfrac{1}{\dfrac{a_2a_3a_4+a_2+a_3}{a_2a_3+1}}$, *lisez* $= a_1 + \dfrac{1}{\dfrac{a_2a_3a_4+a_2+a_3}{a_3a_4+1}}$

207   13, *au lieu de* $a_4(a_2a_3+1)$ *au dénominateur,* lisez $a_4(a_2a_3+1)+a_2$.

210   1, $P_1 = 1$, *lisez* $P_1 = a_1$.

Id.   3, $a_3 - a_2 - 1 = -1$, lisez $a_1a_3 - a_1a_2 - 1 = -1$.

222   22, $\left(1+(m+1)\frac{r}{a}\right)$, *lisez* $\left(1+(m-1)\frac{r}{a}\right)$.

223   Paragraphe 173. *Dans toutes les formules de ce paragraphe où se trouve la lettre* q, *remplacez-la par la lettre* a.

228   7, $= a^{m|r}(a+nr)^{m|r}$, lisez $a^{n|r}(a+nr)^{m|r}$.

239   9, au lieu de $a^{\frac{q}{s}|^s}$ *au numérateur,* lisez $b^{\frac{q}{s}|^s}$.

Id.   11, même faute que la précédente.

242   15, $2^{\frac{1}{4}|^2} \cdot \left(\frac{5}{4}\right)^{\frac{1}{4}|^4}$, *lisez* $2^{\frac{1}{4}} \cdot \left(\frac{5}{4}\right)^{\frac{1}{4}|^4}$.

251 18, 2,depuis 10 jusqu'à 100, 3 depuis 100, etc., *lisez* 1 depuis 10 jusqu'à 100, 2 depuis 100, etc.

255 20, $\log x = \infty \overset{3}{8}(x-1)$, *lisez* $\log x = \infty\,(x^{\frac{1}{\infty}} - 1)$.

257 3, de chaque égalité (s), *lisez* de chaque égalité (v).

258 4, $(e^{x\sqrt{-1}})^{\pi} =$, *lisez* $(e^{\sqrt{-1}})^{\pi} =$.

Id. 12, $\pi = \dfrac{\log 4\sqrt{-1}}{\sqrt{-1}}$, *lisez* $\pi = \dfrac{4\log\sqrt{-1}}{\sqrt{-1}}$.

259 5 et 6, $-(-\sqrt{-1}-)\frac{1}{2}(\sqrt{-1})^2 + \frac{1}{3}(\sqrt{-1})^3 - \frac{1}{4}(\sqrt{-1})^4 +$ etc., *lisez* $-(-\sqrt{-1})-\frac{1}{2}(\sqrt{-1})^2 - \frac{1}{3}((\sqrt{-1})^3 - \frac{1}{4}(\sqrt{-1})^4 -$ etc.

260 14, $e^{x\sqrt{-1}}$, *lisez* $e^{x\sqrt{-1}}$.

262 12, $\cos x.\sin z -$, *lisez* $\cos x \cos z -$.

264 3, $\dfrac{360}{\pi} = 58{,}8873...$, *lisez* $\dfrac{360}{\pi} = 57{,}29578...$

273 18, $\dfrac{C:P}{A} = \dfrac{C}{A:P}$, *lisez* $\dfrac{C.P}{A} = \dfrac{C}{A:P}$.

294 2, $... = a_{m-3} : a_m$, *lisez* $... = a_{m-1} : a_m$.

298 28, $a_m = \frac{1}{q}[S(q-1) - a_1]$, *lisez* $a_m = \frac{1}{q}[S(q-1) + a_1]$.

303 15, faisant $x = 3$, *lisez* faisant $x = 2$.

308 *avant-dernière*, dans le cas où m, *lisez* dans le cas où a.

317 14, du second degré, *lisez* du premier degré.

326 9, $b = -(\gamma+\delta)$, *lisez* $c = -(\gamma+\delta)$.

id. 1, $a+b = -$, *lisez* $a+c = -$.

id. 10, $a = -b$, *lisez* $a = -c$.

347 1, $q = \dfrac{a^3+pa+q}{2a}$, *lisez* $q = \dfrac{a^2+pa+q}{2}$.

Id. 15, $x^2 - ax + \frac{1}{2}p + \frac{q}{2a} = 0$, *lisez* $x^2 - ax + \frac{1}{2}a^2 + \frac{1}{2}p + \frac{q}{2a} = 0$.

357 14, divisible par a, *lisez* divisible par α,

447 » PROBLÈME III. Les lettres de la figure ne correspondent pas à celles du texte; mais comme ce problème est résolu de deux manières différentes tome II, page 210, on peut facilement corriger l'erreur.

497 Dans quelques exemplaires les numéros de renvoi de la feuille 32, c'est-à-dire depuis la page 497 jusqu'à la page 512 inclusivement, sont inexacts; il faut augmenter de 2 tous ceux qui sont indiqués; par exemple :

502 18, (269), *lisez* (271), et ainsi des autres.

505 6, SO, SL, *lisez* SO : SL.

ERRATA DU DEUXIÈME VOLUME.

—

Pages.	Lignes en descendant.		
9	12,	$+\,2\,xdx\,+$ etc. $+\,nmx^{m-1}dx$, *lisez* $2cxdx\,+$ etc. $+\,mnx^{n-1}dx$.
16	2,	serait m, *lisez* serait a.
17	6,	$\dfrac{\overset{m}{\sqrt{\alpha}}}{\varphi x}d\varphi x$, *lisez* $\dfrac{\overset{m}{\sqrt{\alpha}}\cdot\varphi' x}{\varphi x}d\varphi x$.
22	6,	$\dfrac{(m+1)^{\mu\mid 1}}{1^{\mu\mid 1}}$, *lisez* $\dfrac{(m+1)^{\mu\mid -1}}{1^{\mu\mid 1}}$.
id.	8,	*même faute.*
26	4,	*en remontant.* $+\,yzdz$, *lisez* $+\,yzdx$.
36	1,	*id.* $\dfrac{adx}{(x^5+y^2)^{\frac{1}{2}}}$, *lisez* $\dfrac{ady}{(x^5+y^2)^{\frac{1}{2}}}$.
37	2,	*id.* *même faute.*
62	3,	*id.* un minimum, *lisez* un maximum.
80	2,	*en descendant.* $\displaystyle\int\dfrac{dz}{a-z}=-\quad\quad-z)$, *lisez* $=-\log(a-z)$.
89	11,	$\frac{3}{4}ax^{\frac{3}{4}}$, *lisez* $\frac{3}{4}ax^{\frac{4}{3}}$.
99	10,	et comme $n=0$, *lisez* et comme $n=3$.
101	1,	*en remontant.* $d(uv)=$ etc., *lisez* $uv=$ etc.
103	12,	et que $m-2\mu=1$ lorsque m est impair, *lisez* et que $m-2\mu=-1$, etc.
104	14,	*restituez au second membre de la formule son dénominateur* $b(pn+m)$ *qui manque.*
107	7,	lorsque $m=1$, *lisez* lorsque $m=-1$.
113	2.	$\displaystyle\int_0^b\dfrac{dx}{1+2^5}$, *lisez* $\displaystyle\int_0^b\dfrac{dx}{1+x^5}$.
120	10,	$\int^0 x^m dx=$, *lisez* $\int^a x^m dx^5=$ etc.
122	19,	$\dfrac{du}{dxdy}$, *lisez* $\dfrac{d^2u}{dxdy}$.

134	11, *en remontant* $\dfrac{zd\mathrm{N}}{dy}$, *lisez* $\dfrac{zd\mathrm{N}}{dx}$.
138	14, $= -\dfrac{1}{x}$, *lisez* $= \dfrac{1}{x}$.
144	00, l'angle obtus GAD, *lisez* l'angle obtus GAC.
145	16, séc o $=$ o, *lisez* séc o $=$ R.
id.	18, séc180° $=$ o, *lisez* séc180° $= -$ R.
151	6, négatives entre 180° et 270°, *lisez* négatives entre 90° et 180°.
165	», PROBLÈME I. *Substituez partout dans ce problème* tang EDC *à* sin EDC. *Le calcul donné pour exemple ne doit être considéré que comme un type parce qu'il est vicié par cette erreur.*
168	1, *en retranchant* log sin c, *lisez* log sin C.
169	6, *id.* $-$ log sin A, *lisez* $-$ log sin B.
171	8, du septième chiffre, *lisez* du troisième chiffre.
174	15, $2bc - b^3 - c^3$, *lisez* $2bc - b^3 - c^3$.
179	2 et 4, *au lieu de* 460, *lisez* 340.
184	10, du triangle ADB, *lisez* du triangle ACB.
185	3, *en remontant* $+ 8° 58' 27''$, *lisez* $- 8° 58' 27''$.
198	5, *id.*, sin b sin a, *lisez* sin b sin c.
200	9, valeur de cos A, *lisez* de cot A.
210	13, CE $=$ d, *lisez* CE $=$ e.
212	15, *en remontant* nous aurons CB $=$ x, *lisez* AB $=$ x.
259	7, *id.*, en finissant x $=$ o, *lisez* en faisant x $=$ a.
269	1, CAB, *lisez* COB.
273	11, probable, *lisez* parabole.
284	7, OF celle de z, *lisez* QF celle de z.
287	8, *en remontant* $- \overline{\mathrm{OA}}^2 - \overline{cc}^2$, *lisez* $- \overline{\mathrm{OA}}^2 = \overline{cc}^2$.
289	6, *id.* $- a^2 \sin \alpha'$, *lisez* $- a^2 \sin^2 \alpha'$.
293	10, OM sera, *lisez* MN sera.
298	10, $4a(a - x)$, *lisez* $4a(x - a)$.
299	6, *en remontant* QF $+$ AF, *lisez* QF $+$ Qf.
447	17, par une vitesse, *lisez* par le quarré d'une vitesse.

papier 2

Cours élémentaire de
Mathématiques

page fantôme — f. 56h fin du livre

planche I à VII

www.ingramcontent.com/pod-product-compliance
Lightning Source LLC
Chambersburg PA
CBHW031345210326
41599CB00019B/2651